电气自动化工程师自学宝典

（提高篇）

蔡杏山　编著

机 械 工 业 出 版 社

本书主要介绍了电气识图基础、电气测量电路、照明与动力配电电路、常用机床电气控制电路、供配电系统电气线路、模拟电路、数字电路、电力电子电路、常用集成电路及应用电路、电工电子实用电路、单片机入门、单片机编程软件的使用和单片机开发实例。

本书具有基础起点低、内容由浅入深、语言通俗易懂、结构安排符合学习认知规律的特点。本书适合作为电气自动化工程师中级层次的自学图书，也适合作为职业学校和社会培训机构的电工技术中级教材。

图书在版编目（CIP）数据

电气自动化工程师自学宝典．提高篇/蔡杏山编著．—北京：机械工业出版社，2020.2（2024.2重印）

ISBN 978-7-111-64513-9

Ⅰ.①电…　Ⅱ.①蔡…　Ⅲ.①电气系统－自动化　Ⅳ.①TM92

中国版本图书馆CIP数据核字（2020）第008808号

机械工业出版社（北京市百万庄大街22号　邮政编码100037）
策划编辑：任　鑫　责任编辑：任　鑫　闫洪庆
责任校对：张　薇　封面设计：马精明
责任印制：张　博
北京建宏印刷有限公司印刷
2024年2月第1版第2次印刷
184mm×260mm·22.5印张·558千字
标准书号：ISBN 978-7-111-64513-9
定价：89.00元

电话服务	网络服务
客服电话：010－88361066	机　工　官　网：www.cmpbook.com
010－88379833	机　工　官　博：weibo.com/cmp1952
010－68326294	金　　书　　网：www.golden－book.com
封底无防伪标均为盗版	机工教育服务网：www.cmpedu.com

前　言

随着科学技术的快速发展，社会各领域的电气自动化程度越来越高，使得电气及相关行业需要越来越多的电气自动化技术人才。对于一些对电气技术一无所知或略有一点基础的人来说，要想成为一名电气自动化工程师或达到相同的技术程度，既可以在培训机构参加培训，也可以在职业学校进行系统学习，还可以自学成才，不管是哪种情况，都需要一些合适的学习图书。选择一些好图书，不但可以让学习者轻松迈入专业技术的大门，而且能让学习者的技术水平迅速提高，快速成为本领域的行家里手。

“电气自动化工程师自学宝典”是一套零基础起步、由浅入深、知识技能系统全面的电气自动化技术学习图书，读者只要具有初中文化水平，通过系统阅读本套书，就能很快达到电气自动化工程师的技术水平。本套书分为基础篇、提高篇和精通篇三册，其内容说明如下：

《电气自动化工程师自学宝典（基础篇）》主要介绍了电气基础与安全用电、电工基本操作技能、电工仪表、低压电器、电子元器件、传感器、变压器、电动机、三相异步电动机常用控制线路识图与安装、电液装置和液压气动系统、室内配电与照明插座线路的安装、变频器的使用和PLC入门。

《电气自动化工程师自学宝典（提高篇）》主要介绍了电气识图基础、电气测量电路、照明与动力配电电路、常用机床电气控制电路、供配电系统电气线路、模拟电路、数字电路、电力电子电路、常用集成电路及应用电路、电工电子实用电路、单片机入门、单片机编程软件的使用和单片机开发实例。

《电气自动化工程师自学宝典（精通篇）》主要介绍了PLC入门与实践操作，三菱FX3U系列PLC硬件接线和软元件说明，三菱PLC编程与仿真软件的使用，基本梯形图元件与指令的使用及实例，步进指令的使用及实例，应用指令的使用举例，模拟量模块的使用，PLC通信，变频器的使用，变频器的典型控制功能及应用电路，变频器的选用、安装与维护，PLC与变频器的综合应用，触摸屏与PLC的综合应用，交流伺服系统的组成与原理，三菱通用伺服驱动器的硬件系统，三菱伺服驱动器的显示操作与参数设置，伺服驱动器三种工作模式的应用举例与标准接线，步进电机与步进驱动器的使用及应用实例，三菱定位模块的使用等内容。

“电气自动化工程师自学宝典”主要有以下特点：

◆ 基础起点低。读者只需具有初中文化程度即可阅读本套书。

◆ 语言通俗易懂。书中少用专业化的术语，遇到较难理解的内容用形象比喻说明，尽量避免复杂的理论分析和烦琐的公式推导，阅读起来感觉会十分顺畅。

◆ 内容解说详细。考虑到自学时一般无人指导，因此在编写过程中对书中的知识技能进行详细解说，让读者能轻松理解所学内容。

◆ 采用图文并茂的表现方式。书中大量采用直观形象的图表方式表现内容，使阅读变得非常轻松，不易产生阅读疲劳。

◆ 内容安排符合认识规律。图书按照循序渐进、由浅入深的原则来确定各章节内容的先后顺序，读者只需从前往后阅读，便会水到渠成。

◆ 突出显示知识要点。为了帮助读者掌握书中的知识要点，书中用阴影和文字加粗的方法突出显示知识要点，指示学习重点。

◆ 网络免费辅导。读者在阅读时遇到难理解的问题，可添加易天电学网微信公众号 etv100，观看有关辅导材料或向老师提问进行学习。

本书在编写过程中得到了许多教师的支持，在此一并表示感谢。由于编者水平有限，书中的错误和疏漏在所难免，望广大读者和同仁予以批评指正。

编　者

目　录

第1章　电气识图基础

电气图是一种用图形符号、线框或简化外形来表示电气系统或设备各组成部分相互关系及其连接关系的一种简图，主要用来阐述电气工作原理，描述电气产品的构造和功能，并提供产品安装和使用方法。

1.1　电气图的分类

电气图的分类方法很多，如根据应用场合不同，可分为电力系统电气图、船舶电气图、邮电通信电气图、工矿企业电气图等。按最新国家标准规定，电气信息文件可分为功能性文件（如系统图、电路图等）、位置文件（如电气平面图）、接线文件（如接线图）、项目表、说明文件和其他文件。

1.1.1　系统图

系统图又称概略图或框图，它是用符号和带注释的框来概略表示系统或分系统的基本组成、相互关系及其主要特征的一种简图。图1-1为某变电所的供电系统图，该图表示变电所用变压器将10kV电压变换成380V的电压，再分成3条供电支路，图1-1a是用图形符号表示的系统图，图1-1b是用带文字的框表示的系统图。

1.1.2　电路图

电路图是按工作顺序将图形符号从上到下、从左到右排列并连接起来，用来详细表示电路、设备或成套装置的全部组成和连接关系，而不考虑其实际位置的一种简图。通过识读电路图可以详细理解设备的工作原理、分析和计算电路特性及参数，所以这种图又称为电气原理图、电气线路图。

图1-2为三相异步电动机的点动控制电路，该电路由主电路和控制电路两部分构成，其中主电路由电源开关QS、熔断器FU1和交流接触器KM的3个主触点和电动机组成，控制电路由熔断器FU2、按钮SB和接触器KM线圈组成。

当合上电源开关QS时，由于接触器KM的3个主触点处于断开状态，电源无法给电动机供电，电动机不工作。若按下按钮SB，L1、L2两相电压加到接触器KM线圈两端，有电流流过KM线圈，线圈产生磁场吸合3个KM主触点，使3个主触点闭合，三相交流电源L1、L2、L3通过QS、FU1和接触器KM的3个主触点给电动机供电，电动机运转。此时，若松开按钮SB，无电流通过接触器线圈，线圈无法吸合主触点，3个主触点断开，电动机停止运转。

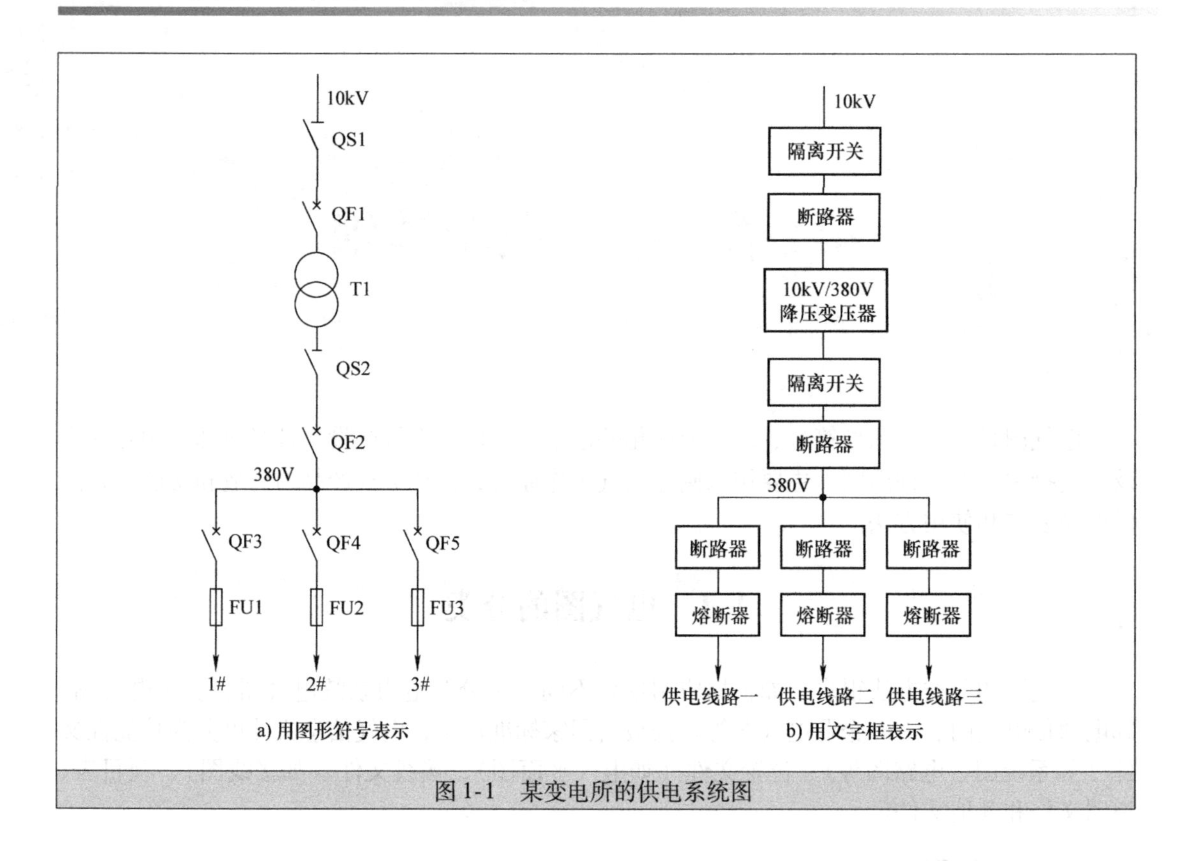

图 1-1　某变电所的供电系统图

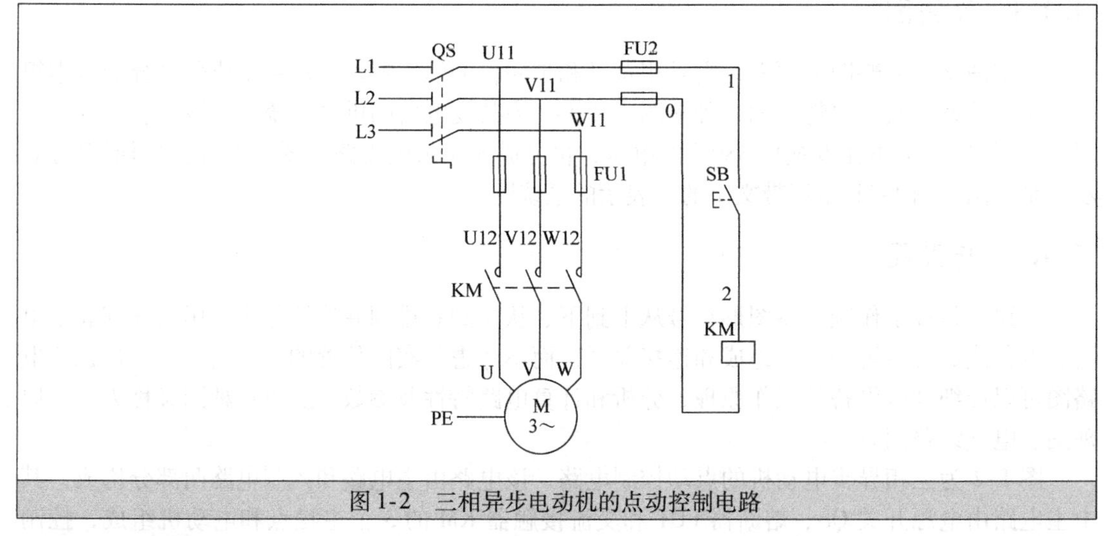

图 1-2　三相异步电动机的点动控制电路

1.1.3　接线图

接线图是用来表示成套装置、设备或装置的连接关系，用以进行安装、接线、检查、实验和维修等的一种简图。图 1-3 是三相异步电动机的点动控制电路（见图 1-2）的接线图。从图中可以看出，接线图中的各元件连接关系除了要与电路图一致外，还要考虑实际的元件，如接触器 KM 由线圈和触点组成。在画电路图时，接触器的线圈和触点可以画在不同位置，而在画接线图时，则要考虑到接触器是一个元件，其线圈和触点是在一起的。

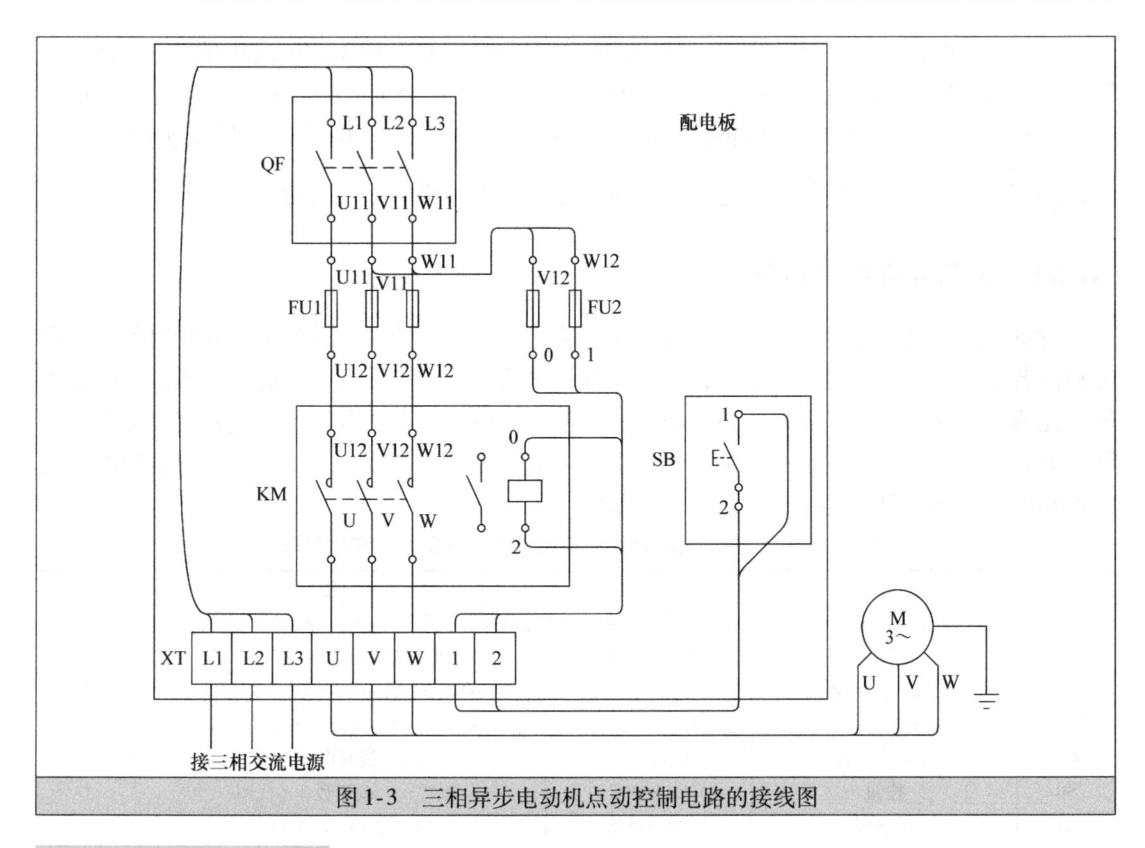

图 1-3　三相异步电动机点动控制电路的接线图

1.1.4　电气平面图

电气平面图是用来表示电气工程项目的电气设备、装置和线路的平面布置图，它一般是在建筑平面图的基础上制作出来的。常见的电气平面图有电力平面图、变配电所平面图、供电线路平面图、照明平面图、弱电系统平面图、防雷和接地平面图等。

图 1-4 是某工厂车间的动力电气平面图。图中的 BLV－500（3×35－1×16）SC40－FC

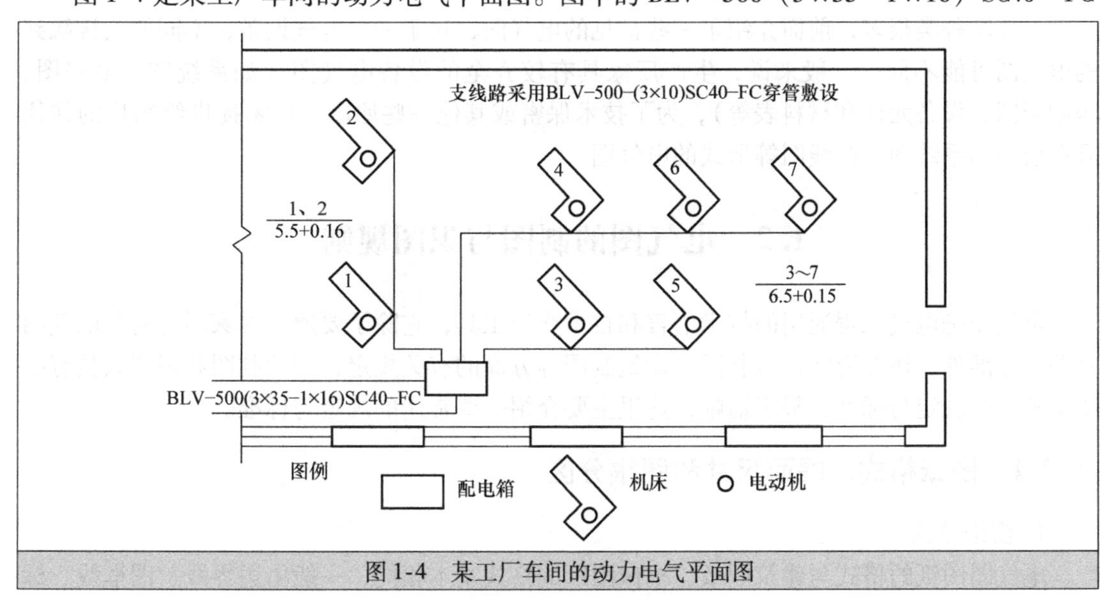

图 1-4　某工厂车间的动力电气平面图

表示外部接到配电箱的主电源线规格及布线方式，其含义为BLV：布线用的塑料铝导线；500：导线绝缘耐压为500V；3×35－1×16：3根截面积为35mm²和1根截面积为16mm²的导线；SC40：穿直径为40mm的钢管；FC：沿地暗敷（导线穿入电线管后埋入地面）。图中的$\frac{1、2}{5.5+0.16}$意为1、2号机床的电动机功率均为5.5kW，机床安装离地16cm。

1.1.5 设备元件和材料表

设备元件和材料表是将设备、装置、成套装置的组成元件和材料列出，并注明各元件和材料的名称、型号、规格和数量等，便于设备的安装、维护和维修，也能让读图者更好地了解各元器件和材料在装置中的作用和功能。设备元件和材料表是电气图的重要组成部分，可将它放置在图中的某一位置，如果数量较多也可单独放置在一页。表1-1是三相异步电动机的点动控制电路（见图1-3）的设备元件和材料表。

表1-1 三相异步电动机点动控制电路的设备元件和材料表

符号	名称	型号	规格	数量
M	三相笼型异步电动机	Y112M—4	4kW、380V、△联结、8.8A、1440r/min	1
QF	断路器	DZ5—20/330	三极复式脱扣器、380V、20A	1
FU1	螺旋式熔断器	RL1—60/25	500V、60A、配熔体额定电流25A	3
FU2	螺旋式熔断器	RL1—15/2	500V、15A、配熔体额定电流2A	2
KM	交流接触器	CJT1—20	20A、线圈电压380V	1
SB	按钮	LA4—3H	保护式、按钮数3（代用）	1
XT	端子板	TD—1515	15A、15节、660V	1
	配电板		500mm×400mm×20mm	1
	主电路导线		BV 1.5mm² 和 BVR 1.5mm²（黑色）	若干
	控制电路导线		BV 1mm²（红色）	若干
	按钮导线		BVR 0.75mm²（红色）	若干
	接地导线		BVR 1.5mm²（黄绿双色）	若干
	紧固体和编码套管			若干

电气图种类很多，前面介绍了一些常见的电气图，对于一台电气设备，不同的人接触到的电气图可能不同，一般来说，生产厂家具有较齐全的设备电气图（如系统图、电路图、印制板图、设备元件和材料表等），为了技术保密或其他一些原因，厂家提供给用户的往往只有设备的系统图、接线图等形式的电气图。

1.2 电气图的制图与识图规则

电气图是电气工程通用的技术语言和技术交流工具，它除了要遵守国家制定的与电气图有关的标准外，还要遵守机械制图、建筑制图等方面的有关规定，因此制图和识图人员有必要了解这些规定与标准，限于篇幅，这里主要介绍一些常用的规定与标准。

1.2.1 图纸格式、幅面尺寸和图幅分区

1. 图纸格式

电气图图纸的格式与建筑图纸、机械图纸的格式基本相同，一般由边界线、图框线、标

题栏、会签栏组成。电气图纸的格式如图 1-5 所示。

电气图应绘制在图框线内，图框线与图纸边界之间要有一定的留空。标题栏相当于图纸的铭牌，是用来记录图样的名称、图号、张次、更改和有关人员签署等内容的栏目，位于图纸的下方或右下方，目前我国尚未规定统一的标题栏格式，图 1-6 是一种较典型的标题栏格式。会签栏通常用作水、暖、建筑和工艺等相关专业设计人员会审图样时签名，如无必要，也可取消会签栏。

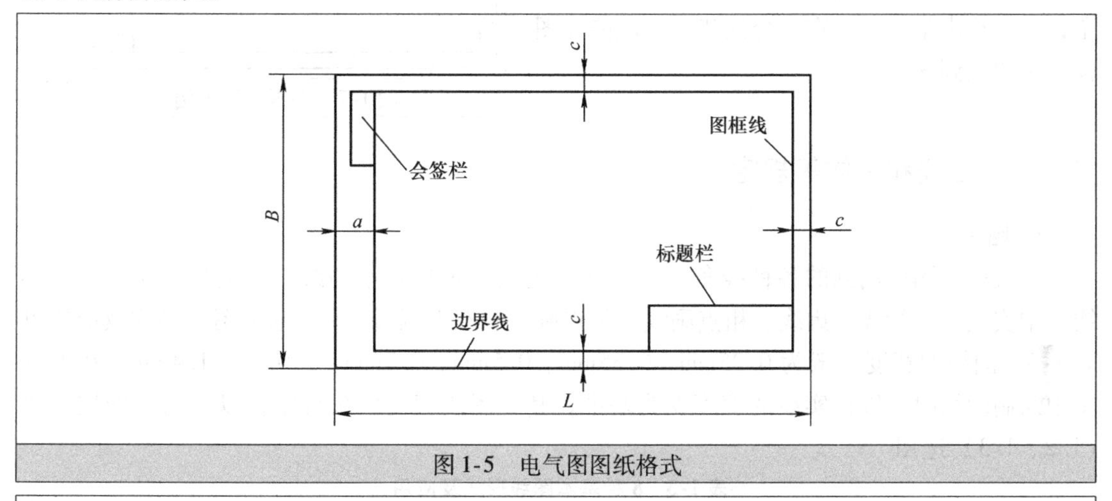

图 1-5　电气图图纸格式

<table>
<tr><td colspan="4" rowspan="2">设计单位名称</td><td>工程名称</td><td>设计号</td><td>页张次</td></tr>
<tr><td></td><td></td><td></td></tr>
<tr><td>总工程师</td><td></td><td>主要设计人</td><td></td><td colspan="3" rowspan="3">项目名称</td></tr>
<tr><td>设计总工程师</td><td></td><td>技核</td><td></td></tr>
<tr><td>专业工程师</td><td></td><td>制图</td><td></td></tr>
<tr><td>组长</td><td></td><td>描图</td><td></td><td colspan="3" rowspan="2">图号</td></tr>
<tr><td>日期</td><td></td><td>比例</td><td></td></tr>
</table>

图 1-6　典型的标题栏格式

2. 图纸幅面尺寸

电气图图纸的幅面一般分为五种：0 号图纸（A0）、1 号图纸（A1）、2 号图纸（A2）、3 号图纸（A3）、4 号图纸（A4）。电气图图纸的幅面尺寸规格见表 1-2，从表中可以看出，如果图纸需要装订时，其装订侧边宽（a）留空要多一些。

表 1-2　电气图图纸的幅面尺寸规格　　（单位：mm）

幅面代号	A0	A1	A2	A3	A4
宽×长（$B\times L$）	841×1189	594×841	420×594	297×420	210×297
边宽（c）	10			5	
装订侧边宽（a）	25				

3. 幅面分区

对于一些大幅面、内容复杂的电气图，为了便于确定图纸内容的位置，可对图纸进行分区。分区的方法是将图纸按长、宽方向各加以等分，分区数为偶数，每一分区的长度为25～75mm，每个分区内竖边方向用大写字母编号，横边方向用阿拉伯数字编号，编号顺序从图纸左上角（标题栏在右下角）开始。

图纸分区的作用相当于在图纸上建立了一个坐标，图纸中的任何元件位置都可以用分区号来确定，如图1-7所示，接触器KM线圈位置分区代号为B4，接触器KM触点的分区代号为C2。分区代号用该区域的字母和数字表示，字母在前，数字在后。给图纸分区后，不管图样多复杂，只要给出某元件所在的分区代号，就能在图样上很快找到该元件。

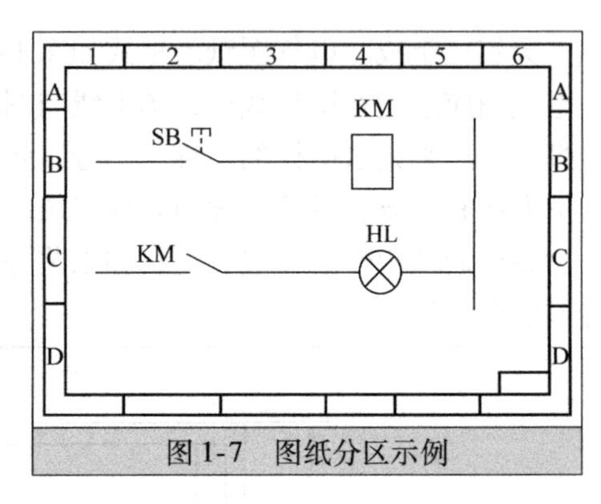

图1-7　图纸分区示例

1.2.2　图线和字体等规定

1. 图线

图线是指图中用到的各种线条。国家标准规定了8种基本图线，分别是粗实线、细实线、中实线、双折线、虚线、粗点画线、细点画线和双点画线。8种基本图线形式及应用见表1-3。图线的宽度一般为0.25mm、0.35mm、0.5mm、0.7mm、1.0mm、1.4mm。在电气图中绘制图线时，以粗实线的宽度 b 为基准，其他图线宽度应按规定，以 b 为标准按比例（1/2、1/3）选用。

表1-3　8种基本图线形式及应用

序号	名称	形式	宽度	应用举例
1	粗实线	————	b	可见过渡线，可见轮廓线，电气图中简图主要内容用线，图框线，可见导线
2	中实线	————	约 $b/2$	土建图上门、窗等的外轮廓线
3	细实线	————	约 $b/3$	尺寸线，尺寸界线，引出线，剖面线，分界线，范围线，指引线，辅助线
4	虚线	- - - - - -	约 $b/3$	不可见轮廓线，不可见过渡线，不可见导线，计划扩展内容用线，地下管道，屏蔽线
5	双折线	——\/——	约 $b/3$	被断开部分的边界线
6	双点画线	—··——·· —	约 $b/3$	运动零件在极限或中间位置时的轮廓线，辅助用零件的轮廓线及其剖面线，剖视图中被剖去的前面部分的假想投影轮廓线
7	粗点画线	——·——	b	有特殊要求的线或表面的表示线，平面图中大型构件的轴线位置线
8	细点画线	—·——·—	约 $b/3$	物体或建筑物的中心线，对称线，分界线，结构围框线，功能围框线

2. 字体

文字包括汉字、字母和数字，是电气图的重要组成部分。根据国家标准规定，文字必须做到字体端正、笔画清楚、排列整齐、间隔均匀。其中汉字采用国家正式公布的长仿宋体，字母可采用大写、小写、正体和斜体，数字通常采用正体。

字号（字体高度，单位为mm）可分为20号、14号、10号、7号、5号、3.5号、2.5

号和 1.8 号 8 种，字宽约为字高的 2/3。

3. 箭头

电气图中主要使用开口箭头和实心箭头，如图 1-8 所示，开口箭头常用于表示电气连接上电气能量或电气信号的流向，实心箭头表示力、运动方向、可变性方向或指引线方向。

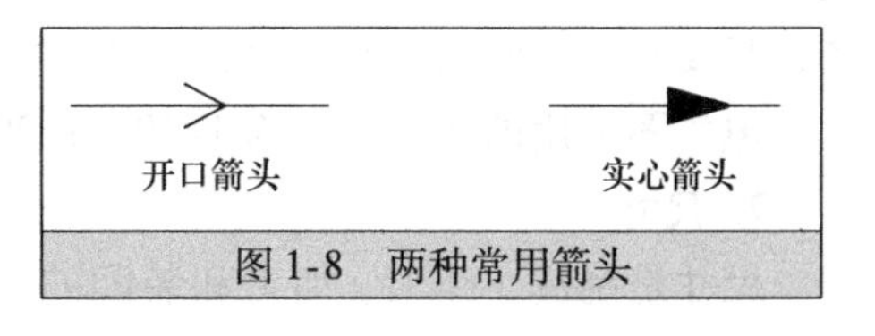

图 1-8 两种常用箭头

4. 指引线

指引线用于指示注释的对象。指引线一端指向注释对象，另一端放置注释文字。电气图中使用的指引线主要有 3 种形式，如图 1-9 所示，若指引线末端需指在轮廓线内，可在指引线末端使用黑圆点，如图 1-9a 所示，若指引线末端需指在轮廓线上，可在指引线末端使用箭头，如图 1-9b所示，若指引线末端需指在电气线路上，可在指引线末端使用斜线，如图 1-9c 所示。

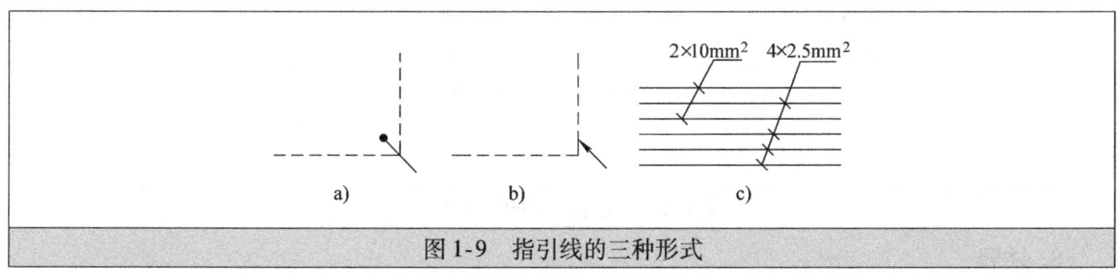

图 1-9 指引线的三种形式

5. 围框

如果电气图中有一部分是功能单元、结构单元或项目组（如电器组、接触器装置），可用围框（点画线）将这一部分围起来，围框的形状可以是不规则的。在电气图中采用围框时，围框线不应与元件符号相交（插头、插座和端子符号除外）。

在图 1-10a 的细点画线围框中为两个接触器，每个接触器都有 3 个触点和一个线圈，用一个围框可以使两个接触器的作用关系看起来更加清楚。如果电气图很复杂，一页图纸无法放置时，可用围框来表示电气图中的某个单元，该单元的详图可画在其他图纸上，并在图框内进行说明，如图 1-10b 所示，表示该含义的围框应用双点画线。

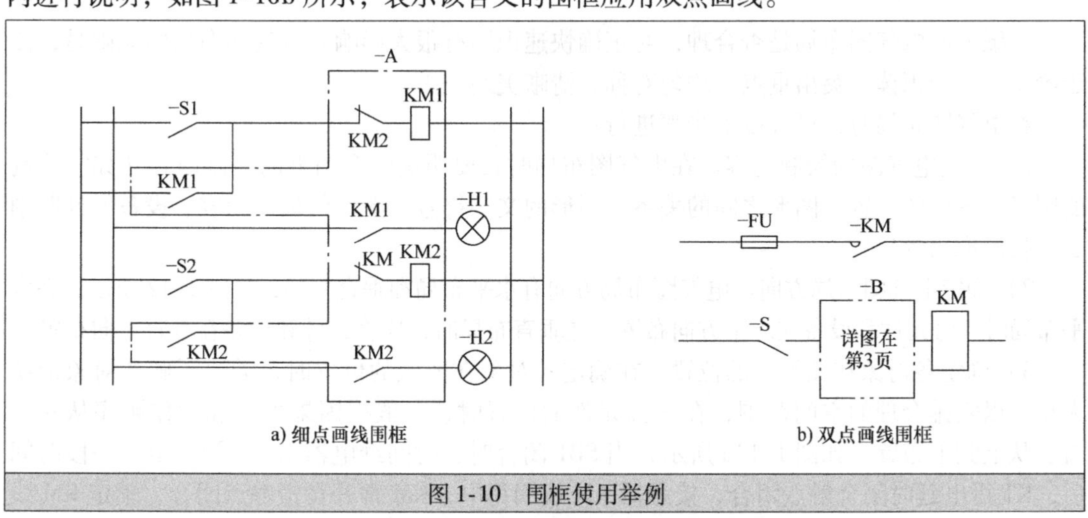

图 1-10 围框使用举例

6. 比例

电气图上画的图形大小与物体实际大小的比值称为比例。电气原理图一般不按比例绘制，而电气位置平面图等常按比例绘制或部分按比例绘制。对于采用比例绘制的电气平面图，只要在图上测出两点距离就可按比例值计算出现场两点间的实际距离。

电气图采用的比例一般为1:10、1:20、1:50、1:100、1:200和1:500。

7. 尺寸

尺寸是制造、施工、加工和装配的主要依据。尺寸由尺寸线、尺寸界线、尺寸起止点（实心箭头和45°斜短画线）和尺寸数字4个要素组成。尺寸标注如图1-11所示。

电气图纸上的尺寸通常以mm（毫米）为单位，除特殊情况外，图纸上一般不标注单位。

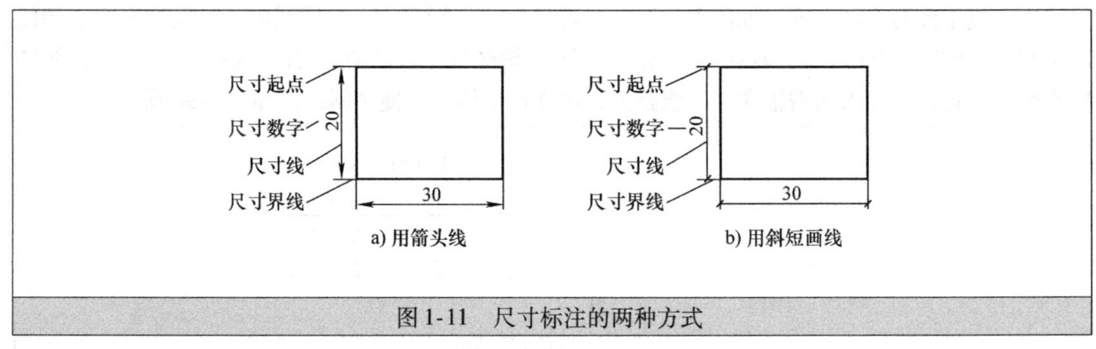

图1-11　尺寸标注的两种方式

8. 注释

注释的作用是对图纸上的对象进行说明。注释可采用两种方式：①将注释内容直接放在所要说明的对象附近，如有必要，可使用指引线；②给注释对象和内容加相同标记，再将注释内容放在图纸的别处或其他图纸。

若图中有多个注释时，应将这些注释进行编号，并按顺序放在图纸边框附近。如果是多张图，一般性注释通常放在第一张图上，其他注释则放在与其内容相关的图上。在注释时，可采用文字、图形、表格等形式，以便更好地将对象表达清楚。

1.2.3　电气图的布局

图纸上的电气图布局是否合理，对正确快速识图有很大影响。电气图布局的原则是，便于绘制、易于识读、突出重点、均匀对称、清晰美观。

在电气图布局时，可按以下步骤进行：

1）明确电气图的绘制内容。在电气图布局时，要明确整个图纸的绘制内容（如需绘制的图形、图形的位置、图形之间的关系、图形的文字符号、图形的标注内容、设备元件明细表和技术说明等）。

2）确定电气图布局方向。电气图布局方向有水平布局和垂直布局，如图1-12所示，在水平布局时，将元件和设备在水平方向布置，在垂直布局时，应将元件和设备在垂直方向布置。

3）确定各对象在图纸上的位置。在确定各对象在图纸的位置时，需要了解各对象形状大小，以安排合理的空间范围，在安排元件的位置时，一般按因果关系和动作顺序从左到右、从上到下布置。如图1-13a所示，当SB1闭合时，时间继电器KT线圈得电，一段时间后，KT得电延时闭合触点闭合，接触器KM线圈得电，KM常开自锁触点闭合，锁定KM线圈得电，同时KM常闭联锁触点断开，KT线圈失电，KT触点断开，如图1-13a采用图1-13b一样的元件布局，虽然电气原理与图1-13a相同，但识图时不符合习惯。

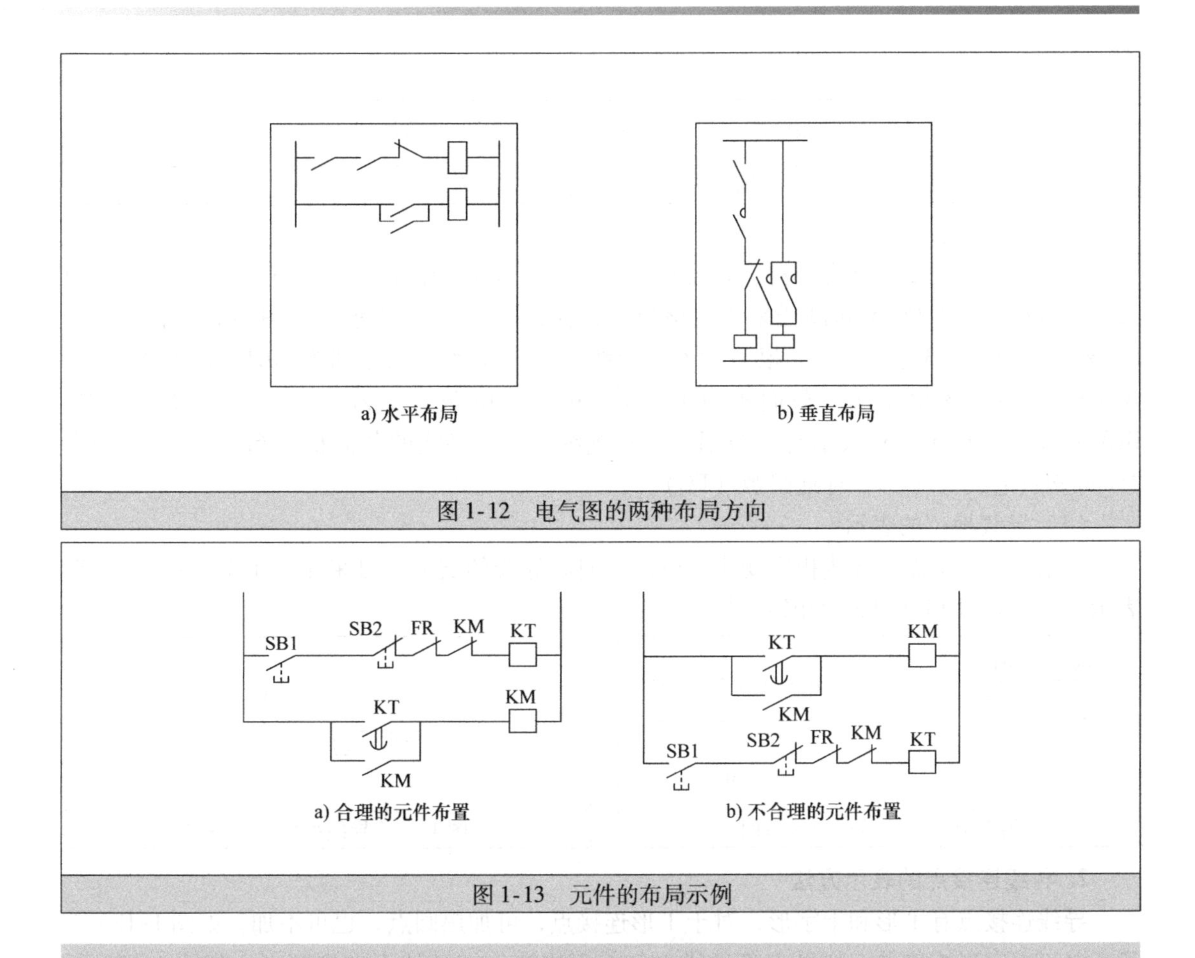

图1-12　电气图的两种布局方向

图1-13　元件的布局示例

1.3　电气图的表示方法

1.3.1　电气连接线的表示方法

电气连接线简称导线，用作连接电气元件和设备，其功能是传输电能或传递电信号。

1. 导线的一般表示方法

（1）导线的符号

导线的符号如图1-14所示，一般符号可表示任何形式的导线，母线是指在供配电系统中使用的粗导线。

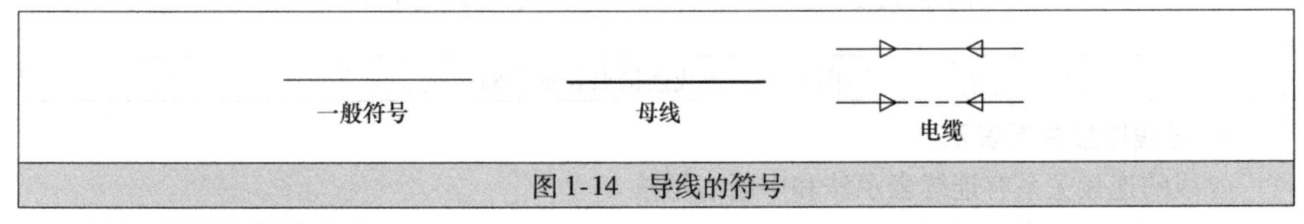

图1-14　导线的符号

（2）多根导线的表示

在表示多根导线时，可用多根单导线符号组合在一起表示，也可用单线来表示多根导线，如图1-15所示。如果导线数量少，可直接在单线上画多根45°短画线；如果导线根数很多，通常在单线上画一根短画线，并在旁边标注导线根数。

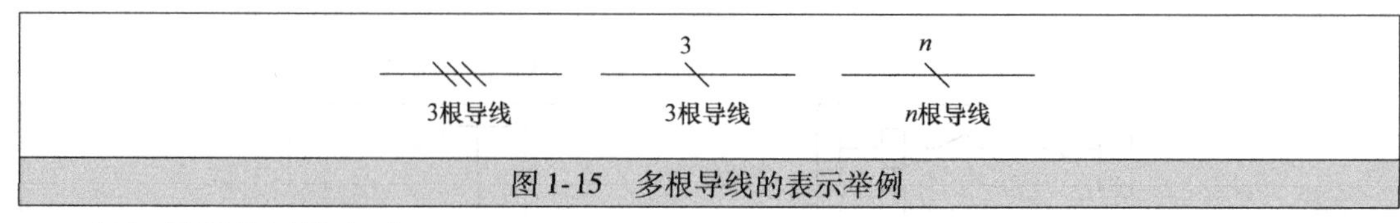

图 1-15　多根导线的表示举例

（3）导线特征的表示

导线的特征主要有导线材料、截面积、电压、频率等，导线的特征一般直接标在导线旁边，也可在导线上画 45°短画线来指定该导线特征，如图 1-16 所示。在图 1-16a 中，3N ~ 50Hz380V 表示有 3 根相线、1 根中性性、导线电源频率和电压分别为 50Hz 和 380V，3 × 10 + 1 × 4 表示 3 根相线的截面积为 $10mm^2$、中性线的截面积为 $4mm^2$。在图 1-16b 中，BLV – 3 × 6 – PC25 – FC 表示有 3 根铝芯塑料绝缘导线、导线的截面积为 $6mm^2$，用管径为 25mm 塑料电线管（PC）埋地暗敷（FC）。

（4）导线换位的表示

在某些情况下需要导线相序变换、极性反向和导线的交换，可采用图 1-17 所示方法来表示，图中表示 L1 和 L3 两相线互换。

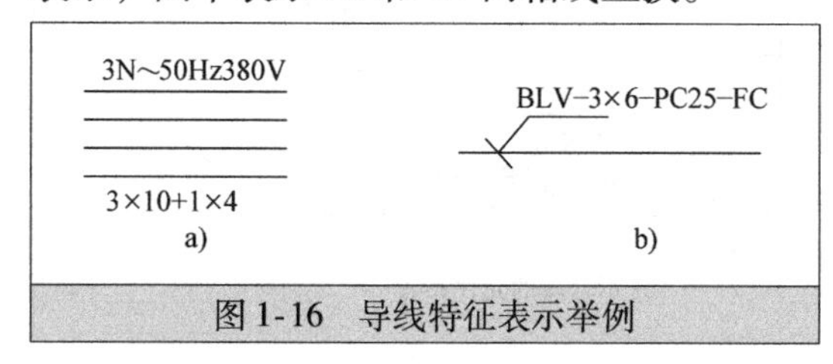

图 1-16　导线特征表示举例

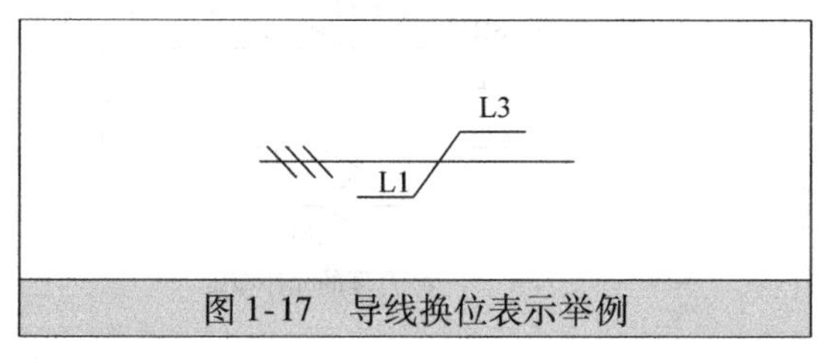

图 1-17　导线换位表示举例

2. 导线连接点的表示方法

导线连接点有 T 形和十字形，对于 T 形连接点，可加黑圆点，也可不加，如图 1-18a 所示，对于十字形连接点，如果交叉导线电气上不连接，交叉处不加黑圆点，如图 1-18b 所示，如果交叉导线电气上有连接关系，交叉处应加黑圆点，如图 1-18c 所示，导线应避免在交叉点改变方向，应跨过交叉点再改变方向，如图 1-18d 所示。

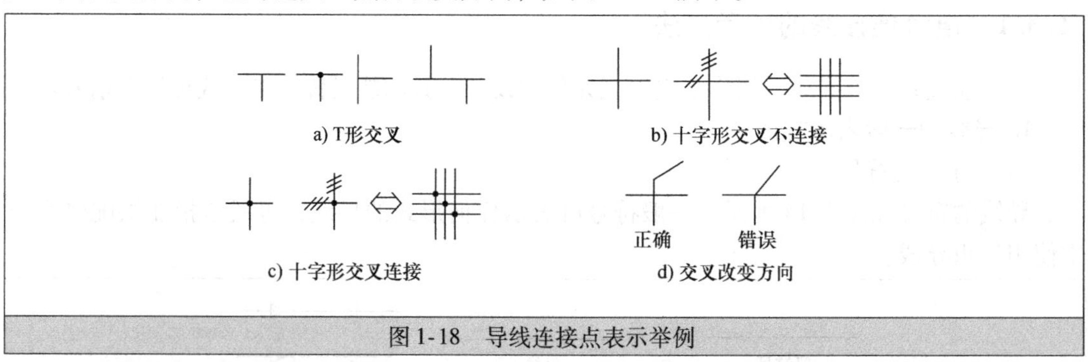

图 1-18　导线连接点表示举例

3. 导线连接关系表示

导线的连接关系有连续表示法和中断表示法。

（1）导线连接的连续表示

表示多根导线连接时，既可采用多线形式，也可采用单线形式，如图 1-19 所示，采用单线形式表示导线连接可使电气图看起来简单清晰。常见的导线单线连接表示形式如图1-20 所示。

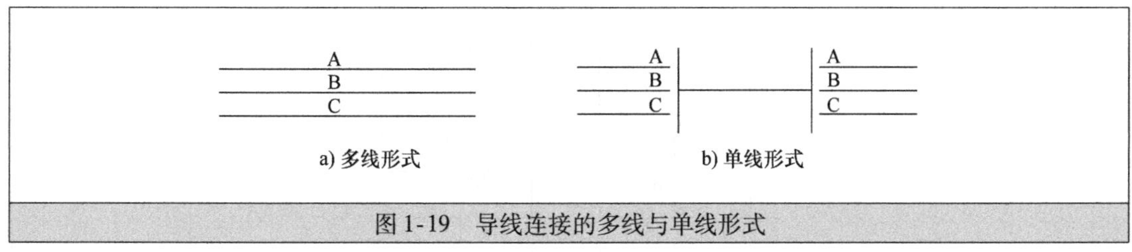

图1-19 导线连接的多线与单线形式

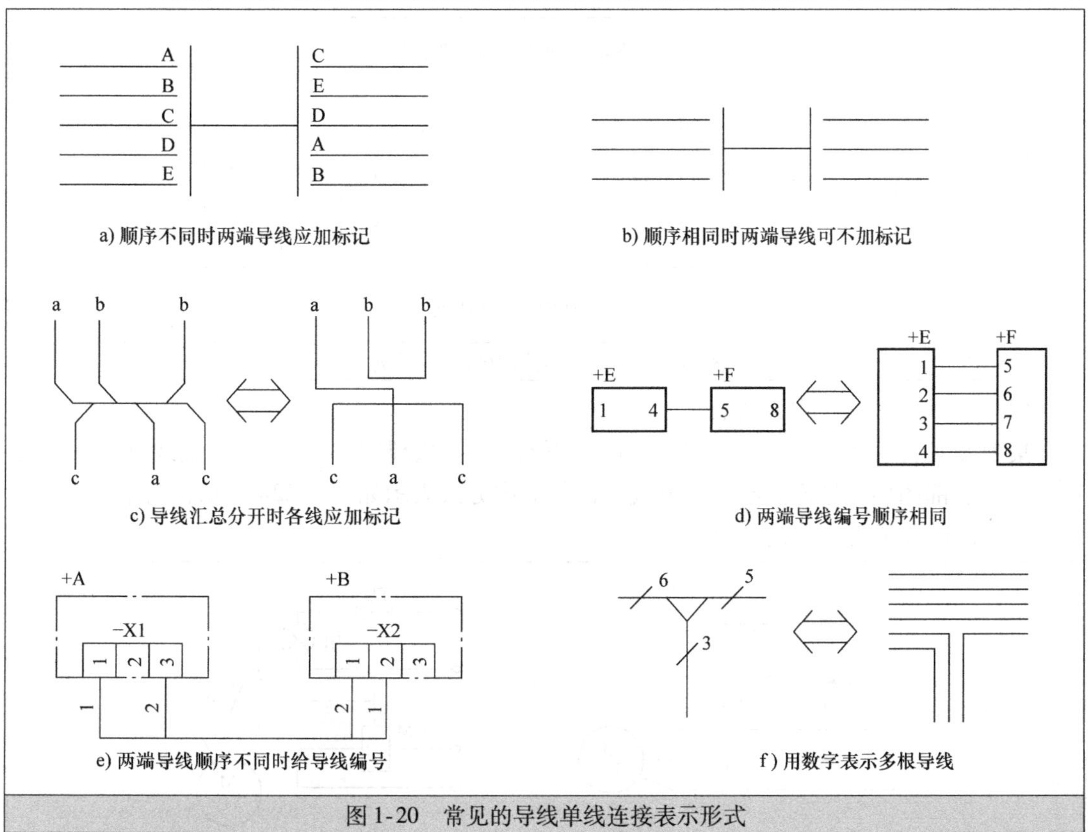

图1-20 常见的导线单线连接表示形式

（2）导线连接的中断表示

如果导线需要穿越众多的图形符号，或者一张图纸上的导线要连接到另一张图纸上，这时可采用中断方式来表示导线连接。导线连接的中断表示如图1-21所示，图a采用在导线中断处加相同的标记来表示导线连接关系，图b采用在导线中断处加连接目标的标记来表示导线连接关系。

1.3.2 电气元件的表示方法

1. 复合型电气元件的表示方法

有些电气元件只有一个完整的图形符号（如电阻器），有些电气元件由多个部分组成（如接触器由线圈和触点组成），这类电气元件称为复合型电气元件，其不同部分使用不同图形符号表示。对于复合型电气元件，在电气图中可采用集中方式表示、半集中方式表示或分开方式表示。

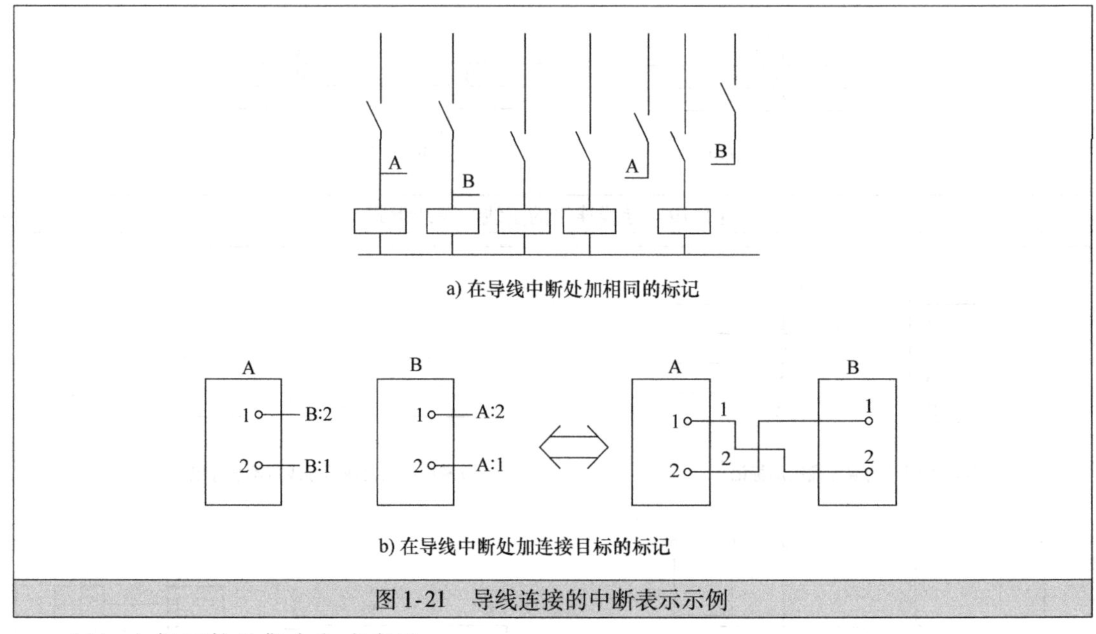

图 1-21　导线连接的中断表示示例

（1）电气元件的集中方式表示

集中方式表示是指将电气元件的全部图形符号集中绘制在一起，用直虚线（机械连接符号）将全部图形符号连接起来。电气元件的集中方式表示如图 1-22a 所示，简单电路图中的电气元件适合用集中方式表示。

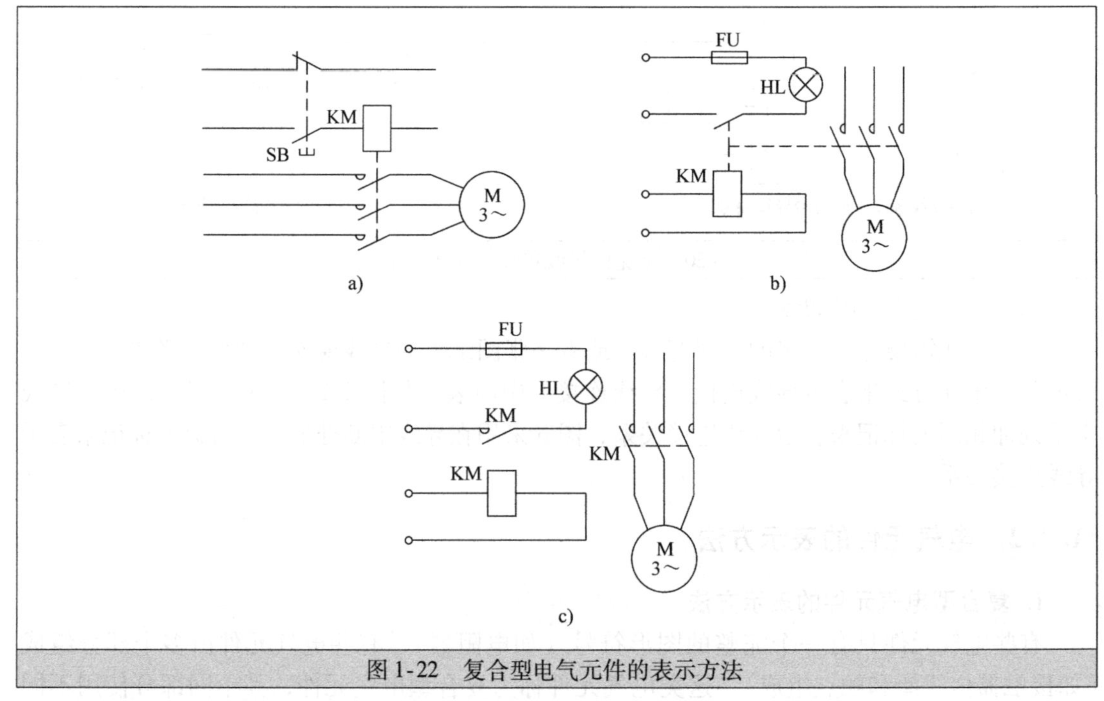

图 1-22　复合型电气元件的表示方法

（2）电气元件的半集中方式表示

半集中方式表示是指将电气元件的全部图形符号分散绘制，用虚线将全部图形符号连接起来。电气元件的半集中方式表示如图 1-22b 所示。

（3）电气元件的分开方式表示

分开方式表示是指将电气元件的全部图形符号分散绘制，各图形符号都用相同的项目代号表示。与半集中表示相比，电气元件采用分开方式绘制可以减少电气图上的图线（虚线），且更灵活，但由于未用虚线连接，识图时容易遗漏电气元件的某个部分。电气元件的分开方式表示如图 1-22c 所示。

2. 电气元件状态的表示

在绘制电气元件图形符号时，其状态均按“正常状态”表示，即元件未受外力作用、未通电时的状态。例如：

1）继电器、接触器应处于非通电状态，其触点状态也应处于线圈未通电时对应的状态。

2）断路器、隔离开关和负荷开关应处于断开状态。

3）带零位的手动控制开关应处于零位置，不带零位的手动控制开关应在图中规定位置。

4）机械操作开关（如行程开关）的状态由机械部件的位置决定，可在开关附近或别处标注开关状态与机械部件位置之间的关系。

5）压力继电器、温度继电器应处于常温和常压时的状态。

6）事故、报警、备用等开关或继电器的触点应处于设备正常使用的位置，如有特定位置，应在图中加以说明。

7）复合型开闭元件（如组合开关）的各组成部分必须表示在相互一致的位置上，而不管电路的工作状态。

3. 电气元件触点的绘制规律

对于电类继电器、接触器、开关、按钮等电气元件的触点，在同一电路中，在加电或受力后各触点符号的动作方向应绘成一致，其绘制规律为“左开右闭，下开上闭”。当触点符号垂直放置时，动触点在静触点左侧为常开触点（也称动合触点），动触点在静触点右侧为常闭触点（又称动断触点），如图 1-23a 所示。当触点符号水平放置时，动触点在静触点下方为常开触点，动触点在静触点上方为常闭触点，如图 1-23b 所示。

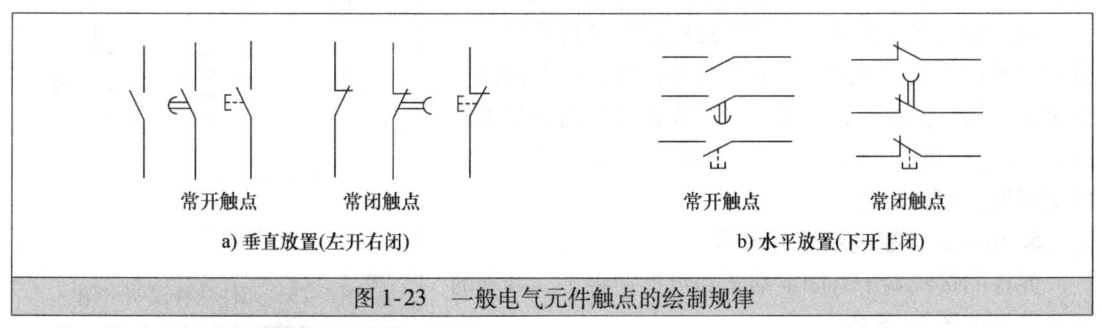

图 1-23　一般电气元件触点的绘制规律

4. 电气元件标注的表示

电气元件的标注包括项目代号、技术数据和注释说明等。

（1）项目代号的表示

项目代号是区分不同项目的标记，如电阻项目代号用 R 表示，多个不同电阻分别用 R1、R2 等表示。项目代号的一般表示规律如下：

1）项目代号的标注位置尽量靠近图形符号。

2）当元件水平布局时，项目代号一般应标在元件图形符号上方，如图 1-24a 中的 VD、R，当元件垂直布局时，项目代号一般标在图形符号左方，如图 1-24a 中的 C1、C2。

3）对围框的项目代号应标注在其上方或右方，如图 1-24b 中的 U1。

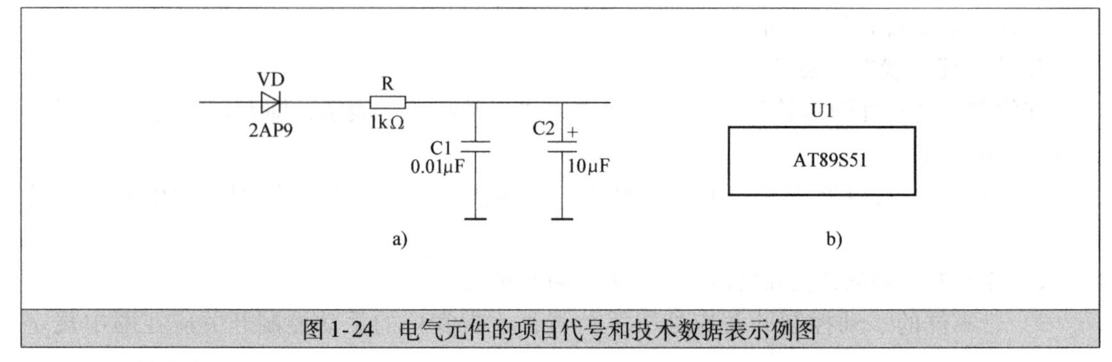

图 1-24　电气元件的项目代号和技术数据表示例图

（2）技术数据的表示

元件的技术数据主要包括元件型号、规格、工作条件、额定值等。技术数据一般表示规律如下：

1）技术数据的标注位置尽量靠近图形符号。

2）当元件水平布局时，技术数据一般应标在元件图形符号的下方，如图 1-24a 中的 2AP9、1kΩ；当元件垂直布局时，技术数据一般标在项目代号的下方或右方，如图 1-24a 中的 0.01μF、10μF。

3）对于像集成电路、仪表等方框符号或简化外形符号，技术数据可标在符号内，如图 1-24b 中的 AT89S51。

（3）注释说明的表示

元件的注释说明可采用两种方式：①将注释内容直接放在所要说明的元件附近，如图 1-25 所示，如有必要，注释时可使用指引线；②给注释对象和内容加相同标记，再将注释内容放在图纸的别处或其他图纸。

若图中有多个注释时，应将这些注释进行编号，并按顺序放在图纸边框附近。如果是多张图，一般性注释通常放在第一张图上，其他注释则放在与其内容相关的图上。在注释时，可采用文字、图形、表格等形式，以便更好地将对象表达清楚。

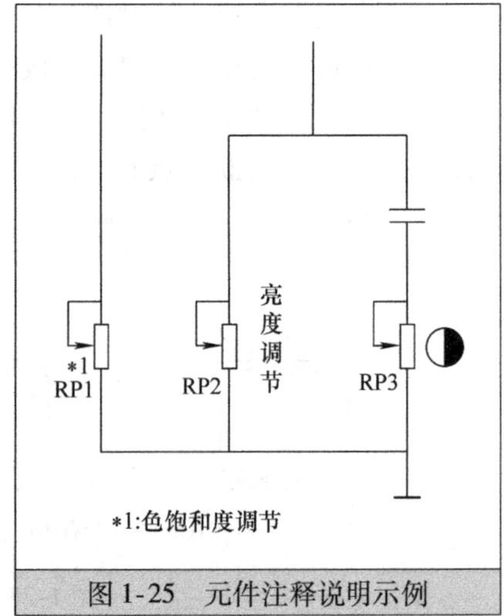

图 1-25　元件注释说明示例

5. 电气元件接线端子的表示

元件的接线端子有固定端子和可拆换端子，端子的图形符号如图 1-26 所示。

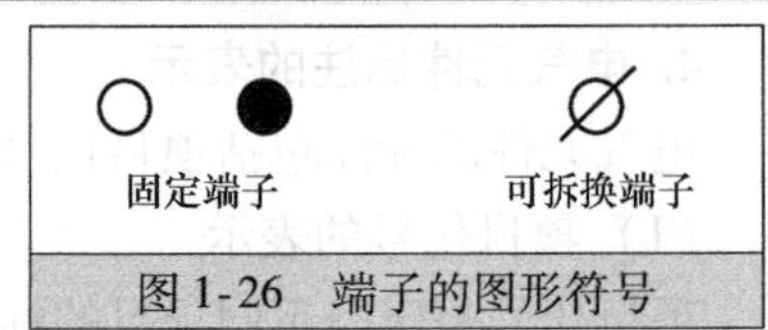

图 1-26　端子的图形符号

为了区分不同的接线端子，需要对端子进行编号。接线端子编号一般表示规律如下：

1）单个元件的两个端子用连续数字表示，若有中间端子，则用递增数字表示，如图 1-27a 所示。

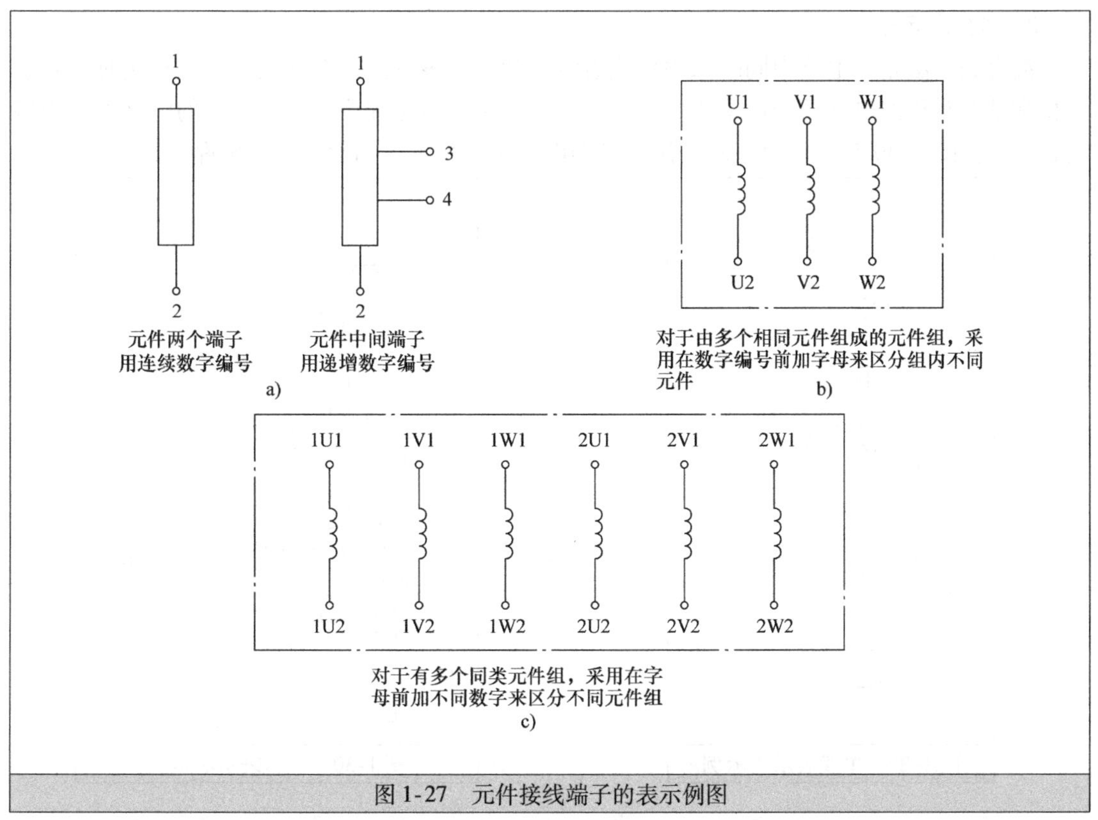

图 1-27 元件接线端子的表示例图

2）对于由多个相同元件组成元件组，其端子采用在数字编号前加字母来区分组内不同元件，如图 1-27b 所示。

3）对于有多个同类元件组，其端子采用在字母前加不同数字来区分组内不同元件组，如图1-27c所示。

1.3.3 电气线路的表示方法

电气线路的表示通常有多线表示法、单线表示法和混合表示法。

1. 多线表示法

多线表示法是将电路的所有元件和连接线都绘制出来的表示方法。图 1-28 是用多线表示法表示电动机正反转控制的主电路。

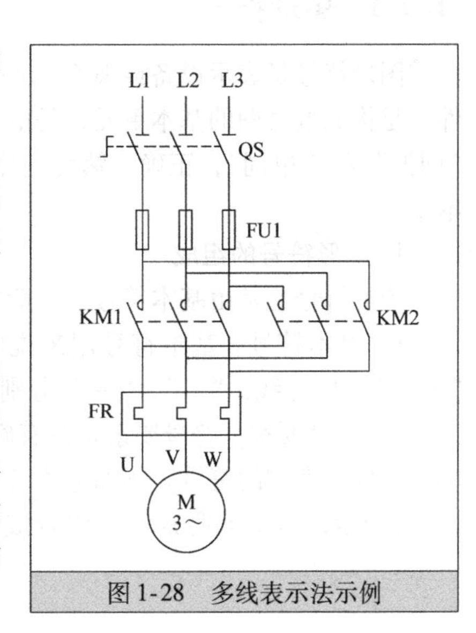

图 1-28 多线表示法示例

2. 单线表示法

单线表示法是将电路中的多根导线和多个相同图形符号用一根导线和一个图形符号来表示的方法。图1-29是用单线表示法表示的电动机正反转控制的主电路。单线表示法适用于三相电路和多线基本对称电路，不对称部分应在图中说明。如图 1-29 中在接触器 KM2 触点前加了 L1、L3 导线互换标记。

3. 混合表示法

混合表示法是在电路中同时采用单线表示法和多线表示法。在使用混合表示法时，对于三相和基本对称的电路部分可采用单线表示法，对于非对称和要求精确描述的电路可采用多线表示法。图 1-30 是用混合表示方法绘制的电动机星形 - 三角形切换主电路。

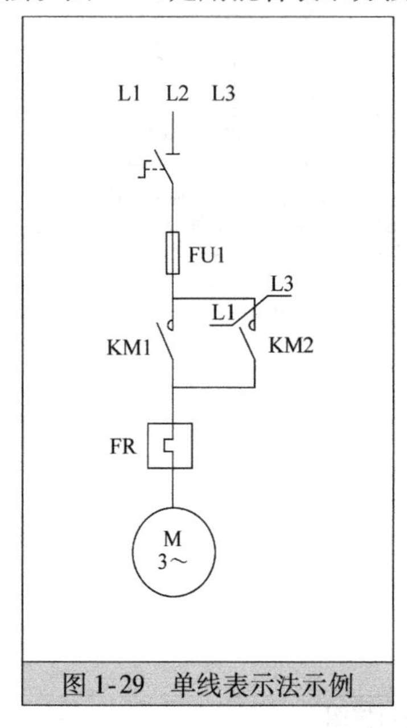

图 1-29　单线表示法示例

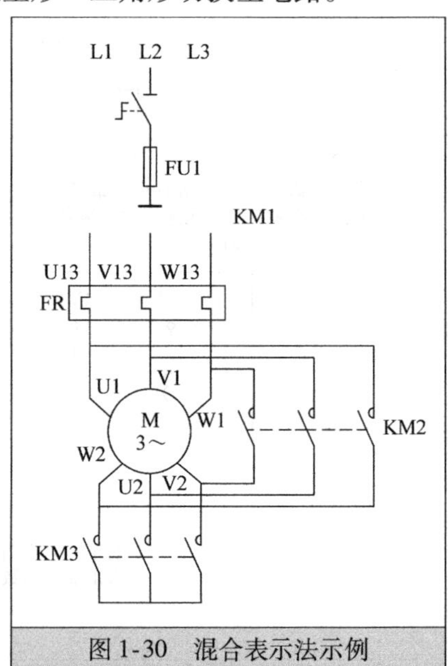

图 1-30　混合表示法示例

1.4　电气符号

电气符号包括图形符号、文字符号、项目代号和回路标号等。电气符号由国家标准统一规定，只有了解电气符号含义、构成和表示方法，才能正确识读电气图。

1.4.1　图形符号

图形符号是表示设备或概念的图形、标记或字符等的总称。它通常用于图样或其他文件，是构成电气图的基本单元，是电工技术文件中的“象形文字”，是电气工程“语言”的“词汇”和“单词”，正确、熟练地掌握绘制和识别各种电气图形符号是识读电气图的基本功。

1. 图形符号的组成

图形符号通常由基本符号、一般符号、符号要素和限定符号四部分组成。

1）基本符号。基本符号用来说明电路的某些特征，不表示单独的元件或设备。例如“N”代表中性线，“+”、“-”分别代表正、负极。

2）符号要素。符号要素是具有确定含义的简单图形，它必须和其他图形符号组合在一起才能构成完整的符号。例如电子管类元件有管壳、阳极、阴极和栅极 4 个要素符号，如图 1-31a 所示，这 4 个要素可以组合成电子管类的二极管、三极管和四极管等，如图 1-31b 所示。

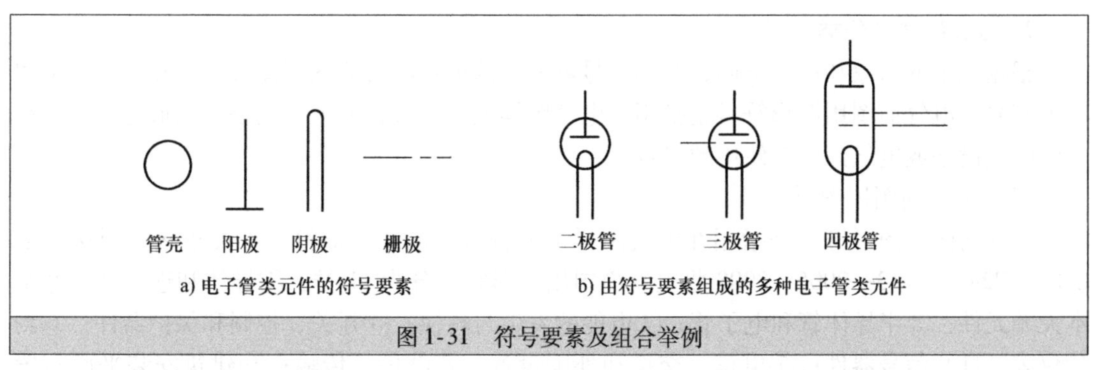

图 1-31　符号要素及组合举例

3）一般符号。一般符号用来表示一类产品或此类产品特征，其图形往往比较简单。图 1-32 列出了一些常见的一般符号。

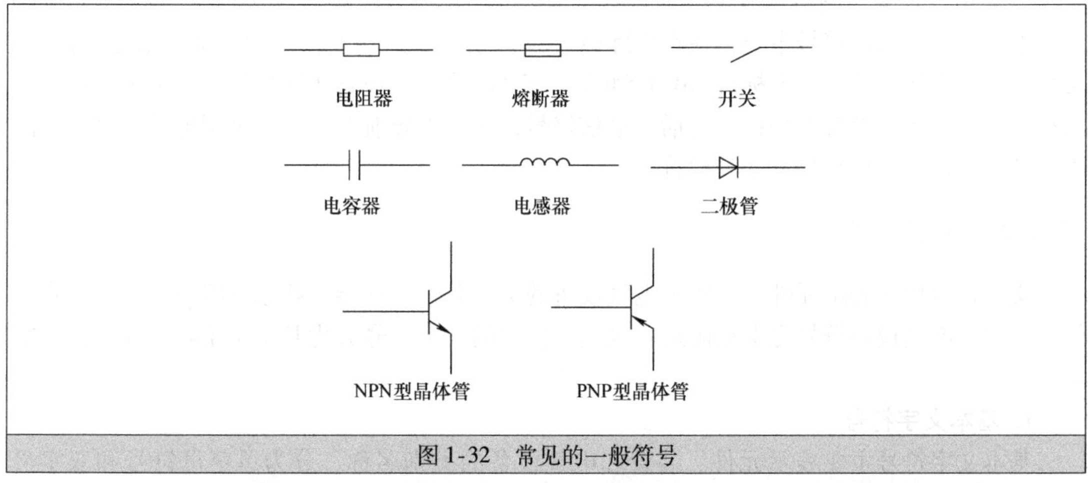

图 1-32　常见的一般符号

4）限定符号。限定符号是一种附加在其他图形符号上的符号，用来表示附加信息（如可变性、方向等）。限定符号一般不能单独使用，使用限定符号使得图形符号可表示更多种类的产品。一些限定符号的应用如图 1-33 所示。

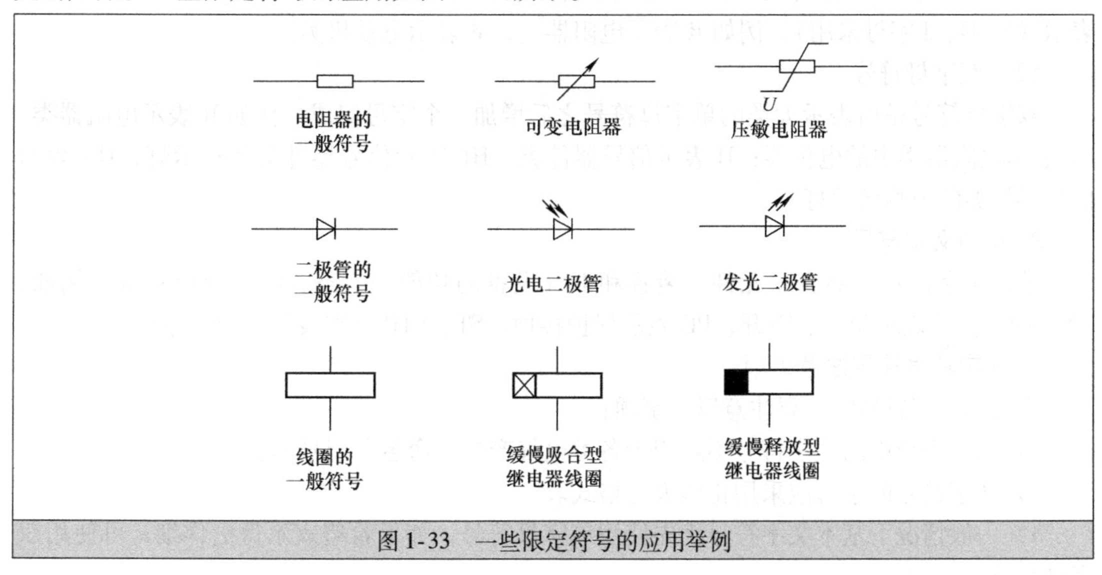

图 1-33　一些限定符号的应用举例

2. 图形符号的分类

根据表示的对象和用途不同，图形符号可分为两类：电气简图用图形符号和电气设备用图形符号。电气简图用图形符号是指用在电气图样上的符号，而电气设备用图形符号是指在实际电气设备或电气部件上使用的符号。

（1）电气简图用图形符号

电气简图用图形符号是指用在电气图样上的符号。电气图形符号种类很多，国家标准GB/T 4728.1～.13—2005、2008将电气简图用图形符号分为11类：①导体和连接件；②基本无源元件；③半导体管和电子管；④电能的发生与转换；⑤开关、控制和保护器件；⑥测量仪表、灯和信号器件；⑦电信：交换和外围设备；⑧电信：传输；⑨建筑安装平面布置图；⑩二进制逻辑元件；⑪模拟元件。

（2）电气设备用图形符号

电气设备用图形符号主要标注在实际电气设备或电气部件上，用于识别、限定、说明、命令、警告和指示等。国家标准GB/T 5465.1—2009将电气设备用图形符号分为8类：①通用符号；②音视频设备符号；③电话和电信符号；④海事导航符号；⑤家用电器符号；⑥医用设备符号；⑦安全符号；⑧其他符号。

1.4.2 文字符号

文字符号用于表示元件、装置和电气设备的类别名称、功能、状态及特征，一般标在元件、装置和电气设备符号之上或附近。电气系统中的文字符号分为基本文字符号和辅助文字符号。

1. 基本文字符号

基本文字符号主要表示元件、装置和电气设备的类别名称，分为单字母符号和双字母符号。

（1）单字母符号

单字母符号用于将元件、装置和电气设备分成20多个大类，每个大类用一个大写字母表示（I、O、J字母未用），例如R表示电阻器类，M表示电动机类。

（2）双字母符号

双字母符号是由表示大类的单字母符号之后增加一个字母组成。例如R表示电阻器类，RP表示电阻器类中的电位器；H表示信号器件类，HL表示信号器件类的指示灯，HA表示信号器件类的声响指示灯。

2. 辅助文字符号

辅助文字符号主要表示元件、装置和电气设备的功能、状态、特征及位置等。例如，ON、OFF分别表示闭合、断开，PE表示保护接地，ST、STP分别表示起动、停止。

3. 文字符号使用注意事项

在使用文字符号时，要注意以下事项：

1）电气系统中的文字符号不适用于各类电气产品的命名和型号编制。

2）文字符号的字母应采用正体大写格式。

3）一般情况下基本文字符号优先使用单字母符号，如果希望表示得更详细，可使用双字母符号。

1.4.3 项目代号

在电气图中，用一个图形符号表示的基本件、部件、功能单元、设备和系统等称为项目。由此可见，小到二极管、电阻器、连接片，大到配电装置、电力系统都可称为项目。

项目代号是用于识别图形、图表、表格中和设备上的项目种类，提供项目的层次关系、种类和实际位置等信息的一种特定代码。项目代号由拉丁字母、阿拉伯数字和特定的前缀符号按一定规则组合而成。例如某照明灯的项目代号为“=S3+301-E3：2”表示3号车间变电所301室3号照明灯的第2个端子。

一个完整的项目代号包括4个代号段，分别是①高层代号（第1段，前缀为“=”）；②位置代号（第2段，前缀为“+”）；③种类代号（第3段，前缀为“-”）；④端子代号（第4段，前缀为“:”）。图1-34为某10kV线路过电流保护项目的项目代号结构、前缀符号及其分解图。

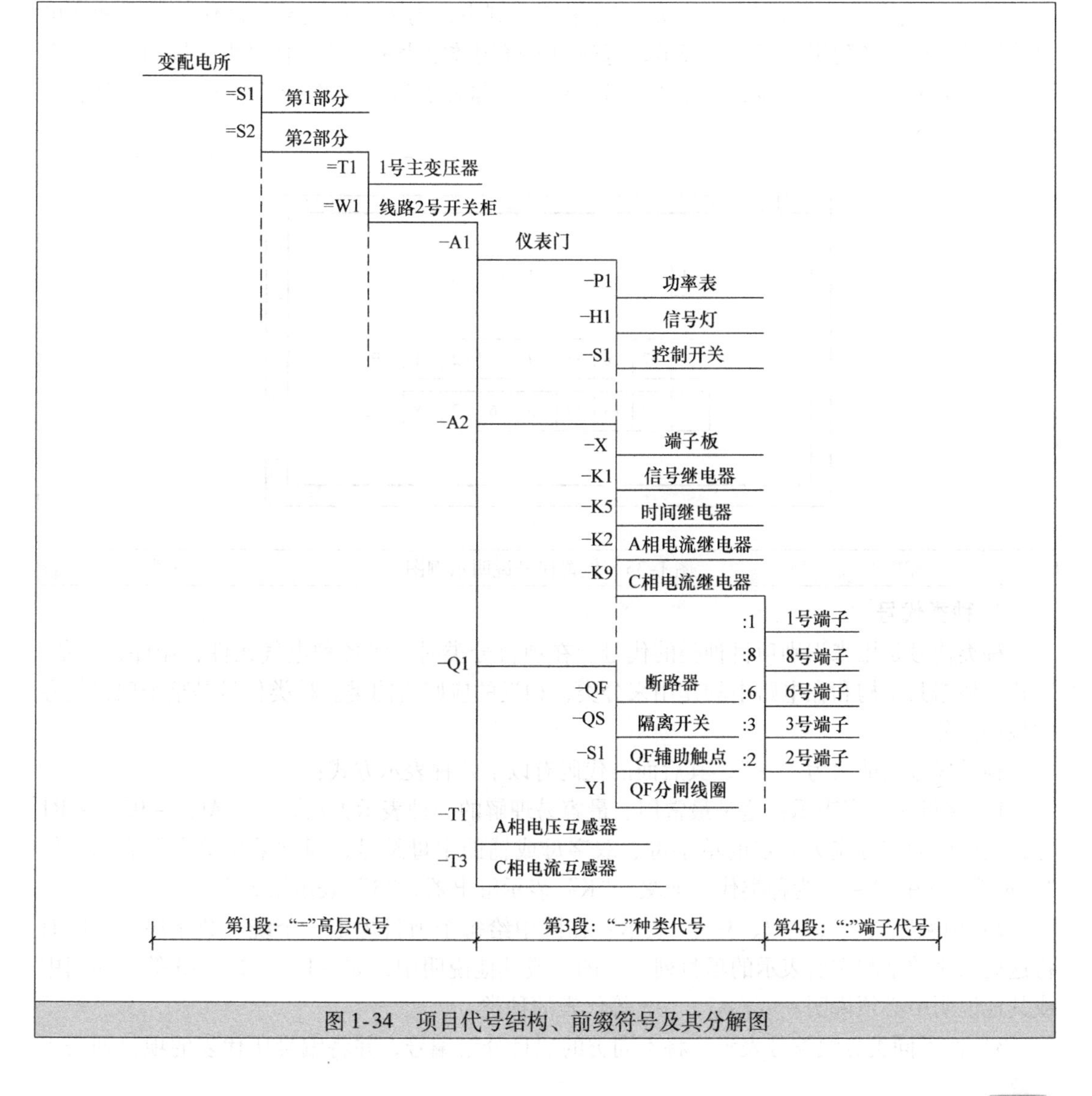

图1-34 项目代号结构、前缀符号及其分解图

1. 高层代号

对所给代号的项目而言，设备或系统中任何较高层次的代号都可称为高层代号。高层代号具有项目总代号的含义，其命名是相对的。例如，在某一电力系统中，该电力系统的代号是其所属变电所的高层代号，而变电所代号又是其所属变压器的高层代号。所以高层代号除了有项目总代号的含义，其命名也具有相对性，即某些项目对于其下级项目就是高层代号。

高层代号的前缀符号是“=”，其后面的代码由字母和数字组合而成。一个项目代号中可以只有一个高层代号，也可以有两个或多个高层代号，有多个高层代号时要将较高层次的高层代号标注在前。例如，第一套机床传动装置中第一种控制设备，可以用“=P1=T1”表示，表明P1、T1都属于高层代号，并且T1属于P1，“=P1=T1”也可以表示成“=P1T1”。

2. 位置代号

位置代号是项目在组件、设备、系统或建筑物中的实际位置代号。位置代号的前缀是“+”，其后面的代码通常由自行规定的字母和数字组成。

图1-35为某企业中央变电所203室的中央控制室，内部有控制屏、操作电源屏和继电保护屏共3列，各列用拉丁字母表示，每列的各屏用数字表示，位置代号由字母和数字组合而成。例如B列6号屏的位置代号“+B+6”，全称表示为“+203+B+6”，可简单表示为“+203B6”。

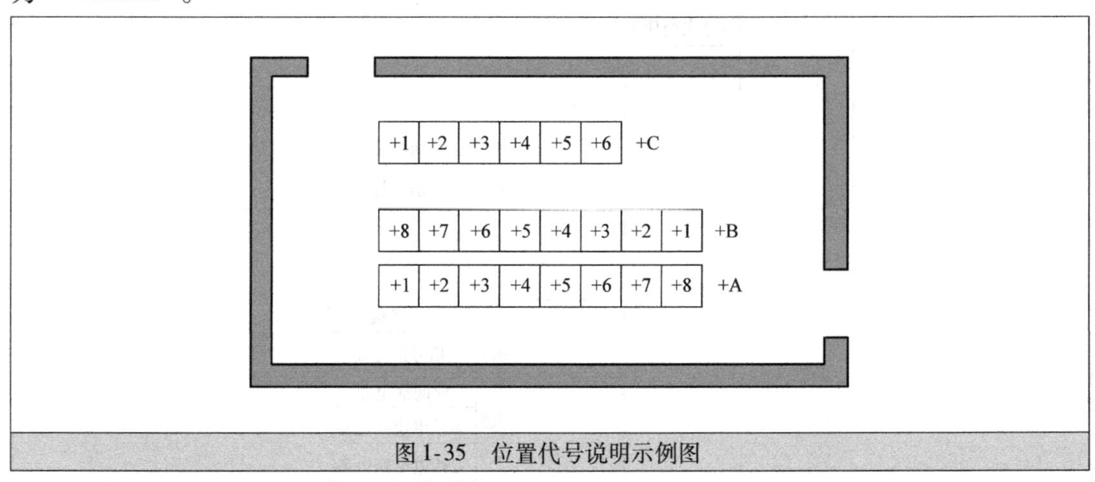

图1-35 位置代号说明示例图

3. 种类代号

种类代号是用来识别项目种类的代号。在项目分类时，将各种电气元件、器件、设备、装置等根据其结构和在电路中的作用来分类，相近的应归为同类。种类代号是整个项目代号的核心部分。

种类代号的前缀为“-”，其后面的代码有以下几种表示方式：

1）字母+数字表示：这是最常用、最容易理解的一种表示方法，如-A1、-B3、-R1等，代码中的字母应为规定的单字母、双字母或辅助字母符号，通常采用单字母表示，如“-K3”，其中“-”为种类代号前缀，“K”表示继电器，“3”表示第3个。

2）用顺序数字（1、2、3…）表示：在图中给每个项目规定一个统一数字序号，同时将这些顺序数字和它所表示的项目列表于图中或其他说明中，如-1、-2、-3等，在图中或其他说明中必须说明-1、-2、-3等代表的种类。

3）按不同类分组编号表示：将不同类的项目分组编号，并将编号所代表的项目列表于图中或其他说明中，如电阻器用 -11、-12、-13…表示，继电器用 -21、-22、-23…表示，信号灯用 -31、-32、-33…表示，编号中第 1 个数字 1、2、3 分别表示电阻器类、继电器类、指示灯类，后一个数字表示序号。

对于由若干项目组成的复合项目，其种类代号可采用字母代号与数字表示。如某高压开关柜 A3 第 1 个继电器，可表示为“ -A3 -K1”，简化表示为“ -A3K1”。

4. 端子代号

端子代号是指与外电路进行电气连接的接线端子的代号。端子代号是构成项目代号的一部分，如果项目端子有标记，端子代号必须与项目端子的标记一致，如果项目端子没有标记，应在图上自行标记端子代号。

端子代号的前缀为“:”，其后面的代码可以是数字，如“: 1”“: 2”等，也可以是大写字母，如“: A”“: B”等，还可以是数字与大写字母的组合，如“: 2W1”“: 2W2”等。例如，QF1 断路器上的 3 号端子，可以表示为“ -QF1 : 3”。

电气接线端子与特定导线（包括绝缘导线）连接时，规定有专门的标记方法。例如，三相交流电器的接线端子若与相位有关时，字母代号必须是 U、V、W，并且应与交流电源的三相导线 L1、L2、L3 一一对应。

5. 项目代号的使用

一个完整的项目代号由四段代号组成，而实际标注时，项目代号可以是一段、二段或三段代号，具体视情况而定。标注项目代号时，应针对要表示的项目，按照分层说明、适当组合、符合规范、就近标注和有利看图的原则，有目的地进行标注。对于经常使用而又较为简单的图，可以只采用一个代号段。

（1）单一代号段的项目代号标注

项目代号可以是单一高层代号、单一位置代号、单一种类代号和单一端子代号。

单一高层代号多用于较高层次的电气图中，特别是概略图，单一高层代号可标注在该高层的围框或图形符号的附近，一般在轮廓线外的左上角。若全图都属于一个高层或一个高层的一部分，高层代号可标注在标题栏的上方，也可在标题栏内说明。

单一位置代号多用在接线图中，标注在单元的围框附近。在安装图和电缆连接图中，只需提供项目的位置信息，此时可只标注由位置代号段构成的项目代号。

单一种类代号多用于电路图中。对于比较简单的电路图，若只需表示电路的工作原理，而不强调电路各组成部分之间的层次关系时，可以在图上各项目附近只标注由种类代号构成的项目代号，如图 1-36 所示。

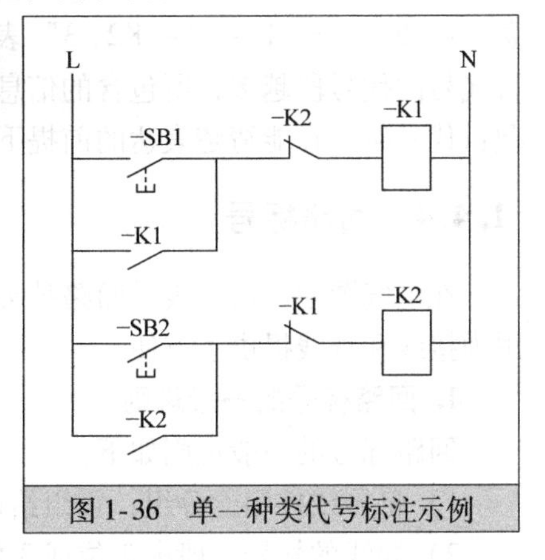

图 1-36 单一种类代号标注示例

单一端子代号多用于接线图和电路图中。端子代号可标注在端子符号的附近，不带圆圈的端子则将端子代号标注在符号引线附近，如图 1-37 所示的开关端子 11、12，标注方向以看图方向为准，在有围框的功能单元或结构单元中，端子代号必须标注在围框内，如图 1-37 所示的围框内的 1、2、3 等端子，端子板的各端子代号以数字为序直接标注在各小矩形框内，如图 1-37 所示的 X1 端子板。

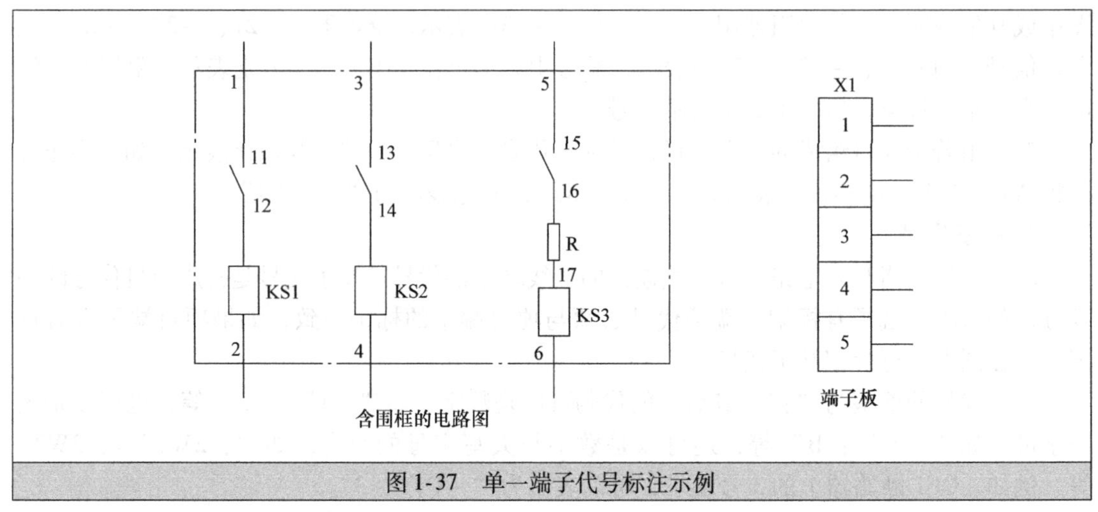

图1-37　单一端子代号标注示例

（2）多代号段的项目代号标注

项目代号可以是单代号段，也可以是由多代号段组成。

当高层代号和种类代号组成项目代号时，主要表示项目之间功能上的层次关系，一般不反映项目的安装位置，因此多用于初期编定的项目代号。例如，第3套系统中的第2台电动机的项目代号为“=S3-M2”。

当位置代号和种类代号组成项目代号时，可以明确给出项目的位置，便于对项目的查找、检修和排除故障。例如，项目代号“+108B-M2”表示第2台电动机的位置在108室第B列开关柜上。

当种类代号和端子代号组成项目代号时，主要用于表示项目的端子代号。例如，图1-37中的各端子代号可表示为“-X1：1”“-X1：2”…。

当高层代号、位置代号和种类代号组成项目代号时，主要用于表示大型复杂成套装置。例如，项目代号“=T1+C-K2”表示1号变压器C列柜的第2个继电器。

当高层代号、位置代号、种类代号和端子代号组成项目代号时，可以表示更多的项目信息。例如，“=T1+C-K2：3”表示1号变压器C列柜的第2个继电器的第3个端子。项目代号的代号段越多，所包含的信息越多，但可能会使电气图看上去比较混乱，因此在标注项目代号时，在能清楚表达的前提下，尽量少用多段代号。

1.4.4　回路标号

在电气图中，用于表示回路种类、特征的文字和数字标号称为回路标号。回路标号的使用为接线和查线提供了方便。

1. 回路标号的一般规则

回路标号的一般规则如下：

1）将导线按用途分组，每组给以一定的数字范围。

2）导线的标号一般由3位或3位以下的数字组成，当需要标明导线的相别或其他特征时，在数字的前面或后面（一般在数字的前面）添加文字符号。

3）导线标号按等电位原则进行，即回路中连接在同一点上的导线具有相同的电位，应标注相同的回路标号。

4）由线圈、触点、开关、电阻、电容等降压元件（开关断开时存在降压）间隔的线段，应标注不同的回路标号。

5）标号应从交流电源或直流电源的正极开始，以奇数顺序号1、3、5…或101、103、105…开始，直至电路中的一个主要降压元件为止。之后按偶数顺序号2、4、6…或102、104、106…至交流电源的中性线（或另一相线）或直流电源的负极。

6）某些特殊用途的回路给以固定的数字标号。例如断路器的跳闸回路用33、133等。

2. 回路标号的分类

根据标识电路的内容不同，回路标号可分为直流回路标号、交流回路标号和电力拖动、自动控制回路标号。

（1）直流回路的标号

在直流一次回路中，用个位数字的奇偶性来区分回路的极性，用十位数字的顺序来区分回路的不同线段，例如正极回路用1、11、21、31…顺序标号，负极回路用2、12、22…顺序标号。用百位数字来区分不同供电电源的回路，如A电源的正负极回路分别用101、111、121…和102、112、122…顺序标号，B电源的正负极回路分别用201、211、221…和202、212、222…顺序标号。

在直流二次回路中，正负极回路的线段分别用奇数1、3、5…和偶数2、4、6…顺序标号。

（2）交流回路的标号

在交流一次回路中，用个位数字的顺序来区分回路的相别，用十位数字的顺序来区分回路的不同线段，例如第一相回路用1、11、21、31…顺序标号，第二相回路用2、12、22…顺序标号，第三相回路用3、13、23…顺序标号。

交流二次回路的标号原则与直流二次回路相似。回路的主要降压元件两端的不同线段分别按奇数和偶数的顺序标号，如一侧按1、3、5…顺序标号，另一侧按2、4、6…顺序标号。元件之间的连接导线，可任意选标奇数或偶数。

对于不同供电电源的回路，可用百位数字的顺序标号进行区分。

（3）电力拖动和自动控制回路的标号

在电力拖动和自动控制回路中，一次回路的标号由文字符号和数字符号两部分组成。文字符号用于标明一次回路中电器元件和线路的技术特性，如三相电动机绕组用U、V、W表示，三相交流电源端用L1、L2、L3表示。数字符号由3位或3位以下数字构成，用来区分同一文字符号回路中不同的线段，如三相交流电源端用L1、L2 、L3表示，经开关后用U11、V12、W13标号，熔断器以下用U21、V22、W23标号。

在二次回路中，除电器元件、设备、线路标注文字符号外，为简明起见，其他只标注回路标号。

图1-38是一个电动机控制电路。三相电源端用L1、L2、L3表示，“1、2、3”分别表示三相电源的相别，由于QS1开关两端属于不同的线段，因此加一个十位数“1”，这样经电源经开关后的标号为“L11、L12、L13”。电动机一次回路的标号应从电动机绕组开始，自下而上标号。以电动机M1的回路为例，电动机定子绕组的标号为U1、V1、W1，在热继电器FR1发热元件另一组线段，标号为U11、V11、W11，再经接触器KM触点，标号变为U21、V21、W21，经过熔断器FU1与三相电源相连，并分别与L11、L12、L13同电位，因

此不再标号，也可将 L11、L12、L13 改成标号 U31、V31、W31。

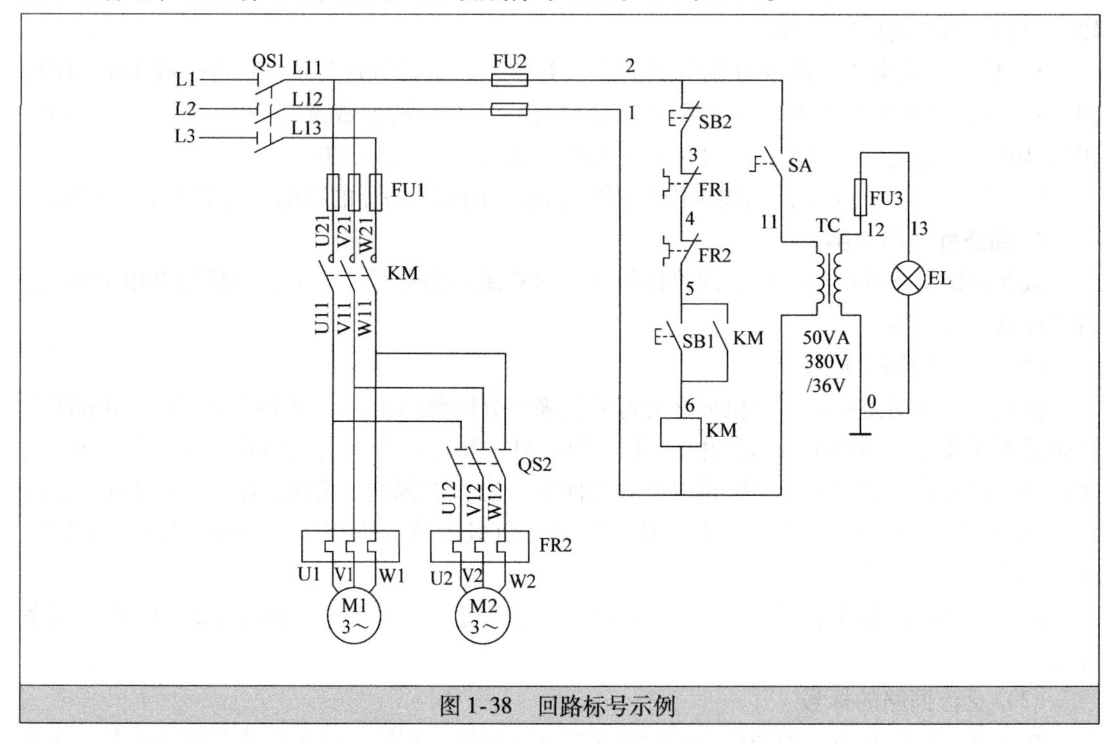

图 1-38　回路标号示例

第2章　电气测量电路

电气测量主要包括电流测量、电压测量、功率测量、功率因数测量和电能测量等。通过对电路中各种电参数的测量，可以了解电路的工作情况，便于对电气设备、运行电路进行管理、维护及诊断。在测量时，根据需要测量的参数选用合适的电工仪表，并将仪表正确接入电路中进行测量。

2.1　电流和电压的测量电路

2.1.1　电流测量电路

电流测量有两种方法：直接测量法和间接测量法。低电压、小电流电路适合用直接测量法测量电流，高电压、大电流电路适合用间接测量法测量电流。

1. 电流直接测量电路

在直接测量电流时，需要将电流表直接串联在电路中，测量直流电流要选择直流电流表，测量交流电流则要选择交流电流表。直流电流表和交流电流表如图2-1所示，直流电流和交流电流直接测量电路如图2-2所示。测量直流电流时，要注意直流电流表的极性。

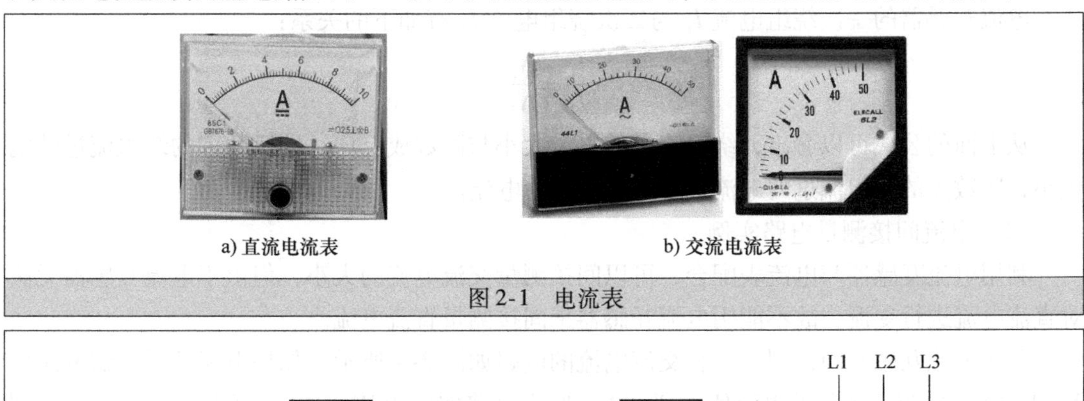

图2-1　电流表

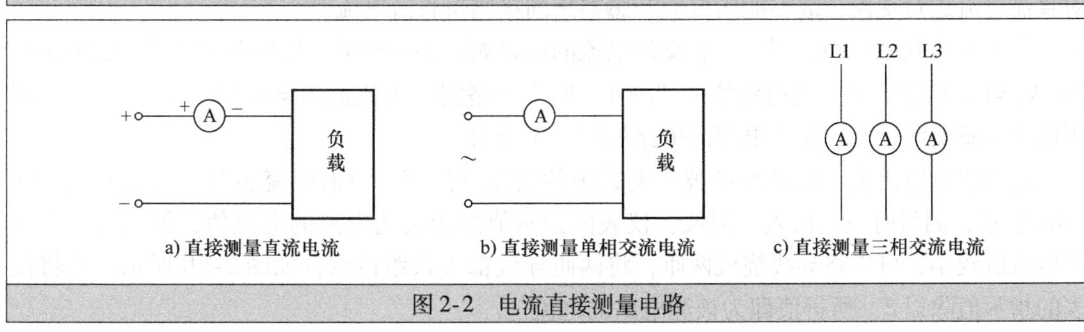

图2-2　电流直接测量电路

如果不需要长时间随时监视电路的电流大小，也可以使用万用表的电流档来直接测量电路中的电流值。

2. 电流间接测量电路

间接测量电流法适合测量高电压、大电流交流电路中的电流。在间接测量电流时，要用到电流互感器。

（1）电流互感器

电流互感器是一种能增大或减小交流电流的器件，其外形与工作原理说明如图 2-3 所示。

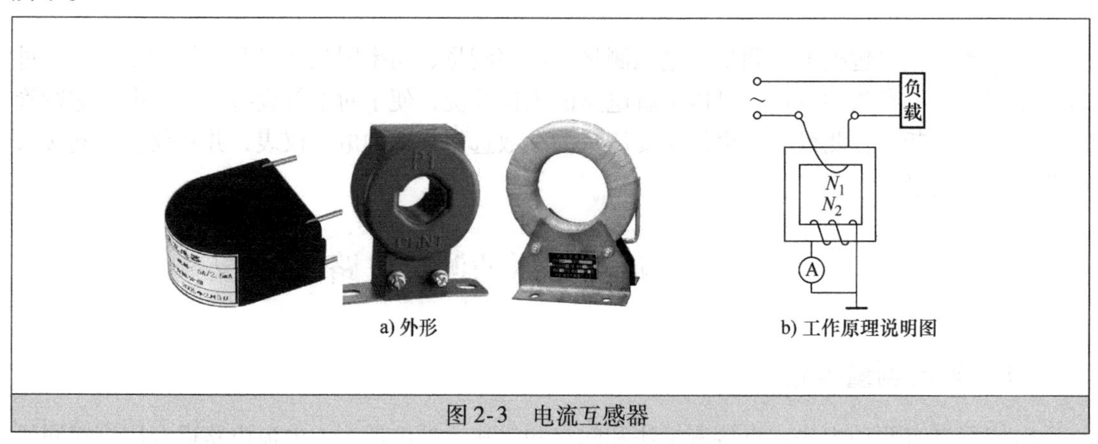

图 2-3 电流互感器

从图 2-3b 中可以看出，电流互感器的一次绕组串接在一根电源线上。当有电流流过一次绕组时，绕组产生磁场，磁场通过铁心穿过二次绕组，二次绕组两端有电压产生，与绕组连接的电流表有电流流过。对于穿心式电流互感器，直接将穿心（孔）而过的电源线作为一次绕组，二次绕组接电流表。

电流互感器的一次绕组电流 I_1 与二次绕组电流 I_2 有如下的关系：

$$\frac{I_1}{I_2}=\frac{N_2}{N_1}$$

从上面的公式可以看出，绕组流过的电流大小与匝数成反比，即匝数多的绕组流过的电流小，匝数少的绕组流过的电流大，N_2/N_1 称为电流比。

（2）电流间接测量电路实例

利用电流互感器与电流表配合，可以间接测量交流电流的大小，但由于电流互感器无法对直流电流进行变流，故不能用电流互感器来间接测量直流电流。

利用电流互感器间接测量一相交流电流的电路如图 2-4 所示，如果电流互感器的电流比 $N_2/N_1=6$，电流表测得的电流值 I_2 为 8A，那么电路实际电流值 $I_1=I_2(N_2/N_1)=48\text{A}$。利用电流互感器测量三相交流电流的电路如图 2-5 所示。

使用钳形电流表也可以测量被测电路中的交流电流值。钳形电流表测量交流电流如图 2-6a 所示，测量时只能钳入一根线，仪表的指示值即为被测电路的电流值，如果被测电路的电流值较小，可以将导线绕成两匝，将两匝导线都置入钳口内，如图 2-6b 所示，再将仪表的指示值除以 2，所得值即为被测电路的电流值。

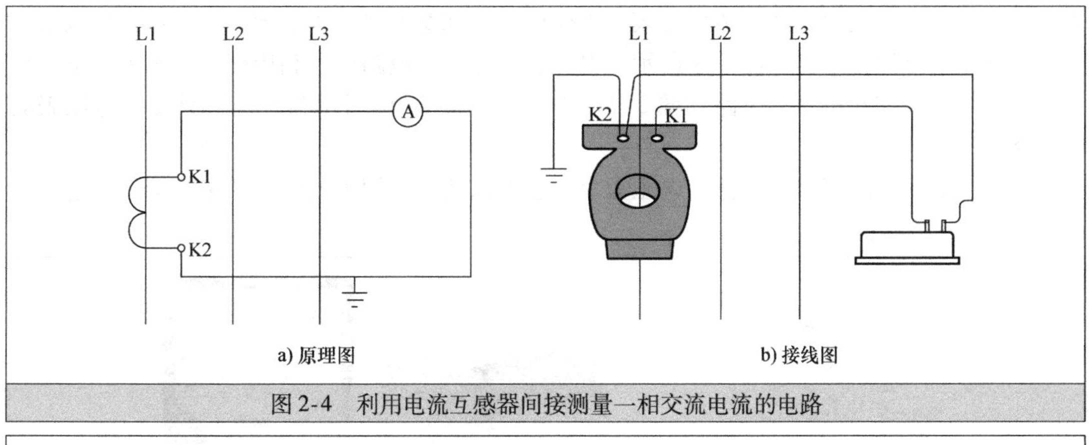

图 2-4　利用电流互感器间接测量一相交流电流的电路

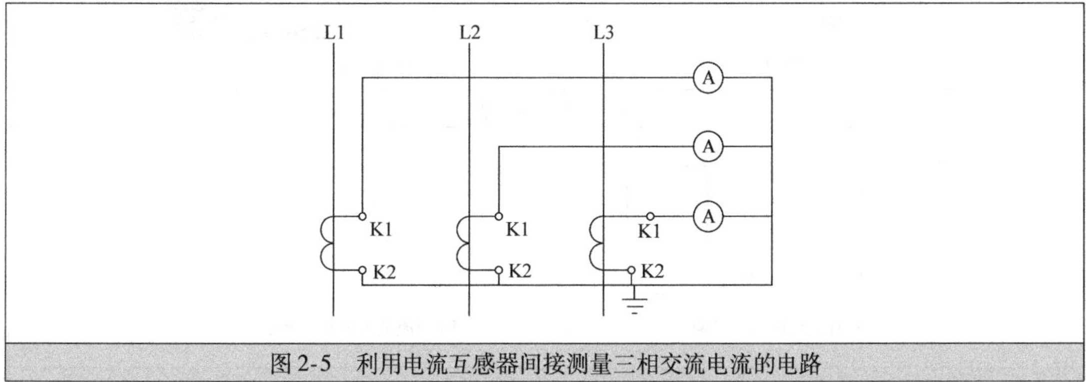

图 2-5　利用电流互感器间接测量三相交流电流的电路

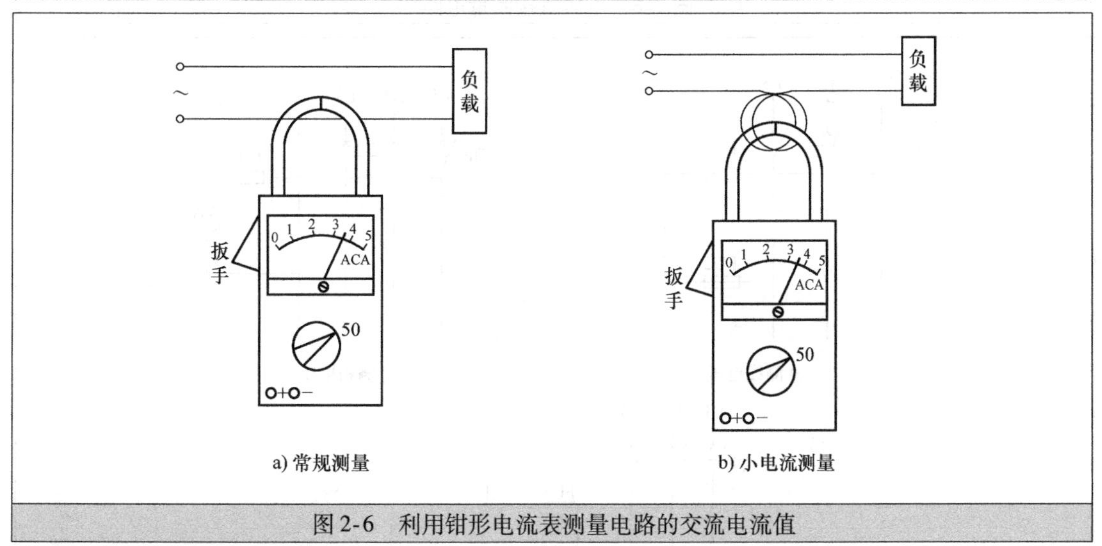

图 2-6　利用钳形电流表测量电路的交流电流值

2.1.2　电压测量电路

电压测量也有两种方法：直接测量法和间接测量法。低电压适合用直接测量法测量，高电压适合用间接测量法测量。

1. 电压直接测量电路

在直接测量电压时，需要将电压表直接并接在电路中，测量直流电压要选择直流电压表，测量交流电压则要选择交流电压表。直流电压表和交流电压表如图 2-7 所示，直流电压和交流电压直接测量电路如图 2-8 所示，电压表要并接在电路中。利用交流电压表测量三相交流电的线电压和相电压的电路如图 2-9a、b 所示。图 2-9c 所示为利用一只交流电压表测量三相电压。

如果不需要长时间监视电路的电压大小，也可以使用万用表的电压档来直接测量电路中的电压值。

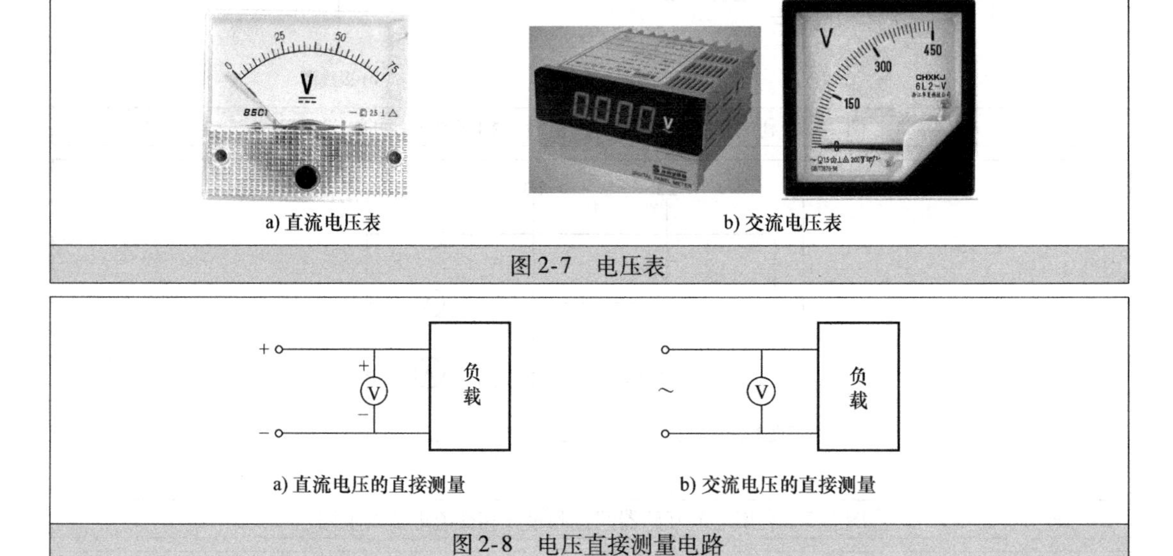

a) 直流电压表　b) 交流电压表

图 2-7　电压表

a) 直流电压的直接测量　b) 交流电压的直接测量

图 2-8　电压直接测量电路

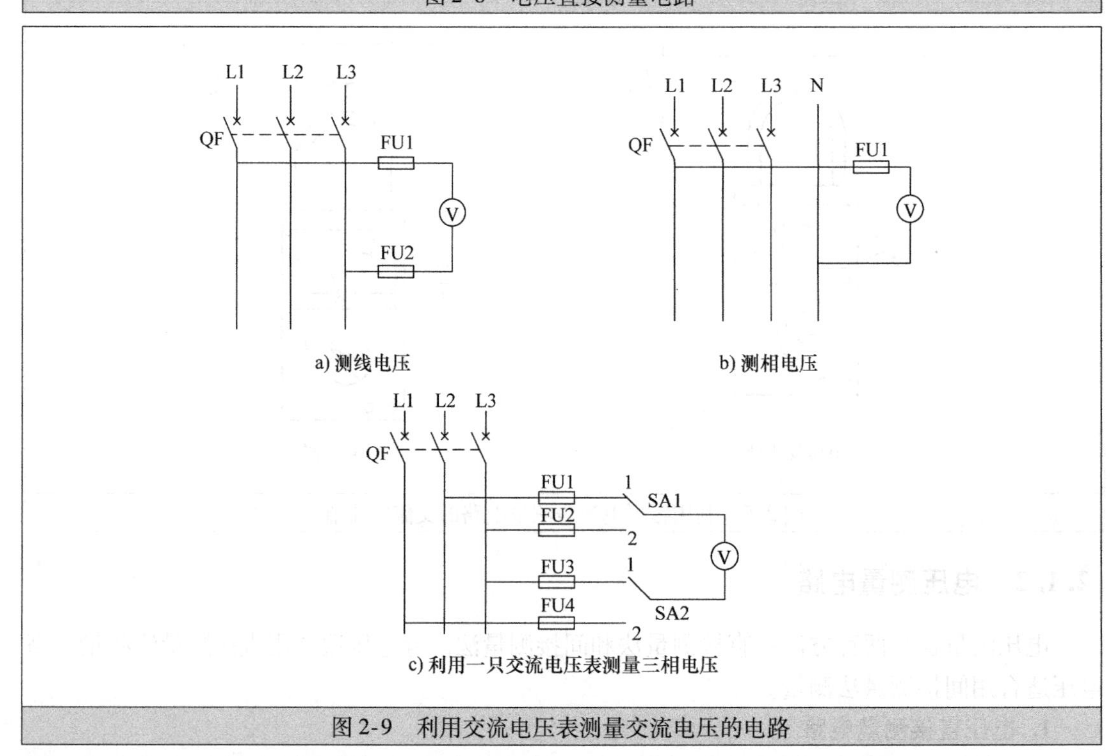

a) 测线电压　b) 测相电压

c) 利用一只交流电压表测量三相电压

图 2-9　利用交流电压表测量交流电压的电路

2. 电压间接测量电路

间接测量电压法适合测量高电压交流电路中的电压，在间接测量电压时，要用到电压互感器。

（1）电压互感器

电压互感器是一种能将交流电压升高或降低的器件，其外形与结构如图2-10a、b所示，其工作原理说明如图2-10c所示。

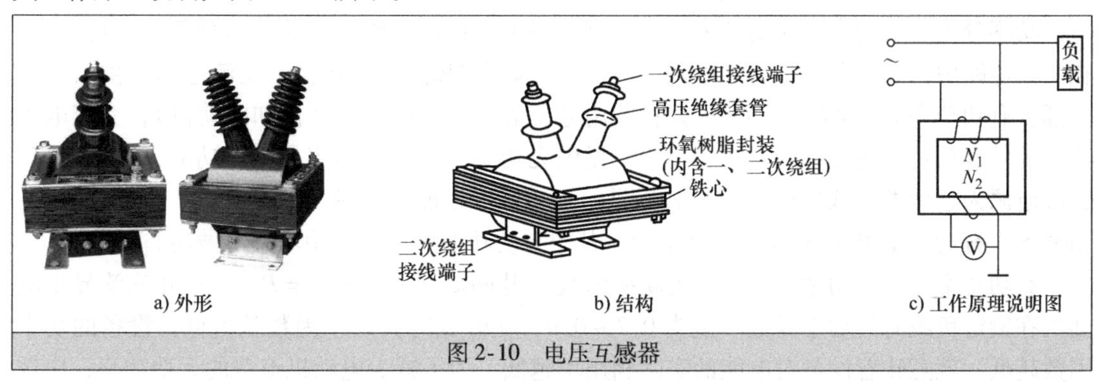

图2-10　电压互感器

从图中可以看出，电压互感器由两组绕组绕在铁心上构成，一组绕组（称作一次绕组，其匝数为N_1）并联在电源线上，另一组绕组（称作二次绕组，其匝数为N_2）接有一个电压表。当电源电压加到一次绕组时，该绕组产生磁场，磁场通过铁心穿过二次绕组，二次绕组两端即产生电压。电压互感器的一次绕组电压U_1与二次绕组电压U_2有如下的关系：

$$\frac{U_1}{U_2}=\frac{N_1}{N_2}$$

从上面的公式可以看出，电压互感器绕组两端的电压与匝数成正比，即匝数多的绕组两端电压高，匝数少的绕组两端电压低，N_1/N_2称为电压比。

（2）电压间接测量电路实例

利用电压互感器与电压表配合，可以间接测量交流电压的大小，但由于电压互感器无法对直流电压进行变压，故不能用电压互感器来间接测量直流电压。使用电压互感器后，被测高压的实际值=电压表的指示值×电压互感器的电压比。

利用电压互感器间接测量三相交流电的线电压的电路如图2-11所示，如果电压互感器的电压比$N_1/N_2=50$，电压表测得的电压值U_2为200V，那么电路的实际电压值$U_1=U_2(N_2/N_1)=10000$V。

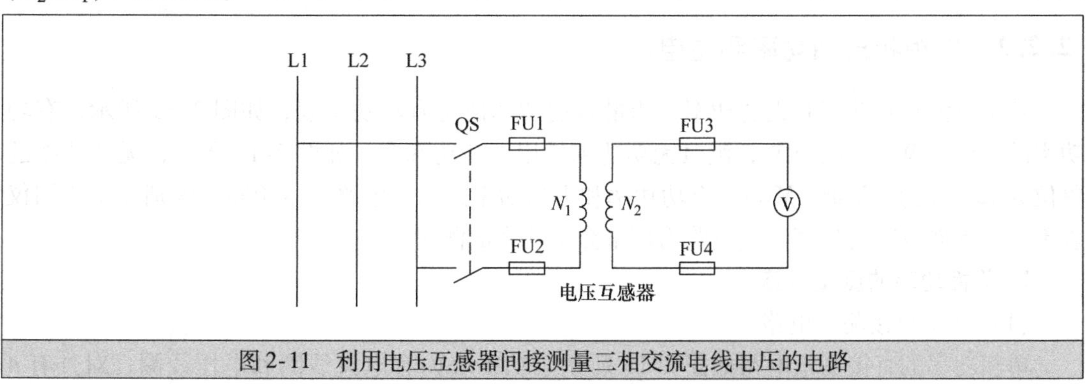

图2-11　利用电压互感器间接测量三相交流电线电压的电路

2.2 功率和功率因数的测量电路

2.2.1 功率的类型与基本测量方法

1. 有功功率、无功功率和功率因数

功率分为有功功率和无功功率。在直流电路中，直流电源提供的功率全部为有功功率。在交流电路中，若用电设备为纯电阻性的负载（如白炽灯、电热丝），交流电源提供给它的全部为有功功率 P，可用 $P=UI$ 计算；若用电设备为感性类负载（例如电动机），交流电源除了提供有功功率使之运转外，还会为它提供无功功率，无功功率是不做功的，被浪费掉。交流电源为感性类（或容性类）负载提供的总功率称为视在功率 S，可用 $S=UI$ 计算，视在功率 S 由有功功率 P 和无功功率 Q 组成，其中有功功率做功，无功功率不做功。

有功功率与视在功率的比值称为功率因数，用 $\cos\varphi$ 表示，$\cos\varphi=P/S$。三相交流异步电动机在额定负载时的功率因数一般为0.7～0.9，在轻载时其功率因数就更低。设备的功率因数越低，就意味着设备对电能的实际利用率越低。为了减少电动机浪费的无功功率，应选用合适容量的电动机，避免用“大马拉小车”或让电动机空载运行。另外，在设备两端并联电容可以减少感性类设备浪费的无功功率，提高设备的功率因数。

2. 功率的伏安测量法

功率等于电压和电流的乘积，要测量功率就必须测量电压值和电流值。用电压表和电流表来测量功率的测量电路如图2-12所示，若负载电阻 R_L 远小于电压表内阻 R_V，电压表的分流可忽略不计，即大功率负载（R_L 阻值小）采用图a测量电路测得功率更准确，若负载电阻 R_L 远大于电流表内阻 R_A，电流表的压降可忽略不计，即小功率负载（R_L 阻值大）应采用图b测量电路，电压值 U 和电流值 I 测得后，再计算 UI 即得功率值。

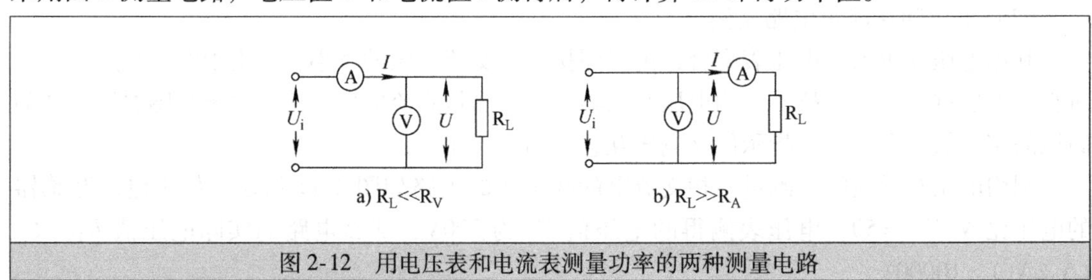

图2-12　用电压表和电流表测量功率的两种测量电路

2.2.2 单相和三相功率测量电路

功率分为有功功率和无功功率。测量有功功率使用有功功率表，如图2-13所示，有功功率的单位为W、kW、MW；测量无功功率使用无功功率表，如图2-14所示，无功功率的单位为var（乏）、kvar、Mvar。有功功率和无功功率的测量电路基本相同，区别在于所用仪表不同。下面以有功功率测量电路为例来介绍功率的测量。

1. 单相功率的测量电路

(1) 功率直接测量电路

单相功率的直接测量电路如图2-15所示。功率表内有电流线圈和电压线圈，对外有4

个接线端，电流线圈匝数少且线径粗，其电阻很小；电压线圈匝数多且线径细，其电阻很大。在测量时，电流和电压线圈都有电流流过，它们产生偏转力共同驱动指针直接指示功率值。大功率负载（R_L 阻值小）适合用图 a 测量电路来测量功率，小功率负载（R_L 阻值大）适合采用图 b 测量电路。

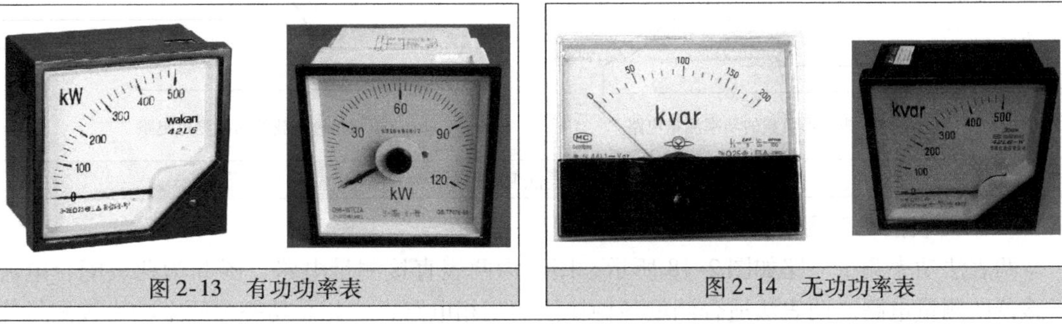

图 2-13　有功功率表　　图 2-14　无功功率表

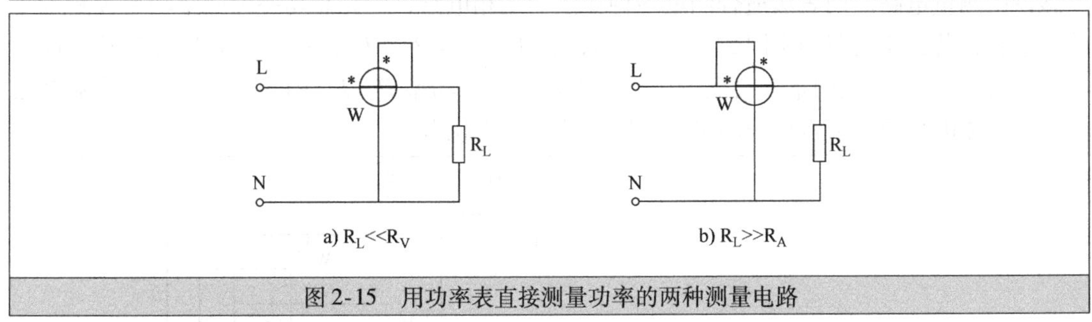

图 2-15　用功率表直接测量功率的两种测量电路

（2）功率间接测量电路

单相功率的间接测量电路如图 2-16 所示，图 a 使用了电压互感器，其实际功率值为功率表指示值与电压互感器电压比的乘积，图 b 使用了电流互感器，其实际功率值为功率表指示值与电流互感器电流比的乘积。

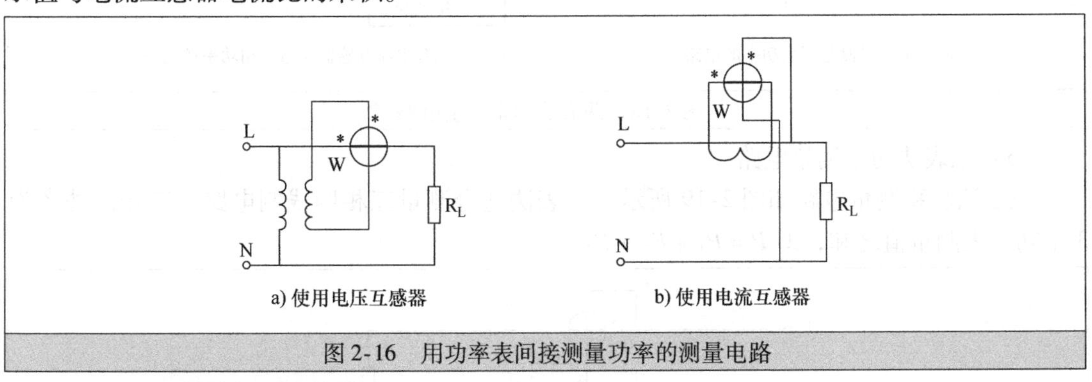

图 2-16　用功率表间接测量功率的测量电路

2. 三相功率的测量电路

三相功率测量电路有 3 种类型：一表法、两表法和三表法。

（1）一表法功率测量电路

一表法功率测量电路如图 2-17 所示，测量三相星形负载采用图 a 所示测量电路，测量三相三角形负载采用图 b 测量电路。一表法适合测量三相对称且平衡的负载电路，三相总功率为功率表测量值的 3 倍，即 $P=3P_1$。

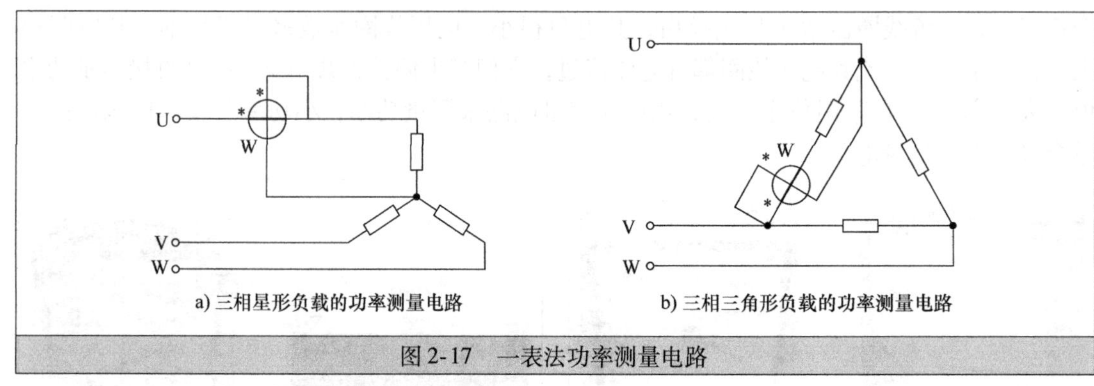

图 2-17　一表法功率测量电路

（2）两表法功率测量电路

两表法功率测量电路如图 2-18 所示，图 a 为两表直接测量电路，图 b 为两表配合电流互感器的测量电路。两表法适合测量各种接法的三相电路，三相总功率为两个功率表测量值的代数和，若三相负载功率因数 $\cos\varphi > 0.5$，总功率 $P = P_1 + P_2$，若三相负载功率因数 $\cos\varphi < 0.5$，有一个功率表的指针会反偏，指示为负值，总功率 $P = P_1 + (-P_2)$，如果功率表无法指示具体的负值，可将该表的电流线圈接线端互换位置。

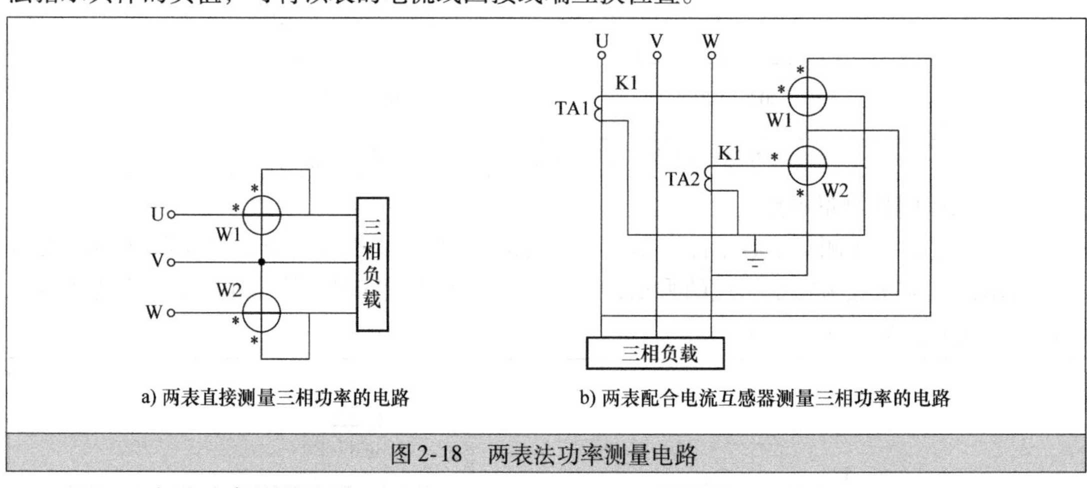

图 2-18　两表法功率测量电路

（3）三表法功率测量电路

三表法功率测量电路如图 2-19 所示。三表法适合测量三相四线制电路，三相总功率为 3 个功率表测量值之和，即 $P = P_1 + P_2 + P_3$。

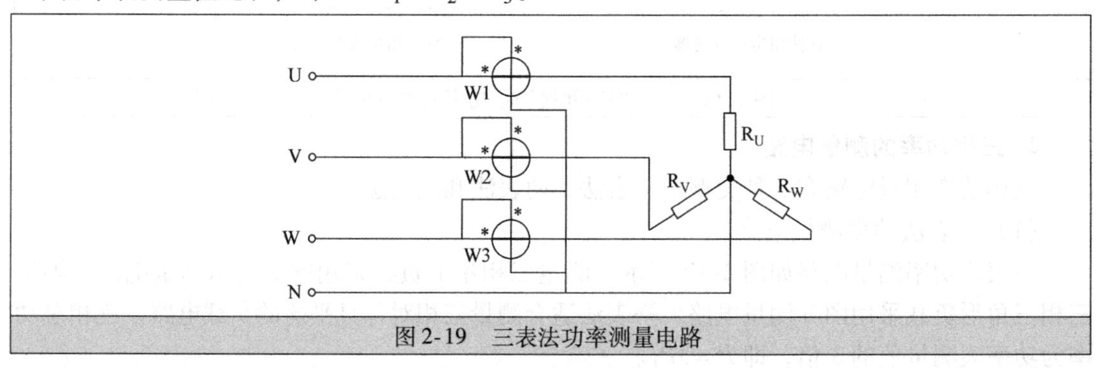

图 2-19　三表法功率测量电路

2.2.3 功率因数测量电路

电力系统的功率因数 cosφ 与负载的类型和参数有关，对于纯阻性负载，cos$\varphi=1$；对于感性类或容性类负载，$0<\cos\varphi<1$。功率因数值越小，就意味着电路中真正做功的有功功率越少，不做功的无功功率越多，会造成电能的浪费。在电路中安装无功补偿设备（如并联电容器）可以提高功率因数，从而减少无功功率。利用功率因数表能测出电路的功率因数大小，然后依据此值作为选择合适无功补偿设备的依据。

功率因数表如图 2-20 所示。功率因数测量电路如图 2-21 所示，功率因数表有 3 个电压接线端和 2 个电流接线端，标 * 号的电压和电流接线端都应接同一相电源，并且标 * 号的电流接线端应接电流进线。若负载为纯阻性，功率因数表指示值为 cos$\varphi=1$，若负载为容性类负载，功率因数表指针会往逆时针方向偏转（超前），指示 cos$\varphi<1$，若负载为感性类负载，功率因数表指针会往顺时针偏转（滞后），指示 cos$\varphi<1$。电网中引起功率因数 cos$\varphi<1$ 绝大多数是感性类负载（如电动机），为了提高功率因数，可在电路中并联补偿电容，如图 2-21b 所示。

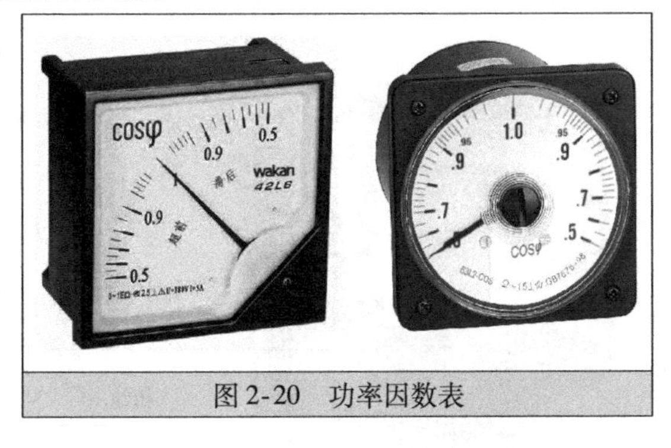

图 2-20　功率因数表

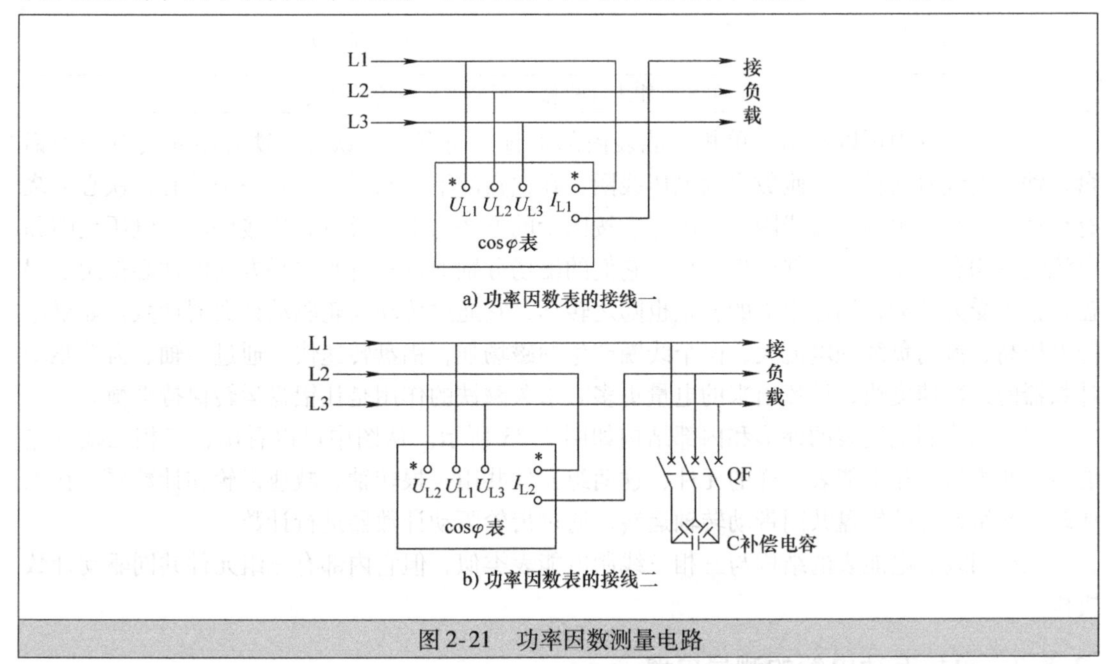

图 2-21　功率因数测量电路

2.3 电能的测量电路

电能测量使用电能表，电能表俗称电度表，它是一种用来计算用电量（电能）的测量仪表。电能表可分为单相电能表和三相电能表，分别用在单相和三相交流电路中。

2.3.1 电能表的结构与原理

根据工作方式不同，电能表可分为机械式（又称感应式）和电子式两种。电子式电能表是利用电子电路驱动计数机构来对电能进行计数的，而机械式电能表是利用电磁感应产生力矩来驱动计数机构对电能进行计数的。机械式电能表由于成本低、结构简单而被广泛应用。

单相电能表（机械式）的外形及内部结构如图2-22所示。

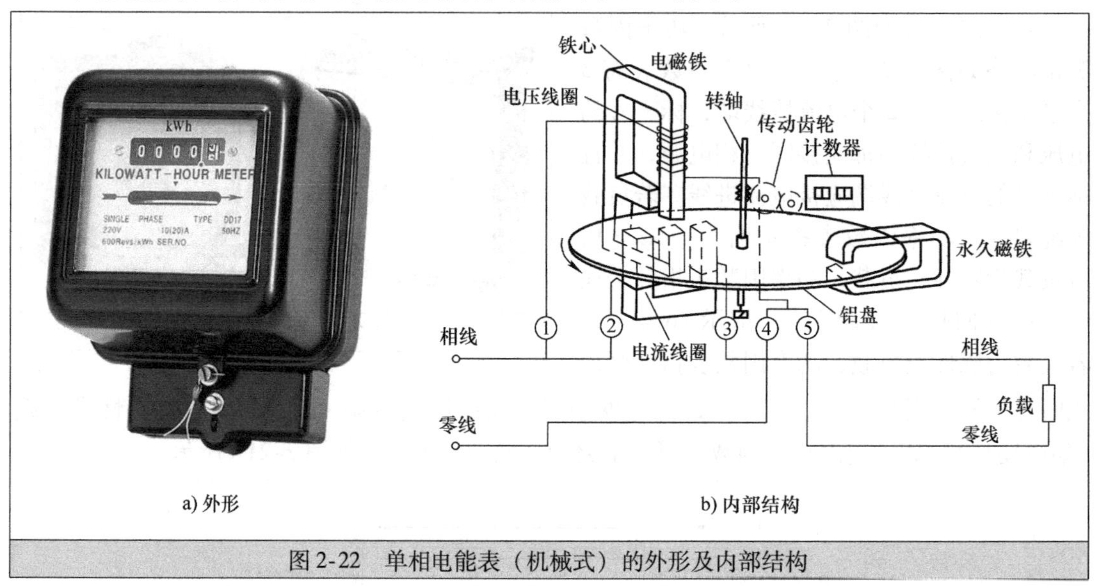

图2-22 单相电能表（机械式）的外形及内部结构

从图2-22b中可以看出，单相电能表内部垂直方向有一个铁心，铁心中间夹有一个铝盘，铁心上绕着线径小、匝数多的电压线圈，在铝盘的下方水平放置着一个铁心，铁心上绕有线径粗、匝数少的电流线圈。当电能表按图示的方法与电源及负载连接好后，电压线圈和电流线圈均有电流通过而都产生磁场，它们的磁场分别通过垂直和水平方向的铁心作用于铝盘，铝盘受力转动，铝盘中央的转轴也随之转动，它通过传动齿轮驱动计数器计数。如果电源电压高、流向负载的电流大，两个线圈产生的磁场强，铝盘转速快，通过转轴、齿轮驱动计数器的计数速度快，计数出来的电量更多。永久磁铁的作用是让铝盘运转保持平衡。

三相三线制电能表的外形和内部结构如图2-23所示。从图中可以看出，三相三线制电能表有两组与单相电能表一样的元件，这两组元件共用一根转轴、减速齿轮和计数器，在工作时，两组元件的铝盘共同带动转轴运转，通过齿轮驱动计数器进行计数。

三相四线制电能表的结构与三相三线制电能表类似，但它内部有三组元件共同驱动计数机构。

2.3.2 单相有功电能的测量电路

1. 单相有功电能的直接测量电路

单相有功电能的直接测量电路如图2-24所示。

图2-24b中圆圈上的粗水平线表示电流线圈，其线径粗、匝数小、阻值小（接近0Ω），在接线时，要串接在电源相线和负载之间；圆圈上的细垂直线表示电压线圈，其线径细、匝

数多、阻值大（用万用表欧姆档测量时为几百欧至几千欧），在接线时，要接在电源相线和零线之间。另外，电能表电压线圈、电流线圈的电源端（该端一般标有“·”或“*”）应共同接电源进线。

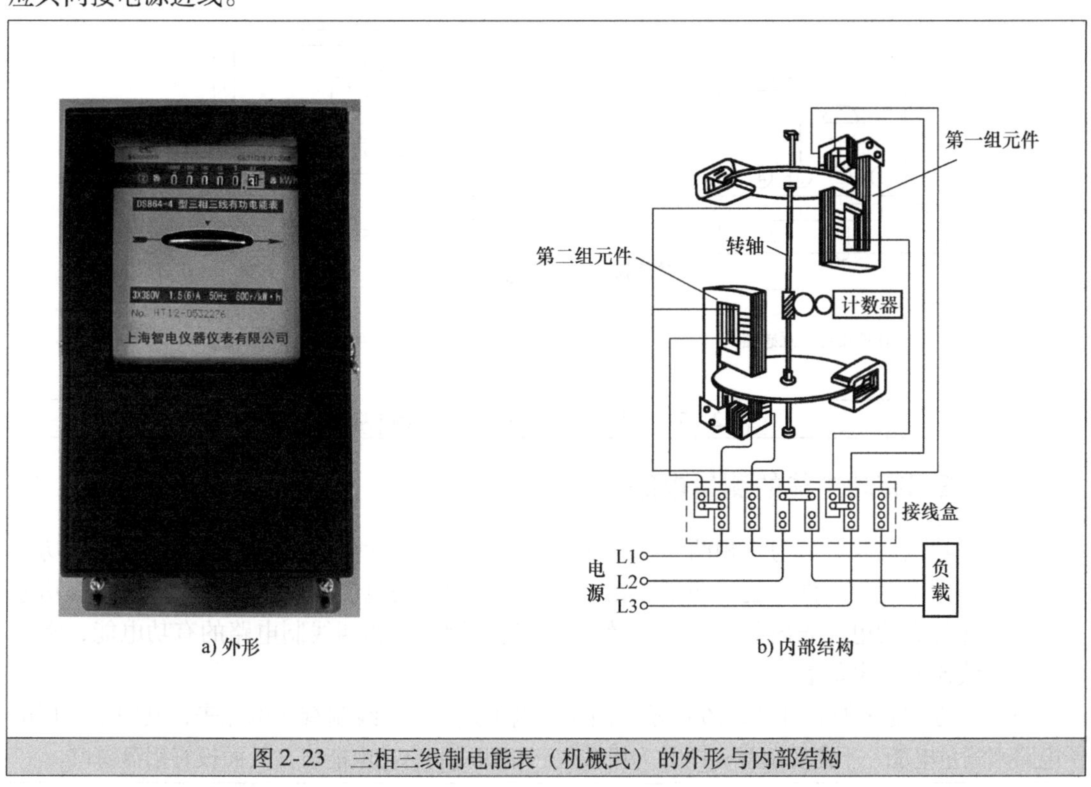

图 2-23　三相三线制电能表（机械式）的外形与内部结构

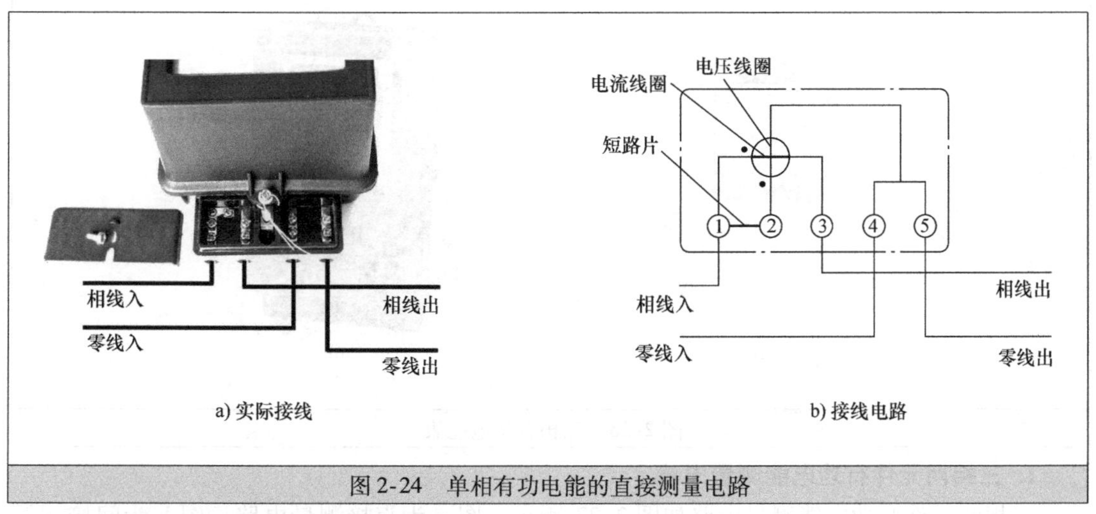

图 2-24　单相有功电能的直接测量电路

2. 单相有功电能的间接测量电路

单相有功电能的间接测量电路如图 2-25 所示，图 a 所示测量电路使用了电流互感器，适合测量单相大电流电路的电能，实际电能等于电能表测得电能值与电流互感器电流比的乘积，图 b 所示测量电路同时使用了电压互感器和电流互感器，适合测量单相高电压大电流电路的电能，实际电能等于电能表测得电能值、电压互感器电压比和电流互感器电流比三者的乘积。

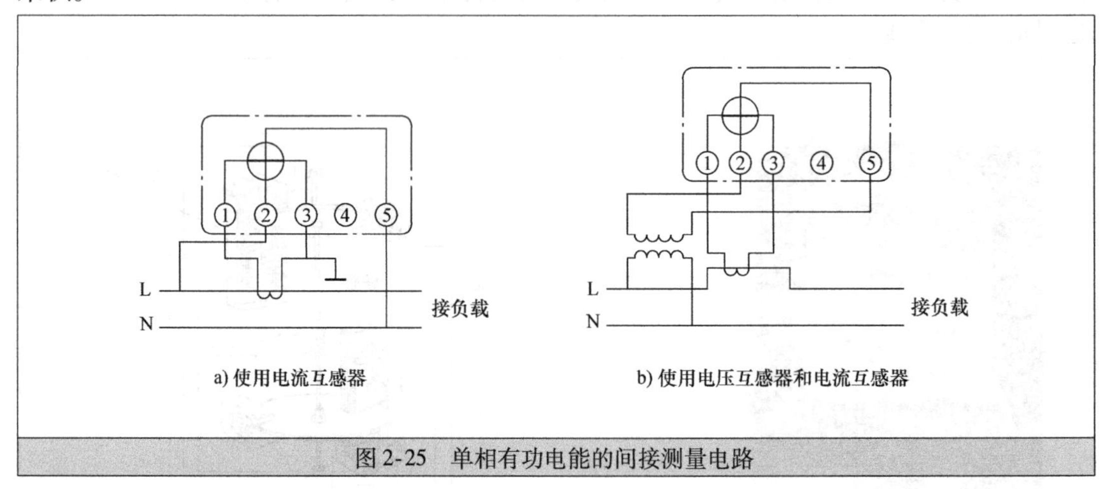

a) 使用电流互感器　　b) 使用电压互感器和电流互感器

图 2-25　单相有功电能的间接测量电路

2.3.3　三相有功电能的测量电路

三相有功电能表可分为三相两元件有功电能表和三相三元件有功电能表，两元件有功电能表内部有两个测量元件，适合测量三相三线制电路的有功电能，常称为三相三线制有功电能表，三元件有功电能表内部有三个测量元件，适合测量三相四线制电路的有功电能，常称为三相四线制有功电能表。

三相有功电能表外形如图 2-26 所示，图 a 为电子式三相三线制有功电能表，其内部采用电子电路来测量电能，不需要铝盘；图 b 为机械式三相四线制有功电能表，其面板有铝盘窗口。

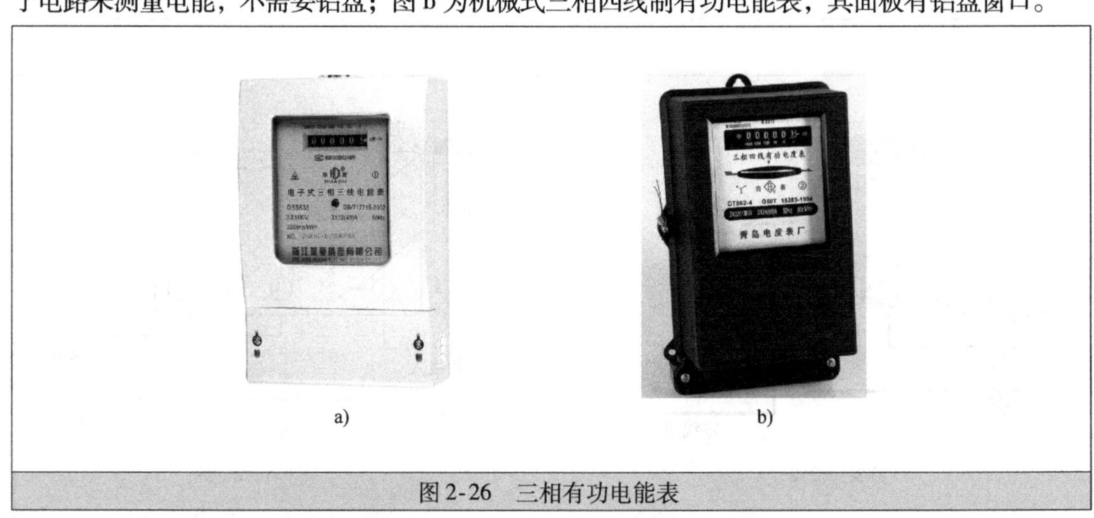

a)　　b)

图 2-26　三相有功电能表

1. 三相两元件有功电能测量电路

三相两元件有功电能测量电路如图 2-27 所示，图 a 为直接测量电路，图 b 为间接测量电路，其实际电能值为电能表的指示值与两个电流互感器电流比的乘积。

2. 三相三元件有功电能测量电路

三相三元件有功电能测量电路如图 2-28 所示，图 a 为直接测量电路，图 b 为间接测量电路，其实际电能值为电能表的指示值与三个电流互感器电流比的乘积。

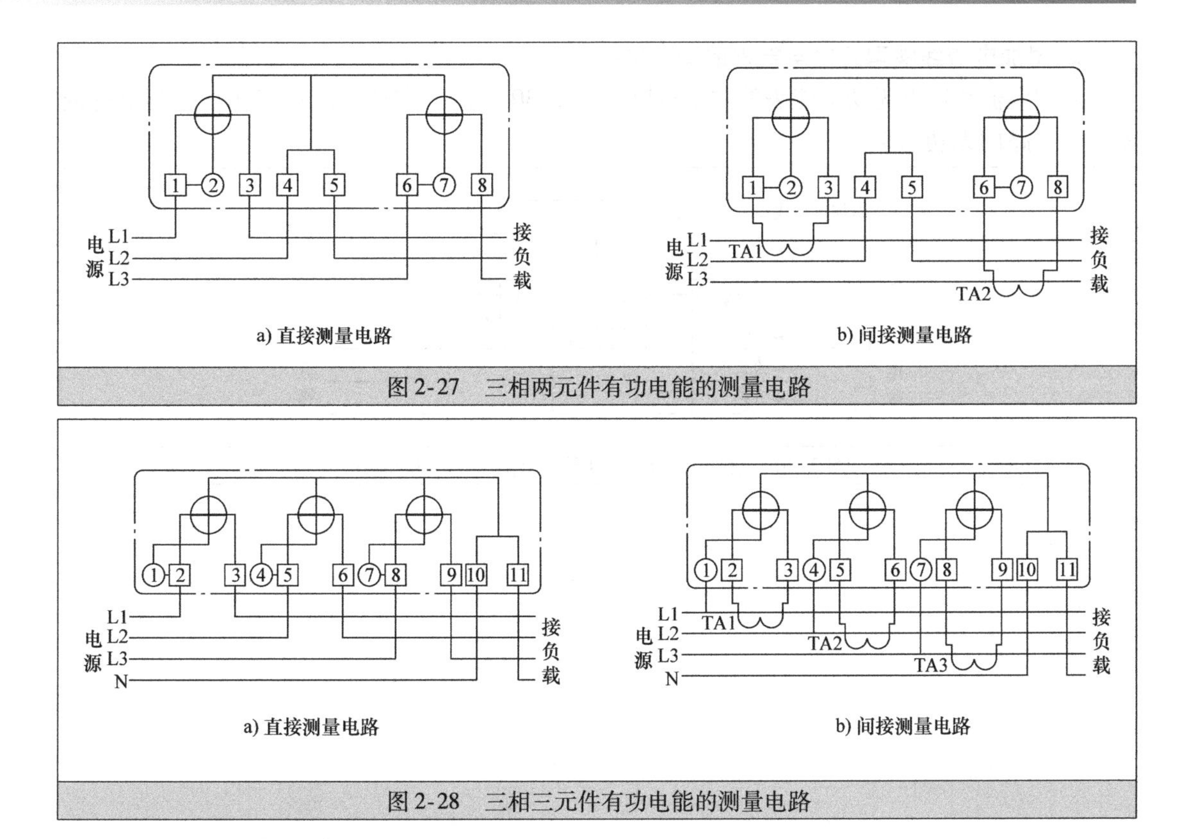

图2-27 三相两元件有功电能的测量电路

图2-28 三相三元件有功电能的测量电路

2.3.4 三相无功电能的测量电路

无功电能表用于测量电路的无功电能，其测量原理较有功电能表略复杂一些。目前使用的无功电能表主要有移相60°型无功电能表和附加电流线圈型无功电能表。

1. 移相60°型无功电能表的测量电路

移相60°型无功电能表的测量电路如图2-29所示。其在电压线圈上串接电阻R，使电压线圈的电压与流过其中的电流成60°相位差，从而构成移相60°型无功电能表。

图2-29a为移相60°型两元件无功电能表的测量电路，它适合测量三相三线制对称（电压电流均对称）或简单不对称（电压对称、电流不对称）电路的无功功率；图2-29b为移相60°型三元件无功电能表的测量电路，它适合测量三相电压对称的三相四线制电路的无功功率。

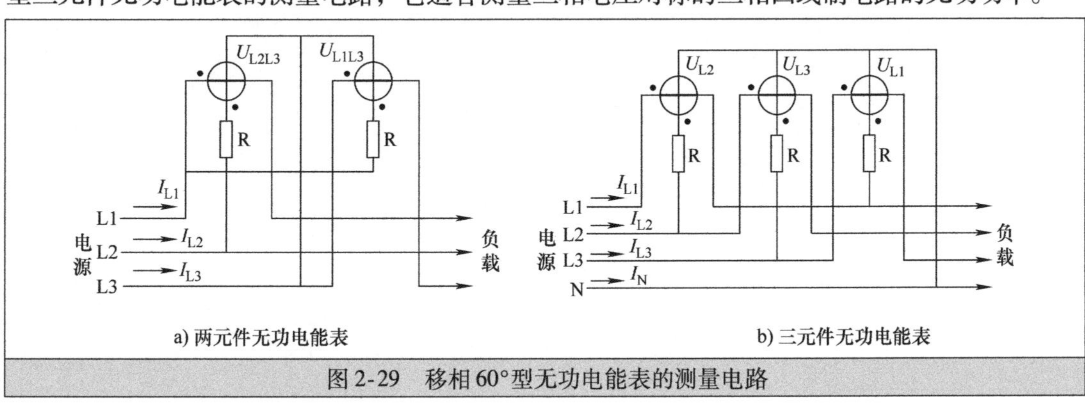

图2-29 移相60°型无功电能表的测量电路

2. 附加电流线圈型无功电能表的测量电路

附加电流线圈型无功电能表的测量电路如图 2-30 所示，它适合测量三相三线制对称或不对称电路的无功功率。

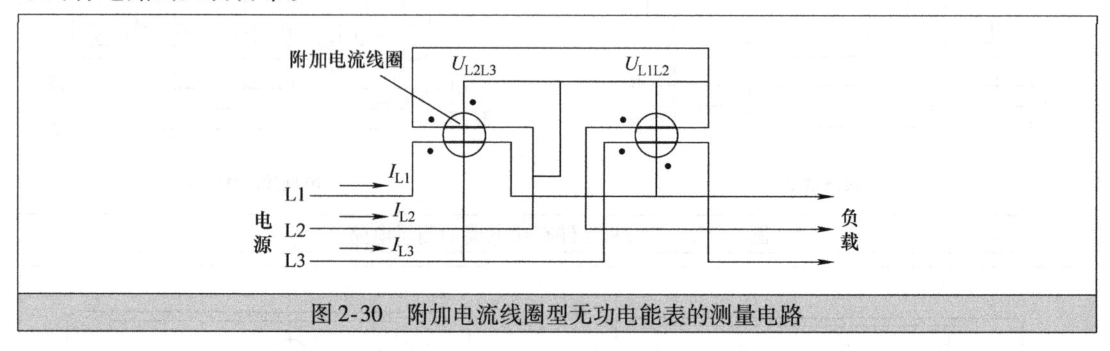

图 2-30　附加电流线圈型无功电能表的测量电路

第3章　照明与动力配电电路

3.1　基础知识

3.1.1　照明灯具的标注

在电气图中，照明灯具的一般标注格式为

$$a-b\frac{c\times dl}{e}f$$

其中，a表示同类灯具的数量；b表示灯具的具体型号或类型代号，见表3-1；c表示灯具内灯泡或灯管的数量；d表示单只灯泡或灯管的功率；l表示灯具光源种类代号，见表3-2；e表示灯具的安装高度（灯具底部至地面高度，单位为m）；f表示灯具的安装方式代号，见表3-3。

表3-1　灯具的类型代号

灯具名称	文字符号	灯具名称	文字符号
普通吊灯	P	工厂一般灯具	G
壁灯	B	荧光灯灯具	Y
花灯	H	隔爆灯	G或专用符号
吸顶灯	D	水晶底罩灯	J
柱灯	Z	防水防尘灯	F
卤钨探照灯	L	搪瓷伞罩灯	S
投光灯	T	无磨砂玻璃罩万能型灯	W_W

表3-2　灯具光源类型代号

电光源类型	文字符号	电光源类型	文字符号
氖灯	Ne	发光灯	EL
氙灯	Xe	弧光灯	ARC
钠灯	Na	荧光灯	FL
汞灯	Hg	红外线灯	IR
碘钨灯	I	紫外线灯	UV
白炽灯	IN	发光二极管	LED

表 3-3　灯具的安装方式代号

表达内容	标注代号	
	新代号	旧代号
线吊式	CP	
自在器线吊式	CP	X
固定线吊式	CP1	X1
防水线吊式	CP2	X2
吊线器式	CP3	X3
链吊式	Ch	L
管吊式	P	G
吸顶式或直附式	S	D
嵌入式（嵌入不可进入的顶棚）	R	R
顶棚内安装（嵌入可进入的顶棚）	CR	DR
墙壁内安装	WR	BR
台上安装	T	T
支架上安装	SP	J
壁装式	W	B
柱上安装	CL	Z
座装	HM	ZH

例如，$5-\mathrm{Y}\dfrac{2\times 40\mathrm{FL}}{3}\mathrm{P}$ 表示该场所安装 5 盏同类型的灯具（5），灯具类型为荧光灯（Y），每盏灯具中安装 2 根灯管（2），每根灯管功率为 40W（40），灯具光源种类为荧光灯（FL），灯具安装高度为 3m（3），采用吊杆式安装（P）。

3.1.2　配电电路的标注

在电气图中，配电电路的一般标注格式为

$$a-b-c\times d-e-f$$

其中，a 表示电路在系统中的编号（如支路号）；b 表示导线的型号，见表 3-4；c 表示导线的根数；d 表示导线的截面积（单位为 mm^2）；e 表示导线的敷设方式和穿管直径（单位为 mm），导线敷设方式见表 3-5；f 表示导线的敷设位置，见表 3-6。

表 3-4　导线型号

名称	型号	名称	型号
铜芯橡胶绝缘线	BX	铝芯橡胶绝缘线	BLX
铜芯塑料绝缘线	BV	铝芯塑料绝缘线	BLV
铜芯塑料绝缘护套线	BVV	铝芯塑料绝缘护套线	BLVV
铜母线	TMY	裸铝线	LJ
铝母线	LMY	硬铜线	TJ

表 3-5 导线敷设方式

导线敷设方式	代号	
	新代号	旧代号
用塑料线槽敷设	PR	XC
用硬质塑料管敷设	PC	VG
用半硬塑料管槽敷设	PEC	ZVG
用电线管敷设	TC	DG
用焊接钢管敷设	SC	G
用金属线槽敷设	SR	GC
用电缆桥架敷设	CT	
用瓷夹敷设	PL	CJ
用塑制夹敷设	PCL	VT
用蛇皮管敷设	CP	
用瓷瓶式或瓷柱式绝缘子敷设	K	CP

表 3-6 导线的敷设位置

导线敷设位置	代号	
	新代号	旧代号
沿钢索敷设	SR	S
沿屋架或层架下弦敷设	BE	LM
沿柱敷设	CLE	ZM
沿墙敷设	WE	QM
沿天棚敷设	CE	PM
吊顶内敷设	ACE	PNM
暗敷在梁内	BC	LA
暗敷在柱内	CLC	ZA
暗敷在屋面内或顶板内	CC	PA
暗敷在地面内或地板内	FC	DA
暗敷在不能进入的吊顶内	ACC	PND
暗敷在墙内	WC	QA

例如：

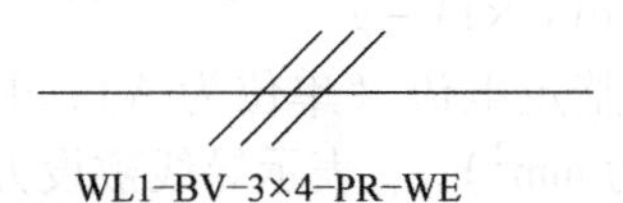

表示第一条照明支路（WL1），导线为铜芯塑料绝缘线（BV），共有3根截面积均为4mm^{2}的导线（3×4），敷设方式为用塑料线槽敷设（PR），敷设位置为沿墙面明敷设（WE）。

再如：

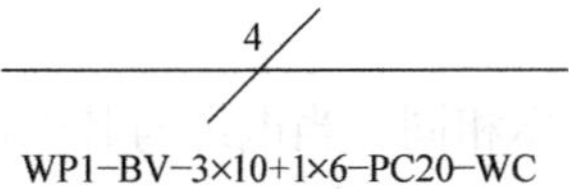

表示第一条动力支路（WP1），导线为铜芯塑料绝缘线（BV），共有4根线，3根截面积均为10mm^2（3×10），1根截面积为6mm^2（1×6），敷设方式为穿直径为20mm的PVC管敷设（PC20），敷设位置为暗敷在墙内（WC）。

3.1.3 用电设备的标注

用电设备的标注格式一般为

$$\frac{a}{b}或\frac{a}{b}+\frac{c}{d}$$

例如，$\frac{10}{7.5}$表示该电动机在系统中的编号为10，其额定功率为7.5kW；$\frac{10}{7.5}+\frac{100}{0.3}$表示该电动机的编号为10，额定功率为7.5kW，低压断路器脱扣器的电流为100A，安装高度为0.3m。

3.1.4 电力和照明设备的标注

（1）一般标注格式：$a\frac{b}{c}$或a－b－c

例如，$3\frac{Y200L-4}{15}$或3－（Y200L－4）－15表示该电动机编号为3，为Y系列笼型异步电动机，机座中心高度为200mm，机座为长机型（L），磁极为4极，额定功率为15kW。

（2）含引入线的标注格式：$a\frac{b-c}{d(e\times f)-g}$

例如，$3\frac{(Y200L-4)-15}{BV(4\times6)SC25-FC}$表示该电动机编号为3，为Y系列笼型异步电动机，机座中心高度为200mm，机座为长机型（L），磁极为4极，额定功率为15kW，4根6mm^{2}的塑料绝缘铜芯导线穿入直径为25mm的钢管埋入地面暗敷。

3.1.5 开关与熔断器的标注

1）一般标注格式：$a\frac{b}{c/i}$或a－b－c/i，a表示设备的编号，b表示设备的型号，c表示额定电流（单位为A），i表示整定电流（单位为A）。

例如，$3\frac{DZ20Y-200}{200/200}$或3－（DZ20Y－200）200/200表示断路器编号为3，型号为DZ20Y－200，其额定电流和整定电流均为200A。

2）含引入线的标注格式：$a\frac{b-c/i}{d(e\times f)-g}$，a表示设备的编号，b表示设备的型号，c表示额定电流（单位为A），i表示整定电流（单位为A），d表示导线型号，e表示导线的根数，f表示导线的截面积（单位为mm^2），g表示导线敷设方式与位置。

例如，$3\frac{DZ20Y-200-200/200}{BV(3\times50)K-BE}$表示设备编号为3，型号为DZ20Y－200，其额定电流和整定电流均为200A，3根截面积为50mm^{2}的塑料绝缘铜芯导线用瓷瓶式绝缘子沿屋架敷设。

3.1.6 电缆的标注

电缆的标注方式与配电电路基本相同，当电缆与其他设施交叉时，其标注格式为

$$\frac{a-b-c-d}{e-f}$$

其中，a表示保护管的根数，b表示保护管的直径（单位为mm），c表示管长（单位为m），d表示地面标高（单位为m），e表示保护管埋设的深度（单位为m），f表示交叉点的坐标。

例如，$\frac{4-100-8-1.0}{0.8-f}$表示4根保护管，直径长100mm，管长8m，于标高1.0m处埋深0.8m，交叉坐标一般用文字标注，如与××管道交叉。

3.1.7 照明与动力配电电气图常用电气设备符号

照明与动力配电电气图常用电气设备符号见表3-7。

表3-7 照明与动力配电电气图常用电气设备符号

名称	图形符号	名称	图形符号
灯具一般符号	⊗	单相两孔明装插座	
吸顶灯		单相三孔暗装插座	
花灯	⊗	单相五孔暗装插座	
壁灯		三相四线暗装插座	
荧光灯一般符号		电风扇	∞
三管荧光灯		照明配电箱	
五管荧光灯	5	隔离开关	
墙上灯座		断路器	
单联跷板暗装开关		漏电保护器	
双联跷板暗装开关		电能表	kW·h
三联跷板防水开关		熔断器	
单联拉线明装开关		向上配线	
单联双控开关		向下配线	
延时开关	t	垂直通过配线	
风扇调速开关		二分支器	
门铃		串接一分支插座	
按钮	◎	电视放大器	
电话插座	TP	数字信息插座	TO
电话分线箱		感烟探测器	
电视插座	TV	可燃气体探测器	
三分配器			

3.2 住宅照明配电电气图

住宅电气图主要有电气系统图和电气平面图。电气系统图用于表示整个工程或工程某一项目的供电方式和电能配送关系。电气平面图是用来表示电气工程项目的电气设备、装置和电路的平面布置图，它一般是在建筑平面图的基础上制作出来的。

3.2.1 整幢楼总电气系统图的识读

图3-1是一幢楼的总电气系统图。

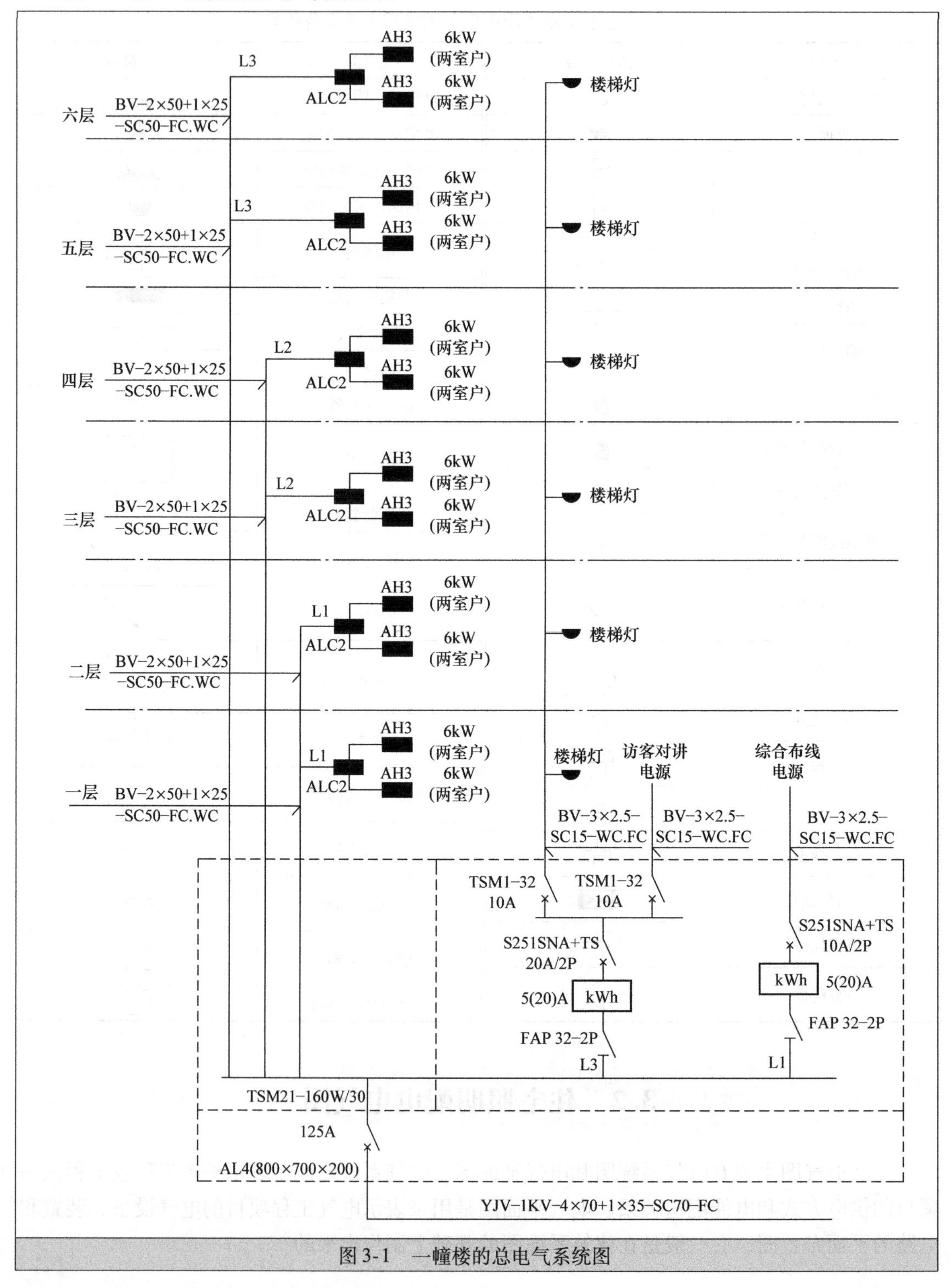

图3-1 一幢楼的总电气系统图

1. 总配电箱电源的引入

变电所或小区配电房的380V三相电源通过电缆接到整幢楼的总配电箱，电缆标注是YJV-1KV-4×70+1×35-SC70-FC，其含义为交联聚乙烯绝缘聚氯乙烯护套电力电缆（YJV），额定电压为1kV，电缆有5根芯线，4根截面积均为70mm²，1根截面积为35mm²，电缆穿直径为70mm的钢管（SC70），埋入地面暗敷（FC）。总配电箱AL4的规格为800mm（长）×700mm（宽）×200mm（厚）。

2. 总配电箱的电源分配

三相电源通过5芯电缆（L1、L2、L3、N、PE）进入总配电箱，接到总断路器（型号为TSM21-160W/30-125A）后，三相电源进行分配，L1相电源接到一、二层配电箱，L2相电源接到三、四层配电箱，L3相电源接到五、六层配电箱，每相电源分配使用3根导线（L、N、PE），导线标注是BV-2×50+1×25-SC50-FC. WC，其含义为铜芯塑料绝缘线（BV），2根截面积均为50mm²的导线（2×50），1根截面积为25mm²的导线（1×25），导线穿直径为50mm的钢管（SC50），埋入地面和墙内暗敷（FC. WC）。

L3相电源除了供给五、六层外，还通过断路器、电能表分成两路：一路经隔离开关后接到各楼层的楼梯灯；另一路经断路器接到访客对讲系统作为电源。L1相电源除了供给一、二层外，还通过隔离开关、电能表和断路器接到综合布线设备作为电源。电能表用作对本路用电量进行计量。

总配电箱将单相电源接到楼层配电箱后，楼层配电箱又将该电源一分为二（一层两户），接到每户的室内配电箱。

3.2.2 楼层配电箱电气系统图的识读

楼层配电箱的电气系统图如图3-2所示。

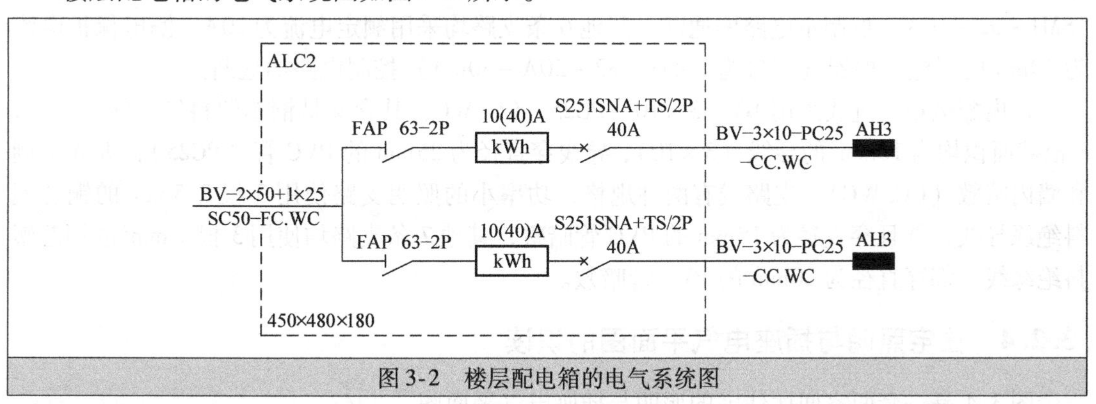

图3-2 楼层配电箱的电气系统图

ALC2为楼层配电箱，由总配电箱送来的单相电源（L、N、PE）进入ALC2后分作两路，每路都先经过隔离开关后接到电能表，电能表之后再通过一个断路器接到户内配电箱AH3。电能表用于对户内用电量进行计量，将电能表安排在楼层配电箱而不是户内配电箱，可方便相关人员查看用电量而不用进入室内，也可减少窃电情况的发生。

3.2.3 户内配电箱电气系统图的识读

户内配电箱的电气系统图如图3-3所示。

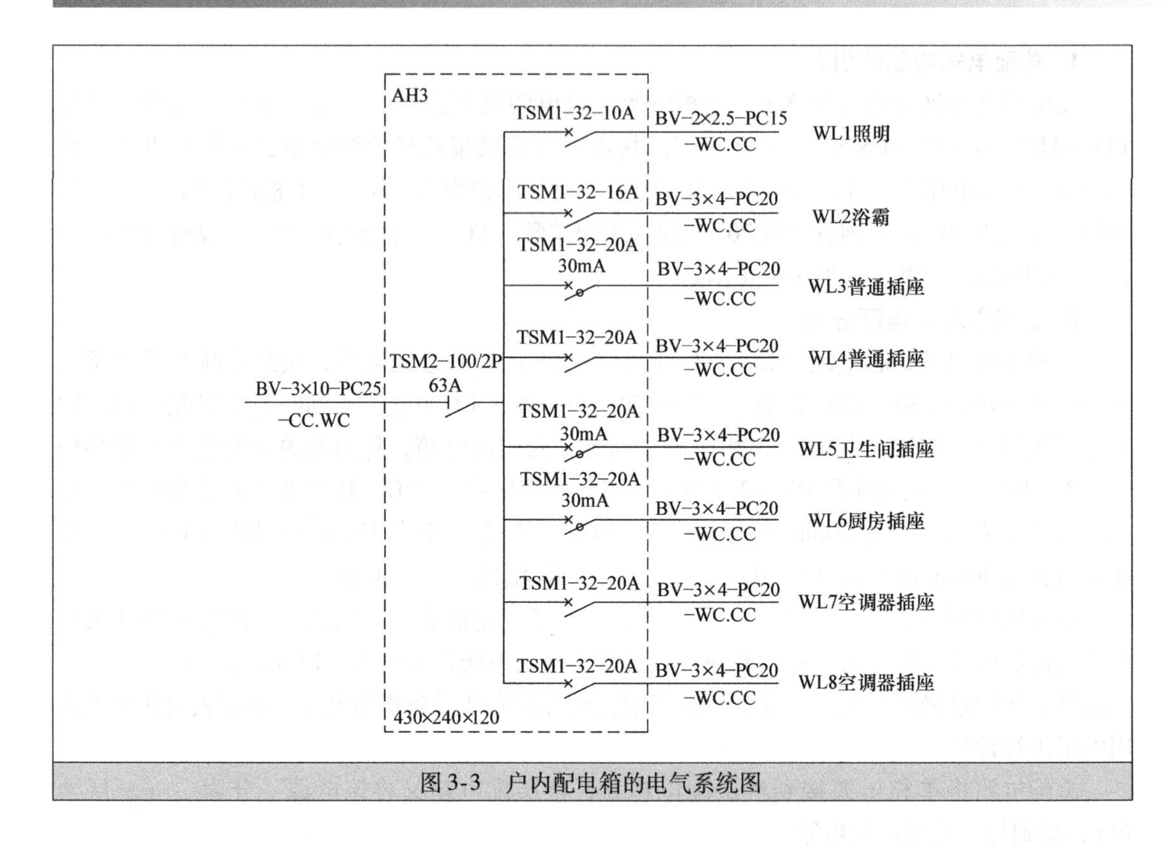

图 3-3　户内配电箱的电气系统图

AH3 为户内配电箱，由楼层配电箱送来的单相电源（L、N、PE）进入 AH3，接到 63A 隔离开关（型号为 TSM2 - 100/2P - 63A），经隔离开关后分作 8 条支路，照明支路用 10A 断路器（型号为 TSM1 - 32 - 16A）控制本电路的通断，浴霸支路用 16A 断路器（型号为 TSM1 - 32 - 16A）控制本电路的通断，其他 6 条支路均采用额定电流为 20A、漏电保护电流为 30mA 的漏电保护器（型号为 TSM1 - 32 - 20A - 30mA）控制电路的通断。

户内配电箱的进线采用 BV - 3 × 10 - PC25 - CC. WC，其含义是铜芯塑料绝缘线（BV），3 根截面积均为 $10mm^2$ 的导线（3 × 10），导线穿直径为 25mm 的 PVC 管（PC25），埋入顶棚和墙内暗敷（CC. WC）。支路线有两种规格，功率小的照明支路使用 3 根 $2.5mm^2$ 的铜芯塑料绝缘导线，并且穿直径为 15mm 的 PVC 管暗敷，其他 7 条支路均使用 3 根 4 mm^2 的铜芯塑料绝缘线，都穿直径为 20mm 的 PVC 管暗敷。

3.2.4　住宅照明与插座电气平面图的识读

图 3-4 是一套两室两厅住宅的照明与插座电气平面图。

楼层配电箱 ALC2 的电源线（L、N、PE）接到户内配电 AH3，在 AH3 内将电源分成 WL1 ~ WL8 共 8 条支路。

（1）WL1 支路

WL1 支路为照明电路，其导线标注为 BV - 2 × 2.5 - PC15 - WC . CC（见图 3-4），其含义是铜芯塑料绝缘线（BV），2 根截面积均为 $2.5mm^2$ 的导线（2 × 2.5），导线穿直径为 15mm 的 PVC 管（PC15），埋入墙内或顶棚暗敷（WC . CC）。

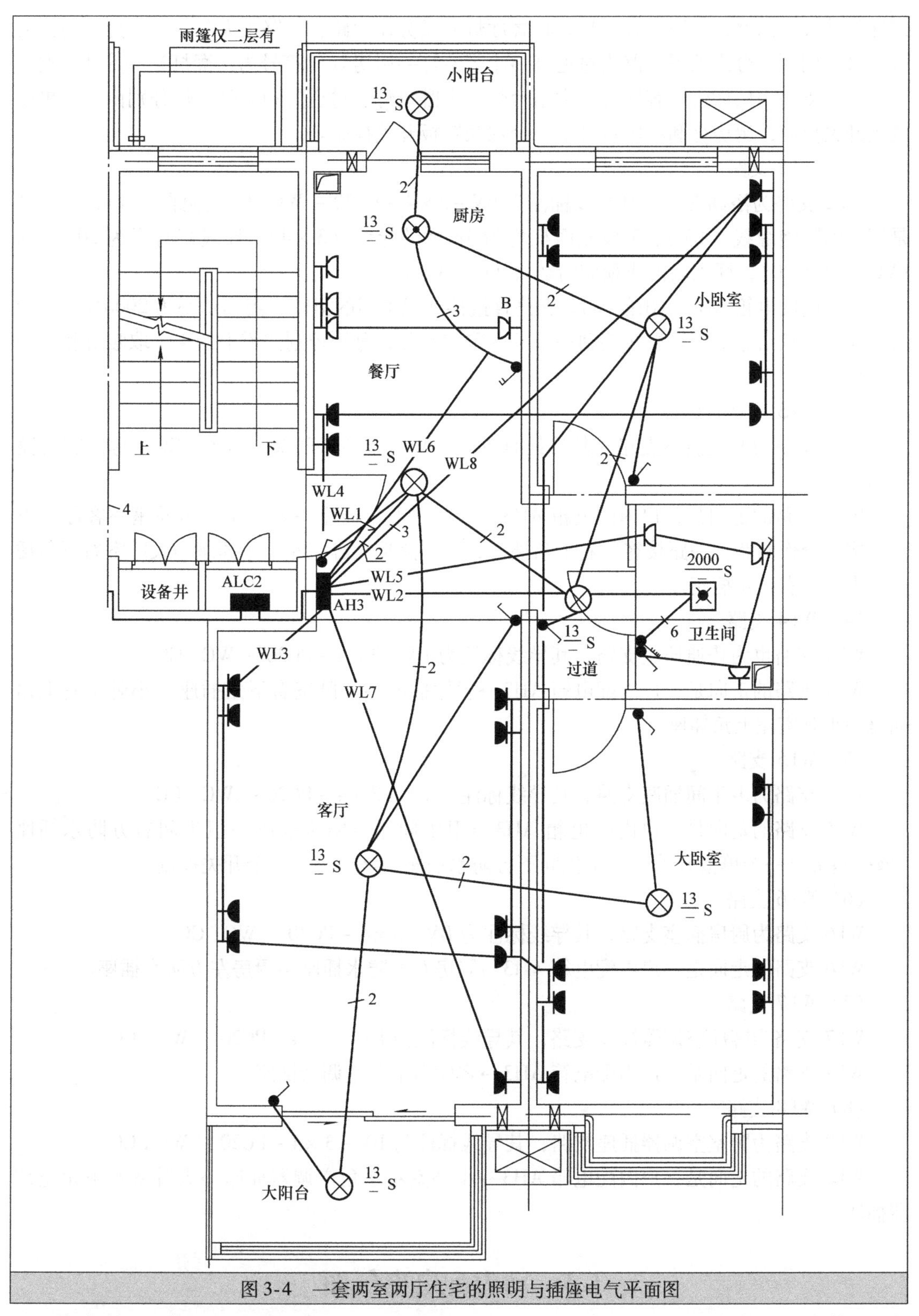

图 3-4 一套两室两厅住宅的照明与插座电气平面图

从户内配电箱 AH3 引出的 WL1 支路接到门厅灯（13 表示 13W，S 表示吸顶安装），在门厅灯处分作两路，一路去客厅灯，在客厅灯处又分作两路，一路去大阳台灯，另一路去大卧室灯，门厅灯分出的另一路去过道灯→小卧室灯→厨房灯（符号为防潮灯）→小阳台灯。

照明支路中门厅灯、客厅灯、大阳台灯、大卧室灯、过道灯和小卧室灯分别由一个单联跷板开关控制，厨房灯和小阳台灯由一个双联跷板开关控制。

（2）WL2 支路

WL2 支路为浴霸支路，其导线标注为 BV－3×4－PC20－ WC．CC（见图3-4），其含义是铜芯塑料绝缘线（BV），3 根截面积均为 $4mm^2$ 的导线（3×4），导线穿直径为 20mm 的 PVC 管（PC20），埋入墙内或顶棚暗敷（WC．CC）。

从户内配电箱 AH3 引出的 WL2 支路直接接到卫生间的浴霸，浴霸功率为 2000W，采用吸顶安装。从浴霸引出 6 根线接到一个五联单控开关，分别控制浴霸上的 4 个取暖灯和 1 个照明灯。

（3）WL3 支路

WL3 支路为普通插座支路，其导线标注为 BV－3×4－PC20－ WC．CC，与浴霸支路相同。

WL3 支路的走向是，户内配电箱 AH3→客厅左上角插座→客厅左下角插座→客厅右下角插座，分作两路，一路接客厅右上角插座，另一路接大卧室左下角插座→大卧室右下角插座→大卧室右上角插座。

（4）WL4 支路

WL4 支路也为普通插座支路，其导线标注为 BV－3×4－PC20－ WC．CC。

WL4 支路的走向是，户内配电箱 AH3→餐厅插座→小卧室右下角插座→小卧室右上角插座→小卧室左上角插座。

（5）WL5 支路

WL5 支路为卫生间插座支路，其导线标注为 BV－3×4－PC20－ WC．CC。

WL5 支路的走向是，户内配电箱 AH3→卫生间左方防水插座→卫生间右方防水插座（该插座带有一个单极开关）→卫生间下方防水插座，该插座由一个开关控制。

（6）WL6 支路

WL6 支路为厨房插座支路，其导线标注为 BV－3×4－PC20－ WC．CC。

WL6 支路的走向是，户内配电箱 AH3→厨房右方防水插座→厨房左方防水插座。

（7）WL7 支路

WL7 支路为客厅空调器插座支路，其导线标注为 BV－3×4－PC20－ WC．CC。

WL7 支路的走向是，户内配电箱 AH3→客厅右下角空调器插座。

（8）WL8 支路

WL8 支路为卧室空调器插座支路，其导线标注为 BV－3×4－PC20－ WC．CC。

WL8 支路的走向是，户内配电箱 AH3→小卧室右上角空调器插座→大卧室左下角空调器插座。

3.3 动力配电电气图

住宅配电对象主要是照明灯具和插座，动力配电对象主要是电动机，故动力配电主要用于工厂企业。

3.3.1 动力配电系统的三种接线方式

根据接线方式不同，动力配电系统可分为三种：放射式动力配电系统、树干式动力配电系统和链式动力配电系统。

1. 放射式动力配电系统

放射式动力配电系统图如图3-5所示。这种配电方式的可靠性较高，适用于动力设备数量不多，容量大小差别较大、设备运行状态比较平稳的场合。这种系统在具体接线时，主配电箱宜安装在容量较大的设备附近，分配电箱和控制电路应与动力设备安装在一起。

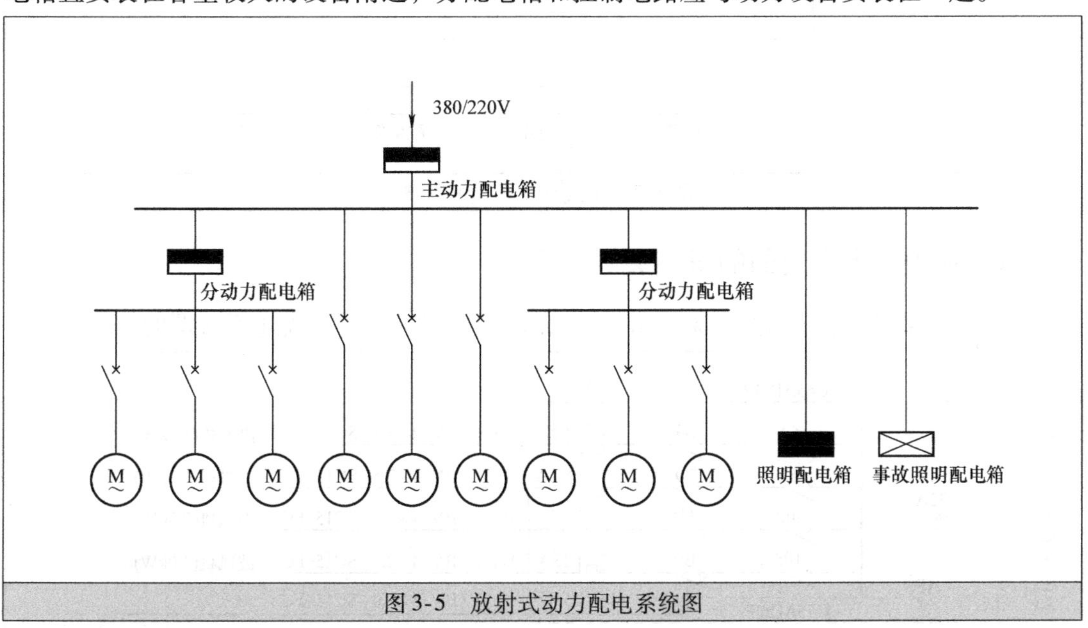

图3-5 放射式动力配电系统图

2. 树干式动力配电系统

树干式动力配电系统图如图3-6所示。这种配电方式的可靠性较放射式稍低一些，适用于动力设备分布均匀、设备容量差距不大且安装距离较近的场合。

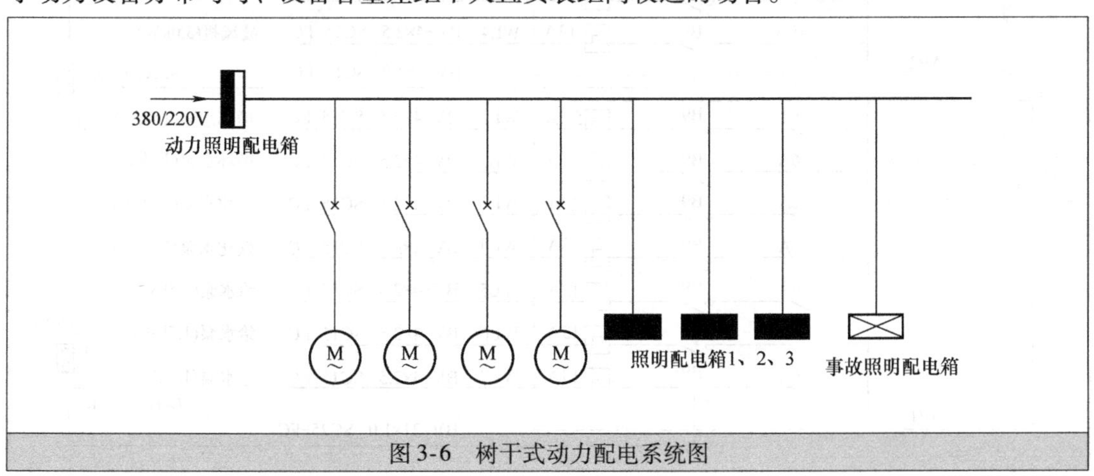

图3-6 树干式动力配电系统图

3. 链式动力配电系统

链式动力配电系统图如图 3-7 所示。该配电方式适用于动力设备距离配电箱较远、各动力设备容量小且设备间距离近的场合。链式动力配电系统的可靠性较差，当一条电路出现故障时，可能会影响多台设备正常运行。通常一条电路可接 3～4 台设备（最多不超过 5 台），总功率不要超过 10kW。

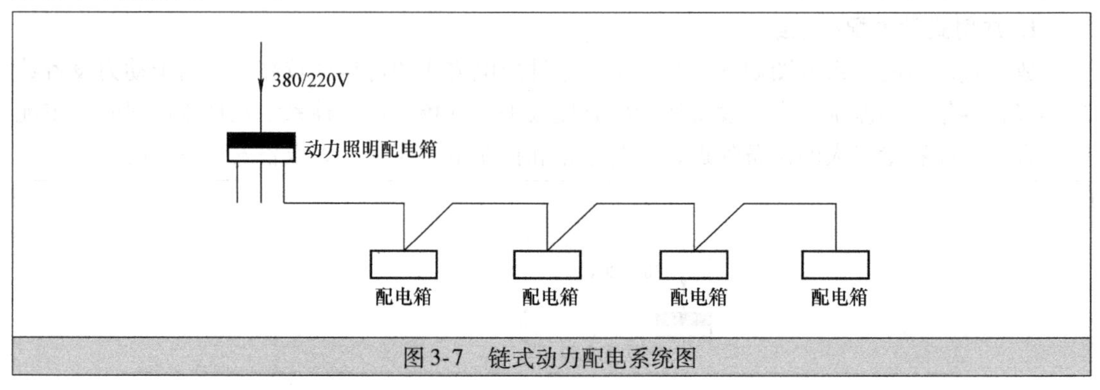

图 3-7 链式动力配电系统图

3.3.2 动力配电系统图的识图实例

图 3-8 是某锅炉房动力配电系统图，下面以此为例来介绍动力配电系统图的识读。

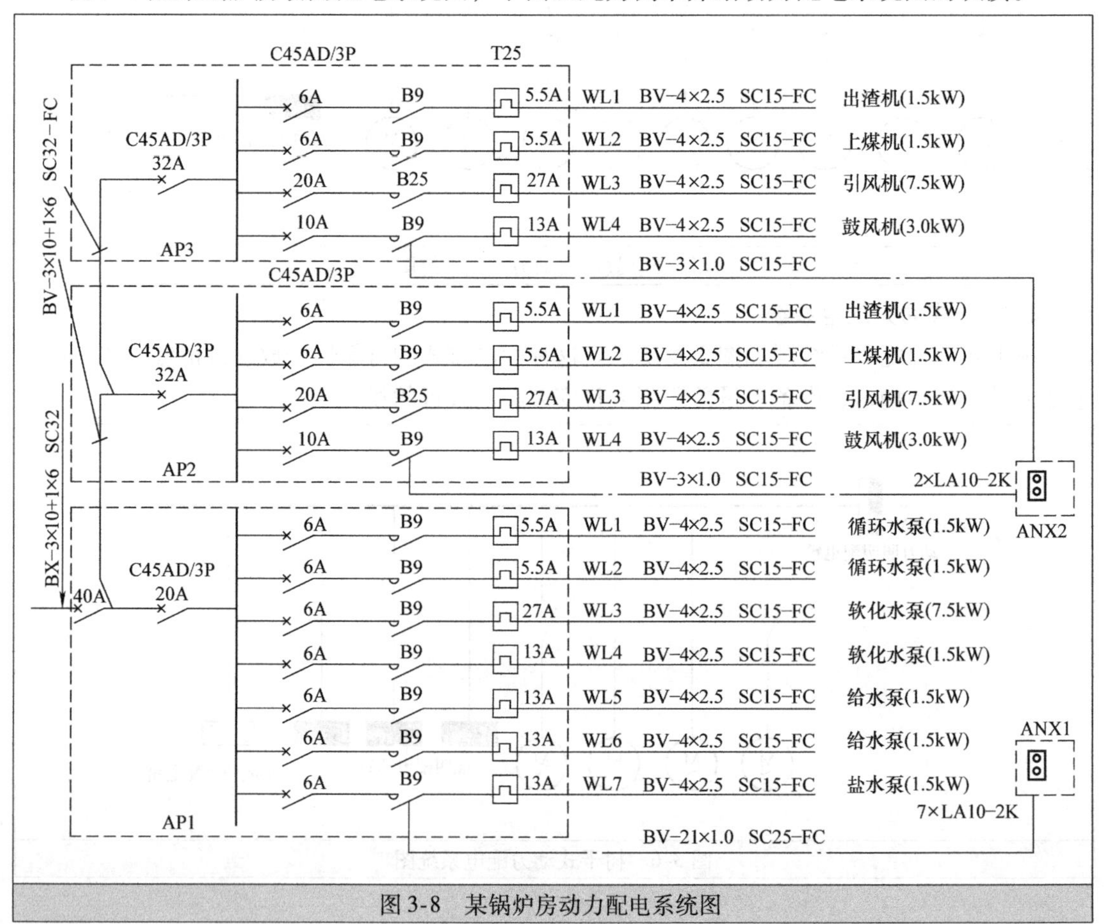

图 3-8 某锅炉房动力配电系统图

图中有5个配电箱，AP1～AP3配电箱内安装有断路器（C45AD/3P）、B9型接触器和T25型热继电器，ANX1、ANX2配电箱安装有操作按钮，又称按钮箱。

电源首先通过配线进入AP1配电箱，配线标注为BX－3×10＋1×6 SC32，其含义为BX表示铜芯橡胶绝缘线；3×10＋1×6表示3根截面积为10mm^{2}和1根截面积为6mm^{2}的导线；SC32表示穿直径为32mm的钢管。电源配线进入AP1配电箱后，接型号为C45AD/3P－40A主断路器，40A表示额定电流为40A，3P表示断路器为3极，D表示短路动作电流为10～14倍额定电流。

AP1配电箱主断路器之后的电源配线分作两路，一路到本配电箱的断路器（C45AD/3P－20A），另一路到AP2配电箱的断路器（C45AD/3P－32A），再接到AP3配电箱的断路器（C45AD/3P－32A），接到AP2、AP3配电箱的配线标注均为BX－3×10＋1×6 SC32－FC，其含义为BX表示铜芯橡胶绝缘线；3×10＋1×6表示3根截面积为10mm^{2}和1根截面积为6mm^{2}的导线；SC32表示穿直径为32mm的钢管；FC表示埋入地面暗敷。

在AP1配电箱中，电源分成7条支路，每条支路都安装有1个型号为C45AD/3P的断路器（额定电流均为6A）、1个B9型交流接触器和1个用作电动机过载保护的T25型热继电器。AP1配电箱的7条支路通过WL1～WL7共7路配线连接7台水泵电动机，7路配线标注均为BV－4×2.5 SC15－FC，其含义为BV表示铜芯塑料绝缘线；4×2.5表示4根截面积为2.5mm^{2}的导线；SC15表示穿直径15mm的钢管；FC表示埋入地面暗敷。

ANX1按钮箱用于控制AP1配电箱内的接触器通断。ANX1内部安装有7个型号为LA10－2K的双联按钮（起动/停止控制），通过配线接到AP1配电箱，配线标注为BV－21×1.0 SC25－FC，其含义为BV表示铜芯塑料绝缘线；21×1.0表示21根截面积为1.0mm^{2}的导线；SC25表示穿直径25mm的钢管；FC表示埋入地面暗敷。

AP2、AP3为2个相同的配电箱，每个配电箱的电源都分为4条支路，有4个断路器、4个交流接触器和4个热继电器，4条支路通过WL1～WL4共4路配线连接4台电动机（出渣机、上煤机、引风机和鼓风机）。4路配线标注均为BV－4×2.5 SC15－FC。

ANX2按钮箱用于控制AP2、AP3配电箱内的接触器通断。ANX2内部安装有2个型号为LA10－2K的双联按钮（起动/停止控制），通过两路配线接到AP2、AP3配电箱，一个双联按钮控制一个配电箱所有接触器的通断，两路配线标注为BV－3×1.0 SC15－FC。

3.3.3　动力配电平面图的识图实例

图3-9是某锅炉房动力配电平面图，表3-8为该锅炉房的主要设备表。

室外电源线从右端进入值班室的AP1配电箱，在AP1配电箱中除了分出一路电源线接到AP2配电箱外，在本配电箱内还分成WL1～WL7共7条支路，WL1、WL2支路分别接到两台循环水泵（4），WL3、WL4支路分别接到两台软化水泵（5），WL5、WL6支路分别接到两台给水泵（6），WL7支路接到盐水泵（7）。ANX1按钮箱安装在水处理车间门口，通过配线接到AP1配电箱。

从AP1配电箱接来的电源线分出一路接到锅炉间的AP2配电箱，在AP2配电箱中除了分出一路电源线接到AP3配电箱外，在本配电箱内还分成WL1～WL4共4条支路，WL1支路接到出渣机（8），WL2支路接到上煤机（1），WL3支路接到引风机（2），WL4支路接到送风机（3）。

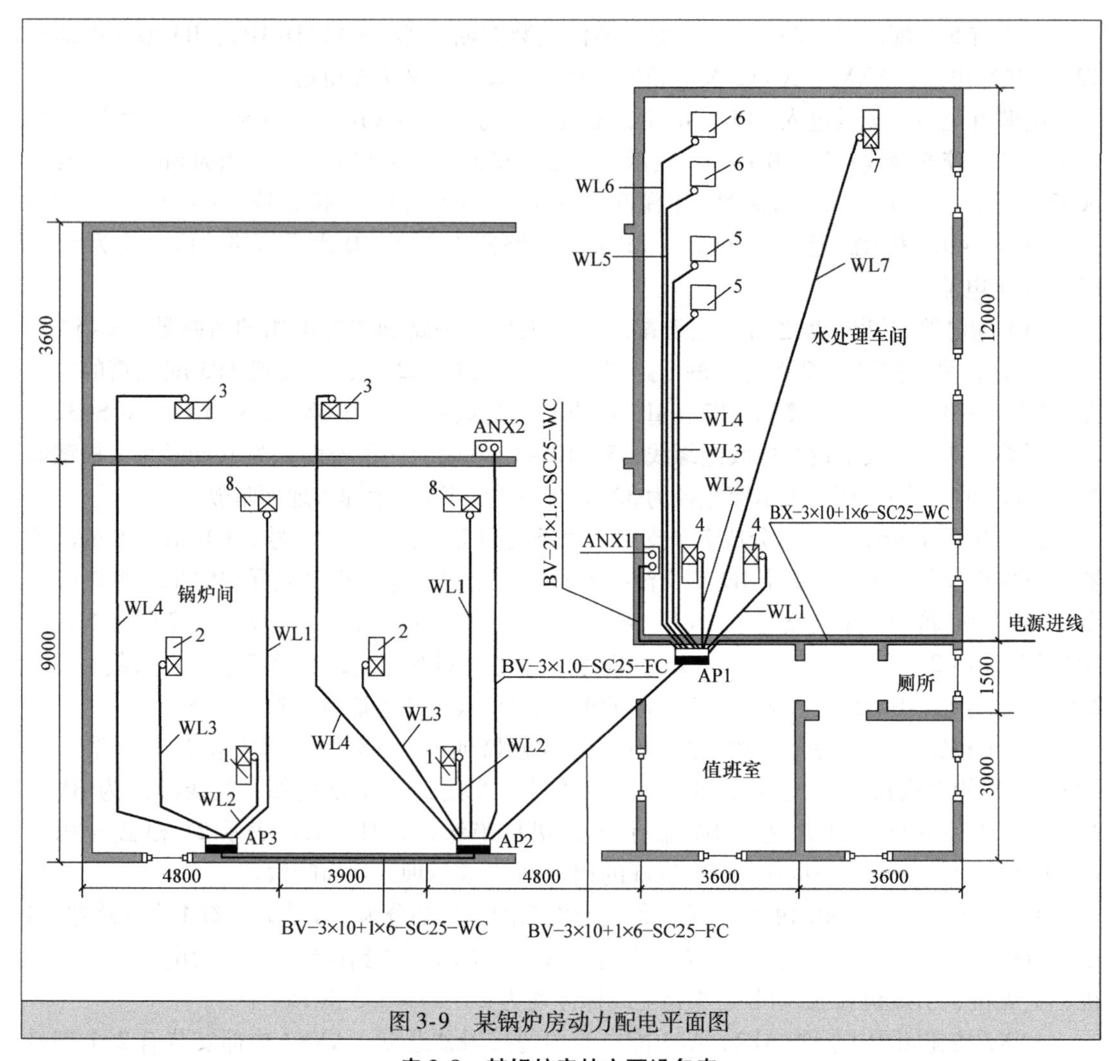

图 3-9　某锅炉房动力配电平面图

表 3-8　某锅炉房的主要设备表

序号	名称	容量/kW	序号	名称	容量/kW
1	上煤机	1.5	5	软化水泵	1.5
2	引风机	7.5	6	给水泵	1.5
3	送风机	3.0	7	盐水泵	1.5
4	循环水泵	1.5	8	出渣机	1.5

由 AP2 配电箱分出的电源线接到 AP3 配电箱，在该配电箱中将电源分成 WL1 ~ WL4 共 4 条支路，WL1 支路接到出渣机（8），WL2 支路接到上煤机（1），WL3 支路接到引风机（2），WL4 支路接到送风机（3）。

ANX2 按钮箱用来控制 AP2、AP3 配电箱，安装在锅炉房外，该按钮箱接出两路按钮线先到 AP2 配电箱，一路接在 AP2 配电箱内，另一路从 AP2 配电箱内与电源线一起接到 AP3 配电箱。

3.3.4 动力配电电路图和接线图的识图实例

1. 锅炉房水处理车间的动力配电电路图与接线图

锅炉房水处理车间的动力配电电路图如图3-10所示，其接线图如图3-11所示。从图中可以看出，接线图与电路图的工作原理是一样的，但画接线图必须要考虑实际元件、方便布线和操作方便等因素，比如在电路图中，一个接触器的线圈、主触点、辅助触点可以画在不同位置，而在接线图中，接触器是一个整体，线圈、主触点、辅助触点必须画在一起。另外在电路图中，操作按钮可以与其他电器画在一起，而在接线图中，操作按钮要与其他电器分开，单独安装在按钮箱中。

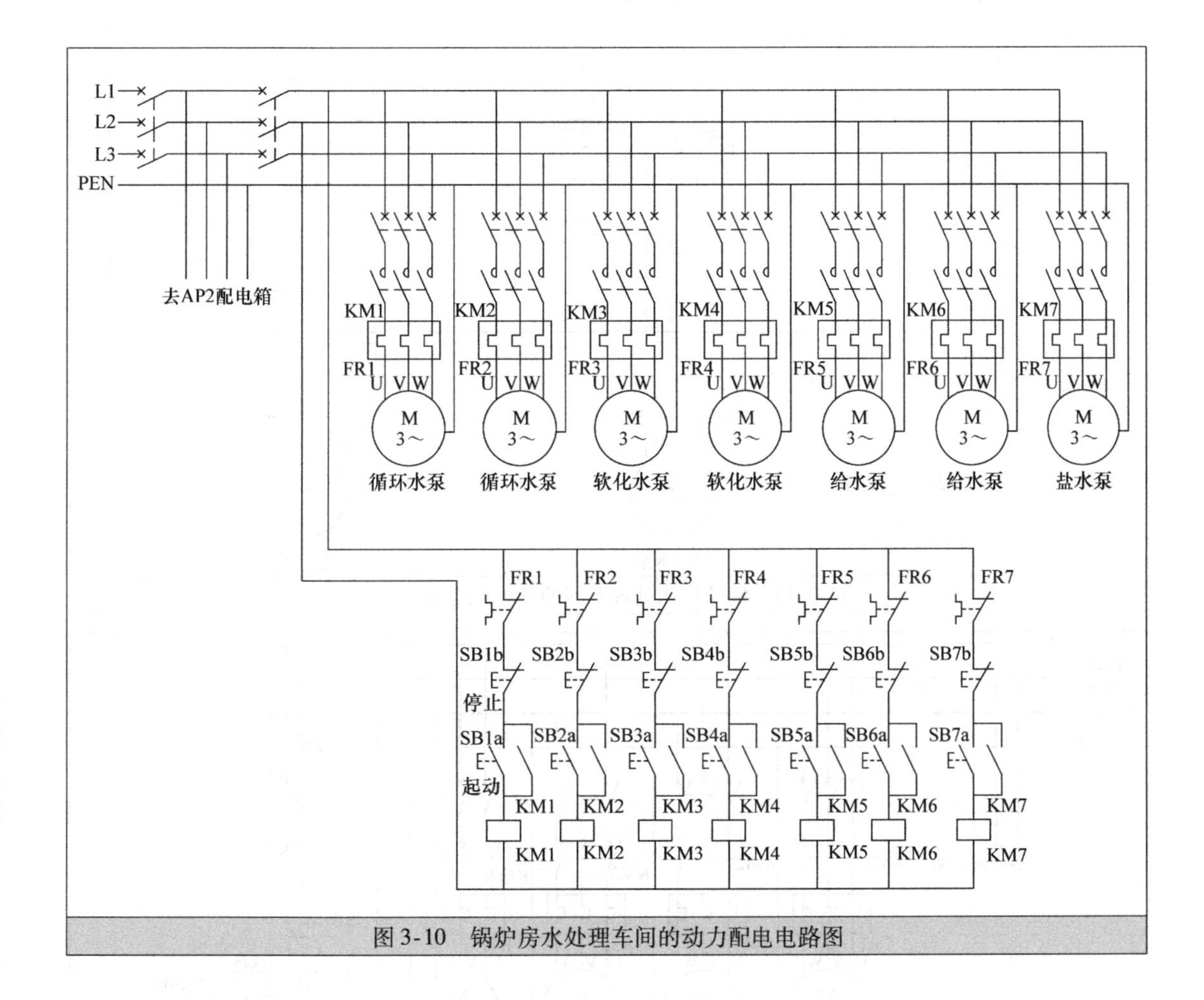

图3-10 锅炉房水处理车间的动力配电电路图

2. 锅炉间的动力配电电路图与接线图

锅炉间有两套相同的动力配电电路，其中一套配电电路图如图3-12所示，其接线图如图3-13所示。两套电路的操作按钮都安装在ANX2按钮箱内。

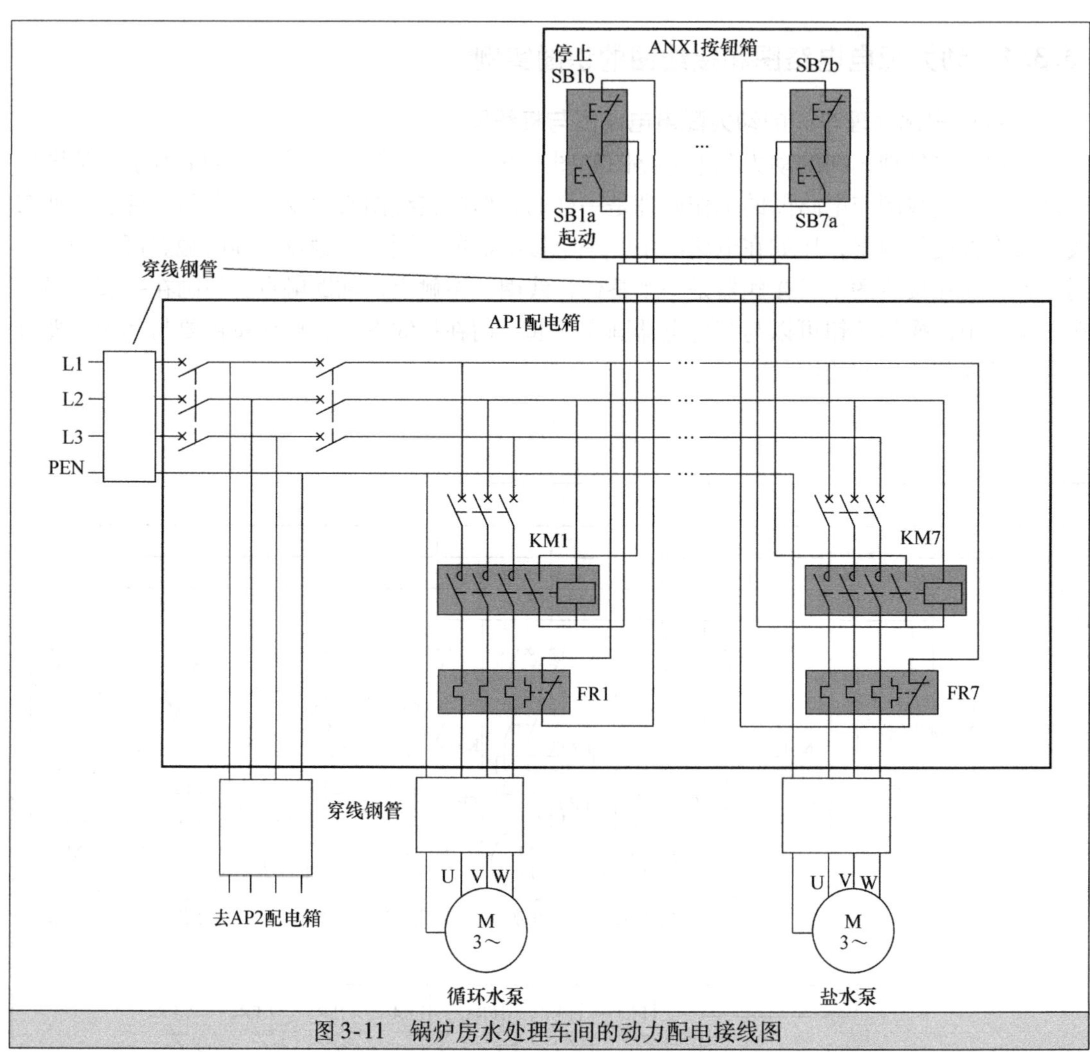

图 3-11　锅炉房水处理车间的动力配电接线图

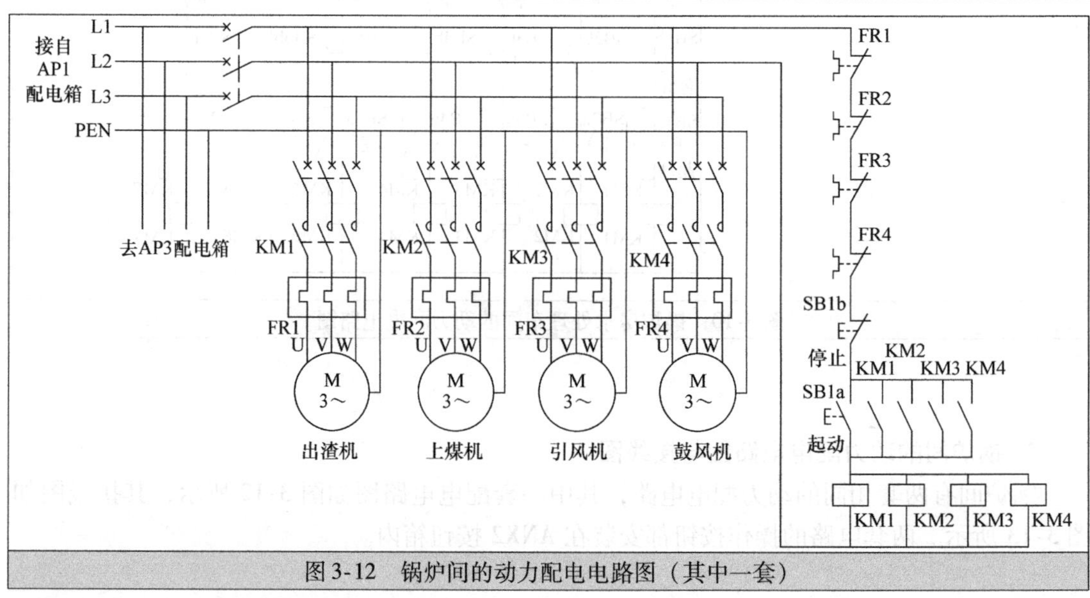

图 3-12　锅炉间的动力配电电路图（其中一套）

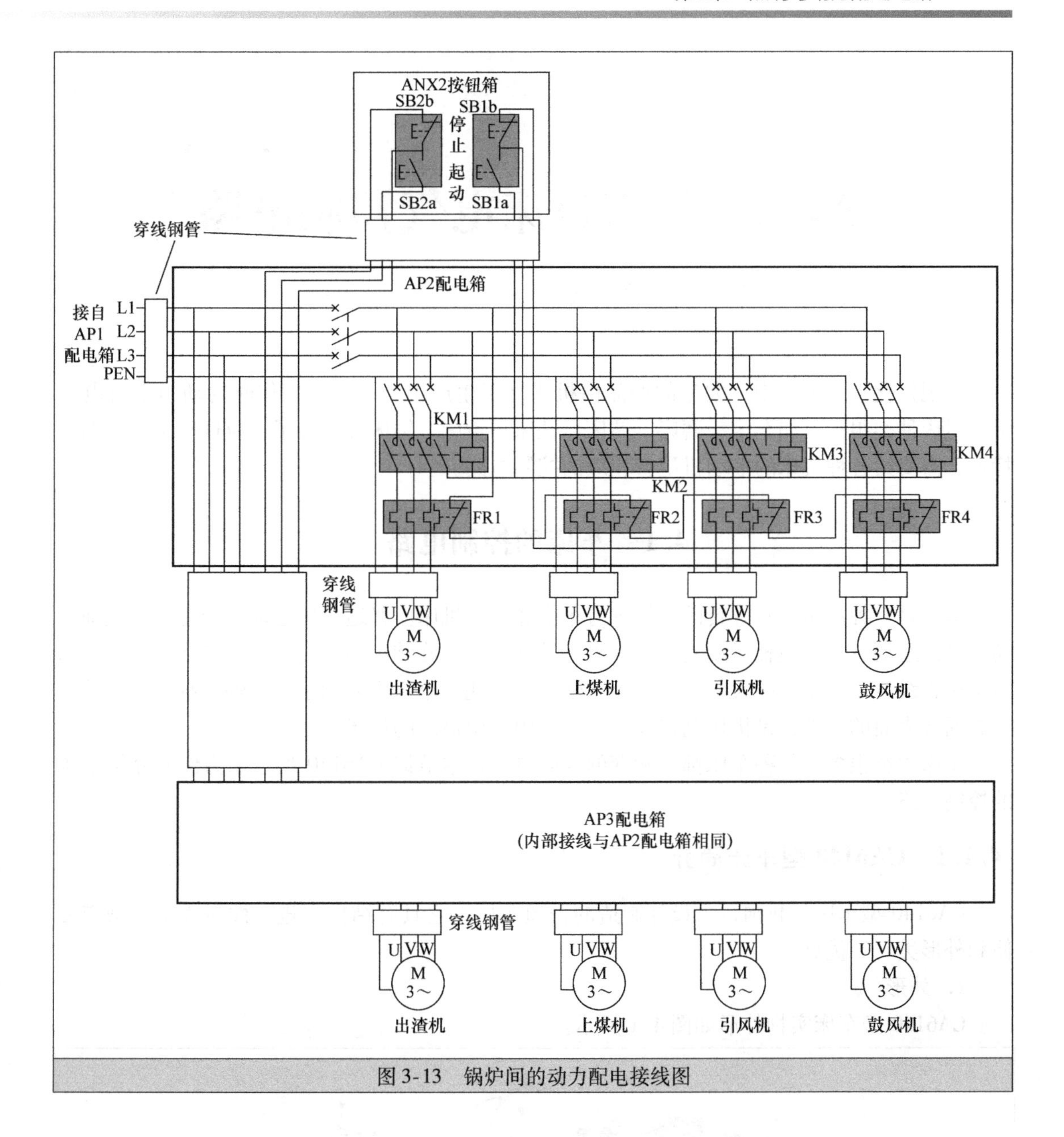

图3-13　锅炉间的动力配电接线图

第4章 常用机床电气控制电路

在现代化工业生产中，大量的产品由机床加工生产出来，机床工作时的动力来自电动机。机床种类很多，如车床、磨床、钻床、铣床、镗床、刨床等，为了适应这些机床的加工特点，需要给各种机床的电动机配备相应的控制电路。

4.1 车床的控制电路

车床是一种用车刀对旋转的工件进行车削加工的机床。普通车床运动部分主要有主轴运动和进给运动，其中主轴运动是指用卡盘等带动工件做旋转运动，进给运动是指用溜板带动刀架做直线运动。车床的大部分功率由主轴运动消耗。车床主要用于加工轴、盘、套和其他具有回转表面的工件，是机械制造和修配工厂中使用最广的机床。

车床种类很多，每种车床都有配套的控制电路，本节以 CA6140 型车床为例来介绍车床的控制电路。

4.1.1 CA6140 型车床简介

CA6140 型车床是我国自主设计制造的普通车床，它具有结构先进、性能优良、操作方便和外形美观等优点。

1. 外形

CA6140 型车床实物外形如图 4-1 所示。

图 4-1 CA6140 型车床实物外形

2. 结构说明

CA6140 型车床各部分说明如图 4-2 所示。

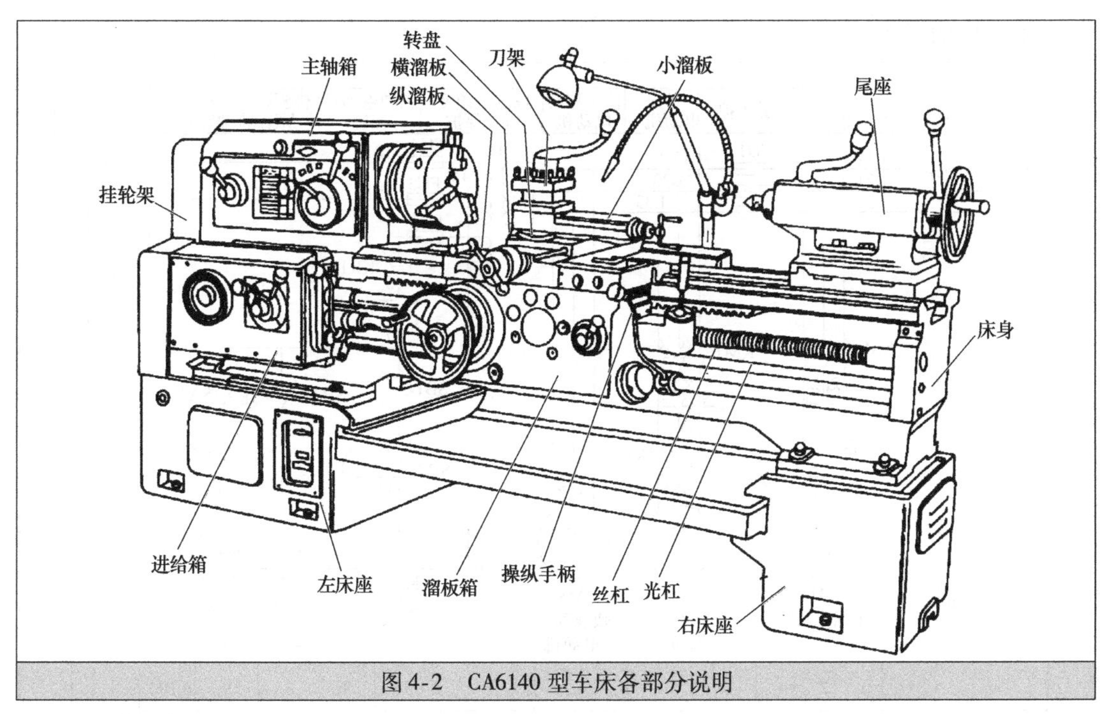

图 4-2 CA6140 型车床各部分说明

3. 型号含义

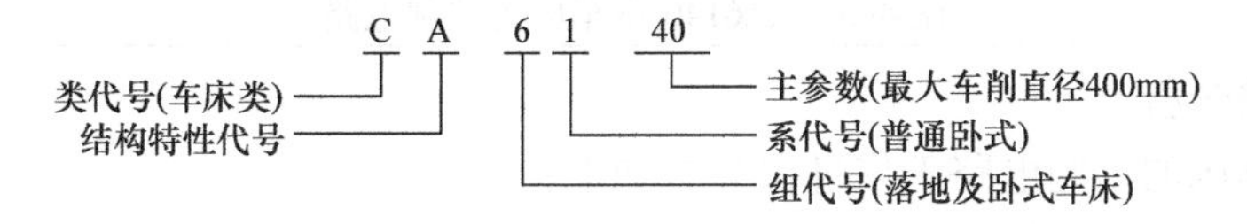

4.1.2 CA6140 型车床的控制电路

CA6140 型车床的控制电路如图 4-3 所示。

1. 识图技巧

图 4-3 所示的车床控制电路结构与基本控制电路相似，但多出了三个部分：一是在电路图的上方有含文字的方框；二是在电路图的下方有含数字的方框；三是在接触器和继电器线圈下方有含数字的表格。

电路图上方含文字的方框的功能是说明它下方垂直范围内电路（或元件）的功能或名称。例如方框“电源保护”下方垂直范围内有熔断器 FU，说明 FU 的功能是电源保护；方框“主轴电动机控制”下方垂直范围内有接触器 KM 主触点、热继电器 KR1 发热元件和主轴电动机，说明这些元件都是与主轴电动机有关的元件。

电路图下方含数字的方框的功能是对整个电路进行分区，以便识图时能快速准确找到要找的元件。

电路图的接触器（或继电器）线圈下方含有数字的表格的功能是说明接触器（或继电器）触点及所在的区。其中表格的左方为常开触点所在的区，右方为常闭触点所在的区。例如接触器 KM 线圈下方表格含有“2、2、2、7、9、×、×”，表示接触器 KM 有三个常开触点在 2 区，有一个常开触点在 7 区，有一个常开触点在 9 区，右方“×”表示无常闭触点；继电器 KA2 线圈下方表格含有“4、4、4、×、×”，表示继电器 KA2 有三个常开触点在 4 区，无常闭触点。

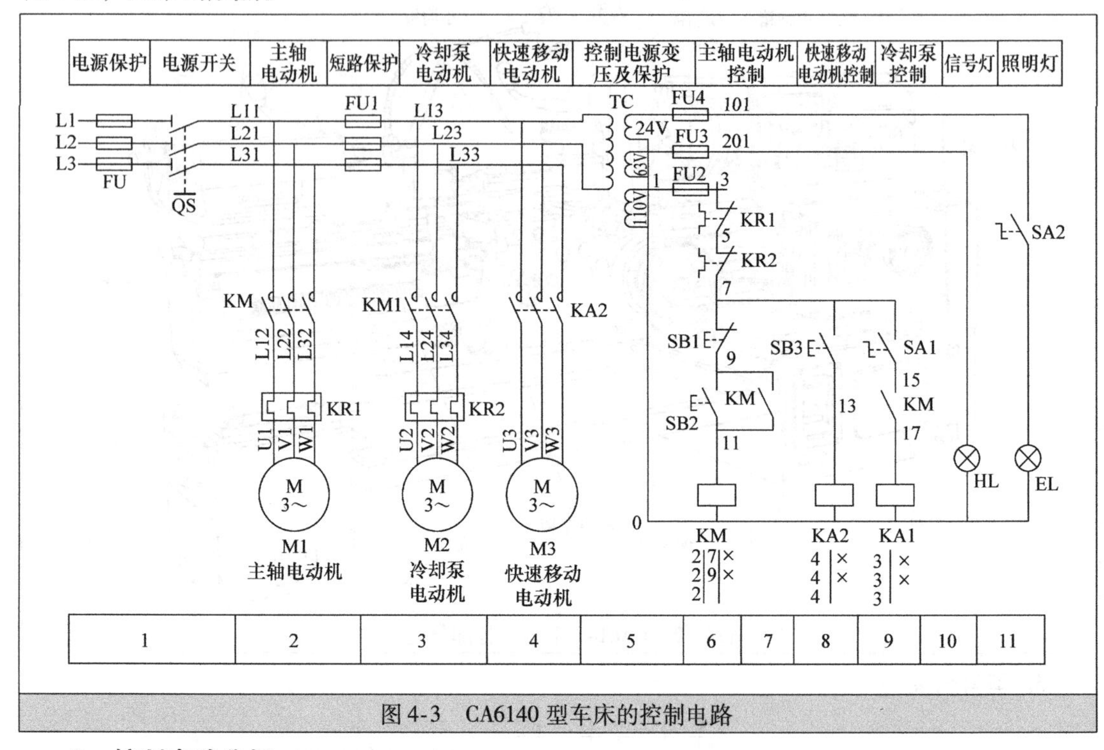

图 4-3　CA6140 型车床的控制电路

2．控制电路分析

CA6140 型车床的控制电路工作过程分析如下：

1）工作准备。合上电源开关 QS，L1、L2 两相电压送到电源变压器 TC 的一次绕组，经降压后在三组二次绕组上分别得到 24V、6.3V 和 110V 的电压，其中 110V 电压供给控制电路作为电源，6.3V 电压供给信号灯 HL，HL 被点亮，指示控制电路已通电，将旋钮开关 SA2 闭合，24V 电压提供给照明灯 EL，EL 发光，照亮车床。

2）主轴电动机控制。

① 起动控制。

按下主轴电动机起动按钮 SB2→KM 线圈得电→
- 2 区的 KM 主触点闭合→主轴电动机运转
- 7 区的 KM 常开辅助触点闭合→锁定 KM 线圈供电
- 9 区的常开辅助触点闭合，为 KA1 线圈得电做准备

② 停止控制。

按下主轴电动机停止按钮 SB1→KM 线圈失电→
- 2 区的 KM 主触点断开→主轴电动机失电停转
- 7 区的 KM 常开辅助触点断开→解除 KM 线圈供电
- 9 区的常开辅助触点断开，KA1 线圈无法得电

3）冷却泵电动机控制。

① 起动控制。在主轴电动机起动后，将冷却泵电动机开关 SA1 闭合→中间继电器 KA1 线圈得电→3 区的 KA1 常开触点闭合→冷却泵电动机得电运转。

② 停止控制。将开关 SA1 断开→中间继电器 KA1 线圈失电→3 区的 KA1 常开触点断开→冷却泵电动机失电运转。

4）快速移动电动机起动/停止控制。

① 起动控制。按下快速移动电动机起/停按钮 SB3→中间继电器 KA2 线圈得电→4 区的 KA2 常开触点闭合→快速移动电动机得电运转。

② 停止控制。松开 SB3→KA2 线圈失电→4 区的 KA2 常开触点断开→快速移动电动机失电停转。

5）停止使用车床时，应断开电源开关 QS，切断整个控制电路的供电。

4.2　刨床的控制电路

刨床是一种用刨刀对工件的平面、沟槽或成形表面进行刨削的直线运动机床。根据结构和性能，刨床主要分为牛头刨床、龙门刨床、单臂刨床及专门化刨床等。

4.2.1　常见刨床的特点

1. 牛头刨床

牛头刨床因滑枕和刀架形似牛头而得名，刨刀装在滑枕的刀架上做纵向往复运动，多用于切削各种平面和沟槽，适用于刨削长度不超过 1000mm 的中小型零件。牛头刨床的特点是调整方便，但由于是单刃切削，而且切削速度低，回程时不工作，所以生产效率低，适用于单件小批量生产。

牛头刨床的刨削精度一般为 IT9 ~ IT7，表面粗糙度 R_a 值为 6.3 ~ 3.2μm。牛头刨床的主参数是最大刨削长度。

2. 龙门刨床

龙门刨床因有一个由顶梁和立柱组成的龙门式框架结构而得名，工作台带着工件通过龙门框架做直线往复运动，多用于加工大平面（尤其是长而窄的平面），也用来加工沟槽或同时加工数个中小零件的平面。大型龙门刨床往往附有铣头和磨头等部件，这样就可以使工件在一次安装后完成刨、铣及磨平面等工艺。单臂刨床具有单立柱和悬臂，工作台沿床身导轨做纵向往复运动，多用于加工宽度较大而又不需要在整个宽度上加工的工件。

与牛头刨床相比，从结构上看，龙门刨床体积大、结构复杂、刚性好，从机床运动上看，龙门刨床的主运动是工作台的直线往复运动，而进给运动则是刨刀的横向或垂直间歇运动，这刚好与牛头刨床的运动相反。龙门刨床由直流电动机带动，并可进行无级调速，运动平稳。

龙门刨床一般可刨削的工件宽度达 1m，长度在 3m 以上。龙门刨床的主参数是最大刨削宽度。

4.2.2　B690 型刨床的控制电路

B690 型刨床的控制电路如图 4-4 所示。

B690 型刨床的控制电路工作过程分析如下：

1）工作准备。合上电源开关 QS1，L1、L2 两相电压送到电源变压器 TC 的一次绕组，经降压后为照明灯 EL 供电，将 QS2 开关闭合，EL 通电点亮。

2）主轴电动机控制。

① 起动控制。按下起动按钮 SB2→接触器 KM1 线圈得电→KM1 常开辅助触点和主触点

均闭合→KM1 常开辅助触点闭合锁定 KM1 线圈供电，KM1 主触点闭合使主轴电动机得电运转。

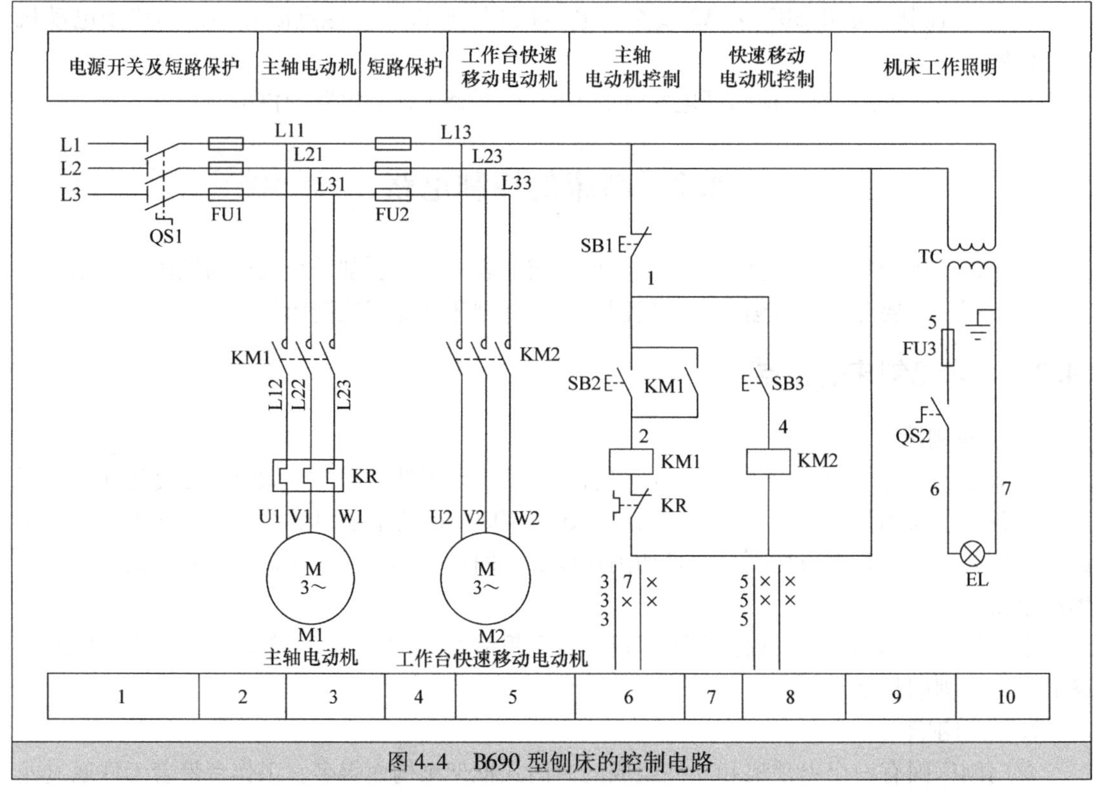

图 4-4　B690 型刨床的控制电路

② 停止控制。按下停止按钮 SB1→接触器 KM1 线圈失电→KM1 常开辅助触点和主触点均断开→KM1 常开辅助触点断开解除 KM1 线圈供电，KM1 主触点断开使主轴电动机停转。

3）工作台快速移动电动机控制。

① 起动控制。按下按钮 SB3→KM2 线圈得电→KM2 主触点闭合→工作台快速移动电动机得电运转。

② 停止控制。松开按钮 SB3→KM2 线圈失电→KM2 主触点断开→工作台快速移动电动机失电停转。

4）停止使用刨床时，应断开电源开关 QS1，切断整个控制电路的供电。

4.3　磨床的控制电路

磨床是一种利用磨具对工件表面进行磨削加工的机床。大多数磨床使用高速旋转的砂轮进行磨削加工，少数磨床使用油石、砂带等其他磨具和游离磨料进行加工，如珩磨机、超精加工机床、砂带磨床、研磨机和抛光机等。

磨床种类很多，根据用途不同可分为外圆磨床、内圆磨床、平面磨床、无心磨床、工具磨床、球面磨床、齿轮磨床和导轨磨床等。本节以 M7130 型平面磨床为例来介绍磨床的控制电路。

4.3.1　M7130 型平面磨床简介

1. 外形与结构说明

M7130 型平面磨床外形与结构说明如图 4-5 所示。

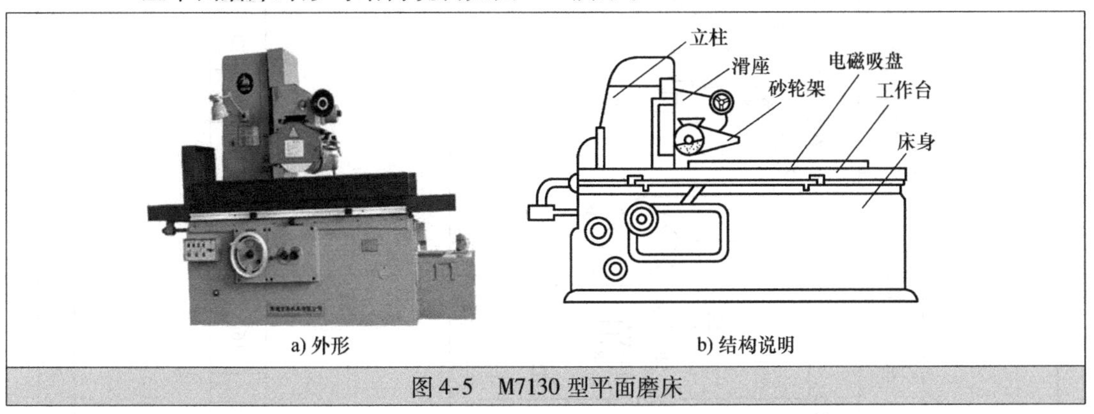

a) 外形　　b) 结构说明

图 4-5　M7130 型平面磨床

2. 型号含义

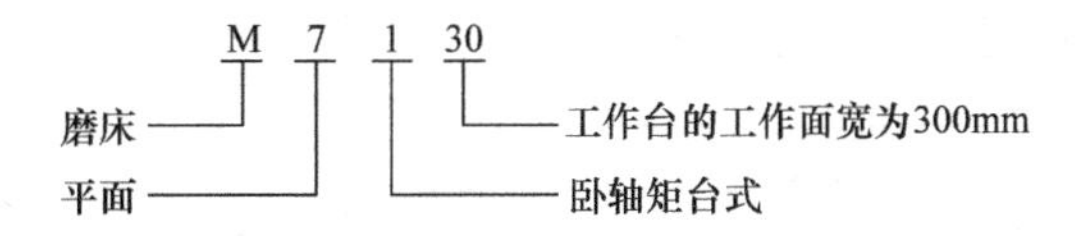

4.3.2　M7130 型平面磨床的控制电路

M7130 型平面磨床的控制电路如图 4-6 所示。M7130 型平面磨床的控制电路用到砂轮电动机、冷却泵电动机和液压泵电动机，如果不用冷却泵电动机，可以将该电动机与电路的接插件 XP1 拔出。21 区的 YH 为电磁吸盘，其功能是通电后会产生强磁场吸合待加工的部件，加工结束后工件会带有剩磁而难于取下，所以还需给电磁吸盘通反向电源对工件进行退磁。QS2 为转换开关，它有三个触点，一个在 7 区，另两个在 18 区。该开关有“充磁、放松、退磁”三个档位，其中 7 区的触点只有在“退磁”档位时才闭合，在其他档位时均断开。

M7130 型平面磨床的控制电路工作过程分析如下：

（1）准备工作

将电源开关 QS1 闭合，L1、L2 两相电压经变压器 TC1 降压后为工作照明灯 EL 供电，将开关 SA 闭合，EL 被点亮。另外，L1 相与地之间的 220V 电压经变压器 TC2 降压得到 145V 电压，该电压经桥式整流电路整流后输出直流电压，将转换开关 QS2 拨至“充磁”档位，直流电压通过欠电流继电器 KUC 加到电磁吸盘两端，电磁吸盘牢牢吸住待加工的工件，此外，由于欠电流继电器 KUC 线圈有电流流过，KUC 在 8 区的常开触点闭合，L1、L2 两相电压提供给控制电路。

如果不采用电磁吸盘，而使用压板固定工件时，可拔出电磁吸盘接插件 XP2，但需将开关 QS2 拨至“退磁”档位，让 QS2 在 8 区的触点闭合，以便电源能提供给控制电路。

（2）砂轮电动机和冷却电动机控制

1）起动控制。

按下按钮 SB1→KM1 线圈得电→{ 3 区的 KM1 主触点闭合→砂轮电动机和冷却泵电动机得电运转
10 区的 KM1 常开辅助触点闭合→锁定 KM1 线圈供电 }

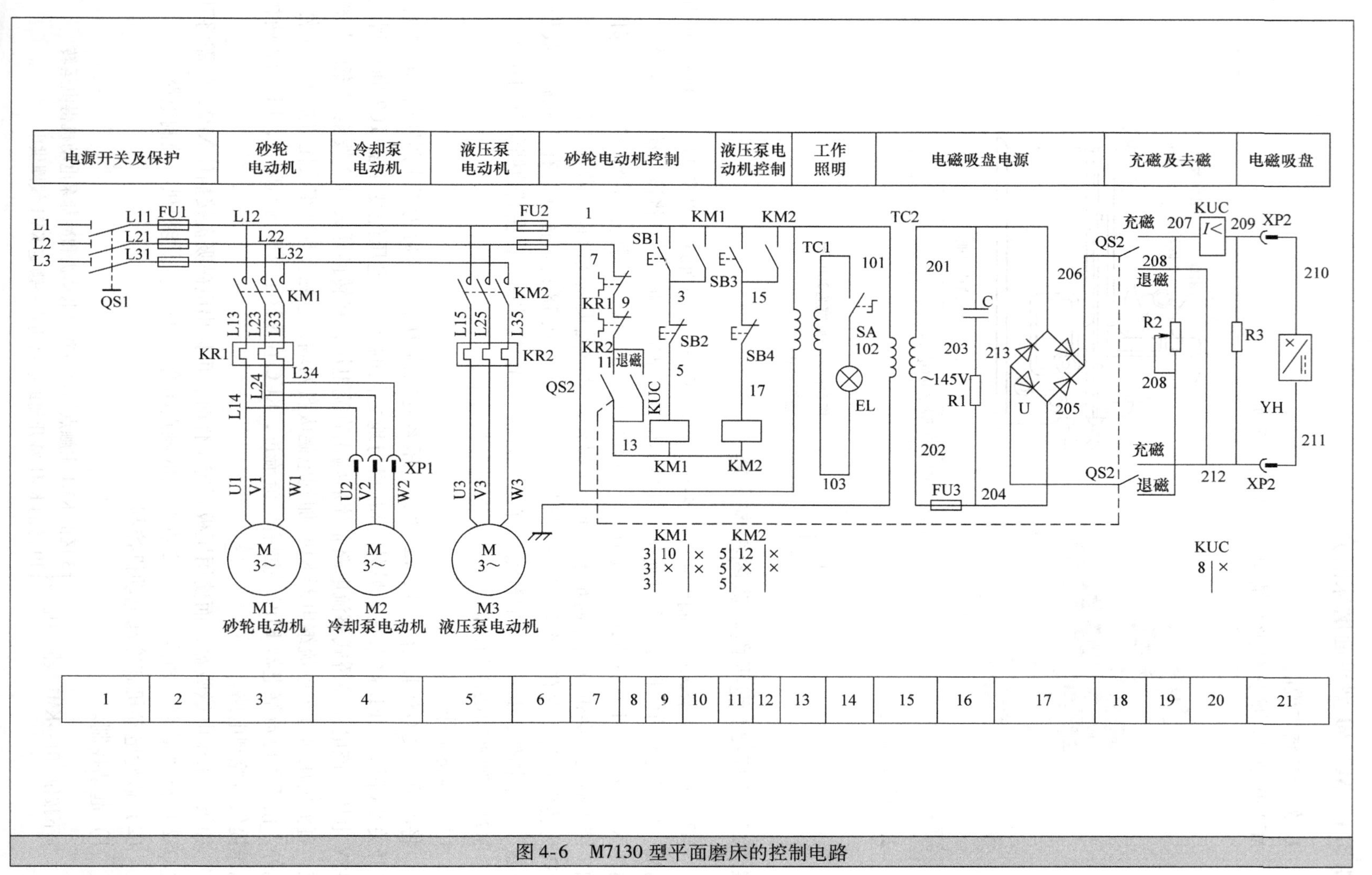

图 4-6　M7130 型平面磨床的控制电路

2）停止控制。

按下按钮 SB2→KM1 线圈失电→{3 区的 KM1 主触点断开→砂轮电动机和冷却泵电动机失电停止运转；10 区的 KM1 常开辅助触点断开→解除 KM1 线圈供电}

（3）液压泵电动机控制

1）起动控制。

按下按钮 SB3→KM2 线圈得电→{5 区的 KM2 主触点闭合→冷却泵电动机得电运转；12 区的 KM2 常开辅助触点闭合→锁定 KM2 线圈供电}

2）停止控制。

按下按钮 SB4→KM2 线圈失电→{5 区的 KM2 主触点断开→冷却泵电动机失电停止运转；12 区的 KM2 常开辅助触点断开→解除 KM2 线圈供电}

（4）电磁吸盘退磁控制

工件加工完成后，由于电磁吸盘的磁化作用，工件带有剩磁难以取下，所以取下工件前需要对工件进行退磁。

将转换开关 QS2 拨至“放松”档位，触点处于开路状态，电磁吸盘线圈释放能量而产生上正下负的自感电动势，该电动势通过放电电阻 R3 回路释放，同时由于欠电流继电器 KUC 线圈电流减小，产生的吸合力不足，8 区的 KUC 常开触点断开，控制电路电源被切断。

再将 QS2 拨至“退磁”档位，QS2 两个动触点与退磁静触点接触，电源串入电位器 R2 为电磁吸盘供电，但电源极性变反，电磁吸盘通入较小的反向电流产生磁场对工件进行退磁。退磁结束后，将 QS2 拨至“放松”档位。

电阻 R1 和电容 C 的作用是吸收变压器 TC2 二次绕组两端的短时过高的电压，当某些原因使 TC2 二次电压瞬时过高时（如 L1 相电压瞬间升高），TC2 二次电压对电容 C 充电而降低，整流及外级电路得到保护。

4.4 钻床的控制电路

钻床是一种利用钻头在工件上加工孔的机床。钻床在工作时钻头旋转为主运动，钻头轴向移动为进给运动。钻床结构简单，加工精度相对较低，可钻通孔、盲孔，更换特殊刀具，可扩孔、铰孔或进行攻丝等加工。

钻床种类很多，主要可分为台式钻床、立式钻床、摇臂钻床、铣钻床、深孔钻床、平端面中心孔钻床和卧式钻床等。本节以 Z3050 型钻床为例来介绍钻床的控制电路。

4.4.1 Z3050 型钻床简介

1. 外形与结构说明

Z3050 型钻床外形和结构说明如图 4-7 所示。

2. 型号含义

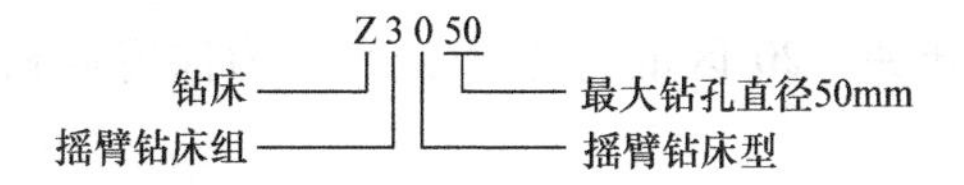

4.4.2 Z3050 型钻床的控制电路

Z3050 型钻床的控制电路如图 4-8 所示。

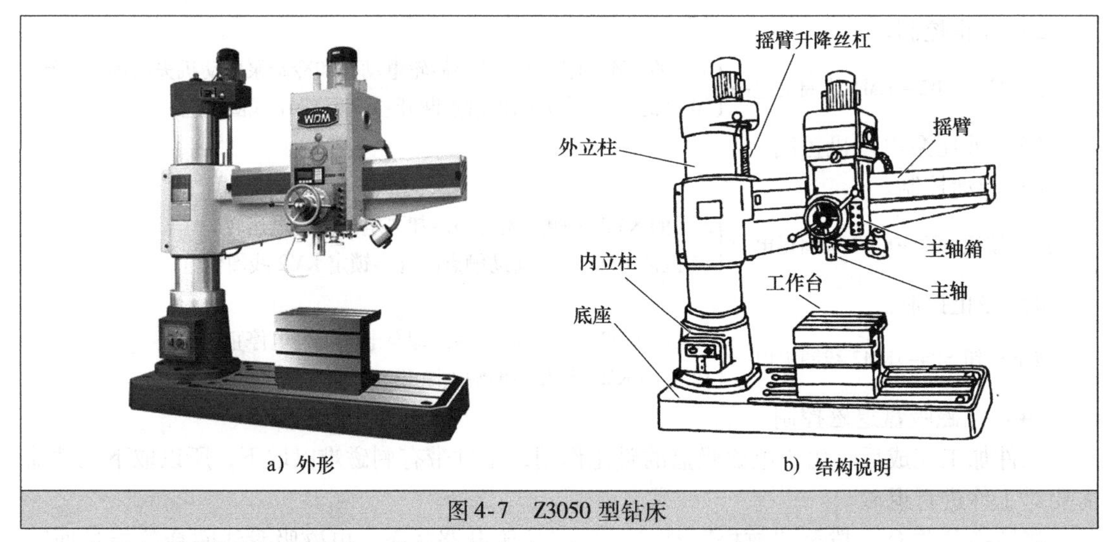

a）外形　　b）结构说明

图4-7　Z3050型钻床

Z3050型钻床的控制电路工作原理分析如下：

（1）准备工作

将电源开关QS1闭合，L1、L2两相电压经变压器TC降压得到127V、6.3V和36V电压，其中127V电压供给控制电路作为电源，6.3V电压供给机床工作信号指示灯，36V电压供给机床工作照明灯。

（2）冷却泵电动机的控制

闭合开关QS2，冷却泵电动机得电运转；断开开关QS2，冷却泵电动机失电停转。

（3）主轴电动机的控制

1）起动控制。

按下按钮SB2→接触器KM1线圈得电→
- 3区的KM1主触点闭合→主轴电动机得电运转
- 13区的常开辅助触点闭合→主轴电动机工作指示灯HL3亮
- 14区的KM1常开辅助触点闭合→锁定KM1线圈供电

2）停止控制。

按下按钮SB1→接触器KM1线圈失电→
- 3区的KM1主触点断开→主轴电动机失电停转
- 13区的常开辅助触点断开→主轴电动机工作指示灯HL3熄灭
- 14区的KM1常开辅助触点断开→解除KM1线圈供电

（4）摇臂的升降控制

在控制摇臂上升或下降过程中，要求摇臂与立柱之间松开，当摇臂上升或下降到位后，要求摇臂与立柱之间夹紧。摇臂上升与下降由摇臂升降电动机驱动，摇臂与立柱的松紧由液压泵电动机驱动。

16区的按钮SB3为摇臂上升控制按钮，18区的按钮SB4为摇臂下降控制按钮；行程开关ST1-1为摇臂上升限位开关，ST1-2为摇臂下降限位开关；行程开关ST2为摇臂电动机和液压泵电动机运转切换开关；20区的行程开关ST3为摇臂放松夹紧开关，放松时闭合，夹紧时断开。

1）摇臂上升控制。摇臂上升大致过程是，首先液压泵电动机正向运转，使摇臂和立柱松开，然后摇臂升降电动机正向运转，将摇臂上升到要求的高度，再让液压泵电动机反向运转，将摇臂与立柱夹紧。

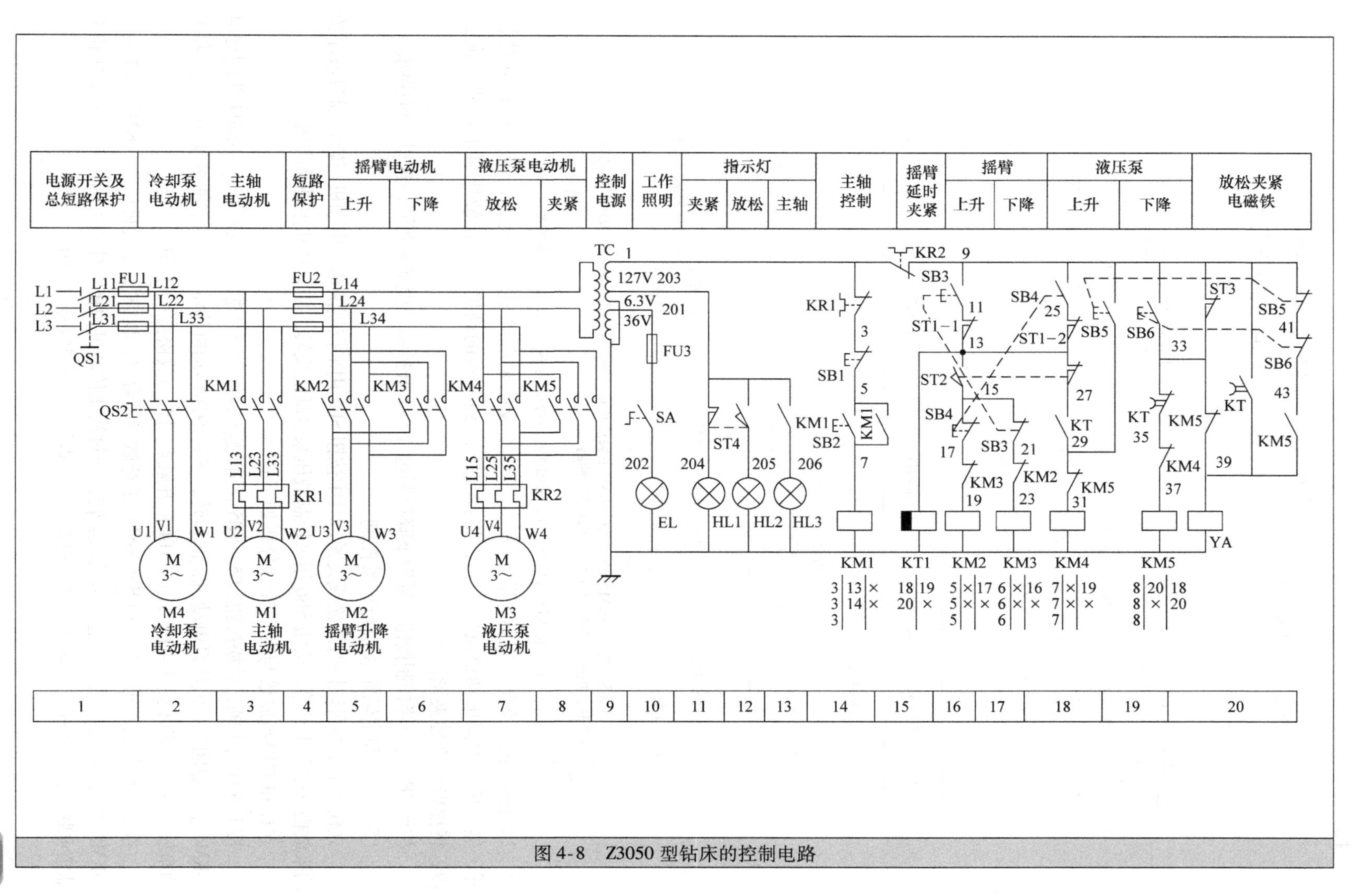

图4-8 Z3050型钻床的控制电路

摇臂上升控制的详细过程如下：

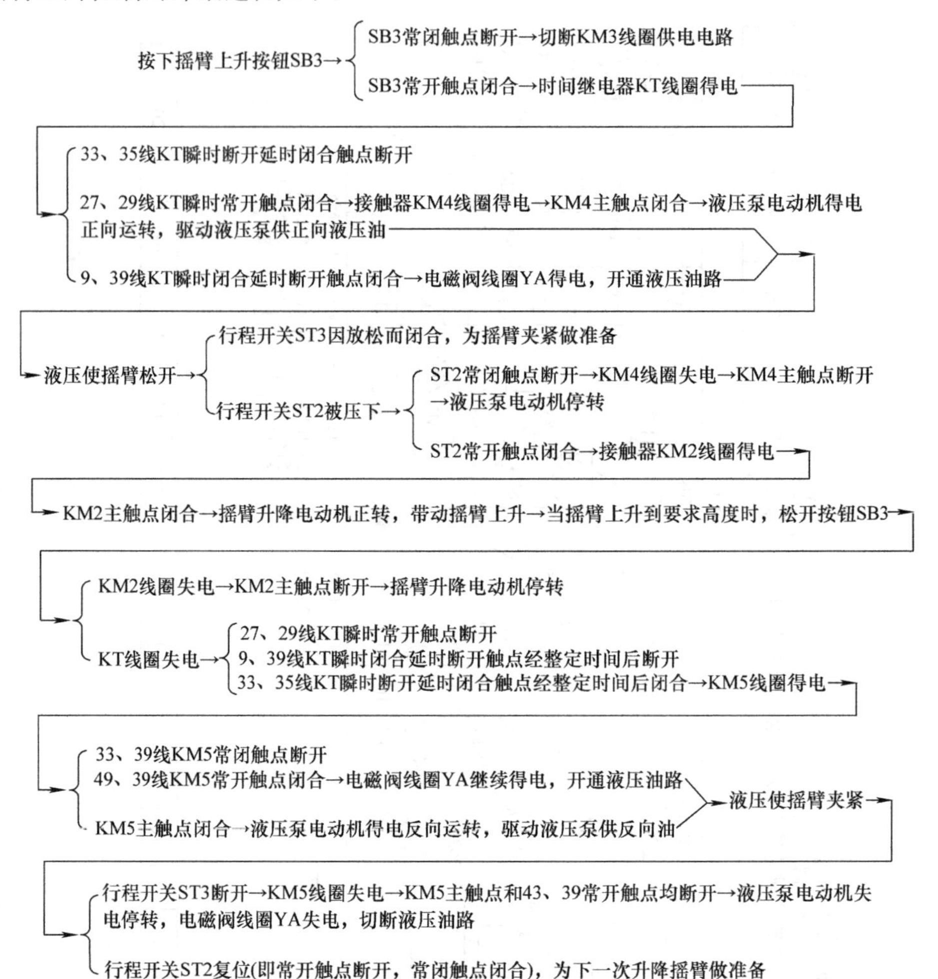

2）摇臂下降控制。摇臂下降过程是，首先液压泵电动机正向运转，使摇臂和立柱松开，然后摇臂升降电动机反向运转，将摇臂下降到要求的高度，再让液压泵电动机反向运转，将摇臂与立柱夹紧。

按钮 SB4 为下降控制按钮，摇臂下降控制过程与上升控制过程基本相同，这里不再说明。

（5）立柱和主轴箱放松与夹紧控制

立柱和主轴箱可以同时放松或夹紧，其中按钮 SB5 用来控制液压泵电动机正转，通过液压传动来放松立柱和主轴箱，按钮 SB6 用来控制液压泵电动机反转，使立柱和主轴箱夹紧。

立柱和主轴箱放松与夹紧控制分析如下：

按下立柱与主轴箱放松按钮 SB5→SB5 常开触点闭合（同时常闭触点断开）→KM4 线圈得电→KM4 主触点闭合→液压泵电动机正向运转，通过液压传动机构将立柱和主轴箱放松→立柱和主轴箱放松后，行程开关 ST4 被碰压→ST4 常开触点闭合→放松指示灯 HL2 点亮。

按下立柱与主轴箱夹紧按钮 SB6→SB6 常开触点闭合（同时常闭触点断开）→KM5 线圈得电→KM5 主触点闭合→液压泵电动机反向运转，通过液压传动机构将立柱和主轴箱夹紧→立柱和主轴箱夹紧后，行程开关 ST4 被松开→ST4 常闭触点闭合→夹紧指示灯 HL1 点亮。

第5章　供配电系统电气线路

5.1　供配电系统简介

5.1.1　供配电系统的组成

电能是由发电部门（火力发电厂、水力发电站和核电站）的发电机产生的，这些电能需要通过供配电系统传输给用户。电能从发电部门到用户的传输环节如图5-1所示。从图中可以看出，发电部门的发电机产生3.15~20kV的电压（交流）先经升压变压器升至35~500kV，然后通过远距离传输线将电能传送到用电区域的变电所，变电所的降压变压器将35~500kV的电压降低到6~10kV，该电压一方面直接供给一些工厂用户，另一方面再经降压变压器降低成380/220V的低压，供给普通用户。

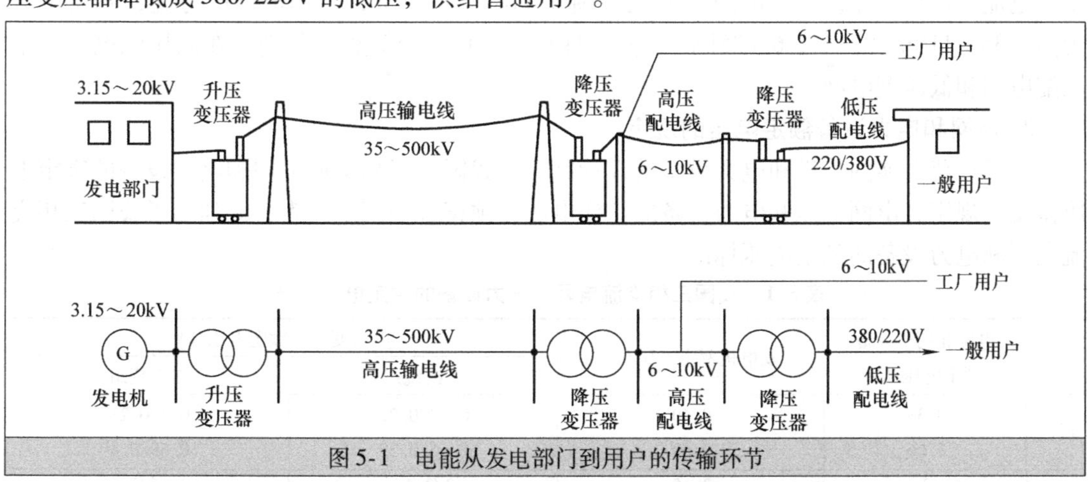

图5-1　电能从发电部门到用户的传输环节

电能在远距离传输时，先将电压升高，传输到目的地后再将电压降低，这样做的目的主要有两点：①可减少电能在传输线上的损耗，根据$P=UI$可知，在传输功率一定的情况下，电压U越高，电流I越小，又根据焦耳定律$Q=I^2Rt$可知，流过导线的电流越小，在导线上转变成热能而损耗的电能就越少；②可在导线截面积一定的情况下提高导线传输电能的功率，比如某导线允许通过的最大电流为I_M，在电压未升高时传输的功率$P=UI_M$，电压升高20倍后该导线传输的功率$P=20UI_M$。

从发电部门的发电机产生电能开始到电能供给最终用户，电能经过了电能的产生、变换、传输、分配和使用环节，这些环节组成的整体称为电力系统。电网是电力系统的一部分，它不包括发电部门和电能用户。

5.1.2 变电所与配电所

电能由发电部门传输到用户的过程中，需要对电压进行变换，还要将电压分配给不同的地区和用户。变电所或变电站的任务是将送来的电能进行电压变换并对电能进行分配。配电所或配电站的任务是将送来的电能进行分配。

变电所与配电所的区别主要在于：变电所由于需要变换电压，所以必须要有电力变压器，而配电所不需要电压变换，故除了可能有自用变压器外，配电所是没有其他电力变压器的。变电所和配电所的相同之处在于：①两者都担负着接收电能和分配电能的任务；②两者都具有电能引入线（架空线或电缆线）、各种开关电器（如隔离开关、刀开关、高低压断路器）、母线、电压电流互感器、避雷器和电能引出线等。

变电所可分为升压变电所和降压变电所，升压变电所一般设在发电部门，将电压升高后进行远距离传输。降压变电所一般设在用电区域，它根据需要将高压适当降低到相应等级的电压后，供给本区域的电能用户。降压变电所又可分为区域降压变电所、终端降压变电所、工厂降压变电所和车间降压变电所等。

5.1.3 电力系统的电压规定

1. 电压等级划分

电力系统的电压可分为输电电压和配电电压，输电电压的电压范围在220kV及以上，用作电能远距离传输；配电电压的电压范围在110kV及以下，用作电能的分配，它又可分为高（35～110kV）、中（6～35kV）、低（1kV以下）三个等级，分别用在高压配电网、中压配电网和低压配电网。

2. 电网和电力设备额定电压的规定

为了规范电能的传送和电力设备的设计制造，我国对三相交流电网和电力设备的额定电压做出了规定，电网电压和电力设备的工作电压必须符合该规定。表5-1列出了我国三相交流电网和电力设备的额定电压标准。

表5-1 我国三相交流电网和电力设备的额定电压标准

分类	电网和用电设备额定电压/kV	发电机额定电压/kV	电力变压器额定电压/kV	
			一次绕组	二次绕组
低压	0.38	0.40	0.38/0.22	0.4/0.23
	0.66	0.69	0.66/0.38	0.69/0.4
高压	3	3.15	3/3.15	3.15/3.3
	6	6.3	6/6.3	6.3/6.6
	10	10.5	10/10.5	10.5/11
	—	13.8/15.75/18/20/22/24/26	13.8/15.75/18/20/22/24/26	—
	35	—	35	38.5
	66	—	66	72.6
	110	—	110	121
	220	—	220	242
	330	—	330	363
	500	—	500	550

从表5-1可以看出：

1）电网和用电设备的额定电压规定相同。表中未规定2kV额定电压，故电网中不允许以2kV电压来传输电能，生产厂家也不会设计制造2kV额定电压的用电设备。

2）相同电压等级的发电机的额定电压与电网和用电设备是不一样的，发电机的额定电压要略高（5%），这样规定是考虑到发电机产生的电能传送到电网或用电设备时线路会有一定的压降。

3）电力变压器相同等级的额定电压规定是不一样的，相同等级的二次绕组的额定电压较一次绕组要略高（5%～10%），这样规定也是考虑到线路存在压降。

下面以图5-2来说明电力变压器一、二次绕组额定电压的确定。如果发电机的额定电压是0.4kV（较相同等级的电网电压0.38kV高5%），发电机产生的0.4kV电压经线路传送到升压变压器T1的一次绕组，由于线路的压降损耗，送到T1的一次绕组电压为0.38kV，T1将该电压升高到242kV（较相同等级的电网电压220kV高10%），242kV电压经远距离线路传输，线路压降损耗为10%，送到降压变压器T2的一次绕组的电压为220kV，T2将220kV降低到0.4kV（较相同等级的电网电压0.38kV高5%），经线路压降损耗5%后得到0.38kV供给电动机。

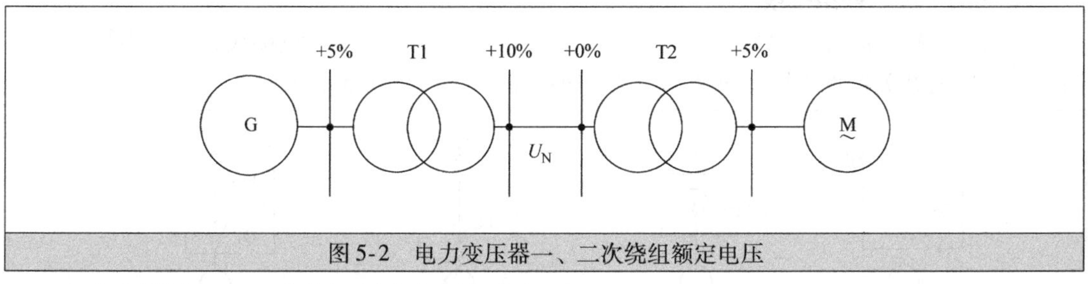

图5-2 电力变压器一、二次绕组额定电压

电力变压器一、二次绕组额定电压规定如下：

1）当一次绕组与发电机连接时，由于线路不是很长，其额定电压较相应等级的电网电压高5%；当一次绕组与输电线路末端连接时，其额定电压与相应等级的电网电压相同。

2）当二次绕组与高压电网连接时，由于线路很长，线路压降大，其额定电压较相应等级的电网电压高10%；当二次绕组与低压电网连接时，由于线路较短，线路压降小，其额定电压较相应等级的电网电压高5%。

5.2 变配电所主电路的接线形式

变配电所的电气接线包括一次电路接线和二次电路接线。一次电路又称主电路，是指电能流经的电路，主要设备有发电机、变压器、断路器、隔离开关、避雷器、熔断器和电压、电流互感器等，将这些设备按要求用导线连接起来就是主电路的接线；二次电路的功能是控制、保护、测量和监视一次电路，主要设备有控制开关、按钮、继电器、测量仪表、信号灯和自动装置等。一次电路电压高、电流大，二次电路通过电压互感器和电流互感器来测量和监视一次电路的电压和电流，通过继电器和自动装置对一次电路进行控制和保护。

变配电所的任务是汇集电能和分配电能，变电所还需要对电能电压进行变换。变配电所常用的主电路接线方式见表5-2。

表 5-2　变配电所常用的主电路接线方式

主接线形式	无母线主接线	线路 – 变压器组接线
		桥形接线
		多角形接线
	单母线主接线	单母线无分段接线
		单母线分段接线
		单母线分段带旁路母线接线
	双母线主接线	双母线无分段接线
		双母线分段接线
		三分之二断路器双母线接线
		双母线分段带旁路母线接线

5.2.1　无母线主接线

无母线主接线可分为线路 – 变压器组接线、桥形接线和多角形接线。

1. 线路 – 变压器组接线

当只有一路电源和一台变压器时，主电路可采用线路 – 变压器组接线方式，根据变压器高压侧采用的开关器件不同，该方式又有四种具体形式，如图 5-3 所示。

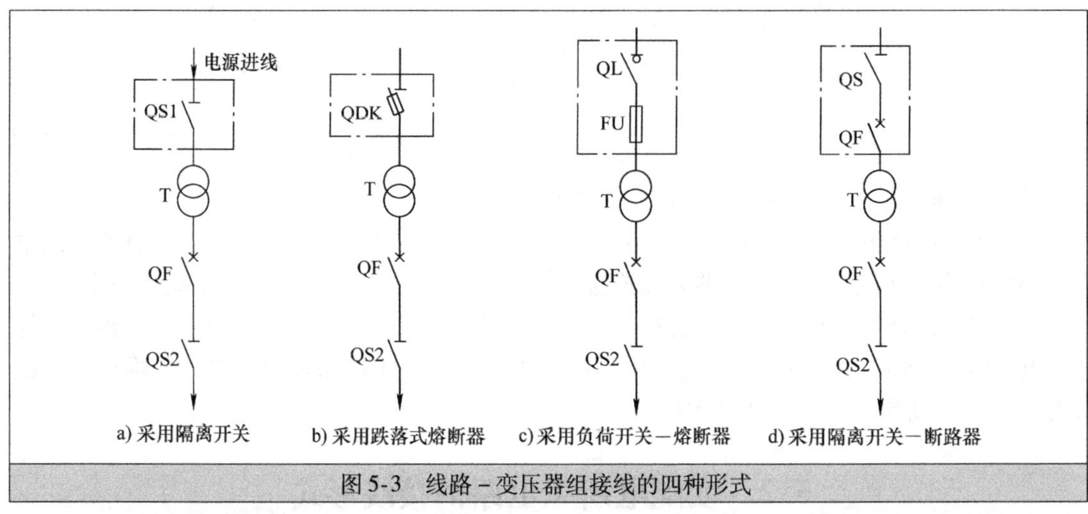

图 5-3　线路 – 变压器组接线的四种形式

若电源侧继电保护装置能保护变压器且灵敏度满足要求时，变压器高压侧可使用隔离开关，如图 5-3a 所示；若变压器高压侧短路容量不超过高压熔断器断流容量，而又允许采用高压熔断器保护变压器时，变压器高压侧可使用跌落式熔断器或负荷开关 – 熔断器，如图 5-3b、c 所示；一般情况下可在变压器高压侧使用隔离开关 – 断路器，如图 5-3d 所示。如果在高压侧使用负荷开关，变压器的容量不能大于 1250kVA；如果在高压侧使用隔离开关或跌落式熔断器，变压器的容量一般不能大于 630kVA。

线路 – 变压器组接线方式接线简单、使用的电气设备少、配电装置也简单。但在任一设备发生故障或检修时，变电所需要全部停电，可靠性不高，故一般用于供电要求不高的小型企业或非生产用户。

2. 桥形接线

桥形接线是指在两路电源进线之间跨接一个断路器，如果断路器跨接在进线断路器的内侧（靠近变压器），称为内桥形接线，如图 5-4a 所示；如果断路器跨接在进线断器的外侧（靠近电源进线侧），称为外桥形接线，如图 5-4b 所示。

在供配电线路中，常常用到断路器 QS 和隔离开关 QF，两者都可以接通和切断电路，但断路器带有灭弧装置，可以在带负荷的情况下接通和切断电路，隔离开关通常无灭弧装置，不能带负荷或只能带轻负荷接通和切断电路，另外，断路器具有过电压和过电流跳闸保护功能，隔离开关一般无此功能。在图 5-4a 中，如果要将 WL1 线路与变压器 T1 高压侧接通，先要将隔离开关 QS1、QS2、QS3 闭合，再将断路器 QF1 闭合，如果在 QF1、QS2、QS3 闭合后再闭合隔离开关 QS1，相当于带负荷接通隔离开关，隔离开关通常无灭弧装置，接通时会产生强烈的电弧，会烧坏隔离开关，而且操作也非常危险。总之，若断路器和隔离开关串联使用，在接通电源时，需要先闭合断路器两侧的隔离开关，再闭合断路器；在断开电源时，需要先断开断路器，再断开两侧隔离开关。

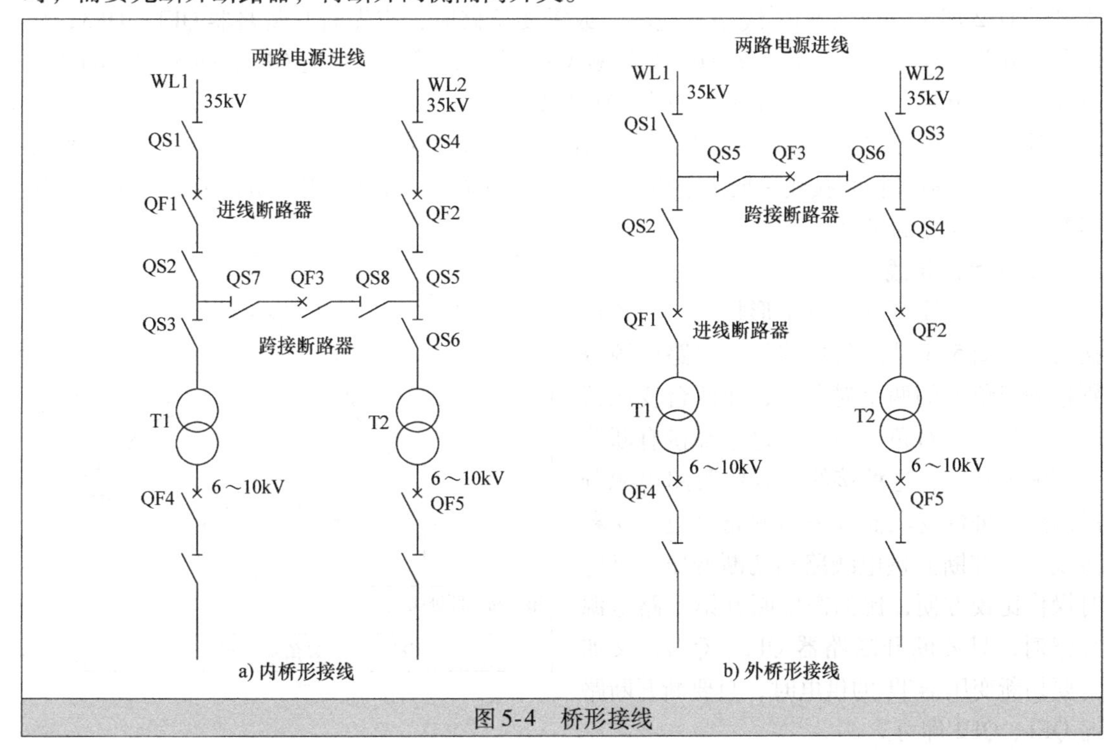

图 5-4　桥形接线

（1）内桥形接线

内桥形接线如图 5-4a 所示，跨接断路器接在进线断路器的内侧（靠近变压器）。WL1、WL2 线路来自两个独立的电源，WL1 线路经隔离开关 QS1、断路器 QF1、隔离开关 QS2、QS3 接到变压器 T1 的高压侧，WL2 线路经隔离开关 QS4、断路器 QF2、隔离开关 QS5、隔离开关 QS6 接到变压器 T2 的高压侧，WL1、WL2 线路之间通过隔离开关 QS7、断路器 QF3、隔离开关 QS8 跨接起来，WL1 线路的电能可以通过跨接电路供给变压器 T2，同样地，WL2 线路的电能也可以通过跨接电路供给变压器 T1。

WL1、WL2 线路可以并行运行（跨接的 QS7、QF3、QS8 均要闭合），也可以单独运行

（跨接的断路器 QF3 需断开）。如果 WL1 线路出现故障或需要检修时，可以先断开断路器 QF1，再断开隔离开关 QS1、QS2，将 WL1 线路隔离开来。为了保证 WL1 线路断开后变压器 T1 仍有供电，应将跨接电路的隔离开关 QS7、QS8 闭合，再闭合断路器 QF3，将 WL2 线路电源引到变压器 T1 高压侧。如果需要切断供电对变压器 T1 进行检修或操作时，不能直接断开隔离开关 QS3，而应先断开断路器 QF1 和 QF3，再断开 QS3，然后又闭合断路器 QF1 和 QF3，让 WL1 线路也为变压器 T2 供电，为了断开一个隔离开关 QS3，需要对断路器 QF1 和 QF3 进行反复操作。

内桥形接线方式在接通断开供电线路的操作方面比较方便，而在接通断开变压器的操作方面比较麻烦，故内桥式接线一般用于供电线路长（故障概率高）、负荷较平稳和主变压器不需要频繁操作的场合。

（2）外桥形接线

外桥形接线如图 5-4b 所示，跨接断路器接在进线断路器的外侧（靠近电源进线侧）。

如果需要切断供电对变压器 T1 进行检修或操作时，只要先断开断路器 QF1，再断开隔离开关 QS2 即可。如果 WL1 线路出现故障或需要检修时，应先断开断路器 QF1、QF3，切断隔离开关 QS1 的负荷，再断开 QS1 来切断 WL1 线路，然后又接通 QF1、QF3，让 WL2 线路通过跨接电路为变压器 T1 供电，显然操作比较繁琐。

外桥形接线方式在接通断开变压器的操作方面比较方便，在接通断开供电线路的操作方面比较麻烦，故外桥式接线一般用于供电线路短（故障概率低）、用户负荷变化大和主变压器需要频繁操作的场合。

3. 多角形接线

多角形接线可分为三角形接线、四角形接线等，图 5-5 是四角形接线，两路电源分别接到四角形的两个对角上，而两台变压器则接到另两个对角，四边形每边都接有断路器和隔离开关，这种接线方式将每路电源分成两路，每台变压器都采用两路供电。这种接线方式在断开供电线路和切断变压器供电时操作比较方便，比如需要断开第一路电源线路时，只要断开断路器 QF1、QF4，又如需要切断变压器 T1 的供电时，只要断开断路器 QF1、QF2 即可。

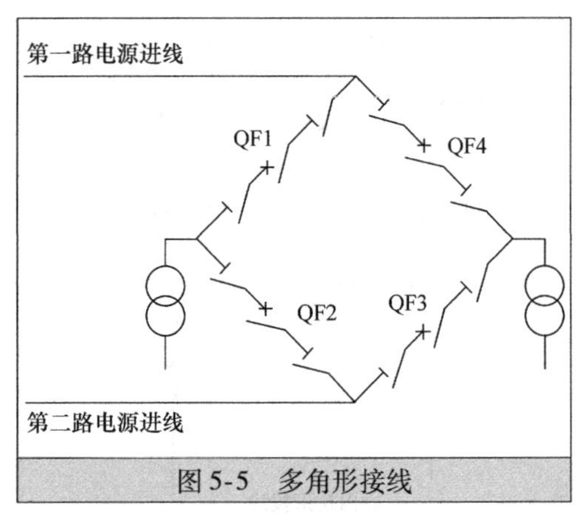

图 5-5 多角形接线

5.2.2 单母线主接线

母线的功能是汇集和分配电能，又称汇流排，母线如图 5-6 所示。根据使用的材料不同，母线分为硬铜母线、硬铝母线、铝合金母线等，根据截面形状不同，母线可分为矩形、圆形、槽形、管形等。对于容量不大的工厂变电所多采用矩形截面母线。在母线表面涂漆有利于散热和防腐，电力系统一规定交流母线 L1、L2、L3 三相用黄、绿、红色标示，接地的中性线用紫色标示，不接地的中性线用蓝色标示。

单母线主接线可分为单母线无分段接线、单母线分段接线和单母线分段带旁路母线接线。

1. 单母线无分段接线

单母线无分段接线如图5-7所示。电源进线通过隔离开关和断路器接到母线，再从母线分出多条线路，将电源提供给多个用户。

单母线无分段接线是一种最简单的接线方式，所有电源及出线均接在同一母线上，其优点是接线简单、清晰，采用设备少、造价低、操作方便、扩建容易；其缺点是供电可靠性低，隔离开关、断路器和母线等任一元件故障或检修时，需要使整个供电系统停电。

图5-6　母线

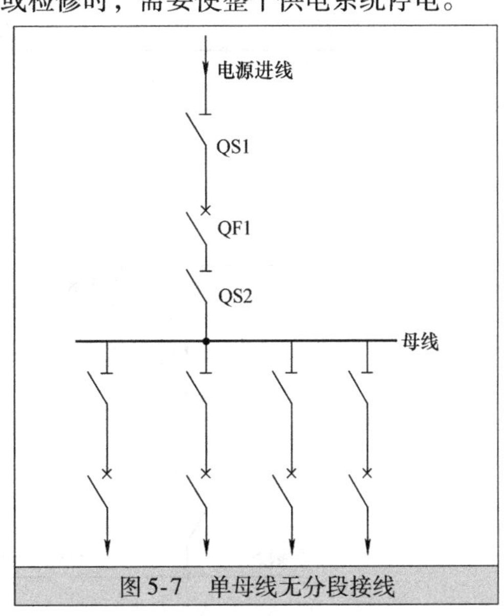

图5-7　单母线无分段接线

2. 单母线分段接线

单母线分段接线如图5-8所示。它是在单母线无分段接线的基础上，用断路器对单母线进行分段，通常分成两段，母线分段后可进行分段检修。对于重要用户，可将不同的电源（通常两路电源）提供给不同的母线段，分段断路器闭合时并行运行，断开时各段单独运行。

单母线分段接线的优点是接线简单、操作方便，除母线故障或检修外，可对用户进行连续供电；其缺点是当母线出现故障或检修时，仍有一半左右的用户停电，如母线段二出现故障会导致接到该母线的用户均停电。

3. 单母线分段带旁路母线接线

单母线分段带旁路母线接线如图5-9所示。它是在单母线分段接线基础上增加了一条旁路母线，母线段一、母线段二分别通过断路器QF4、QF8和隔离开关与旁路母线连接，用户A、用户B分别通过断路器QF5、QF6和隔离开关与母线段一连接，用户C、用户D分别通过断路器QF7、QF8和隔离开关与母线段二连接，用户A～D还通过隔离开关QS5～QS8与旁路母线连接。

这种接线方式可以在某个母线段出现故障或检修时，不中断用户的供电，比如母线段二出现故障或检修时，为了不中断用户C、用户D的供电，可将隔离开关QS7、QS8闭合，旁路母线上的电源（由母线段一通过QS4和隔离开关提供）通过QS7、QS8提供给用户C和用户D。

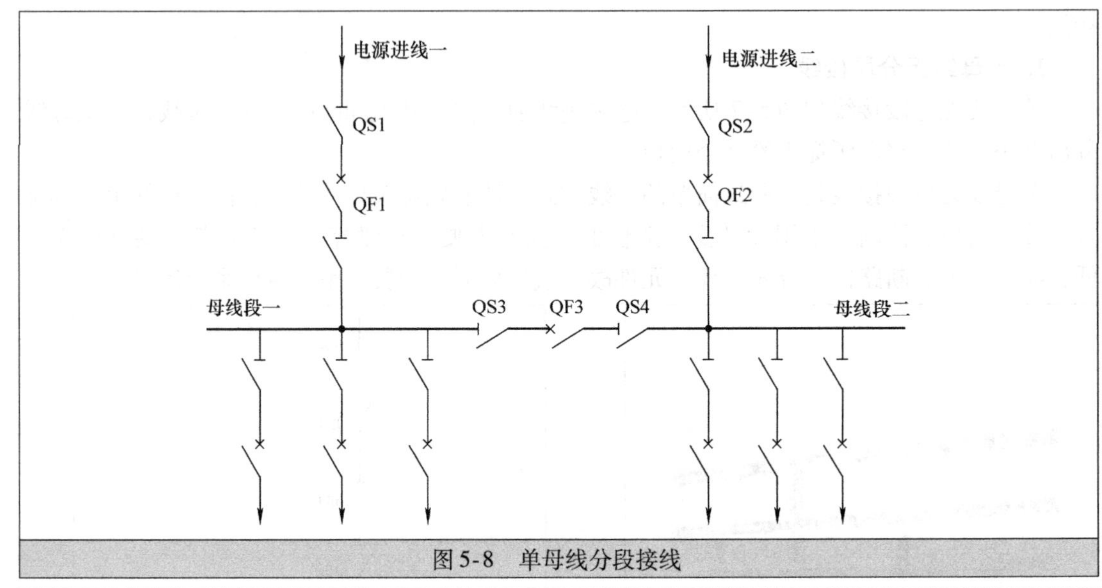

图 5-8　单母线分段接线

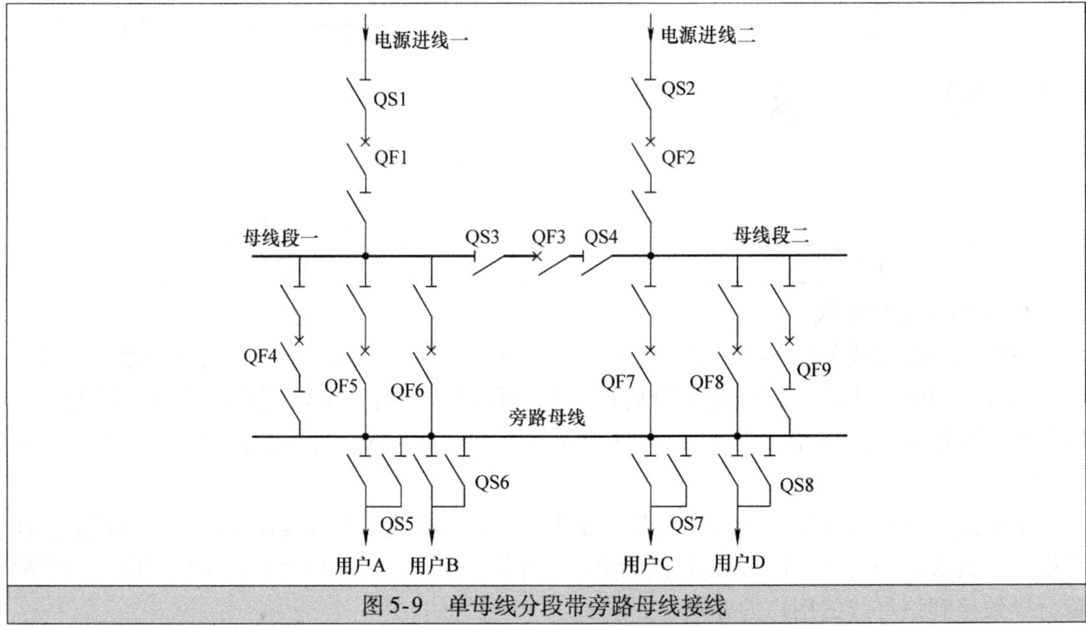

图 5-9　单母线分段带旁路母线接线

5.2.3　双母线主接线

单母线无分段接线和单母线带分段接线的主要缺点是当母线出现故障或检修时需要对用户停电，而双母线接线可以有效克服该缺点。双母线主接线可分为双母线无分段接线、双母线分段接线和三分之二断路器双母线接线。

1. 双母线无分段接线

双母线无分段接线如图 5-10 所示，两路中的每路电源进线都分作两路，各通过两个隔离开关接到两路母线，母线之间通过断路器 QF3 联络实现并行运行。当任何一路母线出现故障或检修时，另一路母线都可以为所有用户继续供电。

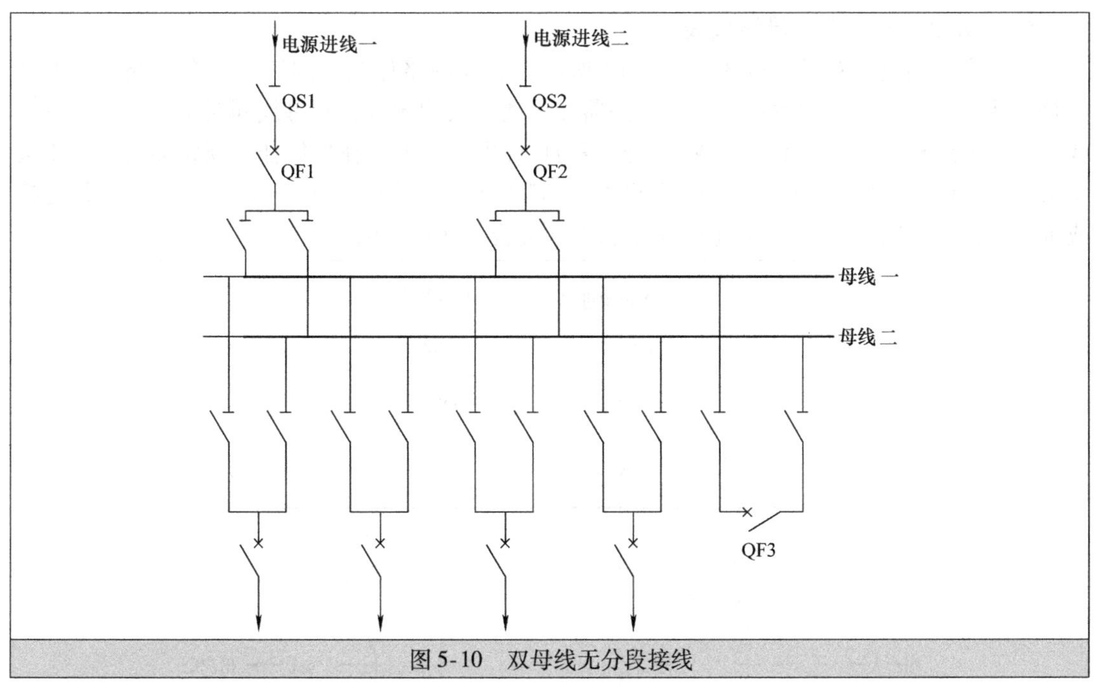

图 5-10 双母线无分段接线

2. 双母线分段接线

双母线分段（三分段）接线如图 5-11 所示。它用断路器 QF3 将其中一路母线分成母线 1A、母线 1B 两段，母线 1A 与母线 2 用断路器 QF4 连接，母线 1B 与母线 2 用断路器 QF5 连接。

双母线分段接线具有单母线分段接线和双母线无分段接线的特点，当任何一路母线（或母线段）出现故障或检修时，所有用户均不间断供电，可靠性很高，广泛用在 6～10kV 供配电系统中。

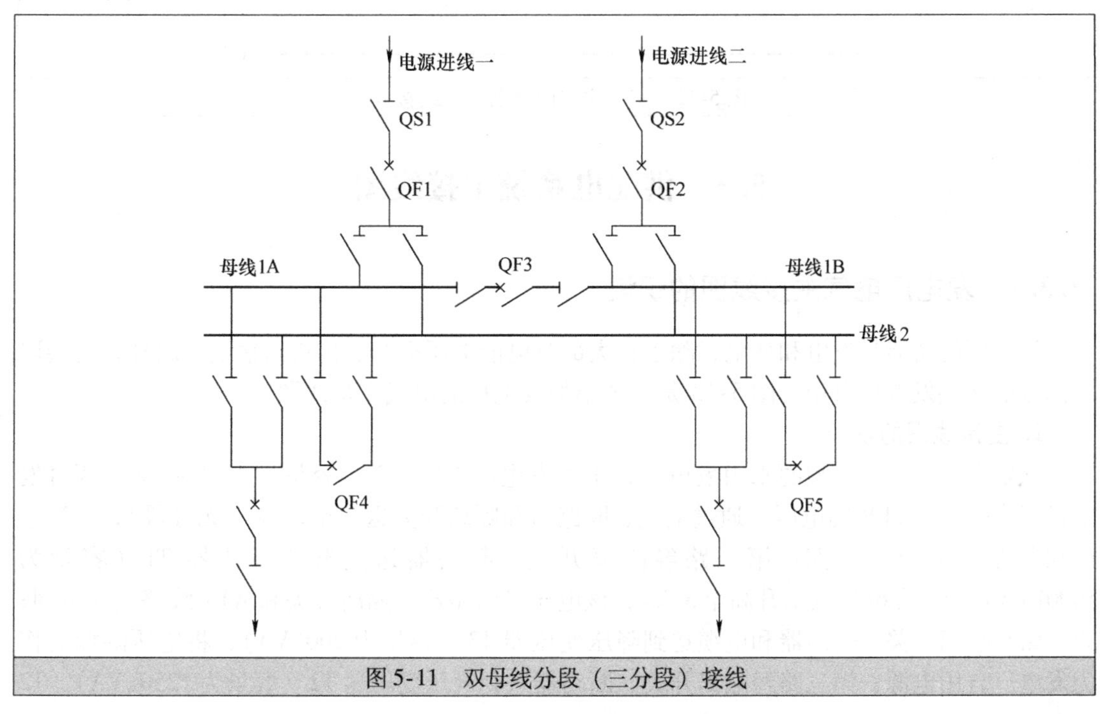

图 5-11 双母线分段（三分段）接线

3. 三分之二断路器双母线接线

三分之二断路器双母线接线如图 5-12 所示。它在两路母线之间装设三个断路器，并从中接出两个回路，在正常运行时所有断路器和隔离开关均闭合，双母线同时工作，当任一母线出现故障或检修时，都不会造成某一回路用户停电。另外，在检修任一断路器时，也不会使某一回路停电，例如 QF3 断路器损坏时，可断开 QF3 两侧的隔离开关，对 QF3 进行更换或维修，在此期间，用户 A 通过断路器 QF4 从母线 2 获得供电。

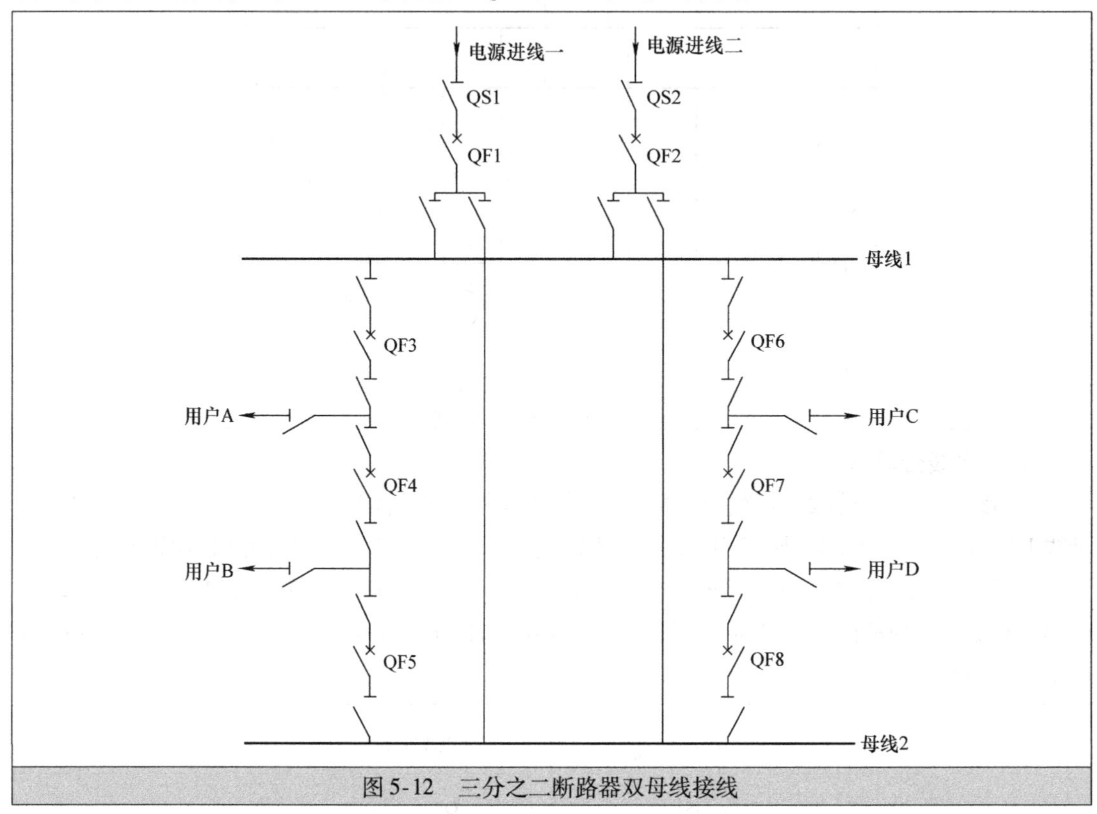

图 5-12　三分之二断路器双母线接线

5.3　供配电系统主接线图

5.3.1　发电厂电气主接线图的识读

发电厂的功能是发电和变电，除了将大部分电能电压提升后传送给输电线路外，还会取一部分电能供发电厂自用。图 5-13 是一个小型发电厂的电气主接线图。

1. 主接线图的识读

该发电厂是一个小型的水力发电厂，水力发电机 G1、G2 的容量均为 2000kW。两台发电机工作时产生 6kV 的电压，通过电缆、断路器和隔离开关送到单母线（无分段），6kV 电压在单母线上分成三路：第一路经隔离开关、断路器送到升压变压器 T1（容量为 5000kVA），T1 将 6kV 电压升高至 35kV，该电压经断路器、隔离开关和 WL1 线路送往电网；第二路经隔离开关、熔断器和电缆送到降压变压器 T3（容量为 200kVA），将电压降低后作为发电厂自用电源；第三路经隔离开关、断路器送到升压变压器 T2（容量为 1250kVA），T2

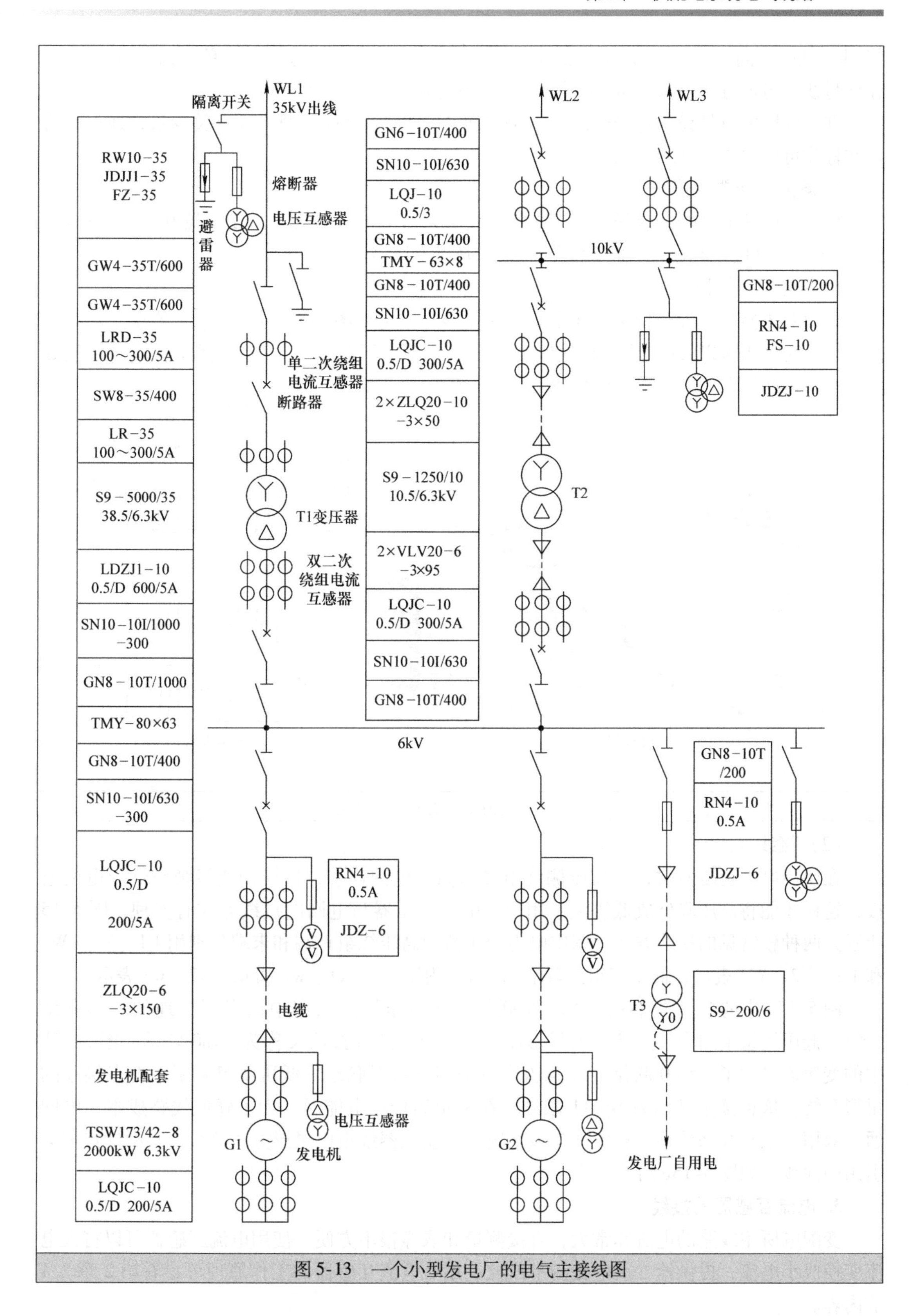

图 5-13 一个小型发电厂的电气主接线图

将6kV电压升高至10kV，该电压经电缆、断路器、隔离开关送到另一单母线（不分段），在该母线将电源分成WL2、WL3两路，供给距离发电厂不远的地区。

在电气图的电气设备符号旁边（水平方向），标有该设备的型号和有关参数，通过查看这些标注可以更深入地理解电气图。

2. 电力变压器的接线

变压器的功能是升高或降低交流电压，故电力变压器可分为升压变压器和降压变压器，图5-13中的T1、T2均为升压变压器，T3为降压变压器。

（1）外形与结构

电力变压器是一种三相交流变压器，其外形与结构如图5-14所示，它主要由三对绕组组成，每对绕组可以升高或降低一相交流电压。升压变压器的一次绕组匝数较二次绕组匝数少，而降压变压器的一次绕组匝数较二次绕组匝数多。

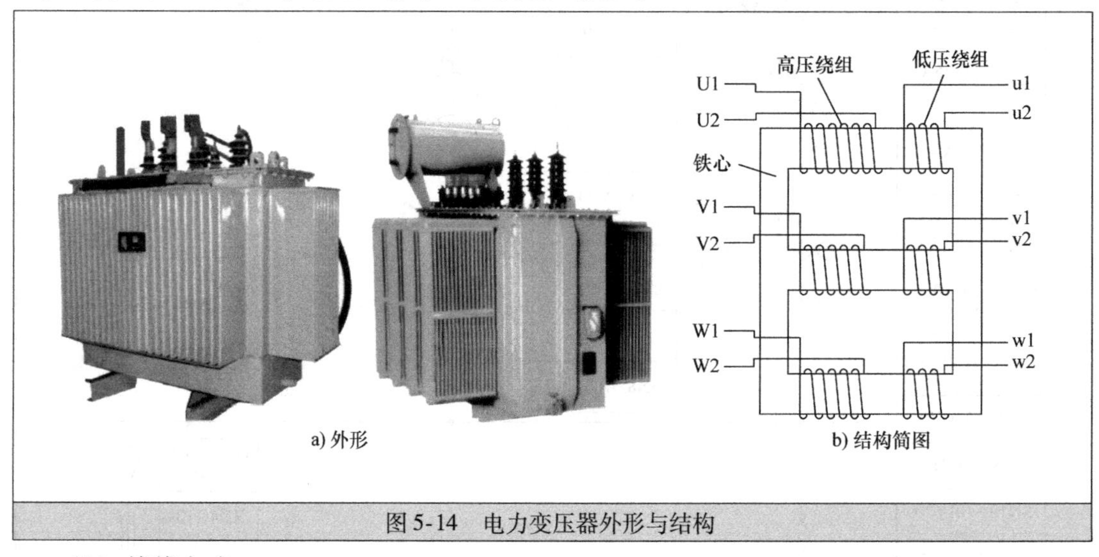

图5-14　电力变压器外形与结构

（2）接线方式

在使用电力变压器时，其高压侧绕组要与高压电网连接，低压侧绕组则与低压电网连接，这样才能将高压降低成低压供给用户。电力变压器与电网的接线方式有多种，图5-15所示是两种较常见的接线方式，图中电力变压器的高压绕组首端和末端分别用U1、V1、W1和U2、V2、W2表示，低压绕组的首端和末端分别用u1、v1、w1和u2、v2、w2表示。

图5-15a中的变压器采用了Y/Y0联结，即高压绕组采用中性点不接地的星形联结（Y），低压绕组采用中性点接地的星形联结（Y0），这种接法又称为Yyn0联结。图5-15b中的变压器采用了△/Y0联结，即高压绕组采用三角形联结，低压绕组采用中性点接地的星形联结，这种接法又称为Dyn11联结。在远距离传送电能时，为了降低线路成本，电网通常只用三根导线来传输三相电能，该情况下若变压器绕组以星形方式接线，其中性点不会引出中性线，如图5-15c所示。

3. 电流互感器的接线

变配电所主线路的电流非常大，直接测量和取样很不方便，使用电流互感器可以将大电流变换成小电流，提供给二次电路测量或控制用。电流互感器的工作原理可参看第2章2.1节内容。

电流互感器有单二次绕组和双二次绕组之分，其图形符号如图 5-16 所示。

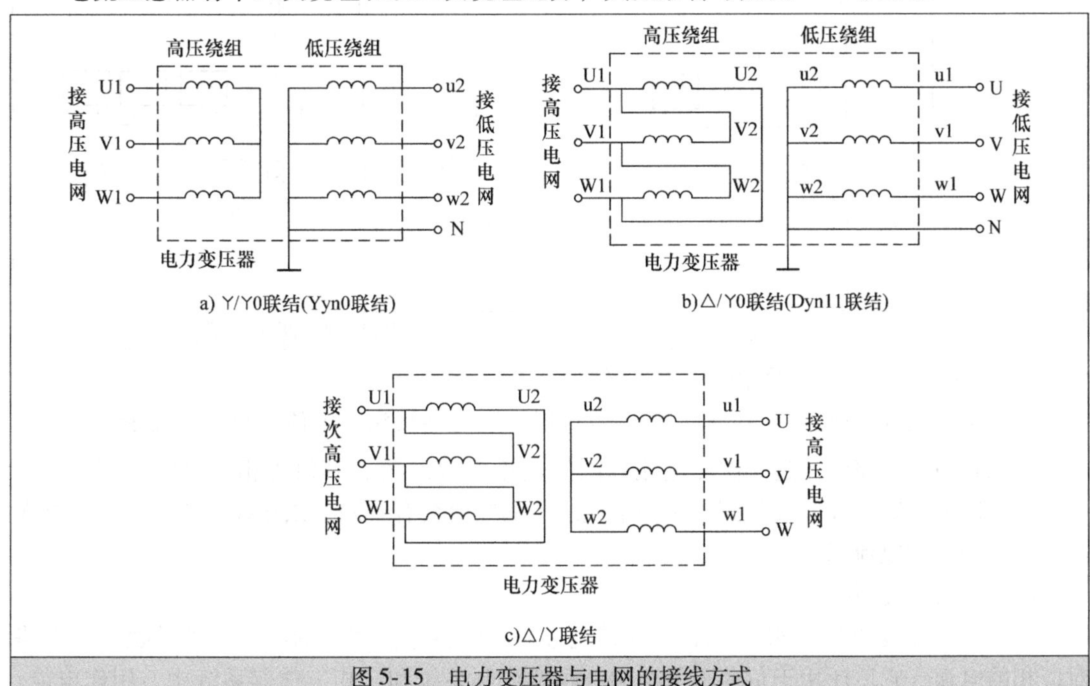

图 5-15　电力变压器与电网的接线方式

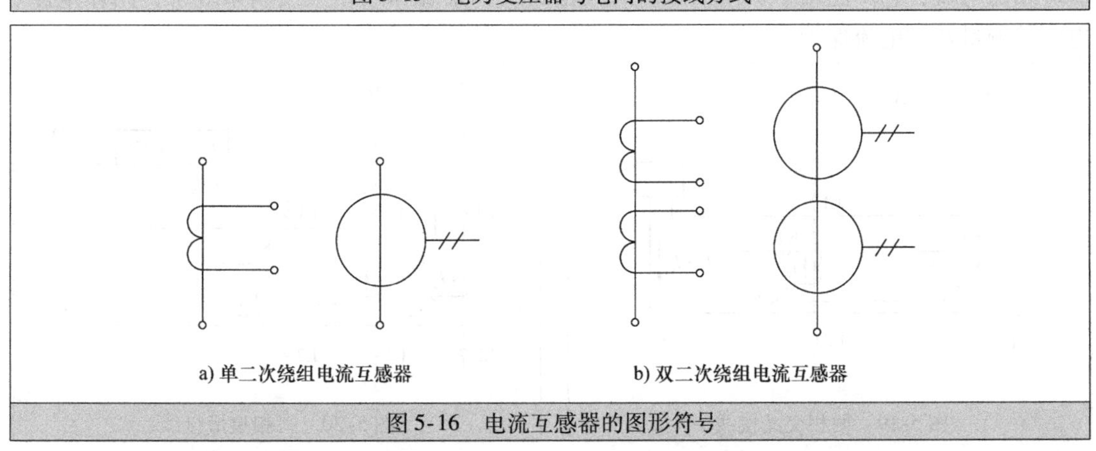

图 5-16　电流互感器的图形符号

变配电所一般使用穿心式电流互感器，穿心而过的主电路导线为一次绕组，二次绕组接电流继电器或测量仪表。电流互感器在三相电路中有四种常见的接线方式。

（1）一相式接线

一相式接线如图 5-17 所示，它是以二次侧电流线圈中通过的电流来反映一次电路对应相的电流，该接线一般用于负荷平衡的三相电路，用作测量电流和过负荷保护装置用。

（2）两相 V 形接线（两相电流和接线）

两相 V 形接线如图 5-18 所示，它又称两相不完全星形接线，电流互感器一般接在 A、C 相，流过二次侧电流线圈的电流反映一次电路对应相的电流，而流过公共电流线圈的电流反映一次电路 B 相的电流。这种接线广泛应用于 6～10kV 高压线路中，用作测量三相电能电流和过负荷保护用。

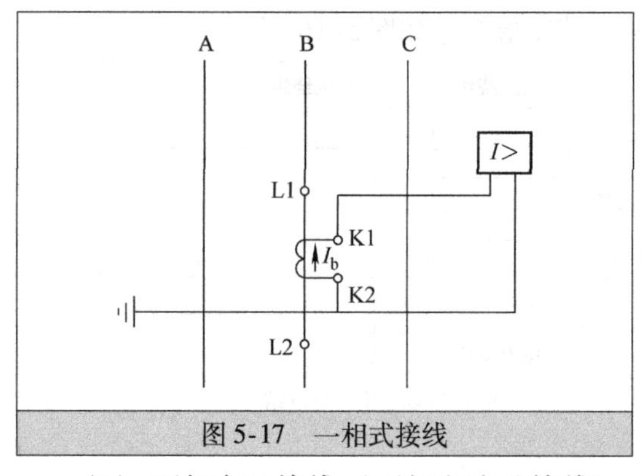

图 5-17　一相式接线

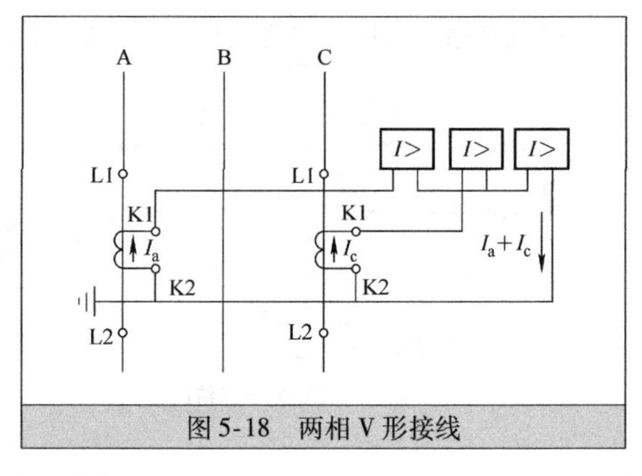

图 5-18　两相 V 形接线

（3）两相交叉接线（两相电流差接线）

两相交叉接线如图 5-19 所示，它又称两相一继电器接法，电流互感器一般接在 A、C 相，在三相对称短路时流过二次侧电流线圈的电流 $I=I_a-I_c$，其值为相电流的$\sqrt{3}$倍。这种接法在不同的短路故障时反映到二次侧电流线圈的电流会有不同，该接线主要用于 6～10kV 高压电路中的过电流保护。

（4）三相星形接线

三相星形接线如图 5-20 所示，该联结流过二次侧各电流线圈的电流分别反映一次电路对应相的电流，它广泛用于负荷不平衡的三相四线制系统和三相三线制系统中，用作电能、电流的测量及过电流保护。

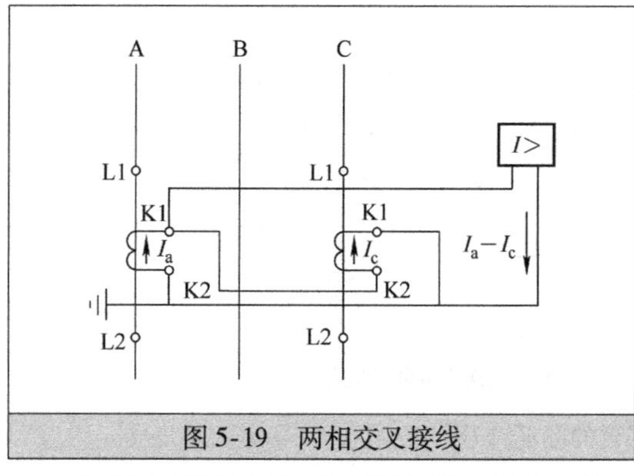

图 5-19　两相交叉接线

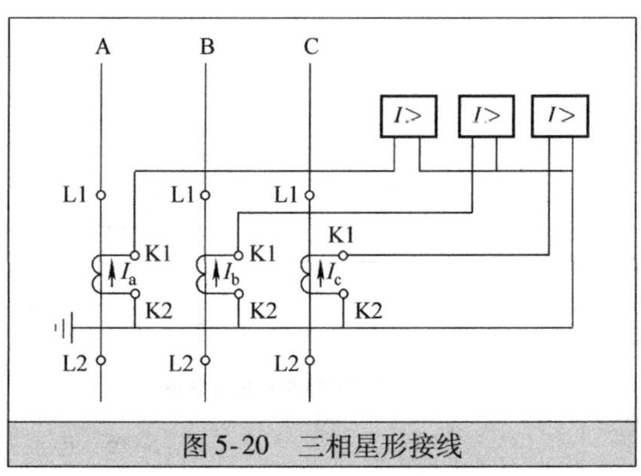

图 5-20　三相星形接线

电流互感器在使用时要注意：①在工作时二次侧不得开路；②二次侧必须接地；③在接线时，其端子的极性必须正确。

4. 电压互感器的接线

电压互感器可以将高电压变换成低电压，提供给二次电路测量或控制用。电压互感器在三相电路有四种常见接线方式。

（1）一个单相电压互感器的接线

图 5-21 是一个单相电压互感器的接线，可将三相电路的一个线电压供给仪表和继电器。

（2）两个单相电压互感器的接线（V/V 联结）

图 5-22 为两个单相电压互感器的接线（V/V 联结），可将三相三线制电路的各个线电压提供给仪表和继电器，该接法广泛用于工厂变配电所 6～10kV 高压装置中。

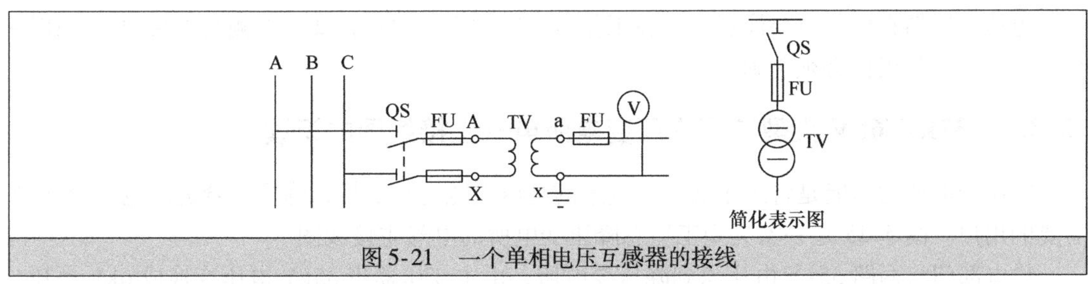

图5-21 一个单相电压互感器的接线

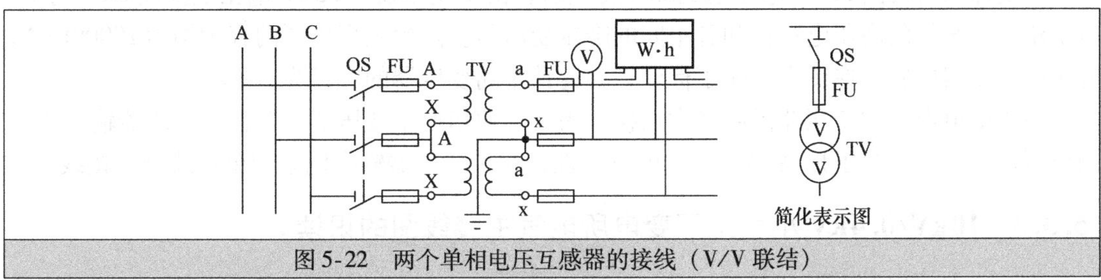

图5-22 两个单相电压互感器的接线（V/V 联结）

（3）三个单相电压互感器的接线（Y0/Y0 联结）

图5-23 为三个单相电压互感器的接线（Y0/Y0 联结），可将线电压提供给仪表、继电器，还能将相电压提供给绝缘监视用电压表，为了保证安全，绝缘监视用电压表应按线电压选择。

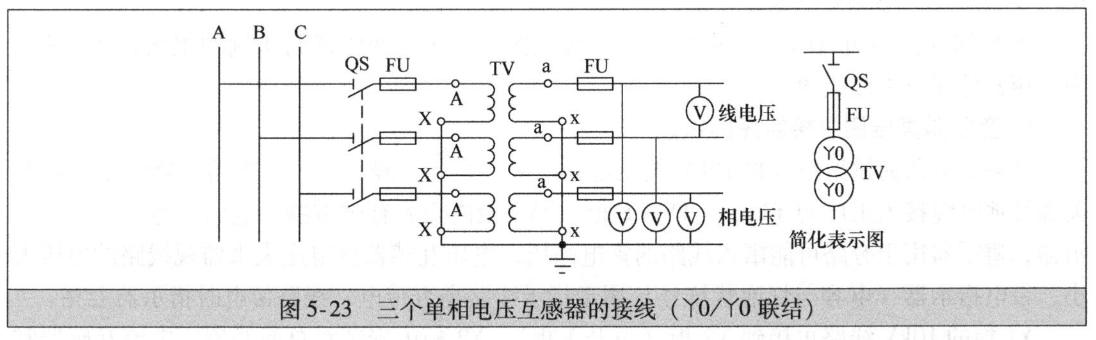

图5-23 三个单相电压互感器的接线（Y0/Y0 联结）

（4）三个单相三绕组电压互感器或一个三相五芯柱三绕组电压互感器的接线（Y0/Y0/△联结）

图5-24 为三个单相三绕组电压互感器或一个三相五芯柱三绕组电压互感器的接线（Y0/Y0/△联结），其接成Y0 的二次绕组将线电压提供给仪表、继电器或绝缘监视用电压表，Y0 联结与图5-23 相同，辅助二次绕组接成开口三角形并与电压继电器连接。当一次电压正常时，由于三个相电压对称，因此开口三角形绕组两端的电压接近于零；当某一相接地时，开口三角形绕组两端将出现近 100V 的零序电压，使电压继电器 KV 动作，发出单相接地信号。

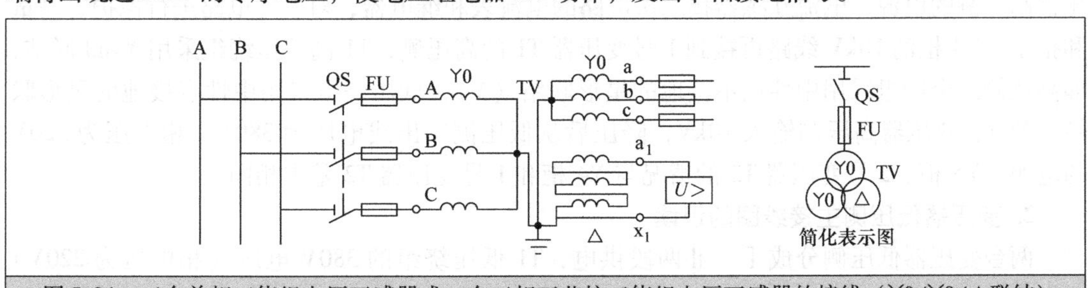

图5-24 三个单相三绕组电压互感器或一个三相五芯柱三绕组电压互感器的接线（Y0/Y0/△联结）

电压互感器在使用时要注意：①在工作时二次侧不得短路；②二次侧必须接地；③在接线时，其端子的极性必须正确。

5.3.2 35kV/6kV 大型工厂降压变电所电气主接线图的识读

降压变电所的功能是将远距离传输过来的高压电能进行变换，降低到合适的电压分配给需要的用户。图 5-25 是一家大型工厂总降压变电所的电气主接线图。

供电部门将两路 35kV 电压送到降压变电所，由主变压器将 35kV 电压变换成 6kV 电压，再供给一些车间的高压电动机和各车间的降压变压器。两台主变压器的容量均为 10000kVA，各车间变压器的容量在图中也做了标注，如铸铁车间变压器的容量为 630kVA。

由于变电所的主变压器需要经常切换，为了方便切换主变压器，两台主变压器输入侧采用外桥形主接线，为了提高 6kV 供电的可靠性，在主变压器输出侧采用单母线分段接线。

5.3.3 10kV/0.4kV 小型工厂变电所电气主接线图的识读

有些大型工厂在生产时需要消耗大量的电能，为了让电能满足需要，这样的工厂需要向供电部门接入 35kV 的电能（电压越高，相同线路可传输更多的电能），而小型工厂通常不需要太多的电能，故其变电所接入电源的电压一般为 6～10kV，再用小容量变压器将 6～10kV 转换成 220/380V 电压。

图 5-26 是一家小型工厂变电所电气主接线图，图 a 为变压器高压侧的主接线图，图 b 为变压器低压侧主接线图。

1. 变压器高压侧主接线图的识读

区域变电所通过架空线将 10kV 电压送到工厂，经高压隔离开关、带熔断器的跌落式开关和埋地电缆接入工厂的 Y1 柜（TV－F 柜），Y1 柜内安装有避雷器、电压互感器和带电指示器，避雷器用于旁路可能窜入线路的雷电高压，电压互感器接电压表来监视线路的电压大小，带电指示器（电容与灯泡状符号）用于指示线路是否带电，线路带电时指示器会亮。

Y1 柜的 10kV 线路再接到 Y2 柜（总开关柜），Y2 柜内安装有总断路器、电流互感器和接地开关，断路器用来控制高压侧电源的通断，电流互感器接电流表来监视线路的电流值，接地开关用于泄放总断路器断开后线路上残存的电压。

Y2 柜的 10kV 线路往下接到 Y3 柜（计量柜），Y3 柜内安装有电流互感器和电压互感器，用于连接有功电能表和无功电能表，计量线路的有功电能和无功电能。

Y3 柜的 10kV 线路之后分作两路，分别接到 Y4 柜（1 号变压器柜）和 Y5 柜（2 号变压器柜）。在 Y4 柜内安装有断路器、电流互感器和接地开关，断路器用于接通和切断 1 号变压器高压侧的电源，电流互感器接二次电路的电流表和继电器，对一次电路进行保护、测量和指示。Y4 柜的 10kV 线路再接到 1 号变压器 T1 的高压侧，T1 高低压绕组采用 Yyn0 联结，即高压侧三个绕组采用中性点不接地的星形联结（Y），低压绕组采用中性点接地的星形联结（Y0），变压器高压侧输入 10kV，降压后从低压侧输出线电压为 380V、相电压为 220V 的电源。Y5 柜、2 号变压器 T2 的情况与 Y4 柜和 1 号变压器 T2 基本相同。

2. 变压器低压侧主接线图的识读

两台变压器低压侧分成Ⅰ、Ⅱ两段供电，T1 低压绕组的 380V 电压（相电压为 220V）通过电缆送到 P1 配电屏，电缆穿屏而过后接到 P2 配电屏，P2 屏内安装有一个断路器、刀开

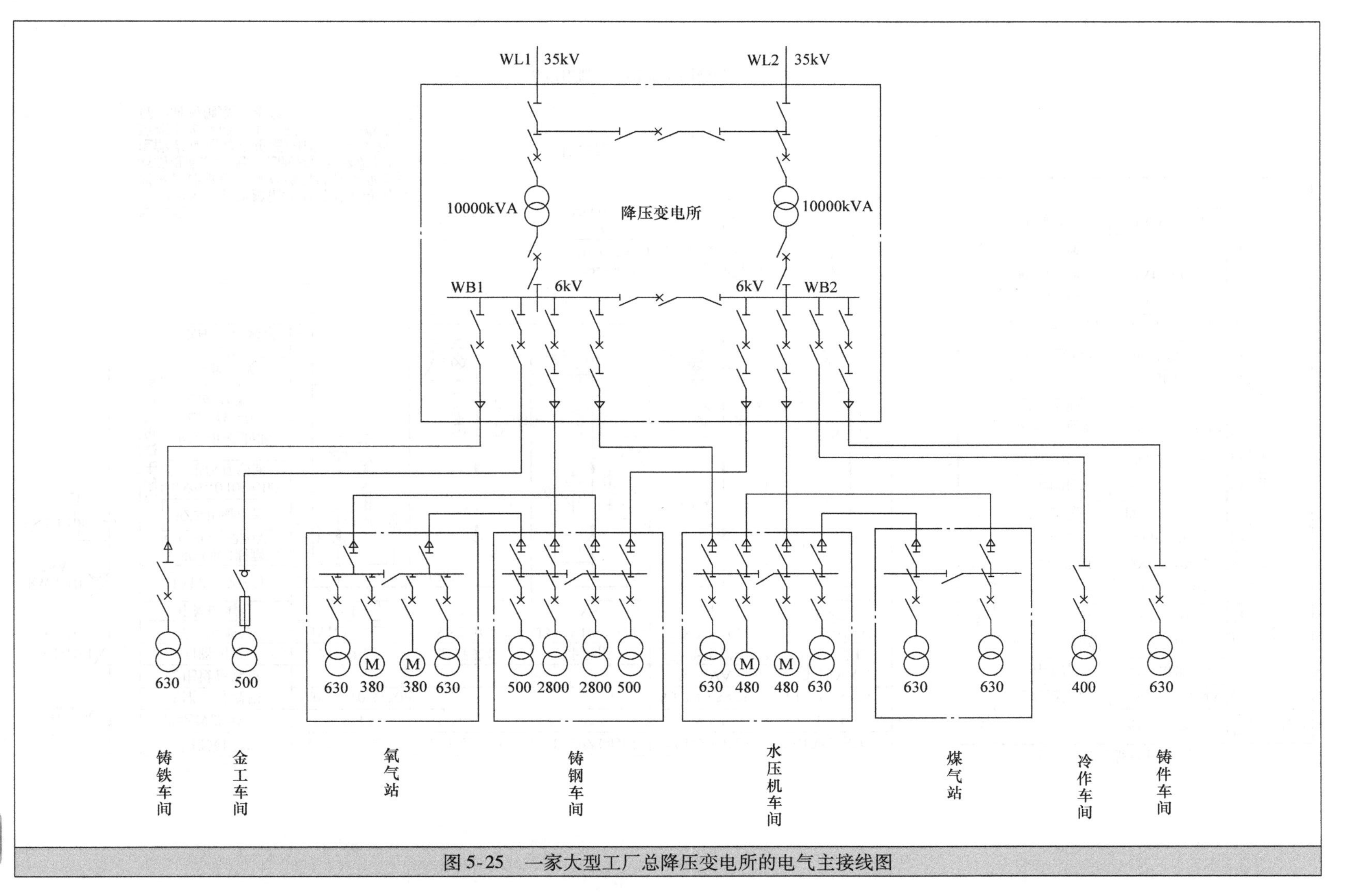

图5-25　一家大型工厂总降压变电所的电气主接线图

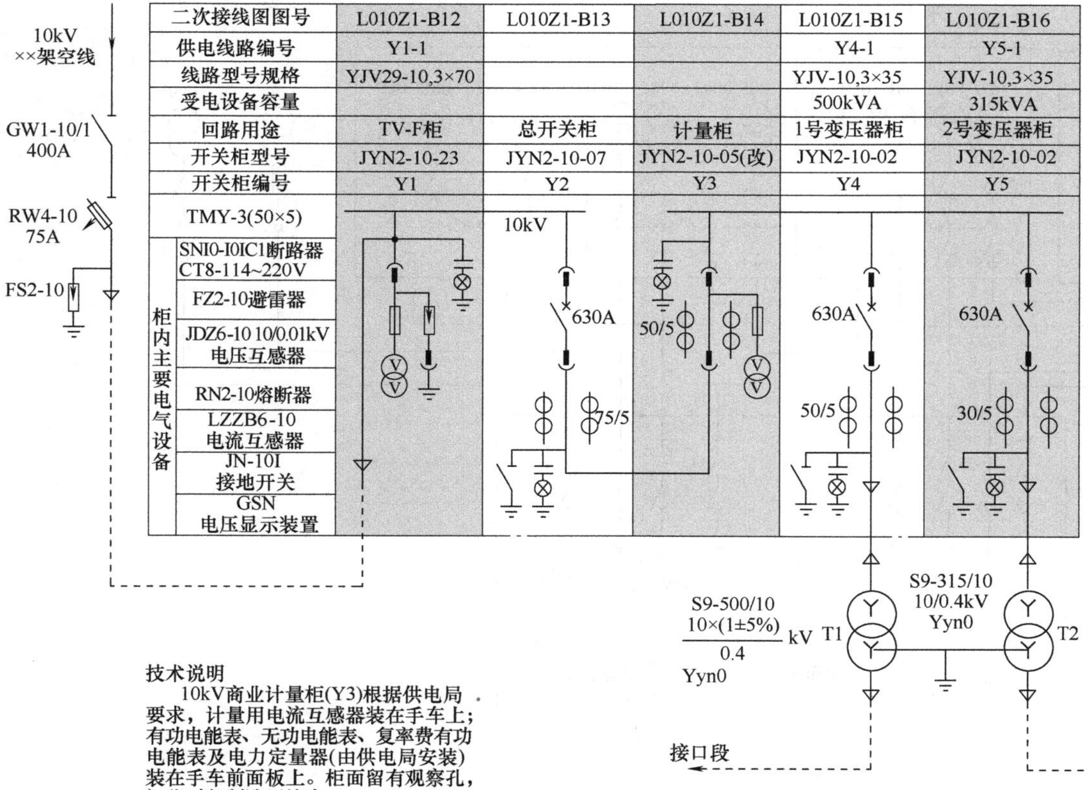

二次接线图图号	L010Z1-B12	L010Z1-B13	L010Z1-B14	L010Z1-B15	L010Z1-B16
供电线路编号	Y1-1			Y4-1	Y5-1
线路型号规格	YJV29-10,3×70			YJV-10,3×35	YJV-10,3×35
受电设备容量				500kVA	315kVA
回路用途	TV-F柜	总开关柜	计量柜	1号变压器柜	2号变压器柜
开关柜型号	JYN2-10-23	JYN2-10-07	JYN2-10-05(改)	JYN2-10-02	JYN2-10-02
开关柜编号	Y1	Y2	Y3	Y4	Y5

TMY-3(50×5)

柜内主要电气设备：SNI0-I0IC1断路器 CT8-114~220V；FZ2-10避雷器；JDZ6-10 10/0.01kV 电压互感器；RN2-10熔断器；LZZB6-10 电流互感器；JN-10I 接地开关；GSN 电压显示装置

10kV ××架空线；GW1-10/1 400A；RW4-10 75A；FS2-10；10kV；630A；50/5；75/5；30/5

S9-500/10 $\frac{10\times(1\pm5\%)}{0.4}$ kV Yyn0 T1；S9-315/10 10/0.4kV Yyn0 T2；接口段

技术说明

10kV商业计量柜(Y3)根据供电局要求，计量用电流互感器装在手车上；有功电能表、无功电能表、复率费有功电能表及电力定量器(由供电局安装)装在手车前面板上。柜面留有观察孔，订货时与制造厂协商。

主要电气设备材料明细表

序号	名称	型号规格	单位	数量	备注
1	电力变压器	S9-500/10,10/0.4kV	台	1	
2	电力变压器	S9-315/10,10/0.4kV	台	1	
3	高压开关柜	JYN2-10-23	台	1	
4	高压开关柜	JYN2-10-07	台	1	
5	高压开关柜	JYN2-10-05	台	1	改
6	高压开关柜	JYN2-10-02	台	2	
7	低压配电屏	PGL2-01	台	2	
8	低压配电屏	PGL2-06C-01	台	1	
9	低压配电屏	PGL2-06C-02	台	2	
10	低压配电屏	PGL2-28-06	台	7	
11	低压配电屏	PGL2-40-01(改)	台	1	
12	低压配电屏	PGL2-07D-01	台	1	
13	无功功率补偿屏	PGL1-2	台	2	
14	户外隔离开关	GW1-10/1,400A	组	1	
15	跌落式熔断器	RW4-10,75A	组	1	
16	阀型避雷器	FS2-10	组	1	
17	硬铜母线	TMY-60×6	m		
18	硬铜母线	TMY-50×5	m		
19	硬铜母线	TMY-30×4	m		
20					

a) 变压器高压侧电气主接线图

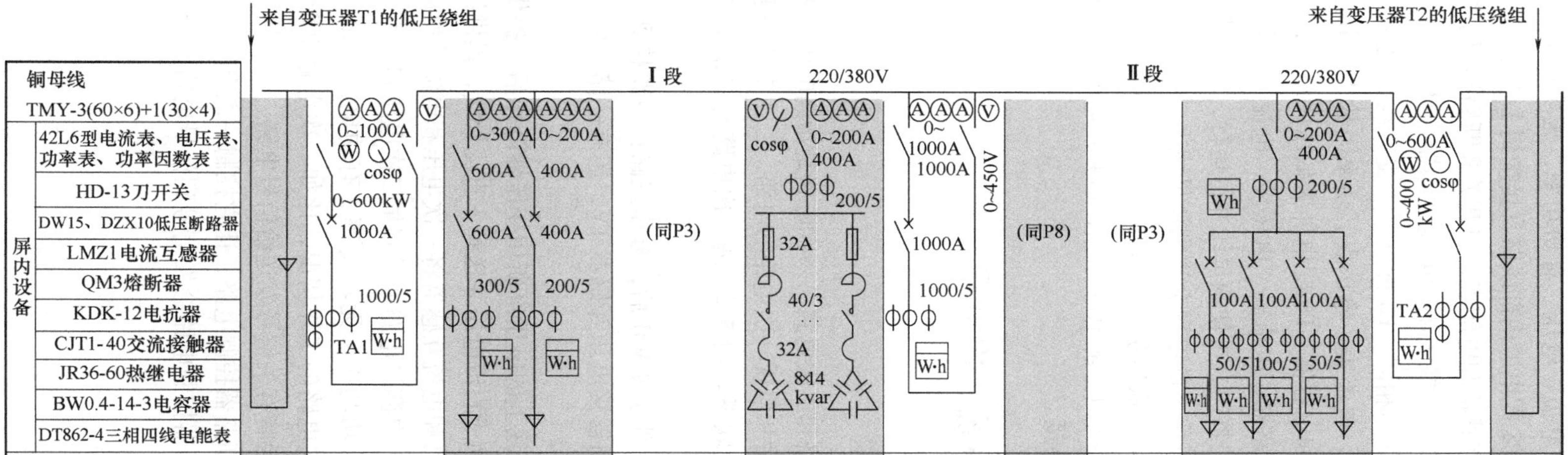

来自变压器T1的低压绕组　　I 段　220/380V　　II 段　220/380V　　来自变压器T2的低压绕组

铜母线

TMY-3(60×6)+1(30×4)

屏内设备：

- 42L6型电流表、电压表、功率表、功率因数表
- HD-13刀开关
- DW15、DZX10低压断路器
- LMZ1电流互感器
- QM3熔断器
- KDK-12电抗器
- CJT1-40交流接触器
- JR36-60热继电器
- BW0.4-14-3电容器
- DT862-4三相四线电能表

配电屏编号	P1	P2	P3		P4~P7	P8	P9	P10	P11、P12	P13				P14	P15
配电屏型号	PGL2-01	PGL2-06C-01	PGL2-28-06		PGL2-28-06	PGL1-2	PGL2-06C-02	PGJ1-2	PGL2-28-06	PGL2-40-01改				PGL2-07D-01	PGL2-0L
配电线路编号	PX1		PX3-1	PX3-2	PX4-PX7				PX11、PX12	PX 13-1	PX 13-2	PX 13-3	PX 13-4		PX15
用途	电缆受电	1号变低压总开关	工装、恒温车间动力	机修车间动力	锻工、金工、冲压、装配等车间动力	电容自动补偿(1)	低压联络	电容自动补偿(2)	热处理车间等及备用	办公楼照明	生活区照明	防空洞照明	备用	2号变低压总开关	电缆受电
回路计算电流/A		750	300	200	200~300		750		60~400	50	100	50		600	
低压断路器脱扣器额定电流/A		1000	400	300	300~400		1000		100~600	80	100	80	100	800	
低压断路器瞬时脱扣器额定电流/A		3000	1200	900	900~1200		3000		500~1800	800	1000	800	1000	2400	
配电线路型号规格	3(VV-1 1×500)		VV29-13×150+1×50	VV29-13×95+1×35						VV29-1 3×35+1×10	同左	同左	同左		3(VV-1 1×500)
二次接线图图号		OZA.354.223	OZA.354.240		同P3		OZA.354.224		OZA.354.240	OZA.354.140(改)				OZA.354.223	
备注	电缆无铠装	TA1为电容补偿屏(1)用	Wh为DT862型220/380V		同P3	112kvar		112kvar	Wh为DT862 220/380V	Wh为三相四线屏宽改为800mm				TA2为电容屏(2)用	电缆无铠装

b) 变压器低压侧电气主接线图

图 5-26　一家小型工厂变电所的电气主接线图

关、电流表、电压表、有功功率表、无功功率表和电能表，断路器和刀开关用于接通和切断Ⅰ段供电，其他各种仪表分别用来测量线路的电流、电压、有功功率、无功功率和电能。P2配电屏的输出线路接到Ⅰ段低压母线，P3～P8配电屏内部线路直接接到Ⅰ段母线。P3配电屏内安装有刀开关、断路器、电流表、电流互感器和电能表，刀开关和断路器用于接通和切断P3屏线路电源，电流表用于监视线路电流，电能表配合电流互感器来计量线路电能。P4～P7配电屏内部的线路和设备与P3配电屏基本相同。P8配电屏为提升线路功率因数的无功功率自动补偿电容屏，内部安装有刀开关、电流表、电压表、功率因数表、电流互感器、熔断器、电抗器、交流接触器、热继电器和电容器。P9配电屏为低压联络屏，用于联络Ⅰ、Ⅱ段母线，P9屏内部安装有刀开关、断路器、电流表、电压表、电流互感器和电能表，在Ⅰ、Ⅱ段母线均有电源时，刀开关和断路器闭合可使两母线并行运行，如果某母线发生电源中断，只要闭合刀开关和断路器，另一母线上的电源会送到该母线上。

Ⅱ段母线电源来自T2变压器的低压侧，由T2低压绕组接来的电缆穿P15配电屏而过，再送入P14配电屏，P14配电屏内的线路和设备与P2配电屏相似，P14屏输出线路接到Ⅱ段母线，P9～P13配电屏的线路直接与该母线连接。

5.4 供配电系统二次电路

5.4.1 二次电路与一次电路的关系说明

发电厂、变配电所的电气线路包括一次电路和二次电路，一次电路是指高电压、大电流电能流经的电路，二次电路是控制、保护、测量和监视一次电路的电路，二次电路一般通过电压互感器和电流互感器与一次电路建立电气联系。图5-27是一次电路与二次电路的关系图。

图5-27虚线左边为一次电路。输入电源送到母线WB后，分作三路：一路接到所用变压器（变配电所自用的变压器），一路通过熔断器接电压互感器TV，还有一路经隔离开关QS、断路器QF送往下一级电路。

图5-27虚线右边为二次电路。一次电路母线上的电压经所用变压器降压后，提供给直流操作电源电路，该电路功能是将交流电压转换成直流电压并送到±直流母线，提供给断路器控制电路、信号电路、保护电路。电压互感器和电流互感器将一次电压和电流转换成较小的二次电压和电流送给电测量电路和保护电路，电测量电路通过测量二次电压和电流而间接获得一次电路的各项电参数（电压、电流、有功功率、无功功率、有功电能、无功电能等），保护电路根据二次电压和电流来判断一次电路的工作情况，比如一次电路出现短路，一次电流和二次电流均较正常值大，保护电路会将有关信号发送给信号电路，令其指示一次电路短路，另外保护电路还会发出跳闸信号去断路器控制电路，让它控制一次电路中的断路器QF跳闸来切断供电，在断路器跳闸后，断路器控制电路会发信号到信号电路，令其指示断路器跳闸。

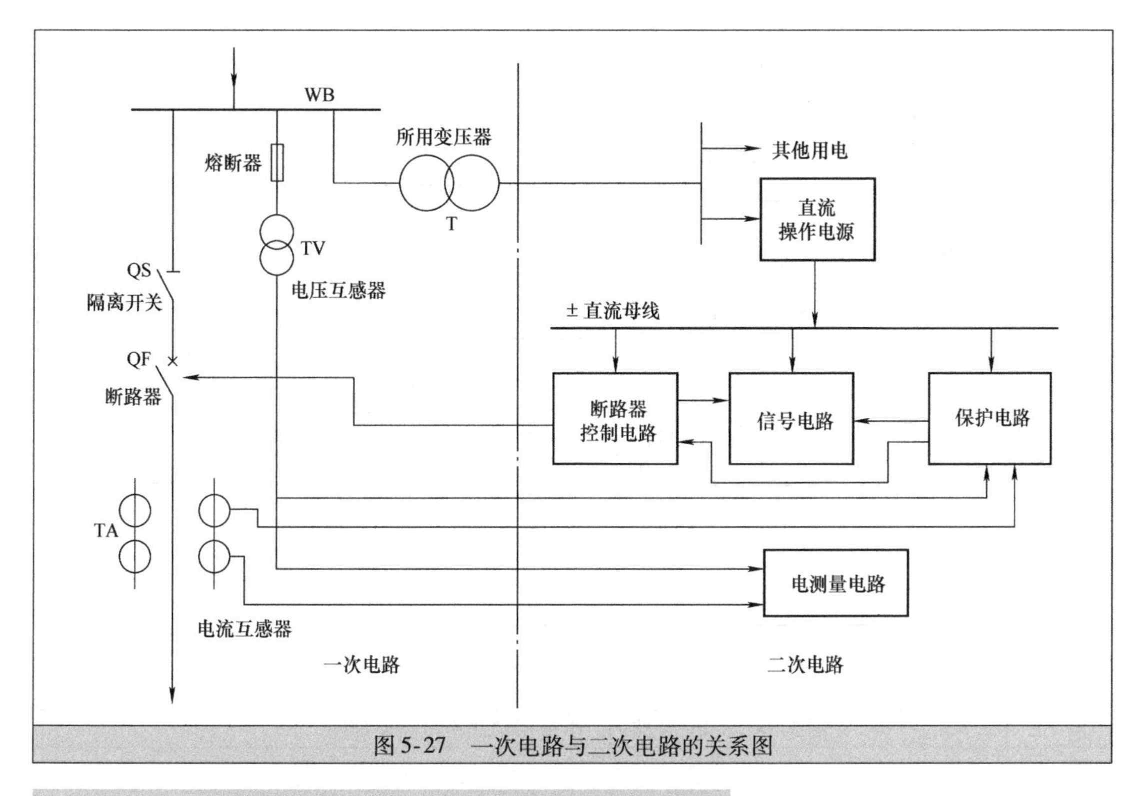

图 5-27 一次电路与二次电路的关系图

5.4.2 二次电路的原理图、展开图和安装接线图

二次电路主要有原理图、展开图和安装接线图三种表现形式。

1. 二次电路的原理图

二次电路的原理图以整体的形式画出二次电路各设备及其连接关系，二次电路的交流回路、直流回路和一次电路有关部分都画在一起。

图 5-28 是一个 35kV 线路的过电流保护二次电路原理图。

当 35kV 线路的一次电路出现过电流时，以 U 相过电流为例，它会使电流互感器 TA1 输出电流 I_1 增大，很大的电流 I_1 流经电流继电器 KA1 线圈（电流 I_1 途径是，TA1 线圈上→KA1 线圈→TA1 线圈下），KA1 常开触点闭合，马上有电流流经时间继电器 KT 的线圈（电流途径是，直流电源 + 端→已闭合的 KA1 常开触点→KT 线圈→直流电源 - 端），经过设定时间后，KT 延时闭合常开触点闭合，有电流流过信号继电器 KS 的线圈（电流途径是，直流电源 + 端→已闭合的 KT 延时闭合常开触点→KS 线圈→已闭合的断路器 QF 常开辅助触点→断路器跳闸线圈 YT→直流电源 - 端），KS 线圈通电后马上掉牌并使 KS 常开触点闭合，直流电源输出电流经 KS 常开触点流往信号电路的光牌指示灯，光字牌点亮指示“掉牌未复归”，断路器跳闸 YT 线圈通电使一次电路中的断路器 QF 跳闸，切断一次电路。

2. 二次电路的展开图

二次电路的屏开图以分散的形式画出二次电路各设备及其连接关系，二次电路的交流回路、直流回路和一次电路有关部分都分开绘制。

图 5-28 是 35kV 线路的过电流保护二次电路原理图，与之对应的展开图如图 5-29 所示。

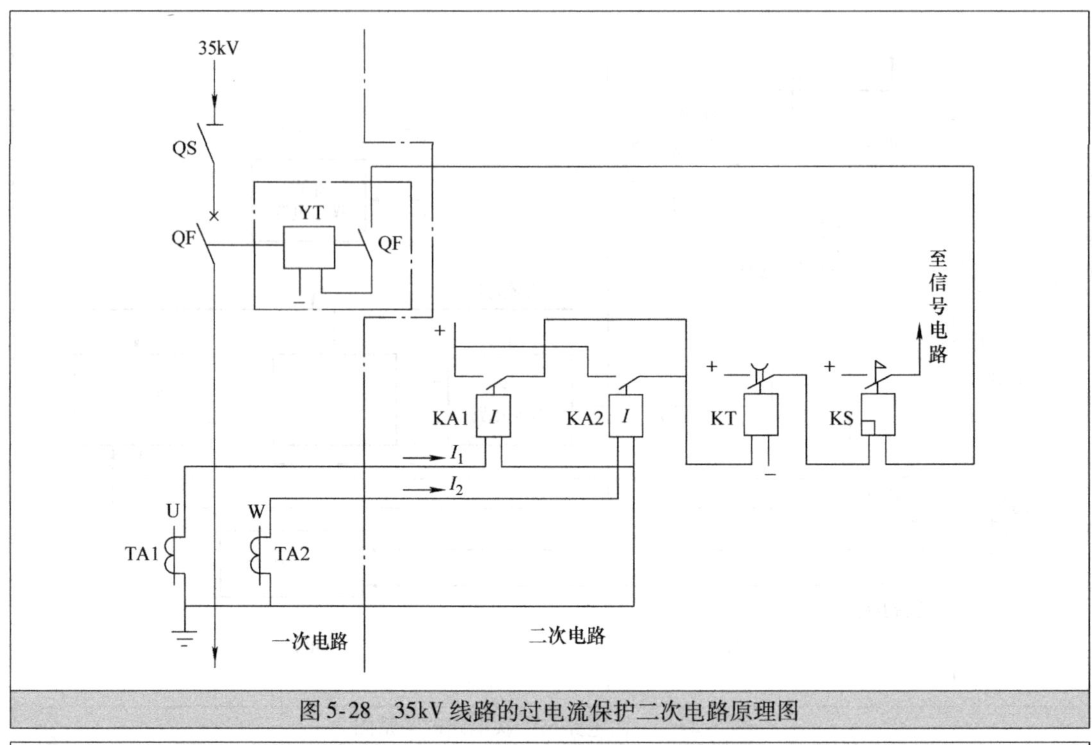

图 5-28　35kV 线路的过电流保护二次电路原理图

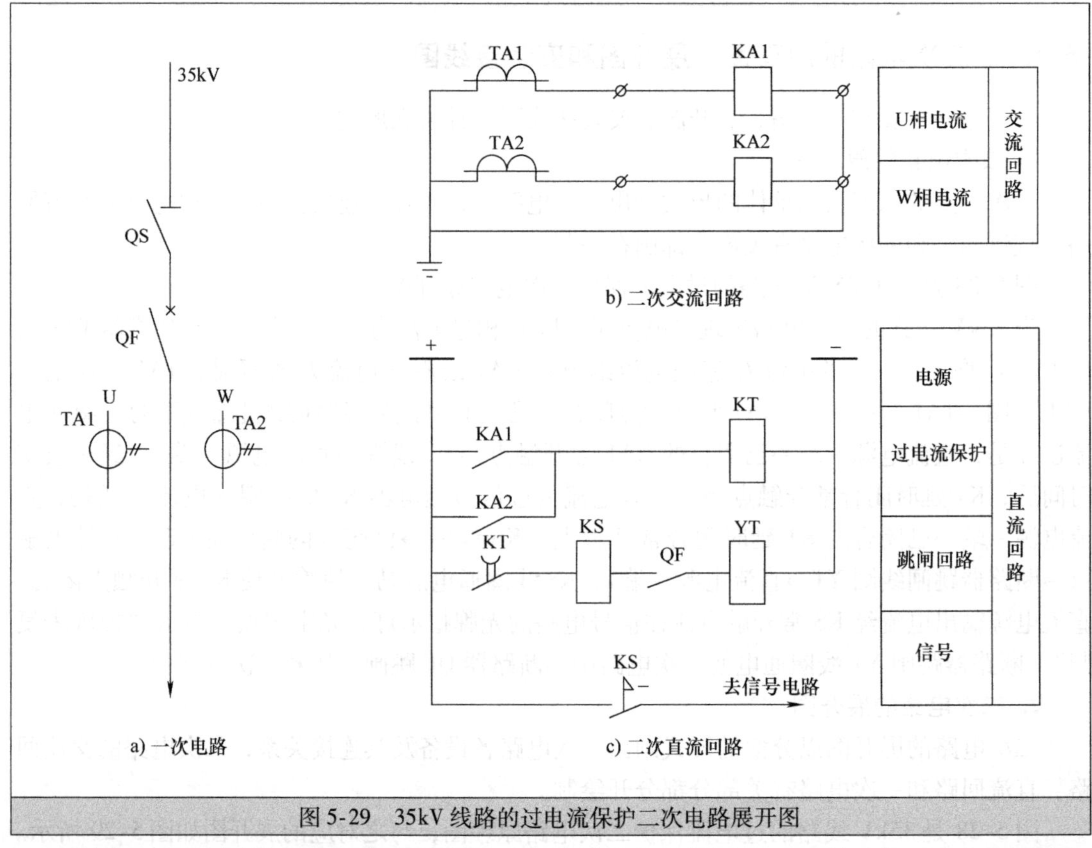

图 5-29　35kV 线路的过电流保护二次电路展开图

当图 5-29a 所示的一次电路 U 相出现过电流时，它会使图 5-29b 所示的二次交流回路中的 TA1 输出电流 I_1 增大，电流 I_1 流经电流继电器 KA1 线圈（电流 I_1 途径是，TA1 线圈右→KA1 线圈→TA1 线圈左），KA1 线圈吸合二次直流回路中的 KA1 常开触点，如图 5-29c 所示，马上有电流流经时间继电器 KT 的线圈（电流途径是，直流电源 + 端→已闭合的 KA1 常开触点→KT 线圈→直流电源 - 端），经过设定时间后，KT 延时闭合常开触点闭合，有电流流过信号继电器 KS 的线圈（电流途径是，直流电源 + 端→已闭合的 KT 延时闭合常开触点→KS 线圈→已闭合的断路器 QF 常开辅助触点→断路器跳闸线圈 YT→直流电源 - 端），KS 线圈通电后马上掉牌并使 KS 常开触点闭合，直流电源经 KS 触点提供给光牌指示灯，光字牌点亮指示“掉牌未复归”，同时断路器跳闸 YT 线圈通电使一次电路中的断路器 QF 跳闸，切断一次电路。

3. 二次电路的安装接线图

二次回路安装接线图是依据展开图并按实际接线而绘制的，是安装、试验、维护和检修的主要参考图。二次电路的安装接线图包括屏面布置图、端子排图和屏后接线图。

（1）屏面布置图

屏面布置图用来表示设备和器具在屏上的安装位置，屏、设备和器具的尺寸、相互间的距离等均是按一定比例绘制。

图 5-30 是某一主变压器控制屏的屏面布置图，在该图上画出测量仪表、光字牌、信号灯和控制开关等设备在屏上位置，这些设备在屏面图上都用代号表示，图上标注尺寸单位为 mm（毫米）。为了方便识图时了解各个设备，在屏面图旁边会附有设备表，见表 5-3。在识读屏面布置图时要配合查看设备表，通过查看设备表可知，布置图中的Ⅰ-1～Ⅰ-3 均为电流表，Ⅰ-9～Ⅰ-32 为显示电路各种信息的光字牌，Ⅱ-2、Ⅱ-3 分别为红、绿指示灯。

（2）端子排图

端子排用来连接屏内与屏外设备，很多端子组合在一起称为端子排。用来表示端子排各端子与屏内、屏外设备连接关系的图称为端子排接线图，简称端子排图。

端子排图如图 5-31 所示，在端子排图最上方标注安装项目名称与编号，安装项目编号一般用罗马数字Ⅰ、Ⅱ、Ⅲ表示，端子排下方则按顺序排列各种端子，在每个端子左方标示该端子左方连接的设备编号，在右方标示该端子右方连接的设备编号。

在端子排上可以安装各类端子，端子类型主要有普通端子、连接型端子、试验端子、连接型试验端子、特殊端子和终端端子。各类端子说明如下：

1）普通端子：用来连接屏内和屏外设备的导线。

2）连接型端子：端子间是连通的端子，可实现一根导线接到一个端子，从其他端子分成多路接出。

3）试验端子：用于连接电流互感器二次绕组与负载，可以在系统不断电时，通过这种端子对屏上仪表和继电器进行测试。

4）连接型试验端子：用在端子上需要彼此连接的电流试验电路中。

5）特殊型端子：可以通过操作端子上的绝缘手柄来接通或切断该端子左、右侧导线的连接。

6）终端端子：安装在端子排的首、中、末端，用于固定端子排或分隔不同的安装项目。

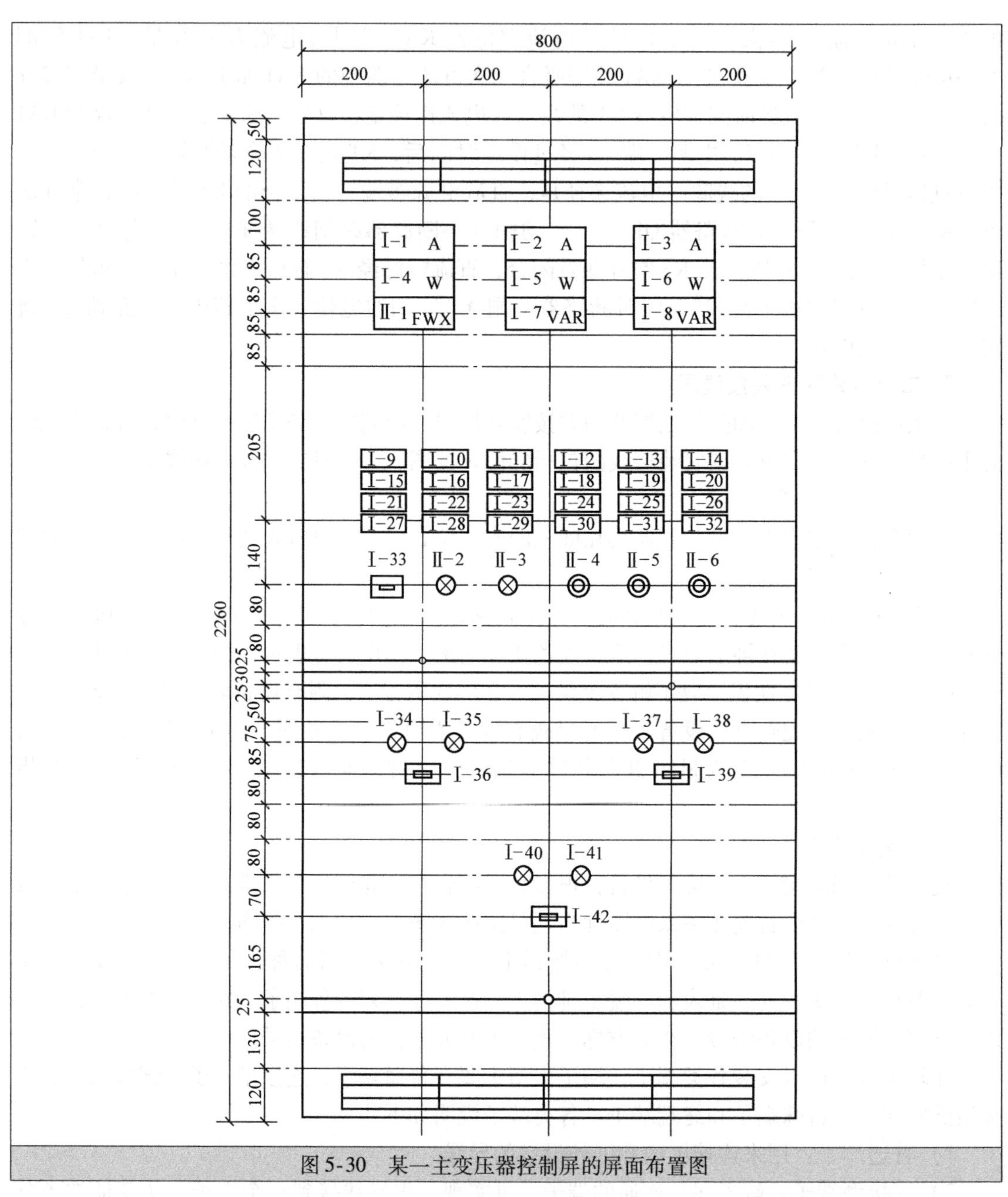

图 5-30　某一主变压器控制屏的屏面布置图

表 5-3　设备表

编号	符号	名称	型号及规范	单位	数量
安装单位 I 主变压器					
1	1A	电流表	16L1－A 100（200）/5A	只	1
2	2A	电流表	16L1－A 200（400，600）/5A	只	1
3	3A	电流表	16L1－A 1500/5A	只	1
4	4T	温度表	XCT－102 0～100℃	只	1
5	2W	有功功率表	16L1－W 200（400，600）/5A 100V	只	1

（续）

编号	符号	名称	型号及规范	单位	数量
安装单位Ⅰ主变压器					
6	3W	有功功率表	16L1－W 1500/5A 100V	只	1
7	2VAR	有功功率表	16L1－W200（400，600）/5A 100V	只	1
8	3VAR	有功功率表	16L1－W1500/5A 100V	只	1
9～32	H1～H24	光字牌	XD10 220V	只	24
33	CK	转换开关	LW2－1a、2、2、2、2、2/F4－8X	只	1
36，39，42	1SA～3SA	控制开关	LW2－1a、4、6a、40、20/F8	只	3
34，37，40	1GN～3GN	绿灯	XD5 220V	只	3
35，38，41	1RD～3RD	红灯	XD5 220V	只	3
安装单位Ⅱ 有载调压装置					
1	FWX	分接位置指示器		只	1
2～3	RD，GN	红、绿灯	XD5 220V	只	2
4～6	SA，JA，TA	按钮	LA19－11	只	3

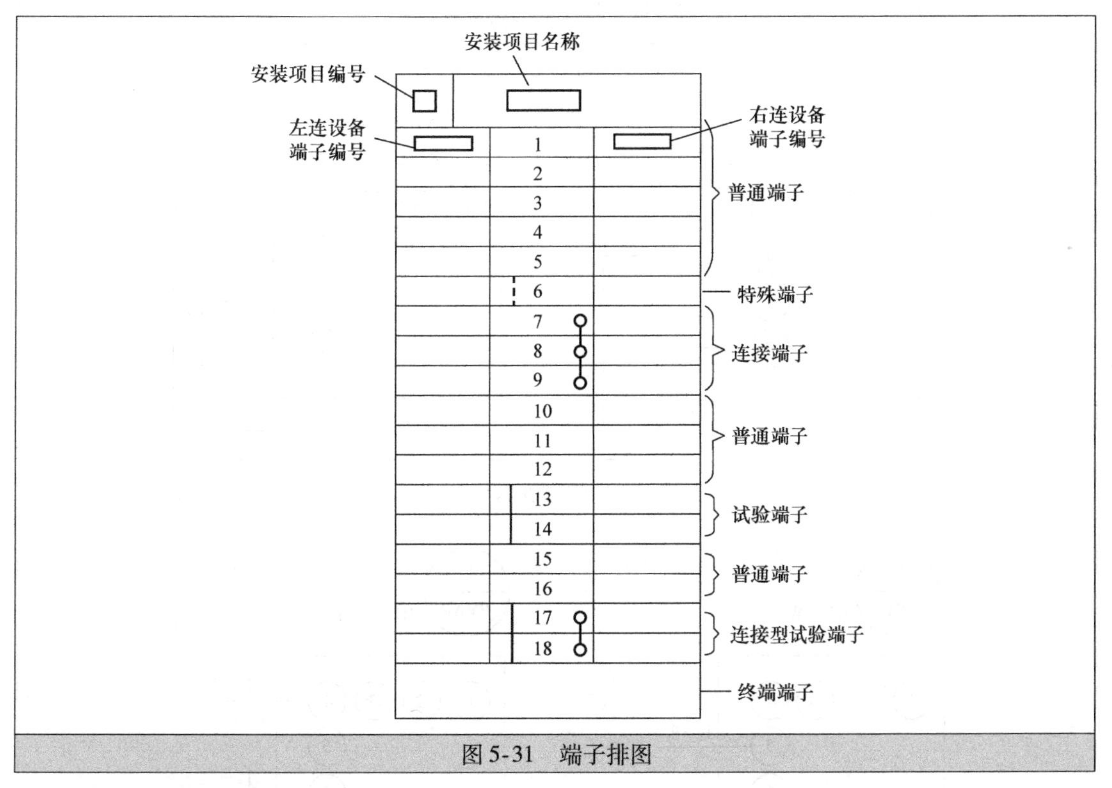

图5-31 端子排图

（3）屏后接线图

屏面布置图用来表明各设备在屏上的安装位置，屏后接线图是用来表示屏内各设备接线的电气图，包括设备之间的接线和设备与端子排之间的接线。

1）屏后接线图的设备表示方法。在屏后接线图中，二次设备的表示方法如图5-32所示，设备编号、设备顺序号和文字符号等应与展开图和屏面布置图一致。

2）屏后接线图的设备连接表示方法。在屏后接线图中，二次设备连接的表示方法主要有连续表示法和相对编号表示法，相对编号表示法使用更广泛。连接表示法是在设备间画连续的连接线表示连接，相对编号表示法不用在设备之间画连接线，只要在设备端子旁标注其他要连接的设备端子编号。屏后接线图的设备连接表示法如图 5-33 所示，图 a 采用连续表示法，图 b 采用相对编号表示法，两者表示的连接关系是一样的。

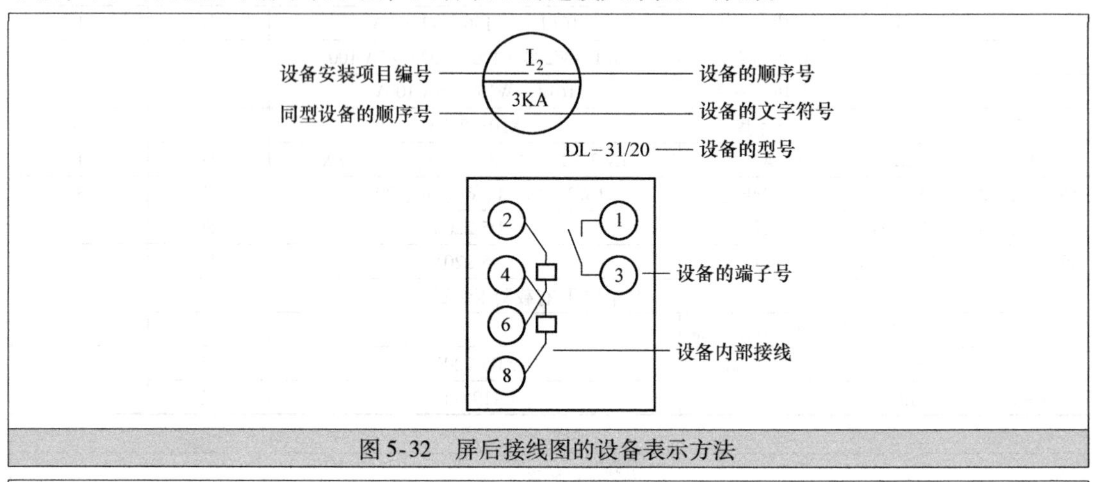

图 5-32　屏后接线图的设备表示方法

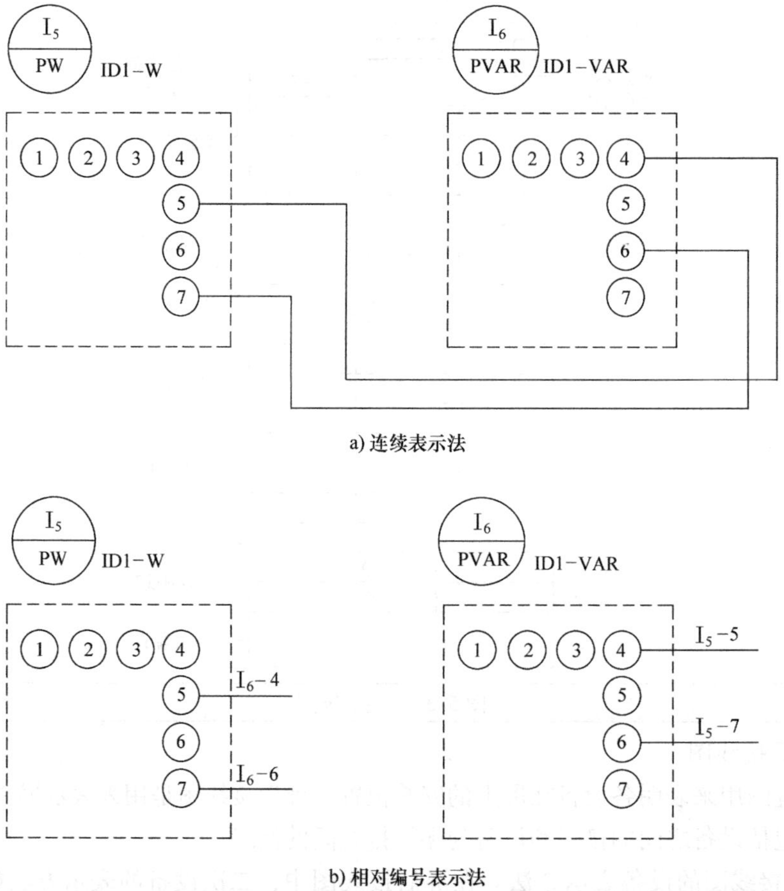

a) 连续表示法

b) 相对编号表示法

图 5-33　屏后接线图的设备连接表示法

4. 二次电路的安装接线图识图实例

下面以图 5-34 所示的 10kV 线路的过电流保护二次电路为例来说明接线图的识图，图 a

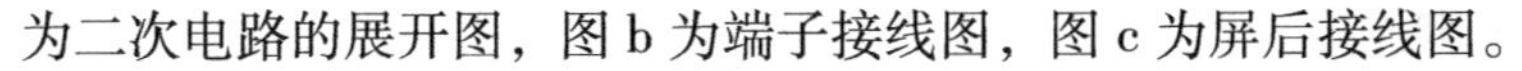
为二次电路的展开图，图 b 为端子接线图，图 c 为屏后接线图。

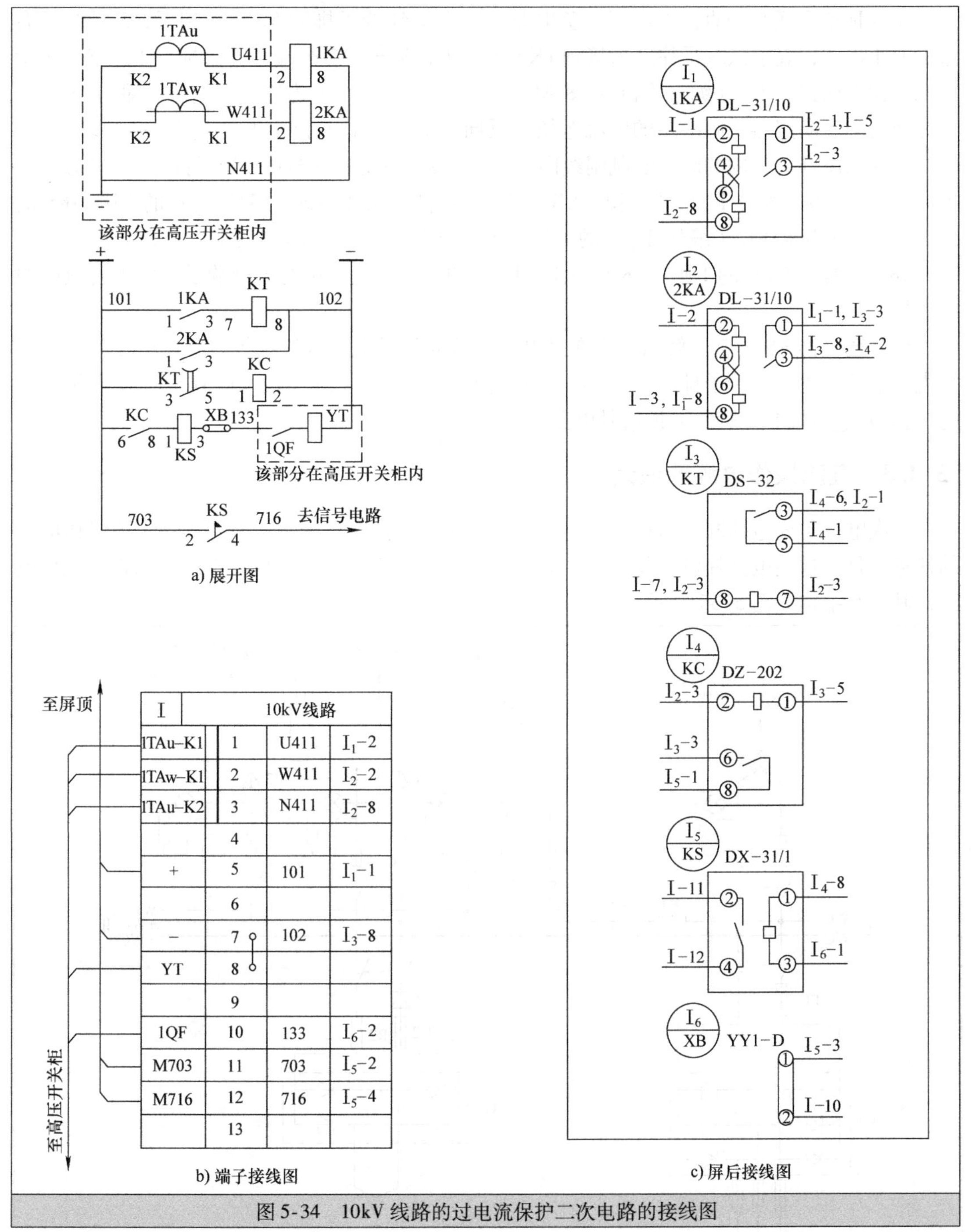

图 5-34　10kV 线路的过电流保护二次电路的接线图

高压开关柜内的电流互感器 1TAu、1TAw 的 K1 端和接地端通过导线分别接到本配电屏端子排的 1、2、3 号端子（试验端子），1 号端子右边标有 I_1 −2，表示该端子往屏内接到电流继电器 1KA（编号为 I_1）的 2 脚，在 1KA 的 2 脚旁标有 I −1，表示该脚与端子排（编号为 I ）的 1 号端子连接，在 2KA 的 8 脚旁标有 I −3 和 I_1 −8，表示 2KA 的 8 脚同时与端子排3号端子和1KA的8脚连接。

由屏顶单元送来的直流电源正、负电源线分别接到端子排的5、7号端子，5号端子右边标有I_1-1，表示该端子往屏内接到1KA的1脚，端子排7号端子右边标有I_3-8，表示该端子往屏内接到KT（编号I_3）的8脚，端子排7、8号端子为连接型端子，即7、8号端子是连通的。断路器跳闸线圈的电流途径（反向）是，屏顶直流电源的负极→7号端子→8号端子→高压开关柜内的断路器跳闸线圈YT→断路器辅助触点1QF→端子排的10号端子→屏内连接片XB（编号I_6）的2脚→XB的1脚→信号继电器KS（编号I_5）的3脚→KS的1脚→控制继电器KC（编号I_4）的8脚→KC的6脚→时间继电器KT（编号I_3）的3脚→2KA（编号I_2）的1脚→1KA（编号I_1）的1脚→端子排的5号端子→屏顶直流电源的正极。

信号继电器KS的常开触点用于在过电流时接通信号电路进行报警，其电流途径是，屏顶直流电源的正极→端子排的11号端子→屏内KS（编号I_5）的2脚→KS内部触点→KS的4脚→端子排的12脚→屏顶信号电路。

5.4.3 直流操作电源的识读

二次电路主要包括断路器控制电路、信号电路、保护电路和测量电路等，直流操作电源的任务就是为这些电路提供工作电源。硅整流电容储能式电源是一种应用广泛的直流操作电路，其电路结构如图5-35所示。

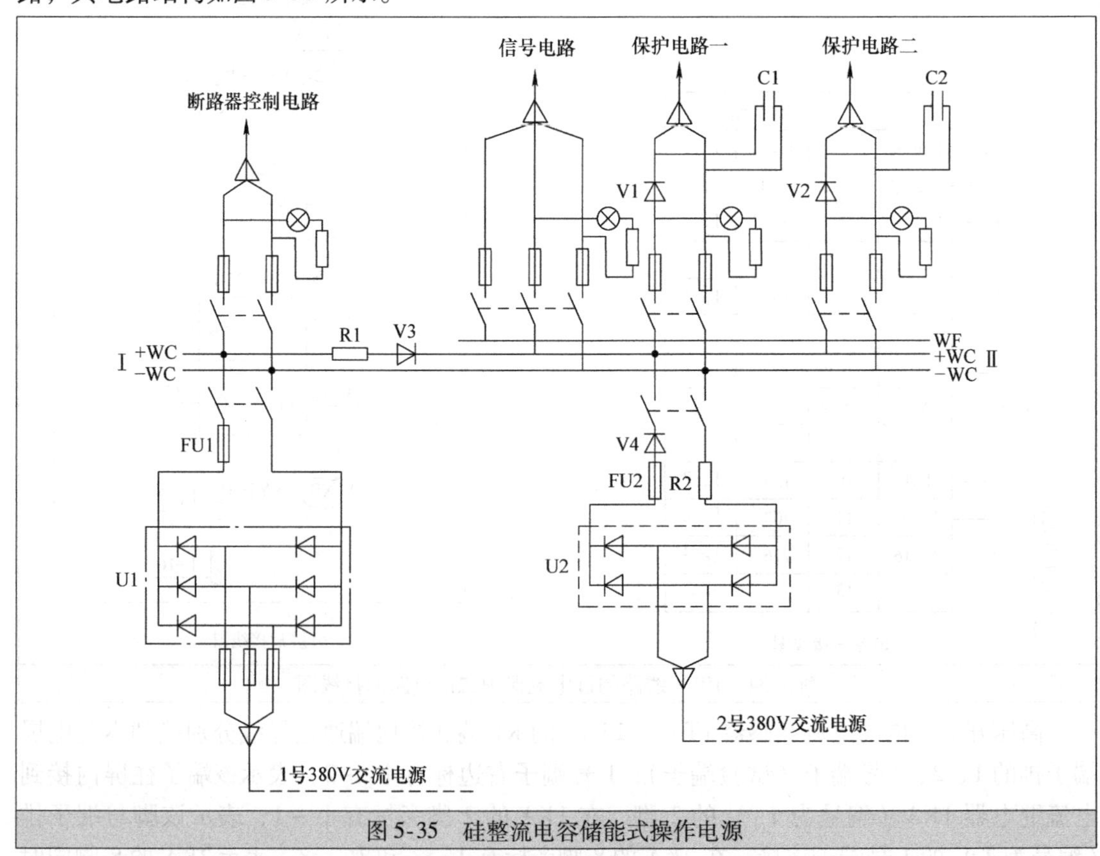

图5-35　硅整流电容储能式操作电源

一次电路的交流高压经所用变压器降压得到380V的三相交流电压，它经三相桥式硅整流桥堆 U1 整流后得到直流电压，送到Ⅰ段 + WC、 - WC 直流小母线，另一路两相 380V 交流电源经桥式硅整流桥堆 U2 整流后得到直流电压，送到Ⅱ段 + WC、 - WC 直流小母线。在Ⅰ、Ⅱ段母线之间有一个二极管 V3，起止逆阀作用，即防止Ⅱ段母线上的电流通过 V3 逆流到Ⅰ段母线，而Ⅰ母线上的电流可以通过 V3 流到Ⅱ段母线，电阻 R1 起限流作用。Ⅰ段母线上的直流电源送给断路器控制电路，Ⅱ段母线上的直流电源分别送到信号电路、保护电路一和保护电路二。C1、C2 为储能电容，在正常工作时 C1、C2 两端充有一定电压，当直流母线电压降低时，C1、C2 会放电为保护电路供电，这样可为保护电路提供较稳定的直流电源，V1、V2 为防逆流二极管，可防止 C1、C2 放电电流流往直流母线。在直流母线为各二次电路供电的 ± 电源线之间，都接有一个指示灯和电阻，指示灯用于指示该路电源的有无，电阻起限流作用，降低流过指示灯的电流。

WF 为闪光信号小母线，当出现某些非正常情况需要报警时，相应的信号电路接通，有直流电流流过闪光灯电路，其途径是， + WC 母线→信号电路中的闪光信号电路→WF 母线→信号电路中的报警动作电路→ - WC 母线。

5.4.4　断路器控制和信号电路的识读

一次电路中的断路器可采用手动方式直接合闸和跳闸，也可采用合闸和跳闸控制电路来控制断路器合闸和跳闸，采用电路控制可以在远距离操作，操作人员不用进入高压区域。在操作断路器时，一般会采用信号电路指示断路器的状态。

图 5-36 是某个 10kV 电源进线断路器控制和信号电路，SA 为万能转换开关，KO 为合闸线圈，YR 为跳闸线圈，GN 为跳闸信号指示灯（绿色），RD 为合闸信号指示灯（红色）。

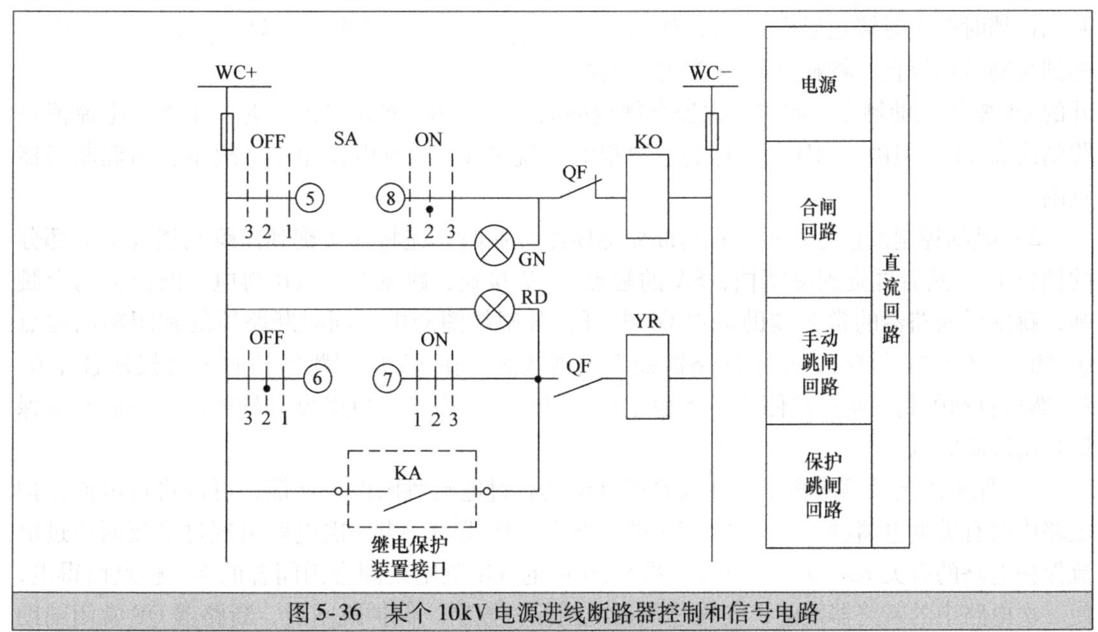

图 5-36　某个 10kV 电源进线断路器控制和信号电路

1. 万能转换开关

在图 5-36 所示电路中用到了万能转换开关，这种开关在其他二次电路中也常常用到。万能转换开关由多层触点中间叠装绝缘层而构成，开关置于不同档位时不同层的触点接通情况是不同的。

LW2 - Z - 1a、4、6a、40、20/F8 型万能转换开关在二次电路中应用较为广泛，其图形符号如图 5-37 所示，从符号中可以看出，当开关置于“合闸”档时，其触点 5、8 是接通的，当开关置于“跳闸”档时，其触点 6、7 是接通的。

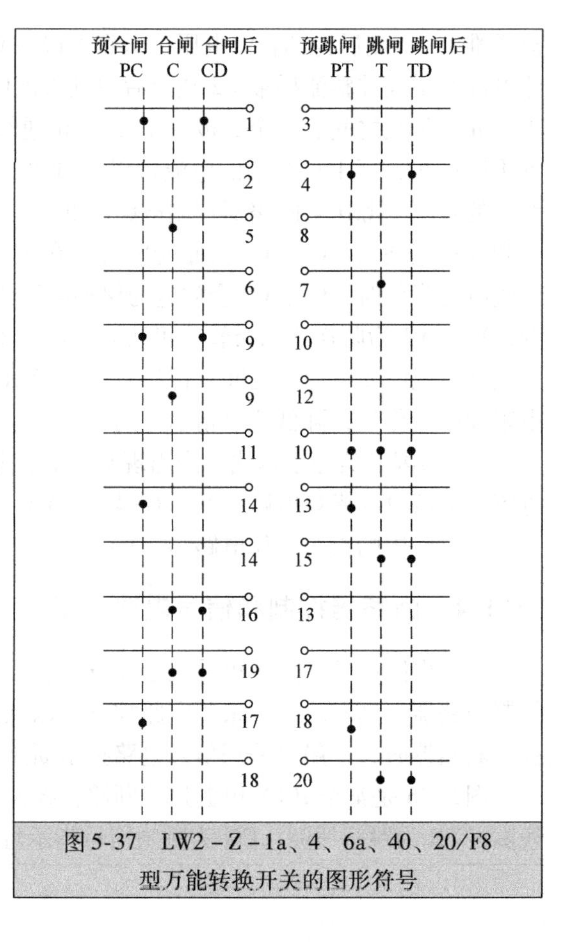

图 5-37　LW2 - Z - 1a、4、6a、40、20/F8 型万能转换开关的图形符号

2. 电路分析

1）合闸控制及信号指示。图 5-36 中的万能转换开关 SA 分为 ON、OFF 两部分，每部分有三个档位，ON 部分用作合闸控制，1、2、3 档分别为预合闸、合闸和合闸后，OFF 部分用作跳闸控制，1、2、3 档分别为预跳闸、跳闸和跳闸后。在对断路器合闸控制时，先将开关旋到预合闸档（ON 部分的档位 1），然后再旋到合闸档，SA 的触点 5、8 接通，合闸线圈 KO 得电，将断路器合闸，合闸后断路器的常闭辅助触点 QF 断开，合闸线圈断电，同时断路器的常开辅助触点 QF 闭合，RD 指示灯亮，指示断路器处于合闸状态。SA 的合闸档是一个非稳定档，当 SA 旋到该档时会短时接通触点 5、8，然后自动弹到合闸后档停止，将触点 5、8 断开，与断开的 QF 常闭辅助触点一起双重保证合闸线圈断电。在 RD 指示灯点亮时，虽然有电流流过跳闸线圈 YR，但由于 RD 指示灯的电阻很大，流过 YR 线圈电流很小，故不会引起断路器跳闸。

2）跳闸控制及信号指示。在对断路器跳闸控制时，先将开关旋到预跳闸档（OFF 部分的档位 1），然后再旋到跳闸档，SA 的触点 6、7 接通，跳闸线圈 YR 得电，断路器马上跳闸，跳闸后断路器的常开辅助触点 QF 断开，跳闸线圈断电，同时断路器的常闭辅助触点 QF 闭合，GN 指示灯亮，指示断路器处于跳闸状态。在 SA 旋到跳闸档时短时接通触点 6、7，然后自动弹到跳闸后档停止，将触点 6、7 断开，与断开的 QF 常开辅助触点一起双重保证合闸线圈断电。

3）保护跳闸及信号指示。如果希望该电路有过电流跳闸保护功能，可以将过电流保护电路中的有关继电器触点接到图 5-36 虚线框内的接线端，当一次电路出现过电流而使过电流保护电路的有关 KA 触点闭合时，图 5-36 中的 YR 跳闸线圈会因闭合的 KA 触点而得电，使一次电路中的断路器跳闸，实现过电流跳闸保护控制。保护跳闸后，断路器 QF 常闭辅助触点闭合，GN 指示灯亮，指示断路器处于跳闸状态。

5.4.5　中央信号电路的识读

中央信号电路装设在变配电所值班室或控制室中，它包括事故信号电路和预告知信号电路。

1. 事故信号电路

事故信号电路的作用是在断路器出现事故跳闸时产生声光信号告知值班人员。事故信号有音响信号和灯光信号，音响信号由电笛（蜂鸣器）发出，灯光信号通常为绿指示灯发出的闪光信号，音响信号是公用的，只要出现事故断路器跳闸，音响信号就会发出，提醒值班人员，灯光信号是独立的，用于指明具体的跳闸断路器。

在信号电路发出音响信号后，解除音响信号（即让音响信号停止）有两种方法，分别是就地复归和中央复归。就地复归就是将事故跳闸的断路器控制电路中的控制开关由“合闸后”切换到“跳闸”来停止音响信号，这种方式的缺点是灯光信号会随音响信号一起复归，在较复杂的变配电所一般不采用这种复归电路。中央复归是先复归音响信号，而灯光信号则保持，便于让值班人员根据灯光信号了解具体故障位置，音响信号复归后，若有新的断路器事故发生，音响信号又会发出。

图 5-38 是一种采用了 ZC－23 型冲击继电器的中央复归式事故音响信号电路。冲击继电器是一种由电容、二极管、中间继电器和干簧继电器等组成的继电器，图 5-38 点画线框内为其电路结构。

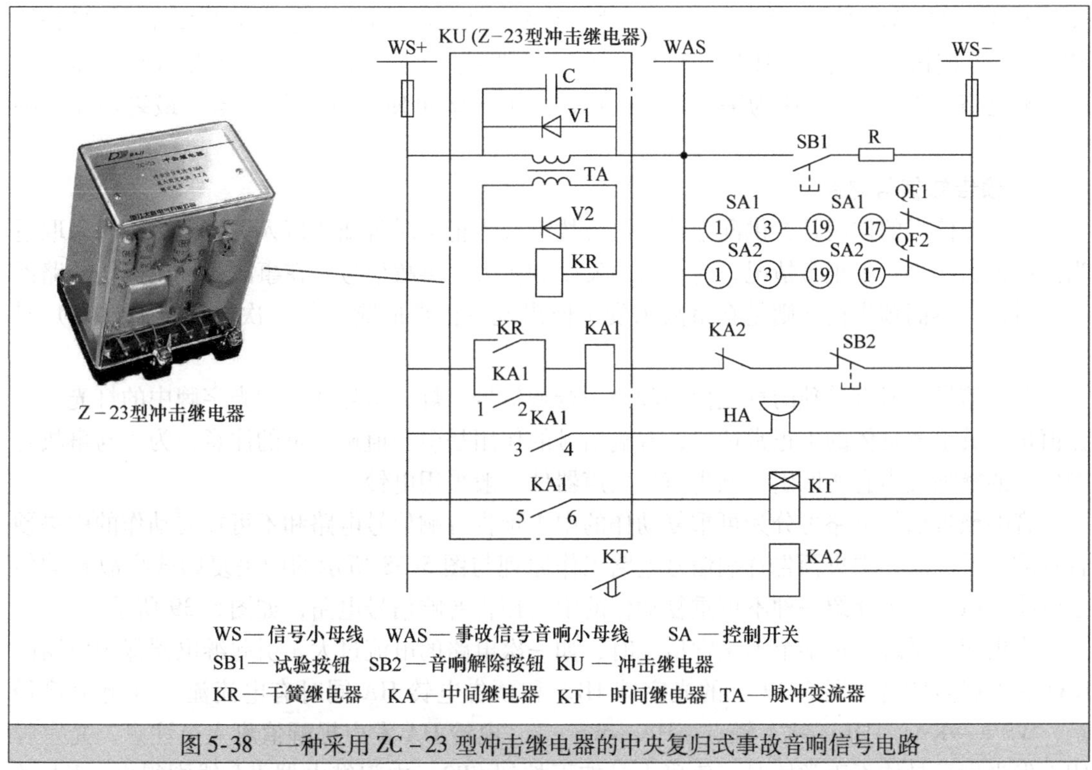

图 5-38　一种采用 ZC－23 型冲击继电器的中央复归式事故音响信号电路

当一次电路的某断路器发生事故跳闸（如过电流跳闸）时，其常闭辅助触点闭合，如发生断路器 QF1 跳闸时，图 5-38 中的 QF1 常闭辅助触点闭合，由于断路器是事故跳闸，不是人为控制跳闸，故控制开关 SA1 仍处于“合闸后”位置，开关的触点 1、3 和触点 19、17 都是接通的，SA1、SA2 采用 LW2－Z 型万能转换开关，其触点在各档位的通断情况如图 5-37所示，WAS 小母线与 WS－小母线通过 SA1 和 QF1 常闭辅助触点接通，马上有电流流过冲击继电器内部的脉冲变压器 TA 的一个绕组（电流途径是，WS +→TA 绕组→WAS 小母线→SA1 的触点 1、3 和触点 19、17→QF1 常闭辅助触点→WS -），绕组马上产生左正右负的电动势，电动势再感应到二次绕组，为干簧继电器 KR 线圈供电，KR 触点马上闭合，中间继电器 KA1 线圈得电，KA1 的触点 1、2 闭合，自锁 KA1 线圈供电，KA1 的触点 3、4 闭合，蜂鸣器 HA 获得电压，发出事故音响信号，KA1 的触点 5、6 闭合，时间继电器 KT 线圈得电，经设定时间后，KT 延时闭合触点闭合，中间继电器 KA2 线圈得电，KA2 常闭触点断开，KA1 线圈失电，KA1 的触点 3、4 断开，切断蜂鸣器 HA 的供电，音响信号停止。

任何线圈只有在流过的电流发生变化时才会产生电动势，故 QF1 常闭辅助触点闭合后，待流过 TA 一次绕组电流大小稳定不变化时，该绕组上电动势消失，二次绕组上的感应电动势也会消失，也就是说，TA 绕组产生的电动势是短暂的，干簧继电器 KR 线圈失电，KR 常开触点断开，KA1 线圈依靠自锁触点 1、2 供电。TA 一次绕组两端并联的 C、V1 起抗干扰作用，如果一次绕组产生的左正右负电动势过高，该电动势会对 C 充电而有所降低，如果 WAS、WS - 小母线之间突然断开，TA 一次绕组会产生左负右正的电动势，如果该电动势感应到二次绕组，会使干簧继电器线圈得电而动作，V1 的存在可使 TA 一次绕组左负右正电动势瞬间降到 1V 以下，二极管 V2 作用与 V1 相同，这样可确保在 WAS、WS - 小母线之间突然断开（如 SA1 的触点 1、3 断开）时干簧继电器不会动作，电路不会发生音响信号。SB1 为试验按钮，当按下 SB1 时，WAS、WS - 小母线之间人为接通，用于测试断路器跳闸后音响电路是否正常。SB4 为手动复归按钮，按下 SB2 可使 KA1 线圈失电，最终切断蜂鸣器的供电。

2. 预告知信号电路

预告知信号的作用是在供配电系统出现故障或不正常时告知值班人员，使之及时采取适当措施来消除这些不正常情况，防止事故发生和扩大。事故信号是在事故已发生而使断路器跳闸时发出，而预告信号则是在事故未发生但出现不正常情况（如一次电路电流过大）时发出。

预告信号一般有单独的灯光信号和公用音响信号。灯光信号通常为光字牌中的灯光，可让值班人员了解具体的不正常情况，音响信号的作用是引起值班人员的注意，为了与事故音响信号的蜂鸣发声有所区别，预告信号发声器件一般采用电铃。

音响预告信号电路可分为可重复动作的中央预告音响信号电路和不可重复动作的中央预告音响信号电路，中央预告音响信号电路工作原理与图 5-38 所示的中央复归式事故音响信号电路相似，这里介绍一种不可重复动作的中央预告音响信号电路，如图 5-39 所示。

当供配电系统出现某个不正常情况时，如一次电路的电流过大，引起继电器保护电路的 KA1 常开触点闭合，图 5-39 中的光字牌 HL1 和预告电铃 HA 同时有电流流过（电流途径是，WS +→KA1→HL1→KA 触点→HA→WS -），电铃 HA 发声提醒值班人员注意，光字牌 HL1 发光指示具体不正常情况。值班人员按下按钮 SB2，中间继电器 KA 线圈得电，KA 的常闭触点 1、2 断开，切断电铃的电源使铃声停止，KA 的常开触点 3、4 闭合，让 KA 线圈在 SB2 断开后继续得电，KA 的常开触点 5、6 闭合，黄色指示灯 YE 发光，指示系统出现了不正常情况且未消除。当出现另一种不正常情况使继电器保护电路的触点 KA2 闭合时，光字牌 HL2 发光，但因 KA 的常闭触点 1、2 已断开，故电铃不会再发声。当所有不正常情况消除后，所有继电器保护电路的常开触点（图中为 KA1、KA2）均断开，黄色指示灯和所有 HL 光字牌都会熄灭，如果仅消除了某个不正常情况（还有其他不正常情况未消除），只有消除了不正常情况的光字牌会熄灭，黄色指示灯仍会亮。

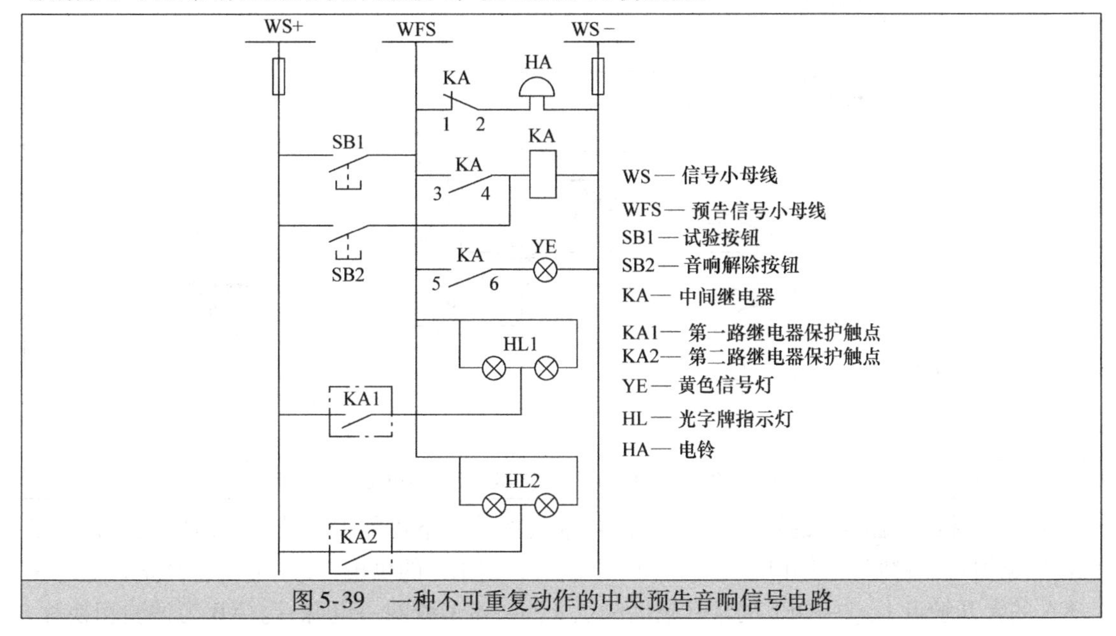

图 5-39　一种不可重复动作的中央预告音响信号电路

5.4.6　继电器保护电路的识读

继电器保护电路的任务是在一次电路出现非正常情况或故障时，能迅速切断线路或故障元件，同时通过信号电路发出报警信号。继电器保护电路种类很多，常见的有过电流保护、变压器保护等，过电流保护在前面已有过介绍，下面介绍变压器的继电器保护电路。

变压器故障分为内部故障和外部故障。变压器内部故障主要有相间绕组短路、绕组匝间短路、单相接地短路等，发生内部故障时，短路电流产生的热量会破坏绕组的绝缘层，绝缘层和变压器油受热会产生大量气体，可能会使变压器发生爆炸。变压器外部故障主要有引出线绝缘套管损坏，导致引出线相间短路和引出线与变压器外壳短路（对地短路）。

1. 变压器气体保护电路

变压器可分为干式变压器和油浸式变压器，油浸式变压器的绕组浸在绝缘油中，以增强散热和绝缘效果，当变压器内部绕组匝间短路或绕组相间短路时，短路电流会加热绝缘油而产生气体，气体会使变压器气体保护电路动作，发出报警信号，严重时会让断路器跳闸。

图 5-40 是一种常见的变压器气体保护电路。

当变压器出现绕组匝间短路（轻微故障）时，由于短路电流不大，油箱内会产生少量的气体，随着气体的逐渐增加，气体继电器 KG 的常开触点 1、2 闭合，电源经该触点提供给预告信号电路，使之发出轻气体报警信号。当变压器出现绕组相间短路（严重故障）时，短路电流很大，油箱内会产生大量的气体，大量油气冲击气体继电器 KG，KG 的常开触点 3、4 闭合，有电流流过信号继电器 KS 线圈和中间继电器 KA 线圈，KS 线圈得电，KS 常开触点闭合，电源经该触点提供给事故信号电路，使之发出重气体报警信号，KA 线圈得电使 KA 的常开触点 3、4 闭合，有电流流过跳闸线圈 YR，该电流途径是，电源 + →KA 的 3、4 触点（处于闭合）→断路器 QF1 的常开触点 1、2（合闸时处于闭合）→YR 线圈，YR 线圈产生磁场通过有关机构让断路器 QF1 跳闸，切断变压器的输入电源。

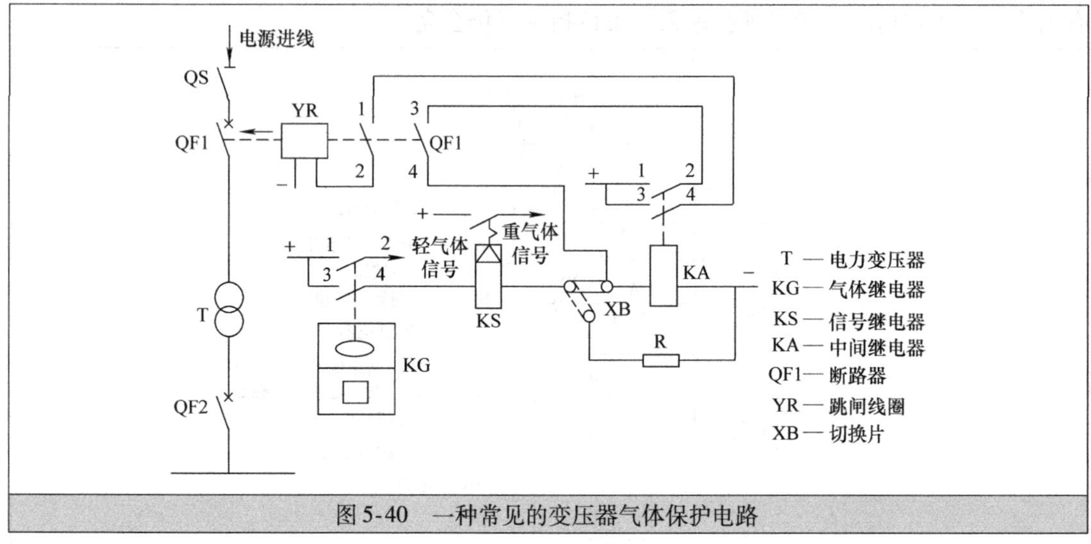

图 5-40　一种常见的变压器气体保护电路

由于气体继电器 KG 的触点 3、4 在故障油气的冲击下可能振动或闭合时间很短，为了保证断路器可靠跳闸，利用 KA 的触点 1、2 闭合锁定 KA 的供电，KA 电流途径是，电源 + →KA 的常开触点 1、2→QF1 的常开辅助触点 3、4→KA 线圈→电源 -。XB 为试验切换片，如果在对气体继电器试验时希望断路器不跳闸，可将 XB 与电阻 R 接通，KG 的触点 3、4 闭合时，KS 触点闭合使信号电路发出重气体信号，由于 KA 继电器线圈不会得电，故断路器不会跳闸。

变压器气体保护电路的优点主要是电路简单、动作迅速、灵敏度高，能保护变压器油箱内各种短路故障，对绕组的匝间短路反应最灵敏，这种保护电路主要用作变压器内部故障保护，不适合作变压器外部故障保护，常用于保护容量在 800kVA 及以上（车间变压器容量在 400kVA 及以上）的油浸式变压器。

2. 变压器差动保护电路

变压器差动保护电路主要用作变压器内部绕组短路和变压器外部引出线短路保护。图 5-41 是一种常见的变压器差动保护电路。

在变压器输入侧和输出侧各装设一个电流互感器，虽然输入侧线路电流 I_1 与输出侧线路电流 I_2 不同，但适当选用不同电流比的电流互感器，可使输入侧的电流互感器输出电流 I'_1 与输出侧电流互感器输出电流 I'_2 接近相等，这两个电流从不同端流入电流继电器 KA1 线圈，两者相互抵消，KA 线圈流入的电流 I（$I = I'_1 - I'_2$）近似为 0，继电器 KA1 不动作。

当两个电流互感器之间的电路出现短路时，如 A 点出现相间短路，A 点所在相线上的电流会直接流到另一根相线，电流互感器 TA2 一次绕组（穿孔导线）电流 I_2 为 0，TA2 的二次绕组输出电流 I'_2 也为 0，这时流过电流继电器 KA1 线圈的电流为 $I = I'_1$，KA1 线圈得电使 KA1 常开触点闭合，中间继电器 KA2 线圈得电，KA2 的触点 1、2 和触点 3、4 均闭合。KA2 的触点 1、2 闭合使信号继电器 KS2 线圈和输出侧断路器跳闸线圈 YR2 均得电，YR2 线圈得电使输出侧断路器 QF2 跳闸，KS2 线圈得电使 KS2 触点闭合，让信号电路报输出侧断路器跳闸事故信号。KA2 的触点 3、4 闭合使信号继电器 KS1 线圈和输入侧断路器跳闸线圈 YR1 均得电，YR1 线圈得电使输入侧断路器 QF1 跳闸，KS1 线圈得电使 KS1 触点闭合，让信号电路报输入侧断路器跳闸事故信号。

如果在两个电流互感器之外发生了短路，如 B 点处出现相间短路，变压器输出侧电流 I_2 和输入侧电流均会增大，两个电流互感器输出电流 I'_1、I'_2 同时会增大，流入电流继电器 KA1 线圈的电流仍近似为 0，电流继电器不会动作，变压器输入侧和输出侧的断路器不会跳闸。

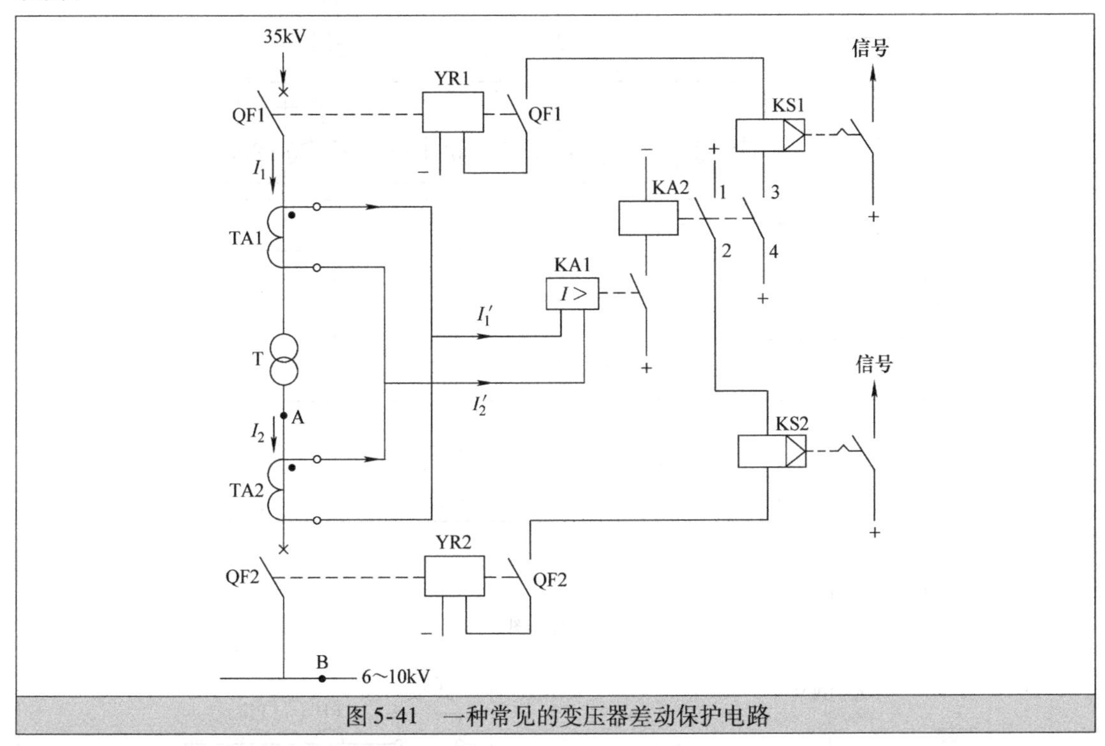

图 5-41 一种常见的变压器差动保护电路

变压器差动保护电路具有保护范围大（两个电流互感器之间的电路）、灵敏度高、动作迅速等特点，特别适合容量大的变压器（单独运行的容量在 10000kVA 及以上的变压器；并联运行时容量在 6300kVA 及以上的变压器；容量在 2000kVA 以上装设电流保护灵敏度不合格的变压器）。

5.4.7 电测量仪表电路的识读

电测量电路的功能是测量一次电路的有关电参数（电流、有功电能和无功电能等），由于一次电路的电压高、电流大，故二次电路的电测量电路需要配接电压互感器和电流互感器。

图 5-42 是 6～10kV 线路的电测量仪表电路。该电路使用了电流表 PA、有功电能表 PJ1 和无功电能表 PJ2，这些仪表通过配接电流互感器 TA1、TA2 和电压互感器 TV 对一次电路的电流、有功电能和无功电能进行测量。三个仪表的电流线圈串联在一起接在电流互感器二次绕组两端，以 A 相为例，测量电路电流途径为 TA1 二次绕组上端→有功电能表 PJ1①脚入→电流线圈→PJ1③脚出→无功电能表 PJ2①脚入→电流线圈→PJ2③脚出→电流表 PA②脚入→电流线圈→PA①脚出→TA1 二次绕组下端；有功电能表和无功电能表的电压线圈均并接在电压小母线上，在电压小母线上有电压互感器的二次绕组提供的电压。从图 5-28a 所示

的电路原理图可清晰地看出一次电路、互感器和各仪表的实际连接关系，而图5-28b所示的展开图则将仪表的电流回路和电压回路分开绘制，能直观地说明仪表的电流线圈与电流互感器的连接关系和仪表的电压线圈与电压小母线的连接关系。

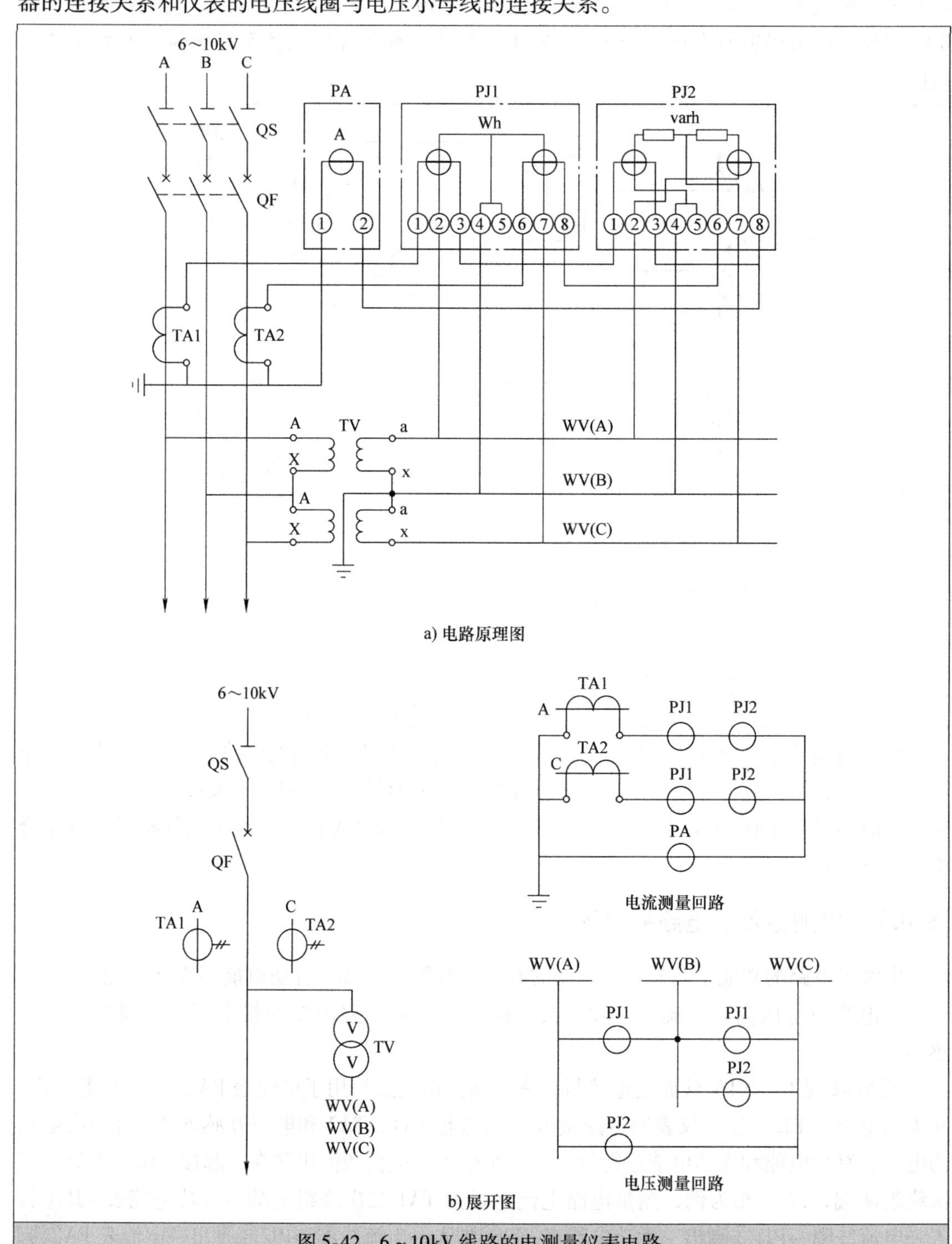

图5-42　6～10kV线路的电测量仪表电路

TA1、TA2—电流互感器　TV—电压互感器　PA—电流表

PJ1—三相有功电能表　PJ2—三相无功电能表　WV—电压小母线

5.4.8　自动装置电路的识读

1. 自动重合闸装置

电力系统（特别是架空线路）的短路故障大多数是暂时性的，例如因雷击闪电、鸟兽跨接导线、大风引起偶尔碰线等引起的短路，在雷电过后、鸟兽烧死、大风过后线路大多数能恢复正常。如果在供配电系统采用自动重合闸装置，能使断路器跳闸后自动重新合闸，可迅速恢复供电，提高供电的可靠性。

图5-43是自动重合闸装置的基本电路原理图。

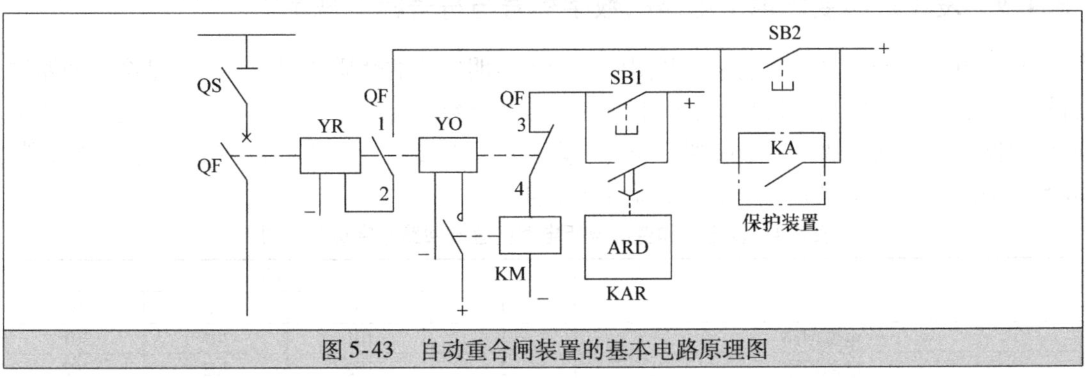

图5-43　自动重合闸装置的基本电路原理图

在手动合闸时，按下按钮SB1，接触器KM线圈得电，KM常开触点闭合，合闸线圈YO得电，将断路器QF合闸。合闸后，QF的常开辅助触点1、2闭合，常闭辅助触点3、4断开。

在手动跳闸时，按下按钮SB2，跳闸线圈YR得电，将断路器QF跳闸。跳闸后，QF的常开辅助触点1、2断开，常闭辅助触点3、4闭合。

在合闸运行时，如果线路出现短路过电流，继电器过电流保护装置中的KA常开触点闭合，跳闸线圈YR得电，将断路器QF跳闸。跳闸后，QF的常闭辅助触点3、4处于闭合，同时重合闸继电器KAR启动，经设定时间后，其延时闭合触点闭合，接触器KM线圈得电，KM常开触点闭合，合闸线圈YO得电，将断路器QF合闸。如果线路的短路故障未消除，继电器过电流保护装置中的KA常开触点又闭合，跳闸线圈YR再次得电使断路器QF跳闸。由于电路采取了防止二次合闸措施，重合闸继电器KAR不会使其延时闭合触点再次闭合，断路器也就不会再次合闸。

2. 备用电源自动投入装置

在对供电可靠性要求较高的变配电所，通常采用两路电源进线，在正常时仅使用其中一路供电，当该路供电出现中断时，备用电源自动装置可自动将另一路电源切换为供电电源。

备用电源自动投入装置电路如图5-44所示。

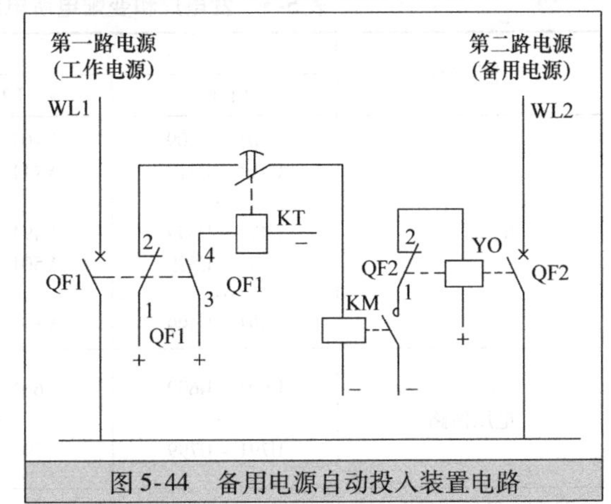

图5-44　备用电源自动投入装置电路

WL1为工作电源进线，WL2为备用电源

进线，在正常时，断路器 QF1 闭合，QF2 断开。如果 WL1 线路的电源突然中断，失压保护电路（图中未画出）使断路器 QF1 跳闸，切断 WL1 线路与母线的连接，同时 QF1 的常闭辅助触点 1、2 闭合，常开辅助触点 3、4 断开，QF1 的触点 3、4 断开使时间继电器 KT 线圈失电，KT 延时断开触点不会马上断开，接触器 KM 线圈得电，KM 常开触点闭合，合闸线圈 YO 得电，将断路器 QF2 合闸，第二路备用电源经 WL2 线路送到母线，QF2 合闸成功后，其常闭辅助触点 1、2 断开，切断 YO 线圈的电源，可防止 YO 线圈长时间通电而损坏，经设定时间后 KT 延时断开触点断开，切断接触器 KM 线圈的电源，KM 常开触点断开。

5.4.9 发电厂与变配电所电路的数字标号与符号标注规定

在发电厂和变配电所的电路展开图中，为了表明回路的性质和用途，通常都会对回路进行标号。表 5-4 为发电厂和变配电所电路的直流回路数字标号序列，表 5-5 为发电厂和变配电所电路的交流回路数字标号序列，表 5-6 为发电厂和变配电所电路的控制电缆标号系列，表 5-7 为发电厂和变配电所电路的小母线文字符号。

表 5-4 发电厂和变配电所电路的直流回路数字标号序列

回路名称	标号序列			
	Ⅰ	Ⅱ	Ⅲ	Ⅳ
+电源回路	1	101	201	301
-电源回路	2	102	202	302
合闸回路	3~31	103~131	203~231	303~331
绿灯或合闸回路监视继电器的回路	5	105	205	305
跳闸回路	33~49	133~149	233~249	333~349
红灯或跳闸回路监视继电器的回路	35	135	235	335
备用电源自动合闸回路	50~69	150~169	250~269	350~369
开关器具的信号回路	70~89	170~189	270~289	370~389
事故跳闸音响信号回路	90~99	190~199	290~299	390~399
保护及自动重合闸回路	01~099（或 J1~J99、K1~K99）			
机组自动控制回路	401~599			
励磁控制回路	601~649			
发电机励磁回路	651~699			
信号及其他回路	701~999			

表 5-5 发电厂和变配电所电路的交流回路数字标号序列

回路名称	标号序列			
	L1 相	L2 相	L3 相	中性线 N
电流回路	U401~U409 U411~U419 … U491~U499 U501~U509 … U591~U599	V401~V409 V411~V419 … V491~V499 V501~V509 … V591~V599	W401~W409 W411~W419 … W491~W499 W501~W509 … W591~W599	N401~N409 N411~N419 … N491~N499 N501~N509 … N591~N599
电压回路	U601~U609 … U791~U799	V601~V609 … V791~V799	W601~W609 … W791~W799	N601~N609 … N791~N799
控制、保护信号回路	U1~U399	V1~V399	W1~W399	N1~N399

表 5-6 发电厂和变配电所电路的控制电缆标号系列

电缆起始点	电缆点
中央控制室到主机室	100～110
中央控制室到 6～10kV 配电装置	111～115
中央控制室到 33kV 配电装置	116～120
中央控制室到变压器	126～129
中央控制室屏间联系电缆	130～149
35kV 配电装置内联系电缆	160～169
其他配电装置内联系电缆	170～179
变压器处联系电缆	190～199
主机室机组联系电缆	200～249
坝区及起闭机联系电缆	250～269

注：数字 1～99 一般表示动力电缆。

表 5-7 发电厂和变配电所电路的小母线文字符号

小母线名称		小母线标号	
		新	旧
直流控制和信号的电源及辅助小母线			
控制回路电源小母线		+WC，-WC	+KM，-KM
信号回路电源小母线		+WS，-WS	+XM，-XM
事故音响信号小母线	用于配电装置内	WAS	SYM
	用于不发遥远信号	1WAS	1SYM
	用于发遥远信号	2WAS	2SYM
	用于直流屏	3WAS	3SYM
预报信号小母线	瞬时动作的信号	1WFS	1YBM
		2WFS	2YBM
	延时动作的信号	3WFS	3YBM
		4WFS	4YBM
直流屏上的预报信号小母线（延时动作的信号）		5WFS	5YBM
		6WFS	6YBM
灯光信号小母线		WL	-DM
闪光信号小母线		WF	（+）SM
合闸小母线		WO	+HM，-HM
“掉牌未复归”光字牌小母线		WSR	PM
交流电压、同期和电源小母线			
同期小母线	待并系统	WOS_u	TQM_a
		WOS_w	TQM_c
	运行系统	WOS'_u	TQM'_a
		WOS'_w	TQM'_c
电压小母线		WV	YM

第6章 模 拟 电 路

6.1 单级放大电路

6.1.1 固定偏置放大电路

晶体管是一种具有放大功能的电子元件，但单独的晶体管是无法放大信号的，只有给晶体管提供电压，让它导通才具有放大能力。为晶体管提供导通所需的电压，使晶体管具有放大能力的简单放大电路通常称为基本放大电路，又称偏置放大电路。常见的基本放大电路有固定偏置放大电路、分压式偏置放大电路和电压负反馈放大电路。

固定偏置放大电路是一种最简单的放大电路。固定偏置放大电路如图6-1所示。

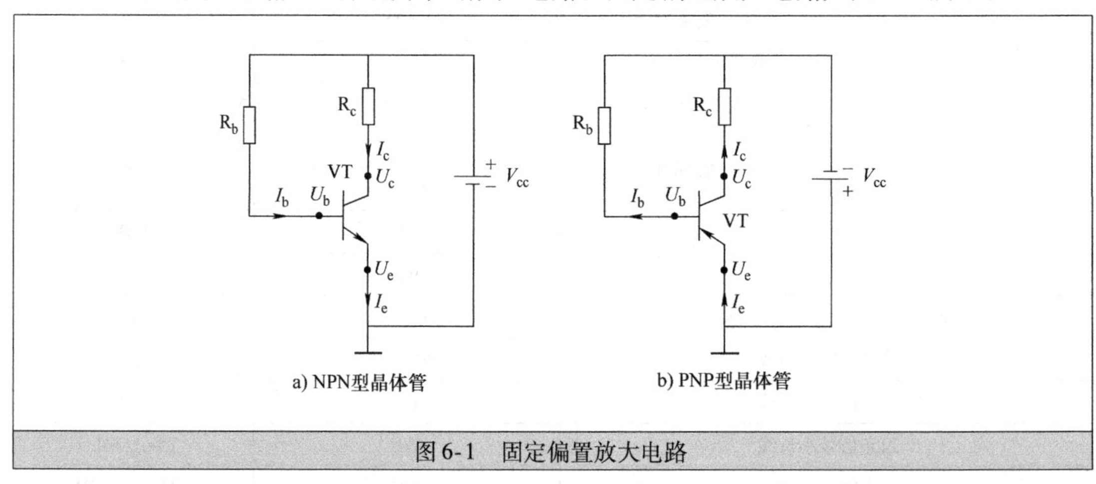

图6-1 固定偏置放大电路

图6-1a为NPN型晶体管构成的固定偏置放大电路，图6-1b为PNP型晶体管构成的固定偏置放大电路。它们都由晶体管VT和电阻R_b、R_c组成，R_b称为偏置电阻，R_c称为负载电阻。接通电源后，有电流流过晶体管VT，VT就会导通而具有放大能力。下面来分析图6-1a所示的NPN型晶体管构成的固定偏置放大电路。

1. 电流关系

接通电源后，从电源V_{cc}正极流出电流，分作两路：一路电流经电阻R_b流入晶体管VT基极，再通过VT内部的发射结从发射极流出；另一路电流经电阻R_c流入VT的集电极，再通过VT内部从发射极流出；两路电流从VT的发射极流出后汇合成一路电流，再流到电源的负极。

晶体管三个极分别有电流流过，其中流经基极的电流称为 I_b，流经集电极的电流称为 I_c，流经发射极的电流称为 I_e。I_b、I_c、I_e 的关系有

$$I_b + I_c = I_e$$

$$I_c = I_b\beta \text{（}\beta\text{ 为晶体管 VT 的放大倍数）}$$

2. 电压关系

接通电源后，电源为晶体管各极提供电压，电源正极电压经 R_c 降压后为 VT 提供集电极电压 U_c，电源经 R_b 降压后为 VT 提供基极电压 U_b，电源负极电压直接加到 VT 的发射极，发射极电压为 U_e。电路中 R_b 阻值较 R_c 的阻值大很多，所以处于放大状态的 NPN 型晶体管的三个极的电压关系有

$$U_c > U_b > U_e$$

3. 晶体管内部两个 PN 结的状态

图 6-1a 中的晶体管 VT 为 NPN 型晶体管，它内部有两个 PN 结，集电极和基极之间有一个 PN 结，称为集电结，发射极和基极之间有一个 PN 结称为发射结。因为 VT 的三个极的电压关系是 $U_c > U_b > U_e$，所以 VT 内部两个 PN 结的状态是，发射结正偏（PN 结可相当于一个二极管，P 极电压高于 N 极电压时称为 PN 结电压正偏），集电结反偏。

综上所述，晶体管处于放大状态时具有的特点是

1）$I_b + I_c = I_e$，$I_c = I_b\beta$。

2）$U_c > U_b > U_e$（NPN 型晶体管）。

3）发射结正偏，集电结反偏。

4. 静态工作点的计算

在图 6-1a 中，晶体管 VT 的 I_b（基极电流）、I_c（集电极电流）和 U_{ce}（集电极和发射极之间的电压，$U_{ce} = U_c - U_e$）称为静态工作点。

晶体管 VT 的静态工作点计算方法如下：

$I_b = \dfrac{V_{cc} - U_{be}}{R_b}$（晶体管处于放大状态时 U_{be} 值为定值，硅管一般取 $U_{be} = 0.7\text{V}$，锗管取 $U_{be} = 0.3\text{V}$）

$$I_c = \beta I_b$$

$$U_{ce} = U_c - U_e = U_c - 0 = U_c = V_{cc} - U_{Rc} = V_{cc} - I_c R_c$$

举例：在图 6-1a 中，$V_{cc} = 12\text{V}$，$R_b = 300\text{k}\Omega$，$R_c = 4\text{k}\Omega$，$\beta = 50$，求放大电路的静态工作点 I_b、I_c、U_{ce}。

静态工作点计算过程如下：

$$I_b = \frac{V_{cc} - U_{be}}{R_b} = \frac{12 - 0.7}{3 \times 10^5}\text{A} \approx 37.7 \times 10^{-6}\text{A} = 0.0377\text{mA}$$

$$I_c = \beta I_b = 50 \times 37.7 \times 10^{-6}\text{A} = 1.9 \times 10^{-3}\text{A} = 1.9\text{mA}$$

$$U_{ce} = V_{cc} - I_c R_c = 12\text{V} - 1.9 \times 10^{-3} \times 4 \times 10^3\text{V} = 4.4\text{V}$$

以上分析的是 NPN 型晶体管固定偏置放大电路，读者可根据上面的方法来分析图 6-1b 中的 PNP 型晶体管固定偏置电路。

固定偏置放大电路结构简单，但当晶体管温度上升引起静态工作点发生变化时（如环

境温度上升，晶体管内的半导体材料导电能力增强，会使 I_b、I_c 增大），电路无法使静态工作点恢复正常，从而会导致晶体管工作不稳定，所以固定偏置放大电路一般用在要求不高的电子设备中。

6.1.2 分压式偏置放大电路

分压式偏置放大电路是一种应用最为广泛的放大电路，这主要是它能有效克服固定偏置放大电路无法稳定静态工作点的缺点。分压式偏置放大电路如图 6-2 所示，该电路为 NPN 型晶体管构成的分压式偏置放大电路。R1 为上偏置电阻，R2 为下偏置电阻，R3 为负载电阻，R4 为发射极电阻。

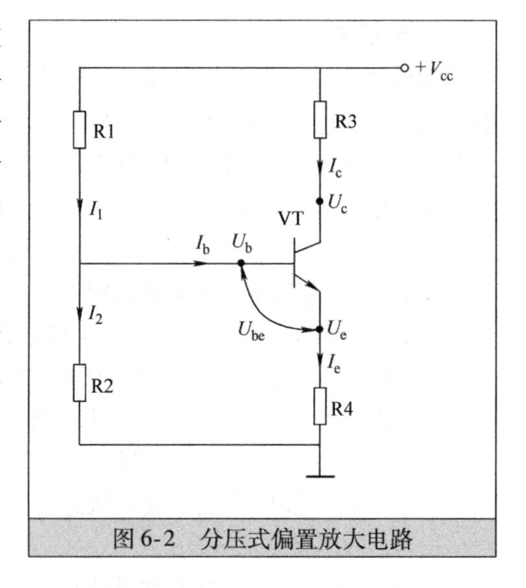

图 6-2　分压式偏置放大电路

1. 电流关系

接通电源后，电路中有 I_1、I_2、I_b、I_c、I_e 产生，各电流的流向如图 6-2 所示。不难看出，这些电流有以下关系：

$$I_2 + I_b = I_1$$

$$I_b + I_c = I_e$$

$$I_c = I_b\beta$$

2. 电压关系

接通电源后，电源为晶体管各个极提供电压，$+V_{cc}$电源经 R3 降压后为 VT 提供集电极电压 U_c，$+V_{cc}$经 R1、R2 分压为 VT 提供基极电压 U_b，I_e 在流经 R4 时，在 R4 上得到电压 U_{R4}，U_{R4}大小与 VT 的发射极电压 U_e 相等。图 6-2 中的晶体管 VT 处于放大状态，U_c、U_b、U_e 三个电压满足以下关系：

$$U_c > U_b > U_e$$

3. 晶体管内部两个 PN 结的状态

由于 $U_c > U_b > U_e$，其中 $U_c > U_b$ 使 VT 的集电结处于反偏状态，$U_b > U_e$ 使 VT 的发射结处于正偏状态。

4. 静态工作点的计算

在电路中，晶体管 VT 的 I_b 远小于 I_1，基极电压 U_b 基本由 R1、R2 分压来确定，即

$$U_b = V_{cc}\frac{R_2}{R_1 + R_2}$$

由于 $U_{be} = U_b - U_e = 0.7\text{V}$，所以晶体管 VT 的发射极电压为

$$U_e = U_b - U_{be} = U_b - 0.7\text{V}$$

晶体管 VT 的集电极电压为

$$U_c = V_{cc} - U_{R3} = V_{cc} - I_cR_3$$

举例：在图 6-2 中，$V_{cc} = 18\text{V}$，$R_1 = 39\text{k}\Omega$，$R_2 = 10\text{k}\Omega$，$R_3 = 3\text{k}\Omega$，$R_4 = 2\text{k}\Omega$，$\beta = 50$，求放大电路的 U_b、U_c、U_e 和静态工作点 I_b、I_c、U_{ce}。

计算过程如下：

$$U_b = V_{cc}\frac{R_2}{R_1+R_2} = 18V \times \frac{10\times10^3}{39\times10^3+10\times10^3} = 3.67V$$

$$U_e = U_b - U_{be} = 3.67V - 0.7V = 2.97V$$

$$I_c \approx I_e = \frac{U_e}{R_4} = \frac{U_b - U_{be}}{R_4} = \frac{3.67-0.7}{2\times10^3}A \approx 1.5\times10^{-3}A = 1.5mA$$

$$I_b = \frac{I_c}{\beta} = \frac{1.5\times10^{-3}}{50}A = 3\times10^{-5}A = 0.03mA$$

$$U_c = V_{cc} - U_{R3} = V_{cc} - I_cR_3 = 18V - 1.5\times10^{-3}\times3\times10^3V = 13.5V$$

$$U_{ce} = V_{cc} - U_{R3} - U_{R4} = V_{cc} - I_cR_3 - I_eR_4 = 18V - 1.5\times10^{-3}\times3\times10^3V - 1.5\times10^{-3}\times2\times10^3V = 10.5V$$

5. 静态工作点的稳定

与固定偏置放大电路相比，分压式偏置电路最大的优点是具有稳定静态工作点的功能。分压式偏置放大电路静态工作点稳定过程分析如下：

当环境温度上升时，晶体管内部的半导体材料导电性增强，VT 的 I_b、I_c 增大→流过 R4 的电流 I_e 增大（$I_e = I_b + I_c$，I_b、I_c 增大，I_e 就增大）→R4 两端的电压 U_{R4} 增大（$U_{R4} = I_eR_4$，R_4 不变，I_e 增大，U_{R4} 也就增大）→VT 的 e 极电压 U_e 上升（$U_e = U_{R4}$）→VT 的发射结两端的电压 U_{be} 下降（$U_{be} = U_b - U_e$，U_b 基本不变，U_e 上升，U_{be} 下降）→I_b 减小→I_c 也减小（$I_c = I_b\beta$，β 不变，I_b 减小，I_c 也减小）→I_b、I_c 减小到正常值，从而稳定了晶体管的 I_b、I_c。

6.1.3 电压负反馈放大电路

电压负反馈放大电路如图 6-3 所示。

电压负反馈放大电路的电阻 R1 除了可以为晶体管 VT 提供基极电流 I_b 外，还能将输出信号一部分反馈到 VT 的基极（即输入端），由于基极与集电极是反相关系，故反馈为负反馈。

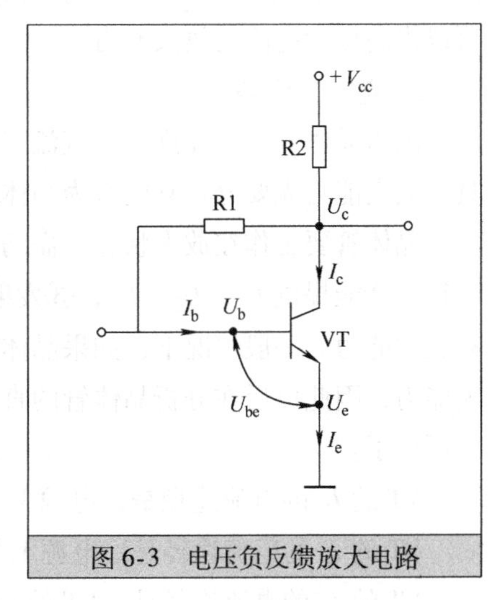

图 6-3 电压负反馈放大电路

负反馈电路的一个非常重要的特点就是可以稳定放大电路的静态工作点，下面分析图 6-3 所示电压负反馈放大电路静态工作点的稳定过程。

由于晶体管是半导体器件，它具有热敏性，当环境温度上升时，它的导电性增强，I_b、I_c 会增大，从而导致晶体管工作不稳定，整个放大电路工作也不稳定。给放大电路引入负反馈电路 R1 后就可以稳定 I_b、I_c，其稳定过程如下：

当环境温度上升时，晶体管 VT 的 I_b、I_c 增大→流过 R2 的电流 I 增大（$I = I_b + I_c$，I_b、I_c 增大，I 就增大）→R2 两端的电压 U_{R2} 增大（$U_{R2} = IR_2$，I 增大，R_2 不变，U_{R2} 增大）→VT 的 c 极电压 U_c 下降（$U_c = V_{cc} - U_{R2}$，U_{R2} 增大，V_{CC} 不变，U_c 会减小）→VT 的 b 极电压 U_b

下降（U_b 由 U_c 经 R1 降压获得，U_c 下降，U_b 也会跟着下降）→I_b 减小（U_b 下降，VT 发射结两端的电压 U_{be}减小，流过的 I_b 就减小）→I_c 也减小（$I_c = I_b\beta$，I_b 减小，β 不变，故 I_c 减小）→I_b、I_c 减小到正常值。

由此可见，电压负反馈放大电路由于 R1 的负反馈作用，使放大电路的静态工作点得到稳定。

6.1.4 交流放大电路

前面介绍的三种单级放大电路通电后均有放大能力，若要让它们放大交流信号，须给它们再增加一些耦合、隔离和旁路等元器件，以便更好地连接输入信号和负载。图 6-4 就是一种最常见的单级交流放大电路，它是在分压式放大电路的基础上增加了三个电容 C1 ~ C3、输入信号 U_i 电源和负载 RL。

1. 元器件说明

图 6-4 中的电阻 R1、R2、R3、R4 与晶体管 VT 构成分压式偏置放大电路；C1、C2 称作耦合电容，C1、C2 容量较大，对交流信号阻碍很小，交流信号很容易通过 C1、C2，C1 用来将输入端的交流信号传送到 VT 的基极，C2 用来将 VT 集电极输出的交流信号传送给负载 RL，C1、C2 除了起传送交流信号外，还起隔直作用，所以 VT 基极直流电压无法通过 C1 到输入端，VT 集电极直流电压无法通过 C3 到负载 RL；C2 称作交流旁路电容，可以提高放大电路的放大能力。

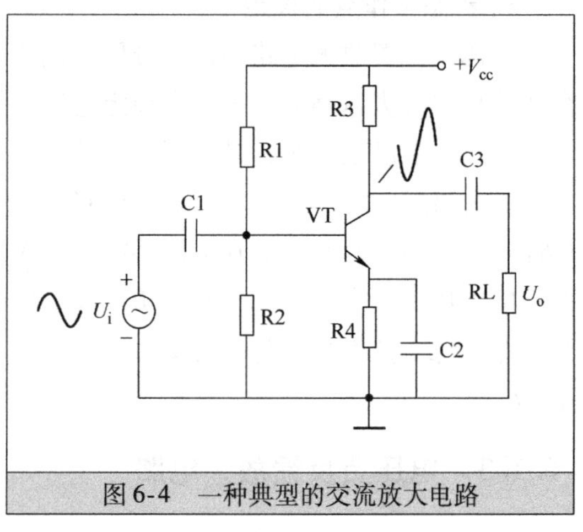

图 6-4　一种典型的交流放大电路

2. 直流工作条件

因为晶体管只有在满足了直流工作条件后才具有放大能力，所以分析一个放大电路是否具有放大能力先要分析它能否为晶体管提供直流工作条件。

晶体管要工作在放大状态，需满足的直流工作条件主要有：①有完整的 I_b、I_c、I_e 电流途径；②能提供 U_c、U_b、U_e；③发射结正偏，集电结反偏。这三个条件具备了晶体管才具有放大能力。一般情况下，如果晶体管 I_b、I_c、I_e 在电路中有完整的途径就可认为它具有放大能力，因此以后在分析晶体管的直流工作条件时，一般分析晶体管的 I_b、I_c、I_e 电流途径就可以了。

VT 的 I_b 的电流途径是，电源 V_{cc}正极→电阻 R1→VT 的 b 极→VT 的 e 极。

VT 的 I_c 的电流途径是，电源 V_{cc}正极→电阻 R3→VT 的 c 极→e 极。

VT 的 I_e 的电流途径是，VT 的 e 极→R4→地（即电源 V_{cc}负极）。

I_b、I_c、I_e 电流途径也可用如下流程图表示：

$+V_{cc}$ → R3 $\xrightarrow{I_c}$ VT的c极 $\xrightarrow{I_c}$ VT的e极 $\xrightarrow{I_e}$ R4 → 地

$+V_{cc}$ → R1 $\xrightarrow{I_b}$ VT的b极 $\xrightarrow{I_b}$ VT的e极

从上面分析可知，晶体管 VT 的 I_b、I_c、I_e 在电路中有完整的电流途径，所以 VT 具有放大能力。试想一下，如果 R1 或 R3 开路，晶体管 VT 有无放大能力，为什么？

3. 交流信号处理过程

满足了直流工作条件后，晶体管具有了放大能力，就可以放大交流信号。图 6-4 中的 U_i 为小幅度的交流信号电压，它通过电容 C1 加到晶体管 VT 的 b 极。

当交流信号电压 U_i 为正半周时，U_i 极性为上正下负，上正电压经 C1 送到 VT 的 b 极，与 b 极的直流电压（V_{cc}经 R1 提供）叠加，使 b 极电压上升，VT 的 I_b 增大，I_c 也增大，流过 R3 的 I_c 增大，R3 上的电压 U_{R3}也增大（$U_{R3}=I_cR_3$，因 I_c 增大，故 U_{R3}增大），VT 集电极电压 U_c 下降（$U_c=V_{cc}-U_{R3}$，U_{R3}增大，故 U_c 下降），该下降的电压即为放大输出的信号电压，但信号电压被倒相 180°，变成负半周信号电压。

当交流信号电压 U_i 为负半周时，U_i 极性为上负下正，上负电压经 C1 送到 VT 的 b 极，与 b 极的直流电压（V_{cc}经 R1 提供）叠加，使 b 极电压下降，VT 的 I_b 减小，I_c 也减小，流过 R3 的 I_c 减小，R3 上的电压 U_{R3}也减小（$U_{R3}=I_cR_3$，因 I_c 减小，故 U_{R3}减小），VT 集电极电压 U_c 上升（$U_c=V_{cc}-U_{R3}$，U_{R3}减小，故 U_c 上升）。该上升的电压即为放大输出的信号电压，但信号电压也被倒相 180°，变成正半周信号电压。

也就是说，当交流信号电压正、负半周送到晶体管基极，经晶体管放大后，从集电极输出放大的信号电压，但输出信号电压与输入信号电压相位相反。晶体管集电极输出的信号电压再经耦合电容 C3 隔直后，分离出交流信号送给负载 RL。

6.2 功率放大电路

功率放大电路简称功放电路，其功能是放大幅度较大的信号，让信号有足够功率来推动大功率的负载（如扬声器、仪表的表头、电动机和继电器等）工作。功率放大电路一般用作末级放大电路。

6.2.1 功率放大电路的三种状态

根据功率放大电路的功放管（晶体管）静态工作点不同，功率放大电路主要有三种工作状态：甲类、乙类和甲乙类，如图 6-5 所示。

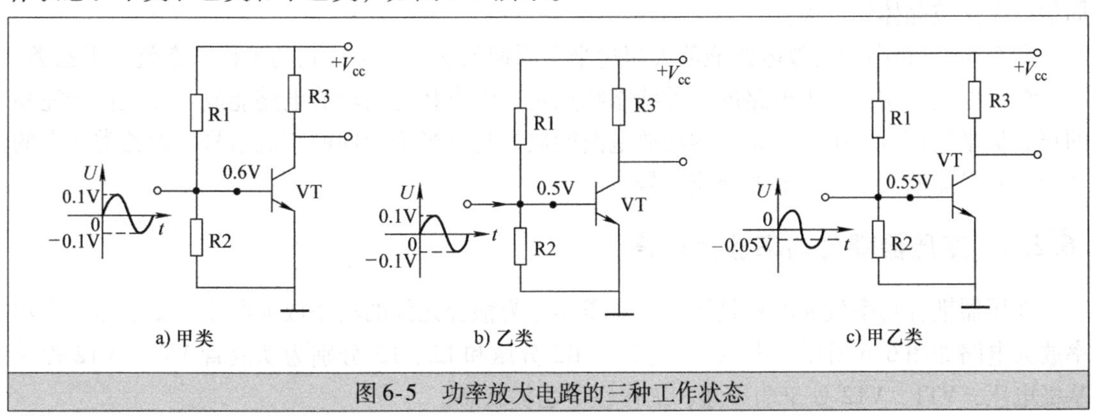

图 6-5 功率放大电路的三种工作状态

1. 甲类

甲类工作状态是指功放管的静态工作点设在放大区，该状态下功放管能放大信号正、负半周。

如图6-5a所示，电源 V_{cc} 经R1、R2分压为晶体管VT基极提供0.6V电压，VT处于导通状态。当交流信号正半周加到VT基极时，与基极的0.6V电压叠加使基极电压上升，VT仍处于放大状态，正半周信号经VT放大后从集电极输出；当交流信号负半周加到VT基极时，与基极0.6V电压叠加使基极电压下降，只要基极电压不低于0.5V，晶体管还处于放大状态，负半周信号被VT放大从集电极输出。

图6-5a电路中的功放电路能放大交流信号的正、负半周信号，它的工作状态就是甲类。由于晶体管正常放大时的基极电压变化范围小（0.5～0.7V），所以这种状态功放电路适合小信号放大。如果输入信号很大，会使晶体管基极电压过高或过低（低于0.5V），晶体管会进入饱和和截止，信号就不能被正常放大，会产生严重的失真，因此处于甲类状态的功放电路只能放大幅度小的信号。

2. 乙类

乙类工作状态是指功放管的静态工作点 I_b 设为0时的状态，该状态下功放管能放大半个周期信号。

如图6-5b所示，电源 V_{cc} 经R1、R2分压为晶体管VT基极提供0.5V电压，在静态（无信号输入）时，VT处于临界导通状态（将通未通状态）。当交流信号正半周送到VT基极时，基极电压高于0.5V，VT导通，VT进入放大状态，正半周交流信号被晶体管放大输出；当交流信号负半周来时，VT基极电压低于0.5V，不能导通。

图6-5b电路中的功放电路只能放大半个周期的交流信号，它的工作状态就是乙类。

3. 甲乙类

甲乙类工作状态是指功放管的静态工作点设置在接近截止区但仍处于放大区时的状态，该状态下 I_b 很小，功放管处于微导通。

如图6-5c所示，电源 V_{cc} 经R1、R2分压为晶体管VT基极提供0.55V电压，VT处于微导通放大状态。当交流信号正半周加到VT基极时，VT处于放大状态，正半周信号经VT放大从集电极输出；当交流信号负半周加到VT基极时，VT并不是马上截止，只有交流信号负半周低于-0.05V部分来到时，基极电压低于0.5V，晶体管进入截止状态，大部分负半周信号无法被晶体管放大。

图6-5c电路中的功放电路能放大超过半个周期的交流信号，它的工作状态就是甲乙类。

综上所述，功率放大电路的三种状态特点是，甲类状态的功放电路能放大交流信号完整的正、负半周信号，甲乙类状态的功放电路能放大超过半个周期的交流信号，而乙类状态的功放电路只能放大半个周期的交流信号。

6.2.2 变压器耦合功率放大电路

变压器耦合功率放大电路是指采用变压器作为耦合元件的功率放大电路。变压器耦合功率放大电路如图6-6所示。电源 V_{cc} 经R1、R2分压和L2、L3分别为功放管VT1、VT2提供基极电压，VT1、VT2处于弱导通，工作在甲乙类状态。

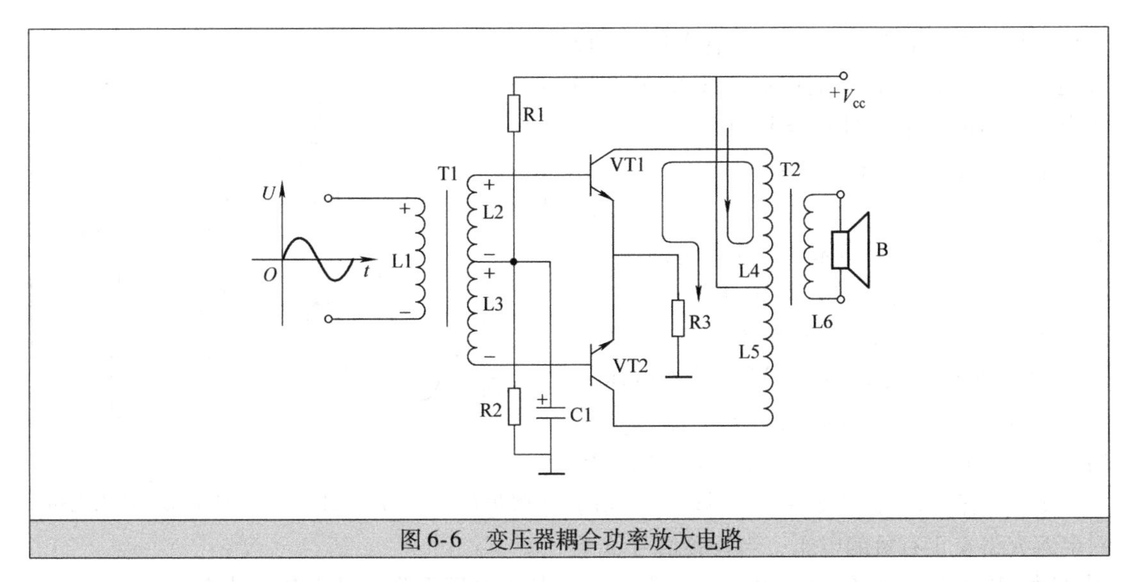

图6-6 变压器耦合功率放大电路

音频信号加到变压器T1一次绕组L1两端，当音频信号正半周到来时，L1上的信号电压极性是上正下负，该电压感应到L2、L3上，L2、L3上得到的电压极性都是上正下负，L3的下负电压加到VT2基极，VT2基极电压下降而进入截止状态，L2的上正电压加到VT1的基极，VT1基极电压上升进入正常导通放大状态。VT1导通后有电流流过，电流的途径是，电源V_{cc}正极→L4→VT1的c极→e极→R3→地，该电流就是放大的正半周音频信号电流，此电流在流经L4时，L4上有音频信号电压产生，它感应到L6上，再送到扬声器两端。

当音频信号负半周到来时，L1上的信号电压极性是上负下正，该电压感应到L2、L3上，L2、L3上的电压极性都是上负下正，L2的上负电压加到VT1基极，VT1基极电压下降而进入截止状态，L3的下正电压加到VT2的基极，VT2基极电压上升进入正常导通放大状态。VT2导通后有电流流过，电流的途径是，电源V_{cc}正极→L5→VT2的c极→e极→R3→地，该电流就是放大的负半周音频信号电流，此电流在流经L5时，L5上有音频信号电压产生，它感应到L6上，再加到扬声器两端。

VT1、VT2分别放大音频信号的正半周和负半周，并且一个晶体管导通放大时，另一个晶体管截止，两个晶体管交替工作，这种放大形式称为推挽放大。两功放管各放大音频信号半周，结果会有完整的音频信号流进扬声器。

6.2.3 OTL功率放大电路

变压器耦合功放电路存在体积大、传输有损耗、低频响应差和易失真等缺点，不能满足高保真放大需要。OTL功放电路采用电容来替代变压器，具有重量轻、体积小、频率特性好、失真小和效率高的特点，是一种广泛使用的功放电路。OTL功放电路是指无输出变压器的功率放大电路。

1. 分立元件构成的OTL功率放大电路

图6-7是一种分立元件构成的OTL功率放大电路。电源V_{cc}经R1、VD1、VD2和R2为晶体管VT1、VT2提供基极电压，若二极管VD1、VD2的导通电压为0.55V，则A点电压较B点电压高1.1V，这两点的电压差可以使VT1、VT2两个发射结刚刚导通，两个晶体管处

于微导通状态。在静态时，晶体管 VT1、VT2 导通程度相同，故它们的中心点 F 的电压约为电源电压的一半，即 $U_F=1/2V_{cc}$。

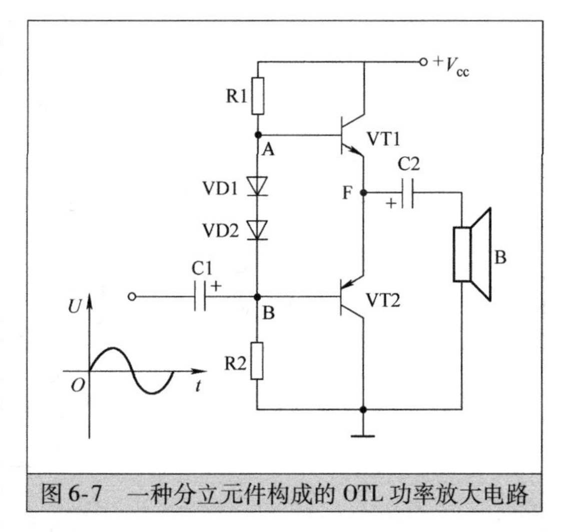

图 6-7　一种分立元件构成的 OTL 功率放大电路

电路工作原理分析如下：

音频信号通过耦合电容 C1 加到功放电路，当音频信号正半周来时，B 点电压上升，VT2 基极电压升高，进入截止状态，由于 B 点电压上升，A 点电压也上升（VD1、VD2 使 A 点始终高于 B 点 1.1V），VT1 基极电压上升，进入放大状态，有放大的电流流过扬声器，电流途径是，电源 V_{cc} 正极→VT1 的 c 极→e 极→电容 C2→扬声器→地，该电流同时对电容充得左正右负的电压；当音频信号负半周来时，B 点电压下降，A 点电压也下降，VT1 基极电压下降，进入截止状态，B 点电压下降会使 VT2 基极电压下降，VT2 进入放大状态，有放大的电流流过扬声器，途径是，电容 C2 左正→VT2 的 e 极→c 极→地→扬声器→C2 右负，有放大的电流流过扬声器。即音频信号给 VT1、VT2 的交替放大半周后，有完整正负半周音频信号流进扬声器。

2. 由 TDA1521 构成的 OTL 功放电路

由 TDA1521 构成的 OTL 功放电路如图 6-8a 所示，它采用了飞利浦公司的 2×15W 高保真功放集成电路 TDA1521，如图 6-8b 所示，该电路可同时对两路输入音频信号进行放大，每路输出功率可达 15W。

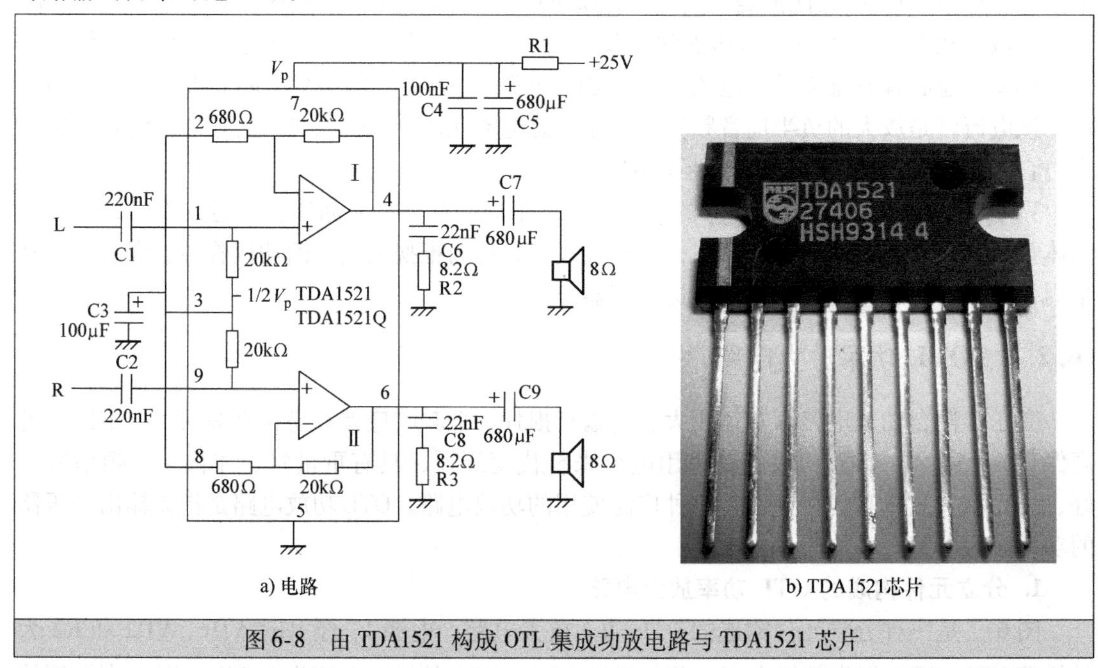

图 6-8　由 TDA1521 构成 OTL 集成功放电路与 TDA1521 芯片

以第一路信号为例，左声道音频信号经 C1 送到 TDA1521 内部功放电路的同相输入端，放大后从 4 脚输出，再经 C7 送到扬声器，使之发声。R1、C4、C5 构成电源退耦电路，用于滤除电源供电中的波动成分，使电路能得到较稳定的供电电压；C1、C2、C7、C8为耦合电容，起传送交流信号并隔离直流成分的作用；C3为旁路电容，对交流信号相当于短路，可提高内部放大电路和增益，又不影响3脚内部的直流电压（1/2电源电压）；C6、R2用于吸收扬声器线圈产生的干扰信号，避免产生高频自激。

6.2.4 OCL功率放大电路

OTL功放电路使用大容量的电容连接负载，由于电容对低频信号容抗较大（即使是容量大的电容），故低频性能还不能让人十分满意。采用OCL功放电路可以解决OTL功放电路低频性能不足的问题，OCL功率放大电路是指无输出电容的功率放大电路，但OCL电路需要正、负电源。

1. 分立件OCL功放电路

分立件OCL功放电路如图6-9所示，该电路输出端取消了电容，采用了正负双电源供电，电路中$+V_{cc}$端的电压最高，$-V_{cc}$端的电压最低，接地的电压高低处于两者中间。

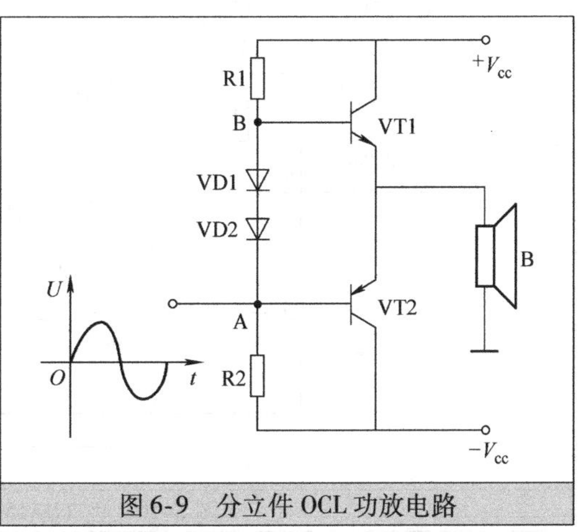

图6-9 分立件OCL功放电路

音频信号正半周加到A点时，功放管VT2因基极电压上升而截止，A点电压上升，经VD1、VD2使B点电压也上升，VT1因基极电压上升而导通加深，进入正常放大状态，有电流流过扬声器，电流途径是，$+V_{cc}$→VT1的c极→e极→扬声器→地，此电流即为放大的音频正半周信号电流。

音频信号负半周加到A点时，A点电压下降，经VD1、VD2使B点电压也下降，VT1因基极电压下降而截止。A点电压下降使功放管VT2基极电压下降而导通程度加深，进入正常放大状态，有电流流过扬声器，电流途径是，地→扬声器→VT2的e极→c极→$-V_{cc}$，此电流即为放大的音频负半周信号电流。

2. 由TDA1521构成的OCL功放电路

由TDA1521构成的OCL功放电路如图6-10所示，它也采用了飞利浦公司的2×15W高保真功放集成电路TDA1521，与OTL相比，该电路去掉了输出端的耦合电容，使电路的低频性能更好，但需要采用正、负电源供电。

6.2.5 BTL功率放大电路

BTL意为桥接式负载，与OTL、OCL功放电路相比，在同样电源和负载条件下，BTL功放电路的功率放大能力可达前者的4倍。

1. BTL功放原理

图6-11是BTL功放电路的简化图，它采用正、负电源供电。

当音频信号U_i正半周来时，电压极性是上正下负，即a正b负，a正电压加到VT1、VT2的基极，VT1导通，b负电压加到VT3、VT4的基极，VT4导通，有电流流过扬声器RL，电流途径是，$+V_{cc}$→VT1的c、e极→RL→VT4的c、e极→$-V_{cc}$；当音频信号U_i负半周来时，电压极性是上负下正，即 a 负 b 正，a 负电压加到 VT1、VT2 的基极，VT2 导通，b 正电压加到 VT3、VT4 的基极，VT3 导通，有电流流过扬声器 RL，电流途径是，$+V_{cc}$→VT3 的 c、e 极→RL→VT2 的 c、e 极→$-V_{cc}$。

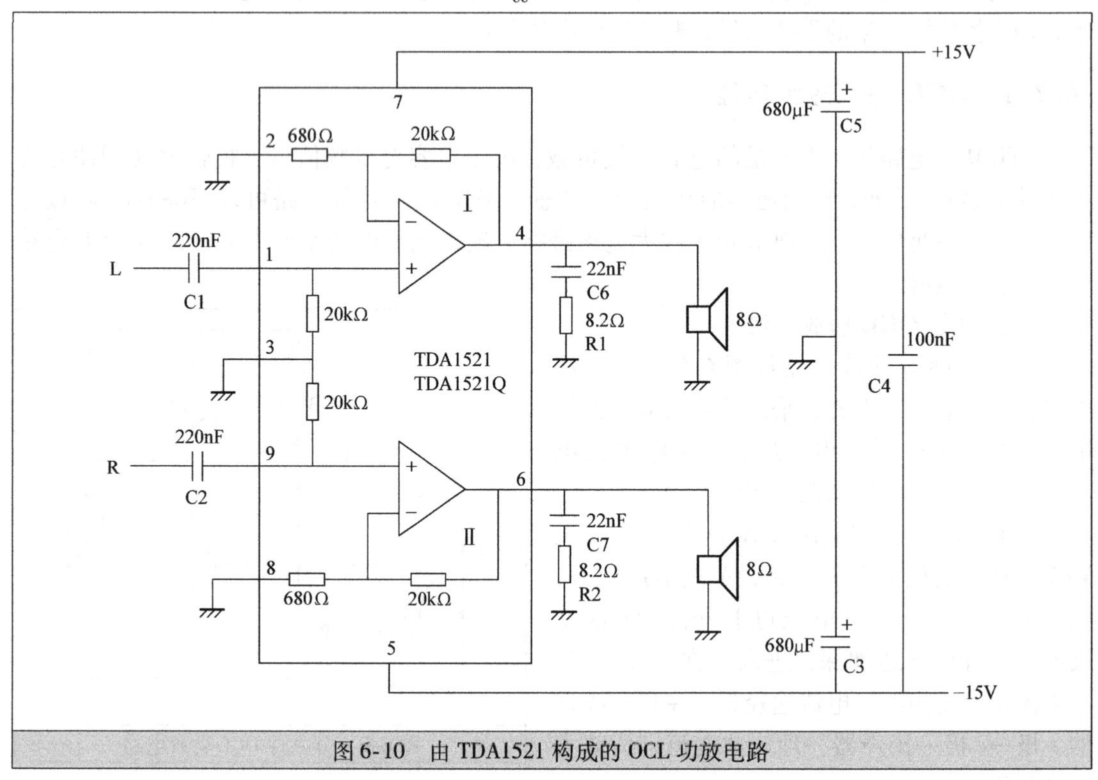

图 6-10　由 TDA1521 构成的 OCL 功放电路

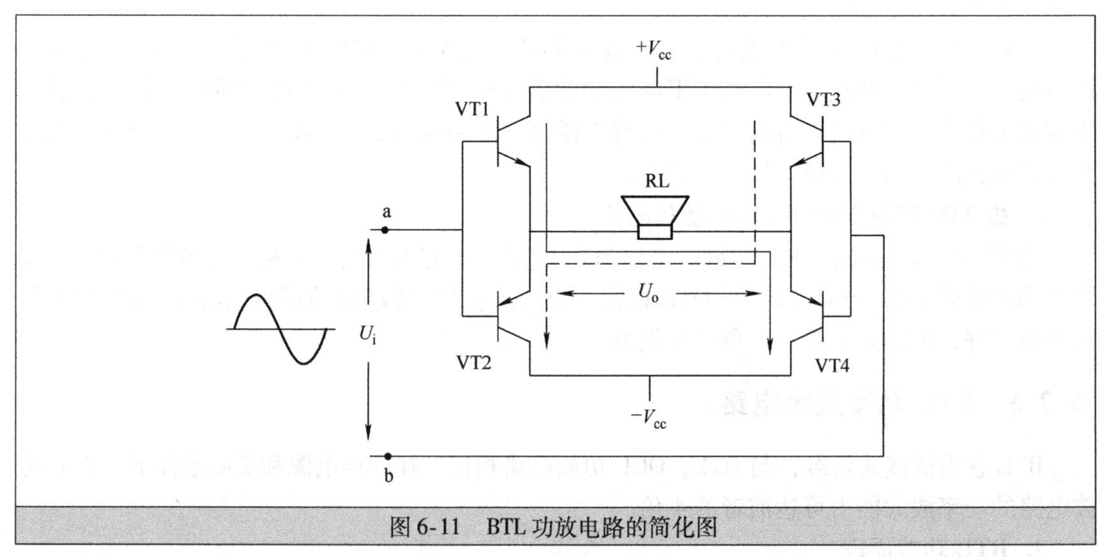

图 6-11　BTL 功放电路的简化图

从 BTL 功放电路工作过程可以看出，不管输入信号是正半周或负半周来时，都有两个晶体管同时导通，负载两端的电压为 $2V_{cc}$（忽略晶体管导通时 c、e 极之间的压降），而 OCL 功放电路只有一个晶体管导通，负载两端的电压为 V_{cc}，如果负载电阻均为 R，则 OCL 功放电路的输出功率为 $P=U^2/R=(V_{cc})^2/R$，BTL 功放电路的输出功率 $P=U^2/R=$

$(2V_{cc})^2/R=4\ (V_{cc})^2/R$，BTL 功放电路的输出功率是 OCL 功放电路的 4 倍。

2. 由 TDA1521 构成的 BTL 功放电路

由 TDA1521 构成的 BTL 功放电路如图 6-12 所示，该电路采用了飞利浦公司的 2×15W 高保真功放集成电路 TDA1521，它将两路功放电路组成一个 BTL 功放电路。

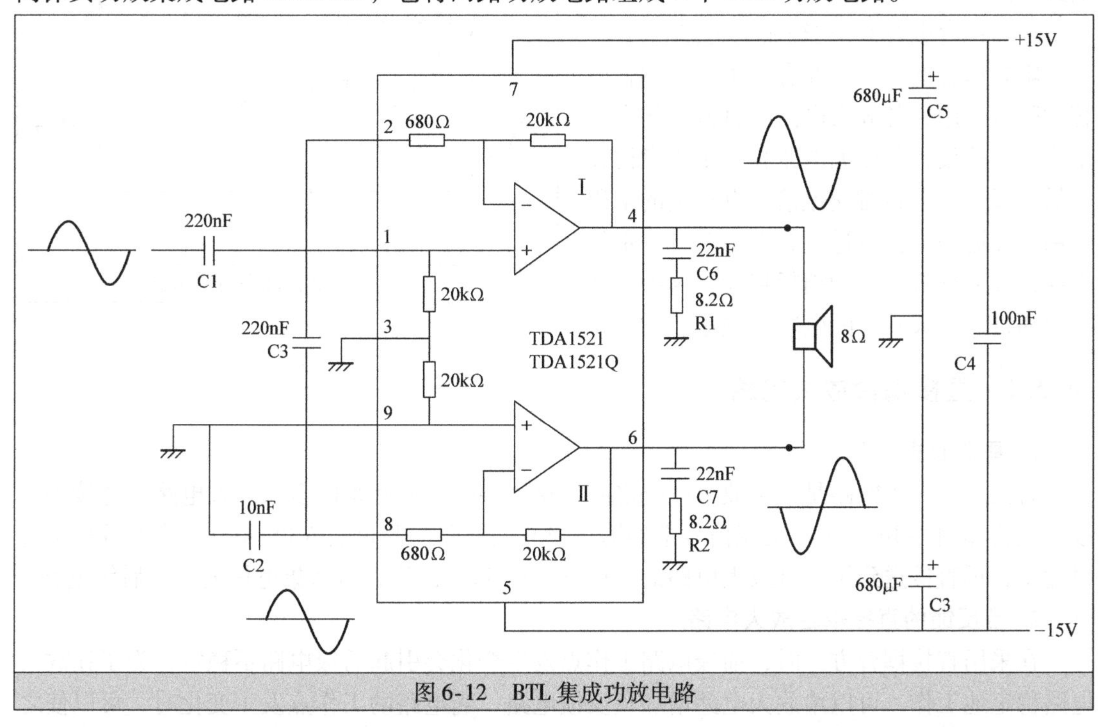

图 6-12 BTL 集成功放电路

BTL 功放电路信号处理过程：音频信号经 C1 进入 TDA1521 的 1 脚，在内部加到第一路放大器的同相输入端，经功率放大后，输出信号分作两路：一路从 4 脚输出送到扬声器的一端；另一路经 20kΩ、680Ω 衰减后从 2 脚输出，经 C3 送入 8 脚，在内部加到第二路放大器的反相输入端，经功率放大后，从 6 脚输出反相的音频信号，该信号送到扬声器的另一端。由于扬声器两端信号相位相反，两端电压差是一个信号的两倍，而扬声器阻抗不变，扬声器会获得 OCL 电路扬声器的 4 倍功率。

6.3 多级放大电路

在多数情况下，电子设备处理的交流信号是很微弱的，由于单级放大电路的放大能力有限，往往不能将微弱信号放大到要求的幅度，所以电子设备中常常将多个放大电路连接起来组成多级放大电路，来放大微弱的电信号。

根据各个放大电路之间的耦合方式（连接和传递信号方式）不同，多级放大电路可分为直接耦合放大电路、阻容耦合放大电路和变压器耦合放大电路。

6.3.1 阻容耦合放大电路

阻容耦合放大电路是指各放大电路之间用电容连接起来的多级放大电路。阻容耦合放大电路如图 6-13 所示。

交流信号经耦合电容 C1 送到第一级放大电路的晶体管 VT1 基极，放大后从集电极输出，再经耦合电容 C2 送到第二级放大电路的晶体管 VT2 基极，放大后从集电极输出通过耦合电容 C3 送往后级电路。

阻容耦合的特点主要有：①由于耦合电容的隔直作用，各放大电路的直流工作点互不影响，故设计各放大电路直流工作点比较容易；②由于电容对交流信号有一定的阻碍作用，交流信号在经过耦合电容时有一定的损耗，频率越低，这种损耗越大，这种损耗可以通过采用大容量的电容来减小。

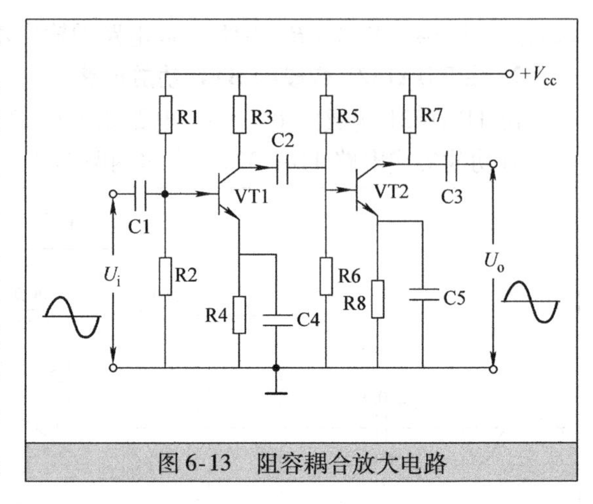

图 6-13　阻容耦合放大电路

6.3.2　直接耦合放大电路

1. 基本形式

直接耦合放大电路是指各放大电路之间直接用导线连接起来的多级放大电路。直接耦合放大电路如图 6-14 所示。交流信号送到第一级放大电路的晶体管 VT1 基极，放大后从集电极输出，再直接送到第二级放大电路的晶体管 VT2 基极，放大后从集电极输出去后级电路。

2. 带反馈的直接耦合放大电路

在采用直接耦合方式时，前级电路工作点发生变化会引起后级电路不稳定，为了让放大电路稳定地工作，可以给放大电路增加负反馈电路，当电路的工作点发生变化时，可以使之恢复过来。图 6-15 是一种常用的多级负反馈放大电路，电路中的 R3 为反馈电阻，该电路的反馈类型是交直流负反馈。

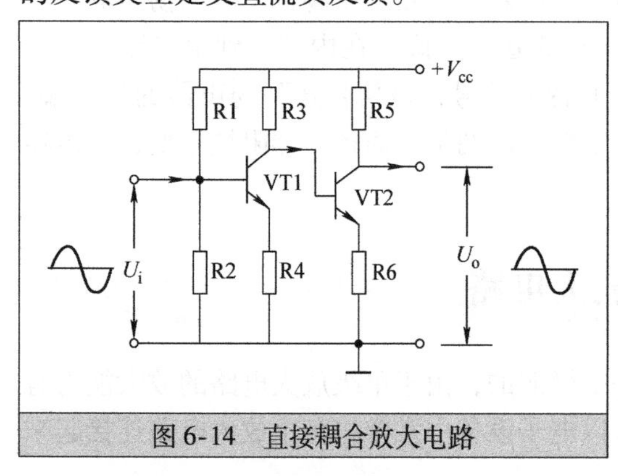

图 6-14　直接耦合放大电路

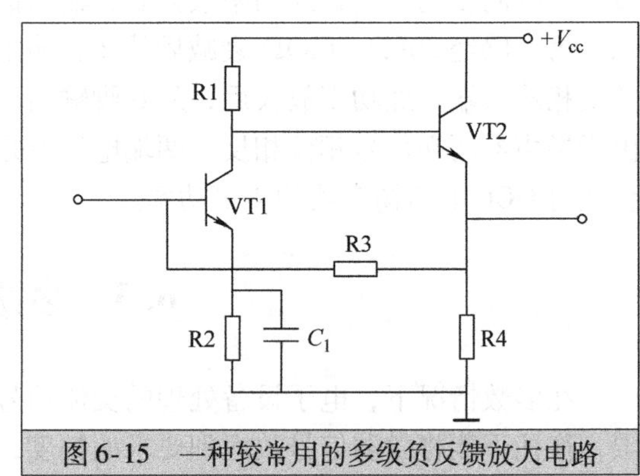

图 6-15　一种较常用的多级负反馈放大电路

（1）晶体管电流途径

晶体管 VT2 的电流途径为

$+V_{cc}$ ─┬─ I_{c2} → VT2的c极 ─ I_{c2} ─┐
　　　　└→ R1 ─ I_{b2} → VT2的b极 ─ I_{b2} ─┘→ VT2的e极 ─ I_{e2} → R4 → 地

晶体管 VT1 的电流途径为

VT2的e极 → R3 $\xrightarrow{I_{b1}}$ VT1的b极 $\xrightarrow{I_{b1}}$ ↘ → VT1的e极 $\xrightarrow{I_{e1}}$ R2 → 地

$+V_{cc}$ → R1 $\xrightarrow{I_{c1}}$ VT1的c极 $\xrightarrow{I_{c1}}$ ↗

由于晶体管VT1、VT2都有正常的I_c、I_b、I_e，所以VT1、VT2均处于放大状态。另外，从VT1的电流途径可以看出，VT1的I_{b1}来自VT2的发射极，如果VT2没有导通，无I_{e2}，VT1也就无I_{b1}，VT1就无法导通。

（2）静态工作点的稳定

给放大电路增加负反馈可以稳定静态工作点，图6-15所示电路也不例外，其静态工作点稳定过程如下：当环境温度上升时，晶体管VT1的I_{b1}、I_{c1}增大→流过R1的电流I_{c1}增大→U_{R1}增大→U_{c1}下降（$U_{c1}=V_{cc}-U_{R1}$，U_{R1}增大，U_{c1}下降）→VT2的基极电压U_{b2}下降→I_{b2}减小→I_{c2}减小→I_{e2}减小→流过R4的电流减小→U_{R4}减小→U_{e2}下降（$U_{e2}=U_{R4}$）→VT1的基极电压U_{b1}下降（U_{b1}取自U_{e2}）→I_{b1}减小→I_{c1}减小。即晶体管VT1原来增大的I_{b1}、I_{c1}又下降到正常值，从而稳定了放大电路的静态工作点。

直接耦合的特点主要有：①因为电路之间直接连接，前级电路工作点改变时会使后级电路也会变化，这种电路的设计调整有一定的难度；②由于各电路之间是直接连接，对交流信号没有损耗，故频率特性最好，这种耦合电路还可以放大直流信号，故又称为直流放大器；③电路易实现集成化。

6.3.3 变压器耦合放大电路

变压器耦合放大电路是指各放大电路之间采用变压器连接起来的多级放大电路。变压器耦合放大电路如图6-16所示。交流信号送到第一级放大电路的晶体管VT1基极，放大后从集电极输出送到变压器T1的一次绕组，再感应到二次绕组，送到第二级放大电路的晶体管VT2基极，放大后从集电极输出，通过变压器T2送往后级电路。

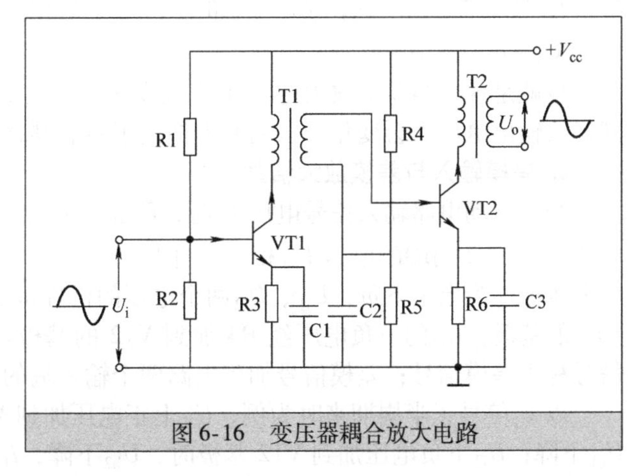

图6-16 变压器耦合放大电路

变压器耦合的特点主要有：①各级电路之间的直流工作点互不影响；②变压器可以进行阻抗变换，适当设置一、二次绕组的匝数，可以让前级电路的信号能最大程度地送到后级电路；③低频特性差，不能放大变化缓慢的信号，且非常笨重，不能集成化。

多级耦合放大电路的放大能力远大于单级放大电路，其放大倍数等于各单级放大电路放大倍数的乘积，即$A=A_1 \cdot A_2 \cdot A_3 \cdots$。

6.4 差动放大器与集成运算放大器

集成电路主要是由半导体材料构成的，在内部适于制作二极管、晶体管等类型器件，而制作电容、电感和变压器较为困难，因此集成放大电路内部多个放大电路之间通常采用直接耦合。为了提高电路的性能，集成放大电路内部一般采用抗干扰性能强、稳定性好的差动放大电路。

6.4.1 差动放大器

差动放大器的出现是为了解决直接耦合放大电路存在的零点漂移问题，另外差动放大器还具有灵活的输入输出方式。基本差动放大电路如图6-17所示。

差动放大电路在电路结构上具有对称性，晶体管VT1、VT2同型号，$R_1 = R_2$，$R_3 = R_4$，$R_5 = R_6$，$R_7 = R_8$。输入信号电压U_i经R3、R4分别加到VT1、VT2的基极，输出信号电压U_o从VT1、VT2集电极之间取出，$U_o = U_{c1} - U_{c2}$。

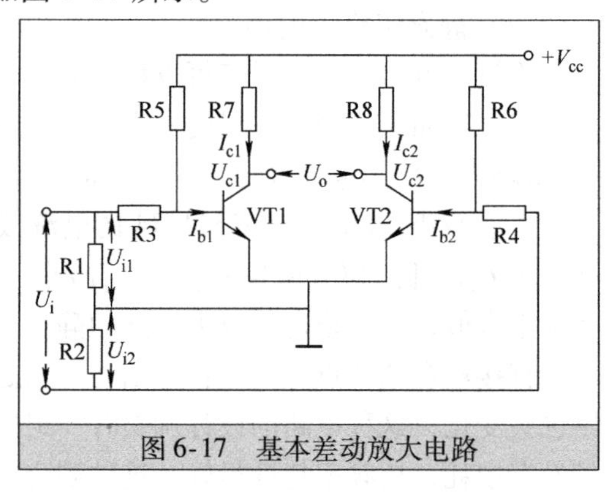

图6-17 基本差动放大电路

1. 抑制零点漂移原理

当无输入信号（即$U_i = 0$）时，由于电路的对称性，VT1、VT2的基极电流$I_{b1} = I_{b2}$，$I_{c1} = I_{c2}$，所以$U_{c1} = U_{c2}$，输出电压$U_o = U_{c1} - U_{c2} = 0$。

当环境温度上升时，VT1、VT2的集电极电流I_{c1}、I_{c2}都会增大，U_{c1}、U_{c2}都会下降，但因为电路是对称的（两个晶体管同型号，并且它们的各对应供电电阻阻值也相等），所以I_{c1}、I_{c2}增大量是相同的，U_{c1}、U_{c2}的下降量也是相同的，因此U_{c1}、U_{c2}还是相等的，故输出电压$U_o = U_{c1} - U_{c2} = 0$。

也就是说，当差动放大电路工作点发生变化时，由于电路的对称性，两个电路变化相同，故输出电压不会变化，从而有效抑制了零点漂移。

2. 差模输入与差模放大倍数

当给差动电路输入信号电压U_i时，U_i加到R1、R2两端，因为$R_1 = R_2$，所以R1两端的电压U_{i1}与R2两端的电压U_{i2}相等，并且$U_{i1} = U_{i2} = (1/2)U_i$。当$U_i$信号正半周期来时，$U_i$电压极性为上正下负，$U_{i1}$、$U_{i2}$两个电压的极性都是上正下负，$U_{i1}$的上正电压经R3加到VT1的基极，$U_{i2}$的下负电压经R4加到VT2的基极。这种大小相等、极性相反的两个输入信号称为差模信号；差模信号加到电路两个输入端的输入方式称为差模输入。

以U_i信号正半周期来时为例，U_{i1}上正电压加到VT1基极，U_{b1}上升，I_{b1}增大，I_{c1}增大，U_{c1}下降；U_{i2}下负电压加到VT2基极时，U_{b2}下降，I_{b1}减小，I_{c2}减小，U_{c2}增大；电路的输出电压$U_o = U_{c1} - U_{c2}$，因为$U_{c1} < U_{c2}$，故$U_o < 0$，即当输入信号U_i为正值（正半周期）时，输出电压为负值（负半周期），输入信号U_i与输出信号U_o是反相关系。

差动放大电路在差模输入时的放大倍数称为差模放大倍数A_d，且

$$A_d = \frac{U_o}{U_i}$$

另外，根据推导计算可知，上述差动放大电路的差模放大倍数A_d与单管放大电路的放大倍数A相等，差动放大电路多采用一个晶体管并不能提高电路的放大倍数，而只是用来抑制零点漂移。

3. 共模输入与共模放大倍数

图6-18所示是另一种输入方式的差动放大电路。

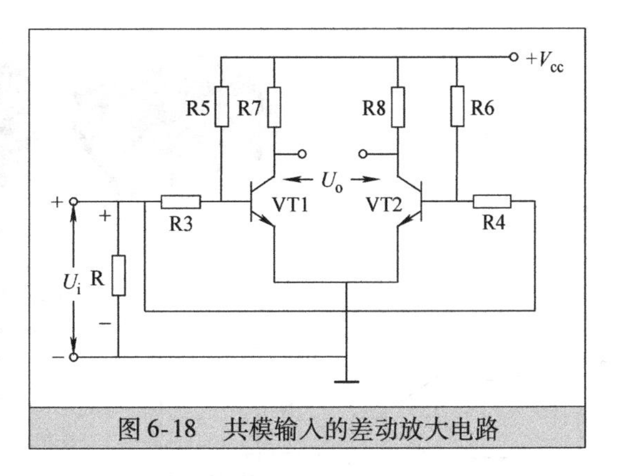

图6-18 共模输入的差动放大电路

在图6-18中，输入信号 U_i 一路经R3加到VT1的基极，另一路经R4加到VT2的基极，送到VT1、VT2基极的信号电压大小相等、极性相反。这种大小相等、极性相同的两个输入信号称为共模信号；共模信号加到电路两个输入端的输入方式称为共模输入。

以 U_i 信号正半周期输入为例，U_i 电压极性是上正下负，该电压一路经R3加到VT1的基极，U_{b1} 上升，I_{b1} 增大，I_{c1} 增大，U_{c1} 下降；U_i 电压另一路经R4加到VT2的基极，U_{b2} 上升，I_{b2} 增大，I_{c2} 增大，U_{c2} 下降；因为 U_{c1}、U_{c2} 都下降，并且下降量相同，所以输出电压 $U_o=U_{c1}-U_{c2}=0$。也就是说，差动放大电路在输入共模信号时，输出信号为0V。

差动放大电路在共模输入时的放大倍数称为共模放大倍数 A_c，且

$$A_c=\frac{U_o}{U_i}$$

由于差动放大电路在共模输入时，不管输入信号 U_i 是多少，输出信号 U_o 始终为0V，故共模放大倍数 $A_c=0$。差动放大电路中的零点漂移就相当于共模信号输入，比如当温度上升时，引起VT1、VT2的 I_b、I_c 增大，就相当于正的共模信号加到VT1、VT2基极使 I_b、I_c 增大一样，但输出电压为0V。实际上，差动放大电路不可能完全对称，这使得两个电路的变化量就不完全一样，输出电压就不会为0V，共模放大倍数就不为0。

共模放大倍数的大小可以反映差动放大电路的对称程度，共模放大倍数越小，说明对称程度越高，抑制零点漂移效果越好。

4. 共模抑制比

一个性能良好的差动放大电路，应该对差模信号有很高的放大能力，而对共模信号有足够的抑制能力。为了衡量差动放大电路这两个能力大小，常采用共模抑制比 K_{CMR} 来表示。共模抑制比是指差动放大电路的差模放大倍数 A_d 与共模放大倍数 A_c 的比值，即

$$K_{CMR}=\frac{A_d}{A_c}$$

共模抑制比越大，说明差动放大电路的差模信号放大能力越大，共模信号放大能力越小，抑制零点漂移能力越强，较好的差动放大电路共模抑制比可达到 10^7。

6.4.2 集成运算放大器的基础知识

集成运算放大器是一种应用极为广泛的集成放大电路，由于它最初主要用于信号放大和模拟运算（加法、减法、乘法、除法、积分和微分等），故称为运算放大器（简称运放），后来运算放大器还被广泛用于信号处理、信号选取、信号变换和信号产生等方面。

1. 外形、符号与内部组成

运算放大器的外形和符号如图6-19a、b所示，其内部由多级直接耦合的放大电路组成，其内部组成方框图如图6-19c所示。

运算放大器有一个同相输入端（用“+”或“P”表示）和一个反相输入端（用“-”或“N”表示），还有一个输出端，其内部由输入级、中间级和输出级及偏置电路组成。

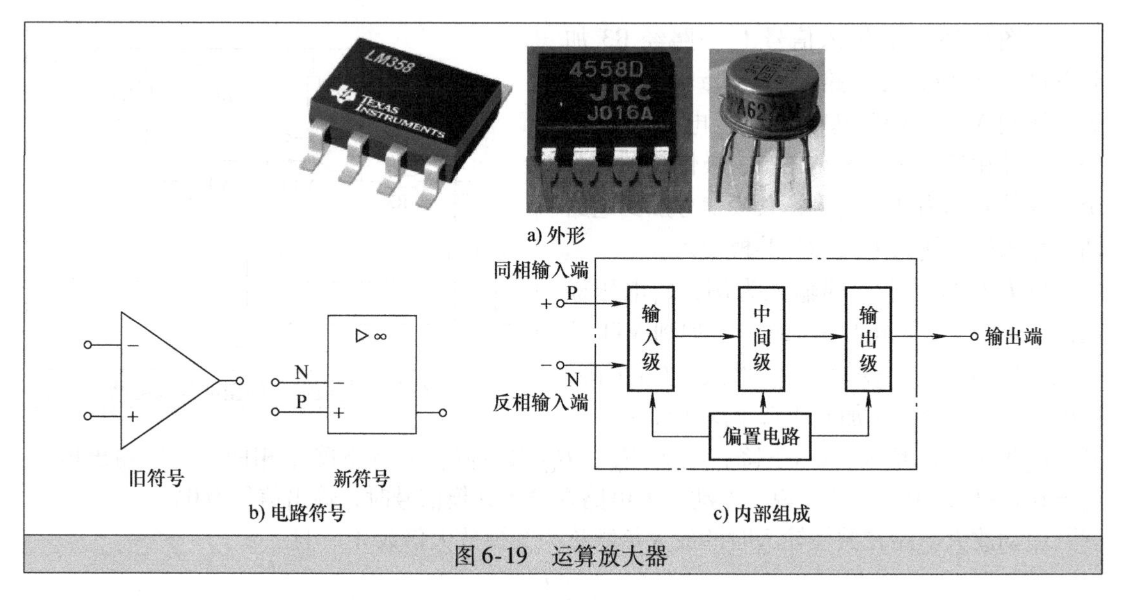

图 6-19　运算放大器

输入级采用具有很强零点漂移抑制能力的差动放大电路；中间级常采用增益较高的共发射极放大电路；输出级一般采用带负载能力很强的功率放大电路；偏置电路的作用是为各级放大电路提供工作电压。

2. 运算放大器的理想特性

运算放大器是一种放大电路，它的等效图如图 6-20 所示。

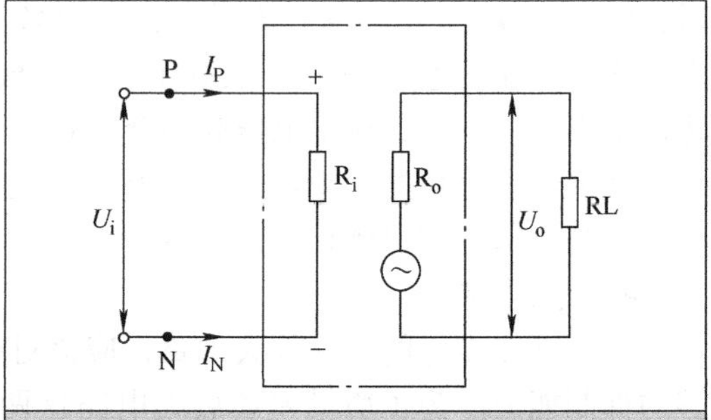

为了分析方便，常将运算放大器看成是理想的，理想运算放大器主要有以下特性：

1）电压放大倍数 $A\to\infty$；只要有信号输入，就会输出很大的信号。

2）输入电阻 $R_i\to\infty$；无论输入信号电压 U_i 多大，输入电流都近似为 0。

图 6-20　运算放大器等效图

3）输出电阻 $R_o\to0$；输出电阻接近 0，输出端可带很重的负载。

4）共模抑制比 $K_{CMR}\to\infty$；对差模信号有很大的放大倍数，而对共模信号几乎能全部抑制。

实际的运算放大器与理想运算放大器的特性接近，因此以后就把实际的运算放大器当成是理想运算放大器来分析。

运算放大器的工作状态有两种：线性状态和非线性状态。当给运算放大器加上负反馈电路时，它就会工作在线性状态（线性状态是指电路的输入电压与输出电压成正比关系）；如果给运算放大器加正反馈电路或在开环工作时，它就会工作在非线性状态。

6.4.3　运算放大器的线性应用电路

当给运算放大器增加负反馈电路时，它就会工作在线性状态，如图 6-21 所示，Rf 为负反馈电阻。

在图 6-29 中，U_i 经 R1 加到运算放大器的“－”端，由于运算放大器的输入电阻 R_i 为无穷大，所以流入反相输入端的电流 $I_-=0A$，从同相输入端流出的电流 $I_+=0A$，$I_-=I_+=0A$。

由此可见，运算放大器的两个输入端之间相当于断路，实际上又不是断路，故称为“虚断”。

在图6-21中，运算放大器的输出电压$U_o = AU_i$，因为U_o为有限值，而运算放大器的电压放大倍数$A \to \infty$，所以输入电压$U_i \approx 0V$，即$U_i = U_- - U_+ \approx 0V$，$U_- = U_+$。运算放大器两个输入端电压相等，两个输入端相当于短路，但实际上又不是短路的，故称为“虚短”。

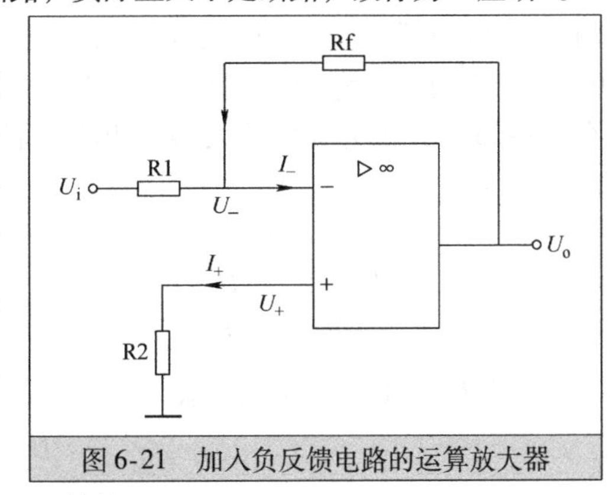

图6-21 加入负反馈电路的运算放大器

在图6-21中，$U_+ = I_+ R_2$，而$I_+ = 0A$，所以$U_+ = 0V$，又因为$U_- = U_+$，故$U_- = 0V$，从电位来看，运算放大器“－”端相当于接地，但实际上又未接地，故该端称为“虚地”。

综上所述，工作在线性状态的运算放大器有以下特性：

1）具有“虚断”特性，即流入和流出输入端的电流都为0A，$I_- = I_+ = 0A$。

2）具有“虚短”特性，即两个输入端的电压相等，$U_- = U_+$。

了解运算放大器的特性后，再来分析运算放大器在线性状态下的各种应用电路。

1. 反相放大器

运算放大器构成的反相放大器如图6-22所示，这种电路的特点是输入信号和反馈信号都加在运算放大器的反相输入端。图中的Rf为反馈电阻，R2为平衡电阻，接入R2的作用是使运算放大器内部输入电路（是一个差分电路）保持对称，有利于抑制零点漂移，$R_2 = R_1 /\!/ R_f$（意为R2的阻值等于R1和Rf的并联阻值）。

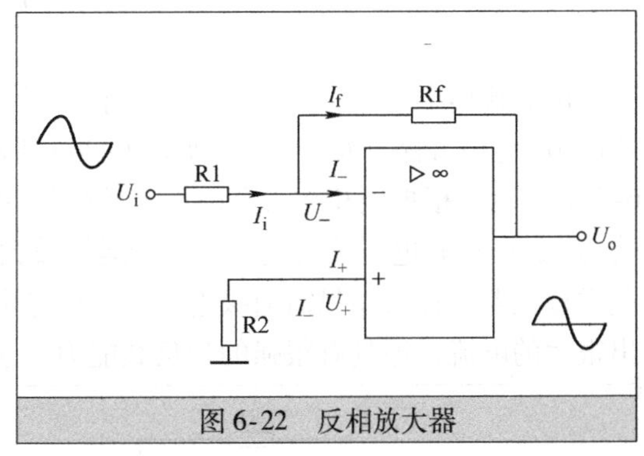

图6-22 反相放大器

输入信号U_i经R1加到反相输入端，由于流入反相输入端的电流$I_- = 0A$（“虚断”特性），所以有

$$I_i = I_f$$

$$\frac{U_i - U_-}{R_1} = \frac{U_- - U_o}{R_f}$$

根据“虚短”可知，$U_- = U_+ = 0$，所以有

$$\frac{U_i}{R_1} = -\frac{U_o}{R_f}$$

由此可求得反相放大器的电压放大倍数为

$$A_u = \frac{U_o}{U_i} = -\frac{R_f}{R_1}$$

式中的负号表示输出电压U_o与输入电压U_i反相，所以称为反相放大器。从上式还可知，反相放大器的电压放大倍数只与Rf和R1有关。

2. 同相放大器

运算放大器构成的同相放大器如图6-23所示。该电路的输入信号加到运算放大器的同相输入端，反馈信号送到反相输入端。

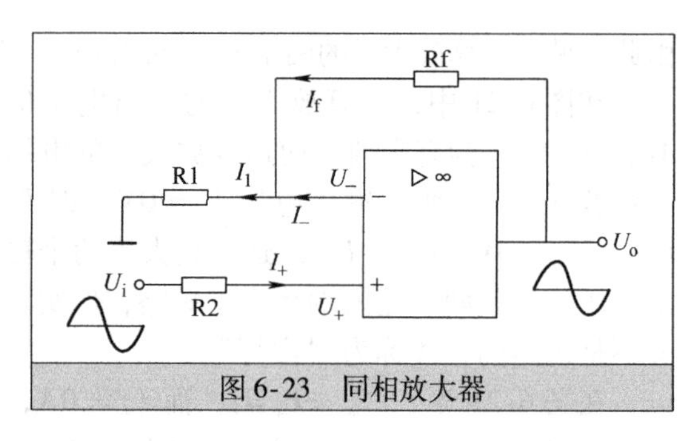

图 6-23　同相放大器

根据“虚短”可知，$U_- = U_+$，又因为输入端“虚断”，故流过电阻 R2 的电流 $I_+ = 0A$，R2 上的电压为 0V，所以 $U_+ = U_i = U_-$。在图 6-23 中，因为运算放大器反相输入端流出的电流 $I_- = 0$，所以有

$$I_f = I_1$$

$$\frac{U_o - U_-}{R_f} = \frac{U_-}{R_1}$$

因为 $U_- = U_i$，故上式可表示为

$$\frac{U_o - U_i}{R_f} = \frac{U_i}{R_1}$$

$$\frac{U_o}{U_i} = \frac{R_1 + R_f}{R_1} = 1 + \frac{R_f}{R_1}$$

同相放大器的电压放大倍数为

$$A_u = \frac{U_o}{U_i} = 1 + \frac{R_f}{R_1}$$

因为输出电压 U_o 与输入电压 U_i 同相，故该放大电路称为同相放大器。如果让同相放大器的 R1 电阻开路（$R_1 = \infty$），如图 6-24a 所示，或同时将反馈电阻 Rf 短路（$R_f = 0$），如图 6-24b 所示，根据同相放大器的放大倍数的计算公式可知，这两种同相放大器的放大倍数 A_u 均为 1，即没有电压放大能力，由于运算放大器具有高输入阻抗和低输出阻抗的特点，所以此类放大器的输入端只需前级电路提供信号电压（几乎不需要信号电流），而输出端可以输出很大的电流，即具有很强的带负载能力，这种类型的同相放大器称为电压跟随器。

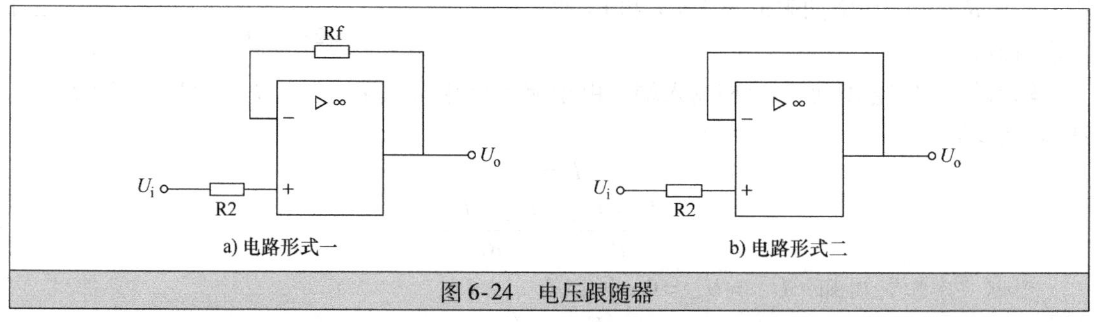

图 6-24　电压跟随器

3. 电压 – 电流转换器

图 6-25 是一种由运算放大器构成的电压 – 电流转换器，它与同相放大器有些相似，但该电路的负载 RL 接在负反馈电路中。

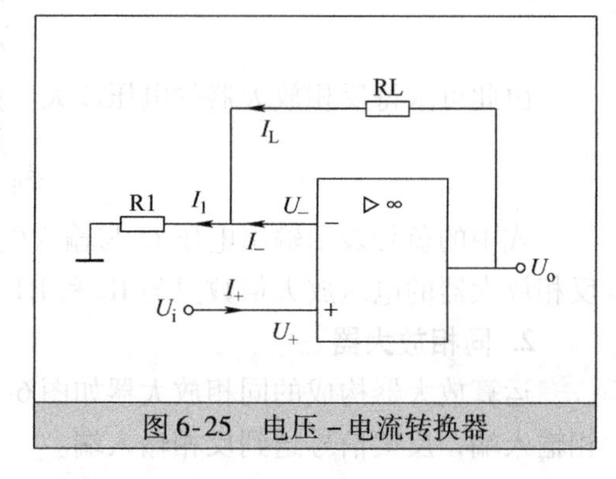

图 6-25　电压 – 电流转换器

输入电压 U_i 送到运算放大器的同相输入端，根据运算放大器的“虚断”特性可知，$I_+ = I_- = 0$，所以有

$$I_L = I_1 = \frac{U_-}{R_1}$$

又因为运算放大器具有“虚短”特性，故 $U_i = U_+ = U_-$，上式可变换成

$$I_L = \frac{U_i}{R_1}$$

由上式可以看出，流过负载的电流 I_L 只与输入电压 U_i 和电阻 R1 有关，与负载 RL 的阻值无关，当 R1 阻值固定后，负载电流 I_L 只与 U_i 有关，当 U_i 发生变化，流过负载的电流 I_L 也相应变化，从而将电压转换成电流。

4. 电流 – 电压转换器

图 6-26 是一种由运算放大器构成的电流 – 电压转换器，它可以将电流转换成电压输出。

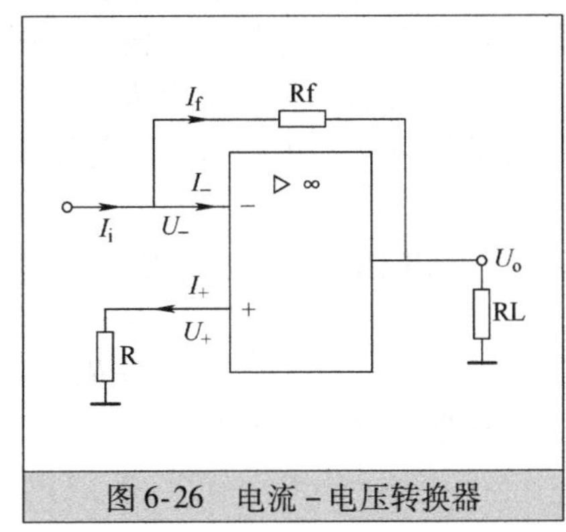

图 6-26 电流 – 电压转换器

输入电流 I_i 送到运算放大器的反相输入端，根据运算放大器的“虚断”特性可知，$I_- = I_+ = 0$，所以

$$I_i = I_f$$

$$I_i = \frac{U_- - U_o}{R_f}$$

因为 $I_+ = 0$，故流过 R 的电流也为 0，$U_+ = 0$，又根据运算放大器“虚短”特性可知，$U_- = U_+ = 0$，上式可变换成

$$I_i = -\frac{U_o}{R_f}$$

$$U_o = -I_i R_f$$

由上式可以看出，输出电压 U_o 与输入电流 I_i 和电阻 Rf 有关，与负载 RL 的阻值无关，当 Rf 阻值固定后，输出电压 U_o 只与输入电流 I_i 有关，当 I_i 发生变化时，负载上的电压 U_o 也相应变化，从而将电流转换成电压。

5. 加法器

运算放大器构成的加法器如图 6-27 所示，R0 为平衡电阻，$R_0 = R_1 /\!/ R_2 /\!/ R_3 /\!/ R_f$，电路有三个信号电压 U_1、U_2、U_3 输入，有一个信号电压 U_o 输出，下面来分析它们的关系。

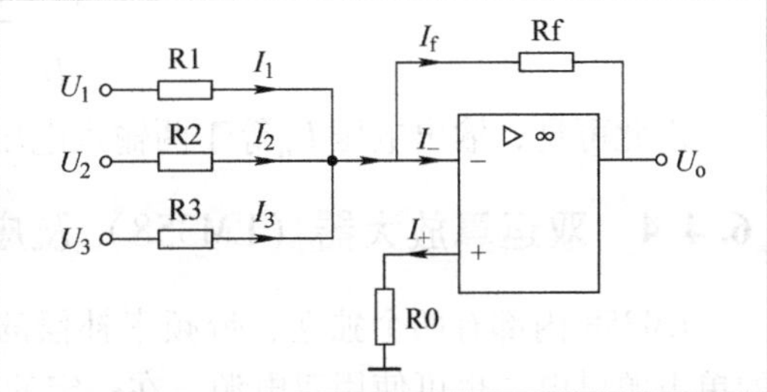

图 6-27 加法器

因为 $I_- = 0$（根据“虚断”），所以

$$I_1 + I_2 + I_3 = I_f$$

$$\frac{U_1 - U_-}{R_1} + \frac{U_2 - U_-}{R_2} + \frac{U_3 - U_-}{R_3} = \frac{U_- - U_o}{R_f}$$

因为 $U_- = U_+ = 0$（根据“虚短”），所以上式可化简为

$$\frac{U_1}{R_1} + \frac{U_2}{R_2} + \frac{U_3}{R_3} = -\frac{U_o}{R_f}$$

如果 $R_1 = R_2 = R_3 = R$，就有

$$U_o = -\frac{R_f}{R}(U_1 + U_2 + U_3)$$

如果 $R_1 = R_2 = R_3 = R_f$，那么

$$U_o = -(U_1 + U_2 + U_3)$$

上式说明输出电压是各输入电压之和，从而实现了加法运算，式中的负号表示输出电压与输入电压相位相反。

6. 减法器

运算放大器构成的减法器如图 6-28 所示，电路的两个输入端同时输入信号，反相输入端输入电压 U_1，同相输入端输入电压 U_2，为了保证两输入端平衡，要求 $R_2 /\!/ R_3 = R_1 /\!/ R_f$。下面分析两输入电压 U_1、U_2 与输出电压 U_o 的关系。

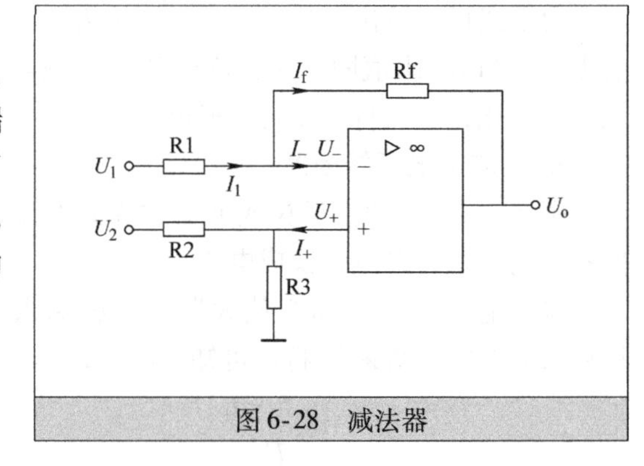

图 6-28　减法器

根据电阻串联规律可得

$$U_+ = U_2 \cdot \frac{R_3}{R_2 + R_3}$$

根据“虚断”可得

$$I_1 = I_f$$

$$\frac{U_1 - U_-}{R_1} = \frac{U_- - U_o}{R_f}$$

因为 $U_- = U_+$（根据“虚短”），所以有

$$\frac{U_1 - U_2 \cdot \dfrac{R_3}{R_2 + R_3}}{R_1} = \frac{U_2 \cdot \dfrac{R_3}{R_2 + R_3} - U_o}{R_f}$$

如果 $R_2 = R_3$，$R_1 = R_f$，上式可简化成

$$U_1 - \frac{U_2}{2} = \frac{U_2}{2} - U_o$$

$$U_o = U_2 - U_1$$

由此可见，输出电压 U_o 等于两输入电压 U_2、U_1 的差，从而实现了减法运算。

6.4.4　双运算放大器（LM358）及应用电路

LM358 内部有两个独立、带频率补偿的高增益运算放大器，可使用电源电压范围很宽的单电源供电，也可使用双电源，在一定的工作条件下，工作电流与电源电压无关。LM358 可用作传感放大器、直流放大器和其他所有可用单电源供电的使用运算放大器的场合。

1. 外形

LM358 的封装形式主要有双列直插式、贴片式和圆形金属封装，圆形金属封装在以前常使用，现在已比较少见。LM358 的外形如图 6-29 所示。

图 6-29　LM358 的外形

2. 内部结构、引脚功能和特性

LM358 内部结构、引脚功能和特性如图 6-30 所示。

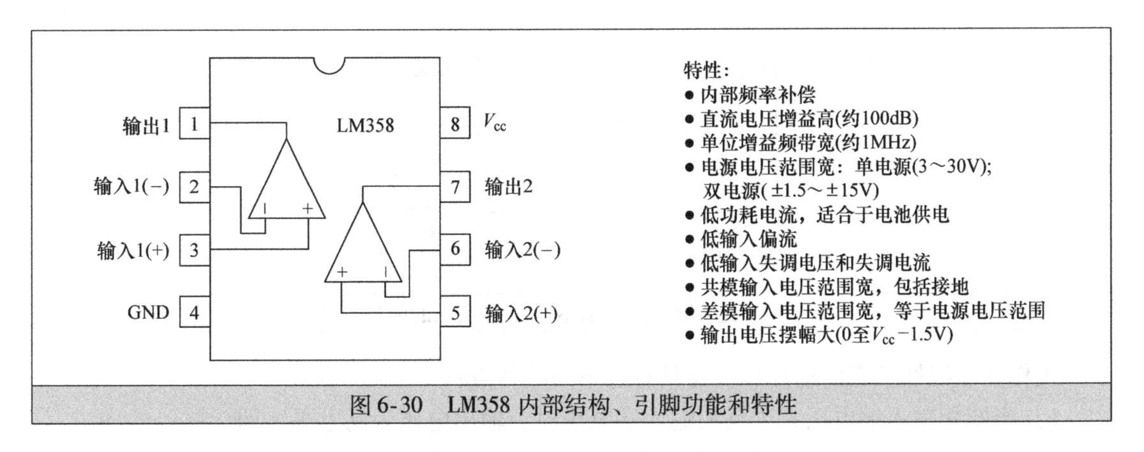

图 6-30　LM358 内部结构、引脚功能和特性

3. 应用电路

图 6-31 是一个采用 LM358 作为放大器的高增益话筒信号放大电路。9V 电源经 R2、R3 分压得到 4.5V（$1/2V_{cc}$）电压提供给两个运算放大器的同相输入端，第一级运算放大器的放大倍数 $A_1 = R_5/R_4 = 110$，第二级运算放大器的放大倍数 $A_2 = R_7/R_6 = 500$，两级放大电路的总放大倍数 $A = A_1 \cdot A_2 = 55000$。9V 电源经 R1 为话筒提供电源，话筒工作后将声音转换成电信号（音频信号），通过 C1、R4 送到第一个运算放大器反相输入端，放大后输出经 C3、RP 和 C4 后送到第二个运算放大器反相输入端，放大后输出经 C5 送到耳机插孔，如果在插孔中插入耳机，将会在耳机中听到话筒的声音。C6 为电源退耦电容，滤除电源中的波动成分，使供给电路的电压平滑稳定，C2 为交流旁路电容，提高两个放大器对交流信号的增益（放大能力），RP、S 为带开关电位器，旋转手柄时，先闭合开关，继续旋转时可以调节电位器，从而调节送到第二级放大器的信号大小。

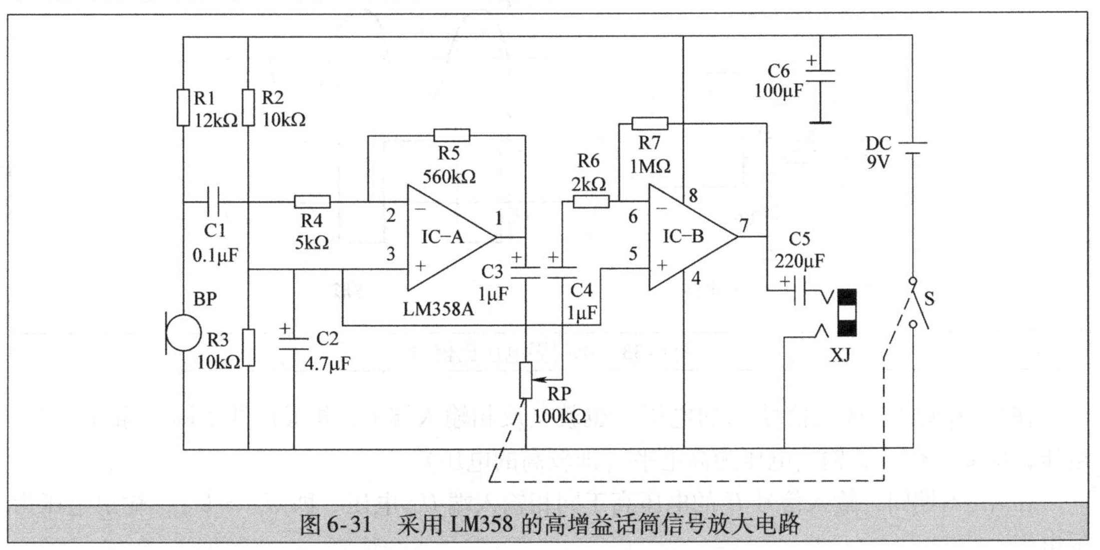

图 6-31　采用 LM358 的高增益话筒信号放大电路

6.4.5　运算放大器的非线性应用电路

当运算放大器处于开环或正反馈时，它会工作在非线性状态，图 6-32 所示的两个运算放大器就工作在非线性状态。

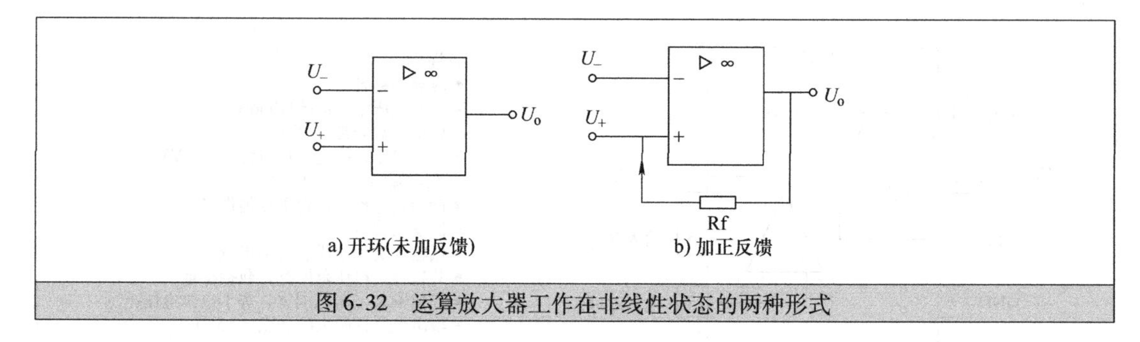

图 6-32　运算放大器工作在非线性状态的两种形式

工作在非线性状态的运算放大器具有以下一些特点：

1）当同相输入端电压大于反相输入端电压时，输出电压为高电平，即

$$U_+ > U_- \text{时，} U_o = +U \text{（高电平）}$$

2）当同相输入端电压小于反相输入端电压时，输出电压为低电平，即

$$U_+ < U_- \text{时，} U_o = -U \text{（低电平）}$$

运算放大器工作在非线性状态时常用作电压比较器，电压比较器主要有两种类型：单门限电压比较器和双门限电压比较器。

1. 单门限电压比较器

单门限电压比较器的一个输入端电压固定不变（一种值），另一个输入端电压变化。单门限电压比较器如图 6-33 所示，该运算放大器处于开环状态。+5V 的电压经 R1、R2 分压为运算放大器同相输入端提供 +2V 的电压，该电压作为门限电压（又称基准电压），反相输入端输入图 6-33b 所示的 U_i信号。

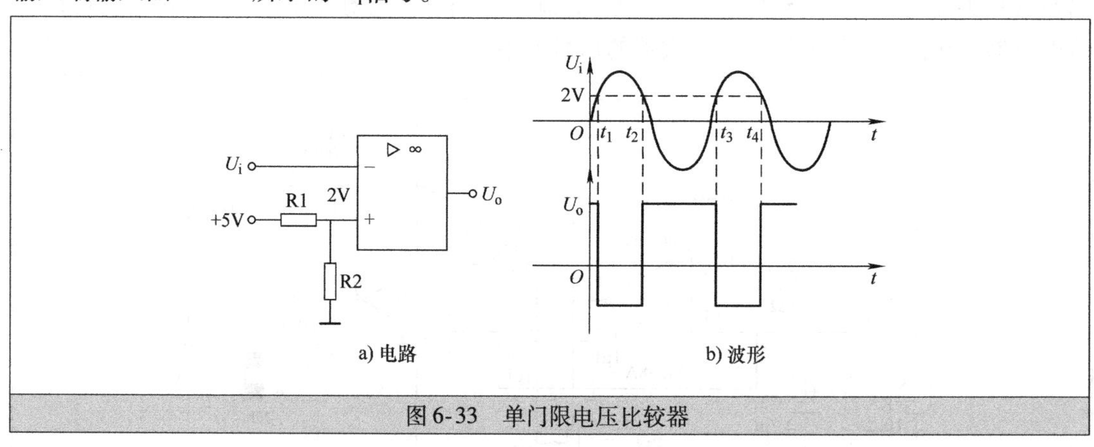

图 6-33　单门限电压比较器

在 $0\sim t_1$期间，输入信号 U_i的电压（也就是反相输入端 U_-电压）低于同相输入端 U_+电压，即 $U_- < U_+$，输出电压为高电平（即较高的电压）。

在 $t_1\sim t_2$期间，输入信号 U_i的电压高于同相输入端 U_+电压，即 $U_- > U_+$，输出电压为低电平。

在 $t_2\sim t_3$期间，输入信号 U_i的电压低于同相输入端 U_+电压，即 $U_- < U_+$，输出电压为高电平。

在 $t_3\sim t_4$期间，输入信号 U_i的电压高于同相输入端 U_+电压，即 $U_- > U_+$，输出电压为低电平。

通过两个输入端电压的比较作用，运算放大器将输入信号转换成方波信号，U_+电压大小不同，输出的方波信号 U_o的宽度就会发生变化。

2. 双门限电压比较器

双门限电压比较器的一个输入端电压有两种值，另一个输入端电压变化。双门限电压比较器如图 6-34 所示，该运算放大器加有正反馈电路。与单门限电压比较器不同，双门限电压比较器的“+”端电压由 +5V 电压和输出电压 U_o共同来决定，而 U_o有高电平和低电平两种可能，因此“+”端电压 U_+也有两种：当 U_o为高电平时，U_+电压被 U_o抬高，假设此时的 U_+为 3V；当 U_o为低电平时，U_+电压被 U_o拉低，假设此时的 U_+为 -1V。

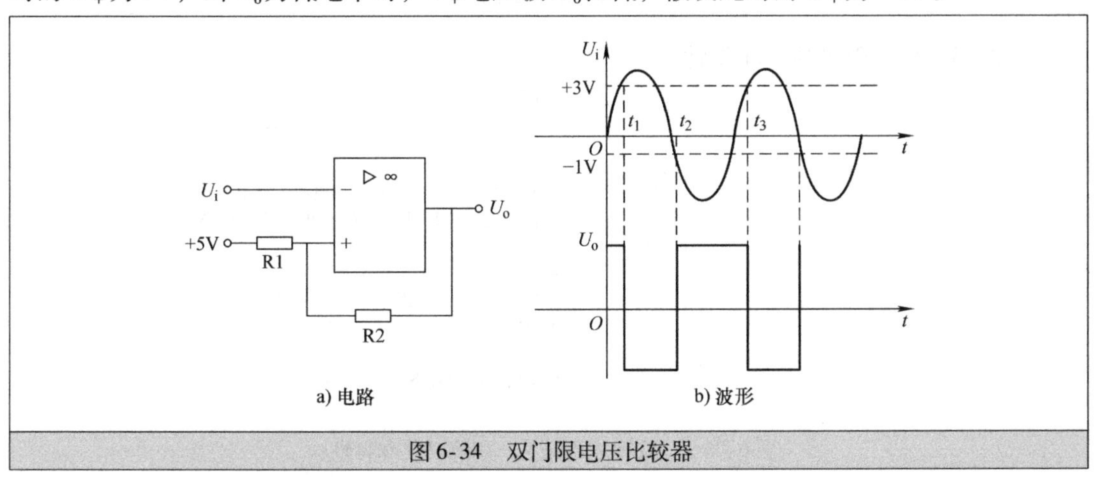

图 6-34 双门限电压比较器

在分析电路工作原理时，给运算放大器的反相输入端输入图 6-34b 所示的输入信号 U_i。

在 0 ~ t_1期间，输入信号 U_i的电压低于同相输入端 U_+电压，即 $U_- < U_+$，输出电压 U_o为高电平，此时比较器的门限电压 U_+为 3V。

从 t_1时刻起，输入信号 U_i的电压开始超过 3V，即 $U_- > U_+$，输出电压 U_o为低电平，此时比较器的门限电压 U_+被 U_o拉低到 -1V。

在 t_1 ~ t_2期间，输入信号 U_i的电压始终高于 U_+电压（-1V），即 $U_- > U_+$，输出电压 U_o为低电平。

从 t_2时刻起，输入信号 U_i的电压开始低于 -1V，即 $U_- < U_+$，输出电压 U_o转为高电平，此时比较器的门限电压 U_+被拉高到 3V。

在 t_2 ~ t_3期间，输入信号 U_i的电压始终低于 U_+电压（3V），即 $U_- < U_+$，输出电压 U_o为高电平。

从 t_3时刻起，输入信号 U_i的电压开始超过 3V，即 $U_- > U_+$，输出电压 U_o为低电平。

以后电路就重复 0 ~ t_3这个过程，从而将图 6-34b 中的输入信号 U_i转换成输出信号 U_o。

6.4.6 双电压比较器（LM393）及应用电路

LM393 是一个内含两个独立电压比较器的集成电路，可以单电源供电（2 ~ 36V），也可以双电源供电（±1 ~ ±18V）。

1. 外形

LM393 封装形式主要有双列直插式和贴片式，其外形如图 6-35 所示。

图 6-35　LM393 的外形

2. 内部结构、引脚功能和特性

LM393 内部结构、引脚功能和特性如图 6-36 所示。

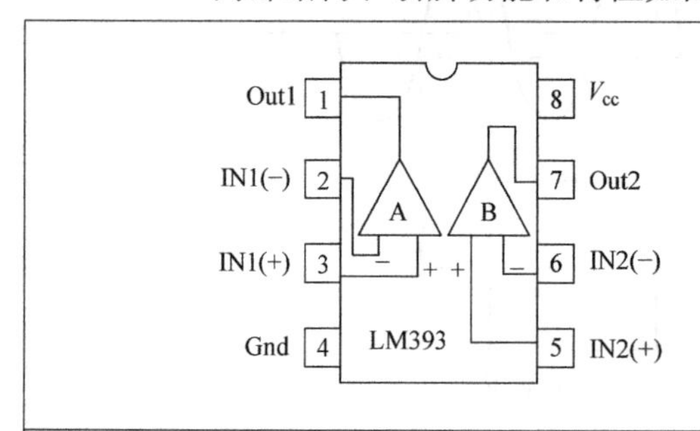

特性：
- 工作电源电压范围宽，单电源、双电源均可工作，单电源：2～36V，双电源：±1～±18V。
- 消耗电流小，I_{cc}=0.4mA。
- 输入失调电压小，V_{IO}=±2mV。
- 共模输入电压范围宽，V_{IC}=0～V_{cc}−1.5V。
- 输出端可与TTL、DTL、MOS、CMOS等电路连接。
- 输出可以用开路集电极连接“或”门。

图 6-36　LM393 内部结构、引脚功能和特性

3. 应用电路

图 6-37 是一个采用 LM393 构成的电压检测指示电路。+12V 电压经 R1、R2、R3 分压后，得到 4V 和 8V 电压，8V 提供给电压比较器 A1 的反相输入端，4V 提供给电压比较器 A2 的同相输入端。

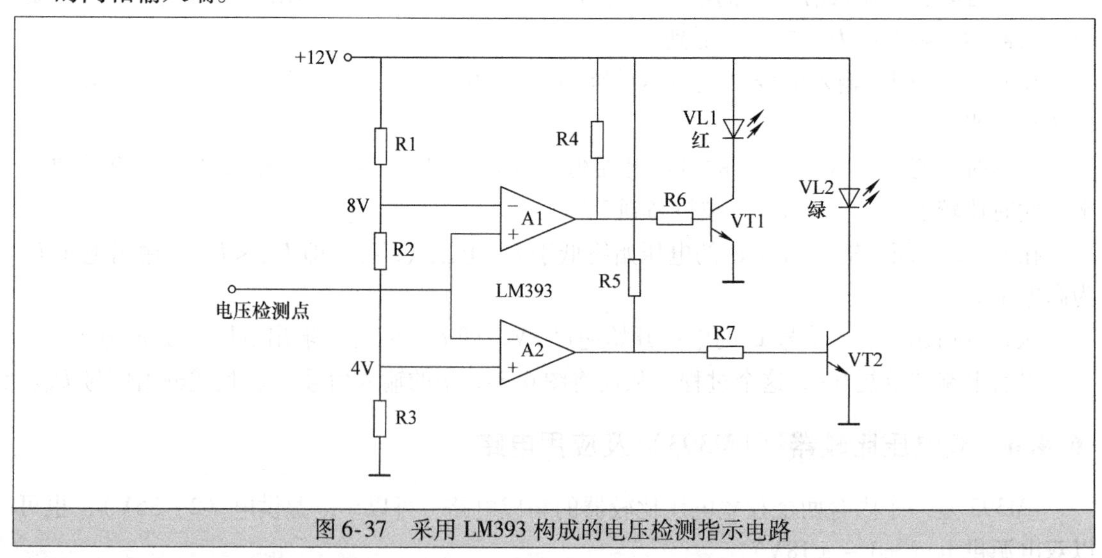

图 6-37　采用 LM393 构成的电压检测指示电路

当电压检测点的电压小于 4V 时，A2 的 $V_+ > V_-$，A2 输出高电平，A1 的 $V_+ < V_-$，A1 输出低电平，晶体管 VT2 导通，发光二极管 VL2 亮，发出绿光指示；当电压检测点的电压

大于4V小于8V时，A2的$V_+ < V_-$，A2输出低电平，A1的$V_+ < V_-$，A1输出低电平，晶体管VT1、VT2均不导通，发光二极管VL1、VL2都不亮；当电压检测点的电压大于8V时，A2的$V_+ < V_-$，A2输出低电平，A1的$V_+ > V_-$，A1输出高电平，晶体管VT1导通，发光二极管VL1亮，发出红光指示。

6.5 LC谐振电路

谐振电路是一种由电感和电容构成的电路，故又称为LC谐振电路。谐振电路在工作时会表现出一些特殊的性质，因此得到广泛应用。谐振电路分为串联谐振电路和并联谐振电路。

6.5.1 LC串联谐振电路

电容和电感头尾相连，并与交流信号连接在一起就构成了串联谐振电路。

1. 电路结构

串联谐振电路如图6-38所示，其中U为交流信号，C为电容，L为电感，R为电感L的直流等效电阻。

2. 性质说明

为了分析串联谐振电路的性质，将一个电压不变、频率可调的交流电源加到串联谐振电路两端，再在电路中串接一个交流电流表，如图6-39所示。

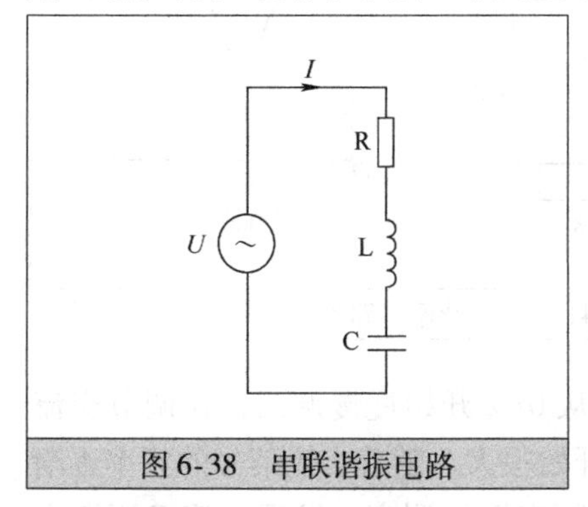

图6-38 串联谐振电路

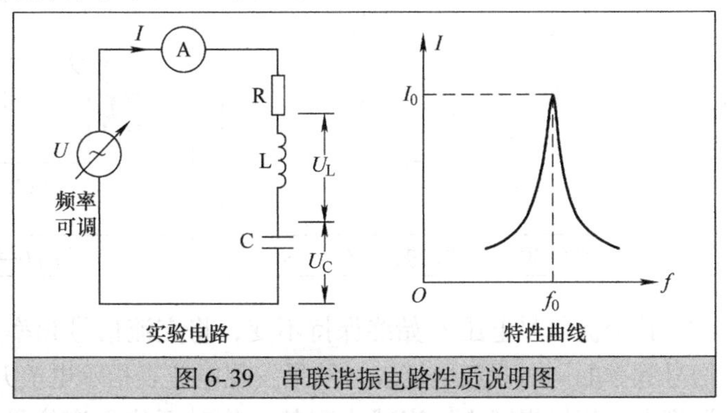

图6-39 串联谐振电路性质说明图

让交流信号电压U始终保持不变，而将交流信号频率由0Hz慢慢调高，在调节交流信号频率的同时观察电流表，结果发现电流表指示电流值先慢慢增大，当增大到某一值时再将交流信号频率继续调高，发现电流又开始逐渐下降，这个过程可用图6-39所示的特性曲线表示。

在串联谐振电路中，当交流信号频率为某一频率（f_0）时，电路出现最大电流的现象称作串联谐振现象，简称串联谐振，这个频率叫作谐振频率，用f_0表示，谐振频率f_0的大小可利用下面的公式来求得

$$f_0 = \frac{1}{2\pi\sqrt{LC}}$$

3. 串联谐振电路谐振时的特点

串联谐振电路谐振时的特点主要有：

1）谐振时，电路中的电流最大，此时LC元件串在一起就像一只阻值很小的电阻，即串联谐振电路谐振时总阻抗最小（电阻、容抗和感抗统称为阻抗，用Z表示，阻抗单位为Ω）。

2）谐振时，电路中电感上的电压U_L和电容上的电压U_C都很高，往往比交流信号电压U大Q倍$\left(U_L=U_C=QU，Q\text{为品质因数}，Q=\frac{2\pi fL}{R}\right)$，因此串联谐振又称电压谐振，在谐振时，$U_L$与$U_C$在数值上相等，但两者极性相反，故两个电压之和（$U_L+U_C$）却近似为零。

6.5.2 LC并联谐振电路

电容和电感头头相连、尾尾相接与交流信号连接起来就构成了并联谐振电路。

1. 电路结构

并联谐振电路如图6-40所示，其中U为交流信号，C为电容，L为电感，R为电感L的直流等效电阻。

2. 电路说明

为了分析串联谐振电路的性质，将一个电压不变、频率可调的交流电源加到并联谐振电路两端，再在电路中串接一个交流电流表，如图6-41所示。

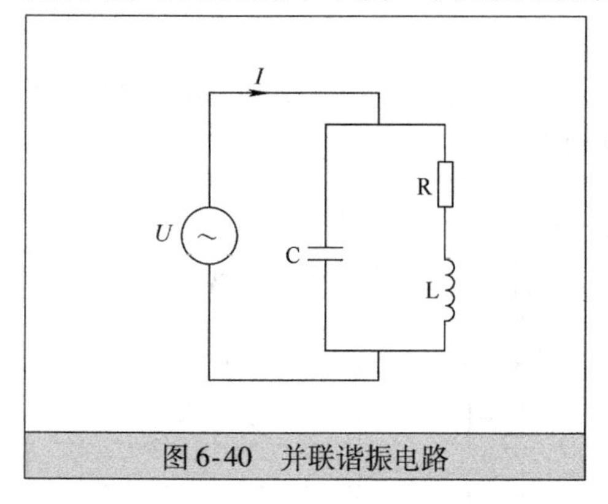

图6-40 并联谐振电路

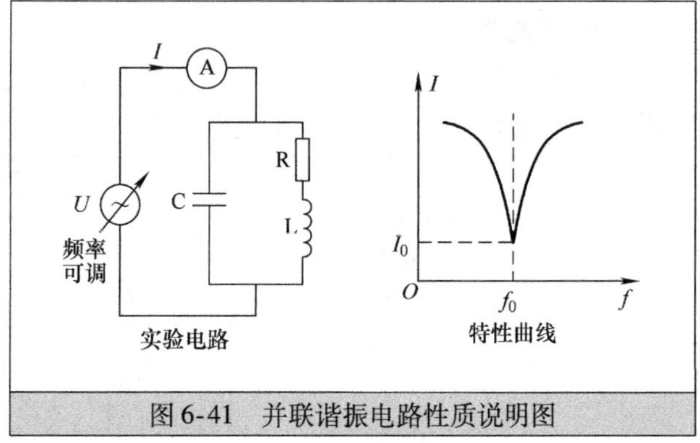

图6-41 并联谐振电路性质说明图

让交流信号电压U始终保持不变，将交流信号频率从0Hz开始慢慢调高，在调节交流信号频率的同时观察电流表，结果发现电流表指示电流开始很大，随着交流信号的频率逐渐调高电流值慢慢减小，当减小到某一值时再将交流信号频率继续调高，发现电流又逐渐上升，这个过程可用图6-41所示曲线表示。

在并联谐振电路中，当交流信号频率为某一频率（f_0）时，电路出现最小电流的现象称作并联谐振现象，简称并联谐振，这个频率叫作谐振频率，用f_0表示，谐振频率f_0的大小可利用下面公式来求得

$$f_0=\frac{1}{2\pi\sqrt{LC}}$$

3. 并联谐振电路谐振时的特点

并联谐振电路谐振时的特点主要有：

1）谐振时，电路中的电流I最小，此时LC元件并在一起就像一只阻值很大的电阻，即并联谐振电路谐振时总阻抗最大。

2）谐振时，流过电容支路的电流 I_C和流过电感支路的电流 I_L比总电流 I 大很多倍，故并联谐振又称为电流谐振。其中 I_C与 I_L数值相等，但方向相反，I_C与 I_L在 LC 支路构成的回路中流动，不会流过主干路。

6.6 选频滤波电路

选频滤波电路简称滤波电路，其功能是从众多的信号中选出需要的信号。根据电路工作时是否需要电源，滤波电路分为无源滤波器和有源滤波器；根据电路选取信号的特点，滤波器可分为四种：低通滤波器、高通滤波器、带通滤波器和带阻滤波器。

6.6.1 低通滤波器

低通滤波器（LPF）的功能是选取低频信号，低通滤波器意为“低频信号可以通过的电路”。下面以图 6-42 为例来说明低通滤波器的性质。

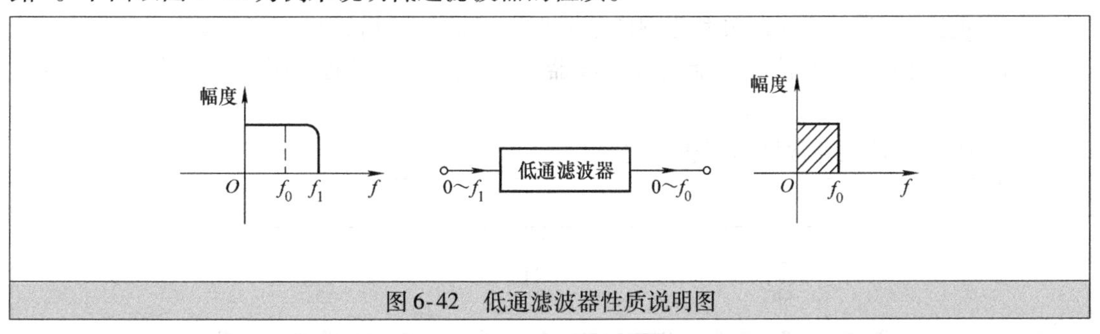

图 6-42 低通滤波器性质说明图

当低通滤波器输入 $0\sim f_1$频率范围的信号时，经滤波器后输出 $0\sim f_0$频率范围的信号，也就是说，只有 f_0以下的信号才能通过滤波器。这里的 f_0称为截止频率，又称转折频率，低通滤波器只能通过频率低于截止频率 f_0的信号。

图 6-43 所示是几种常见的低通滤波器。

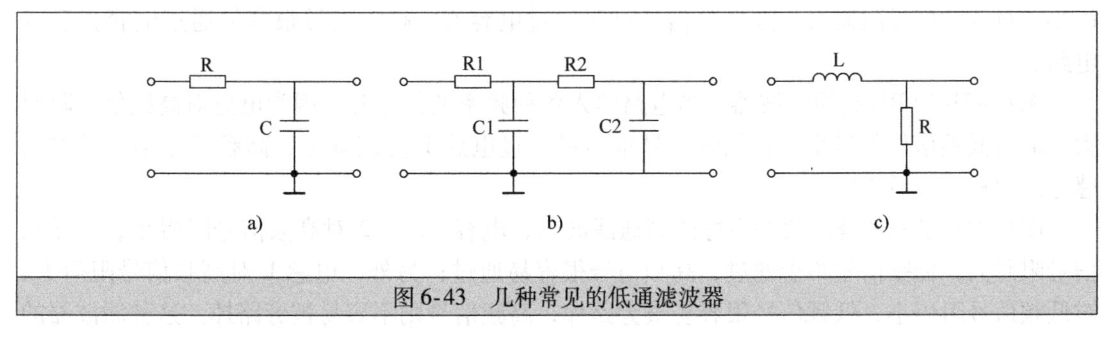

图 6-43 几种常见的低通滤波器

图 6-43a 为 RC 低通滤波器，当电路输入各种频率的信号时，因为电容 C 对高频信号阻碍小$\left(根据\ X_C=\dfrac{1}{2\pi fC}\right)$，高频信号经电容 C 旁路到地，电容 C 对低频信号阻碍大，低频信号不会旁路，而是输出去后级电路。

如果单级 RC 低通滤波电路滤波效果达不到要求，可采用图 6-43b 所示的多级 RC 滤波电路，这种滤波电路能更彻底地滤掉高频信号，使选出的低频信号更纯净。

图6-43c 为 RL 低通滤波器，当电路输入各种频率的信号时，因为电感对高频信号阻碍大（根据 $X_L = 2\pi fL$），高频信号很难通过电感 L，而电感对低频信号阻碍小，低频信号很容易通过电感去后级电路。

6.6.2 高通滤波器

高通滤波器（HPF）的功能是选取高频信号。下面以图6-44 为例来说明高通滤波器的性质。

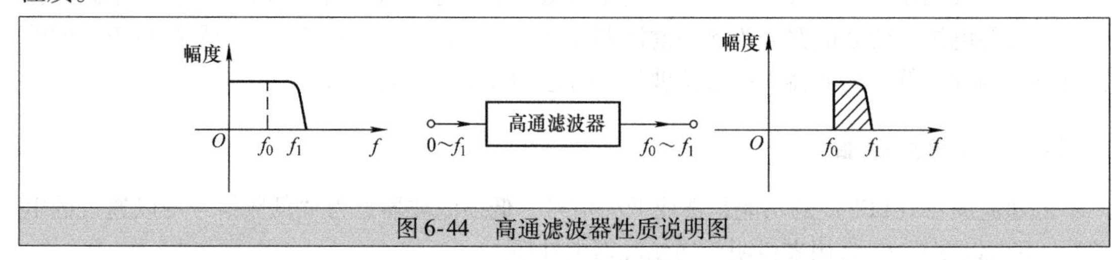

图6-44 高通滤波器性质说明图

当高通滤波器输入 0 ~f_1 频率范围的信号时，经滤波器后输出 f_0 ~f_1 频率范围的信号，也就是说，只有 f_0 以上的信号才能通过滤波器。高通滤波器能通过频率高于截止频率 f_0 的信号。

图6-45 所示是几种常见的高通滤波器。

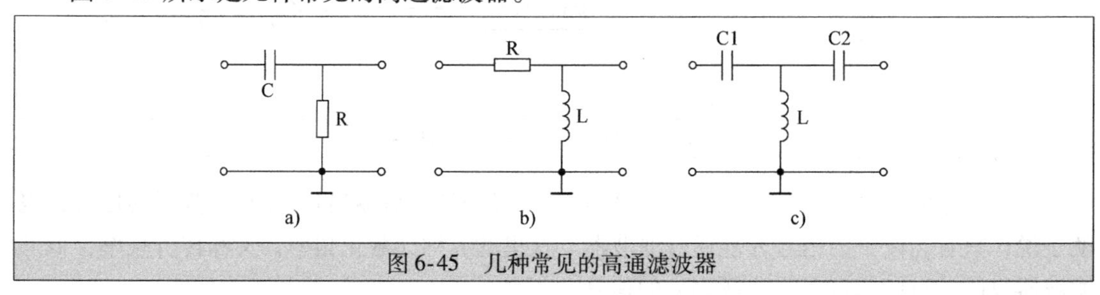

图6-45 几种常见的高通滤波器

图6-45a 为 RC 高通滤波器，当电路输入各种频率的信号时，因为电容 C 对高频信号阻碍小，对低频信号阻碍大，故低频信号难于通过电容 C，高频信号很容易通过电容去后级电路。

图6-45b 为 RL 高通滤波器，当电路输入各种频率的信号时，因为电感对高频信号阻碍大，而对低频信号阻碍小，故低频信号很容易通过电感 L 旁路到地，高频信号不容易被电感旁路而只能去后级电路。

图6-45c 是一种滤波效果更好的高通滤波器，电容 C1、C2 对高频信号阻碍小、对低频信号阻碍大，低频信号难于通过，高频信号很容易通过；另外，电感 L 对高频信号阻碍大、对低频信号阻碍小，低频信号很容易被旁路掉，高频信号则不容易被旁路掉。这种滤波器的电容 C1、C2 对低频信号有较大的阻碍，再加上电感对低频信号的旁路，低频信号很难通过该滤波器，低频信号分离较彻底。

6.6.3 带通滤波器

带通滤波器（BPF）的功能是选取某一段频率范围内的信号。下面以图6-46 为例来说明带通滤波器的性质。

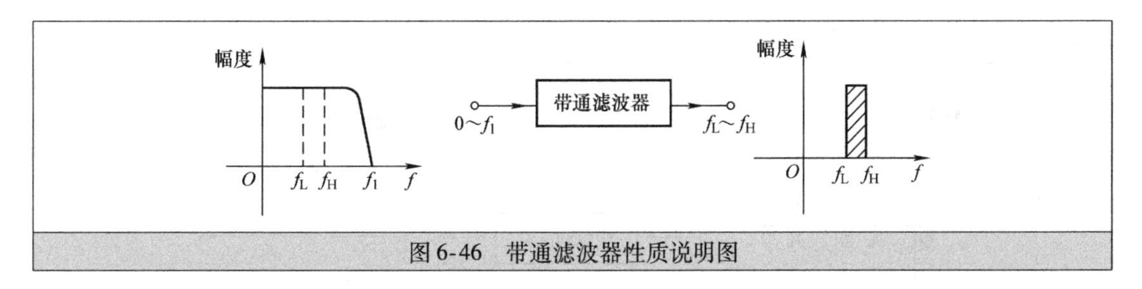

图6-46　带通滤波器性质说明图

当带通滤波器输入0～f_1频率范围的信号时，经滤波器后输出f_L～f_H频率范围的信号，这里的f_L称为下限截止频率，f_H称为上限截止频率。带通滤波器能通过频率在下限截止频率f_L和上限截止频率f_H之间的信号（含f_L、f_H信号），如果$f_L=f_H=f_0$，那么这种带通滤波器就可以选择单一频率的f_0信号。

图6-47所示是几种常见的带通滤波器。

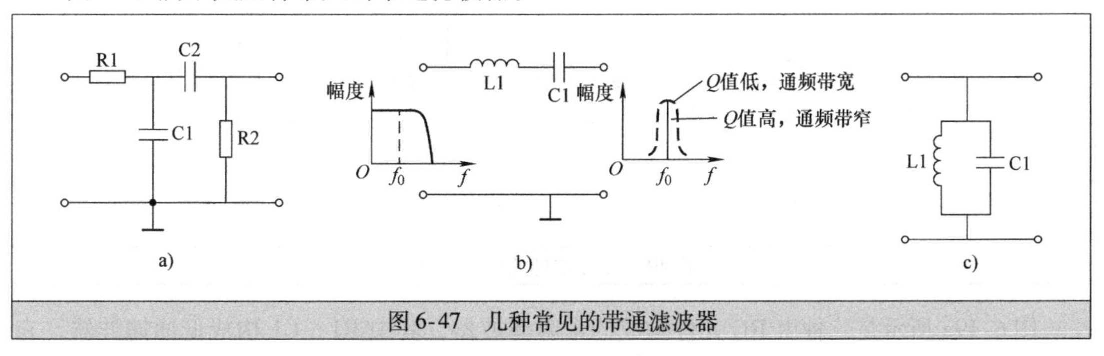

图6-47　几种常见的带通滤波器

图6-47a是一种由RC元件构成的带通滤波器，其中R1、C1构成低通滤波器，它的截止频率为f_H，可以通过f_H以下的信号，C2、R2构成高通滤波器，它的截止频率为f_L，可以通过f_L以上的信号，结果只有f_L～f_H频率范围的信号通过整个滤波器。

图6-47b是一种由LC串联谐振电路构成的带通滤波器，L1、C1谐振频率为f_0，它对频率为f_0的信号阻碍小，对其他频率信号阻碍很大，故只有频率为f_0的信号可以通过，该电路可以选取单一频率的信号，如果想让f_0附近频率的信号也能通过，就要降低谐振电路的Q值（$Q=\frac{2\pi fL}{R}$，L为电感的电感量，R为电感线圈的直流电阻），Q值越低，LC电路的通频带越宽，能通过f_0附近更多频率的信号。

图6-47c是一种由LC并联谐振电路构成的带通滤波器，L1、C1谐振频率为f_0，它对频率为f_0的信号阻碍很大，对其他频率信号阻碍小，故其他频率信号被旁路，只有频率为f_0的信号不会被旁路，而去后级电路。

6.6.4　带阻滤波器

带阻滤波器（BEF）的功能是选取某一段频率范围以外的信号。带阻滤波器又称陷波器，它的功能与带通滤波器恰好相反。下面以图6-48为例来说明带阻滤波器的性质。

当带阻滤波器输入0～f_1频率范围的信号时，经滤波器滤波后输出0～f_L和f_H～f_1频率范围的信号，而f_L～f_H频率范围内的信号不能通过。带阻滤波器能通过频率在下限截止频率f_L以下的信号和上限截止频率f_H以上的信号（不含f_L、f_H信号），如果$f_L=f_H=f_0$，那么带阻滤波器就可以选择f_0以外的所有信号。

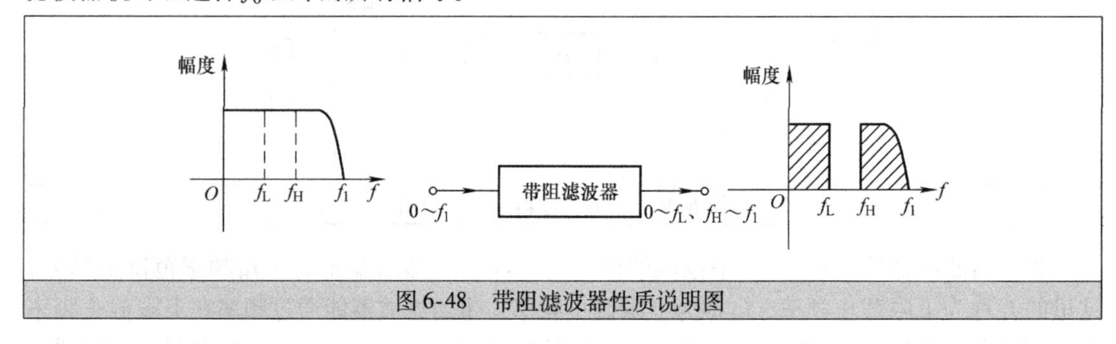

图 6-48　带阻滤波器性质说明图

图 6-49 所示是常见的几种带阻滤波器。

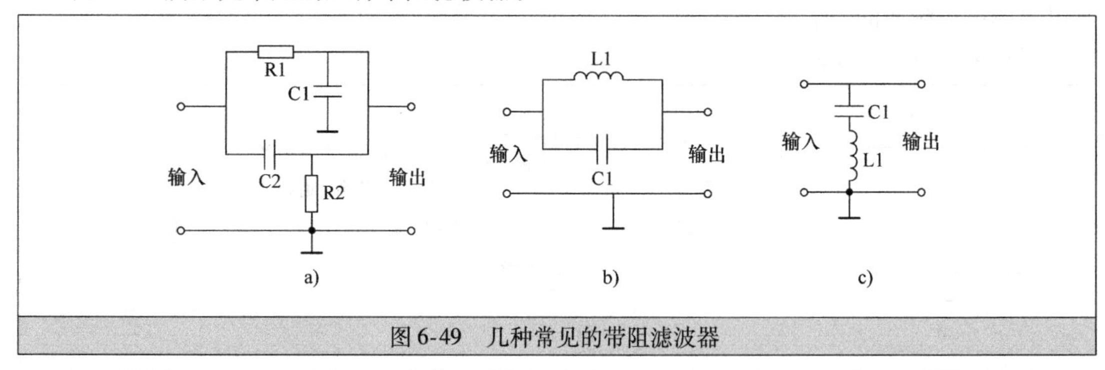

图 6-49　几种常见的带阻滤波器

图 6-49a 所示是一种由 RC 元件构成的带阻滤波器，其中 R1、C1 构成低通滤波器，它的截止频率为f_L，可以通过f_L以下的信号，C2、R2 构成高通滤波器，它的截止频率为f_H，可以通过f_H以上的信号，结果只有频率在f_L以下和f_H以上范围的信号可以通过滤波器。

图 6-49b 所示是一种由 LC 并联谐振电路构成的带阻滤波器，L1、C1 谐振频率为f_0，它对频率为f_0的信号阻碍很大，而对其他频率信号阻碍小，故只有频率为f_0的信号不能通过，其他频率的信号都能通过。该电路可以阻止单一频率的信号，如果想让f_0附近频率的信号也不能通过，可以降低谐振电路的 Q 值（$Q=\frac{2\pi fL}{R}$），Q 值越低，LC 电路的通频带越宽，可以阻止f_0附近更多频率的信号通过。

图 6-49c 所示是一种由 LC 串联谐振电路构成的带阻滤波器，L1、C1 谐振频率为f_0，它仅对频率为f_0的信号阻碍很小，故只有频率为f_0的信号被旁路到地，其他频率信号不会被旁路，而是去后级电路。

6.6.5　有源滤波器

无源滤波器一般由 LC 或 RC 元件构成，无信号放大功能，有源滤波器一般由有源器件（运算放大器）和 RC 元件构成，它的优点是不采用大电感和大电容，故体积小、质量小，并且对选取的信号有放大功能；其缺点是因为运算放大器频率带宽不够理想，所以有源滤波器常用在几千赫频率以下的电路中，高频电路中采用 LC 无源滤波电路效果更好。

1. 一阶低通滤波器

一阶低通滤波器如图 6-50 所示。

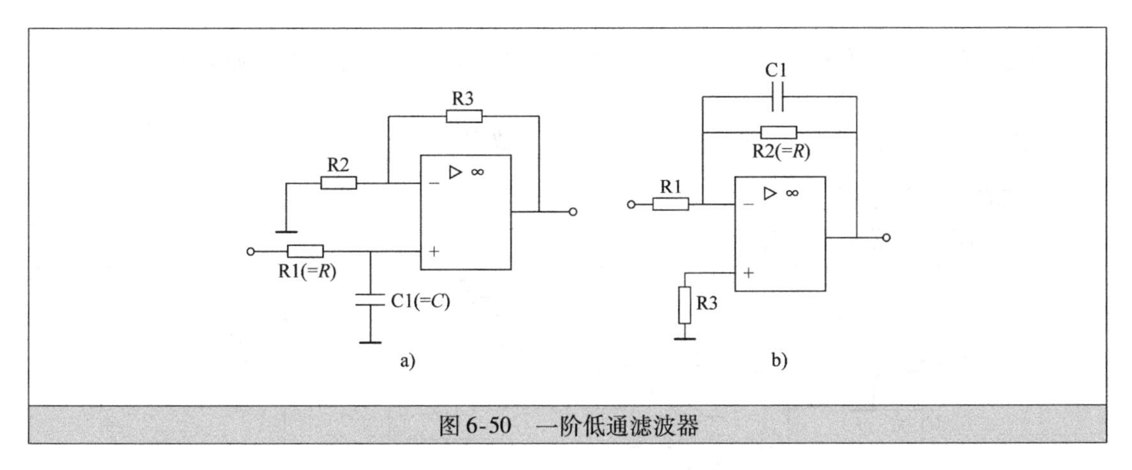

图 6-50 一阶低通滤波器

在图 6-50a 中，R1、C1 构成低通滤波器，它选出低频信号后，再送到运算放大器放大，运算放大器与 R2、R3 构成同相放大电路。该滤波器的截止频率 $f_0=\frac{1}{2\pi RC}$，即该电路只让频率在 f_0 以下的低频信号通过。

在图 6-50b 中，R2、C1 构成负反馈电路，因为电容 C1 对高频信号阻碍很小，所以从输出端经 C1 反馈到输入端的高频信号很多，由于是负反馈，反馈信号将输入的高频信号抵消，而 C1 对低频信号阻碍大，负反馈到输入端的低频信号很少，低频信号抵消少，大部分低频信号送到运算放大器输入端，并经放大后输出。该滤波器的截止频率 $f_0=\frac{1}{2\pi RC}$。

2. 一阶高通滤波器

一阶高通滤波器如图 6-51 所示。

R1、C1 构成高通滤波器，高频信号很容易通过电容 C1 并送到运算放大器输入端，运算放大器与 R2、R3 构成同相放大电路。该滤波器的截止频率 $f_0=\frac{1}{2\pi RC}$。

3. 二阶带通滤波器

二阶带通滤波器如图 6-52 所示。

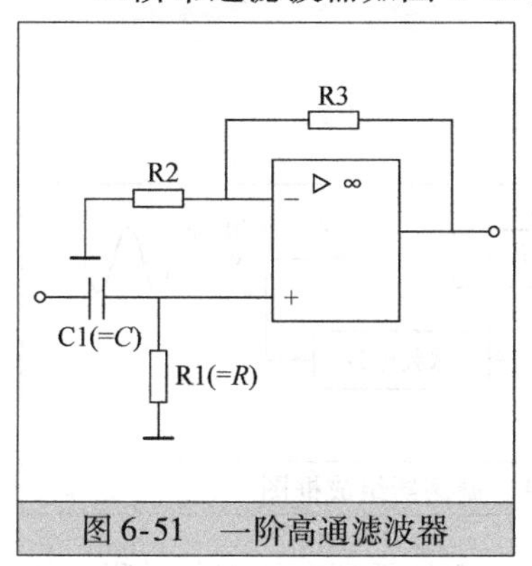

图 6-51 一阶高通滤波器

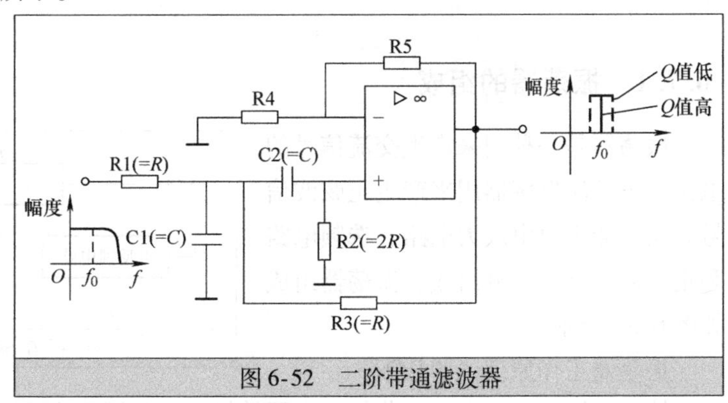

图 6-52 二阶带通滤波器

R1、C1 构成低通滤波器，它可以通过 f_0 以下的低频信号（含 f_0 的信号）；C2、R2 构成高通滤波器，可以通过 f_0 以上的高频信号（含 f_0 的信号），结果只有 f_0 信号送到运算放大器放大而输出。

该滤波器的截止频率$f_0=\frac{1}{2\pi RC}$，带通滤波器的Q值越小，滤波器的通频带越宽，可以通过f_0附近更多频率的信号。带通滤波器的品质因数$Q=\frac{1}{3-A_u}$，这里的$A_u=1+\frac{R_5}{R_4}$。

4. 二阶带阻滤波器

二阶带阻滤波器如图6-53所示。

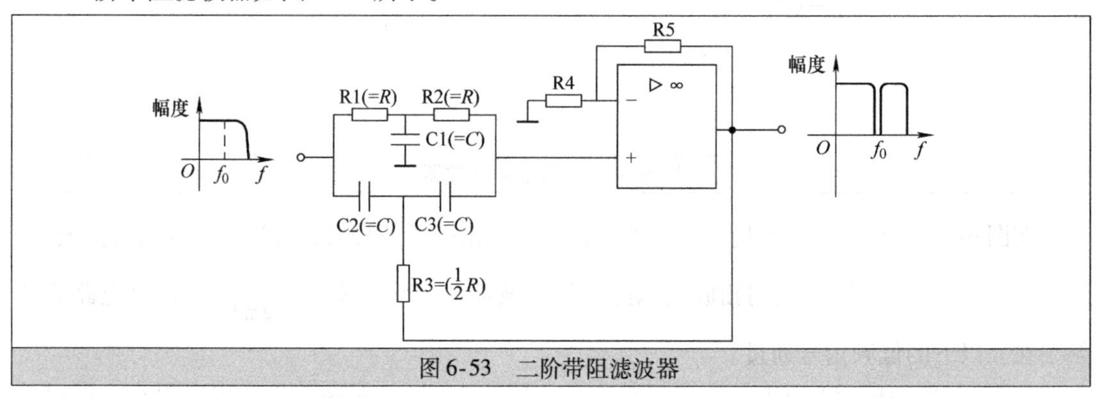

图6-53　二阶带阻滤波器

R1、C1、R2构成低通滤波器，它可以通过f_0以下的低频信号（不含f_0的信号）；C2、C3、R3构成高通滤波器，可以通过f_0以上的高频信号（不含f_0的信号），结果只有f_0信号无法送到运算放大器输入端。

该滤波器的截止频率$f_0=\frac{1}{2\pi RC}$，带阻滤波器的Q值越小，滤波器的阻带越宽，可以阻止f_0附近更多频率的信号通过。带阻滤波器的品质因数$Q=\frac{1}{2\cdot(2-A_u)}$，这里的$A_u=1+\frac{R_5}{R_4}$。

6.7　振荡器基础知识

6.7.1　振荡器的组成

振荡器是一种用来产生交流信号的电路。正弦波振荡器用来产生正弦波信号。振荡器主要由放大电路、选频电路和正反馈电路三部分组成。振荡器组成如图6-54所示。

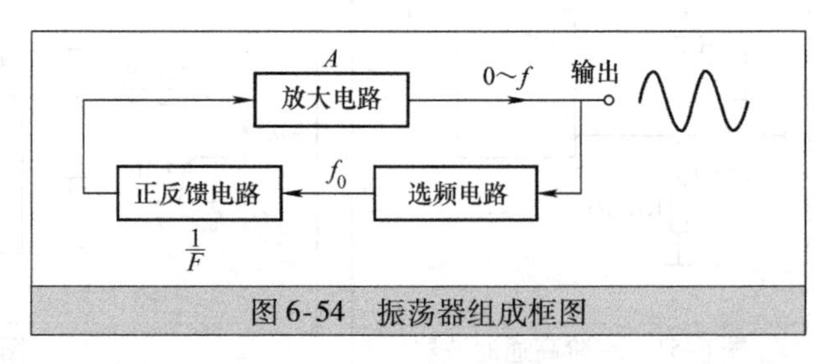

图6-54　振荡器组成框图

振荡器工作原理说明如下：

接通电源后，放大电路获得供电开始导通，导通时电流有一个从无到有的变化过程，该变化的电流中包含有微弱的0～∞Hz各种频率信号，这些信号输出并送到选频电路，选频电路从中选出频率为f_0的信号，f_0信号经正反馈电路反馈到放大电路的输入端，放大后输出幅度较大的f_0信号，f_0信号又经选频电路选出，再通过正反馈电路反馈到放大电路输入端进行放大，然后输出幅度更大的f_0信号，接着又选频、反馈和放大，如此反复，放大电路输出的f_0信号越来越大，随着f_0信号不断增大，由于晶体管非线性原因（即晶体管输入信号达到一定幅度时，放大能力会下降，幅度越大，放大能力下降越多），放大电路的放大倍数A自动不断减小。

放大电路输出的f_0信号不是全部都反馈到放大电路的输入端，而是经反馈电路衰减了再送到放大电路输入端，设反馈电路反馈衰减倍数为$1/F$。在振荡器工作后，放大电路的放大倍数A不断减小，当放大电路的放大倍数A与反馈电路的衰减倍数$1/F$相等时，输出的f_0信号幅度不会再增大。例如f_0信号被反馈电路衰减了10倍，再反馈到放大电路放大10倍，输出的f_0信号不会变化，电路输出稳定的f_0信号。

6.7.2 振荡器的工作条件

从前面振荡器工作原理知道，振荡器正常工作需要满足下面两个条件：

1. 相位条件

相位条件要求电路的反馈为正反馈。

振荡器没有外加信号，它是将反馈信号作为输入信号，振荡器中的信号相位会有两次改变，放大电路相位改变Φ_A（又称相移Φ_A），反馈电路相位改变Φ_F，振荡器相位条件要求满足：

$$\Phi_A + \Phi_F = 2n\pi \quad (n = 0, 1, 2\cdots)$$

只有满足了上述条件才能保证电路的反馈为正反馈。例如放大电路将信号倒相180°（$\Phi_A = \pi$），那么反馈电路必须再将信号倒相180°（$\Phi_F = \pi$），这样才能保证电路的反馈才是正反馈。

2. 幅度条件

幅度条件指振荡器稳定工作后，要求放大电路的放大倍数A与反馈电路的衰减倍数$\frac{1}{F}$相等，即

$$A = \frac{1}{F}$$

只有这样才能保证振荡器能输出稳定的交流信号。

在振荡器刚起振时，要求放大电路的放大倍数A大于反馈电路的衰减倍数$1/F$，即$A > 1/F$（$AF > 1$），这样才能让输出信号幅度不断增大，当输出信号幅度达到一定值时，就要求$A = 1/F$（可以通过减小放大电路的放大倍数A或增大反馈电路的衰减倍数来实现），这样才能让输出信号幅度达到一定值时稳定不变。

6.8 RC振荡器（低频振荡器）

RC振荡器的功能是产生低频信号。由于这种振荡器的选频电路主要由电阻、电容组成，所以称为RC振荡器，常见RC振荡器有RC移相式振荡器和RC桥式振荡器。

6.8.1 RC移相式振荡器

RC移相式振荡器又分为超前移相式RC振荡器和滞后移相式RC振荡器。

1. 超前移相式 RC 振荡器

超前移相式 RC 振荡器如图 6-55 所示。

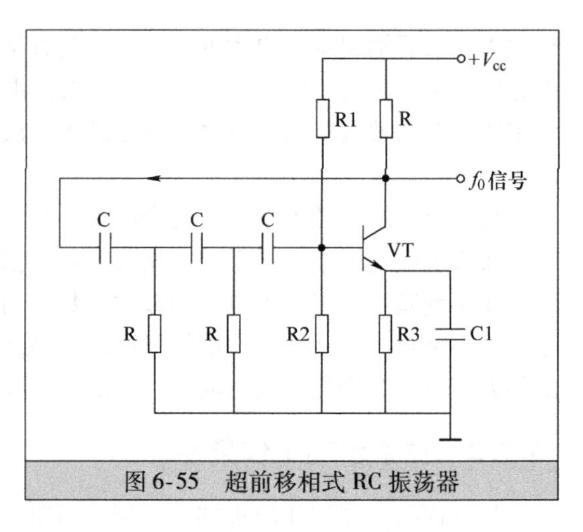

图 6-55　超前移相式 RC 振荡器

图 6-55 中的三组相同 RC 元件构成三节超前移相电路，每组 RC 元件都能对频率为f_0的信号进行 60° 超前移相，这里的 $f_0=\frac{1}{2\pi\sqrt{6}RC}$，而对其他频率的信号也能进行超前移相，但移相大于或小于 60°。三节 RC 超前移相电路共同对频率为f_0的信号进行 180°超前移相，能将 0°转换成 180°，或将 180°转换成 360°。

先来判断电路的反馈类型：

假设晶体管 VT 基极输入相位为 0°的信号，经过 VT 倒相放大后，从集电极输出 180°信号，该信号经三节 RC 元件移相并反馈到 VT 的基极，由于移相电路只能对频率为f_0的信号移相 180°（$f_0=\frac{1}{2\pi\sqrt{6}RC}$），而对其他频率信号移相大于或小于 180°，所以三节 RC 元件只能将 180°的f_0信号转换成 360°的f_0信号，因为 360°也即是 0°，故反馈到 VT 的基极反馈信号与先前假设的输入信号相位相同，所以对f_0信号来说，该反馈为正反馈。而 RC 移相电路对 VT 集电极输出的其他频率信号移相不为 180°，故不是正反馈。

电路振荡过程：

接通电源后，晶体管 VT 导通，集电极输出各种频率的信号，这些信号经三节 RC 元件移相并反馈到 VT 的基极，只有频率为f_0的信号被移相 180°而形成正反馈，f_0信号再经放大、反馈、放大……VT 集电极输出的f_0信号越来越大，随着反馈到 VT 基极的f_0信号不断增大，晶体管放大倍数不断下降，当晶体管放大倍数下降到与反馈衰减倍数相等时（VT 集电极输出信号反馈到基极时，三节 RC 电路对反馈信号有一定的衰减），VT 输出幅度稳定不变的f_0信号。对于其他频率的信号虽然也有反馈、放大过程，但因为不是正反馈，每次反馈不但不能增强信号，反而使信号不断削弱，最后都会消失。

从上面的分析过程可以看出，超前移相式 RC 振荡器的 RC 移相电路既是正反馈电路，又是选频电路，其选频频率均为 $f_0=\frac{1}{2\pi\sqrt{6}RC}$。

2. 滞后移相式 RC 振荡器

滞后移相式 RC 振荡器如图 6-56 所示。

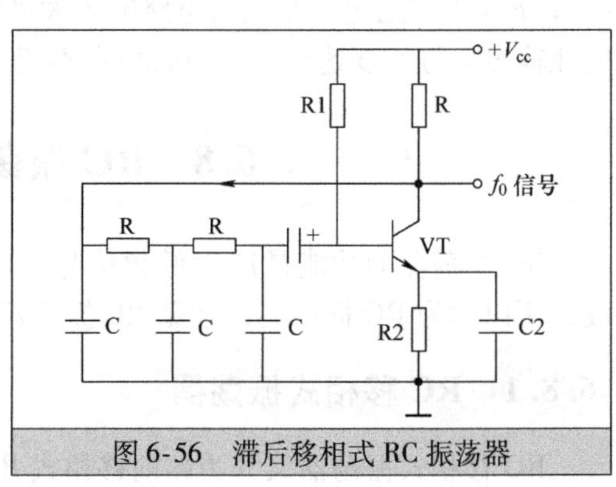

图 6-56　滞后移相式 RC 振荡器

图 6-56 中的三组相同 RC 元件构成三节滞后移相电路，每节 RC 元件都能对频率为f_0的信号进行 −60°滞后移相，这里的 $f_0=\frac{\sqrt{6}}{2\pi RC}$，而对其他频率的信号也能进行滞后移相，但移相大于或小于 60°。三节 RC 滞后移相电路共同对频率为f_0的信号进行 −180°滞后移相，能将 0°转换成

$-180°$，或将 $180°$ 转换成 $0°$。

先来判断电路的反馈类型：

假设晶体管 VT 基极输入相位为 0°的信号，经过 VT 倒相放大后，从集电极输出 180°信号，该信号经三节 RC 元件移相并反馈到 VT 的基极，由于移相电路只能对频率为 f_0 的信号滞后移相 180°（$f_0=\frac{\sqrt{6}}{2\pi RC}$），所以能将 180°的 f_0 信号转换成 0°的 f_0 信号，反馈到 VT 的基极，反馈信号与先前假设输入的信号相位相同，所以对 f_0 信号来说，该反馈为正反馈。而 RC 移相电路对其他频率的信号移相不为 180°，故不是正反馈。

滞后移相式 RC 振荡器与超前移相式 RC 振荡器工作过程基本相同，这里不再叙述。

6.8.2 RC 桥式振荡器

RC 桥式振荡器需用到 RC 串并联选频电路，故又称为 RC 串并联振荡器。

1. RC 串并联电路

RC 串并联电路图 6-57 所示，电路中的 $R_1=R_2=R$，$C_1=C_2=C$。为了分析电路的性质，给电路输入一个电压不变而频率可调的交流信号，在电路输出端使用一只电压表测量输出电压。

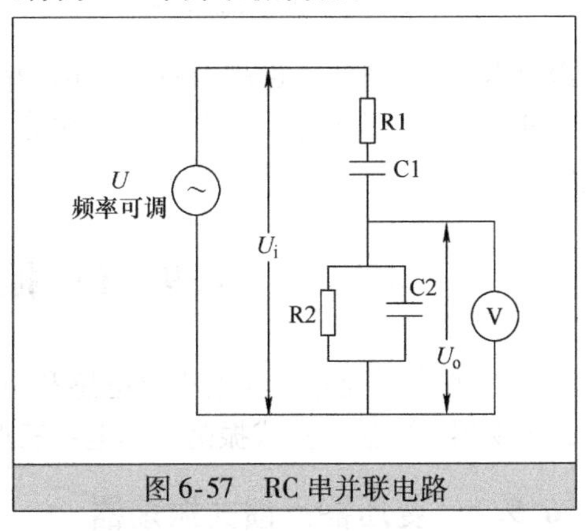

图 6-57 RC 串并联电路

将输入交流信号频率 f 从 0Hz 开始慢慢调高，同时观察电压表指示，会发现电压表指示的电压值慢慢由小变大，当交流信号频率 $f=f_0=\frac{1}{2\pi RC}$ 时，输出电压 U_o 达到最大值，$U_o=\frac{1}{3}U_i$，当交流信号频率再继续调高时，输出电压又开始减小。

根据上述情况可知，如果给 RC 串并联电路输入各种频率信号，只有频率 $f=f_0=\frac{1}{2\pi RC}$ 的信号才有较大的电压输出，也就是说，RC 串并联电路能从众多的信号中选出频率为 f_0 的信号。

另外，RC 串并联电路对频率为 f_0 以外的信号还会进行移相（对频率为 f_0 的信号不会移相），例如当输入相位为 0°但频率不等于 f_0 的信号时，电路输出的信号相位就不再是 0°。

2. RC 桥式振荡器

RC 桥式振荡器如图 6-58 所示，从图中可以看出，该振荡器由一个同相运算放大电路和 RC 串并联电路组成。

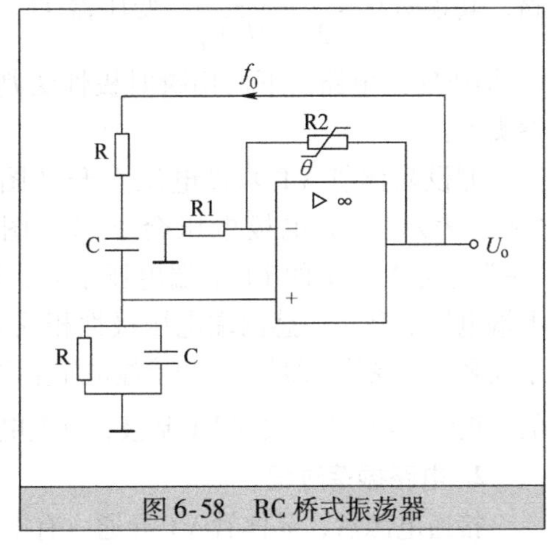

图 6-58 RC 桥式振荡器

先来分析该电路是否具备正反馈：

假设运算放大器的“+”端输入相位为 0°的信号，经放大器放大后输出的信号相位仍是 0°，输出信号通过 RC 串并联电路反馈到运算放大器“+”端，因为 RC 串并联电路不会对频率为f_0的信号（$f_0=\frac{1}{2\pi RC}$）移相，故反馈到“+”端的f_0信号相位仍为0°。对频率为f_0的信号来说，该反馈为正反馈；对其他频率信号而言，因为 RC 电路会对它们进行移相，导致反馈到“+”端的信号相位不再是0°，所以不是正反馈。

电路振荡过程分析：

接通电源后，运算放大器输出微弱的各种频率信号，它们经 RC 串并联电路反馈到运算放大器的“+”端，因为 RC 串、并联电路的选频作用，所以只有频率为f_0的信号反馈到“+”端的电压最高。f_0信号经放大器放大后输出，然后又反馈到“+”端，如此放大、反馈过程反复进行，放大器输出的f_0信号幅度越来越大。

R2 为负温度系数热敏电阻，当运算放大器输出的f_0信号幅度较小时，流过 R2 的反馈信号小，R2 阻值大，放大器的电压放大倍数A_u大（$A_u=1+\frac{R_2}{R_1}$），随着f_0信号幅度越来越大，流过 R2 的反馈信号也越来越大，R2 温度升高，阻值变小，放大器的电压放大倍数下降，当$A_u=3$时，衰减倍数与放大倍数相等，输出的f_0信号幅度不再增大，电路输出幅度稳定的f_0信号。

6.9 LC 振荡器（高频振荡器）

LC 振荡器是指选频电路由电感和电容构成的振荡器。常见的 LC 振荡器有变压器反馈式振荡器、电感三点式振荡器和电容三点式振荡器。

6.9.1 变压器反馈式振荡器

变压器反馈式振荡器如图 6-59 所示。

1. 电路组成及工作条件的判断

晶体管 VT 和电阻 R1、R2、R3 等元件构成放大电路；绕组 L1、电容 C1 构成选频电路，其频率$f_0=\frac{1}{2\pi\sqrt{L_1C_1}}$，变压器 T1、电容 C3 构成反馈电路。下面用瞬时极性法判断反馈类型：

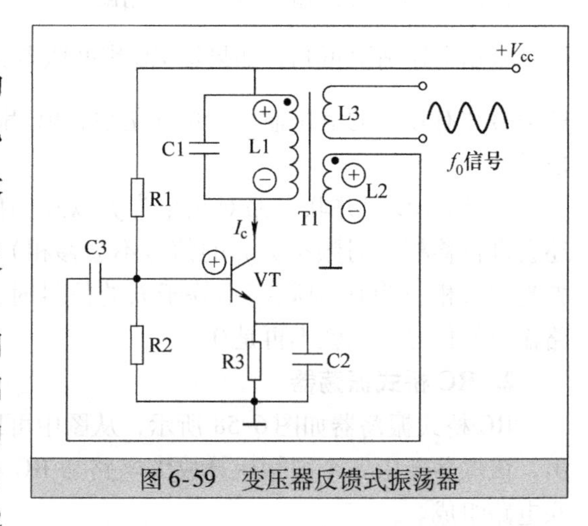

图 6-59　变压器反馈式振荡器

假设晶体管 VT 基极电压上升（图中用“+”表示），集电极电压会下降（图中用“-”表示），T1 的 L1 下端电压下降，L1 的上端电压上升（电感两端电压极性相反），由于同名端的缘故，绕组 L2 的上端电压上升，L2 的上正电压经 C3 反馈到 VT 基极，反馈电压变化与假设的电压变化相同，故该反馈为正反馈。

2. 电路振荡过程

接通电源后，晶体管 VT 导通，有电流I_c经 L1 流过 VT，I_c是一个变化的电流（由小到大），它包含着微弱的 0 ~ ∞ Hz 各种频率信号，因为 L1、C1 构成的选频电路的频率为 f_0，它从这些信号中选出 f_0 信号，选出后在 L1 上有 f_0 信号电压（其他频率信号在 L1 上没有电压或电压很小），L1 上的 f_0 信号电压感应到 L2 上，L2 上的 f_0 信号电压再通过 C3 耦合到 VT 的基极，放大后从集电极输出，选频电路将放大的 f_0 信号选出，在 L1 上有更高的 f_0 信号电压，该信号又感应到 L2 上再反馈到 VT 的基极，如此反复进行，VT 输出的 f_0 信号幅度越来越大，反馈到 VT 基极的 f_0 信号也越来越大。随着反馈信号逐渐增大，VT 放大电路的放大倍数 A 不断减小，当放大电路的放大倍数 A 与反馈电路的衰减倍数 $1/F$（主要由 L1 与 L2 的匝数比决定）相等时，VT 输出送到 L1 上的 f_0 信号电压不能再增大，L1 上幅度稳定的 f_0 信号电压感应到 L3 上，送给需要 f_0 信号的电路。

6.9.2 电感三点式振荡器

电感三点式振荡器如图 6-60 所示，为了分析方便，先画出该电路的交流等效图。电路的交流等效图不考虑电路的直流工作情况，只考虑电路的交流工作情况，下面以绘制图 6-60所示的电感三点式振荡器为例来说明电路的交流等效图的绘制要点，其绘制过程如图6-61所示，具体步骤如下。

第一步：将电源正极 $+V_{cc}$ 与地（负极）用导线连接起来，如图 6-61a 所示。这是因为直流电源的内阻很小，对交流信号相当于短路，故对交流信号来说，电源正负极之间相当于导线。

第二步：将电阻 R1、R2、R3、R4 这些元件去掉，如图 6-61b 所示。这是因为这些电阻是用来为晶体管提供直流工作条件的，并且对电路中的交流信号影响很小，故可去掉。

第三步：将电容 C1、C3、C4 用导线代替，如图 6-61c 所示。这是因为电容 C1、C3、C4 的容量很大，对电路中的交流信号阻碍很小，相当于短路，故可用导线取代，C2 容量小，对交流信号不能相当于短路，故应保留。

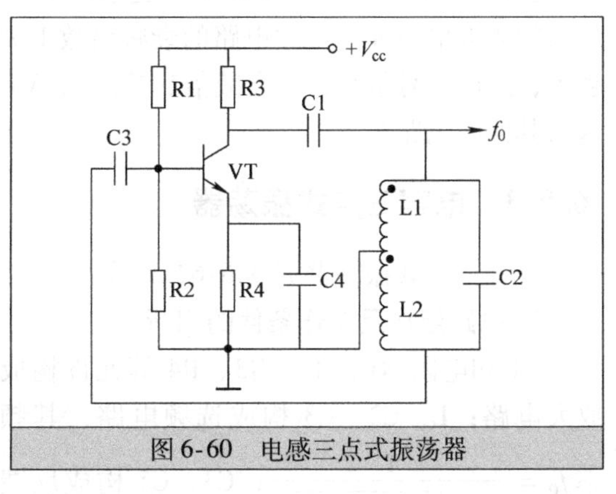

图 6-60 电感三点式振荡器

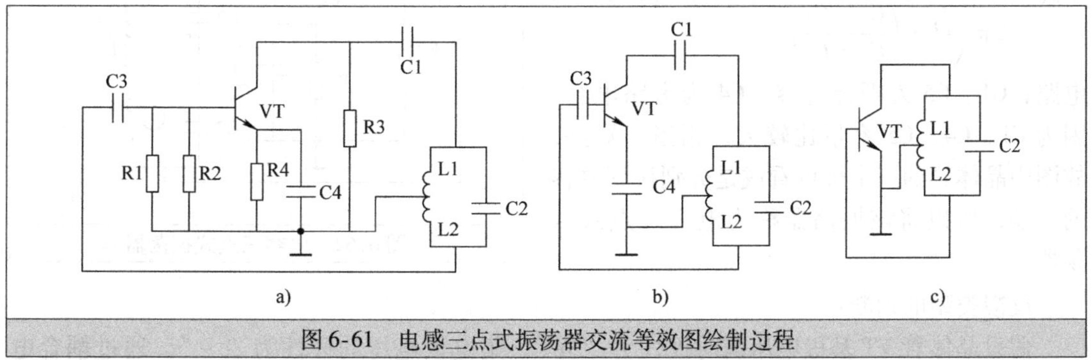

图 6-61 电感三点式振荡器交流等效图绘制过程

经过上述三个步骤画出来的图 6-61c 电路就是图 6-60 电路的交流等效图。从等效图可以看出，晶体管的三个极连到电感的三端，所以将该振荡器称为电感三点式振荡器。

电感三点式振荡器分析如下：

1. 电路组成及工作条件的判断

晶体管 VT 和电阻 R1、R2、R3、R4 等元件构成放大电路；L1、L2、C2 构成选频电路，其频率 $f_0=\dfrac{1}{2\pi\sqrt{(L_1+L_2)C_2}}$；L2、C3 构成反馈电路；C1、C3 为耦合电容，C2 为旁路电容。

反馈类型判断：

假设 VT 基极电压上升，集电极电压会下降，该电压通过耦合电容 C1 使绕组 L（分成 L1、L2 两部分）的上端下降，它的下端电压就上升（绕组两端电压极性相反），下端上升的电压经 C3 反馈到 VT 基极，反馈电压变化与假设的电压变化相同，故该反馈为正反馈。

2. 电路振荡过程

接通电源后，晶体管 VT 导通，有电流 I_c 流过 VT，I_c 是一个变化的电流（由小到大），它包含着各种频率的信号。L1、L2、C1 构成的选频电路的频率为 f_0，它从 VT 集电极输出的各种频率的信号中选出 f_0 信号，选出后在 L1、L2 上有 f_0 信号电压（其他频率信号在 L1、L2 上没有电压或电压很小），L2 上的 f_0 信号电压通过电容 C3 耦合到 VT 的基极，经 VT 放大后，f_0 信号从集电极输出，又送到选频电路，在 L1、L2 上的 f_0 信号电压更高，L2 上的 f_0 信号再反馈到 VT 的基极，如此反复进行，VT 输出的 f_0 信号幅度越来越大，反馈到 VT 基极的 f_0 信号也越来越大。随着反馈信号逐渐增大，VT 放大电路的放大倍数 A 不断减小，当放大电路的放大倍数 A 与反馈电路的衰减倍数 $1/F$ 相等时（衰减倍数主要由 L2 匝数决定，匝数越少，反馈信号越小，即衰减倍数越大），VT 输出的 f_0 信号不能再增大，稳定的 f_0 信号输出送给其他的电路。

6.9.3 电容三点式振荡器

电容三点式振荡器如图 6-62 所示。

1. 电路组成及工作条件的判断

VT 和电阻 R1、R2、R3、R4 等元件构成放大电路；L、C2、C3 构成选频电路，其频率 $f_0=\dfrac{1}{2\pi\sqrt{L\cdot\left(\dfrac{C_2\cdot C_3}{C_2+C_3}\right)}}$；C3、C5 构成反馈电路；C1、C5 为耦合电容，C4 为旁路电容。因为 C1、C4、C5 容量比较大，相当于短路，故图中晶体管的三个极可看成是分别接到电容的三端，所以将该振荡器称为电容三点式振荡器。

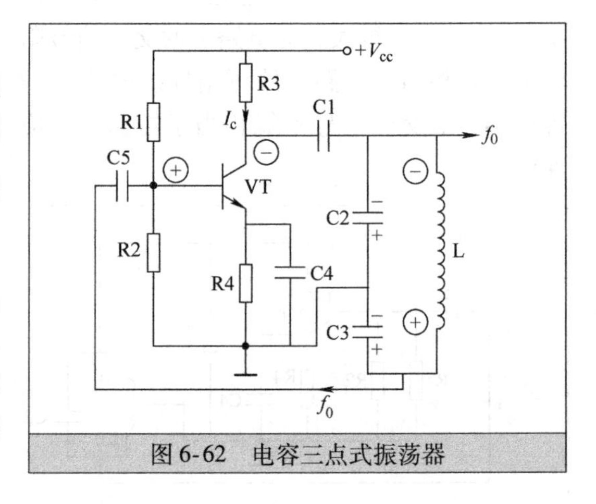

图 6-62 电容三点式振荡器

反馈类型的判断：

假设晶体管 VT 基极电压瞬时极性为“+”，集电极电压的极性为“-”，通过耦合电容 C1 使 C2 的上端极性为“-”，C2 的下端极性为“+”，C3 上端的极性为“-”，C3 下端的极性为“+”，C3 下正电压反馈到 VT 基极，反馈信号电压的极性与假设的电压极性变化一致，故反馈为正反馈。

2. 电路振荡过程

接通电源后，晶体管 VT 导通，有电流 I_c流过 VT，I_c是一个变化的电流（由小到大），它包含着各种频率的信号。这些信号经 C1 加到 L、C2、C3 构成的选频电路，选频电路从中选出f_0信号，选出后在 C2、C3 上有f_0信号电压（其他频率信号在 C2、C3 上没有电压或电压很小），C2 上的f_0信号电压通过电容 C5 耦合到 VT 的基极，经 VT 放大后f_0信号从集电极输出，又送到选频电路，在 C2、C3 上的f_0信号电压更高，C3 上的f_0信号再反馈到 VT 的基极，如此反复进行，VT 输出的f_0信号幅度越来越大，反馈到 VT 基极的f_0信号也越来越大。随着反馈信号逐渐增大，VT 放大电路的放大倍数 A 不断减小，当放大电路的放大倍数 A 与反馈电路的衰减倍数 $1/F$ 相等时（衰减倍数主要由 C2、C3 分压决定），VT 输出的f_0信号不再增大，稳定的f_0信号输出送给其他的电路。

6.10 电源电路

电路工作时需要提供电源，电源是电路工作的动力。电源的种类很多，如干电池、蓄电池和太阳电池等，但最常见的电源则是220V 交流市电。大多数电子设备供电都来自 220V 市电，不过这些电器内部电路真正需要的是直流电压，为了解决这个问题，电子设备内部通常设有电源电路，其任务是将 220V 交流电压转换成很低的直流电压，再供给内部各个电路。

电源电路通常是由整流电路、滤波电路和稳压电路组成的。电源电路的组成框图如图 6-63 所示。

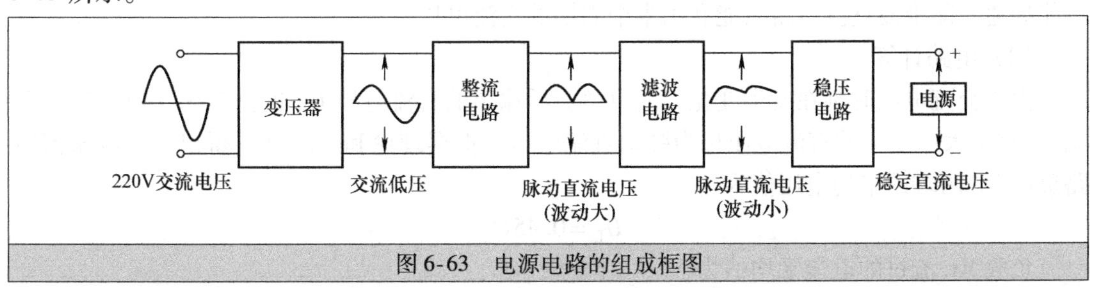

图 6-63 电源电路的组成框图

220V 的交流电压先经变压器降压，得到较低的交流电压，交流低压再由整流电路转换成脉动直流电压，该脉动直流电压的波动很大（即电压时大时小，变化幅度很大），它经滤波电路平滑后波动变小，然后经稳压电路进一步稳压，得到稳定的直流电压，供给其他电路作为直流电源。

6.10.1 整流电路

整流电路的功能是将交流电转换成直流电。整流电路主要有半波整流电路、全波整流电路、桥式整流电路和倍压整流电路等。

1. 半波整流电路

（1）电路结构与原理

半波整流电路采用一个二极管将交流电转换成直流电，它只能利用到交流电的半个周期，故称为半波整流。半波整流电路及有关电压波形如图 6-64 所示。

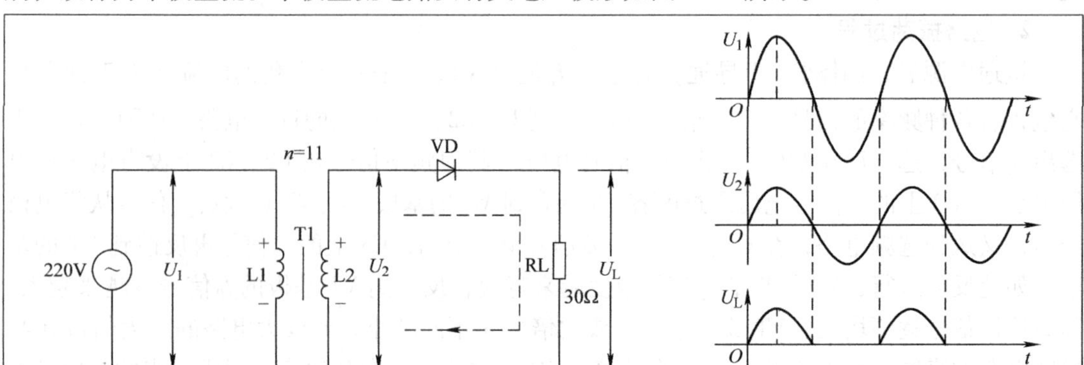

图 6-64　半波整流电路及电压波形

电路工作原理说明如下：

220V 交流电压送到变压器 T1 一次绕组 L1 两端，L1 两端的交流电压 U_1 的波形如图 6-64b 所示，该电压感应到二次绕组 L2 上，在 L2 上得到图 b 所示的较低的交流电压 U_2。当 L2 上的交流电压 U_2 为正半周时，U_2 的极性是上正下负，二极管 VD 导通，有电流流过二极管和电阻 RL，电流方向是，U_2 上正→VD→RL→U_2 下负；当 L2 上的交流电压 U_2 为负半周时，U_2 的极性是上负下正，二极管截止，无电流流过二极管 VD 和电阻 RL。如此反复工作，在电阻 RL 上会得到图 b 所示脉动直流电压 U_L。

从上面分析可以看出，半波整流电路只能在交流电压半个周期内导通，另半个周期内不能导通，即半波整流电路只能利用半个周期的交流电压。

（2）电路计算

由于交流电压时刻在发生变化，所以整流后输出的直流电压 U_L 也会变化（电压时高时低），这种大小变化的直流电压称为脉动直流电压。根据理论和实验都可得出，半波整流电路负载 RL 两端的平均电压值为

$$U_L = 0.45U_2$$

负载 RL 流过的电流平均值为

$$I_L = \frac{U_L}{R_L} = 0.45\frac{U_2}{R_L}$$

例如在图 6-64a 中，$U_1 = 220V$，变压器 T1 的匝数比 $n = 11$，负载 $R_L = 30\Omega$，那么电压 $U_2 = 220V/11 = 20V$，负载 RL 两端的电压 $U_L = 0.45 \times 20V = 9V$，RL 流过的平均电流 $I_L = 0.45 \times 20V/30\Omega = 0.3A$。

（3）元器件选用

对于整流电路，整流二极管的选择非常重要。在选择整流二极管时，主要考虑最高反向工作电压 U_{RM} 和最大整流电流 I_{RM}。

在半波整流电路中，整流二极管两端承受的最高反向电压为 U_2 的峰值，即

$$U = \sqrt{2}U_2$$

整流二极管流过的平均电流与负载电流相同，即

$$I = 0.45\frac{U_2}{R_L}$$

例如，图6-64a半波整流电路中的$U_2 = 20V$、$R_L = 30\Omega$，那么整流二极管两端承受的最高反向电压$U = \sqrt{2}U_2 \approx 1.41 \times 20V = 28.2V$，流过二极管的平均电流$I = 0.45\frac{U_2}{R_L} = 0.45 \times 20V/30\Omega = 0.3A$。

在选择整流二极管时，所选择二极管的最高反向电压U_{RM}应大于在电路中承受的最高反向电压，最大整流电流I_{RM}应大于流过二极管的平均电流。因此，要让图6-64a中的二极管正常工作，应选用U_{RM}大于28.2V、I_{RM}大于0.3A的整流二极管，若选用的整流二极管参数小于该值，则容易反向击穿或烧坏。

（4）特点

半波整流电路结构简单，使用元器件少，但整流输出的直流电压波动大，另外由于整流时只利用了交流电压的半个周期（半波），故效率很低，因此半波整流常用在对效率和电压稳定性要求不高的小功率电子设备中。

2. 全波整流电路

（1）电路结构与原理

全波整流电路采用两个二极管将交流电转换成直流电，由于它可以利用交流电的正、负半周，所以称为全波整流。全波整流电路及有关电压波形如图6-65所示，这种整流电路采用两只整流二极管，采用的变压器二次绕组L2被对称分作L2A和L2B两部分。

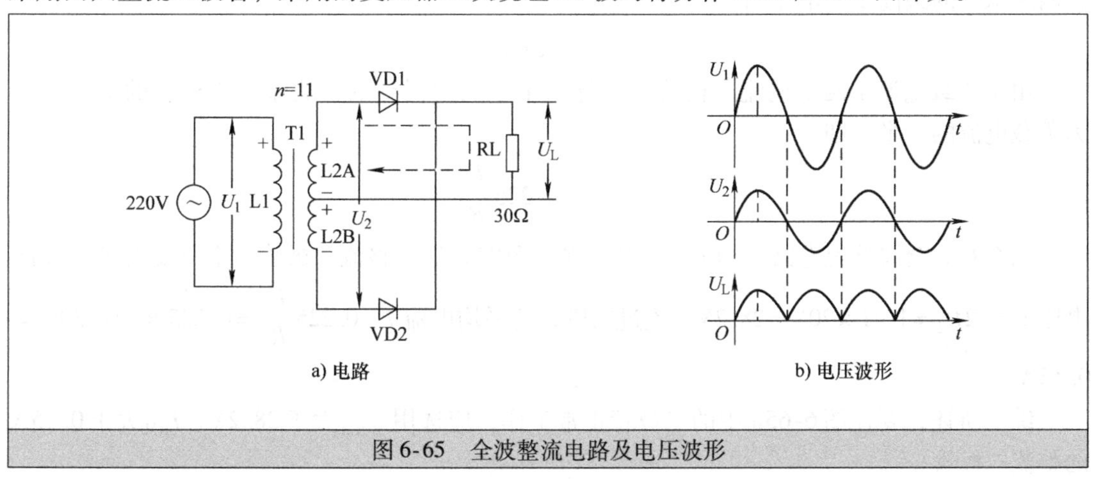

图6-65 全波整流电路及电压波形

电路工作原理说明如下：

220V交流电压U_1送到变压器T1的一次绕组L1两端，U_1电压波形如图6-65b所示。当交流电压U_1正半周送到L1时，L1上的交流电压U_1极性为上正下负，该电压感应到L2A、L2B上，L2A、L2B上的电压极性也是上正下负，L2A的上正下负电压使VD1导通，有电流流过负载RL，其途径是，L2A上正→VD1→RL→L2A下负，此时L2B的上正下负电压对VD2为反向电压（L2B下负对应VD2正极），故VD2不能导通；当交流电压U_1负半周来时，L1上的交流电压极性为上负下正，L2A、L2B感应到的电压极性也为上负下正，L2B的上负下正电压使VD2导通，有电流流过负载RL，其途径是，L2B下正→VD2→RL→L2B上负，此时L2A的上负下正电压对VD1为反向电压，VD1不能导通。如此反复工作，在RL

上会得到图 b 所示的脉动直流电压 U_L。

从上面分析可以看出，全波整流能利用到交流电压的正、负半周，效率大大提高，达到半波整流的两倍。

（2）电路计算

全波整流电路能利用到交流电压的正、负半周，故负载 RL 两端的平均电压值是半波整流两倍，即

$$U_L = 0.9U_{2A}$$

U_{2A}为变压器二次绕组 L2A 或 L2B 两端的电压，$U = U_2/2$，所以上式也可以写成

$$U_L = 0.45U_2$$

负载 RL 流过的电流平均值为

$$I_L = \frac{U_L}{R_L} = 0.45\frac{U_2}{R_L}$$

例如，图 6-65a 中的 $U_1 = 220V$，变压器 T1 的匝数比 $n = 11$，负载 $R_L = 30\Omega$，那么电压 $U_2 = 220V/11 = 20V$，负载 RL 两端的电压 $U_L = 0.45 \times 20V = 9V$，RL 流过的平均电流 $I_L = 0.45 \times 20V/30\Omega = 0.3A$。

（3）元器件选用

在全波整流电路中，每个整流二极管有半个周期处于截止，由于一只二极管截止时另一个二极管导通，整个 L2 上的电压通过导通的二极管加到截止的二极管两端，截止的二极管两端承受的最高反向电压为

$$U = \sqrt{2}U_2$$

由于负载电流是两个整流二极管轮流导通半个周期得到的，故流过二极管的平均电流为负载电流的一半，即

$$I = \frac{I_L}{2} = 0.225\frac{U_2}{R_L}$$

图 6-65a 全波整流电路中的 $U_2 = 20V$、$R_L = 30\Omega$，那么整流二极管两端承受的最高反向电压 $U = \sqrt{2}U_2 = 1.41 \times 20V = 28.2V$，流过二极管的平均电流 $I = 0.225\frac{U_2}{R_L} = 0.225 \times 20V/30\Omega = 0.15A$。

综上所述，要让图 6-65a 中的二极管正常工作，应选用 U_{RM}大于 28.2V、I_{RM}大于 0.15A 的整流二极管。

（4）特点

全波整流电路的输出直流电压脉动小，整流二极管流过的电流小，但由于两个整流二极管轮流导通，使变压器始终只有半个二次绕组工作，使变压器利用率低，从而使输出电压低、输出电流小。

3. 桥式整流电路

（1）电路结构与原理

桥式整流电路采用四个二极管将交流电转换成直流电，由于四个二极管在电路中连接与电桥相似，故称为桥式整流电路。桥式整流电路及有关电压波形如图 6-66 所示，它用到了四个整流二极管。

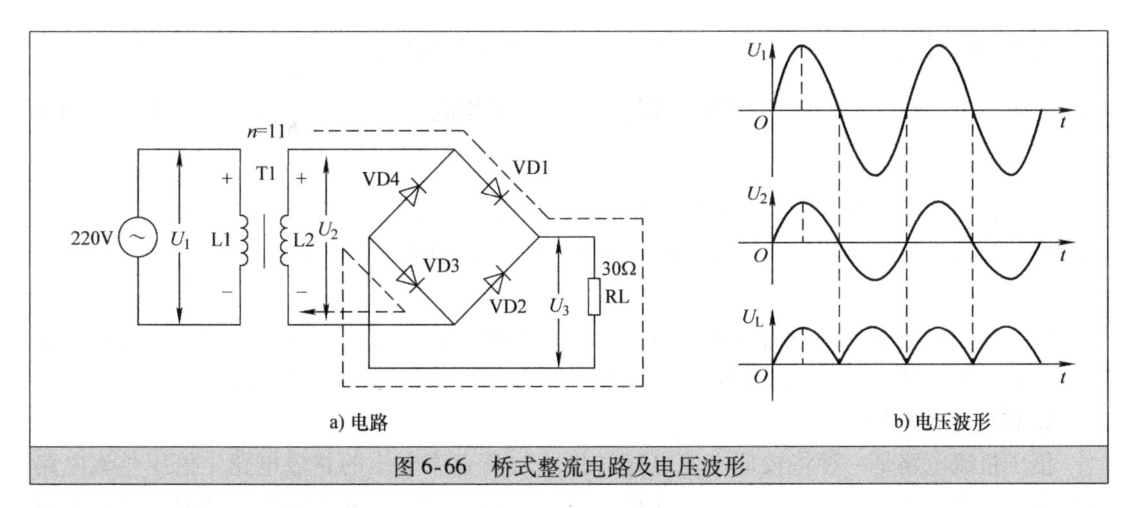

图 6-66 桥式整流电路及电压波形

电路工作原理分析如下:

220V 交流电压 U_1 送到变压器一次绕组 L1 两端，该电压经降压感应到 L2 上，在 L2 上得到 U_2，U_1、U_2 电压波形如图 6-66b 所示。当交流电压 U_1 为正半周时，L1 上的电压 U_1 极性是上正下负，L2 上感应的电压 U_2 极性也是上正下负，L2 上正下负电压 U_2 使 VD1、VD3 导通，有电流流过 RL，电流途径是，L2 上正→VD1→RL→VD3→L2 下负；当交流电压负半周来时，L1 上的电压极性是上负下正，L2 上感应的电压 U_2 极性也是上负下正，L2 上负下正电压 U_2 使 VD2、VD4 导通，电流途径是，L2 下正→VD2→RL→VD4→L2 上负。如此反复工作，在 RL 上得到图 b 所示脉动直流电压 U_L。

从上面分析可以看出，桥式整流电路在交流电压整个周期内都能导通，即桥式整流电路能利用整个周期的交流电压。

（2）电路计算

由于桥式整流电路能利用到交流电压的正、负半周，故负载 RL 两端的平均电压值是半波整流两倍，即

$$U_L = 0.9U_2$$

负载 RL 流过的电流平均值为

$$I_L = \frac{U_L}{R_L} = 0.9\frac{U_2}{R_L}$$

例如，图 6-66a 中的 $U_1 = 220V$，变压器 T1 的匝数比 $n = 11$，负载 $R_L = 30\Omega$，那么电压 $U_2 = 220V/11 = 20V$，负载 RL 两端的电压 $U_L = 0.9 \times 20V = 18V$，RL 流过的平均电流 $I_L = 0.9 \times 20V/30\Omega = 0.6A$。

（3）元器件选用

在桥式整流电路中，每个整流二极管有半个周期处于截止，在截止时，整流二极管两端承受的最高反向电压为

$$U = \sqrt{2}U_2$$

由于整流二极管只有半个周期导通，故流过整流二极管的平均电流为负载电流的一半，即

$$I = 0.45\frac{U_2}{R_L}$$

图6-66a桥式整流电路中的 $U_2=20V$、$R_L=30\Omega$，那么整流二极管两端承受的最高反向电压 $U=\sqrt{2}U_2=1.41\times20V=28.2V$，流过二极管的平均电流 $I=0.45\frac{U_2}{R_L}=0.45\times20V/30\Omega=0.3A$。

因此，要让图6-66a中的二极管正常工作，应选用 U_{RM} 大于28.2V、I_{RM} 大于0.3A的整流二极管，若选用的整流二极管参数小于该值，则容易反向击穿或烧坏。

（4）特点

桥式整流电路输出的直流电压脉动小，由于能利用到交流电压正、负半周，故整流效率高，正因为有这些优点，故大量电子设备的电源电路采用桥式整流电路。

4. 倍压整流电路

倍压整流电路是一种将较低交流电压转换成较高直流电压的整流电路。倍压整流电路可以成倍提高输出电压，根据提升电压倍数不同，倍压整流可分为两倍压整流、三倍压整流、四倍压整流……

（1）两倍压整流电路

两倍压整流电路如图6-67所示。

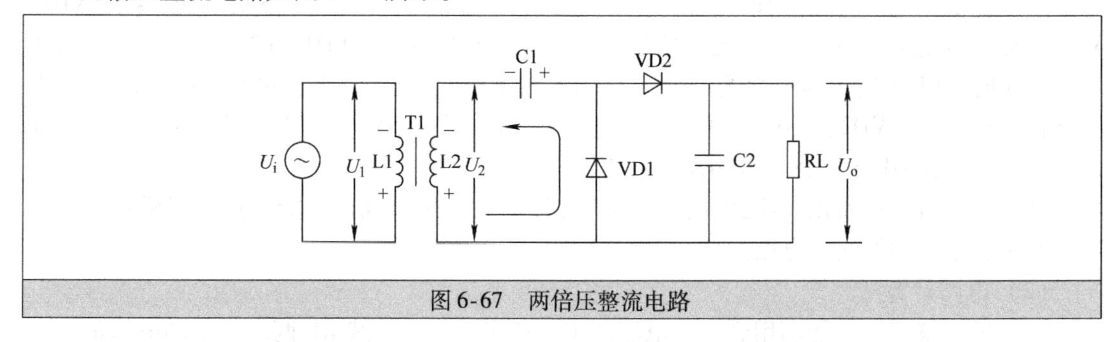

图6-67　两倍压整流电路

电路工作原理说明如下：

交流电压 U_i 送到变压器T1一次绕组L1，再感应到二次绕组L2上，L2上的交流信号电压为 U_2，U_2 最大值（峰值）为 $\sqrt{2}U_2$。当交流电压的负半周来时，L2上电压极性为上负下正，该电压经VD1对C1充电，充电途径是，L2下正→VD1→C1→L2上负，在C1上充得左负右正电压，该电压大小约为 $\sqrt{2}U_2$；当交流电压的正半周来时，L2上电压的极性为上正下负，该上正下负电压与C1上的左负右正电压叠加（与两节电池叠加相似），再经VD2对C2充电，充电途径是，C1右正→VD2→C2→L2下负（L2上的电压与C1上的电压叠加后，C1右端相当于整个电压的正极，L1下负相当于整个电压的负极），结果在C2上获得大小约为 $2\sqrt{2}U_2$ 的电压 U_o，提供给负载RL。

（2）七倍压整流电路

七倍压整流电路如图6-68所示。

七倍压整流电路的工作原理与两倍压整流电路基本相同。当 U_2 极性为上负下正时，它经VD1对C1充得左正右负电压，大小为 $\sqrt{2}U_2$；当 U_2 变为上正下负时，上正下负的 U_2 与C1左正右正电压叠加，经VD2对C2充得左正右负电压，大小为 $2\sqrt{2}U_2$；当 U_2 又变为上负下正时，上负下正的 U_2、C1上的左正右负电压与C2上的左正右负电压三个电压进行叠加，

由于 U_2、C1 上的电压极性相反，相互抵消，故叠加后总电压为 $2\sqrt{2}U_2$，它经 VD3 对 C3 充电，在 C3 上充得左正右负的电压，电压大小为 $2\sqrt{2}U_2$。电路中的 C4、C5、C6、C7 充电原理与 C3 充电基本类似，它们两端充得的电压大小均为 $2\sqrt{2}U_2$。

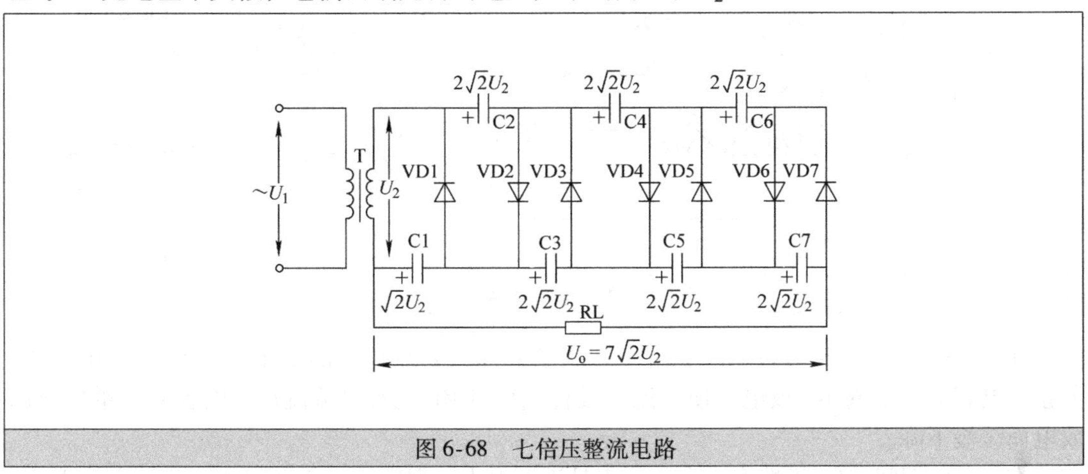

图 6-68　七倍压整流电路

在电路中，除了 C1 两端电压为 $\sqrt{2}U_2$ 外，其他电容两端电压均为 $2\sqrt{2}U_2$，总电压 U_o 取自 C1、C3、C5、C7 的叠加电压。如果在电路中灵活接线，可以获得一倍压、二倍压、三倍压、四倍压、五倍压和六倍压。

（3）倍压整流电路的特点

倍压整流电路可以通过增加整流二极管和电容的方法成倍提高输出电压，但这种整流电路输出电流比较小。

6.10.2　滤波电路

整流电路能将交流电转变为直流电，但由于交流电压大小时刻在变化，故整流后流过负载的电流大小也时刻变化。例如当变压器绕组的正半周交流电压逐渐上升时，经二极管整流后流过负载的电流会逐渐增大；而当绕组的正半周交流电压逐渐下降时，经整流后流过负载的电流会逐渐减小，这样忽大忽小的电流流过负载，负载很难正常工作。为了让流过负载的电流大小稳定不变或变化尽量小，需要在整流电路后加上滤波电路。

常见滤波电路有电容滤波电路、电感滤波电路、复合滤波电路和电子滤波电路等。

1. 电容滤波电路

电容滤波是利用电容充、放电原理工作的。电容滤波电路及有关电压波形如图 6-69 所示，电容 C 为滤波电容。220V 交流电压经变压器 T1 降压后，在 L2 上得到图 b 所示的 U_2，在没有滤波电容 C 时，负载 RL 得到电压为 U_{L1}，U_{L1} 随 U_2 波动而波动，波动变化很大，如 t_1 时刻 U_{L1} 最大，t_2 时刻 U_{L1} 变为 0，这样时大时小、时有时无的电压使负载无法正常工作，在整流电路之后增加滤波电容可以解决这个问题。

电容滤波工作原理说明如下：

在 $0\sim t_1$ 期间，U_2 极性为上正下负且逐渐上升，U_2 波形如图 6-69b 所示，VD1、VD3 导通，U_2 通过 VD1、VD3 整流输出的电流一方面流过负载 RL，另一方面对电容 C 充电，在电容 C 上充得上正下负的电压，t_1 时刻充得电压最高。

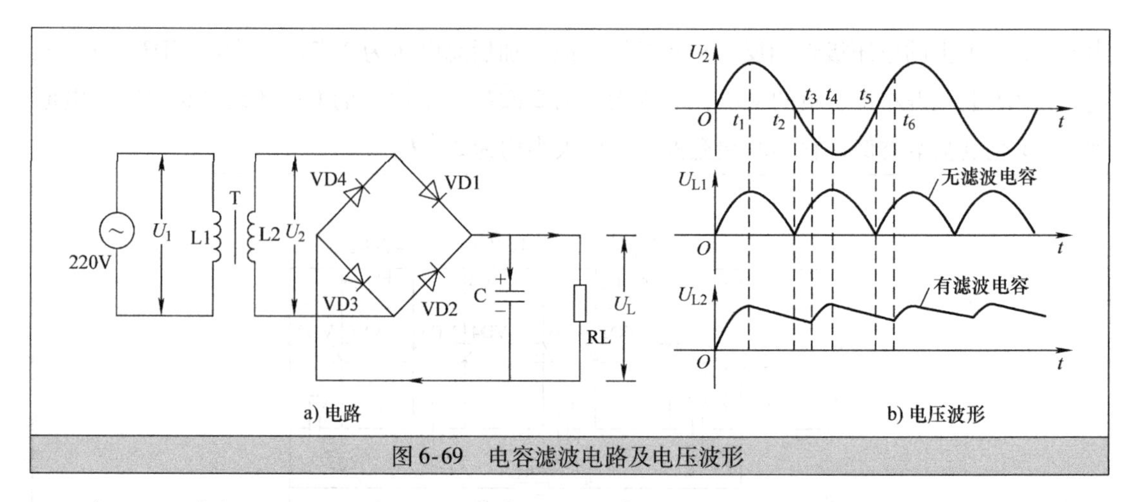

图 6-69　电容滤波电路及电压波形

在 $t_1 \sim t_2$ 期间，U_2 极性为上正下负但逐渐下降，电容 C 上的电压高于 U_2，VD1、VD3 截止，电容 C 开始对 RL 放电，使整流二极管截止时 RL 仍有电流流过，电容 C 上的电压因放电而缓慢下降。

在 $t_2 \sim t_3$ 期间，U_2 极性变为上负下正且逐渐增大，但电容 C 上的电压仍高于 U_2，VD1、VD3 截止，电容 C 继续对 RL 放电，C 上的电压继续下降。

在 $t_3 \sim t_4$ 期间，U_2 极性为上负下正且继续增大，U_2 开始大于电容 C 上的电压，VD2、VD4 导通，U_2 通过 VD2、VD4 整流输出的电流又流过负载 RL，并对电容 C 充电，在电容 C 上的上正下负的电压又开始升高。

在 $t_4 \sim t_5$ 期间，U_2 极性仍为上负下正但逐渐减小，电容 C 上的电压高于 U_2，VD2、VD4 截止，电容 C 又对 RL 放电，使 RL 仍有电流流过，C 上的电压因放电缓慢下降。

在 $t_5 \sim t_6$ 期间，U_2 极性变为上正下负且逐渐增大，但电容 C 上的电压仍高于 U_2，VD2、VD4 截止，电容 C 继续对 RL 放电，C 上的电压则继续下降。

t_6 时刻以后，电路会重复 $0 \sim t_6$ 过程，从而在负载 RL 两端（也是电容 C 两端）得到图 6-69b 所示的 U_{L2}。将图 6-69b 中的 U_{L1} 和 U_{L2} 波形比较不难发现，增加了滤波电容后在负载上得到的电压大小波动较无滤波电容时要小得多。

电容使整流电路输出电压波动变小的功能称为滤波。电容滤波的实质是在输入电压高时通过充电将电能存储起来，而在输入电压较低时通过放电将电能释放出来，从而保证负载得到波动较小的电压。电容滤波与水缸蓄水相似，如果自来水供应紧张，白天不供水或供水量很少而晚上供水量很多时，为了保证一整天能正常用水，可以在晚上水多时一边用水一边用水缸蓄水（相当于给电容充电），而在白天水少或无水时水缸可以供水（相当于电容放电），这里的水缸就相当于电容，只不过水缸存储水，而电容存储电能。

电容能使整流输出电压波动变小，电容的容量越大，其两端的电压波动越小，即电容容量越大，滤波效果越好。容量大和容量小的电容可相当于大水缸和小茶杯，大水缸蓄水多，在停水时可以供很长时间的用水，而小茶杯蓄水少，停水时供水时间短，还会造成用水时有时无。

2. 电感滤波电路

电感滤波是利用电感储能和放能原理工作的。电感滤波电路如图 6-70 所示，电感 L 为滤波电感。220V 交流电压经变压器 T 降压后，在 L2 上得到 U_2。

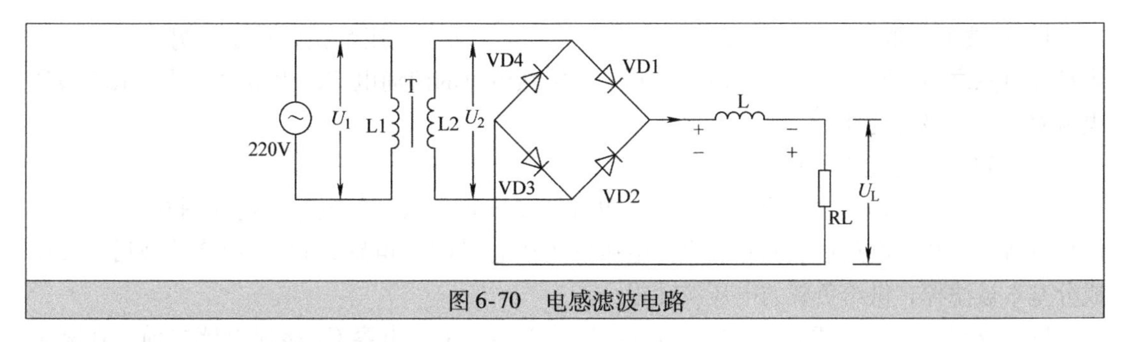

图6-70 电感滤波电路

电感滤波原理说明如下：

当 U_2 极性为上正下负且逐渐上升时，VD1、VD3 导通，有电流流过电感 L 和负载 RL，电流途径是，L2 上正→VD1→电感 L→RL→VD3→L2 下负，电流在流过电感 L 时，电感会产生左正右负的自感电动势阻碍电流，同时电感存储能量，由于电感自感电动势的阻碍，流过负载的电流缓慢增大。

当 U_2 极性为上正下负且逐渐下降时，经整流二极管 VD1、VD3 流过电感 L 和负载 RL 的电流变小，电感 L 马上产生左负右正的自感电动势开始释放能量，电感 L 的左负右正电动势产生电流，电流的途径是，L 右正→RL→VD3→L2→VD1→L 左负，该电流与 U_2 产生的电流一起流过负载 RL，使流过 RL 的电流不会因 U_2 下降而变小。

当 U_2 极性为上负下正时，VD2、VD4 导通，电路工作原理与 U_2 极性为上正下负时基本相同，这里不再叙述。

从上面分析可知，当输入电压高使整流电流大时，电感产生电动势对电流进行阻碍，避免流过负载的电流突然增大（让电流缓慢增大），而当输入电压低使整流电流小时，电感又产生反电动势，反电动势产生的电流与减小的整流电流叠加一起流过负载，避免流过负载的电流因输入电压下降而迅速减小，这样就使得流过负载的电流大小波动大大减小。

电感滤波的效果与电感的电感量有关，电感量越大，流过负载的电流波动越小，滤波效果越好。

3. 复合滤波电路

单独的电容滤波或电感滤波效果往往不理想，因此可将电容、电感和电阻组合起来构成复合滤波电路，复合滤波电路滤波效果比较好。

（1）LC 滤波电路

LC 滤波电路由电感和电容构成，其电路结构如图 6-71 虚线框内部分所示。整流电路输出的脉动直流电压先由电感 L 滤除大部分波动成分，少量的波动成分再由电容 C 进一步滤掉，供给负载的电压波动就很小。

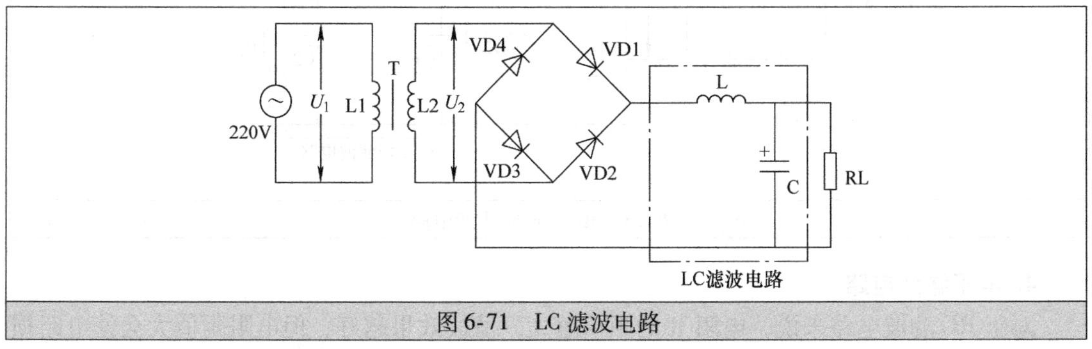

图6-71 LC 滤波电路

LC 滤波电路带负载能力很强，即使负载变化时，输出电压都比较稳定。另外，由于电容接在电感之后，在刚接通电源时，电感会对突然流过的浪涌电流产生阻碍，从而减小浪涌电流对整流二极管的冲击。

（2）LC－π 形滤波电路

LC－π 形滤波电路由一个电感和两个电容接成 π 形构成，其电路结构如图 6-72 虚线框内部分所示。整流电路输出的脉动直流电压依次经电容 C1、电感 L 和电容 C2 滤波后，波动成分基本被滤掉，供给负载的电压波动很小。

LC－π 形滤波电路滤波效果要好于 LC 滤波电路，由于电容 C1 接成电感之前，在刚接通电源时，变压器二次绕组通过整流二极管对 C1 充电的浪涌电流很大，为了缩短浪涌电流的持续时间，一般要求 C1 容量小于 C2 容量。

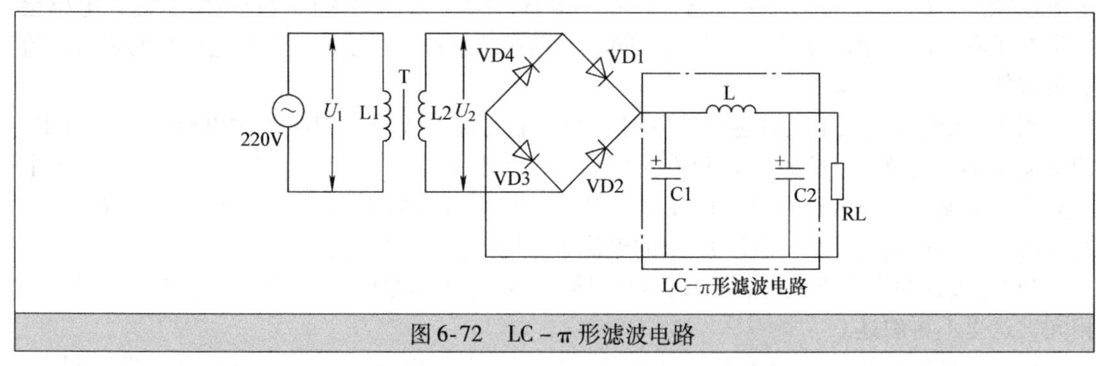

图 6-72　LC－π 形滤波电路

（3）RC－π 形滤波电路

RC－π 形滤波电路用电阻替代电感，并与电容接成 π 形构成。RC－π 形滤波电路如图 6-73 虚线框内部分所示。整流电路输出的脉动直流电压经电容 C1 滤除部分波动成分后，在通过电阻 R 时，波动电压在 R 上会产生一定压降，从而使 C2 上波动电压大大减小。R 阻值越大，滤波效果越好。

RC－π 形滤波电路成本低、体积小，但电流在经过电阻时有压降和损耗，会导致输出电压下降，所以这种滤波电路主要用在负载电流不大的电路中，另外要求 R 的阻值不能太大，一般为几十欧～几百欧，且满足 $R \ll R_L$。

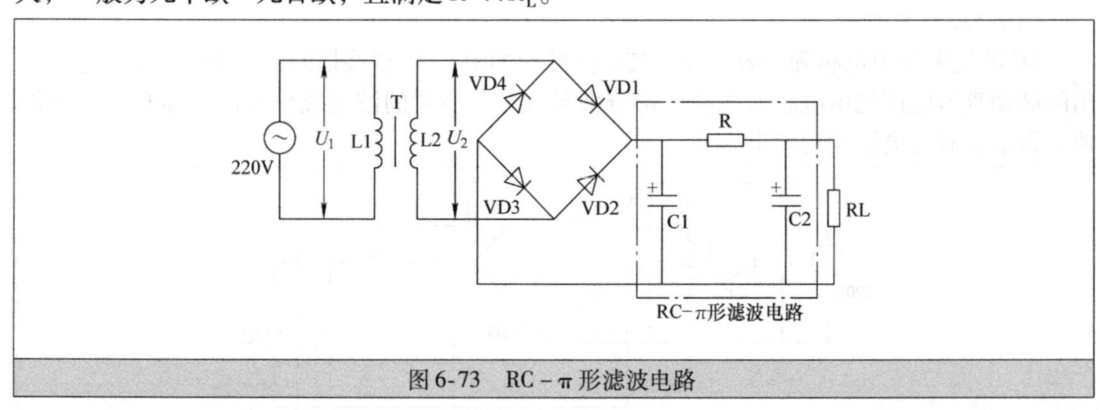

图 6-73　RC－π 形滤波电路

4. 电子滤波电路

对于 RC 滤波电路来说，电阻 R 的阻值越大，滤波效果越好，但电阻阻值大会使电路损耗增大、输出电压偏低。电子滤波电路是一种由RC滤波电路和晶体管组合构成的电路，电子滤波电路如图6-74所示，其中晶体管VT和R、C构成电子滤波电路。

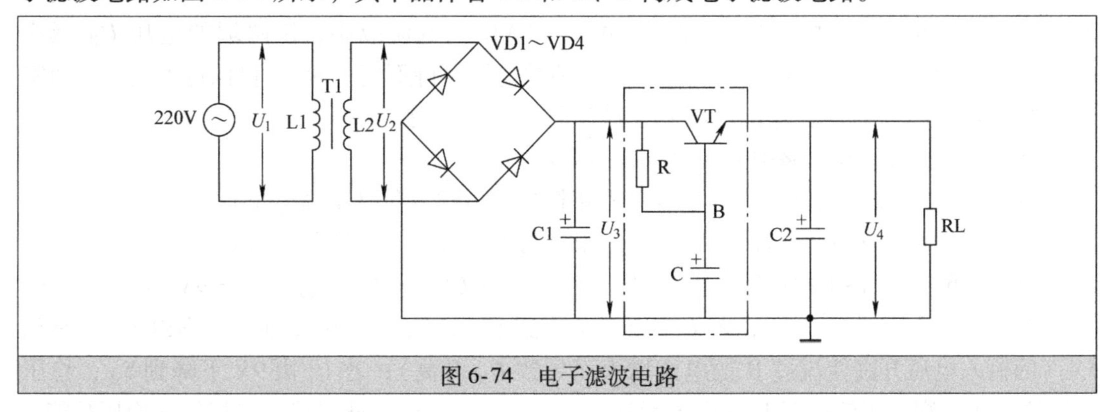

图6-74　电子滤波电路

变压器二次绕组L2两端的电压 U_2 经VD1～VD4整流后，在C1上得到脉动直流电压 U_3，该电压再经电阻R、电容C进行滤波，由于R阻值很大，大部分波动电压落在R上，加上C2具有滤波作用，电容C两端电压波动极小，也即B点电压变化小，B点电压提供给晶体管VT作基极电压，因为VT基极电压变化小，故VT基极电流 I_b 变化小，I_c 变化也很小，变化小的 I_c 对C3充电，在C3上得到的电压也变化小，即C3上的电压大小较稳定，它供给负载RL。

电子滤波电路常用在整流电流不大，但滤波要求高的电路中，R的阻值一般取几千欧，C的容量取几微法～100μF。

6.10.3　稳压电路

滤波电路可以将整流输出波动大的脉动直流电压平滑成波动小的直流电压，但如果因供电原因引起220V电压大小变化时（如220V上升至240V），经整流得到的脉动直流电压平均值随之会变化（升高），滤波供给负载的直流电压也会变化（升高）。为了保证在市电电压大小发生变化时，提供给负载的直流电压始终保持稳定，还需要在整流滤波电路之后增加稳压电路。

1. 简单的稳压电路

稳压二极管是一种具有稳压功能的元件，采用稳压二极管和限流电阻可以组成简单的稳压电路。简单稳压电路如图6-75所示，它由稳压二极管VS和限流电阻R组成。

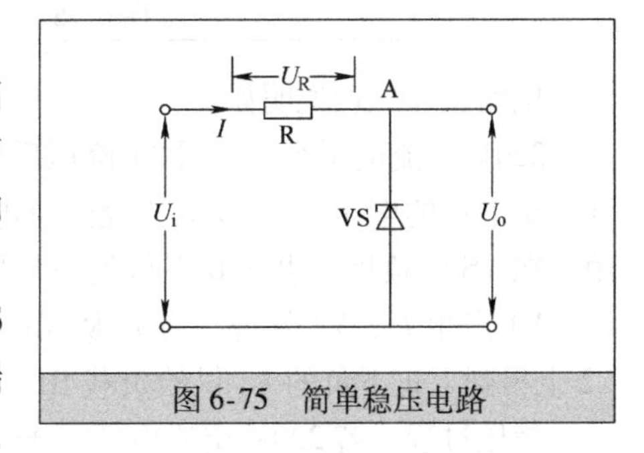

图6-75　简单稳压电路

输入电压 U_i 经限流电阻R送到稳压二极管VS两端，VS被反向击穿，有电流流过R和VS，R两端的电压为 U_R，VS两端的电压为 U_o，U_i、U_R 和 U_o 三者满足：

$$U_i = U_R + U_o$$

如果输入电压 U_i 升高，流过R和VS的电流增大，R两端的电压 U_R 增大（$U_R = IR$，I 增大，故 U_R 也增大），由于稳压二极管具有“击穿后两端电压保持不变”的特点，所以 U_o

保持不变，从而实现了输入电压 U_i 升高时输出电压 U_o 保持不变的稳压功能。

如果输入电压 U_i 下降，只要 U_i 大于稳压二极管的稳压值，稳压二极管就仍处于反向导通状态（击穿状态），由于 U_i 下降，流过 R 和 VD 的电流减小，R 两端的电压 U_R 减小（$U_R=IR$，I 减小，U_R 也减小），稳压二极管两端电压保持不变，即 U_o 仍保持不变，从而实现了输入电压 U_i 下降时让输出电压 U_o 保持不变的稳压功能。

要让稳压二极管在电路中能够稳压，须满足：

1）稳压二极管在电路中需要反接（即正极接低电位，负极接高电位）。

2）加到稳压二极管两端的电压不能小于它的击穿电压（也即稳压值）。

例如图 6-75 电路中的稳压二极管 VS 的稳压值为 6V，当输入电压 $U_i=9V$ 时，VS 处于击穿状态，$U_o=6V$，$U_R=3V$；若 U_i 由 9V 上升到 12V，U_o 仍为 6V，而 U_R 则由 3V 升高到 6V（因输入电压升高使流过 R 的电流增大而导致 U_R 升高）；若 U_i 由 9V 下降到 5V，稳压二极管无法击穿，限流电阻 R 无电流通过，$U_R=0$，$U_o=5V$，此时稳压二极管无稳压功能。

2. 串联型稳压电路

串联型稳压电路由晶体管和稳压二极管等元器件组成，由于电路中的晶体管与负载是串联关系，所以称为串联型稳压电路。

（1）简单的串联型稳压电路

图 6-76 是一种简单的串联型稳压电路。

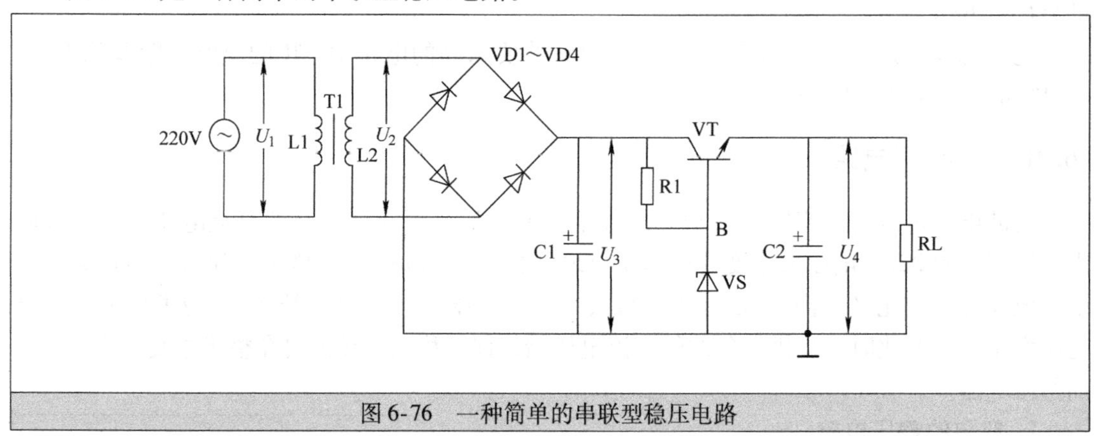

图 6-76　一种简单的串联型稳压电路

电路工作原理说明如下：

220V 交流电压经变压器 T1 降压后得到 U_2，U_2 经整流电路对 C1 进行充电，在 C1 上得到上正下负的电压 U_3，该电压经限流电阻 R1 加到稳压二极管 VS 两端，由于 VS 的稳压作用，在 VS 的负极，也即 B 点得到一个与 VS 稳压值相同的电压 U_B，U_B 送到晶体管 VT 的基极，VT 产生 I_b，VT 导通，有 I_c 从 VT 的 c 极流入、e 极流出，它对滤波电容 C2 充电，在 C2 上得到上正下负的 U_4 供给负载 RL。

稳压过程：若 220V 交流电压上升至 240V，变压器 T1 二次绕组 L2 上的电压 U_2 也上升，经整流滤波后在 C1 上充得电压 U_3 上升，因 U_3 上升，流过 R1、VS 的电流增大，R1 上的电压 U_{R1} 增大，由于稳压二极管 VS 击穿后两端电压保持不变，故 B 点电压 U_B 仍保持不变，VT 基极电压不变，I_b 不变，I_c 也不变（$I_c=\beta I_b$，I_b、β 都不变，故 I_c 也不变），因为 I_c 大小不变，故 I_c 对 C3 充得电压 U_4 也保持不变，从而实现了输入电压上升时保持输出电压

U_4 不变的稳压功能。

对于220V交流电压下降时电路的稳压过程，读者可自行分析。

（2）常用的串联型稳压电路

图6-77是一种常用的串联型稳压电路。

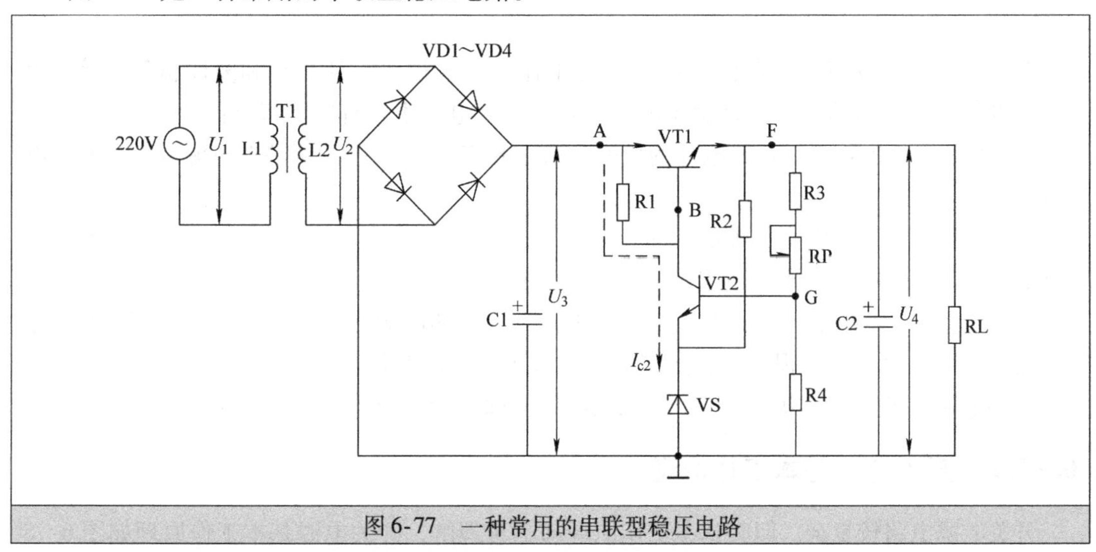

图6-77 一种常用的串联型稳压电路

电路工作原理说明如下：

220V交流电压经变压器T1降压后得到 U_2，U_2 经整流电路对C1进行充电，在C1上得到上正下负的电压 U_3，这里的C1可相当于一个电源（类似充电电池），其负极接地，正极电压送到A点，A点电压 U_A 与 U_3 相等。U_A 经R1送到B点，也即调整管VT1的基极，有 I_{b1} 由VT1的基极流往发射极，VT1导通，有 I_c 由VT1的集电极流往发射极，该 I_c 对C2充电，在C2上充得上正下负的电压 U_4，该电压供给负载RL。

U_4 在供给负载的同时，还经R3、RP、R4分压为比较管VT2提供基极电压，VT2有 I_{b2} 从基极流向发射极，VT2导通，马上有 I_{c2} 流过VT2，I_{c2} 电流途径是，A点→R1→VT2的c、e极→VS→地。

稳压过程：若220V交流电压上升至240V，变压器T1二次绕组L2上的电压 U_2 也上升，经整流滤波后在C1上充得电压 U_3 上升，A点电压上升，B点电压上升，VT1的基极电压上升，I_{b1} 增大，I_{c1} 增大，C2充电电流增大，C2两端电压 U_4 升高，U_4 经R3、RP、R4分压在G点得到的电压也升高，VT2基极电压 U_{b2} 升高，由于VS的稳压作用，VT2的发射极电压 U_{e2} 保持不变，VT2的基－射极之间的电压差 U_{be2} 增大（$U_{be2}=U_{b2}-U_{e2}$，U_{b2} 升高，U_{e2} 不变，故 U_{be2} 增大），VT2的 I_{b2} 增大，I_{c2} 也增大，流过R1的 I_{c2} 增大，R1两端产生的压降 U_{R1} 增大，B点电压 U_B 下降，即VT1的基极电压下降，VT1的 I_{b1} 下降，I_{c1} 下降，C2的充电电流减小，C2两端的电压 U_4 下降，回落到正常电压值。

在220V交流电压不变的情况下，若要提高输出电压 U_4，可调节调压电位器RP。

输出电压调高过程：将电位器RP的滑动端上移→RP阻值变大→G点电压下降→VT2基极电压 U_{b2} 下降→VT2的 U_{be2} 下降（$U_{be2}=U_{b2}-U_{e2}$，U_{b2} 下降，因VS稳压作用 U_{e2} 保持不变，故 U_{be2} 下降）→VT2的 I_{b2} 减小→I_{c2} 也减小→流过R1的 I_{c2} 减小→R1两端产生的压降 U_{R1}

减小→B 点电压 U_B 上升→VT1 的基极电压上升→VT1 的 I_{b1} 增大→I_{c1} 增大→C2 的充电电流增大→C2 两端的电压 U_4 上升。

6.11 开关电源

开关电源是一种应用很广泛的电源，常用在彩色电视机、计算机和复印机等功率较大的电子设备中。与前面的串联型稳压电源比较，开关电源主要有以下特点：

1）效率高、功耗小。开关电源的效率一般在80%以上，串联调整型电源效率只有50%左右。

2）稳压范围宽。开关电源稳压范围在130～260V，性能优良的开关电源可达到90～280V，而串联调整型电源稳压范围在190～240V。

3）质量小，体积小。开关电源不用体积大且笨重的电源变压器，只用到体积小的开关变压器，又因为效率高，损耗小，所以开关电源不用大的散热片。

开关电源虽然有很多优点，但电路复杂，维修难度大，另外干扰性很强。

6.11.1 开关电源基本工作原理

开关电源电路较复杂，但其基本工作原理却不难理解，开关电源基本工作原理如图6-78所示。

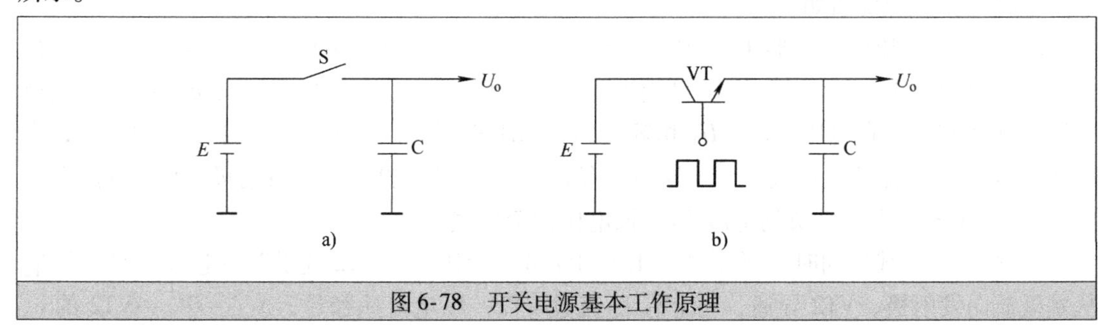

图6-78 开关电源基本工作原理

在图6-78a电路中，当开关S合上时，电源 E 经S对C充电，在C上获得上正下负的电压，当开关S断开时，C往后级电路（未画出）放电。若开关S闭合时间长，则电源 E 对C充电时间长，C两端电压 U_o会升高，反之，如果S闭合时间短，电源 E 对C充电时间短，C上充电少，C两端电压会下降。由此可见，改变开关的闭合时间长短就能改变输出电压的高低。

在实际的开关电源中，开关S常用晶体管来代替它，并且在晶体管的基极加一个控制信号（脉冲信号）来控制晶体管导通和截止，如图6-78b所示。当控制信号高电平送到晶体管的基极时，晶体管基极电压会上升而导通，VT的c、e极相当于短路，电源 E 经VT的c、e极对C充电；当控制信号低电平到来时，VT基极电压下降而截止，VT的c、e极相当于开路，C往后级电路放电。如果晶体管基极的控制信号高电平持续时间长，低电平持续时间短，电源 E 对C充电时间长，C放电时间短，C两端电压会上升。

由此可见，控制晶体管导通、截止时间长短就能改变输出电压，开关电源就是利用这个原理来工作的。

6.11.2 三种类型的开关电源工作原理分析

1. 串联型开关电源

串联型开关电源如图6-79所示。

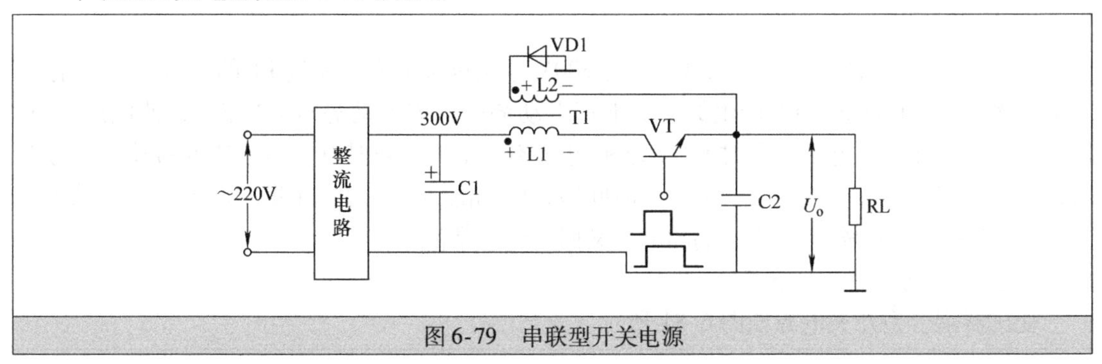

图6-79 串联型开关电源

220V交流市电经整流和C1滤波后，在C1上得到300V的直流电压（市电电压为220V，该值是指有效值，其最大值可达到$220\sqrt{2}V=311V$，故220V市电直接整流后可得到300V的直流电压），该电压经绕组L1送到开关管VT的集电极。

开关管VT的基极加有脉冲信号，当脉冲信号高电平送到VT的基极时，VT饱和导通，300V的电压经L1、VT的c、e极对电容C2充电，在C2上充得上正下负的电压，充电电流在经过L1时，L1会产生左正右负的电动势阻碍电流，L2上会感应出左正右负的电动势（同名端极性相同），续流二极管VD1截止；当脉冲信号低电平送到VT的基极时，VT截止，无电流流过L1，L1马上产生左负右正的电动势，L2上感应出左负右正的电动势，二极管VD1导通，L2上的电动势对C2充电，充电途径是，L2的右正→C2→地→VD1→L2的左负，在C2上充得上正下负的电压U_o，供给负载RL。

稳压过程：若220V市电电压下降，C1上的300V电压也会下降，如果VT基极的脉冲宽度不变，在VT导通时，充电电流会因300V电压下降而减小，C2充电少，两端的电压U_o会下降。为了保证在市电电压下降时C2两端的电压不会下降，可让送到VT基极的脉冲信号变宽（高电平持续时间长），VT导通时间长，C2充电时间长，C2两端的电压又回升到正常值。

2. 并联型开关电源

并联型开关电源如图6-80所示。

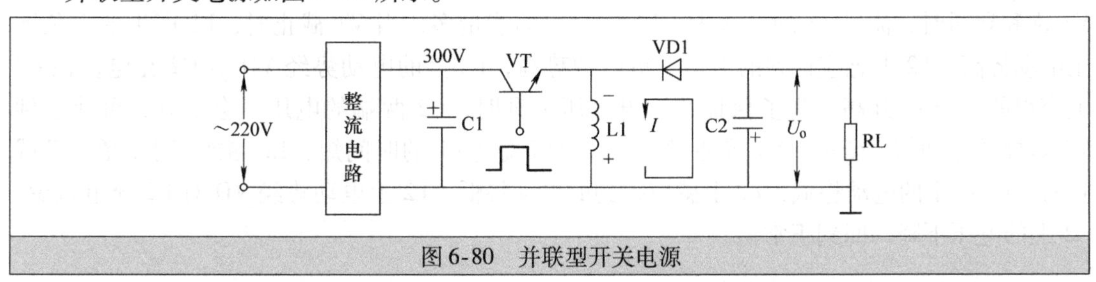

图6-80 并联型开关电源

220V交流电经整流和C1滤波后，在C1上得到300V的直流电压，该电压送到开关管VT的集电极。开关管VT的基极加有脉冲信号，当脉冲信号高电平送到VT的基极时，VT

饱和导通，300V 的电压产生电流经 VT、L1 到地，电流在经过 L1 时，L1 会产生上正下负的电动势阻碍电流，同时 L1 中存储了能量；当脉冲信号低电平送到 VT 的基极时，VT 截止，无电流流过 L1，L1 马上产生上负下正的电动势，该电动势使续流二极管 VD1 导通，并对电容 C2 充电，充电途径是，L1 的下正→C2→VD1→L1 的上负，在 C2 上充得上负下正的电压 U_o，该电压供给负载 RL。

稳压过程：若市电电压上升，C1 上的 300V 电压也会上升，流过 L1 的电流大，L1 存储的能量多，在 VT 截止时 L1 产生的上负下正电动势高，该电动势对 C2 充电，使电压 U_o升高。为了保证在市电电压上升时 C2 两端的电压不会上升，可让送到 VT 基极的脉冲信号变窄，VT 导通时间短，流过绕组 L1 电流时间短，L1 储能减小，在 VT 截止时产生的电动势下降，对 C2 充电电流减小，C2 两端的电压又回落到正常值。

3. 变压器耦合型开关电源

变压器耦合型开关电源如图 6-81 所示。

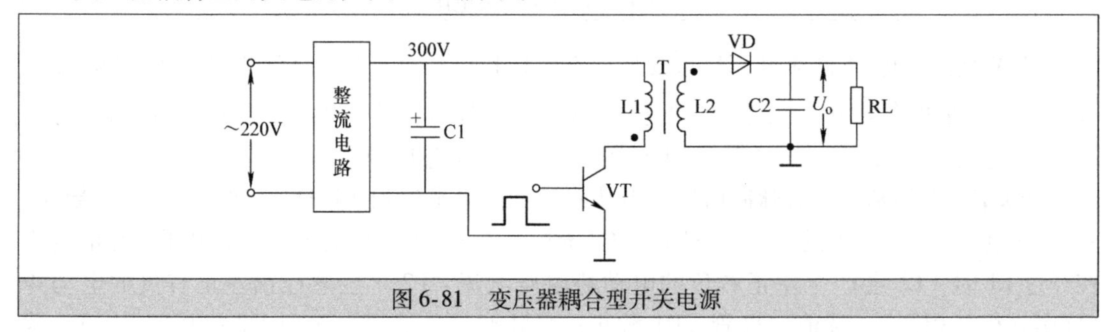

图 6-81　变压器耦合型开关电源

220V 的交流电压经整流电路整流和 C1 滤波后，在 C1 上得到 +300V 的直流电压，该电压经开关变压器 T 的一次绕组 L1 送到开关管 VT 的集电极。

开关管 VT 的基极加有控制脉冲信号，当脉冲信号高电平送到 VT 的基极时，VT 饱和导通，有电流流过 VT，其途径是，+300V→L1→VT 的 c、e 极→地，电流在流经绕组 L1 时，L1 会产生上正下负的电动势阻碍电流，L1 上的电动势感应到二次绕组 L2 上，由于同名端的原因，L2 上感应的电动势极性为上负下正；当脉冲信号低电平送到 VT 的基极时，VT 截止，无电流流过绕组 L1，L1 马上产生相反的电动势，其极性是上负下正，该电动势感应到二次绕组 L2 上，L2 上得到上正下负的电动势，此电动势经二极管 VD 对 C2 充电，在 C2 上得到上正下负的电压 U_o，该电压供给负载 RL。

稳压过程：若 220V 的电压上升，经电路整流滤波后在 C1 上得到 300V 电压也上升，在 VT 饱和导通时，流经 L1 的电流大，L1 中存储的能量多，当 VT 截止时，L1 产生的上负下正电动势高，L2 上感应得到的上正下负电动势高，L2 上的电动势经 VD 对 C2 充电，在 C2 上充得的电压 U_o升高。为了保证在市电电压上升时，C2 两端的电压不会上升，可让送到 VT 基极的脉冲信号变窄，VT 导通时间短，电流流过 L1 的时间短，L1 储能减小，在 VT 截止时，L1 产生的电动势低，L2 上感应得到的电动势低，L2 上电动势经 VD 对 C2 充电减少，C2 上的电压下降，回到正常值。

6.11.3　自激式开关电源电路

从前面的分析可知，在开关电源工作时一定要在开关管基极加控制脉冲，根据控制脉冲产生方式不同，可将开关电源分为自激式开关电源和他激式开关电源。

图6-82是一种典型的自激式开关电源电路。开关电源电路一般由整流滤波电路、振荡电路、稳压电路和保护电路几部分组成，下面就从这几方面来分析这个开关电源电路工作原理。

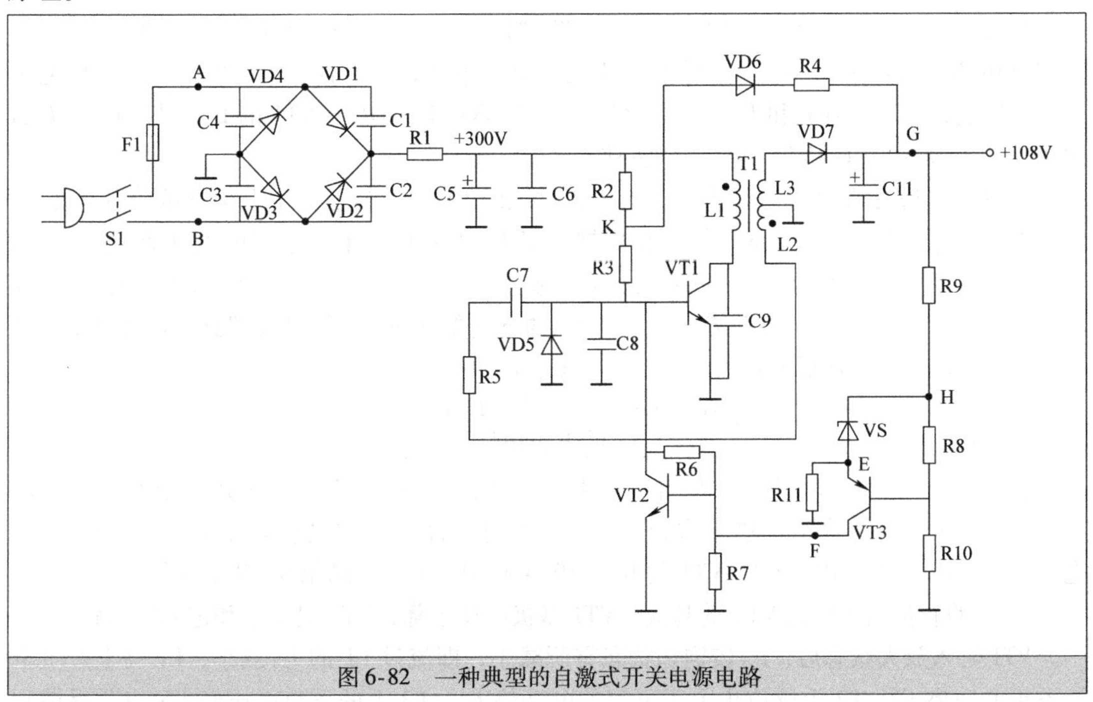

图6-82 一种典型的自激式开关电源电路

1. 整流滤波电路

VD1～VD4、C1～C4、F1、C5、C6和R1等元器件构成整流滤波电路，其中VD1～VD4组成桥式整流电路；C1～C4为保护电容，在开机时，电流除了流过整流二极管外，还分出一部分对保护电容充电，从而使流过整流二极管的电流不至于过大而被烧坏；C5、C6为滤波电容；R1为保护电阻，它是一个大功率的电阻，阻值很小，相当于一个有阻值的熔丝，当后级电路出现短路时，流过R1的电流很大，R1会烧坏而开路，保护后级电路不被烧坏；F1为熔丝，S1为电源开关。

整流滤波电路工作原理：220V的交流电压经电源开关S1和熔丝F1送到整流电路。当交流电压的正半周期来时，整流电路输入端电压的极性分别是A点为正，B点为负，该电压经VD1、VD3对C5充电，充电途径是，A点→VD1→C5→地→VD3→B点，在C5上充得上正下负的电压；当交流电压负半周期来时，A点电压的极性为负，B点电压的极性为正，该电压经VD2、VD4对C5充电，充电途径是，B点→VD2→C5→地→VD4→A点，在C5上充得300V的电压。因为220V的市电最大值可达到$220\sqrt{2}V=311V$，故能在C5上充得300V的电压。

2. 振荡电路

振荡电路的功能是产生控制脉冲信号，来控制开关管的导通和截止。

振荡电路由T1、VT1、R2、R3、VD5、C7、R5、L2等元器件构成，其中T1为开关变压器，VT1为开关管，R2、R3为启动电阻，L2、R5、C7构成正反馈电路，L2为正反馈绕组，C7 为正反馈电容。C8 为滤波电容，用来旁路 VT1 基极的高频干扰信号，C9 为保护电容，用来降低 VT1 截止时 L1 上产生的反峰电压（反峰电压会对 C9 充电而下降），避免过高的反峰电压击穿开关管 VT1。VD5 用于构成 C7 放电回路。

振荡电路的工作过程如下：

1）启动过程：C5 上的 +300V 电压经 T1 的一次绕组 L1 送到 VT1 的集电极，另外，+300V电压还会经 R2、R3 降压后为 VT1 提供基极电压，VT1 有了集电极电压和基极电压后就会导通，导通后有 I_b和 I_c，I_b的途径是，+300V→R2→R3→VT1 的 b、e 极→地，I_c的途径是，+300V→L1→VT1 的 c、e 极→地。

2）振荡过程：VT1 启动后导通，有 I_c流过绕组 L1，L1 马上产生上正下负的电动势 E_1 阻碍电流通过，由于同名端的原因，正反馈绕组 L2 上感应出上负下正的电动势 E_2，L2 的下正电压经 R5、C7 反馈到 VT1 的基极，VT1 基极电压上升，I_{b1}增大，I_{c1}增大，流过 L1 的 I_{c1}增大，L1 产生上正下负电动势 E_2更高，L2 的下端更高的正电压又反馈到 VT1 基极，VT1 基极电压又增大，这样形成强烈的正反馈，该过程如下：

$$U_{b1}\uparrow \rightarrow I_{b1}\uparrow \rightarrow I_{c1}\uparrow \rightarrow E_1\uparrow \rightarrow E_2\uparrow$$

（L2的下正电压，反馈回 U_{b1}）

正反馈使 VT1 的基极电压、I_{b1}和 I_{c1}一次比一次高，当 I_b、I_c大到一定程度时，I_{b1}增大，I_{c1}不会再增大，开关管 VT1 进入饱和状态。VT1 饱和后，L2 的电动势开始对 C7 充电，充电途径是，L2 下正→R5→C7→VT1 的 b、e 极→地→L2 上负，结果在 C7 上充得左正右负的电压，C7 的右负电压送到 VT1 的基极，VT1 基极电压下降，VT1 退出饱和进入放大状态。

VT1 进入放大状态后，I_{c1}较饱和状态有所减小，即流过 L1 的 I_{c1}减小，L1 马上产生上负下正电动势 E_1'，L2 上感应出上正下负的电动势 E_2'，L2 上的下负电压经 R5、C7 反馈到 VT1 的基极，VT1 基极电压 U_{b1}下降，基极电流 I_{b1}下降，I_{c1}下降，流过 L1 的电流 I_{c1}下降，L1 产生上负下正的电动势 E_1增大（L1 的上负电压更低，下正电压更高，E_1'的值更大），L2 感应出上正下负的电动势 E_2'增大，L2 的下负电压又经 R5、C7 反馈到 VT1 的基极，使 U_{b1} 下降，这样又形成强烈正反馈，该过程如下：

$$U_{b1}\downarrow \rightarrow I_{b1}\downarrow \rightarrow I_{c1}\downarrow \rightarrow E_1'\uparrow \rightarrow E_2'\uparrow$$

（L2下负电压，反馈回 U_{b1}）

正反馈使 VT1 的基极电压、I_{b1}和 I_{c1}一次比一次小，最后 I_{b1}、I_{c1}都为 0A，VT1 进入截止状态。

在 VT1 截止期间，L1 上的上负下正电动势感应到二次绕组 L3 上，L3 上得到上正下负电动势，该电动势经 VD7 对 C11 充电，在 C11 上充得上正下负的电压，大小约为 +108V。另外，在 VT1 截止期间，C7 开始放电，放电途径是，C7 左正→R5→L2→地→VD5→C7 右负，放电将 C7 右端负电荷慢慢中和，VT1 基极电压开始回升，当基极电压回升到某一值时，VT1 又开始导通，又有电流流过 L1，L1 又会产生上正下负的电动势 E_1。以后电路不断重复上述工作过程。

3. 稳压电路

VT2、VT3、R6 ~ R11、VS 等元器件构成稳压电路，VT2 为脉宽控制管，VT3 为取样管，VS 为稳压二极管。

稳压过程：若 220V 市电电压上升，经整流滤波后，在 C5 上充得 +300V 电压上升，电源电路输出端C11上的电压+108V也会上升，H点电压上升，H点电压一路经VS送到VT3的发射极，使U_{e3}上升，H点电压同时另一路经R9、R8送到VT3基极，使U_{b3}也上升，因为稳压二极管具有保持两端电压不变的稳压功能，所以H点上升的电压会全送到VT3的发射极，从而使U_{e3}电压较U_{b3}上升得更多，U_{eb3}增大（$U_{eb3}=U_{e3}-U_{b3}$，U_{e3}上升更多，U_{b3}上升得少），I_{b3}增大，I_{c3}增大，VT3导通程度加深，VT3的e、c极之间的阻值减小，E点电压上升，F点电压也上升，VT2的基极电压U_{b3}上升，I_{b2}增大，I_{c2}增大，VT2导通程度深，VT2的c、e极之间的阻值减小，这样会使开关管VT1的基极电压下降，VT1因基极电压低而截止时间长（因基极电压低，所以上升至饱和所需时间长），饱和时间缩短。VT1饱和导通时间短，电流流过L1的时间短，L1储能减少，在VT1截止时，L1产生的电动势低，L3上的感应电动势低，L3经VD7对C11充电减少，C11两端电压下降，回落到正常值（+108V）。

4. 保护电路

R4、VD6构成欠电压过电流保护电路。在电源电路正常工作时，二极管VD6负端电压高（电压为+108V），因此VD6截止，保护电路不工作。若+108V的负载电路（图中未画出）出现短路，C11往后级电路放电快（放电电流大），C11两端电压会下降很多，G点电压下降，VD6导通，K点电压下降，由于K点电压很低，所以供给VT1基极电压低，不足以使VT1导通，VT1处于截止状态，无电流流过L1，L1无能量存储，不会产生电动势，L3上则无感应电动势，无法继续对C11充电，C11两端无电压供给后级电路，从而保护了后级有故障的电路不会进一步损坏。

6.11.4 他激式开关电源电路

他激式开关电源与自激式开关电源的区别在于：他激式开关电源有单独的振荡器，自激式开关电源则没有独立的振荡器，开关管是振荡器的一部分。他激式开关电源中独立的振荡器产生控制脉冲信号，去控制开关管工作在开关状态，另外电路中无正反馈绕组构成的正反馈电路。他激式开关电源组成示意图如图6-83所示。

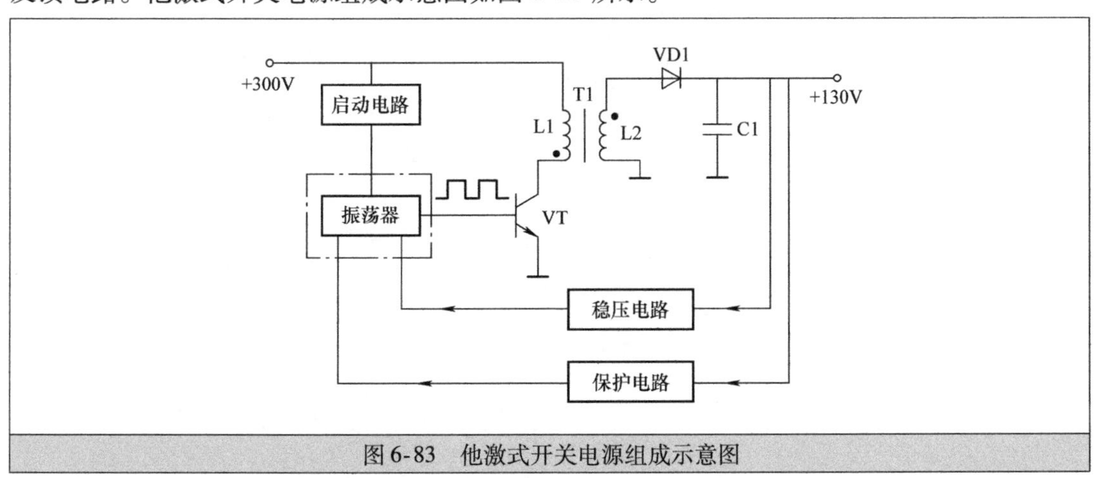

图6-83 他激式开关电源组成示意图

+300V电压经启动电路为振荡器（振荡器做在集成电路中）提供电源，振荡器开始工作，产生脉冲信号送到开关管的基极，当脉冲信号高电平到来时，开关管VT饱和导通，低电平到来时，VT 截止，VT 工作在开关状态，绕组 L1 上有电动势产生，它感应到 L2 上，L2 的感应电动势经 VD1 对 C1 充电，在 C1 上得到 +130V 的电压。

稳压过程：若负载很重（负载阻值变小），+130V 电压会下降，该下降的电压送到稳压电路，稳压电路检测出输出电压下降后，会输出一个控制信号送到振荡器，让振荡器产生的脉冲信号宽度变宽（高电平持续时间长），开关管 VT 的导通时间变长，L1 储能多，VT 截止时 L1 产生的电动势升高，L2 感应出的电动势升高，该电动势对 C1 充电，使 C1 两端的电压上升，仍回到 +130V。

保护过程：若某些原因使输出电压 +130V 上升过高（如负载电路存在开路），该过高的电压送到保护电路，保护电路工作，它输出一个控制电压到振荡器，让振荡器停止工作，振荡器不能产生脉冲信号，无脉冲信号送到开关管 VT 的基极，VT 处于截止状态，无电流流过 L1，L1 无能量存储而无法产生电动势，L2 上也无感应电动势，无法对 C1 充电，C1 两端电压变为 0V，这样可以避免过高的输出电压击穿负载电路中的元器件，保护了负载电路。

第7章 数字电路

7.1 门电路

门电路是组成各种复杂数字电路的基本单元。门电路包括基本门电路和复合门电路，复合门电路又称组合门电路，由基本门电路组合而成。基本门电路是组成各种数字电路最基本的单元。

基本门电路有三种：与门、或门和非门。复合门电路又称组合门电路，由基本门电路组合而成。常见的复合门电路有：与非门、或非门、与或非门、异或门和同或门等。

7.1.1 与门电路

1. 电路结构与原理

与门电路结构如图7-1所示，它是一个由二极管和电阻构成的电路，其中A、B为输入端，S1、S2为开关，Y为输出端，+5V电压经R1、R2分压，在E点得到+3V的电压。

与门电路工作原理说明如下：

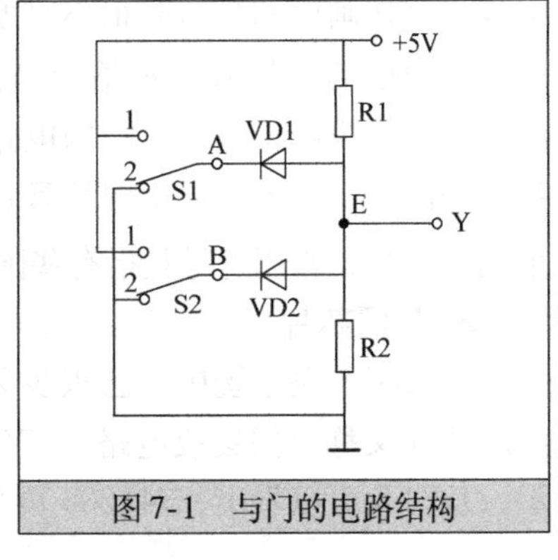

图7-1 与门的电路结构

当S1、S2均拨至位置“2”时，A、B端电压都为0V，由于E点电压为3V，所以二极管VD1、VD2都导通，E点电压马上下降到0.7V，Y端输出电压为0.7V。

当S1拨至位置“2”、S2拨至位置“1”时，A端电压为0V，B端电压为5V，由于E点电压为3V，所以二极管VD1马上导通，E点电压下降到0.7V，此时VD2正端电压为0.7V，负端电压为5V，VD2处于截止状态，Y端输出电压为0.7V。

当S1拨至位置“1”、S2拨至位置“2”时，A端电压为5V，B端电压为0V，VD2导通，VD1截止，E点为0.7V，Y端输出电压为0.7V。

当S1、S2均拨至位置“1”时，A、B端电压都为5V，VD1、VD2均不能导通，E点电压为3V，Y端输出电压为3V。

为了分析方便，在数字电路中通常将0～1V范围的电压规定为低电平，用“0”表示，将3～5V范围的电压称为高电平，用“1”表示。根据该规定，可将与门电路工作原理简化如下：

当A=0、B=0时，Y=0；

当 A=0、B=1 时，Y=0；

当 A=1、B=0 时，Y=0；

当 A=1、B=1 时，Y=1。

由此可见，与门电路的功能是，只有输入端都为高电平时，输出端才会输出高电平；只要有一个输入端为低电平，输出端就会输出低电平。

2. 真值表

真值表是用来列举电路各种输入值和对应输出值的表格。它能让人们直观地看出电路输入与输出之间的关系。表 7-1 为与门电路的真值表。

表 7-1　与门电路的真值表

输　入		输　出	输　入		输　出
A	B	Y	A	B	Y
0	0	0	1	0	0
0	1	0	1	1	1

3. 逻辑表达式

真值表虽然能直观地描述电路输入和输出之间的关系，但比较麻烦且不便记忆。为此可采用关系式来表达电路输入与输出之间的逻辑关系，这种关系式称为逻辑表达式。

与门电路的逻辑表达式是

$$Y=A\cdot B$$

式中的“·”表示“与”，读作“A 与 B”（或“A 乘 B”）。

4. 与门的图形符号

图 7-1 所示的与门电路由多个元器件组成，这在画图和分析时很不方便，可以用一个简单的符号来表示整个与门电路，这个符号称为图形符号。与门电路的图形符号如图 7-2 所示，其中旧符号是指早期采用的符号，常用符号是指有些国家采用的符号，新标准符号是指我国最新公布的标准符号。

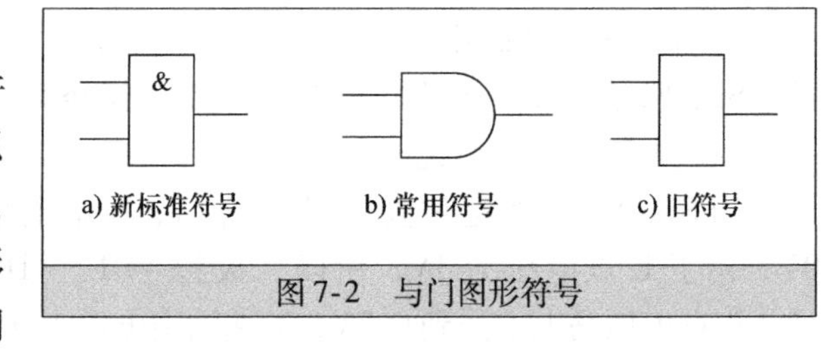

图 7-2　与门图形符号

5. 与门芯片

在数字电路系统中，已很少采用分立元件组成的与门电路，市面上有很多集成化的与门芯片（又称与门集成电路）。74LS08 是一种较常用的与门芯片，其外形和结构如图 7-3 所示，从图 b 可以看出，74LS08 内部有四个与门，每个与门有两个输入端、一个输出端。

7.1.2　或门电路

1. 电路结构与原理

或门电路结构如图 7-4 所示，它由二极管和电阻构成，其中 A、B 为输入端，Y 为输出端。

或门电路工作原理说明如下：

当 S1、S2 均拨至位置“2”时，A、B 端电压都为 0V，二极管 VD1、VD2 都无法导通，E 点电压为 0，Y 端输出电压为 0V。即 A=0、B=0 时，Y=0。

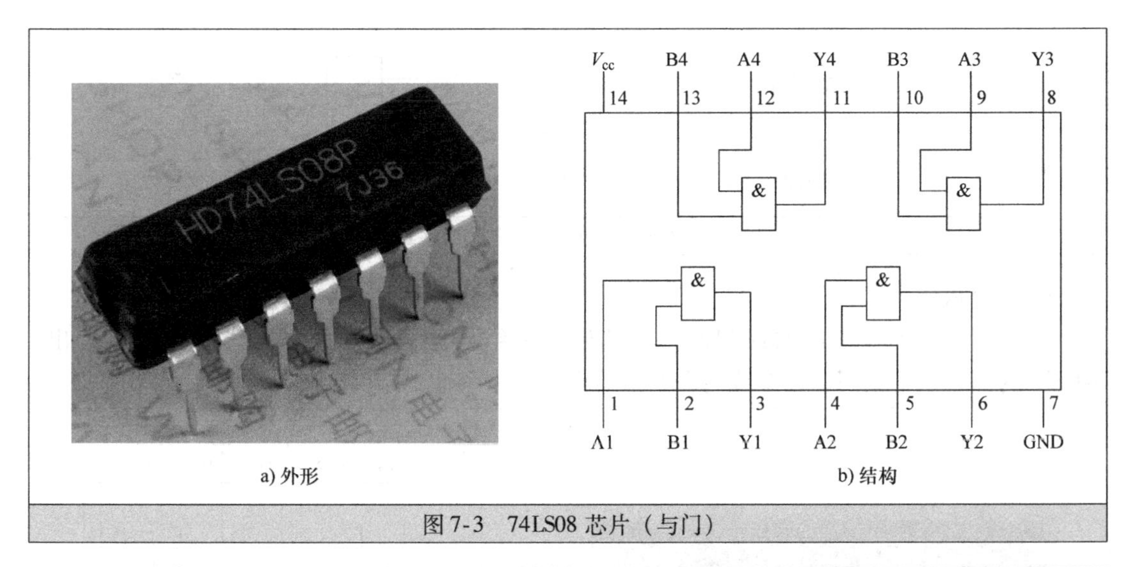

a) 外形　　b) 结构

图7-3　74LS08 芯片（与门）

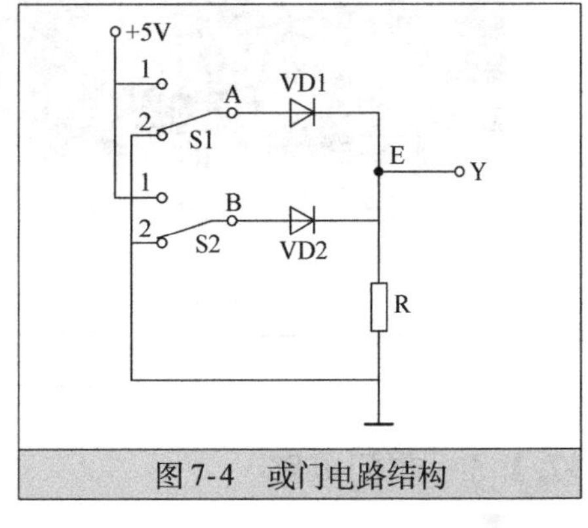

图7-4　或门电路结构

当S1拨至位置“2”、S2拨至位置“1”时，A端电压为0V，B端电压为5V，二极管VD2马上导通，E点电压为4.3V，此时VD1处于截止状态，Y端输出电压为4.3V。即A=0、B=1时，Y=1。

当S1拨至位置“1”、S2拨至位置“2”时，A端电压为5V，B端电压为0V，VD1导通，VD2截止，E点为4.7V，Y端输出电压为4.3V。即A=1、B=0时，Y=1。

当S1、S2均拨至位置“1”时，A、B端电压都为5V，VD1、VD2均导通，E点电压为4.3V，Y端输出电压为4.3V。即A=1、B=1时，Y=1。

由此可见，或门电路的功能是，只要有一个输入端为高电平，输出端就为高电平；只有输入端都为低电平时，输出端才输出低电平。

2. 真值表

或门电路的真值表见表7-2。

表7-2　或门电路的真值表

输　入		输　出	输　入		输　出
A	B	Y	A	B	Y
0	0	0	1	0	1
0	1	1	1	1	1

3. 逻辑表达式

或门电路的逻辑表达式为

$$Y = A + B$$

式中的“+”表示“或”。

4. 或门的图形符号

或门电路的图形符号如图7-5所示。

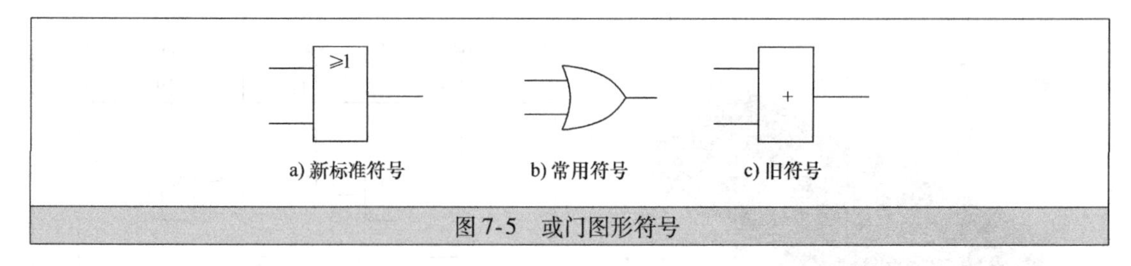

图 7-5　或门图形符号

5. 或门芯片

74LS32 是一种较常用的或门芯片，其外形和结构如图 7-6 所示，从图 b 可以看出，74LS32 内部有四个或门，每个或门有两个输入端、一个输出端。

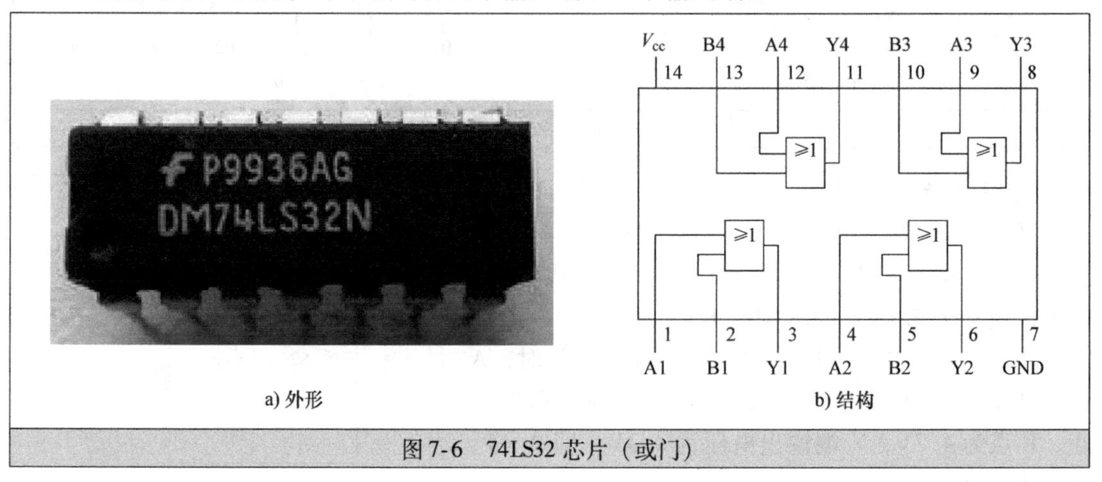

图 7-6　74LS32 芯片（或门）

7.1.3　非门电路

1. 电路结构与原理

非门电路结构如图 7-7 所示，它是由晶体管和电阻构成的电路，其中 A 为输入端，Y 为输出端。

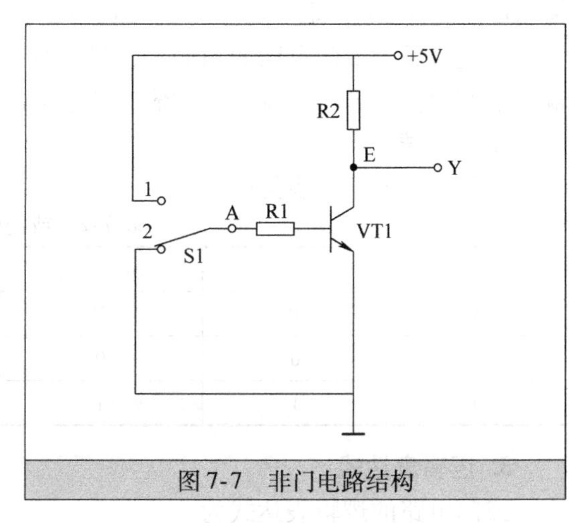

图 7-7　非门电路结构

非门电路工作原理说明如下：

当 S1 拨至位置“2”时，A 端电压为 0V 时，晶体管 VT1 截止，E 点电压为 5V，Y 端输出电压为 5V。即 A＝0 时，Y＝1。

当 S1 拨至位置“1”时，A 端电压为 5V 时，晶体管 VT1 饱和导通，E 点电压低于 0.7V，Y 端输出电压也低于 0.7V。即 A＝1 时，Y＝0。

由此可见，非门电路的功能是，输入与输出状态总是相反。

2. 真值表

非门电路的真值表见表 7-3。

表7-3 非门电路的真值表

输入	输出	输入	输出
A	Y	A	Y
1	0	0	1

3. 逻辑表达式

非门电路的逻辑表达式为

$$Y = \overline{A}$$

式中的"¯"表示"非"(或相反)。

4. 非门的图形符号

非门电路的图形符号如图7-8所示。

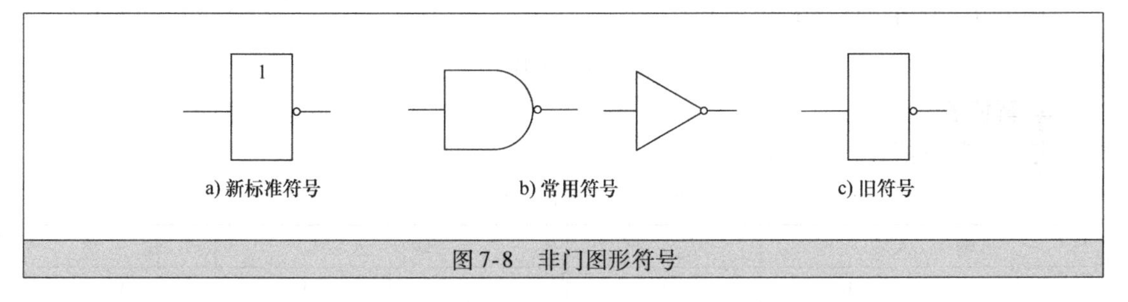

图7-8 非门图形符号

5. 非门芯片

74LS04是一种常用的非门芯片(又称反相器),其外形和结构如图7-9所示,从图b可以看出,74LS04内部有六个非门,每个非门有一个输入端、一个输出端。

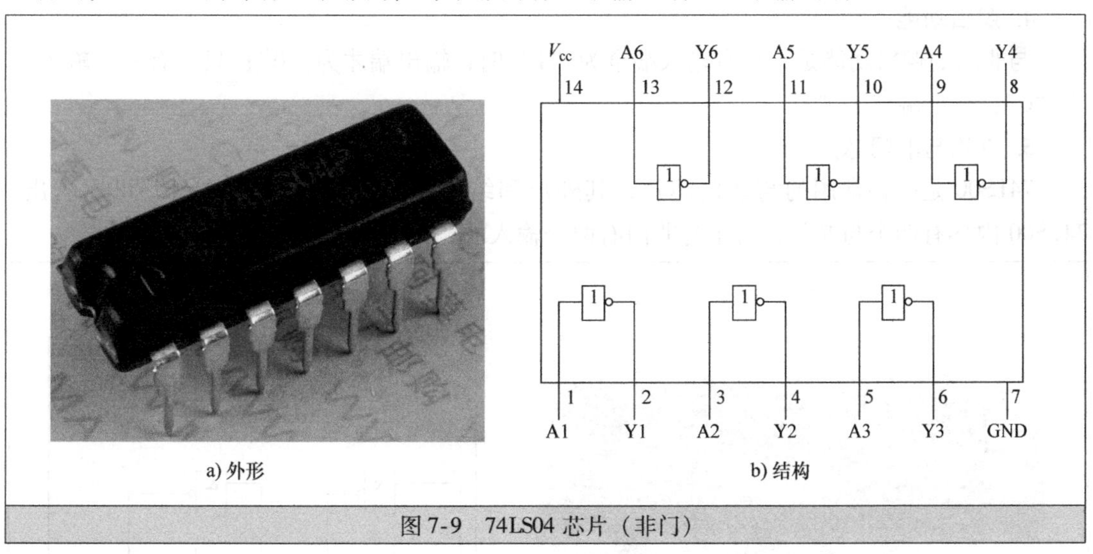

图7-9 74LS04芯片(非门)

7.1.4 与非门电路

1. 结构与原理

与非门是由与门和非门组成的,其逻辑结构及符号如图7-10所示。

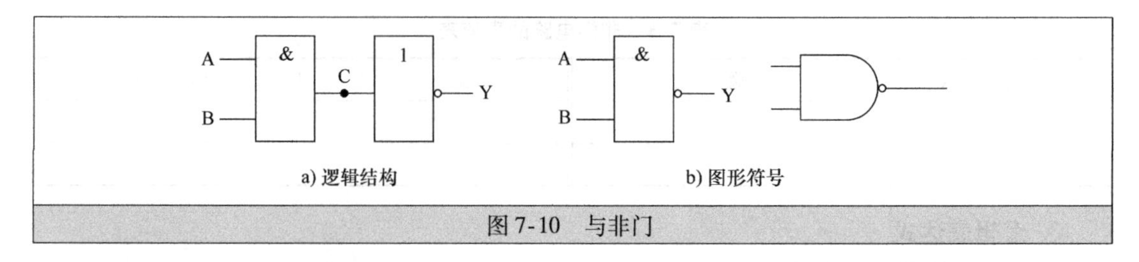

图 7-10　与非门

与非门工作原理说明如下：

当 A 端输入“0”、B 端输入“1”时，与门的 C 端会输出“0”，C 端的“0”送到非门的输入端，非门的 Y 端（输出端）会输出“1”。

A、B 端其他三种输入情况的读者可以按上述方法分析，这里不再叙述。

2. 逻辑表达式

与非门的逻辑表达式为

$$Y = \overline{A \cdot B}$$

3. 真值表

与非门的真值表见表 7-4。

表 7-4　与非门的真值表

输　　入		输　　出	输　　入		输　　出
A	B	Y	A	B	Y
0	0	1	1	0	1
0	1	1	1	1	0

4. 逻辑功能

与非门的逻辑功能是，只有输入端全为“1”时，输出端才为“0”；只要有一个输入端为“0”，输出端就为“1”。

5. 常用与非门芯片

74LS00 是一种常用的与非门芯片，其外形和结构如图 7-11 所示，从图 b 可以看出，74LS00 内部有四个与非门，每个与非门有两个输入端、一个输出端。

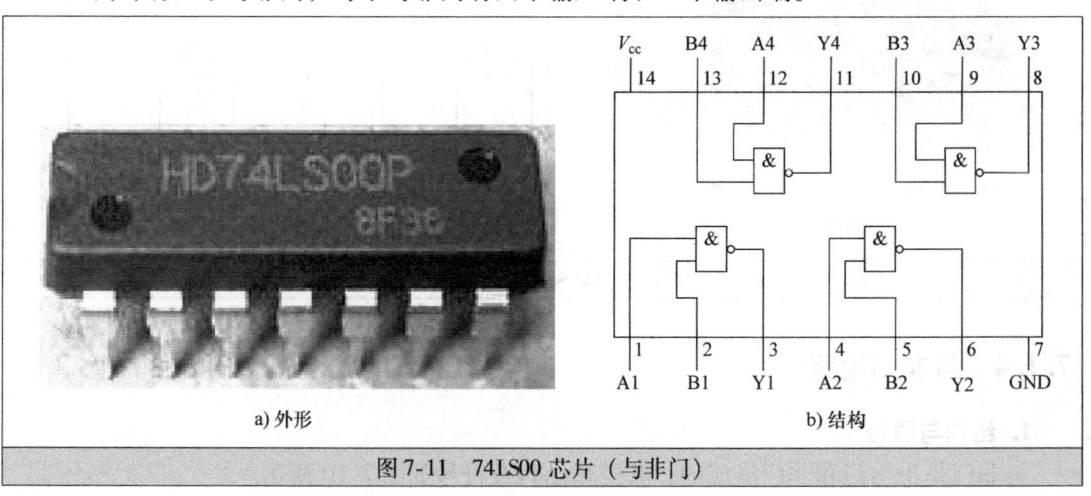

图 7-11　74LS00 芯片（与非门）

7.1.5 或非门电路

1. 结构与原理

或非门是由或门和非门组合而成的，其逻辑结构和符号分别如图7-12所示。

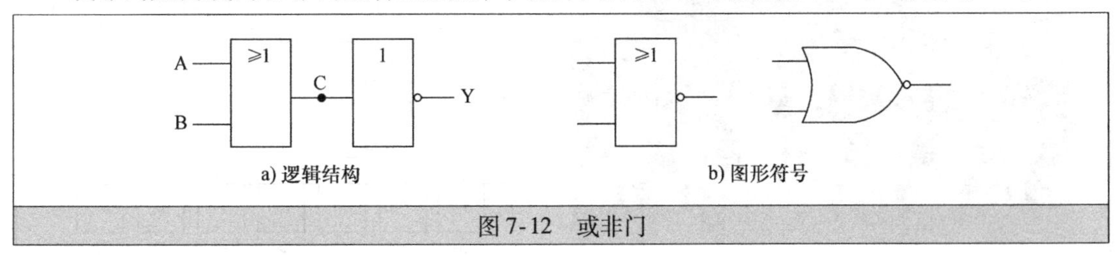

图7-12 或非门

或非门工作原理说明如下：

当A端输入“0”、B端输入“1”时，或门的C端会输出“1”，C端的“1”送到非门的输入端，结果非门的Y端（输出端）会输出“0”。

A、B端其他三种输入情况读者可以按上述方法进行分析。

2. 逻辑表达式

或非门的逻辑表达式为

$$Y=\overline{A+B}$$

根据逻辑表达式很容易求出与输入值对应的输出值，例如，当A=0、B=1时，Y=0。

3. 真值表

或非门的真值表见表7-5。

表7-5 或非门的真值表

输入		输出	输入		输出
A	B	Y	A	B	Y
0	0	1	1	0	0
0	1	0	1	1	0

4. 逻辑功能

或非门的逻辑功能是，只有输入端全为“0”时，输出端才为“1”；只要输入端有一个“1”，输出端就为“0”。

5. 常用或非门芯片

74LS02是一种常用的或非门芯片，其外形和结构如图7-13所示，从图b可以看出，74LS02内部有四个或非门，每个或非门有两个输入端、一个输出端。

7.1.6 异或门电路

1. 结构与原理

异或门是由两个与门、两个非门和一个或门组成的，其逻辑结构和符号如图7-14所示。

异或门工作原理说明如下：

当A=0、B=0时，非门1输出端C=1，非门2的输出端D=1，与门3输出端E=0，与门4输出端F=0，或门5输出端Y=0。

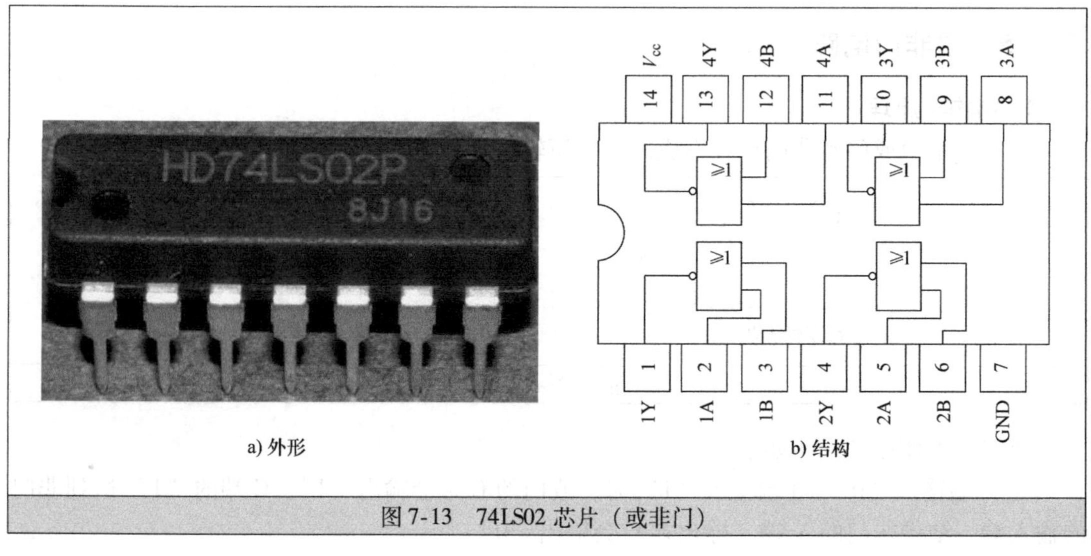

图 7-13　74LS02 芯片（或非门）

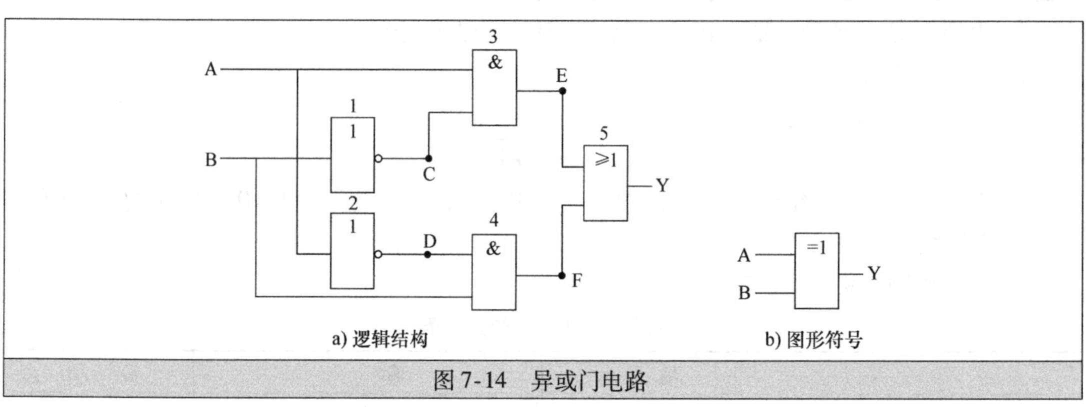

图 7-14　异或门电路

当 A = 0、B = 1 时，非门 1 输出端 C = 0，非门 2 的输出端 D = 1，与门 3 输出端 E = 0，与门 4 输出端 F = 1，或门 5 输出端 Y = 1。

A、B 端其他输入情况读者可以按上述方法分析。

2. 逻辑表达式

异或门的逻辑表达式为

$$Y = A \cdot \overline{B} + \overline{A} \cdot B = A \oplus B$$

3. 真值表

异或门的真值表见表 7-6。

表 7-6　异或门的真值表

输　入		输　出	输　入		输　出
A	B	Y	A	B	Y
0	0	0	1	0	1
0	1	1	1	1	0

4. 逻辑功能

异或门的逻辑功能是，当两个输入端一个为“0”、另一个为“1”时，输出端为“1”；

当两个输入端同时为“1”或同时为“0”时，输出端为“0”。该特点简述为：异出“1”，同出“0”。

5. 常用异或非门芯片

74LS86 是一个四组两输入异或门芯片，其外形和结构如图 7-15 所示，从图 b 可以看出，74LS86 内部有四组异或门，每组异或门有两个输入端和一个输出端。

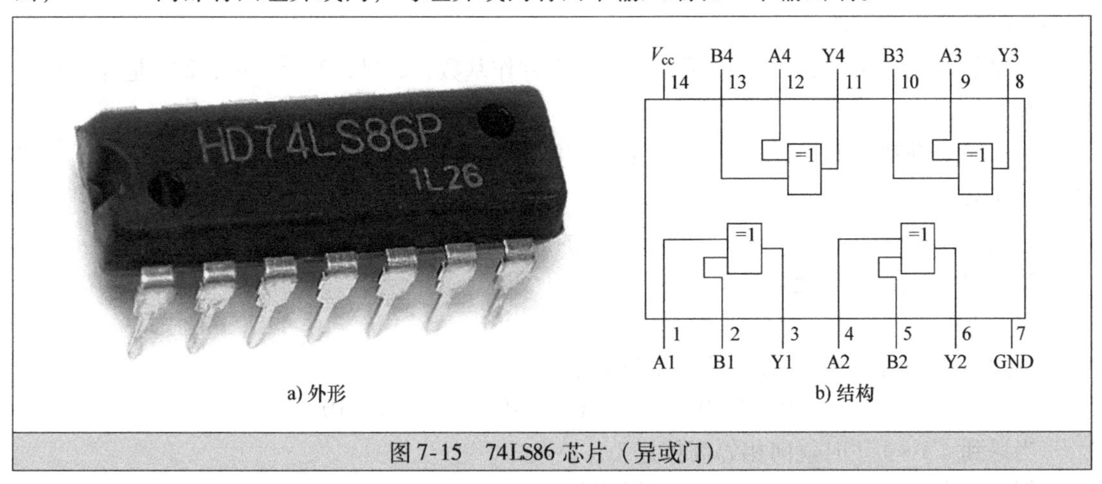

图 7-15　74LS86 芯片（异或门）

7.2　数制与数制的转换

数制就是数的进位制。在日常生活中，人们经常会接触到 0、7、8、9、168、295 等这样的数字，它们就是一种数制——十进制数。另外，数制还有二进制数和十六进制数等。

7.2.1　十进制数

十进制数有以下两个特点：

1）有 10 个不同的数码：0、1、2、3、4、5、6、7、8、9。任意一个十进制数均可以由这 10 个数码组成。

2）遵循“逢十进一”的计数原则。对于任意一个十进制数 N，它都可以表示成

$$N = a_{n-1} \times 10^{n-1} + a_{n-2} \times 10^{n-2} + \cdots + a_1 \times 10^1 + a_0 \times 10^0 + a_{-1} \times 10^{-1} + \cdots + a_{-m} \times 10^{-m}$$

式中，m 和 n 为正整数。

这里的 a_{n-1}，a_{n-2}，…，a_{-m}称为数码，10 称作基数，10^{n-1}，10^{n-2}，…，10^{-m}是各位数码的“位权”。

例如，根据上面的方法可以将十进制数 3259.46 表示成 $3259.46 = 3 \times 10^3 + 2 \times 10^2 + 5 \times 10^1 + 9 \times 10^0 + 4 \times 10^{-1} + 6 \times 10^{-2}$。

请试着按上面的方法写出 8436.051 的展开式。

7.2.2　二进制数

十进制是最常见的数制，除此以外，还有二进制数、八进制数、十六进制数等。在数字电路中，二进制数用得最多。

1. 二进制数的特点

二进制数有以下两个特点：

1）有两个数码：0 和 1。任何一个二进制数都可以由这两个数码组成。

2）遵循“逢二进一”的计数原则。对于任意一个二进制数 N，它都可以表示成

$$N = a_{n-1} \times 2^{n-1} + a_{n-2} \times 2^{n-2} + \cdots + a_0 \times 2^0 + a_{-1} \times 2^{-1} + \cdots + a_{-m} \times 2^{-m}$$

式中，m 和 n 为正整数。

这里的 a_{n-1}，a_{n-2}，…，a_{-m}称为数码，2 称作基数，2^{n-1}，2^{n-2}，…，2^{-m}是各位数码的“位权”。

例如，二进制数 11011.01 可表示为 $(11011.01)_2 = 1 \times 2^4 + 1 \times 2^3 + 0 \times 2^2 + 1 \times 2^1 + 1 \times 2^0 + 0 \times 2^{-1} + 1 \times 2^{-2}$。

请试着按上面的方法写出 $(1011.101)_2$的展开式。

2. 二进制数的四则运算

（1）加法运算

加法运算法则是“逢二进一”。举例如下：

$$0+0=0 \quad 0+1=1 \quad 1+0=1 \quad 1+1=10$$

当遇到“1 +1”时就向相邻高位进 1。

例如，求 $(1011)_2 + (1011)_2$，可以用与十进制数相同的竖式计算：

$$\begin{array}{r} 1011 \\ +1011 \\ \hline 10110 \end{array}$$

即 $(1011)_2 + (1011)_2 = (10110)_2$。

（2）减法运算

减法运算法则是“借一当二”。举例如下：

$$0-0=0 \quad 1-0=1 \quad 1-1=0 \quad 10-1=1$$

当遇到“0 -1”时，需向高位借 1 当“2”用。

例如，求 $(1100)_2 - (111)_2$

$$\begin{array}{r} 1100 \\ -\ 111 \\ \hline 101 \end{array}$$

即 $(1100)_2 - (111)_2 = (101)_2$。

（3）乘法运算

乘法运算法则是“各数相乘，再做加法运算”。举例如下：

$$0 \times 0=0 \quad 1 \times 0=0 \quad 0 \times 1=0 \quad 1 \times 1=1$$

例如，求 $(1101)_2 \times (101)_2$

$$\begin{array}{r} 1101 \\ \times\ 101 \\ \hline 1101 \\ 1101 \\ \hline 1000001 \end{array}$$

即 $(1101)_2 \times (101)_2 = (1000001)_2$。

（4）除法运算

除法运算法则是“各数相除，再做减法运算”。举例如下：

$$0 \div 1 = 0 \quad 1 \div 1 = 1$$

例如，求 $(1111)_2 \div (101)_2$

$$\begin{array}{r} 11 \\ 101\overline{)1111} \\ \underline{101} \\ 101 \\ \underline{101} \\ 0 \end{array}$$

即 $(1111)_2 \div (101)_2 = (11)_2$。

7.2.3 十六进制数

十六进制数有以下两个特点：

1）有16个数码：0、1、2、3、4、5、6、7、8、9、A、B、C、D、E、F，这里的A、B、C、D、E、F分别代表10、11、12、13、14、15。

2）遵循“逢十六进一”的计数原则。对于任意一个十六进制数 N，它都可以表示成

$$N = a_{n-1} \times 16^{n-1} + a_{n-2} \times 16^{n-2} + \cdots + a_0 \times 16^0 + a_{-1} \times 16^{-1} + \cdots + a_{-m} \times 16^{-m}$$

式中，m 和 n 为正整数。

这里的 a_{n-1}，a_{n-2}，…，a_{-m} 称为数码，16称作基数，16^{n-1}，16^{n-2}，…，16^{-m} 是各位数码的“位权”。

例如，十六进制数可表示为 $(3A6.D)_{16} = 3 \times 16^2 + 10 \times 16^1 + 6 \times 16^0 + 13 \times 16^{-1}$。

请试着按上面的方法写出 $(B65F.6)_{16}$ 的展开式。

7.2.4 二进制数与十进制数的转换

1. 二进制数转换成十进制数

二进制数转换成十进制数的方法是，将二进制数各位数码与位权相乘后求和，就能得到十进制数。

例如，$(101.1)_2 = 1 \times 2^2 + 0 \times 2^1 + 1 \times 2^0 + 1 \times 2^{-1} = 4 + 0 + 1 + 0.5 = (5.5)_{10}$

2. 十进制数转换成二进制数

十进制数转换成二进制数的方法是，采用除2取余法，即将十进制数依次除2，并依次记下余数，一直除到商数为0，最后把全部余数按相反次序排列，就能得到二进制数。

例如，将十进制数 $(29)_{10}$ 转换成二进制数，方法为

除数	被除数	余数	数码	
2	29	余1	a_0	低位
2	14	余0	a_1	↑
2	7	余1	a_2	↑
2	3	余1	a_3	↑
2	1	余1	a_4	高位
	0			

即 $(29)_{10}=(11101)_2$。

7.2.5 二进制数与十六进制数的转换

1. 二进制数转换成十六进制数

二进制数转换成十六进制数的方法是，从小数点起向左、右按 4 位分组，不足 4 位的，整数部分可在最高位的左边加“0”补齐，小数点部分不足 4 位的，可在最低位右边加“0”补齐，每组以其对应的十六进制数代替，将各个十六进制数依次写出即可。

例如，将二进制数 $(1011000110.111101)_2$ 转换为十六进制数，方法为

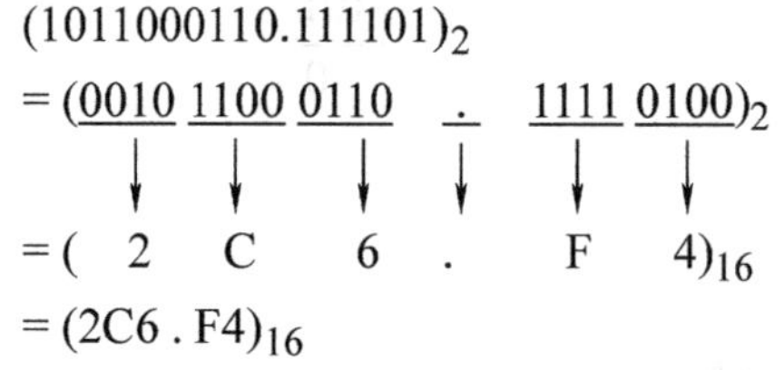

注意：十六进制的 16 位数码为 0、1、2、3、4、5、6、7、8、9、A、B、C、D、E、F，它们分别与二进制数 0000、0001、0010、0011、0100、0101、0110、0111、1000、1001、1010、1011、1100、1101、1110、1111 相对应。

2. 十六进制数转换成二进制数

十六进制数转换成二进制数的过程与上述方法相反。其过程是，从左到右将待转换的十六进制数中的每个数依次用 4 位二进制数表示。

例如，将十六进制数 $(13AB.6D)_{16}$ 转换成二进制数，方法为

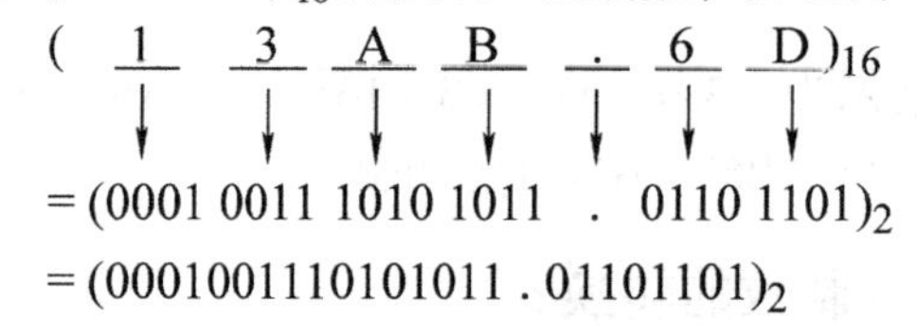

7.3 组合逻辑电路

组合逻辑电路又称组合电路，它任何时刻的输出只由当时的输入决定，而与电路的原状态（以前的状态）无关，电路没有记忆功能。

常见的组合逻辑电路有编码器、译码器、数值比较器、数据选择器和奇偶校验器等。

7.3.1 编码器

在数字电路中，将输入信号转换成一组二进制代码的过程称为编码。编码器是指能实现编码功能的电路。计算机键盘内部就用到编码器，当按下某个按键时，会给编码器输入一个信号，编码器会将该信号转换成一串由 1、0 组成的二进制代码送入计算机，按压不同的按键时，编码器转换成的二进制代码不同，计算机根据代码不同就能识别按下哪个按键。编码器的种类很多，主要分为两类：普通编码器和优先编码器。

1. 普通编码器

普通编码器任何时刻只允许输入一个信号，若同时输入多个信号，编码输出就会产生

混乱。图7-16是一个典型普通编码器的电路结构。

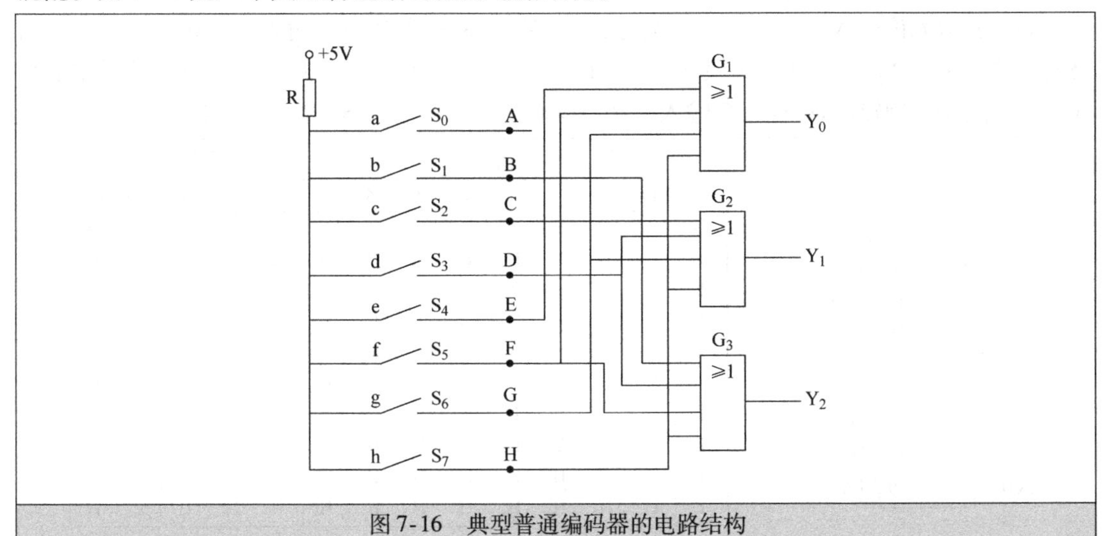

图7-16 典型普通编码器的电路结构

工作原理说明如下：

图7-16中的S_0 ~ S_7八个按键分别代表a ~ h八个字母（各个按键上刻有相应的字母），当按下不同的按键时，编码器Y_0 ~ Y_2端会输出不同的二进制代码。

当按下代表字母“a”的按键S_0时，A端为1（高电平），但A端不与三个或门电路相连，又因为S_1 ~ S_7的按键都未按下，故三个或门输入都为0，结果编码器输出$Y_2Y_1Y_0=000$。即字母“a”经编码器编码后转换成二进制代码000。

按下代表字母“f”的按键S_5时，F端为1，F=1加到门G_1和门G_3的输入端，门G_1输出$Y_0=1$，门G_3输出$Y_2=1$，而门G_2输出$Y_1=0$，结果编码器输出$Y_2Y_1Y_0=101$。即字母“f”经编码器编码后转换成二进制代码101。

当按下其他代表不同字母的按键时，编码器会输出相应的二进制代码，具体见表7-7。

在图示的编码器中，如果同时按下多个按键，如同时按下“b”“c”键，编码输出的代码为$Y_2Y_1Y_0=110$，它与按下“d”键时的编码输出相同。因此普通编码器在任意时刻只允许输入一个信号。

表7-7 普通编码器的真值表

代表符号	输入变量	编码输出代码			代表符号	输入变量	编码输出代码		
		Y_0	Y_1	Y_2			Y_0	Y_1	Y_2
a	A=1	0	0	0	e	E=1	1	0	0
b	B=1	0	0	1	f	F=1	1	0	1
c	C=1	0	1	0	g	G=1	1	1	0
d	D=1	0	1	1	h	H=1	1	1	1

2. 优先编码器

普通编码器在任意时刻只允许输入一个信号，而优先编码器同一时刻允许输入多个信号，但仅对输入信号中优先级别最高的一个信号进行编码输出。

（1）8－3线优先编码器芯片

74LS148 是一种常用的 8－3 线优先编码器芯片，其各脚功能和真值表如图 7-17 所示，表中的×表示无论输入何值，均不影响输出。74LS148 有八个编码输入端（0～7）、三个编码输出端（A_0～A_2）、一个输入使能端（EI）、一个输出使能端（EO）和一个片扩展输出端（GS）。由于该编码器芯片有八个输入端和三个输出端，故称为 8－3 线编码器。

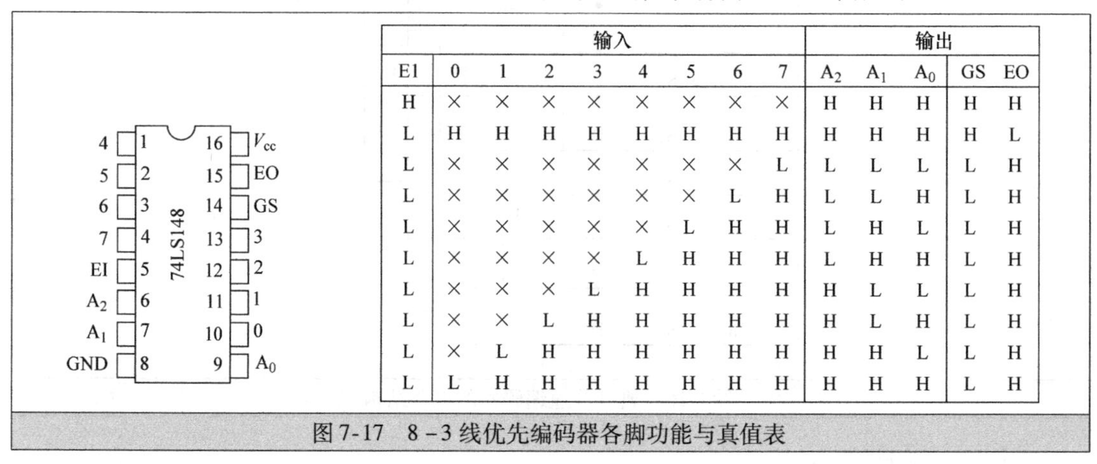

输入									输出				
EI	0	1	2	3	4	5	6	7	A_2	A_1	A_0	GS	EO
H	×	×	×	×	×	×	×	×	H	H	H	H	H
L	H	H	H	H	H	H	H	H	H	H	H	H	L
L	×	×	×	×	×	×	×	L	L	L	L	L	H
L	×	×	×	×	×	×	L	H	L	L	H	L	H
L	×	×	×	×	×	L	H	H	L	H	L	L	H
L	×	×	×	×	L	H	H	H	L	H	H	L	H
L	×	×	×	L	H	H	H	H	H	L	L	L	H
L	×	×	L	H	H	H	H	H	H	L	H	L	H
L	×	L	H	H	H	H	H	H	H	H	L	L	H
L	L	H	H	H	H	H	H	H	H	H	H	L	H

图 7-17　8－3 线优先编码器各脚功能与真值表

从图 7-17 中不难看出：

1）当输入使能端 EI＝H 时，0～7 端无论输入何值，输出端均为 H。即 EI＝H 时，编码器无法编码。

2）当 EI＝L 时，编码器可以对输入信号进行编码。在八个输入端中，优先级别由高到低依次是 7、6、…、1、0，当优先级别高的端子有信号输入时（端子为低电平 L 时表示有信号输入），编码器仅对该端信号进行编码，而不理睬优先级别低的端子。例如端子 7 输入信号时，编码器仅对该端输入进行编码，输出 $A_2A_1A_0$＝000，若这时 0～6 端子有信号输入，编码器不予理睬。

另外，在编码器有编码输入时，会使 GS＝L、EO＝H，无编码输入时，GS＝H、EO＝L。

（2）8－3 线优先编码器应用电路

图 7-18 是一个由 74LS148 芯片组成的 8－3 线优先编码器，其输入使能端 EI 接地（EI＝L），让芯片能进行编码，GS、EO 端悬空未用。

当按键 S_0～S_7 均未按下时，编码器 0～7 端子均为高电平，编码器无输入。

当 S_6 按下时，编码器 6 端变为低电平，表示 6 端有编码输入，编码器编码输出 $A_2A_1A_0$＝001，经非门反相后变为 110。

当 S_6、S_5 同时按下时，编码器 6、5 端均为低电平，但编码器仅对 6 端输入进行编码，编码输出 $A_2A_1A_0$ 仍为 001。

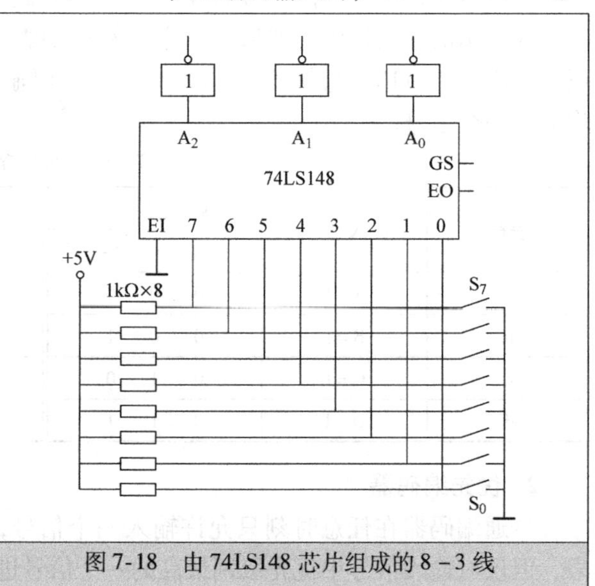

图 7-18　由 74LS148 芯片组成的 8－3 线优先编码器应用电路

7.3.2 译码器

“译码”是编码的逆过程，编码是将输入信号转换成二进制代码，而译码是将二进制代码翻译成特定的输出信号的过程。能完成译码功能的电路称为译码器。常见的译码器有二进制译码器、二－十进制译码器和显示译码器等。

1. 二进制译码器

二进制译码器是一种能将不同组合的二进制代码译成相应输出信号的电路。下面以2位二进制译码器为例来说明二进制译码器的工作原理。

2位二进制译码器框图如图7-19所示，其真值表见表7-8。

当AB＝00时，译码器Y_0端输出“1”，Y_1、Y_2、Y_3均为“0”。

当AB＝01时，译码器Y_1端输出“1”，Y_0、Y_2、Y_3均为“0”。

当AB＝10时，译码器Y_2端输出“1”，Y_0、Y_1、Y_3均为“0”。

当AB＝11时，译码器Y_3端输出“1”，Y_0、Y_1、Y_2均为“0”。

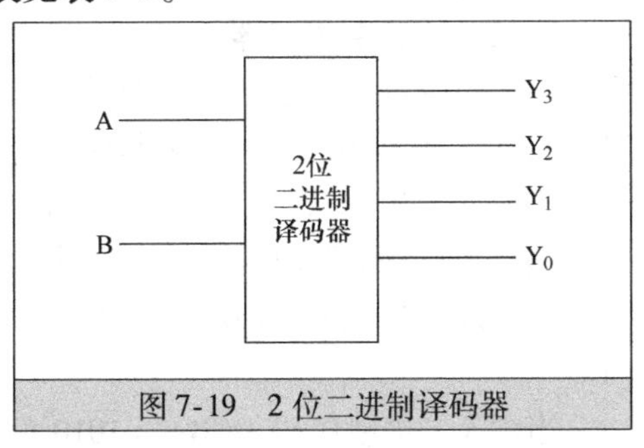

图7-19 2位二进制译码器

表7-8 2位二进制译码器真值表

输入		输出				输入		输出			
A	B	Y_3	Y_2	Y_1	Y_0	A	B	Y_3	Y_2	Y_1	Y_0
0	0	0	0	0	1	1	0	0	1	0	0
0	1	0	0	1	0	1	1	1	0	0	0

通过上面的过程了解二进制译码器后，下面再来分析2位二进制编码器的电路工作原理。2位二进制译码器的电路结构如图7-20所示。

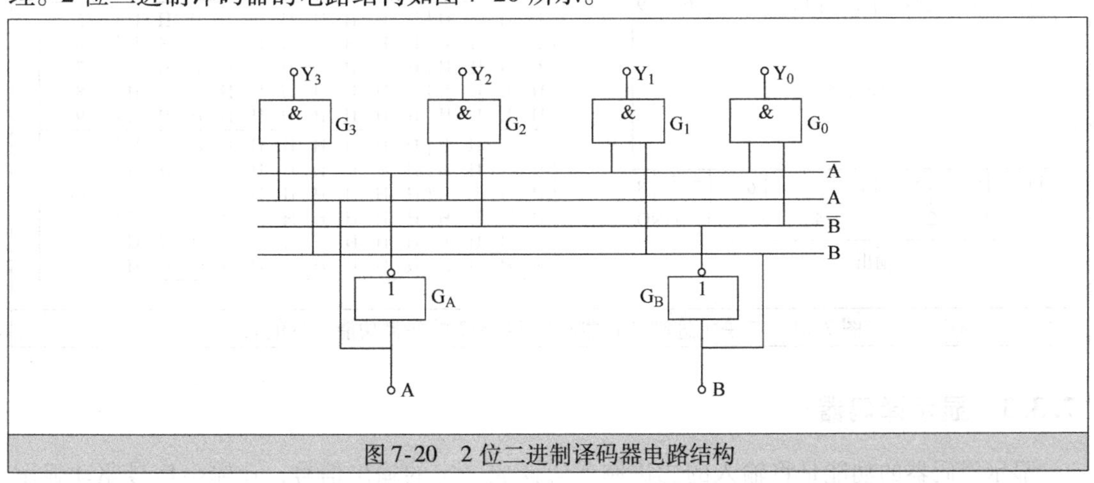

图7-20 2位二进制译码器电路结构

当A＝0、B＝0时，非门G_A输出“1”，非门G_B输出“1”，与门G_3两个输入端同时输入“0”，故输出端Y_3＝0；与门G_2两个输入端一个为“0”，另一个为“1”，输出端Y_2＝0；与门G_1两个输入端一个为“0”，另一个为“1”，输出端Y_1＝0；与门G_0两个输入端同时输入“1”，故输出端 $Y_0=1$。也就是说，当 AB = 00 时，只有 Y_0 输出为“1”。

当 A = 0、B = 1 时，非门 G_A 输出“1”，非门 G_B 输出“0”，与门 G_3 两个输入端一个为“0”，另一个为“1”，输出端 $Y_3=0$；与门 G_2 两个输入端同时输入“0”，输出端 $Y_2=0$；与门 G_1 两个输入端同时输入“1”，输出端 $Y_1=1$；与门 G_0 两个输入端一个为“0”，另一个为“1”，输出端 $Y_0=0$。也就是说，当 AB = 01 时，只有 Y_1 输出为“1”。

当 A = 1、B = 0 时，只有 $Y_2=1$；当 A = 1、B = 1 时，只有 $Y_3=1$；分析过程与上述过程相同，这里不再叙述。

2 位二进制译码器可以将 2 位代码译成 4 种输出状态，故又称 2－4 线译码器，而 n 位二进制译码器可以译成 2^n 种输出状态。

2. 二－十进制译码器

二－十进制译码器的功能是将 8421BCD 码中的 10 个代码译成 10 个相应的输出信号。74LS42 是一种常用的二－十进制译码器芯片，其各脚功能和真值表如图 7-21 所示。

当输入二进制代码 DCBA = 0000 时，74LS42 的 1 脚输出为“0”，其他输出端均为“1”。注：该译码器输出端为“1”表示无输出，而输出端为“0”表示有输出。

当输入二进制代码 DCBA = 0011 时，74LS42 的 4 脚输出为“0”，其他输出端均为“1”。

当输入二进制代码 DCBA = 1010 时，74LS42 的所有输出端均为“1”。也就是说，当二－十进制译码器输入 1010 时，译码器无输出。实际上，当 DCBA 为 1010、1011、1100、1101、1110、1111 时，译码器都无输出，这些代码称为伪码。

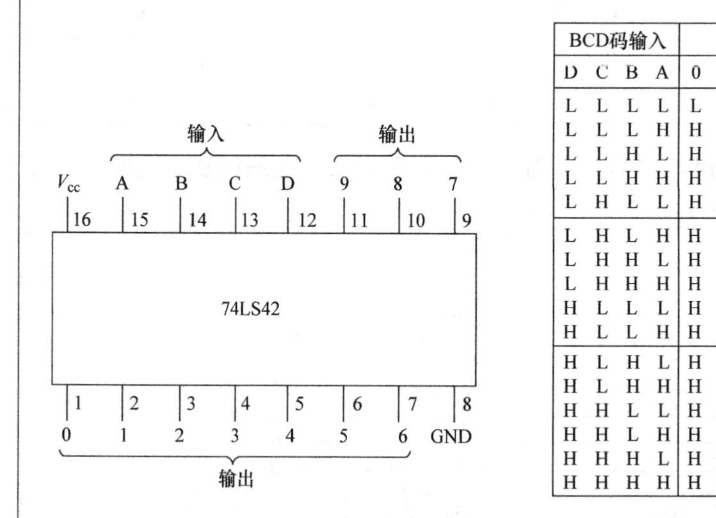

BCD码输入				译码输出										对应十进制数
D	C	B	A	0	1	2	3	4	5	6	7	8	9	
L	L	L	L	L	H	H	H	H	H	H	H	H	H	0
L	L	L	H	H	L	H	H	H	H	H	H	H	H	1
L	L	H	L	H	H	L	H	H	H	H	H	H	H	2
L	L	H	H	H	H	H	L	H	H	H	H	H	H	3
L	H	L	L	H	H	H	H	L	H	H	H	H	H	4
L	H	L	H	H	H	H	H	H	L	H	H	H	H	5
L	H	H	L	H	H	H	H	H	H	L	H	H	H	6
L	H	H	H	H	H	H	H	H	H	H	L	H	H	7
H	L	L	L	H	H	H	H	H	H	H	H	L	H	8
H	L	L	H	H	H	H	H	H	H	H	H	H	L	9
H	L	H	L	H	H	H	H	H	H	H	H	H	H	伪码
H	L	H	H	H	H	H	H	H	H	H	H	H	H	
H	H	L	L	H	H	H	H	H	H	H	H	H	H	
H	H	L	H	H	H	H	H	H	H	H	H	H	H	
H	H	H	L	H	H	H	H	H	H	H	H	H	H	
H	H	H	H	H	H	H	H	H	H	H	H	H	H	

图 7-21 二－十进制译码器芯片 74LS42 的各脚功能和真值表

7.3.3 显示译码器

显示译码器的功能是将输入的二进制代码译成一定的输出信号，让输出信号驱动显示器来显示与输入代码相对应的字符。显示译码器种类很多，这里介绍 BCD－七段显示译码器，它可以将 BCD 码译成一定的输出信号，该信号能驱动七段数码显示器显示与 BCD 码对应的十进制数。

74LS47是一种常用的BCD－七段显示译码器芯片，其各脚功能和真值表如图7-22所示。

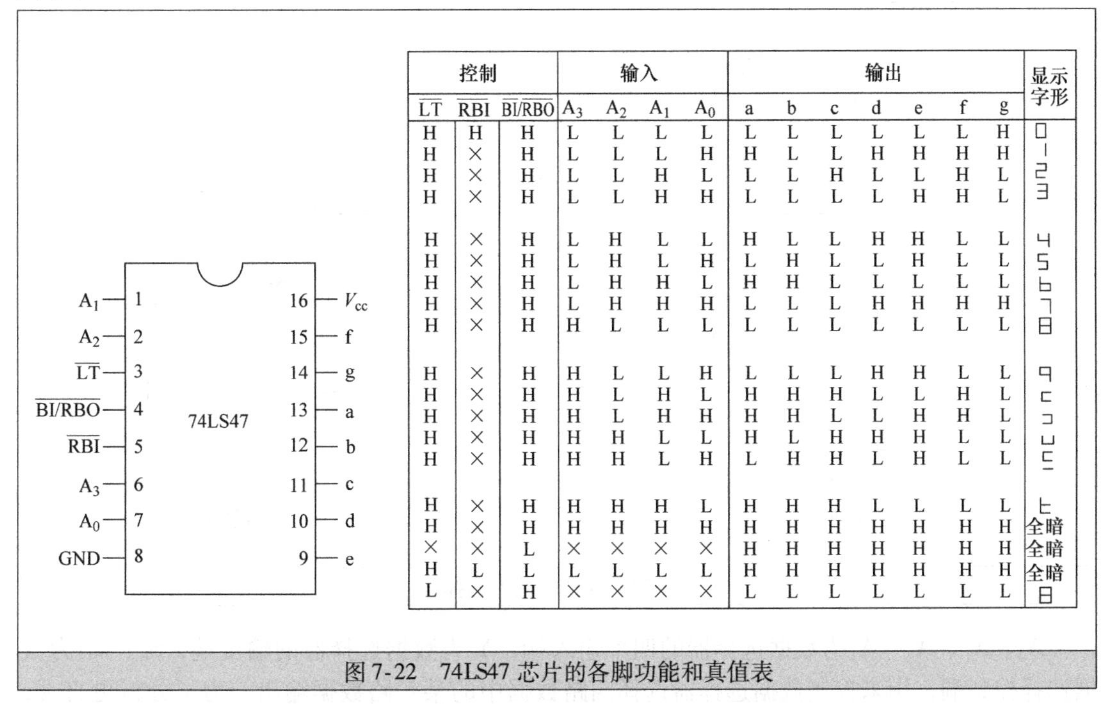

控制			输入				输出							显示字形
$\overline{LT}$	$\overline{RBI}$	$\overline{BI/RBO}$	A_3	A_2	A_1	A_0	a	b	c	d	e	f	g	
H	H	H	L	L	L	L	L	L	L	L	L	L	H	0
H	×	H	L	L	L	H	H	L	L	H	H	H	H	1
H	×	H	L	L	H	L	L	L	H	L	L	H	L	2
H	×	H	L	L	H	H	L	L	L	L	H	H	L	3
H	×	H	L	H	L	L	H	L	L	H	H	L	L	4
H	×	H	L	H	L	H	L	H	L	L	H	L	L	5
H	×	H	L	H	H	L	H	H	L	L	L	L	L	6
H	×	H	L	H	H	H	L	L	L	H	H	H	H	7
H	×	H	H	L	L	L	L	L	L	L	L	L	L	8
H	×	H	H	L	L	H	L	L	L	H	H	L	L	9
H	×	H	H	L	H	L	H	H	H	L	L	H	L	⊏
H	×	H	H	L	H	H	H	H	L	L	H	H	L	⊐
H	×	H	H	H	L	L	H	L	H	H	H	L	L	⊔
H	×	H	H	H	L	H	L	H	H	L	H	L	L	⊑
H	×	H	H	H	H	L	H	H	H	L	L	L	L	⊢
H	×	H	H	H	H	H	H	H	H	H	H	H	H	全暗
×	×	L	×	×	×	×	H	H	H	H	H	H	H	全暗
H	L	L	L	L	L	L	H	H	H	H	H	H	H	全暗
L	×	H	×	×	×	×	L	L	L	L	L	L	L	8

图7-22 74LS47芯片的各脚功能和真值表

74LS47有三类端子：输入端、输出端和控制端。$A_3 \sim A_0$ 为输入端，用来输入8421BCD码；a～g为输出端，芯片对输入的BCD码译码后，会从a～g端输出相应的信号，来驱动七段显示器显示与BCD码对应的十进制数；$\overline{LT}$、$\overline{RBI}$和$\overline{BI/RBO}$为控制端。

$\overline{LT}$端为灯测试输入端。只要$\overline{LT}=0$，就可以使a～g端输出全为低电平，将七段显示器所有段全部点亮，以检查显示器各段显示是否正常。

$\overline{RBI}$端为灭零输入端。当多位七段显示器显示多位数字时，利用该端$\overline{RBI}=0$可以将不希望显示的"0"熄灭，比如八位七段显示器显示数字"12.3"，如果不灭零，会显示"0012.3000"，灭零后则显示"12.3"，使显示更醒目。

$\overline{BI/RBO}$端为灭灯输入/灭零输出端，它是一个双功能端子。当$\overline{BI/RBO}$端用作输入端使用时，称灭灯输入控制端，只要$\overline{BI/RBO}=0$，无论A_3、A_2、A_1、A_0输入什么，a～g端输出全为高电平，使七段显示器的各段同时熄灭。当$\overline{BI/RBO}$作为输出端使用时，称灭零输出端。当$A_3A_2A_1A_0=0000$且有灭零信号输入（$\overline{RBI}=0$）时，该端会输出低电平，表示译码器已进行了灭零操作。

7.3.4 数据选择器

数据选择器又称为多路选择开关，它是一个多路输入、一路输出的电路，其功能是在选择控制信号的作用下，能从多路输入的数据中选择其中一路输出。数据选择器在音响设备、电视机、计算机和通信设备中广泛应用。

1. 结构与原理

图7-23a是典型的四选一数据选择器电路结构，图7-29b为其等效图。

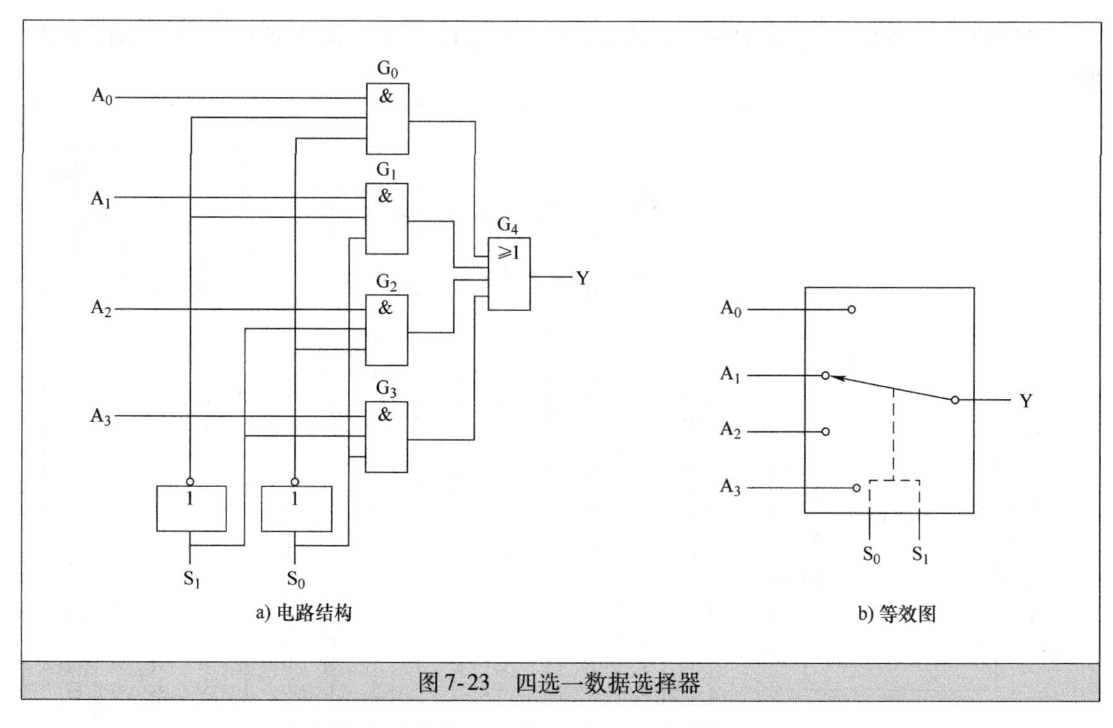

a) 电路结构

b) 等效图

图 7-23　四选一数据选择器

A_0、A_1、A_2、A_3为数据选择器的四个输入端，Y 为数据选择器的输出端，S_0、S_1 为数据选择控制端，用来控制数据选择器选择四路数据中的某一路数据输出。为了分析更直观，假设数据选择器的四路输入端 A_0、A_1、A_2、A_3分别输入 1、1、1、1。

当 $S_0=0$、$S_1=1$ 时，S_1 的“1”经非门后变成“0”送到与门 G_0和 G_1的输入端，与门 G_0和 G_4关闭（与门只要有一个输入为“0”，输出就为“0”），A_0和 A_1数据“1”均无法通过；S_0的“0”一路直接送到与门 G_3输入端，与门 G_3关闭，A_3数据“1”无法通过与门 G_3；而与门 G_2两个输入端则输入由 S_1 直接送来的“1”和由 S_0经非门转变成“1”，故与门 G_2开通，G_2输出“1”，该数据“1”送到或门 G_4，G_4输出“1”。也就是说，当 $S_0=0$、$S_1=1$ 时，A_2数据能通过与门 G_2和或门 G_4从 Y 端输出。

当 $S_0=1$、$S_1=1$ 时，与门 G_3开通，A_3数据被选择输出。

当 $S_0=0$、$S_1=0$ 时，与门 G_0开通，A_0数据被选择输出。

当 $S_0=1$、$S_1=0$ 时，与门 G_1开通，A_1数据被选择输出。

四选一数据选择器的真值表见表 7-9。表中的“×”表示无论输入什么值（1 或 0）都不影响输出结果。

表 7-9　四选一数据选择器的真值表

选择控制输入		输　入				输　出
S_1	S_0	A_0	A_1	A_2	A_3	Y
0	0	A_0	×	×	×	A_0
0	1	×	A_1	×	×	A_1
1	0	×	×	A_2	×	A_2
1	1	×	×	×	A_3	A_3

除了四选一数据选择器外，还有八选一数据选择器和十六选一数据选择器。八选一数据选择器需要三个数据选择控制端，而十六选一数据选择器需要四个数据选择控制端。

2. 常用数据选择器芯片

74LS153 是一个常用的双四选一数据选择器芯片，其各脚功能和真值表如图 7-24 所示。

74LS153 内部有两个完全相同的四选一数据选择器，C3 ~ C0 为数据输入端，Y 为数据输出端。1G、2G 分别是第 1 组、第 2 组选通端，当 1G = 0 时，第 1 组数据选择器工作，当 2G = 0 时，第 2 组数据选择器工作，当 1G、2G 均为高电平时，第 1、2 组数据选择器均不工作。

A、B 为选择控制端，在 G 端为低电平时，可以选择某路输入数据并输出。例如当1G = 0 时，若 AB = 10，1C1 端输入的数据会被选择并从 1Y 端输出。

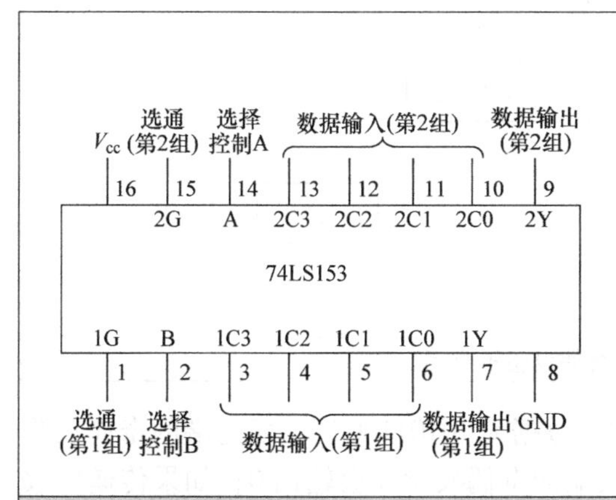

选择控制		数据输入				选通	数据输出
B	A	C0	C1	C2	C3	G	Y
×	×	×	×	×	×	H	L
L	L	L	×	×	×	L	L
L	L	H	×	×	×	L	H
L	H	×	L	×	×	L	L
L	H	×	H	×	×	L	H
H	L	×	×	L	×	L	L
H	L	×	×	H	×	L	H
H	H	×	×	×	L	L	L
H	H	×	×	×	H	L	H

图 7-24 74LS153 的各脚功能和真值表

7.3.5 奇偶校验器

在数字电子设备中，数字电路之间经常要进行数据传递，由于受一些因素的影响，数据在传送过程中可能会产生错误，从而会引起设备工作不正常。为了解决这个问题，常常在数据传送电路中设置奇偶校验器。

1. 奇偶校验原理

奇偶校验是检验数据传递是否发生错误的方法之一。它是通过检验传递数据中“1”的个数是奇数还是偶数来判断传递数据是否有错误。

奇偶校验有奇校验和偶校验之分。对于奇校验，若数据中有奇数个“1”，则校验结果为0，若数据中有偶数个“1”，则校验结果为1；对于偶校验，若数据中有偶数个“1”，则校验结果为0，若数据中有奇数个“1”，则校验结果为1。

下面以图 7-25 所示的 8 位并行传递奇偶校验示意图为例来说明奇偶校验原理。

在图 7-25 中，发送器通过 8 根数据线同时向接收器传递 8 位数据，这种通过多根数据线同时传递多位数的数据传递方式称为并行传递。发送器在往接收器传递数据的同时，也会把数据传递给发送端的奇偶校验器，假设发送端要传递的数据是 10101100。

若图 7-25 中的奇偶校验器为奇校验，发送器的数据 10101100 送到奇偶校验器，由于数据中的“1”的个数是偶数个，奇偶校验器输出 1，它送到接收端的奇偶校验器，与此同时，发送端的数据 10101100 也送到接收端的奇偶校验器，这样送到接收端的奇偶校验器的数据中“1”的个数为奇数个（含发送端奇偶校验器送来的“1”），如果数据传递没有发生错误，接收端的奇偶校验器输出 0，它去控制接收器工作，接收发送过来的数据。如果数据在传递过程中发生了错误，数据由 10101100 变为 10101000，那么送到接收端奇偶校验器的数据中的“1”的个数是偶数个（含发送端奇偶校验器送来的“1”），校验器输出为 1，它一方面控制接收器，禁止接收器接收错误的数据，同时还去触发报警器，让它发出数据错误报警。

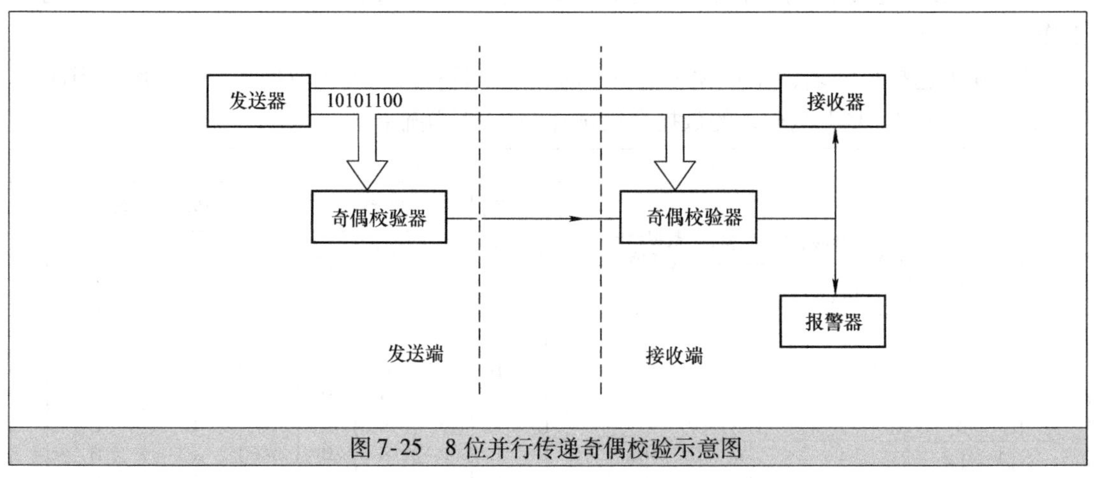

图 7-25　8 位并行传递奇偶校验示意图

若图 7-25 中的奇偶校验器为偶校验，发送器的数据为 10101100 时，发送端的奇偶校验器会输出 0。如果传递的数据没有发生错误，接收端的奇偶校验器会输出 0；如果传递的数据发生错误，10101100 变成了 10101000，接收端的奇偶校验器会输出 1。

2. 奇偶校验器的结构与应用

奇偶校验器可采用异或门构成，2 位奇偶校验器和 3 位奇偶校验器分别如图 7-26a、b 所示。

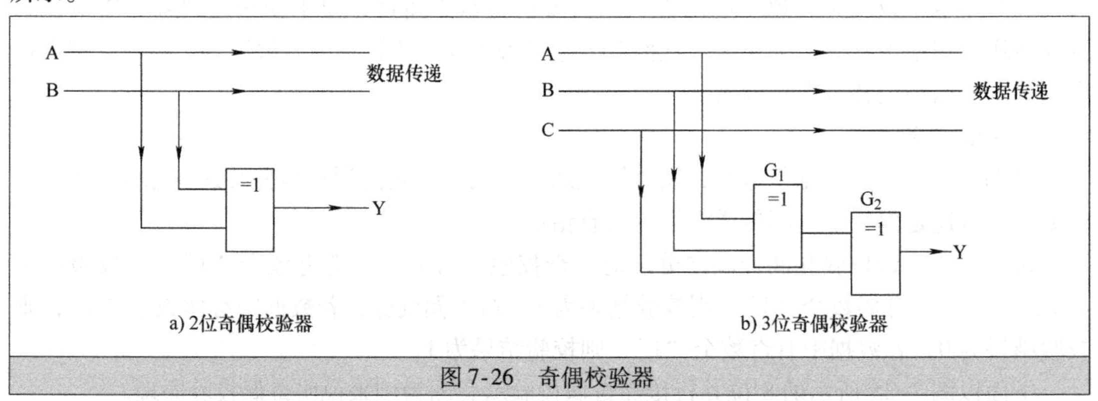

图 7-26　奇偶校验器

图 7-26 中的奇偶校验器是由异或门构成的，异或门具有的特点是，输入相同时输出为“0”，输入相异时输出为“1”。图 7-26a 所示的 2 位奇偶校验器由一个异或门构成，当 A、B 都输入“1”，即输入的“1”为偶数个时，输出 $Y=0$；当 A、B 中只有一个为“1”，即输入的“1”为奇数个时，输出 $Y=1$。

图 7-26b 所示的 3 位奇偶校验器由两个异或门构成，当 $A=1$、$B=1$、$C=1$ 时，输出

Y=1；当 A=1、B=1，而 C=0 时，异或门 G_1 输出为“0”，异或门 G_2 输出为“0”，即输入的“1”为偶数个时，输出 Y=0。

以上两种由异或门组成的奇偶校验器具有偶校验功能，如果将异或门换成异或非门组成奇偶校验器，它就具有奇校验功能。

从图 7-26 可以看出，由于接收端的奇偶校验器除了要接收传递的数据外，还要接收发送端奇偶校验器送来的校验位，所以接收端的奇偶校验器的位数较发送端的多 1 位。

下面以图 7-27 所示电路为例进一步说明奇偶校验器的实际应用。

图 7-27 中的发送器要送 2 位数 AB=10 到接收器，A=1、B=0 一方面通过数据线往接收器传递，另一方面送到发送端的奇偶校验器，该校验器为偶校验，它输出的校验位为 1。校验位 1 与 A=1、B=0 送到接收端奇偶校验器，此校验器校验输出为“0”，该校验位 0 去控制接收器，让接收器接收数据线送到的正确数据。

如果数据在传递过程中，AB 由 10 变为 11（注：送到发送端奇偶校验器的数据 AB 是正确的，仍为 10，只是数据传送到接收器的途中发生了错误，由 10 变成 11），发送端的奇偶校验器输出的校验位仍为 1，而由于传送到接收端的数据 10 变成了 11，所以接收端的奇偶校验器输出校验位为 1，它去禁止接收器接收错误的数据，同时控制报警器报警。

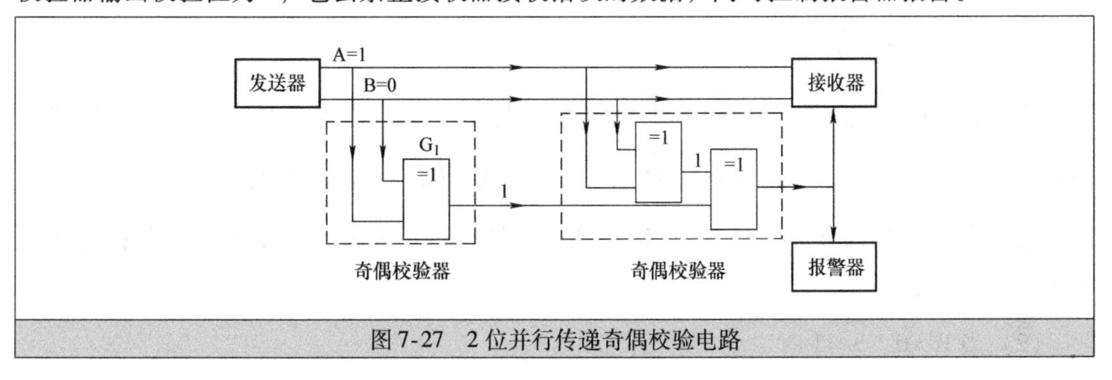

图 7-27　2 位并行传递奇偶校验电路

7.4　触发器

时序逻辑电路简称时序电路，它是一种具有记忆功能的电路。时序逻辑电路是由组合逻辑电路与记忆电路（又称存储电路）组合而成的。常见时序逻辑电路有触发器、寄存器和计数器等。

触发器是一种具有记忆功能的电路，它是时序逻辑电路中的基本单元电路。触发器的种类很多，常见的有基本 RS 触发器、同步 RS 触发器、D 触发器、JK 触发器、T 触发器和主从触发器等。

7.4.1　基本 RS 触发器

基本 RS 触发器是一种结构最简单的触发器，其他类型触发器大多是在基本 RS 触发器基础上进行改进而得到的。

1. 结构与原理

基本 RS 触发器如图 7-28 所示。

基本RS触发器是由两个交叉的与非门组成，它有$\overline{R}$端（称为置“0”端）和$\overline{S}$端（称为置“1”端），字母上标“-”表示该端低电平有效。逻辑符号的输入端加上圆圈也表示低电平有效。另外，基本RS触发器有两个输出端Q和$\overline{Q}$，Q和$\overline{Q}$的值总是相反的，以Q端输出的值作为触发器的状态，当Q端为“0”时（此时$\overline{Q}=1$），就说触发器处于“0”状态，若$Q=1$，则触发器处于“1”状态。

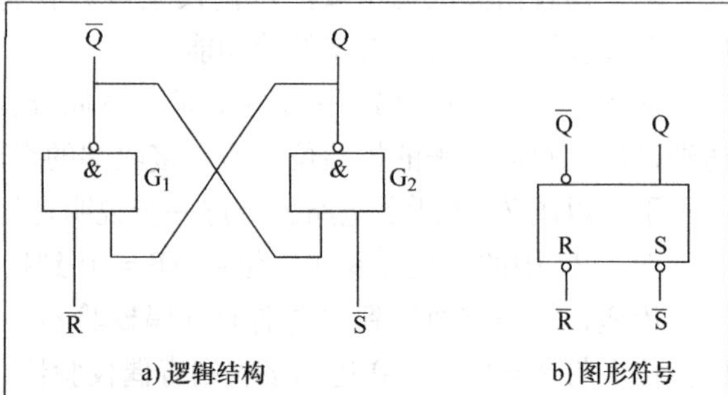

a) 逻辑结构　b) 图形符号

图7-28　基本RS触发器

基本RS触发器工作原理说明如下：

（1）当$\overline{R}=1$、$\overline{S}=1$时

若触发器原状态为“1”，即$Q=1$（$\overline{Q}=0$）。与非门G_1的两个输入端均为“1”（$\overline{R}=1$、$Q=1$），与非门G_1输出为“0”。与非门G_2两输入端$\overline{S}=1$、$\overline{Q}=0$，与非门G_2输出则为“1”。此时的$Q=1$、$\overline{Q}=0$，电路状态不变。

若触发器原状态为“0”，即$Q=0$（$\overline{Q}=1$）。与非门G_1两输入端$\overline{R}=1$、$Q=0$，则输出端$\overline{Q}=1$；与非门G_2两输入端$\overline{S}=1$、$\overline{Q}=1$，输出端$Q=0$，电路状态仍保持不变。

也就是说，当$\overline{R}$、$\overline{S}$输入端输入都为“1”（即$\overline{R}=1$、$\overline{S}=1$）时，触发器保持原状态不变。

（2）当$\overline{R}=0$、$\overline{S}=1$时

若触发器原状态为“1”，即$Q=1$（$\overline{Q}=0$）。与非门G_1两输入端$\overline{R}=0$、$Q=1$，输出端$\overline{Q}$由“0”变为“1”；与非门G_2两输入端均为“1”（$\overline{S}=1$、$\overline{Q}=1$），输出端Q由“1”变为“0”，电路状态由“1”变为“0”。

若触发器原状态为“0”，即$Q=0$（$\overline{Q}=1$）。与非门G_1两输入端$\overline{R}=0$、$Q=0$，输出端$\overline{Q}$仍为“1”；与非门G_2两输入端均为“1”（$\overline{S}=1$、$\overline{Q}=1$），输出端Q仍为“0”，即电路状态仍为“0”。

由上述过程可以看出，不管触发器原状态如何，只要$\overline{R}=0$、$\overline{S}=1$，触发器状态马上变为“0”，所以$\overline{R}$端称为置“0”端（或称复位端）。

（3）当$\overline{R}=1$、$\overline{S}=0$时

若触发器原状态为“1”，即$Q=1$（$\overline{Q}=0$）。与非门G_1两输入端均为“1”（$\overline{R}=1$、$Q=1$），输出端$\overline{Q}$仍为“0”，与非门G_2两输入端$\overline{S}=0$、$\overline{Q}=0$，输出端Q为“1”，即电路状态

仍为“1”。

若触发器原状态为“0”，即 Q=0（$\overline{Q}$=1）。与非门 G_1 两输入端 $\overline{R}$=1、Q=0，输出端 $\overline{Q}$=1；与非门 G_2 两输入端 $\overline{S}$=0、$\overline{Q}$=1，输出端 Q=1，这是不稳定的，Q=1 反馈到与非门 G_1 输入非端，与非门 G_1 输入端现在变为 $\overline{R}$=1、Q=1，其输出端 $\overline{Q}$=0，$\overline{Q}$=0 反馈到与非门 G_2 输入端，与非门 G_2 输入端为 $\overline{S}$=1、$\overline{Q}$=0，其输出端 Q=1，电路此刻达到稳定（即触发器状态不再变化），其状态为“1”。

由此可见，不管触发器原状态如何，只要 $\overline{R}$=1、$\overline{S}$=0，触发器状态马上变为“1”。若触发器原状态为“0”，现变为“1”；若触发器原状态为“1”，则仍为“1”。所以 $\overline{S}$ 端称为置“1”端，即 $\overline{S}$ 为低电平时，能将触发器状态置为“1”。

（4）当 $\overline{R}$=0、$\overline{S}$=0 时

此时与非门 G_1、G_2 的输入端都至少有一个为“0”，这样会出现 $\overline{Q}$=1、Q=1，这种情况是不允许的。

综上所述，基本 RS 触发器的逻辑功能是，置“0”、置“1”和保持。

2. 功能表

基本 RS 触发器的功能表见表 7-10。

表 7-10 基本 RS 触发器的功能表

$\overline{R}$	$\overline{S}$	Q	逻辑功能	$\overline{R}$	$\overline{S}$	Q	逻辑功能
0	1	0	置“0”	1	1	不变	保持
1	0	1	置“1”	0	0	不定	不允许

3. 特征方程

基本 RS 触发器的输入、输出和原状态之间的关系也可以用特征方程来表示。基本 RS 触发器的特征方程为

$$\begin{cases} Q^{n+1}=S+\overline{R}Q^n \\ \overline{R}+\overline{S}=1 \end{cases}$$

特征方程中的 $\overline{R}+\overline{S}=1$ 是约束条件，它的作用是规定 $\overline{R}$、$\overline{S}$ 不能同时为“0”。在知道基本 RS 触发器的输入和原状态的情况下，不用分析触发器的工作过程，仅利用上述特征方程就能知道触发器的输出状态。例如已知触发器原状态为“1”（$Q^n=1$），当 $\overline{R}$ 为“0”、$\overline{S}$ 为“1”时，只要将 $Q^n=1$、$\overline{R}=0$、$\overline{S}=1$ 代入方程即可得 $Q^{n+1}=0$。也就是说，在知道 $Q^n=1$、$\overline{R}=0$、$\overline{S}=1$ 时，通过特征方程计算出来的结果可知触发器状态应为“0”。

7.4.2 同步 RS 触发器

1. 时钟脉冲

在数字电路系统中，往往有很多的触发器，为了使它们能按统一的节拍工作，大多需

要加控制脉冲控制各个触发器，只有当控制脉冲来时，各触发器才能工作，该控制脉冲称为时钟脉冲（CP），其波形如图 7-29 所示。

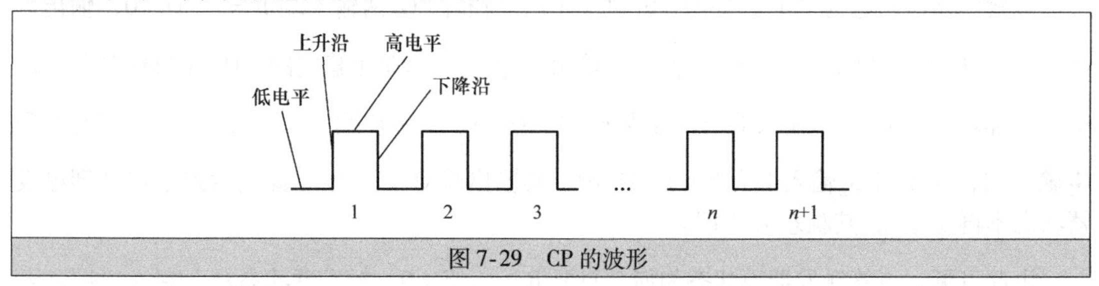

图 7-29　CP 的波形

CP 每个周期可分为四个部分：低电平部分、高电平部分、上升沿部分（由低电平变为高电平的部分）和下降沿部分（由高电平变为低电平的部分）。

2. 同步 RS 触发器的原理

（1）符号与功能说明

同步 RS 触发器是在基本 RS 触发器改进并增加 CP 输入端构成的，其图形符号如图 7-30 所示。

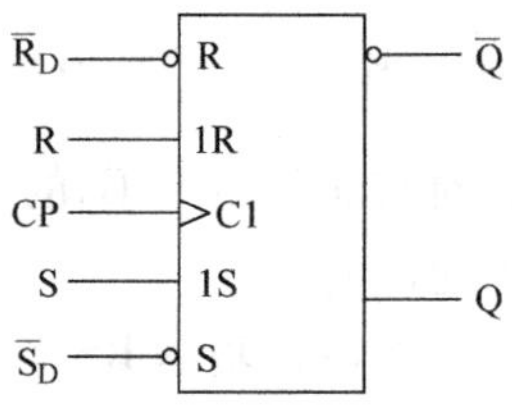

图 7-30　同步 RS 触发器的图形符号

当无 CP 时，无论 R、S 端输入什么信号，触发器的输出状态都不改变，即触发器不工作。当有 CP 到来时，同步触发器就相当一个基本的 RS 触发器。

$\overline{R}_D$ 为同步 RS 触发器置“0”端，$\overline{S}_D$ 为置“1”端。当 $\overline{R}_D$ 为“0”时，将触发器置“0”态（$Q=0$）；当 $\overline{S}_D$ 为“0”时，将触发器置“1”态（$Q=1$）；在不需要置“0”和置“1”时，让 $\overline{R}_D$、S_D 都为“1”，不影响触发器的工作。

同步 RS 触发器在无 CP 时不工作，在有 CP 时，其逻辑功能与基本 RS 触发器相同：置“0”、置“1”和保持。

（2）功能表

同步 RS 触发器的功能表见表 7-11。

表 7-11　同步 RS 触发器的功能表

R	S	Q^{n+1}	逻辑功能	R	S	Q^{n+1}	逻辑功能
0	0	Q^n	保持	1	0	0	置“0”
0	1	1	置“1”	1	1	不定	不允许

（3）特征方程

同步 RS 触发器的特征方程为

$$\begin{cases} Q^{n+1}=S+\overline{R}Q^n \\ R\cdot S=0 \end{cases}$$

特征方程中的约束条件是 $R\cdot S=0$，它规定 R 和 S 不能同时为“1”，因为 R、S 同时为“1”会使送到基本 RS 触发器两个输入端的信号同时为“0”，从而会出现基本 RS 触发器工作状态不定的情况。

7.4.3　D 触发器

D 触发器又称为延时触发器或数据锁存触发器，这种触发器在数字系统应用十分广泛，它可以组成锁存器、寄存器和计数器等部件。

1. 符号与功能说明

D触发器的图形符号如图7-31所示。

D触发器工作原理说明如下：

1）当无CP到来时（即CP=0）。无论D端输入何值，触发器保持原状态。

2）当有CP到来时（即CP=1）。这时触发器的工作可分两种情况：若D=0，触发器的状态变为“0”，即Q=0；若D=1，触发器的状态变为“1”，即Q=1。

综上所述，D触发器的逻辑功能是，在无CP时不工作；在有CP时，触发器的输出Q与输入D的状态相同。

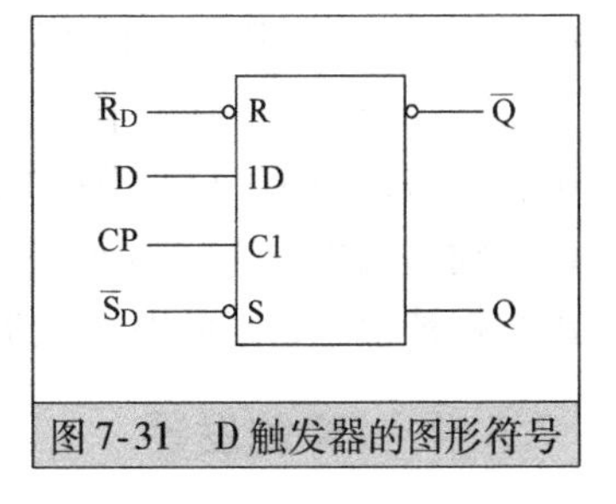

图7-31 D触发器的图形符号

2. 状态表

D触发器的状态表见表7-12。

表7-12 D触发器的状态表

D	Q^{n+1}
0	0
1	1

3. 特征方程

D触发器的特征方程为

$$Q^{n+1}=D$$

4. 常用D触发器芯片

74LS374是一种常用D触发器芯片，内部有8个相同的D触发器，其各脚功能和状态表如图7-32所示。

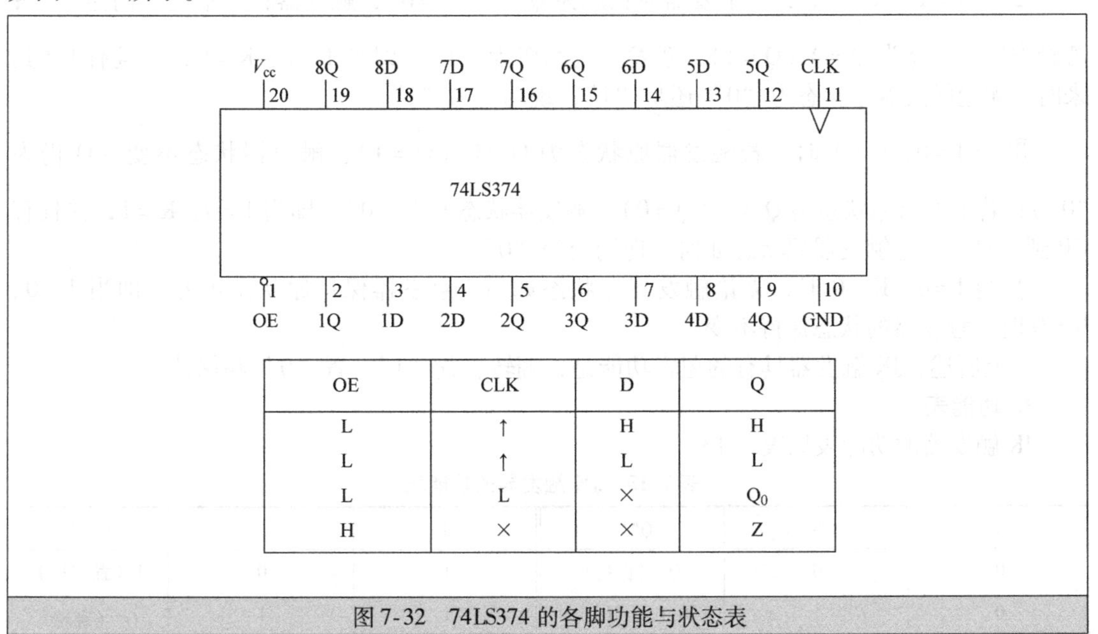

OE	CLK	D	Q
L	↑	H	H
L	↑	L	L
L	L	×	Q_0
H	×	×	Z

图7-32 74LS374的各脚功能与状态表

74LS374 的 1D～8D 和 1Q～8Q 分别为内部 8 个触发器的输入、输出端。CLK 为 CP 输入端，该端输入的脉冲会送到内部每个 D 触发器的 CP 端，CLK 端标注的“∨”表示当时钟信号上升沿来时，触发器输入有效。OE 为公共输出控制端，当 OE = H 时，8 个触发器的输入端和输出端之间处于高阻状态；当 OE = L 且 CLK 脉冲上升沿来时，D 端数据通过触发器从 Q 端输出；当 OE = L 且 CLK 脉冲为低电平时，Q 端输出保持不变。

74LS374 内部有 8 个 D 触发器，可以根据需要全部使用或个别使用。例如使用第 7、8 个触发器，若 8D = 1、7D = 0，当 OE = L 且 CLK 端 CP 上升沿来时，输入端数据通过触发器，输出端 8Q = 1、7Q = 0，当 CP 变为低电平后，D 端数据变化，Q 端数据不再变化，即输出数据被锁定，因此 D 触发器常用来构成数据锁存器。

7.4.4 JK 触发器

1. 符号与功能说明

JK 触发器的图形符号如图 7-33 所示。

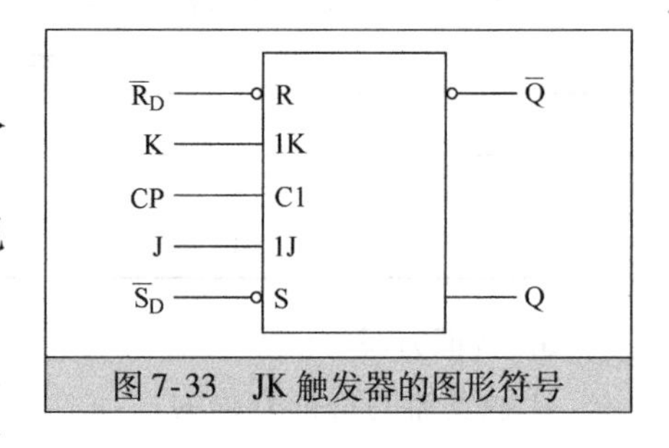

图 7-33 JK 触发器的图形符号

JK 触发器工作原理说明如下：

1）当无 CP 到来时（即 CP = 0），无论 J、K 输入何值，触发器状态保持不变。

2）当有 CP 到来时（即 CP = 1），触发器工作情况可分为以下四种：

① 当 J = 1、K = 1 时，若触发器原状态为 Q = 0（$\overline{Q}$ = 1），触发器状态由“0”变为“1”；若触发原状态为 Q = 1（$\overline{Q}$ = 0），触发器状态由“1”变为“0”。即当 J = 1、K = 1，并且有 CP 到来时（即 CP = 1），触发器状态翻转（即新状态与原状态相反）。

② 当 J = 1、K = 0 时，若触发器原状态为 Q = 1（$\overline{Q}$ = 0），触发器状态不变，仍为“1”；若触发器原状态为 Q = 0（$\overline{Q}$ = 1），触发器状态变为“1”。即当 J = 1、K = 0，并且有 CP 到来时，无论触发器原状态为“0”还是“1”，现均变为“1”。

③ 当 J = 0、K = 1 时，若触发器原状态为 Q = 0（$\overline{Q}$ = 1），触发器状态不变（Q 仍为“0”）；若触发器原状态为 Q = 1（$\overline{Q}$ = 0），触发器状态变为“0”。即当 J = 0、K = 1，并且有 CP 到来时，无论触发器原状态如何，现均变为“0”。

④ 当 J = 0、K = 0 时，无论触发器原状态如何，触发器保持原状态不变。即当 J = 0、K = 0 时，触发器的状态保持不变。

综上所述，JK 触发器具有的逻辑功能是，翻转、置“1”、置“0”和保持。

2. 功能表

JK 触发器的功能表见表 7-13。

表 7-13 JK 触发器的功能表

J	K	Q^{n+1}	J	K	Q^{n+1}
0	0	Q^n（保持）	1	0	1（置“1”）
0	1	0（置“0”）	1	1	$\overline{Q}^n$（翻转）

3. 特征方程

JK 触发器特征方程为

$$Q^{n+1}=J\overline{Q}^{n}+\overline{K}Q^{n}$$

4. 常用 JK 触发器芯片

74LS73 是一种常用 JK 触发器芯片，内部有 2 个相同的 JK 触发器，其各脚功能及内部结构和状态表如图 7-34 所示。

74LS73 的 CLR 端为清 0 端，当 CLR = 0 时，无论 J、K 端输入为何值，Q 端输出都为 0。CLK 端为 CP 输入端，当 CP 为高电平时，J、K 端输入无效，触发器输出状态不变；在 CP 下降沿来且 CLR = 1 时，J、K 端输入不同值，触发器具有保持、翻转、置“1”和置“0”功能。

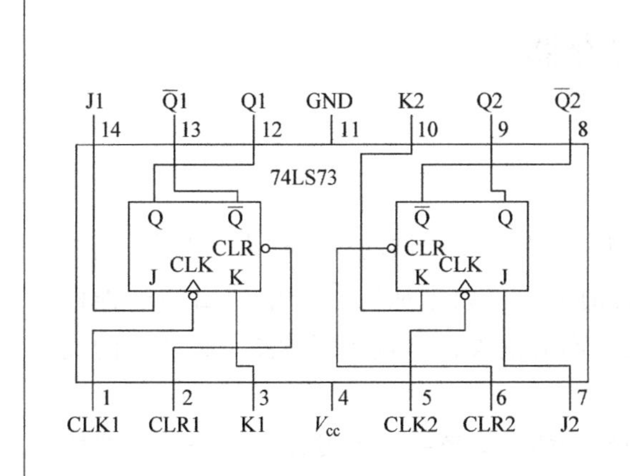

输入				输出及功能	
CLR	CLK	J	K	Q	$\overline{Q}$
L	×	×	×	L	H(清0)
H	↓	L	L	Q_0	$\overline{Q}_0$(保持)
H	↓	H	H	$\overline{Q}_0$	Q_0(翻转)
H	↓	H	L	H	L (置1)
H	↓	L	H	L	H (置0)
H	H	×	×	Q_0	$\overline{Q}_0$

图 7-34　74LS73 的各脚功能及内部结构和状态表

7.4.5 边沿触发器

触发器工作时一般都加有 CP，当 CP 来到时触发器工作，CP 过后触发器不工作。给触发器加 CP 的目的是让触发器每来一个 CP 状态就变化一次，但如果在 CP 持续期间，输入信号再发生变化，那么触发器的状态也会随之再发生变化。在一个 CP 持续期间，触发器的状态连续多次变化的现象称为空翻。采用边沿触发器可以有效克服空翻。

边沿触发器只有在 CP 上升沿或下降沿来时输入才有效，其他期间处于封锁状态，即使输入信号变化也不会影响触发器的输出状态，因为 CP 上升沿或下降沿持续时间很短，在短时间输入信号因干扰发生变化的可能性很小，故边沿触发器的抗干扰性很强。

图 7-35 是两种常见的边沿触发器，CP 端的“∧”表示边沿触发方式，同时带小圆圈表示下降沿触发，无小圆圈表示上升沿触发。图 7-35a 为下降沿触发型 JK 触发器，当 CP 下降沿来时，JK 触发器的输出状态会随 JK 端输入而变化，CP 下降沿过后，即使输入发生变化，输出不会变化。图 7-35b 为上升沿触发型 D 触发器，当 CP 上升沿来时，D 触发器的输出状态会随 D 端输入而变化。

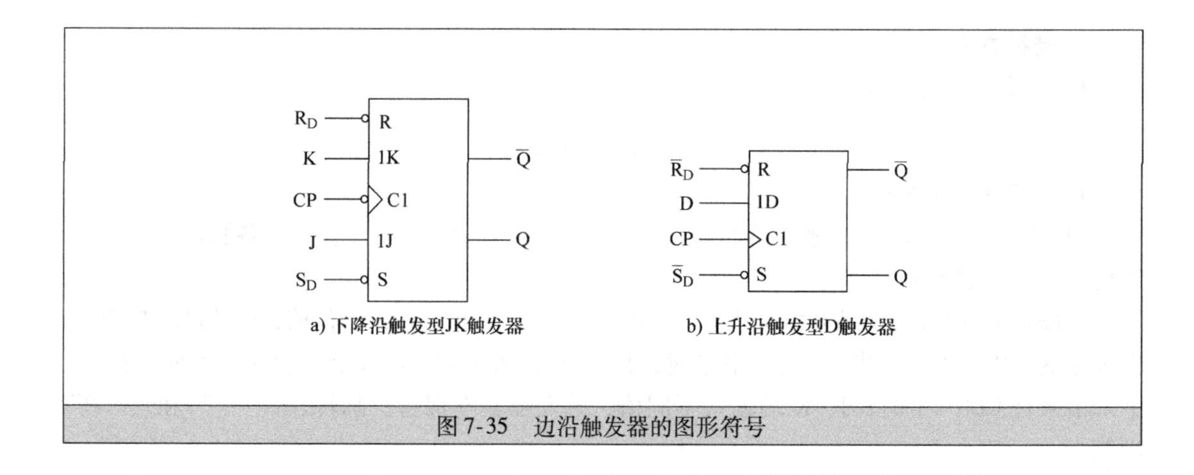

图 7-35　边沿触发器的图形符号

7.5　寄存器

7.5.1　寄存器简介

寄存器是一种能存取二进制数据的电路。将数据存入寄存器的过程称为“写”，当往寄存器中“写”入新数据时，以前存储的数据会消失。将数据从寄存器中取出的过程称为“读”，数据被“读”出后，寄存器中的该数据并不会消失，这就像阅读图书，书上的文字被人读取后，文字仍在书上。

寄存器能存储数据是因为它采用了具有记忆功能的电路——触发器，一个触发器能存放一位二进制数。一个 8 位寄存器至少需要 8 个触发器组成，它能存放 8 个 0、1 这样的二进制数。

1. 结构与原理

寄存器主要由触发器组成，图 7-36 是一个由 D 触发器构成的 4 位寄存器，它用到了 4 个 D 触发器，这些触发器在 CP 的下降沿到来时才能工作，$\overline{C_r}$为复位端，它同时接到 4 个触发器的复位端。

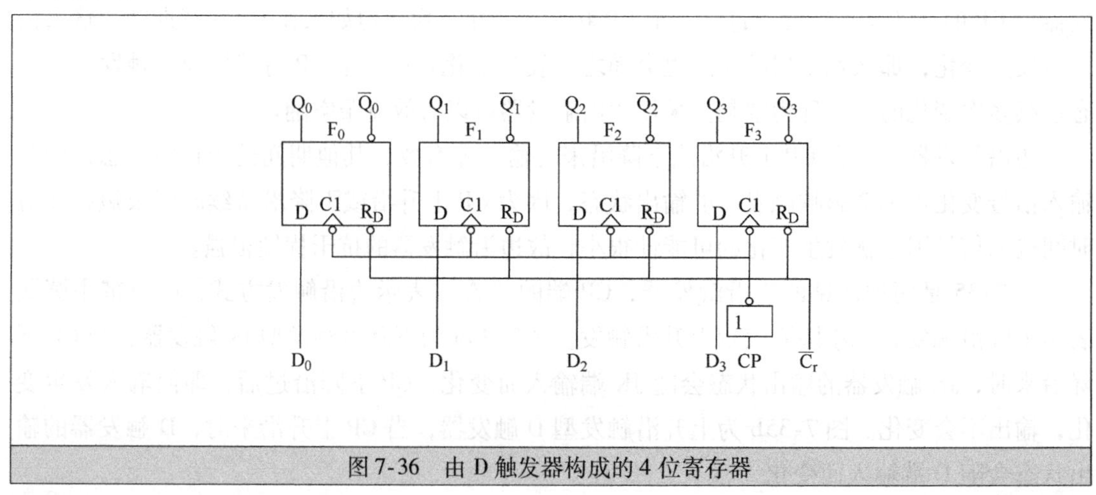

图 7-36　由 D 触发器构成的 4 位寄存器

下面分析图7-36所示寄存器的工作原理，为了分析方便，这里假设输入的4位数码$D_3D_2D_1D_0=1011$。

当CP为低电平时，CP=0，经非门后变成高电平，高电平送到4个触发器的C1端（时钟控制端），由于这4个触发器是下降沿触发有效，现C1=1，故它们不工作。

当CP上升沿来时，经非门后脉冲变成下降沿，它送到4个触发器的C1端，4个触发器工作，如果这时输入的4位数码$D_3D_2D_1D_0=1011$，因为D触发器的输出和输入是相同的，所以4个D触发器的输出$Q_3Q_2Q_1Q_0=1101$。

CP上升沿过后，4个D触发器都不工作，输出$Q_3Q_2Q_1Q_0=1101$不会变化，即输入的4位数码1101被保存下来了。

$\overline{C_r}$为复位端，当需要将4个触发器进行清零时，可以在$\overline{C_r}$加一个低电平，该低电平同时加到4个触发器的复位端，对它们进行复位，结果$Q_3Q_2Q_1Q_0=0000$。

2. 常用寄存器芯片

74LS175是一个由D触发器构成的4位寄存器芯片，内部有4个D触发器，其各脚功能和状态表如图7-37所示。

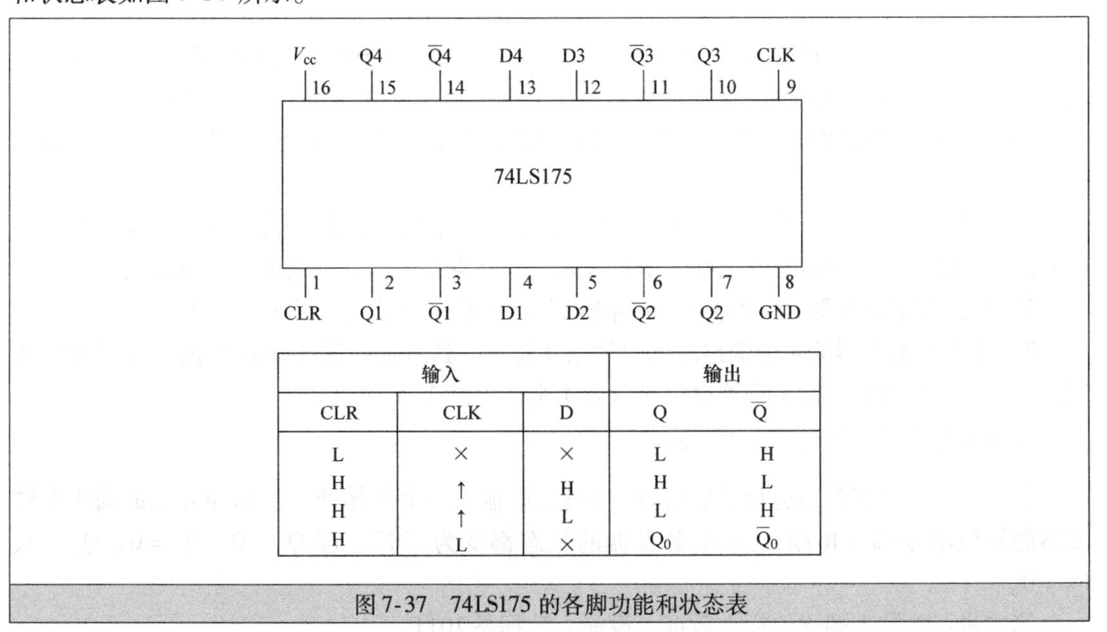

输入			输出	
CLR	CLK	D	Q	$\overline{Q}$
L	×	×	L	H
H	↑	H	H	L
H	↑	L	L	H
H	L	×	Q_0	$\overline{Q_0}$

图7-37　74LS175的各脚功能和状态表

74LS175的CLR端为清0端，当CLR=0时，对寄存器进行清0，Q端输出都为0（$\overline{Q}$都为1）。CLK端为CP输入端，当CP为低电平时，D端输入无效，触发器输出状态不变；在CP上升沿来且CLR=1时，D端输入数据被寄存器保存下来，Q=D。

7.5.2　移位寄存器

移位寄存器简称移存器，它除了具有寄存器存储数据的功能外，还有对数据进行移位的功能。移位寄存器可按下列方式分类：

按数据的移动方向来分，有左移寄存器、右移寄存器和双向移位寄存器。

按输入、输出方式来分，有串行输入－并行输出、串行输入－串行输出、并行输入－

并行输出和并行输入－串行输出方式。

1. 左移寄存器

图7-38是一个由D触发器构成的4位左移寄存器。

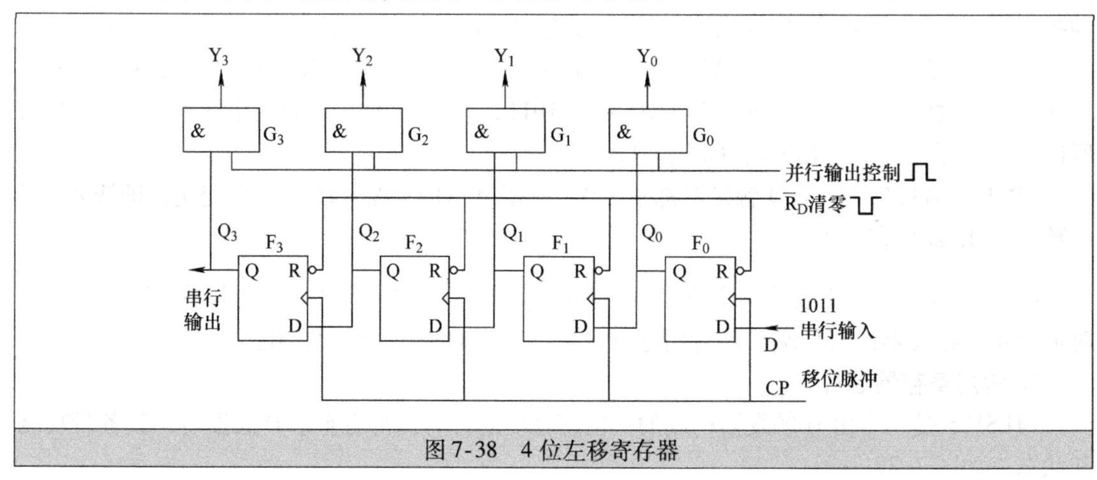

图7-38　4位左移寄存器

从图7-38中可以看出，该左移寄存器是由4个D触发器和4个与门电路构成的。$\overline{R}_D$端为复位清零端，当负脉冲加到4个触发器时，各个触发器都被复位，状态都变为“0”。CP端为移位脉冲（时钟脉冲），只有移位脉冲上升沿加到各个触发器CP端时，这些触发器才能工作。

左移寄存器的数据从右端第一个D触发器F_0的D端输入，由于数据是一个接一个输入D端，这种逐位输入数据的方式称为串行输入。左移寄存器的数据输出有两种方式：

1）从最左端触发器F3的Q3输出端将数据一个接一个输出（串行输出）。

2）从4个触发器的4个输出端同时输出4位数，这种同时输出多位数据的方式称为并行输出，这4位数再通过4个输出门传送到4个输出端$Y_3Y_2Y_1Y_0$。

左移寄存器的工作过程分两步进行。

第一步：先对寄存器进行复位清零。在$\overline{R}_D$端输入一个负脉冲，该脉冲分别加到4个触发器的复位清零端（R端），4个触发器的状态都变为“0”，即$Q_0=0$、$Q_1=0$、$Q_2=0$、$Q_3=0$。

第二步：从输入端逐位输入数据，设输入数据是1011。

当第一个移位脉冲上升沿送到4个D触发器时，各个触发器开始工作，此时第一位输入数“1”送到第一个触发器F_0的D端，F_0输出$Q_0=1$（D触发器的输入与输出相同），移位脉冲过后各触发器不工作。

当第二个移位脉冲上升沿到来时，各个触发器又开始工作，触发器F_0的输出$Q_0=1$送到第二个触发器F_1的D端，F_1输出$Q_1=1$，与此同时，触发器F_0的D端输入第二位数据“0”，F_0输出$Q_0=0$，移位脉冲过后各触发器不工作。

当第三个移位脉冲上升沿到来时，触发器F_1输出端$Q_1=1$移至触发器F_2输出端，$Q_2=1$，而触发器F_0的$Q_0=0$移至触发器F_1输出端，$Q_1=0$，触发器F_0输入的第三位数“1”移到输出端，$Q_0=1$。

当第四个移位脉冲上升沿到来时，触发器 F_2输出端 $Q_2=1$ 移至触发器 F_3输出端，$Q_3=1$，触发器 F_1 的 $Q_1=0$ 移至触发器 F_2输出端，$Q_2=0$，触发器 F_0的 $Q_0=1$ 移至触发器 F_1 输出端，$Q_1=1$，触发器 F_0输入的第四位数“1”移到输出端，$Q_0=1$。

4 个移位脉冲过后，4 个触发器的输出端 $Q_3Q_2Q_1Q_0=1011$，它们加到 4 个与门 $G_3\sim G_0$ 的输入端，如果这时有并行输出控制正脉冲（即为 1）加到各与门，这些与门打开，1011 这 4 位数会同时送到输出端，而使 $Y_3Y_2Y_1Y_0=1011$。

如果需要将 1011 这 4 位数从 Q_3端逐个移出（串行输出），必须再用 4 个移位脉冲对寄存器进行移位。从某一位数输入寄存器开始，需要再来 4 个脉冲该位数才能从寄存器串行输出端输出，也就是说移位寄存器具有延时功能，其延迟时间与 CP 周期有关，在数字电路系统中常将它作为数字延时器。

2. 常用双向移位寄存器芯片 74LS194

74LS194 是一个由 RS 触发器构成的 4 位双向移位寄存器芯片，内部有 4 个 RS 触发器及有关控制电路组成，其各脚功能如图 7-39 所示，其状态表见表 7-14。

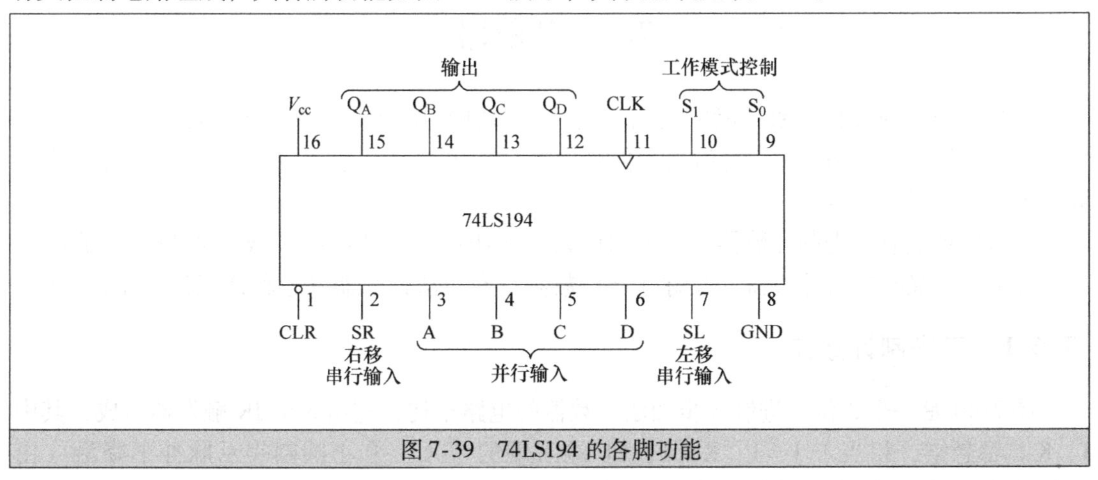

图 7-39 74LS194 的各脚功能

表 7-14 74LS194 状态表

输入											输出			
CLR	模式控制		CLK	串行输入		并行输入					Q_A	Q_B	Q_C	Q_D
	S_1	S_0		SL	SR	A	B	C	D					
L	×	×	×	×	×	×	×	×	×		L	L	L	L
H	×	×	L	×	×	×	×	×	×		Q_{A0}	Q_{B0}	Q_{C0}	Q_{D0}
H	H	H	↑	×	×	a	b	c	d		a	b	c	d
H	L	H	↑	×	H	×	×	×	×		H	Q_{An}	Q_{Bn}	Q_{Cn}
H	L	H	↑	×	L	×	×	×	×		L	Q_{An}	Q_{Bn}	Q_{Cn}
H	H	L	↑	H	×	×	×	×	×		Q_{Bn}	Q_{Cn}	Q_{Dn}	H
H	H	L	↑	L	×	×	×	×	×		Q_{Bn}	Q_{Cn}	Q_{Dn}	L
H	L	L	×	×	×	×	×	×	×		Q_{A0}	Q_{B0}	Q_{C0}	Q_{D0}

74LS194 的 CLR 端为清 0 端，当 CLR = 0 时，对寄存器进行清 0，$Q_A\sim Q_D$ 端输出都为 0。CLK 端为 CP 输入端，CP 上升沿触发有效。74LS194 有并行预置、左移、右移和禁止移

位四种工作模式，工作在何种模式受 S_1、S_0 端控制。SR 为右移数据输入端，SL 为左移数据输入端，A、B、C、D 为并行数据输入端。

当 CLR = 1 且 $S_1 = S_0 = 1$ 时，寄存器工作在并行预置模式，在 CP 上升沿来时，A ~ D 端输入的数据 a、b、c、d 从 $Q_A \sim Q_D$ 端输出，CP 上升沿过后，$Q_A \sim Q_D$ 端数据保持不变。

当 CLR = 1 且 $S_1 = 0$、$S_0 = 1$ 时，寄存器工作在右移模式，在 CP 上升沿来时，SR 端输入的数据（如 1）被移入寄存器，若移位前 Q_A、Q_B、Q_C、Q_D 端数据为 Q_{An}、Q_{Bn}、Q_{Cn}、Q_{Dn}，右移后，Q_A、Q_B、Q_C、Q_D 端数据变为 1、Q_{An}、Q_{Bn}、Q_{Cn}。

当 CLR = 1 且 $S_1 = 1$、$S_0 = 0$ 时，寄存器工作在左移模式，在 CP 上升沿来时，SL 端输入的数据（如 0）被移入寄存器，若移位前 Q_A、Q_B、Q_C、Q_D 端数据为 Q_{An}、Q_{Bn}、Q_{Cn}、Q_{Dn}，左移后，Q_A、Q_B、Q_C、Q_D 端数据变为 Q_{Bn}、Q_{Cn}、Q_{Dn}、0。

当 CLR = 1 且 $S_1 = 0$、$S_0 = 0$ 时，寄存器工作在禁止移位模式，CP 触发无效，并行和左移、右移串行输入均无效，Q_A、Q_B、Q_C、Q_D 端数据保持不变。

7.6 计数器

计数器是一种具有计数功能的电路，它主要由触发器和门电路组成，是数字系统中使用最多的时序逻辑电路之一。计数器不但可用来对脉冲的个数进行计数，还可以用作数字运算、分频、定时控制等。

计数器种类有二进制计数器、十进制计数器和任意进制计数器（或称 *N* 进制计数器），这些计数器中又有加法计数器（又称递增计数器）和减法计数器（也称递减计数器）之分。

7.6.1 二进制计数器

图 7-40 是一个 3 位二进制异步加法计数器的电路结构，它由 3 个 JK 触发器组成，其中 J、K 端都悬空，相当于 J = 1、K = 1，CP 输入端的“ < ”和小圆圈表示脉冲下降沿（由“1”变为“0”时）来时工作有效。

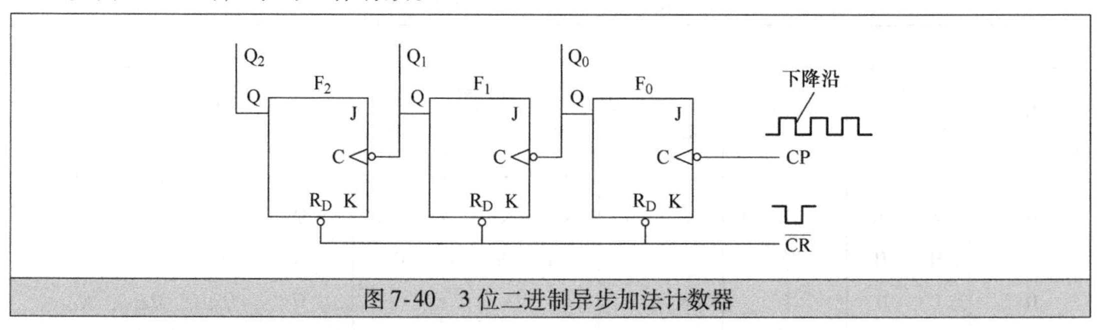

图 7-40　3 位二进制异步加法计数器

计数器的工作过程分为两步。

第一步：计数器复位清零。

在工作前应先对计数器进行复位清零。在复位控制端送一个负脉冲到各触发器 R_D 端，触发器状态都变为“0”，即 $Q_2Q_1Q_0 = 000$。

第二步：计数器开始计数。

当第一个 CP 的下降沿到触发器 F_0 的 CP 端时，触发器 F_0 开始工作，由于 J = K = 1，JK

触发器的功能是“翻转”，触发器 F_0 的状态由“0”变为“1”，即 $Q_0=1$，其他触发器状态不变，计数器的输出为 $Q_2Q_1Q_0=001$。

当第二个 CP 的下降沿到触发器 F_0 的 CP 端时，F_0 触发器状态又翻转，Q_0 由“1”变为“0”，这相当于给触发器 F_1 的 CP 端加了一个脉冲的下降沿，触发器 F_1 状态翻转，Q_1 由“0”变为“1”，计数器的输出为 $Q_2Q_1Q_0=010$。

当第三个 CP 下降沿到触发器 F_0 的 CP 端时，F_0 触发器状态又翻转，Q_0 由“0”变为“1”，F_1 触发器状态不变 $Q_1=1$，计数器的输出为 011。

同样道理，当第 4 ~7 个脉冲到来时，计数器的 $Q_2Q_1Q_0$ 依次变为 100、101、110、111。由此可见，随着脉冲的不断到来，计数器的计数值不断递增，这种计数器称为加法计数器。当再输入一个脉冲时，$Q_2Q_1Q_0$ 又变为 000，随着 CP 的不断到来，计数器又重新开始对脉冲进行计数。3 位二进制异步加法计数器的 CP 输入个数与计数器的状态见表 7-15。

表 7-15　3 位二进制异步加法计数器状态表

输入 CP 序号	计数器状态			输入 CP 序号	计数器状态		
	Q_2	Q_1	Q_0		Q_2	Q_1	Q_0
0	0	0	0	5	1	0	1
1	0	0	1	6	1	1	0
2	0	1	0	7	1	1	1
3	0	1	1	8	0	0	0
4	1	0	0				

N 位二进制加法器计数器的最大计数为 2^n-1 个，所以 3 位异步二进制加法计数器最大计数为 $2^3-1=7$ 个。

异步二进制加法计数器除了能计数外，还具有分频作用。3 位异步二进制加法计数器的 CP 和各触发器输出波形如图 7-41 所示。

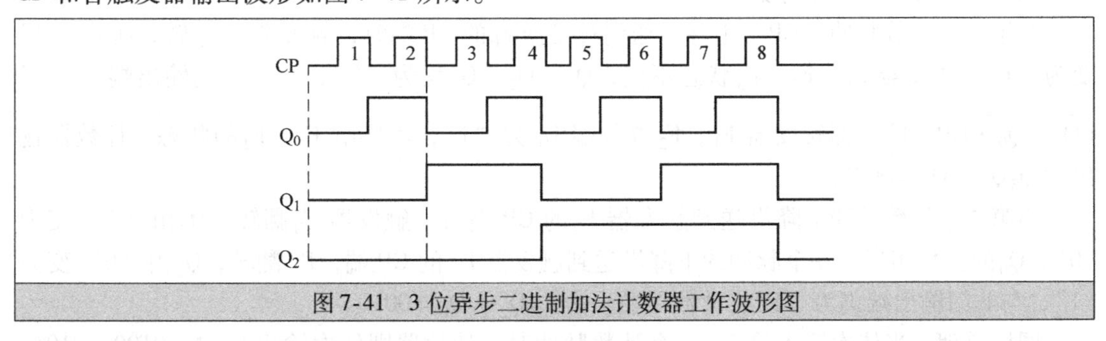

图 7-41　3 位异步二进制加法计数器工作波形图

从图 7-41 可以看出，当第一个 CP 下降沿到来时，Q_0 由“0”变为“1”，Q_1、Q_2 状态不变；当第二个 CP 下降沿到来时，Q_0 由“1”变为“0”，Q_1 由“0”变为“1”，Q_3 状态不变。观察波形还可以发现，每个触发器输出端（Q 端）的脉冲信号频率只有输入端（C 端）脉冲信号一半，也就是说，信号每经一个触发器后频率会降低一半，这种功能称为“两分频”。由于每个触发器能将输入信号的频率降低一半，3 位二进制计数器采用 3 个触发器，它最多能将信号频率降低 $2^3=8$ 倍。例如图 7-41 中的 CP 频率为 1000Hz，那么 Q0、Q1、Q2 端输出的脉冲频率分别是 500Hz、250Hz、125Hz。

7.6.2 十进制计数器

十进制计数器与4位二进制计数器有些相似，但4位二进制计数器需要计数到1111然后才能返回到0000，而十进制计数器要求计数到1001（相当于9）就返回0000。8421BCD码十进制计数器是一种最常用的十进制计数器。

8421BCD码十进制计数器如图7-42所示。

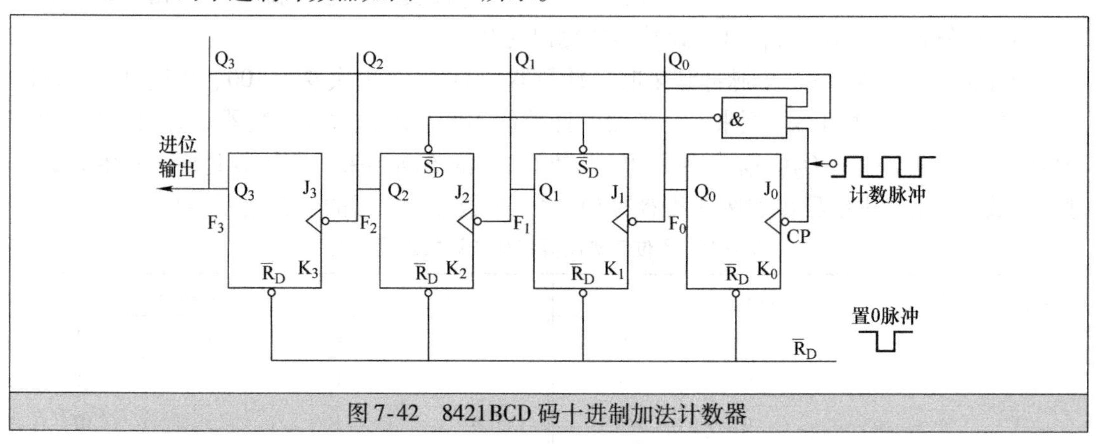

图7-42 8421BCD码十进制加法计数器

该计数器是一个8421BCD码异步十进制加法计数器，由4个JK触发器和一个与非门构成，与非门的输出端接到触发器F_1、F_2的$\overline{S}_D$端（置"1"端），输入端则接到时钟信号输入端（CP端）和触发器F_0、F_3的输出端（即Q_0端和Q_3端）。

计数器的工作过程分为两步。

第一步：计数器复位清零。在工作前应先对计数器进行复位清零。在复位控制端送一个负脉冲到各触发器R_D端，触发器状态都变为"0"，即$Q_3Q_2Q_1Q_0=0000$。

第二步：计数器开始计数。

当第一个计数脉冲（CP）下降沿送到触发器F_0的CP端时，触发器F_0翻转，Q_0由"0"变为"1"，触发器F_1、F_2、F_3状态不变，Q_3、Q_2、Q_1均为"0"，与非门的输出端为"1"（$\overline{Q_3 \cdot Q_0 \cdot CP}=1$），即触发器$F_1$、$F_2$置位端$\overline{S}_D$为"1"，不影响$F_1$、$F_2$的状态，计数器输出为$Q_3Q_2Q_1Q_0=0001$。

当第二个计数脉冲下降沿送到触发器F_0的CP端时，触发器F_0翻转，Q_0由"1"变为"0"，Q_0的变化相当于一个脉冲的下降沿送到触发器F_1的CP端，F_1翻转，Q_1由"0"变为"1"，与非门输出端仍为"1"，计数器输出为$Q_3Q_2Q_1Q_0=0010$。

同样道理，当依次输入第3~9个计数脉冲时，计数器则依次输出0011、0100、0101、0110、0111、1000、1001。

当第十个计数脉冲上升沿送到触发器F_0的CP端时，CP端由"0"变为"1"，相当于CP=1，此时$Q_0=1$、$Q_3=1$，与非门三个输入端都为"1"，马上输出"0"，分别送到触发器F_1、F_2的置"1"端（$\overline{S}_D$端），F_1、F_2的状态均由"0"变为"1"，即$Q_1=1$、$Q_2=1$，计数器的输出为$Q_3Q_2Q_1Q_0=1111$。

当第十个计数脉冲下降沿送到触发器F_0的CP端时，F_0翻转，Q_0由"1"变"0"，它送

到触发器 F_1 的 CP 端，F_1 翻转，Q_1 由“1”变为“0”，Q_1 的变化送到触发器 F_2 的 CP 端，F_2 翻转，Q_2 由“1”变为“0”，Q_2 的变化送到触发器 F_3 的 CP 端，F_3 翻转，Q_3 由“1”变为“0”，计数器输出为 $Q_3Q_2Q_1Q_0=0000$。

第 11 个计数脉冲下降沿到来时，计数器又重复上述过程进行计数。

从上述过程可以看出，当输入 1 ~ 9 计数脉冲时，计数器依次输出 0000 ~ 1001，当输入第十个计数脉冲时，计数器输出变为 0000，然后重新开始计数，它跳过了 4 位二进制数表示十进制数出现的 1010、1011、1100、1101、1110、1111 六个数。

7.7 脉冲电路

脉冲电路主要包括脉冲产生电路和脉冲整形电路。脉冲产生电路的功能是产生各种脉冲信号，如时钟信号。脉冲整形电路的功能是对已有的信号进行整形，以得到符合要求的脉冲信号。

7.7.1 脉冲信号

1. 脉冲信号的定义

脉冲信号是指在短暂时间内作用于电路的电压或电流信号。常见的脉冲信号如图 7-43 所示，该图列出了矩形波、锯齿波、钟形波、尖峰波、梯形波和阶梯波等一些脉冲信号。

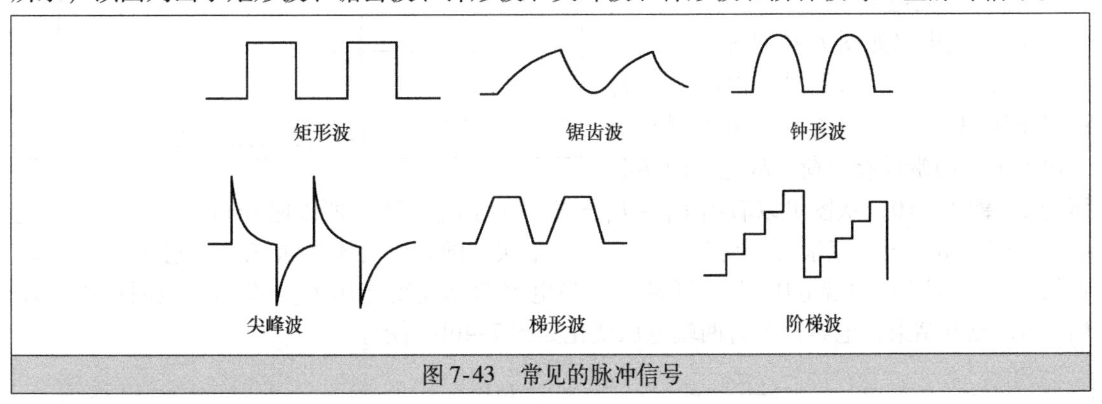

图 7-43 常见的脉冲信号

2. 脉冲信号的参数

在众多的脉冲信号中，应用最广泛的是矩形脉冲信号，实际的矩形脉冲信号如图 7-44 所示。下面以该波形来说明脉冲信号的一些参数。

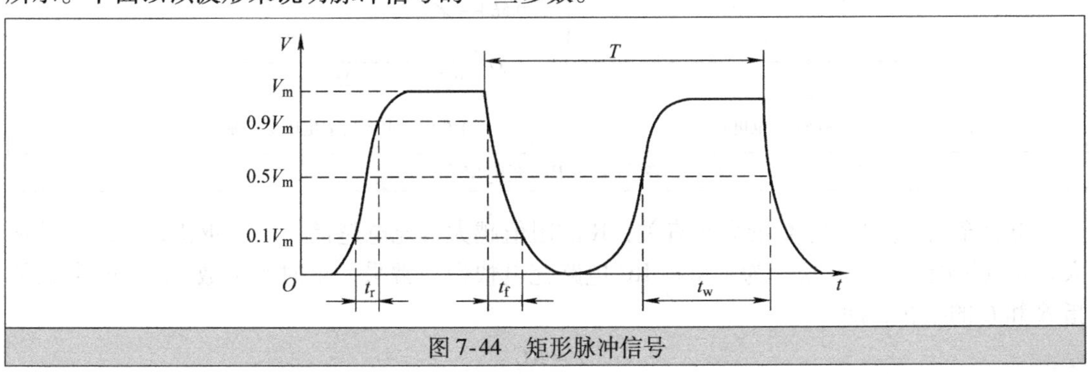

图 7-44 矩形脉冲信号

脉冲信号的参数如下：

1）脉冲幅度 V_m：它是指脉冲的最大幅度。

2）脉冲的上升沿时间 t_r：它是指脉冲从 $0.1V_m$ 上升到 $0.9V_m$ 所需的时间。

3）脉冲的下降沿时间 t_f：它是指脉冲从 $0.9V_m$ 下降到 $0.1V_m$ 所需的时间。

4）脉冲的宽度 t_w：它是指从脉冲前沿的 $0.5V_m$ 到脉冲后沿 $0.5V_m$ 处的时间长度。

5）脉冲的周期 T：它是指在周期性脉冲中，相邻的两个脉冲对应点之间的时间长度。它的倒数就是这个脉冲的频率 $f=1/T$。

6）占空比 D：它是指脉冲宽度与脉冲周期的比值，即 $D=t_w/T$，$D=0.5$ 的矩形脉冲就称为方波。

7.7.2 RC 电路

RC 电路是指由电阻 R 和电容 C 组成的电路，它是脉冲产生和整形电路中常用到的电路。

1. RC 充放电电路

RC 充放电电路如图 7-45 所示，下面通过充电和放电两个过程来分析这个电路。

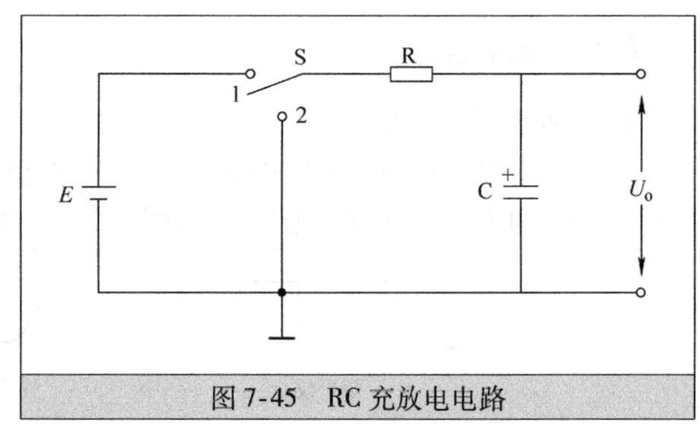

图 7-45　RC 充放电电路

（1）RC 充电电路

RC 充电电路如图 7-46 所示。

将开关 S 置于“1”处，电源 E 开始通过电阻 R 对电容 C 充电，由于刚开始充电时电容两端没有电荷，故电容两端电压为 0，即 $U_o=0$，从图可以看出 $U_R+U_o=E$，因为 $U_o=0V$，所以刚开始时 $U_R=E$，充电电流 $I=U_R/R$，该电流很大，它对电容 C 充电很快，随着电容不断被充电，它两端电压 U_o 很快上升，电阻 R 两端电压 U_R 不断减小，当电容两端充得电压 $U_o=E$ 时，电阻两端电压 $U_R=0$，充电结束，电容充电时两端电压变化如图 7-46b 所示。

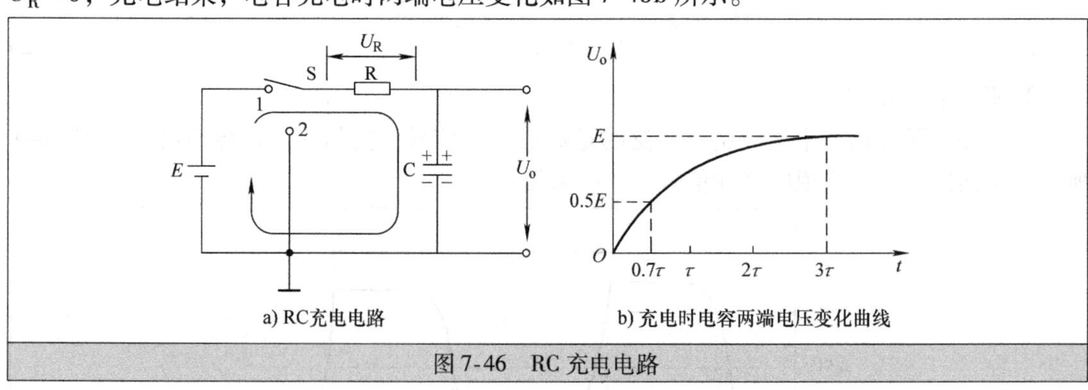

图 7-46　RC 充电电路

电容充电速度与 R、C 的大小有关：R 的阻值越大，充电越慢，反之越快；C 的容量越大，充电越慢，反之越快。为了衡量 RC 电路充电快慢，常采一个时间常数 τ，时间常数是指 R 和 C 的乘积，即

$$\tau=RC$$

τ 的单位是 s，R 的单位是 Ω，C 的单位是 F。

RC 充电电路在刚开始充电时充电电流大，以后慢慢减小，经过 $t=0.7\tau$，电容上充得的电压 U_o约有 $0.5E$（即 $U_o \approx 0.5E$），通常规定在 $t=(3\sim5)\tau$ 时，$U_o \approx E$，充电过程基本结束。另外，RC 充电电路时间常数 τ 越大，充电时间越长，反之则时间越短。

（2）RC 放电电路

RC 放电电路如图 7-47 所示。

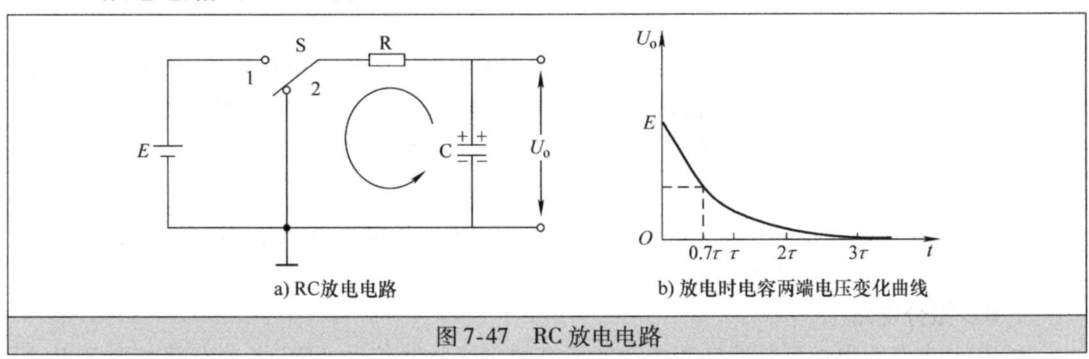

图 7-47 RC 放电电路

电容 C 充电后，将开关 S 置于“2”处，电容 C 开始通过电阻 R 放电，由于刚开始放电时电容两端电压为 E，即 $U_o=E$，放电电流 $I=U_o/R$，该电流很大，电容 C 放电很快，随着电容不断放电，它两端电压 U_o很快下降，因为 U_o不断下降，故放电电流也很快减小，当电容两端电压 $U_o=0$ 时，放电电流也为 0，放电结束，电容放电时两端电压变化如图 7-47b 所示。

电容放电速度与 R、C 的大小有关：R 的阻值越大，放电越慢，反之越快；C 的容量越大，放电越慢，反之越快。

RC 放电电路在刚开始放电时放电电流大，以后慢慢减小，经过 $t=0.7\tau$，电容上的电压 U_o约下降到 $0.5E$（即 $U_o \approx 0.5E$），经过 $t=(3\sim5)\tau$，$U_o \approx 0$，放电过程基本结束；RC 放电电路的时间常数 τ 越大，放电时间越长，反之则时间越短。

2. RC 积分电路

RC 积分电路能将矩形波转变成三角波（或锯齿波）。RC 积分电路如图 7-48a 所示，给积分电路输入图 b 所示的矩形脉冲 U_i时，它就会输出三角波 U_o。

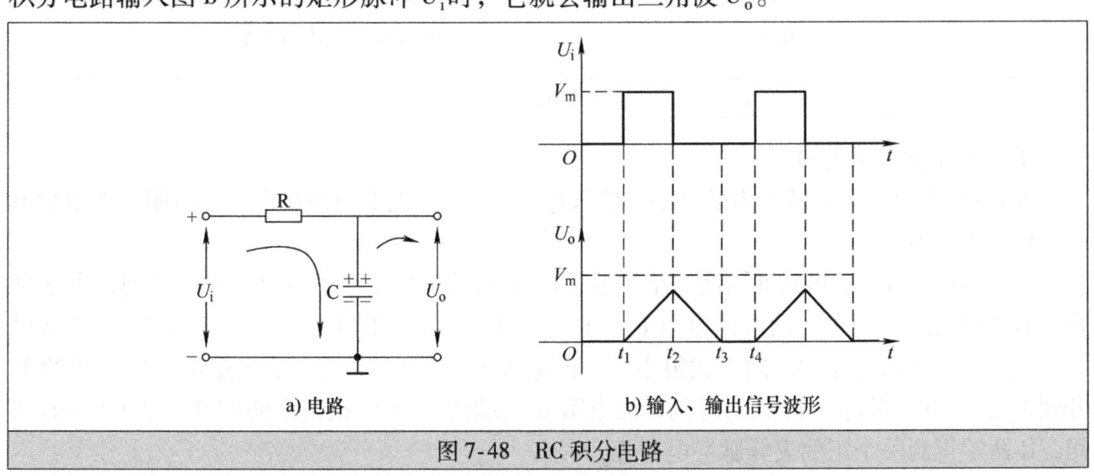

图 7-48 RC 积分电路

电路工作过程说明如下：

在0～t_1期间，矩形脉冲为低电平，输入电压$U_i=0$，无电压对电容C充电，故输出电压$U_o=0$。

在t_1～t_2期间，矩形脉冲为高电平，输入电压U_i的极性是上正下负，它经R对C充电，在C上充得上正下负的电压U_o，随着充电的进行，U_o慢慢上升，因为积分电路的时间常数$\tau=RC$远大于脉冲的宽度t_w，所以t_2时刻，电容C上的电压U_o无法充到矩形脉冲的幅度值V_m。

在t_2～t_4期间，矩形脉冲又为低电平，电容C上的上正下负电压开始往后级电路（未画出）放电，随着放电的进行，U_o慢慢下降，t_3时刻电容放电完毕，$U_o=0V$，由于电容已放完电，故在t_3～t_4期间U_o始终为0。

t_4时刻以后，电路重复上述过程，从而在输出端得到图7-48b所示的三角波U_o。

积分电路正常工作应满足：电路的时间常数τ应远大于输入矩形脉冲的脉冲宽度t_w，即$\tau>>t_w$，通常$\tau\geqslant3t_w$时就可认为满足该条件。

3. RC微分电路

RC微分电路能将矩形脉冲转变成宽度很窄的尖峰脉冲信号。RC微分电路如图7-49所示，给微分电路输入图b所示的矩形脉冲U_i时，它会输出尖峰脉冲信号U_o。

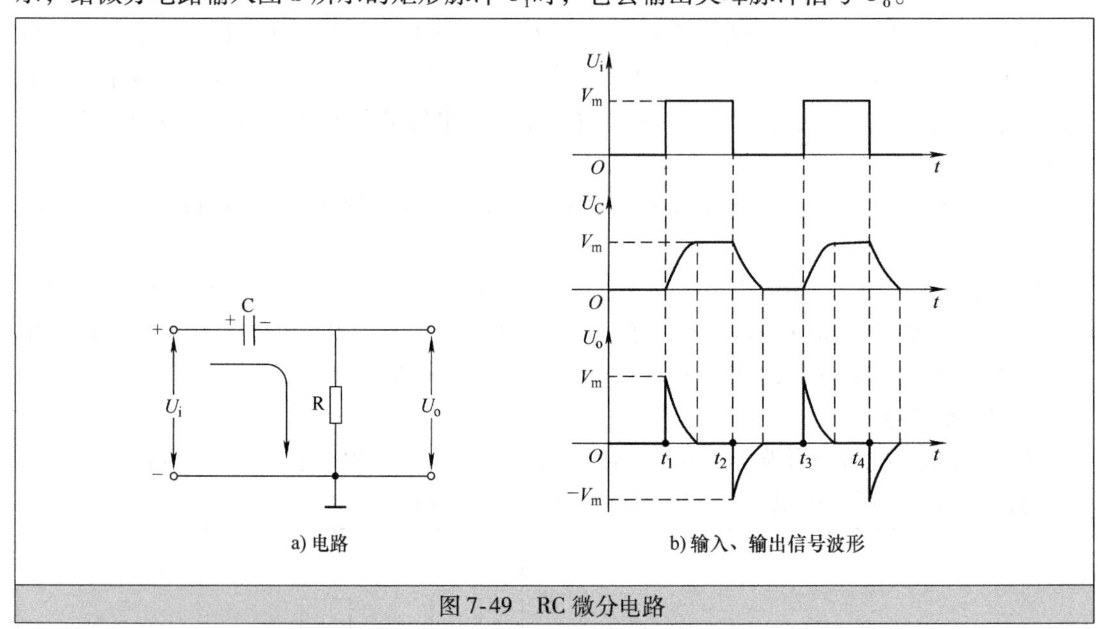

图7-49 RC微分电路

电路工作过程说明如下：

在0～t_1期间，矩形脉冲为低电平，输入电压$U_i=0$，无电流流过电容和电阻，故电阻R两端电压$U_o=0$。

在t_1～t_2期间，矩形脉冲为高电平，输入电压U_i的极性是上正下负，在t_1时刻，由于电容C还没被充电，故电容两端的电压$U_C=0$，而电阻R两端的$U_o=V_m$，t_1时刻后U_i开始对电容充电，由于该电路的时间常数很小，因此电容充电速度很快，U_C（左正右负）很快上升到V_m，该电压保持为V_m到t_2时刻，而电阻R两端的电压U_o很快下降到0。即在t_1～t_2期间，R两端得到一个正的尖峰脉冲电压U_o。

在 $t_2 \sim t_3$期间，矩形脉冲又为低电平，输入电压 $U_i = 0$，输入端电路相当于短路，电容C左端通过输入电路接地，电容C相当于与电阻R并联，电容C上的左正右负电压 V_m加到电阻R两端，R两端得到一个上负下正的 $-V_m$，$U_o = -V_m$。然后电容C开始通过输入端电路和R放电，随着放电的进行，由于RC电路时间常数小，电容放电很快，它两端电压下降很快，R两端的负电压也快速减小，当电容放电完毕，流过R的电流为0，R两端电压 U_o上升到0，$U_o = 0$一直维持到 t_3时刻。即在 $t_2 \sim t_3$期间，R两端得到一个负的尖峰脉冲电压 U_o。

t_3时刻以后，电路重复上述过程，从而在输出端得到图7-49b所示的正负尖峰脉冲信号。

微分电路正常工作应满足：电路的时间常数 τ 应远小于输入矩形脉冲的脉冲宽度 t_w，即 $\tau \ll t_w$，通常 $\tau \leqslant 1/5t_w$时就可认为满足该条件。

7.7.3 多谐振荡器

多谐振荡器又称矩形波发生器，其功能是产生矩形脉冲信号。图7-50是一种常见的多谐振荡器。

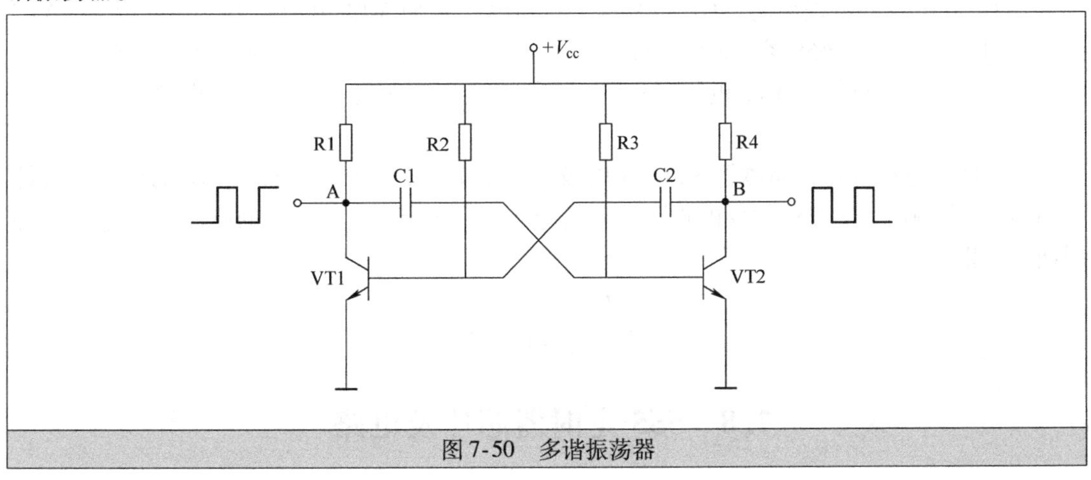

图7-50 多谐振荡器

从图7-50可以看出，多谐振荡器的结构上对称，并且晶体管VT1、VT2同型号，$C_1 = C_2$，$R_1 = R_4$，$R_2 = R_3$。

但实际上电路不可能完全对称，假设VT1的β值略大于VT2的β值，接通电源后，VT1的 I_{c1}就会略大于 I_{c2}，这样VT1的 U_A会略低于VT2的 U_B，即 U_A偏低，由于电容两端电压不能突变，U_A偏低的电压经电容C1使VT2的 U_{b2}下降，U_{b2}下降→U_{c2}上升（$U_{b2}\downarrow \rightarrow I_{b2}\downarrow \rightarrow I_{c2}\downarrow \rightarrow U_{R4}\downarrow$，$U_{R4} = I_{c2}R_4 \rightarrow U_{c2}\uparrow$，$U_{c2} = V_{cc} - U_{R4}$）→$U_B\uparrow$，$U_B$上升经电容C2使VT1的 U_{b1}上升，U_{b1}上升使 U_A下降，这样会形成强烈的正反馈，正反馈过程如下：

$$U_{b2}\downarrow \rightarrow U_{c2}\uparrow \rightarrow U_B\uparrow \rightarrow U_{b1}\uparrow \rightarrow U_{c1}\downarrow \rightarrow U_A\downarrow$$

正反馈结果使VT1饱和，VT2截止。VT1饱和，A点电压很低，相当于A点得到脉冲的低电平，VT2截止，B点电压很高，相当于B点得到脉冲的高电平。

VT1饱和，VT2截止后，电源 V_{cc}开始对C2充电，充电途径是，$+V_{cc}$→R4→C2→VT1的be结→地，结果在C2上充得左负右正的电压，C2的左负电压使VT1的 U_{b1}下降，在C2充电的过程中，VT1保持饱和状态，VT2保持截止状态，这段时间内A点保持低电平、B点保持高电平。

当C2充电到一定程度时，C2的左负电压很低，它使VT1由饱和退出进入放大，VT1的I_{c1}减小，U_A上升，经电容C1使VT2的U_{b2}上升，VT2由截止退出进入放大，有I_{c2}流过R4（截止时无I_{c2}流过R4），U_B下降，它经C2使VT1的U_{b1}下降，这样又会形成强烈的正反馈，正反馈过程如下：

$$U_{b2}\uparrow \rightarrow U_B\downarrow \rightarrow U_{b1}\downarrow \rightarrow U_A\uparrow$$

正反馈结果使VT1截止，VT2饱和。VT1截止，A点电压很高，相当于A点得到脉冲的高电平，VT2饱和，B点电压很低，相当于B点得到脉冲的低电平。

VT1截止，VT2饱和后，电源V_{cc}开始对C1充电，充电途径是，V_{cc}→R1→C1→VT2的be结→地，结果在C1上充得左正右负的电压，C1的右负电压使VT2的U_{b2}下降。与此同时，电源也会经R2对C2反充电，充电途径是，V_{cc}→R2→C2→VT2的ce极→地，反充电将C2上左负右正的电压中和。在C1充电的过程中，VT1保持截止状态，VT2保持饱和状态，这段时间内A点保持高电平、B点保持低电平。

当C1充电到一定程度时，C1的右负电压很低，它使VT2由饱和退出进入放大，VT2的I_{c2}减小，U_B上升，经电容C2使VT1的U_{b1}上升，VT1由截止退出进入放大，有I_{c1}流过R1，U_A下降，它经C1使VT2的U_{b2}下降，这样又会形成强烈的正反馈，电路又重复前述过程。

从上面的分析可知，晶体管VT1、VT2交替饱和截止，从而在VT1、VT2的集电极（即A、B点）会输出一对极性相反的矩形脉冲信号。这种多谐振荡器产生的脉冲宽度t_w和脉冲周期T分别为

$$t_w = 0.7RC$$
$$T = 2t_w = 1.4RC$$

7.8 555定时器芯片及电路

555定时器又称555时基电路，它是一种中规模的数字－模拟混合集成电路，具有使用范围广、功能强等特点。如果给555定时器外围接一些元器件就可以构成各种应用电路，如多谐振荡器、单稳态触发器和施密特触发器等。555定时器有TTL型（或称双极型，内部主要采用晶体管）和CMOS型（内部主要采用场效应晶体管），但它们的电路结构基本一样，功能也相同，本节以双极型555定时器为例进行说明。

7.8.1 结构与原理

555定时器外形与内部电路结构如图7-51所示，从图中可以看出，它主要是由电阻分压器、电压比较器（运算放大器）、基本RS触发器、放电管和一些门电路构成。

1. 电阻分压器和电压比较器

电阻分压器由三个阻值相等的电阻R构成，两个运算放大器C1、C2构成电压比较器。三个阻值相等的电阻将电源V_{cc}（⑧脚）分作三等份，比较器C1的“+”端（⑤脚）电压U_+为$\frac{2}{3}V_{cc}$，比较器C2的“－”端电压U_-为$\frac{1}{3}V_{cc}$。

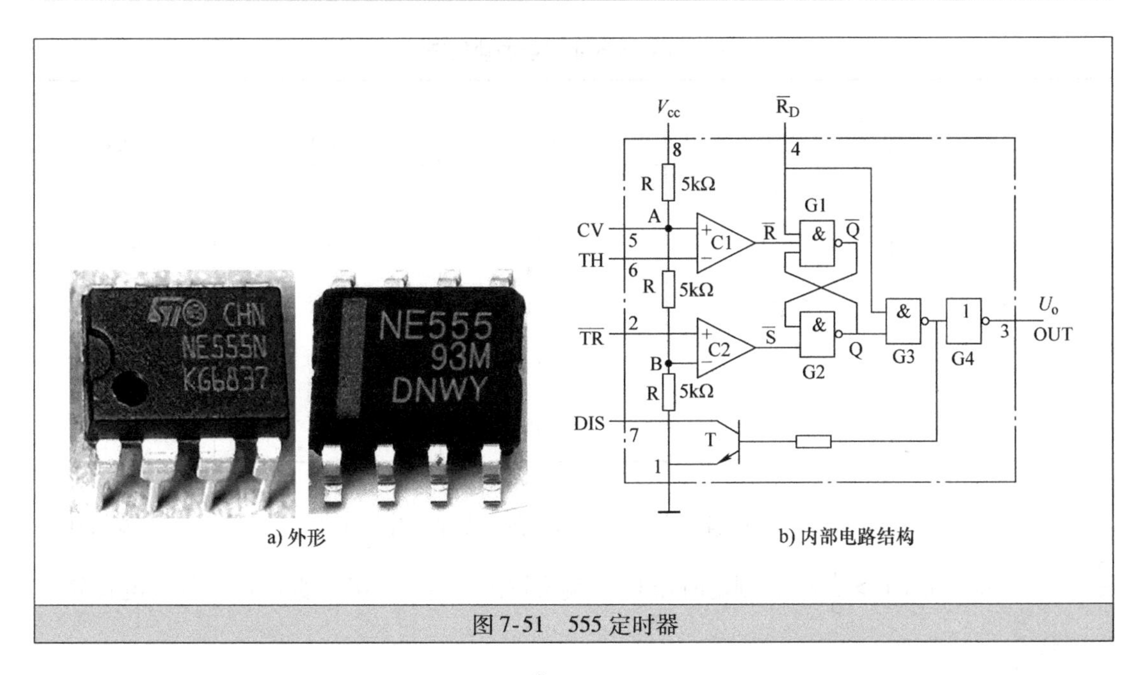

a) 外形　　b) 内部电路结构

图 7-51　555 定时器

如果 TH 端（⑥脚）输入的电压大于$\frac{2}{3}V_{cc}$时，即运算放大器 C1 的 $U_+ < U_-$，比较器 C1 输出低电平“0”；如果$\overline{TR}$端（②脚）输入的电压大于$\frac{1}{3}V_{cc}$时，即运算放大器 C2 的 $U_+ > U_-$，比较器 C1 输出高电平“1”。

2. 基本 RS 触发器

基本 RS 触发器是由两个与非 G1、G2 门构成的，其功能说明如下：

当 $\overline{R}=0$、$\overline{S}=1$ 时，触发器置“0”，即 $Q=0$，$\overline{Q}=1$。

当 $\overline{R}=1$、$\overline{S}=0$ 时，触发器置“1”，即 $Q=1$，$\overline{Q}=0$。

当 $\overline{R}=1$、$\overline{S}=1$ 时，触发器“保持”原状态。

当 $\overline{R}=0$、$\overline{S}=0$ 时，触发器状态不定，这种情况禁止出现。

$\overline{R}_D$端（④脚）为定时器复位端，当 $\overline{R}_D=0$ 时，它送到基本 RS 触发器，对触发器置“0”，即 $Q=0$，$\overline{Q}=1$；$\overline{R}_D=0$ 和触发器输出的 $Q=0$ 送到与非门 G3，与非门输出为“1”，再经非门 G4 后变为“0”，从定时器的 OUT 端（③脚）输出“0”。即当 $\overline{R}_D=0$ 时，定时器被复位，输出为“0”，在正常工作时，应让 $\overline{R}_D=1$。

3. 放电管和缓冲器

晶体管 T 为放电管，它的状态受与非门 G3 输出电平控制，当 G3 输出为高电平时，T 的基极为高电平而导通，⑦、①脚之间相当于短路；当 G3 输出为低电平时，T 截止，⑦、①脚之间相当于开路。非门 G4 为缓冲器，主要是提高定时器带负载能力，保证定时器 OUT 端能输出足够的电流，还能隔离负载对定时器的影响。

555 定时器的功能见表 7-16，表中标“×”表示不论为何值情况，都不影响结果。

表 7-16　555 定时器的功能表

输入			输出	
$\overline{R}_D$	TH	$\overline{TR}$	OUT	放电管状态
0	×	×	低	导通
1	$>\frac{2}{3}V_{cc}$	$>\frac{1}{3}V_{cc}$	低	导通
1	$<\frac{2}{3}V_{cc}$	$>\frac{1}{3}V_{cc}$	不变	不变
1	$<\frac{2}{3}V_{cc}$	$<\frac{1}{3}V_{cc}$	高	截止
1	$>\frac{2}{3}V_{cc}$	$<\frac{1}{3}V_{cc}$	高	截止

从表 7-16 中可以看出 555 在各种情况下的状态，如在 $\overline{R}_D=1$ 时，如果高触发端 TH $>\frac{2}{3}V_{cc}$、低触发端 $\overline{TR}>\frac{1}{3}V_{cc}$，则定时器 OUT 端会输出低电平“0”，此时内部的放电管处于导通状态。

7.8.2　由 555 构成的单稳态触发器

单稳态触发器又称为单稳态电路，它是一种只有一种稳定状态的电路。如果没有外界信号触发，它始终保持一种状态不变，当有外界信号触发时，它将由一种状态转变成另一种状态，但这种状态是不稳定的（称为暂态），一段时间后它会自动返回到原状态。

1. 由 555 构成的单稳态触发器

由 555 构成的单稳态触发器如图 7-52 所示。

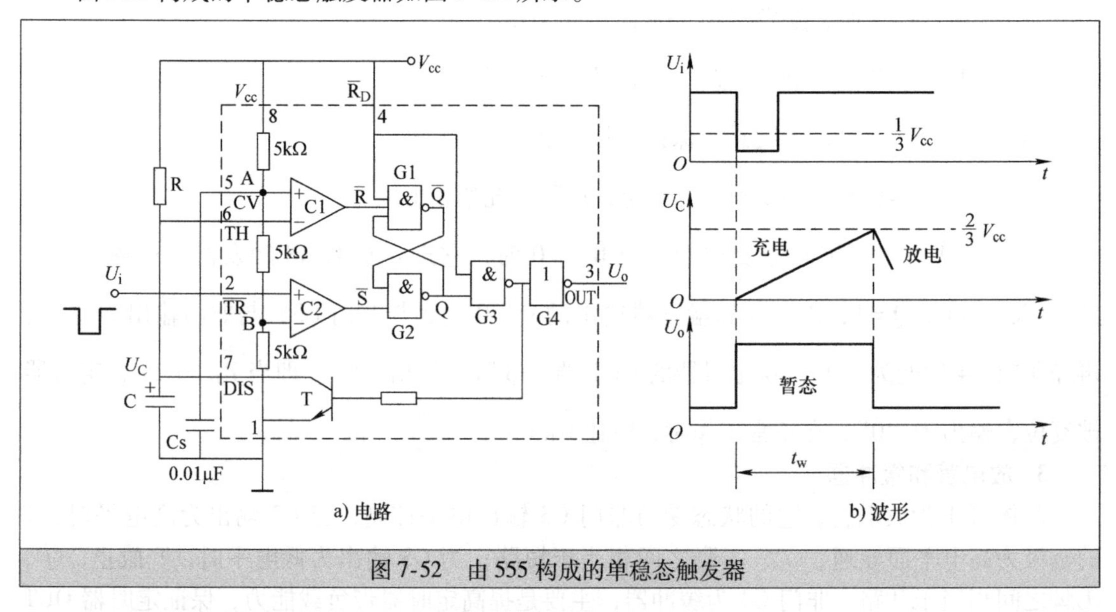

图 7-52　由 555 构成的单稳态触发器

电路工作原理说明如下：

接通电源后，电源 V_{cc} 经电阻 R 对电容 C 充电，C 两端的电压 U_C 上升，当 U_C 上升超过

$\frac{2}{3}V_{cc}$时，高触发端（⑥脚）TH $>\frac{2}{3}V_{cc}$、低触发端（②脚）$\overline{TR}$ $\frac{1}{3}V_{cc}$（无触发信号 U_i输入时，②脚为高电平），比较器 C1 输出 $\overline{R}=0$，比较器 C2 输出 $\overline{S}=1$，RS 触发器被置 0，Q = 0，G3 输出为 1，G4 输出为 0，即定时器 OUT 端（③脚）输出低电平“0”，与此同时 G3 输出的 1 使放电管 T 导通，电容 C 通过⑦、①脚放电，使 TH $<\frac{2}{3}V_{cc}$，比较器 C1 输出 $\overline{R}=1$，由于此时 $\overline{S}=1$，RS 触发器状态保持不变，定时器状态保持不变，输出 U_o仍为低电平。

当低电平触发信号 U_i来到时，$\overline{TR}$端的电压低于$\frac{1}{3}V_{cc}$，比较器 C2 输出使 $\overline{S}=0$，触发器被置 1，Q = 1，G3 输出为 0，G4 输出为 1，定时器 OUT 端输出高电平“1”，与此同时 G3 输出的 0 使放电管 T 截止，电源又通过 R 对 C 充电，C 上的电压 U_C上升，在电容 C 充电期间，输出 U_o保持为高电平，此为暂稳态。

当充电使 U_C 上升到大于$\frac{2}{3}V_{cc}$时，即 TH $>\frac{2}{3}V_{cc}$，比较器 C1 输出使 $\overline{R}=0$，触发器被置 0，Q = 0，G3 输出为 1，G4 输出为 0，定时器 OUT 端输出由“1”变为“0”，同时 G3 输出的 1 使放电管导通，电容 C 通过⑦、①脚内部的放电管放电。在此期间，定时器保持输出 U_o为低电平。

从上面的分析可知，电路保持一种状态（“0”态）不变，当触发信号来时，电路马上转变成另一种状态（“1”态），但这种状态不稳定，一段时间后，电路又自动返回到原状态（“0”态），这就是单稳态触发器。此单稳态触发器的输出脉冲宽度 t_w与 RC 元件有关，输出脉冲宽度 t_w为

$$t_w \approx 1.1RC$$

R 通常取几百欧 ~ 几兆欧，C 一般取几百皮法 ~ 几百微法。

2. 单稳态触发器的应用

单稳态触发器的主要功能有整形、延时和定时等，具体应用很广泛。

（1）整形功能的应用

利用单稳态触发器可以将不规则的信号转换成矩形脉冲信号，这就是它的整形功能。通过图 7-53 来说明单稳态触发器的整形原理。

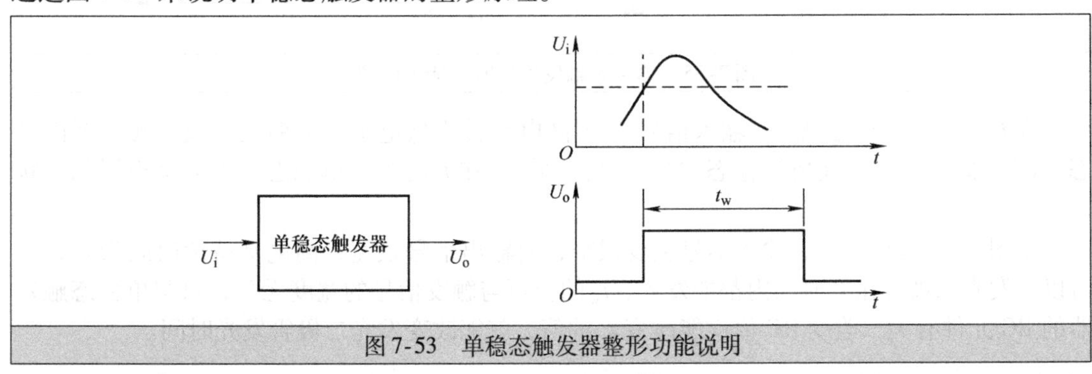

图 7-53 单稳态触发器整形功能说明

若给单稳态触发器输入端输入图 7-53 所示不规则信号 U_i时，当 U_i信号电压上升到一定值时，单稳态触发器被触发，状态改变，输出为高电平，过了 t_w后，触发器又返回原状态，

从而在输出端得到一个宽度为 t_w 的矩形脉冲信号 U_o。

（2）延时功能的应用

利用单稳态触发器可以对脉冲信号进行一定的延时，这就是它的延时功能。下面通过图 7-54 来说明单稳态触发器延时原理。

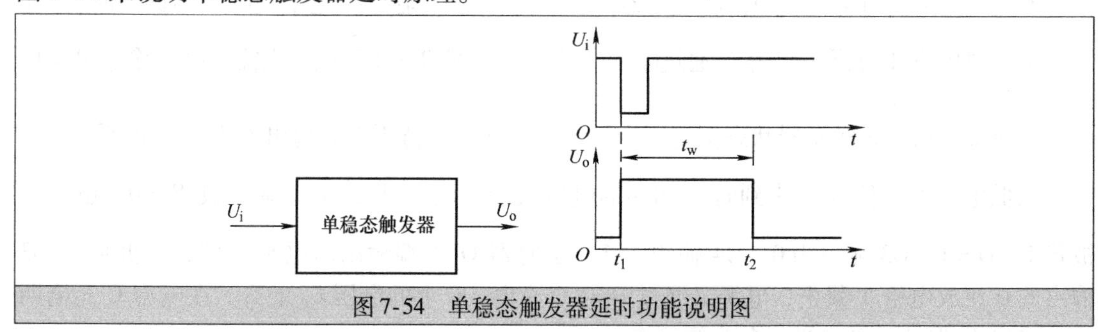

图 7-54　单稳态触发器延时功能说明图

在 t_1 时刻，单稳态触发器输入信号 U_i 由高电平转为低电平，电路被触发，触发器由稳态“0”（低电平）转变成暂稳态“1”（高电平），在 t_2 时刻，单稳态触发器又返回到原状态“0”。

触发信号在 t_1 时刻出现下降沿，经单稳态触发器后，输出信号在 t_2 时刻出现下降沿，t_2、t_1 时刻之间的时间差为 t_w。也就是说，当信号下降沿输入单稳态触发器后，需要经过 t_w 后下降沿才能从触发器中输出。只要改变单稳态触发器中的 RC 元件的值，就能改变脉冲的延时时间。

（3）定时功能的应用

利用单稳态触发器可以让脉冲信号高、低电平能持续规定的时间，这就是它的定时功能。下面通过图 7-55 来说明单稳态触发器定时原理。

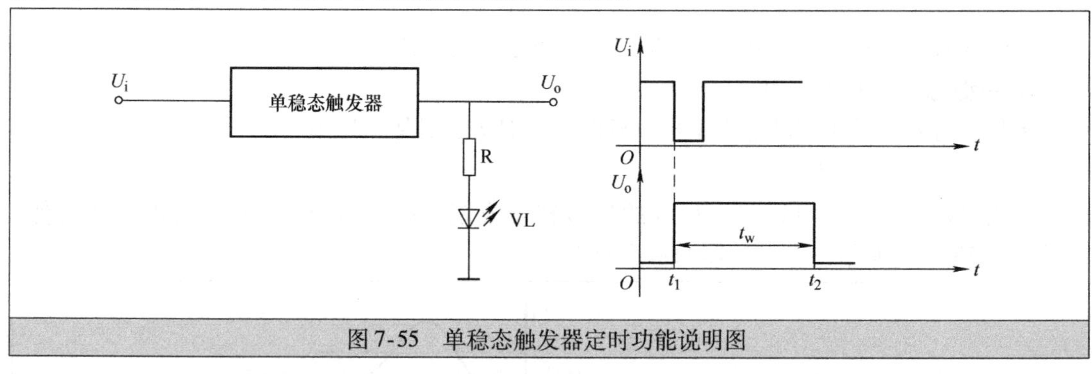

图 7-55　单稳态触发器定时功能说明图

在 t_1 时刻，单稳态触发器输入信号 U_i 由高电平转为低电平，电路被触发，触发器由稳态“0”（低电平）转变成暂稳态“1”（高电平），在 t_2 时刻，单稳态触发器又返回到原状态“0”。

从图 7-55 可以看出，输入信号宽度很窄，而输出信号很宽，高电平持续时间为 t_w，这可以让发光二极管在 t_w 时间内都能发光，t_w 的长短与触发信号的宽度无关，只与单稳态触发器的 RC 元件有关，改变 RC 值就能改变 t_w 的值，就能改变发光二极管发光时间。

7.8.3　由 555 构成的多谐振荡器

多谐振荡器的功能是产生矩形脉冲信号。由 555 构成的多谐振荡器如图 7-56 所示。

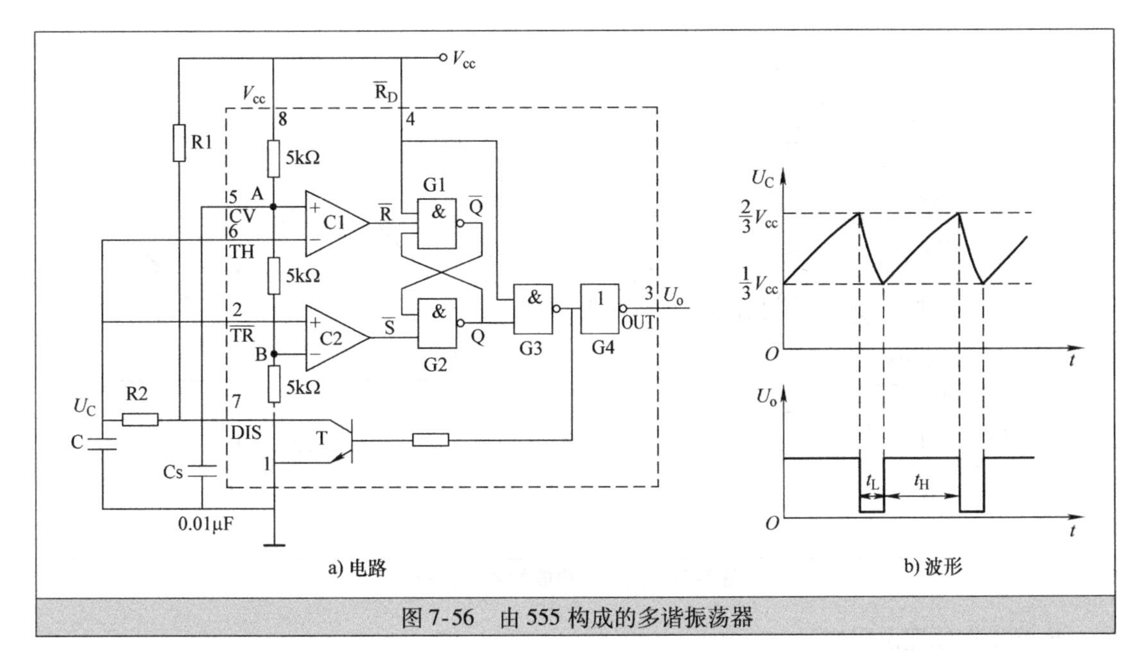

图 7-56 由 555 构成的多谐振荡器

电路工作原理说明如下：

接通电源后，电源 V_{cc} 经 R1、R2 对电容 C 充电，C 两端电压 U_C 上升，当 U_C 上升超过 $\frac{2}{3}V_{cc}$ 时，比较器 C1 输出为低电平，内部 RS 触发器被复位清 0，输出端 U_o 由高电平变为低电平，如图 7-5b 所示，同时门 G3 输出高电平使放电管 T 导通，电容 C 通过 R2 和 7 脚内部的放电管 T 放电，U_C 下降，当 U_C 下降至小于 $\frac{1}{3}V_{cc}$ 时，比较器 C2 输出为低电平，内部 RS 触发器被置 1，G3 输出低电平使放电管 T 截止，输出端 U_o 由低电平变为高电平，电容 C 放电时间 t_L（即 U_o 低电平时间）为

$$t_L = 0.7R_2C$$

放电管截止后，电容 C 停止放电，电源 V_{cc} 又重新经 R1、R2 对 C 充电，U_C 上升，U_C 上升至 $\frac{2}{3}V_{cc}$ 所需时间 t_H（即 U_o 高电平时间）为

$$t_H = 0.7(R_1 + R_2)C$$

当 U_C 上升超过 $\frac{2}{3}V_{cc}$ 时，内部触发器又被复位清 0，U_o 又变为低电平，如此反复，在 555 定时器的输出端得到一个方波信号电压 U_o，该信号的频率 f 为

$$f = \frac{1}{t_L + t_H} \approx \frac{1.43}{(R_1 + 2R_2)C}$$

7.8.4 由 555 构成的施密特触发器

单稳态触发器只有一种稳定的状态，而施密特触发器有两种稳定的状态，它从一种状态转换到另一种状态需要相应的电平触发。

1. 由 555 构成的施密特触发器

由 555 构成的施密特触发器如图 7-57 所示。

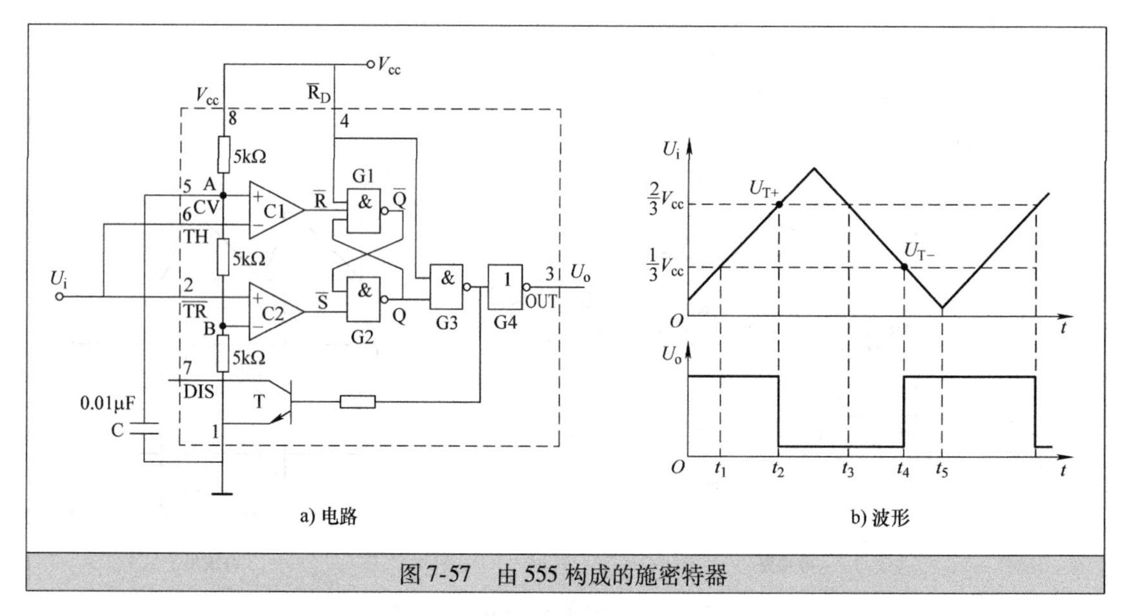

图 7-57　由 555 构成的施密特器

电路工作原理说明如下：

在 $0 \sim t_1$ 期间，输入电压 $U_i < \frac{1}{3}V_{cc}$，比较器 C1 输出高电平，C2 输出低电平，RS 触发器被置 1（即 Q = 1），经门 G3、G4 后，③脚输出电压 U_o 为高电平。

在 $t_1 \sim t_2$ 期间，$\frac{1}{3}V_{cc} < U_i < \frac{2}{3}V_{cc}$，比较器 C1 输出高电平，C2 输出高电平，RS 触发器状态保持（Q 仍为 1），输出电压 U_o 仍为高电平。

在 $t_2 \sim t_3$ 期间，$U_i > \frac{2}{3}V_{cc}$，比较器 C1 输出低电平，C2 输出高电平，RS 触发器复位清 0（即 Q = 0），输出电压 U_o 为低电平。

在 $t_3 \sim t_4$ 期间，$\frac{1}{3}V_{cc} < U_i < \frac{2}{3}V_{cc}$，比较器 C1 输出高电平，C2 输出高电平，RS 触发器状态保持（Q 仍为 0），输出电压 U_o 仍为低电平。

在 $t_4 \sim t_5$ 期间，输入电压 $U_i < \frac{1}{3}V_{cc}$，比较器 C1 输出高电平，C2 输出低电平，RS 触发器被置 1，输出电压 U_o 为高电平。

以后电路重复 $0 \sim t_5$ 期间的工作过程，从图 7-57b 不难看出，施密特触发器两次触发电压是不同的，回差电压 $\Delta U = U_{T+} - U_{T-} = \frac{2}{3}V_{cc} - \frac{1}{3}V_{cc} = \frac{1}{3}V_{cc}$，给 555 提供的电源不同，回差电压的大小会不同，如让电源电压为 6V，那么回差电压为 2V。

2. 施密特触发器的应用

施密特触发器的应用比较广泛，下面介绍几种较常见的应用。

（1）波形变换

利用施密特触发器可以将一些连续变化的信号（如三角波、正弦波等）转变成矩形脉冲信号。施密特触发器的波形变换应用说明如图 7-58 所示。当施密特触发器输入图示的正弦波信号或三角波信号时，电路会输出图示相应的矩形脉冲信号。

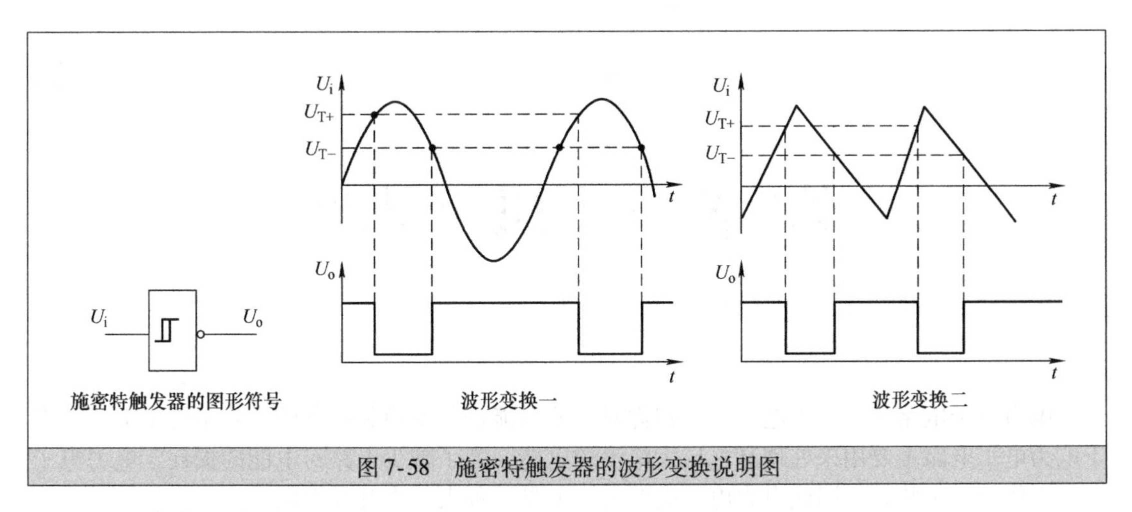

图 7-58 施密特触发器的波形变换说明图

(2) 脉冲整形

如果脉冲产生电路产生的脉冲信号不规则，或者脉冲信号在传送过程中产生了畸变，利用施密特触发器的整形功能，可以将它们转换成规则的脉冲信号。施密特触发器的脉冲整形应用说明如图 7-59 所示。

当施密特触发器输入图示不规则的矩形脉冲 U_i 时，会输出图示的矩形脉冲信号 U_{o1}，再经非门倒相后在输出端得到规则的矩形脉冲信号 U_o。

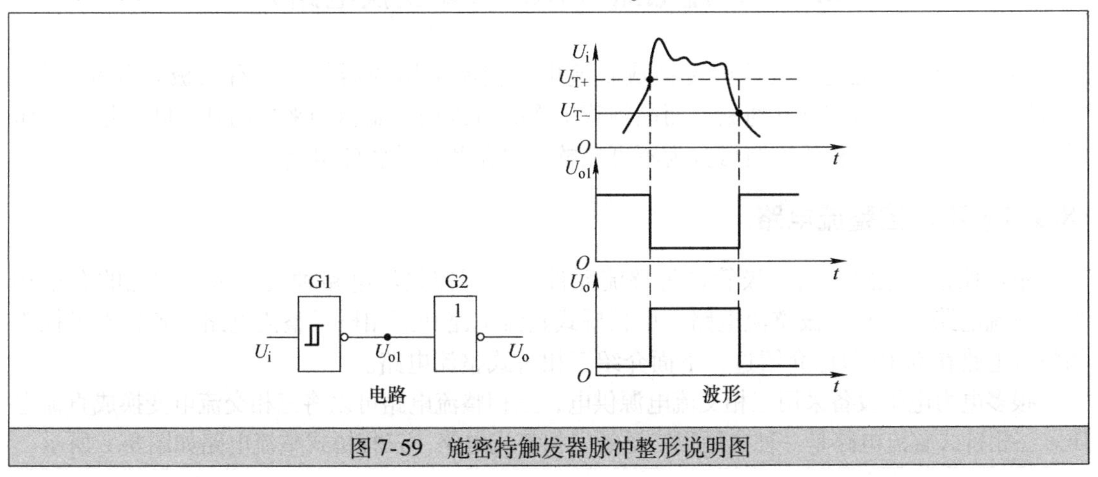

图 7-59 施密特触发器脉冲整形说明图

第8章 电力电子电路

电力电子电路是指利用电力电子器件对工业电能进行变换和控制的大功率电子电路。由于电力电子电路主要用来处理高电压大电流的电能，为了减少电路对电能的损耗，电力电子器件工作于开关状态，因此电力电子电路实质上是一种大功率开关电路。

电力电子电路主要可分为整流电路（将交流变换成直流，又称 AC－DC 变换电路）、斩波电路（将一种直流变换成另一种直流，又称 DC－DC 变换电路）、逆变电路（将直流变换成交流，又称 DC－AC 电路）、交－交变频电路（将一种频率的交流变换成另一种频率的交流，又称 AC－AC 变换电路）。

8.1 整流电路（AC－DC 变换电路）

整流电路的功能是将交流电变换成直流电。整流采用的器件主要有二极管和晶闸管，二极管在工作时无法控制其通断，而晶闸管工作时可以用控制脉冲来控制其通断。根据工作时是否具有可控性，整流电路可分为不可控整流电路和可控整流电路。

8.1.1 不可控整流电路

不可控整流电路采用二极管作为整流元件。不可控整流电路种类很多，常见的有单相半波整流电路、单相全波整流电路、单相桥式整流电路和三相桥式整流电路，各种不可控单相整流电路在 6.10 节已介绍过，下面介绍三相桥式整流电路。

很多电力电子设备采用三相交流电源供电，三相整流电路可以将三相交流电变换成直流电压。三相桥式整流电路是一种应用很广泛的三相整流电路。三相桥式整流电路如图 8-1 所示。

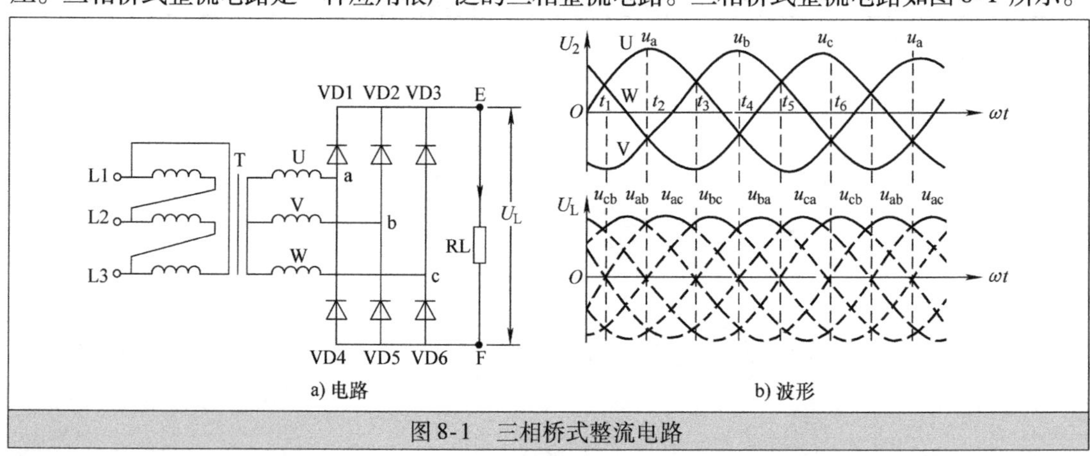

a) 电路　　b) 波形

图 8-1　三相桥式整流电路

1. 工作原理

在图 8-11a 中，L1、L2、L3 三相交流电压经三相变压器 T 的一次绕组降压感应到二次绕组 U、V、W 上。6 个二极管 VD1 ~ VD6 构成三相桥式整流电路，VD1 ~ VD3 的 3 个阴极连接在一起，称为共阴极组二极管，VD4 ~ VD6 的 3 个阳极连接在一起，称为共阳极组二极管。

电路工作过程说明如下：

1）在 t_1 ~ t_2 期间，U 相始终为正电压（左负右正）且 a 点正电压最高，V 相始终为负电压（左正右负）且 b 点负电压最低，W 相在前半段为正电压，后半段变为负电压。a 点正电压使 VD1 导通，E 点电压与 a 点电压相等（忽略二极管导通压降），VD2、VD3 正极电压均低于 E 点电压，故都无法导通；b 点负压使 VD5 导通，F 点电压与 b 点电压相等，VD4、VD6 负极电压均高于 F 点电压，故都无法导通。在 t_1 ~ t_2 期间，只有 VD1、VD5 导通，有电流流过负载 RL，电流的途径是，U 相线圈右端（电压极性为正）→a 点→VD1→RL→VD5→b 点→V 相线圈右端（电压极性为负），因 VD1、VD5 的导通，a、b 两点电压分别加到 RL 两端，RL 上电压 U_L 的大小为 U_{ab}（$U_{ab} = U_a - U_b$）。

2）在 t_2 ~ t_3 期间，U 相始终为正电压（左负右正）且 a 点电压最高，W 相始终为负电压（左正右负）且 c 点电压最低，V 相在前半段负电压，后半段变为正电压。a 点正电压使 VD1 导通，E 点电压与 a 点电压相等，VD2、VD3 正极电压均低于 E 点电压，故都无法导通；c 点负电压使 VD6 导通，F 点电压与 c 点电压相等，VD4、VD5 负极电压均高于 F 点电压，都无法导通。在 t_2 ~ t_3 期间，VD1、VD6 导通，有电流流过负载 RL，电流的途径是，U 相线圈右端（电压极性为正）→a 点→VD1→RL→VD6→c 点→W 相线圈右端（电压极性为负），因 VD1、VD6 的导通，a、c 两点电压分别加到 RL 两端，RL 上电压 U_L 的大小为 U_{ac}（$U_{ac} = U_a - U_c$）。

3）在 t_3 ~ t_4 期间，V 相始终为正电压（左负右正）且 b 点正电压最高，W 相始终为负电压（左正右负）且 c 点负电压最低，U 相在前半段为正电压，后半段变为负电压。b 点正电压使 VD2 导通，E 点电压与 b 点电压相等，VD1、VD3 正极电压均低于 E 点电压，都无法导通；c 点负电压使 VD6 导通，F 点电压与 c 点电压相等，VD4、VD5 负极电压均高于 F 点电压，都无法导通。在 t_3 ~ t_4 期间，VD2、VD6 导通，有电流流过负载 RL，电流的途径是，V 相线圈右端（电压极性为正）→b 点→VD2→RL→VD6→c 点→W 相线圈右端（电压极性为负），因 VD2、VD6 的导通，b、c 两点电压分别加到 RL 两端，RL 上电压 U_L 的大小为 U_{bc}（$U_{bc} = U_b - U_c$）。

电路后面的工作与上述过程基本相同，在 t_1 ~ t_7 期间，负载 RL 上可以得到图 8-1b 所示的脉动直流电压 U_L（实线波形表示）。

在上面的分析中，将交流电压一个周期（t_1 ~ t_7）分成 6 等份，每等份所占的相位角为 60°，在任意一个 60°相位角内，始终有两个二极管处于导通状态（一个共阴极组二极管，一个共阳极组二极管），并且任意一个二极管的导通角都是 120°。

2. 电路计算

（1）载 RL 的电压与电流计算

理论和实践证明：对于三相桥式整流电路，其负载 RL 上的脉动直流电压 U_L 与变压器

二次绕组上的电压 U_2 有以下关系：

$$U_L = 2.34U_2$$

负载 RL 流过的电流为

$$I_L = \frac{U_L}{R_L} = 2.34\frac{U_2}{R_L}$$

（2）整流二极管承受的最大反向电压及通过的平均电流

对于三相桥式整流电路，每只整流二极管承受的最大反向电压 U_{RM} 就是变压器二次电压的最大值，即

$$U_{RM} = \sqrt{2} \times \sqrt{3}U_2 \approx 2.45U_2$$

每只整流二极管在一个周期内导通 1/3 周期，故流过每只整流二极管平均电流为

$$I_F = \frac{1}{3}I_L \approx 0.78\frac{U_2}{R_L}$$

8.1.2 可控整流电路

可控整流电路是一种整流过程可以控制的电路。可控整流电路通常采用晶闸管作为整流元件，所有整流元件均为晶闸管的整流电路称为全控整流电路，由晶闸管与二极管混合构成的整流电路称为半控整流电路。

1. 单相半波可控整流电路

单相半波可控整流电路及有关信号波形如图 8-2 所示。

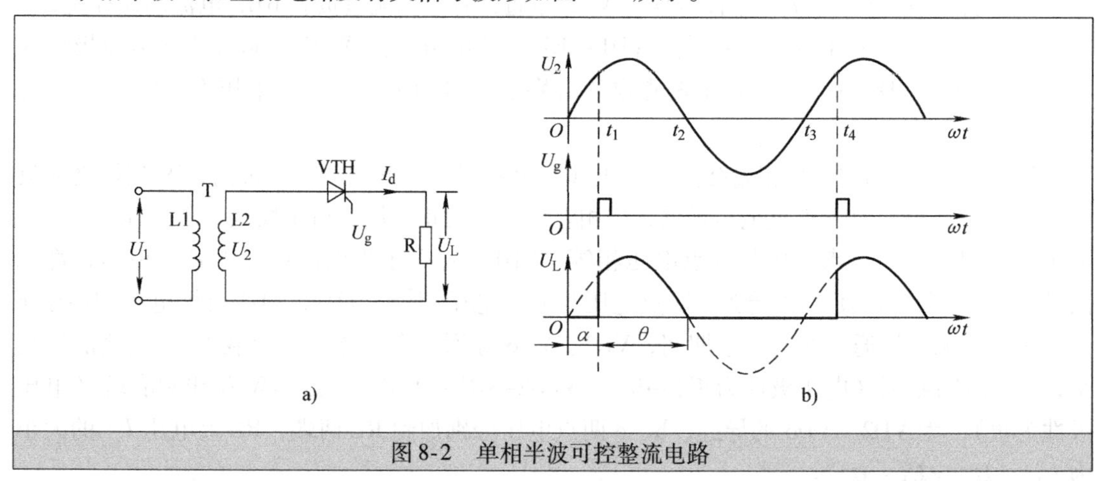

图 8-2　单相半波可控整流电路

单相交流电压 U_1 经变压器 T 降压后，在二次绕组 L2 上得到 U_2，该电压送到晶闸管 VTH 的 A 极，在晶闸管的 G 极加有 U_g 触发信号（由触发电路产生）。电路工作过程说明如下：

在 $0 \sim t_1$ 期间，U_2 的极性是上正下负，上正电压送到晶闸管的 A 极，由于无触发信号到晶闸管的 G 极，晶闸管不导通。

在 $t_1 \sim t_2$ 期间，U_2 的极性仍是上正下负，t_1 时刻有一个正触发脉冲送到晶闸管的 G 极，晶闸管导通，有电流经晶闸管流过负载 R。

在 t_2 时刻，U_2 为 0，晶闸管由导通转为截止（称作过零关断）。

在 $t_2\sim t_3$ 期间，U_2 的极性变为上负下正，晶闸管仍处于截止。

在 $t_3\sim t_4$ 时刻，U_2 的极性变为上正下负，因无触发信号送到晶闸管的 G 极，晶闸管不导通。

在 t_4 时刻，第二个正触发脉冲送到晶闸管的 G 极，晶闸管又导通。以后电路会重复 $0\sim t_4$ 期间的工作过程，从而在负载 R 上得到图 8-2b 所示的直流电压 U_L。

从晶闸管单相半波整流电路工作过程可知，触发信号能控制晶闸管的导通，在 θ 角度范围内晶闸管是导通的，故 θ 称为导通角（$0°\leqslant\theta\leqslant180°$ 或 $0\leqslant\theta\leqslant\pi$），如图 8-2b 所示，而在 α 角度范围内晶闸管是不导通的，$\alpha=\pi-\theta$，α 称为控制角。控制角 α 越大，导通角 θ 越小，晶闸管导通时间越短，在负载上得到的直流电压越低。控制角 α 的大小与触发信号出现时间有关。

单相半波可控整流电路输出电压的平均值 U_L 可用下面公式计算：

$$U_L=0.45U_2\frac{(1+\cos\alpha)}{2}$$

2. 单相半控桥式整流电路

单相半控型桥式整流电路如图 8-3 所示。

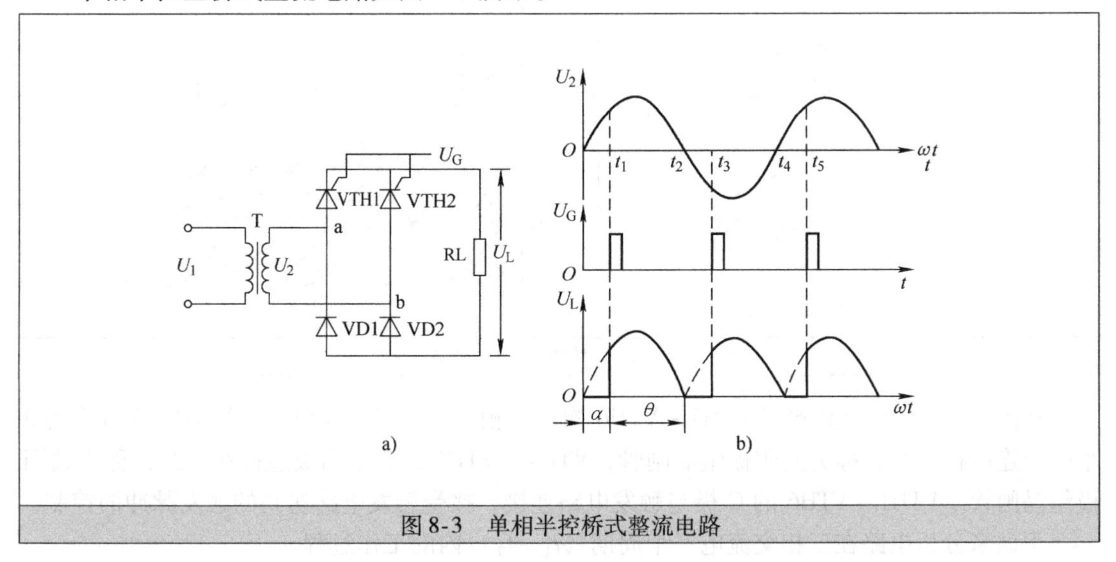

图 8-3 单相半控桥式整流电路

图中 VTH1、VTH2 为单向晶闸管，它们的 G 极连接在一起，触发信号 U_G 同时送到两管的 G 极。电路工作过程说明如下：

在 $0\sim t_1$ 期间，U_2 的极性是上正下负，即 a 点为正、b 点为负，由于无触发信号到晶闸管 VTH1 的 G 极，VTH1 不导通，VD2 也不导通。

在 $t_1\sim t_2$ 期间，U_2 的极性仍是上正下负，t_1 时刻有一个触发脉冲送到晶闸管 VTH1、VTH2 的 G 极，VTH1 导通，VTH2 虽有触发信号，但因其 A 极为负电压，故不能导通，VTH1 导通后，VD2 也会导通，有电流流过负载 RL，电流途径是，a 点→VTH1→RL→VD2→b 点。

在 t_2 时刻，U_2 为 0，晶闸管 VTH1 由导通转为截止。

在 $t_2\sim t_3$ 期间，U_2 的极性变为上负下正，由于无触发信号到晶闸管 VTH2 的 G 极，VTH2、VD1 均不能导通。

在 t_3 时刻，U_2 的极性仍为上负下正，此时第二个触发脉冲送到晶闸管 VTH1、VTH2 的

G极，VTH2导通，VTH1因A极为负电压而无法导通，VTH2导通后，VD1也会导通，有电流流过负载RL，电流途径是，b点→VTH2→RL→VD1→a点。

在$t_3 \sim t_4$期间，VTH2、VD1始终处于导通状态。

在t_4时刻，U_2为0，晶闸管VTH1由导通转为截止。以后电路会重复$0 \sim t_4$期间的工作过程，结果会在负载RL上会得到图8-3b所示的直流电压U_L。

改变触发脉冲的相位，电路整流输出的脉动直流电压U_L大小也会发生变化。U_L可用下面的公式计算：

$$U_L = 0.9U_2\frac{(1+\cos\alpha)}{2}$$

3. 三相全控桥式整流电路

三相全控桥式整流电路如图8-4所示。

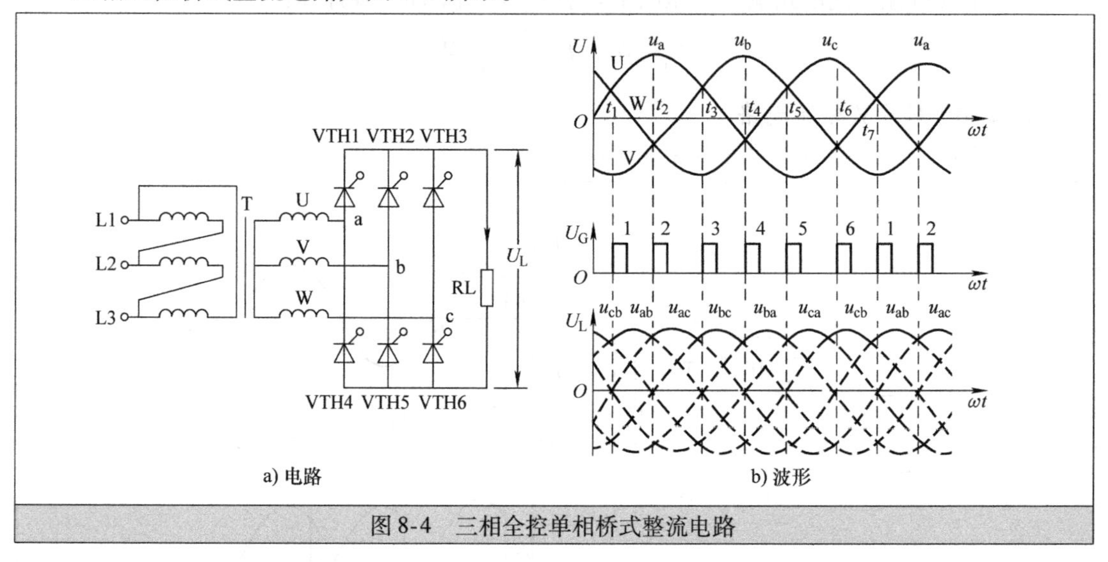

图8-4 三相全控单相桥式整流电路

在图8-4中，6个晶闸管VTH1～VTH6构成三相全控桥式整流电路，VTH1～VTH3的3个阴极连接在一起，称为共阴极组晶闸管，VTH4～VTH6的3个阳极连接在一起，称为共阳极组晶闸管。VTH1～VTH6的G极与触发电路连接，接受触发电路送到的触发脉冲的控制。

下面来分析电路在三相交流电一个周期（$t_1 \sim t_7$）内的工作过程。

$t_1 \sim t_2$期间，U相始终为正电压（左负右正），V相始终为负电压（左正右负），W相在前半段为正电压，后半段变为负电压。在t_1时刻，触发脉冲送到VTH1、VTH5的G极，VTH1、VTH5导通，有电流流过负载RL，电流的途径是，U相线圈右端（电压极性为正）→a点→VTH1→RL→VTH5→b点→V相线圈右端（电压极性为负），因VTH1、VTH5的导通，a、b两点电压分别加到RL两端，RL上电压的大小为U_{ab}。

$t_2 \sim t_3$期间，U相始终为正电压（左负右正），W相始终为负电压（左正右负），V相在前半段为负电压，后半段变为正电压。在t_2时刻，触发脉冲送到VTH1、VTH6的G极，VTH1、VTH6导通，有电流流过负载RL，电流的途径是，U相线圈右端（电压极性为正）→a点→VTH1→RL→VTH6→c点→W相线圈右端（电压极性为负），因VTH1、VTH6的导通，a、c两点电压分别加到RL两端，RL上电压的大小为U_{ac}。

$t_3 \sim t_4$期间，V相始终为正电压（左负右正），W相始终为负电压（左正右负），U相在前半段为正电压，后半段变为负电压。在 t_3 时刻，触发脉冲送到 VTH2、VTH6 的 G 极，VTH2、VTH6 导通，有电流流过负载 RL，电流的途径是，V 相线圈右端（电压极性为正）→b 点→VTH2→RL→VTH6→c 点→W 相线圈右端（电压极性为负），因 VTH2、VTH6 的导通，b、c 两点电压分别加到 RL 两端，RL 上电压的大小为 U_{bc}。

t_4 ~ t_5 期间，V 相始终为正电压（左负右正），U 相始终为负电压（左正右负），W 相在前半段为负电压，后半段变为正电压。在 t_4 时刻，触发脉冲送到 VTH2、VTH4 的 G 极，VTH2、VTH4 导通，有电流流过负载 RL，电流的途径是，V 相线圈右端（电压极性为正）→b 点→VTH2→RL→VTH4→a 点→U 相线圈右端（电压极性为负），因 VTH2、VTH4 的导通，b、a 两点电压分别加到 RL 两端，RL 上电压的大小为 U_{ba}。

t_5 ~ t_6 期间，W 相始终为正电压（左负右正），U 相始终为负电压（左正右负），V 相在前半段为正电压，后半段变为负电压。在 t_5 时刻，触发脉冲送到 VTH3、VTH4 的 G 极，VTH3、VTH4 导通，有电流流过负载 RL，电流的途径是，W 相线圈右端（电压极性为正）→c 点→VTH3→RL→VTH4→a 点→U 相线圈右端（电压极性为负），因 VTH3、VTH4 的导通，c、a 两点电压分别加到 RL 两端，RL 上电压的大小为 U_{ca}。

t_6 ~ t_7 期间，W 相始终为正电压（左负右正），V 相始终为负电压（左正右负），U 相在前半段为负电压，后半段变为正电压。在 t_6 时刻，触发脉冲送到 VTH3、VTH5 的 G 极，VTH3、VTH5 导通，有电流流过负载 RL，电流的途径是，W 相线圈右端（电压极性为正）→c 点→VTH3→RL→VTH5→b 点→V 相线圈右端（电压极性为负），因 VTH3、VTH5 的导通，c、b 两点电压分别加到 RL 两端，RL 上电压的大小为 U_{cb}。

t_7 时刻以后，电路会重复 t_1 ~ t_7 期间的过程，在负载 RL 上可以得到图示的脉动直流电压 U_L。

在上面的电路分析中，将交流电压一个周期（t_1 ~ t_7）分成 6 等份，每等份所占的相位角为 60°，在任意一个 60°相位角内，始终有两个晶闸管处于导通状态（一个共阴极组晶闸管，一个共阳极组晶闸管），并且任意一个晶闸管的导通角都是 120°。另外，触发脉冲不是同时加到 6 个晶闸管的 G 极，而是在触发时刻将触发脉冲同时送到需触发的 2 个晶闸管 G 极。

改变触发脉冲的相位，电路整流输出的脉动直流电压 U_L 大小也会发生变化。当 $\alpha \leq 60°$ 时，U_L 可用下面的公式计算：

$$U_L = 2.34U_2\cos\alpha$$

当 $\alpha > 60°$时，U_L 可用下面的公式计算：

$$U_L = 2.34U_2\left[1 + \cos\left(\frac{\pi}{3} + \alpha\right)\right]$$

8.2 斩波电路（DC - DC 变换电路）

斩波电路又称直 - 直变换器，其功能是将直流电变换成另一种固定或可调的直流电。斩波电路种类很多，通常可分为基本斩波电路和复合斩波电路。

8.2.1 基本斩波电路

基本斩波电路类型很多，常见的有降压斩波电路、升压斩波电路、升降压斩波电路、

Cuk 斩波电路、Sepic 斩波电路和 Zeta 斩波电路。

1. 降压斩波电路

降压斩波电路又称直流降压器，它可以将直流电压降低。降压斩波电路如图 8-5 所示。

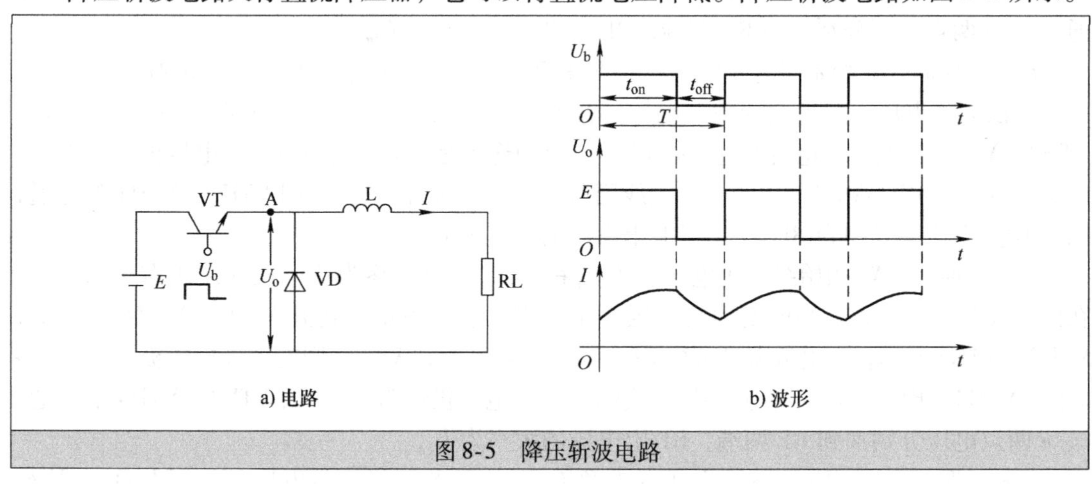

图 8-5　降压斩波电路

（1）工作原理

在图 8-5a 中，晶体管 VT 的基极加有控制脉冲 U_b，当 U_b 为高电平时，VT 导通，相当于开关闭合，A 点电压与直流电源 E 相等（忽略晶体管集射极间的导通压降），当 U_b 为低电平时，VT 关断，相当于开关断开，电源 E 无法通过，在 A 点得到图 8-5b 所示的 U_o。在 VT 导通期间，电源 E 产生电流经晶体管 VT、电感 L 流过负载 RL，电流在流过电感 L 时，L 会产生左正右负的电动势阻碍电流 I（同时存储能量），故 I 慢慢增大；在 VT 关断时，流过电感 L 的电流突然减小，L 马上产生左负右正的电动势，该电动势产生的电流经续流二极管 VD 继续流过负载 RL（电感释放能量），电流途径是，L 右正→RL→VD→L 左负，该电流是一个逐渐减小的电流。

对于图 8-5 所示的斩波电路，在一个周期 T 内，如果控制脉冲 U_b 的高电平持续时间为 t_{on}，低电平持续时间为 t_{off}，那么 U_o 的平均值有下面的关系：

$$U_o = \frac{t_{on}}{t_{on} + t_{off}}E = \frac{t_{on}}{T}E$$

式中，$\frac{t_{on}}{T}$称为降压比，由于$\frac{t_{on}}{T}<1$，故输出电压 U_o 低于输入直流电压 E，即该电路只能将输入的直流电压降低输出，当$\frac{t_{on}}{T}$值发生变化时，输出电压 U_o 就会发生改变，$\frac{t_{on}}{T}$值越大，晶体管导通时间越长，输出电压 U_o 越高。

（2）斩波电路的调压控制方式

斩波电路是通过控制晶体管（或其他电力电子器件）导通关断来调节输出电压，斩波电路的调压控制方式主要有两种：

1）脉冲调宽型。该方式是让控制脉冲的周期 T 保持不变，通过改变脉冲的宽度来调节输出电压，又称脉冲宽度调制型，如图 8-6 所示，当脉冲周期不变而宽度变窄时，晶体管导通时间变短，输出的平均电压 U_o 会下降。

2）脉冲调频型。该方式是让控制脉冲的导通时间不变，通过改变脉冲的频率来调节输出电压，又称频率调制型。如图 8-6 所示，当脉冲宽度不变而周期变长时，单位时间内晶体管导通时间相对变短，输出的平均电压 U_o 会下降。

2. 升压斩波电路

升压斩波电路又称直流升压器，它可以将直流电压升高。升压斩波电路如图 8-7 所示。

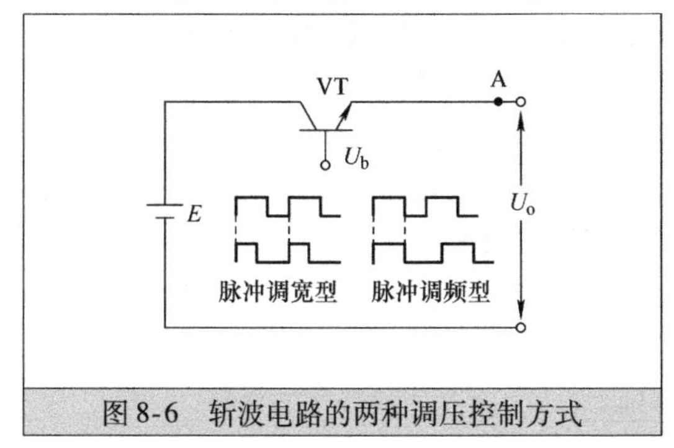

图 8-6　斩波电路的两种调压控制方式

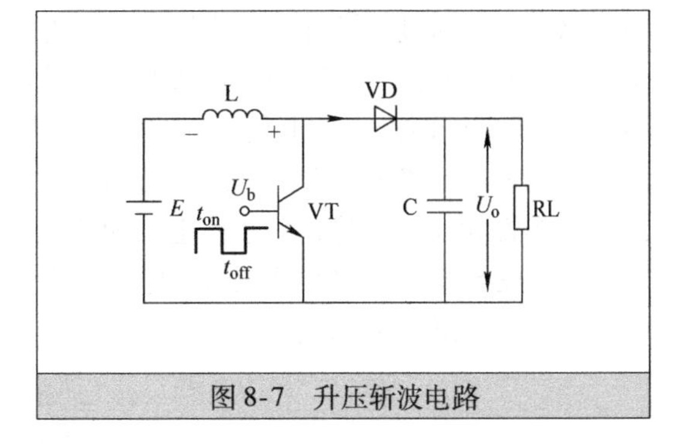

图 8-7　升压斩波电路

电路工作原理：

在图 8-7 电路中，晶体管 VT 基极加有控制脉冲 U_b，当 U_b 为高电平时，VT 导通，电源 E 产生电流流过电感 L 和晶体管 VT，L 马上产生左正右负的电动势阻碍电流，同时 L 中存储能量；当 U_b 为低电平时，VT 关断，流过 L 的电流突然变小，L 马上产生左负右正的电动势，该电动势与电源 E 进行叠加，通过二极管对电容 C 充电，在 C 上充得上正下负的电压 U_o。控制脉冲 U_b 高电平持续时间 t_{on}越长，流过 L 电流时间越长，L 储能越多，在 VT 关断时产生的左负右正的电动势越高，对电容 C 充电越高，U_o 越高。

从上面分析可知，输出电压 U_o 是由直流电源 E 和电感 L 产生的电动势叠加充得，输出电压 U_o 较电源 E 更高，故称该电路为升压斩波电路。

对于图 8-7 所示的升压斩波电路，在一个周期 T 内，如果控制脉冲 U_b 的高电平持续时间为 t_{on}，低电平持续时间为 t_{off}，那么 U_o 的平均值有下面的关系：

$$U_o = \frac{T}{t_{off}}E$$

式中，$\frac{T}{t_{off}}$称为升压比，由于$\frac{T}{t_{off}}>1$，故输出电压 U_o 始终高于输入直流电压 E，当$\frac{T}{t_{off}}$值发生变化时，输出电压 U_o 就会发生改变，$\frac{T}{t_{off}}$值越大，输出电压 U_o 越高。

3. 升降压斩波电路

升降压斩波电路既可以提升电压，也可以降低电压。升降压斩波电路可分为正极性和负极性两类。

（1）负极性升降压斩波电路

负极性升降压斩波电路主要有普通斩波电路和 CuK 斩波电路。

1）普通升降压斩波电路。普通升降压斩波电路如图 8-8 所示。

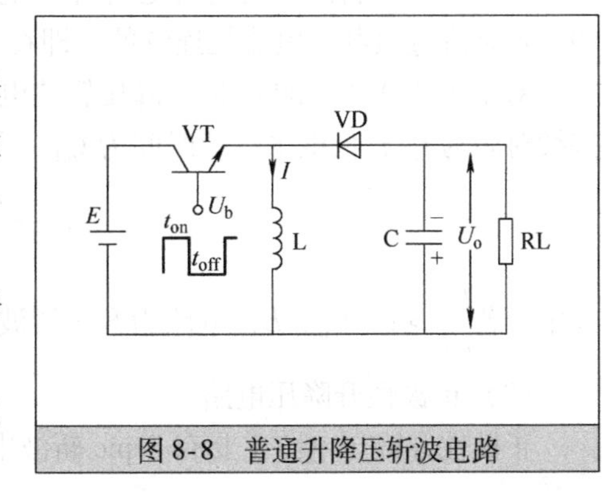

图 8-8　普通升降压斩波电路

电路工作原理：

在图 8-8 电路中，晶体管 VT 基极加有控制脉冲 U_b，当 U_b 为高电平时，VT 导通，电源 E 产生电流流过晶体管 VT 和电感 L，L 马上产生上正下负的电动势阻碍电流，同时 L 中存储能量；当 U_b 为低电平时，VT 关断，流过 L 的电流突然变小，L 马上产生上负下正的电动势，该电动势通过二极管 VD 对电容 C 充电（同时也有电流流过负载 RL），在 C 上充得上负下正的电压 U_o。控制脉冲 U_b 高电平持续时间 t_{on} 越长，流过 L 电流时间越长，L 储能越多，在 VT 关断时产生的上负下正的电动势越高，对电容 C 充电越多，U_o 越高。

从图 8-8 电路可以看出，该电路的负载 RL 两端的电压 U_o 的极性是上负下正，它与电源 E 的极性相反，故称这种斩波电路为负极性升降压斩波电路。

对于图 8-8 所示的升降压斩波电路，在一个周期 T 内，如果控制脉冲 U_b 的高电平持续时间为 t_{on}，低电平持续时间为 t_{off}，那么 U_o 的平均值有下面的关系：

$$U_o = \frac{t_{on}}{t_{off}}E = \frac{t_{on}}{T - t_{on}}E$$

式中，若 $\frac{t_{on}}{t_{off}} > 1$，输出电压 U_o 会高于输入直流电压 E，电路为升压斩波；若 $\frac{t_{on}}{t_{off}} < 1$，输出电压 U_o 会低于输入直流电压 E，电路为降压斩波。

2）CuK 升降压斩波电路。CuK 升降压斩波电路如图 8-9 所示。

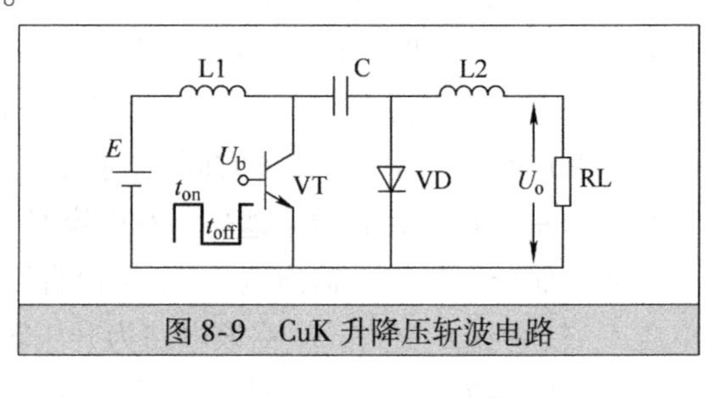

图 8-9　CuK 升降压斩波电路

电路工作原理：

在图 8-9 电路中，当晶体管 VT 基极无控制脉冲时，VT 关断，电源 E 通过 L1、VD 对电容 C 充得左正右负的电压。当 VT 基极加有控制脉冲并且高电平来时，VT 导通，电路会出现两路电流，一路电流途径是，电源 E 正极→L1→VT 集射极→E 负极，有电流流过 L1，L1 存储能量；另一路电流途径是，C 左正→VT→负载 RL→L2→C 右负，有电流流过 L2，L2 存储能量；当 VT 基极的控制脉冲为低电平时，VT 关断，电感 L1 产生左负右正的电动势，它与电源 E 叠加经 VD 对 C 充电，在 C 上充得左正右负的电动势，另外由于 VT 关断使 L2 流过的电流突然减小，马上产生左正右负的电动势，该电动势形成电流经 VD 流过负载 RL。

CuK 升降压斩波电路与普通升降压电路一样，在负载上产生的都是负极性电压，前者的优点是流过负载的电流是连续的，即在 VT 导通关断期间负载都有电流通过。

对于图 8-9 所示的 CuK 升降压斩波电路，在一个周期 T 内，如果控制脉冲 U_b 的高电平持续时间为 t_{on}，低电平持续时间为 t_{off}，那么 U_o 的平均值有下面的关系：

$$U_o = \frac{t_{on}}{t_{off}}E = \frac{t_{on}}{T - t_{on}}E$$

式中，若 $\frac{t_{on}}{t_{off}} > 1$，$U_o > E$，电路为升压斩波；若 $\frac{t_{on}}{t_{off}} < 1$，$U_o < E$，电路为降压斩波。

（2）正极性升降压电路

正极性升降压电路主要有 Sepic 斩波电路和 Zeta 斩波电路。

1）Sepic斩波电路。Sepic斩波电路如图8-10所示。

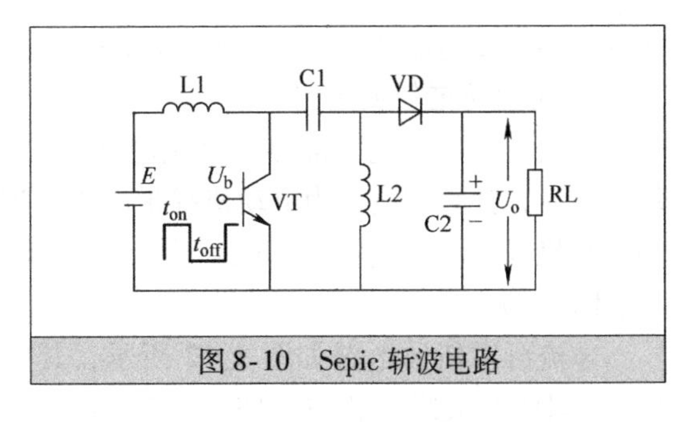

图8-10 Sepic斩波电路

电路工作原理：

在图8-10电路中，当晶体管VT基极无控制脉冲时，VT关断，电源E经过电感L1、L2对电容C充电，在C1上充得左正右负的电压。当VT基极加有控制脉冲并且高电平来时，VT导通，电路会出现两路电流，一路电流途径是，电源E正极→L1→VT集射极→E负极，有电流流过L1，L1存储能量；另一路电流途径是，C左正→VT→L2→C右负，有电流流过L2，L2存储能量；当VT基极的控制脉冲为低电平时，VT关断，电感L1产生左负右正的电动势，它与电源E叠加经VD对C1、C2充电，C1上充得左正右负的电压，C2上充得上正下负的电压，另外在VT关断时L2产生上正下负的电动势，它也经VD对C2充电，C2上得到输出电压U_o。

从图8-10电路可以看出，该电路的负载RL两端电压U_o的极性是上正下负，它与电源E的极性相同，故称这种斩波电路为正极性升降压斩波电路。

对于Sepic升降压斩波电路，在一个周期T内，如果控制脉冲U_b的高电平持续时间为t_{on}，低电平持续时间为t_{off}，那么U_o的平均值有下面的关系：

$$U_o=\frac{t_{on}}{t_{off}}E=\frac{t_{on}}{T-t_{off}}E$$

2）Zeta斩波电路。Zeta斩波电路如图8-11所示。

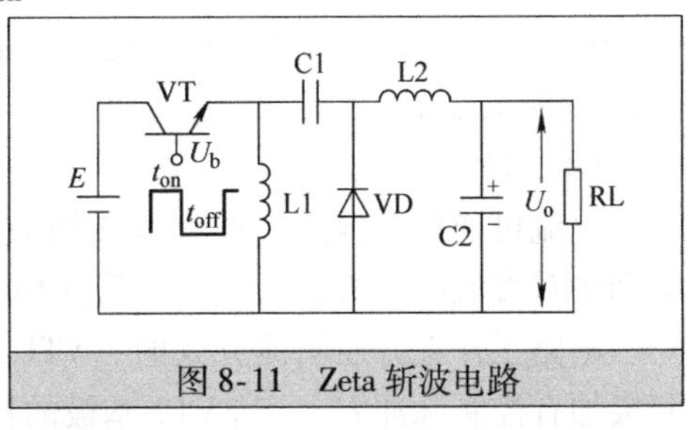

图8-11 Zeta斩波电路

电路工作原理：

在图8-11电路中，当晶体管VT基极第一个控制脉冲高电平来时，VT导通，电源E产生电流流经VT、L1，L1存储能量；当控制脉冲低电平来时，VT关断，流过L1的电流突然减小，L1马上上负下正的电动势，它经VD对C1充电，在C1上充得左负右正的电压；当第二个脉冲高电平来时，VT导通，电源E在产生电流流过L1时，还会与C1上左负右正的电压叠加，经L2对C2充电，在C2上充得上正下负的电压，同时L2存储能量；当第二个脉冲低电平来时，VT关断，除了L1产生上负下正的电动势对C1充电外，L2会产生左负右正的电动势经VD对C2充得上正下负的电压。以后电路会重复上述过程，结果在C2上充得上正下负的正极性电压U_o。

对于Zeta升降压斩波电路，在一个周期T内，如果控制脉冲U_b的高电平持续时间为t_{on}，低电平持续时间为t_{off}，那么U_o的平均值有下面的关系：

$$U_o=\frac{t_{on}}{t_{off}}E=\frac{t_{on}}{T-t_{off}}E$$

8.2.2 复合斩波电路

复合斩波电路是由基本斩波电路组合而成，常见的复合斩波电路有电流可逆斩波电路、桥式可逆斩波电路和多相多重斩波电路。

1. 电流可逆斩波电路

电流可逆斩波电路常用于直流电动机的电动和制动运行控制，即当需要直流电动机主动运转时，让直流电源为电动机提供电压，当需要对运转的直流电动机制动时，让惯性运转的电动机（相当于直流发电机）产生的电压对直流电源充电，消耗电动机的能量进行制动（再生制动）。

电流可逆斩波电路如图 8-12 所示，其中 VT1、VD2 构成降压斩波电路，VT2、VD1 构成升压斩波电路。

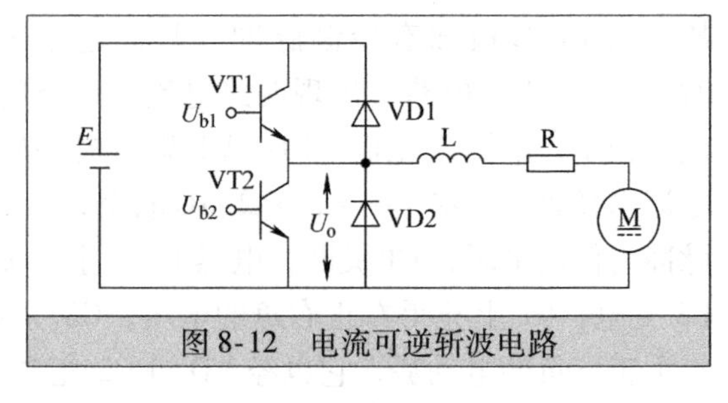

图 8-12　电流可逆斩波电路

电流可逆斩波电路有三种工作方式：降压斩波方式、升压斩波方式和降升压斩波方式。

（1）降压斩波方式

电流可逆斩波电路工作在降压斩波方式时，直流电源通过降压斩波电路为直流电动机供电使之运行。降压斩波方式的工作过程说明如下：

电路工作在降压斩波方式时，VT2 基极无控制脉冲，VT2、VD1 均处于关断状态，而 VT1 基极加有控制脉冲 U_{b1}。当 VT1 基极的控制脉冲为高电平时，VT1 导通，有电流经 VT1、L、R 流过电动机 M，电动机运转，同时电感 L 存储能量；当控制脉冲为低电平时，VT1 关断，流过 L 的电流突然减小，L 马上产生左负右正的电动势，它产生电流流过电动机（经 R、VD2），继续为电动机供电。控制脉冲高电平持续时间越长，输出电压 U_o 平均值越高，电动机运转速度越快。

（2）升压斩波方式

电流可逆斩波电路工作在升压斩波方式时，直流电动机无供电，它在惯性运转时产生电动势对直流电源 E 进行充电。升压斩波方式的工作过程说明如下：

电路工作在升压斩波方式时，VT1 基极无控制脉冲，VT1、VD2 均处于关断状态，VT2 基极加有控制脉冲 U_{b2}。当 VT2 基极的控制脉冲为高电平时，VT2 导通，电动机 M 惯性运转产生的电动势为上正下负，它形成的电流经 R、L、VT2 构成回路，电动机的能量转移到 L 中；当 VT2 基极的控制脉冲为低电平时，VT2 关断，流过 L 的电流突然减小，L 马上产生左正右负的电动势，它与电动机两端的反电动势（上正下负）叠加使 VD1 导通，对电源 E 充电，电动机惯性运转产生的电能就被转移给电源 E。当电动机转速很低时，产生的电动势下降，同时 L 的能量也减小，产生的电动势低，叠加电动势低于电源 E，VD1 关断，无法继续对电源 E 充电。

（3）降升压斩波方式

电流可逆斩波电路工作在降升压斩波方式时，VT1、VT2 基极都加有控制脉冲，它们交替导通关断，具体工作过程说明如下：

当 VT1 基极控制脉冲 U_{b1} 为高电平（此时 U_{b2} 为低电平）时，电源 E 经 VT1、L、R 为直流电动机 M 供电，电动机运转；当 U_{b1} 变为低电平后，VT1 关断，流过 L 的电流突然减小，L 产生左负右正的电动势，经 R、VD2 为电动机继续提供电流；当 L 的能量释放完毕，电动势减小为 0 时，让 VT2 基极的控制脉冲 U_{b2} 为高电平，VT2 导通，惯性运转的电动机两端的反电动势（上正下负）经 R、L、VT2 回路产生电流，L 因电流通过而存储能量；当 VT2 的控制脉冲为低电平时，VT2 关断，流过 L 的电流突然减小，L 产生左正右负的电动势，它与电动机产生的上正下负的反电动势叠加，通过 VD1 对电源 E 充电；当 L 与电动机叠加电动势低于电源 E 时，VD1 关断，这时如果又让 VT1 基极脉冲变为高电平，电源 E 又经 VT1 为电动机提供电压。以后重复上述过程。

电流可逆斩波电路工作在降升压斩波方式，实际就是让直流电动机工作在运行和制动状态，当降压斩波时间长、升压斩波时间短时，电动机平均供电电压高、再生制动时间短，电动机运转速度快，反之，电动机运转速度慢。

2. 桥式可逆斩波电路

电流可逆斩波电路只能让直流电动机工作在正转和正转再生制动状态，而桥式可逆斩波电路可以让直流电动机工作在正转、正转再生制动和反转、反转再生制动状态。

桥式可逆斩波电路如图 8-13 所示。

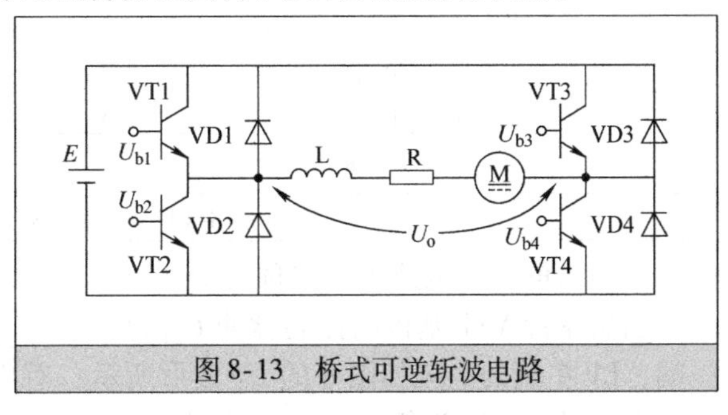

图 8-13　桥式可逆斩波电路

桥式可逆斩波电路有四种工作状态：正转降压斩波、正转升压斩波再生制动和反转降压斩波、反转升压斩波再生制动。

（1）正转降压斩波和正转升压斩波再生制动

当晶体管 VT4 始终处于导通时，VT1、VD2 组成正转降压斩波电路，VT2、VD1 组成正转升压斩波再生制动电路。

在 VT4 始终处于导通状态时。当 VT1 基极控制脉冲 U_{b1} 为高电平（此时 U_{b2} 为低电平）时，电源 E 经 VT1、L、R、VT4 为直流电动机 M 供电，电动机正向运转；当 U_{b1} 变为低电平后，VT1 关断，流过 L 的电流突然减小，L 产生左负右正的电动势，经 R、VT4、VD2 为电动机继续提供电流，维持电动机正转；当 L 的能量释放完毕，电动势减小为 0 时，让 VT2 基极的控制脉冲 U_{b2} 为高电平，VT2 导通，惯性运转的电动机两端的反电动势（左正右负）经 R、L、VT2、VD4 回路产生电流，L 因电流通过而存储能量；当 VT2 的控制脉冲为低电平时，VT2 关断，流过 L 的电流突然减小，L 产生左正右负的电动势，它与电动机产生的左正右负的反电动势叠加，通过 VD1 对电源 E 充电，此时电动机进行正转再生制动；当 L 与电动机的叠加电动势低于电源 E 时，VD1 关断，这时如果又让 VT1 基极脉冲变为高电平，电路又会重复上述工作过程。

（2）反转降压斩波和反转升压斩波再生制动

当晶体管 VT2 始终处于导通时，VT3、VD4 组成反转降压斩波电路，VT4、VD2 组成反转升压斩波再生制动电路。反转降压斩波、反转升压斩波再生制动与正转降压斩波、正转升压斩波再生制动工作过程相似，读者可自行分析，这里不再叙述。

3. 多相多重斩波电路

前面介绍的复合斩波电路是由几种不同的单一斩波电路组成，而多相多重斩波电路是由多个相同的斩波电路组成。图 8-14 是一种三相三重斩波电路，它在电源和负载之间接入 3 个结构相同的降压斩波电路。

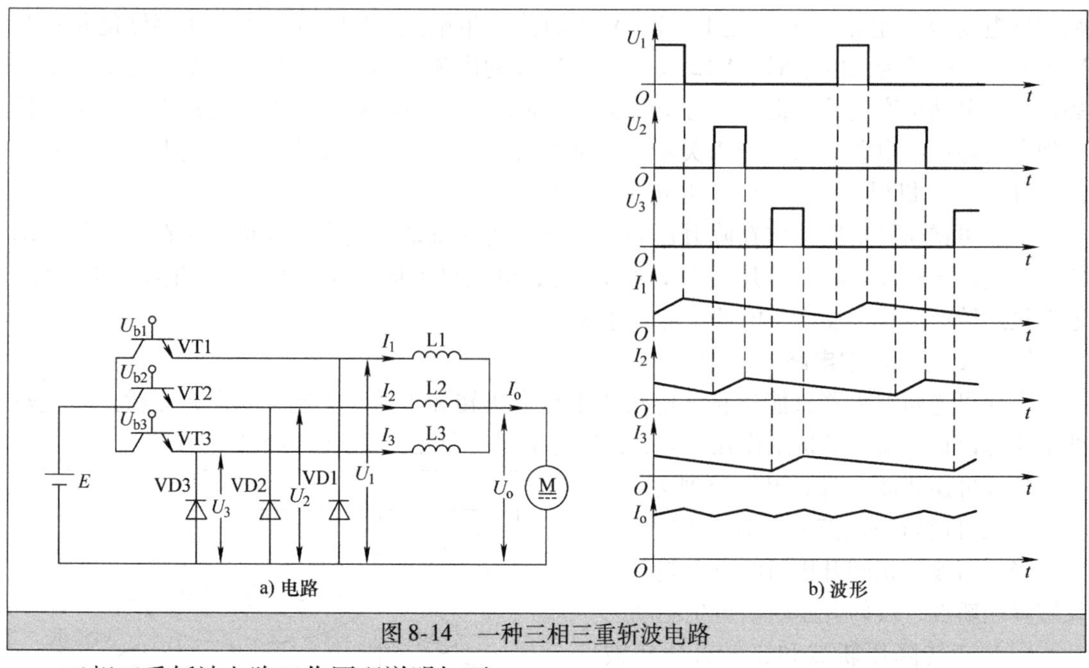

图 8-14 一种三相三重斩波电路

三相三重斩波电路工作原理说明如下：

当晶体管 VT1 基极的控制脉冲 U_{b1} 为高电平时，VT1 导通，电源 E 通过 VT1 加到 L1 的一端，L1 左端的电压如图 b 的 U_1 波形所示，有电流 I_1 经 L1 流过电动机；当控制脉冲 U_{b1} 为低电平时，VT1 关断，流过 L1 的电流突然变小，L1 马上产生左负右正的电动势，该电动势产生电流 I_1 通过 VD1 构成回路继续流过电动机，I_1 变化如图 b 的 I_1 波形所示，从波形可以看出，一个周期内 I_1 有上升和下降的脉动过程，起伏波动较大。

同样地，当晶体管 VT2 基极加有控制脉冲 U_{b2} 时，在 L2 左端得到图 b 所示的 U_2，流过 L2 的电流为 I_2；当晶体管 VT3 基极加有控制脉冲 U_{b3} 时，在 L3 左端得到图 b 所示的 U_3，流过 L3 的电流为 I_3。

当三个斩波电路都工作时，流过电动机的总电流 $I_o = I_1 + I_2 + I_3$，从图 b 还可以看出，总电流 I_o 的脉冲频率是单相电流脉动频率的 3 倍，但脉冲幅明显变小，即三相三重斩波电路提供给电动机的电流波动更小，使电动机工作更稳定。另外，多相多重斩波电路还具有备用功能，当某一个斩波电路出现故障，可以依靠其他的斩波电路继续工作。

8.3 逆变电路（DC - AC 变换电路）

逆变电路的功能是将直流电变换成交流电，故又称直 - 交变换器。它与整流电路的功能恰好相反。逆变电路可分为有源逆变电路和无源逆变电路。有源逆变电路是将直流电变换成与电网频率相同的交流电，再将该交流电送至交流电网；无源逆变电路是将直流电变换成某一频率或频率可调的交流电，再将该交流电送给用电设备。变频器中主要采用无源逆变电路。

8.3.1 逆变原理

逆变电路的功能是将直流电变换成交流电。下面以图 8-15 所示电路来说明逆变电路的基本工作原理。

工作原理说明：

电路工作时，需要给晶体管 VT1 ~ VT4 基极提供控制脉冲信号。当 VT1、VT4 基极脉冲信号为高电平，而 VT2、VT3 基极脉冲信号为低电平时，VT1、VT4 导通，VT2、VT3 关断，有电流经 VT1、VT4 流过负载 RL，电流途径是，电源 E 正极→VT1→RL→VT4→电源 E 负极，RL 两端的电压极性为左正右负；当 VT2、VT3 基极脉冲信号为高电平，而 VT1、VT4 基极脉冲信号为低电平时，VT2、VT3 导通，VT1、VT1 关断，有电流经 VT2、VT3 流过负载 RL，电流途径是，电源 E 正极→VT3→RL→VT2→电源 E 负极，RL 两端电压的极性是左负右正。

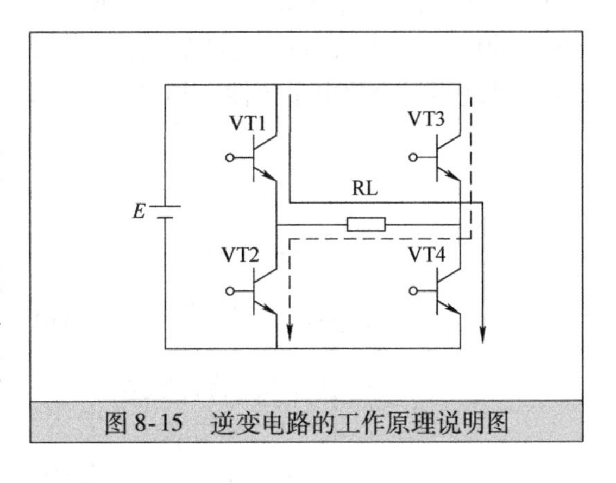

图 8-15　逆变电路的工作原理说明图

从上述过程可以看出，在直流电源供电的情况下，通过控制开关器件的导通关断可以改变流过负载的电流方向，这种方向发生改变的电流就是交流，从而实现直 - 交变换功能。

8.3.2　电压型逆变电路

逆变电路分为直流侧（电源端）和交流侧（负载端），电压型逆变电路是指直流侧采用电压源的逆变电路。电压源是指能提供稳定电压的电源，另外，电压波动小且两端并联有大电容的电源也可视为电压源。图 8-16 中就是两种典型的电压源（虚线框内部分）。

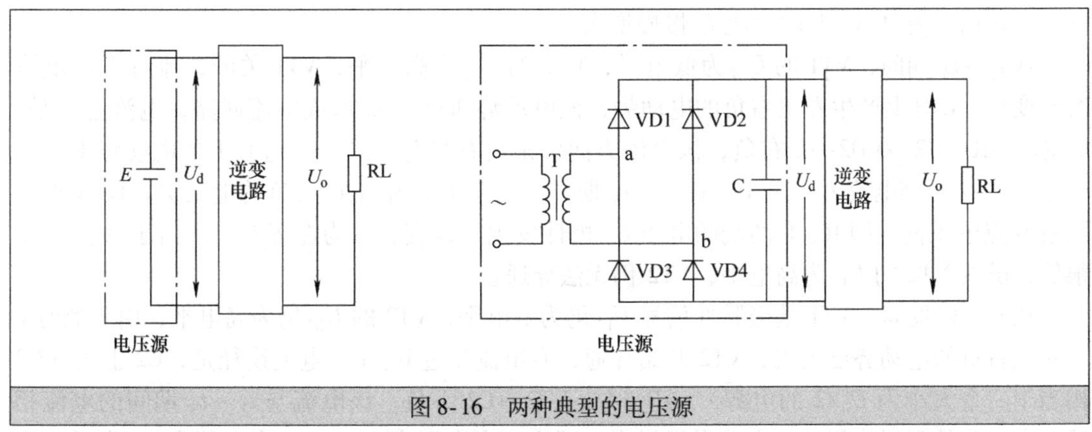

图 8-16　两种典型的电压源

图 8-16a 中的直流电源 E 能提供稳定不变的电压 U_d，所以它可以视为电压源。图 8-16b 中的桥式整流电路后面接有一个大滤波电容 C，交流电压经变压器降压和二极管整流后，在 C 上会得到波动很小的电压 U_d（电容往后级电路放电后，整流电路会及时充电，故 U_d 变化很小，电容容量越大，U_d 波动越小，电压越稳定），故虚线框内的整个电路也可视为电压源。

电压型逆变电路种类很多，常用的有单相半桥逆变电路、单相全桥逆变电路、单相变压器逆变电路和三相电压逆变电路等。

1. 单相半桥逆变电路

单相半桥逆变电路及有关波形如图 8-17 所示，C1、C2 是两个容量很大且相等的电容，

它们将电压 U_d 分成相等的两部分，使 B 点电压为 $U_d/2$，晶体管 VT1、VT2 基极加有一对相反的脉冲信号，VD1、VD2 为续流二极管，R、L 代表感性负载（如电动机就为典型的感性负载，其绕组对交流电呈感性，相当于电感 L，绕组本身的直流电阻用 R 表示）。

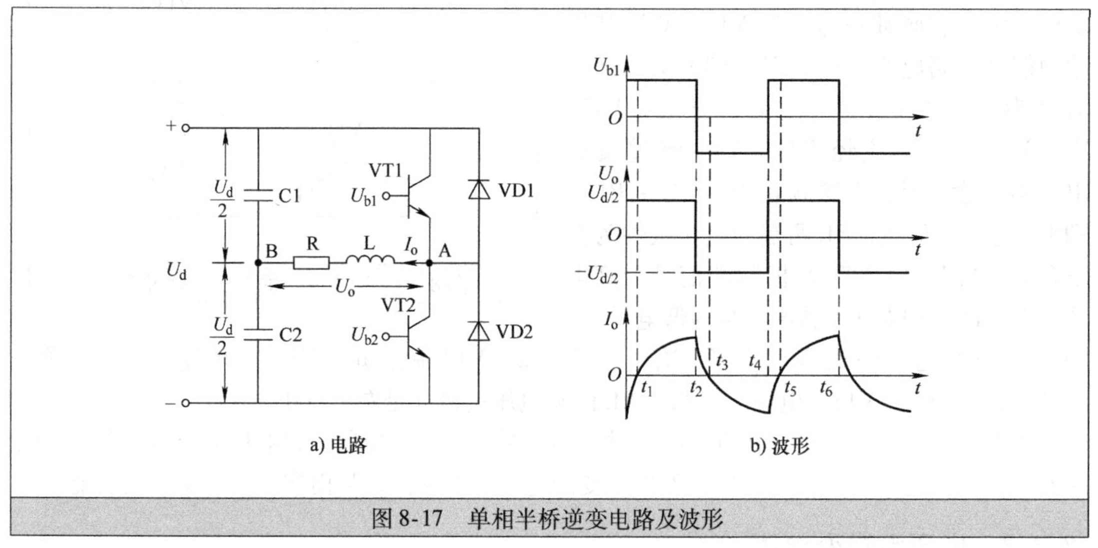

图 8-17 单相半桥逆变电路及波形

电路工作过程说明如下：

在 $t_1 \sim t_2$ 期间，VT1 基极脉冲信号 U_{b1} 为高电平，VT2 的 U_{b2} 为低电平，VT1 导通、VT2 关断，A 点电压为 U_d，由于 B 点电压为 $U_d/2$，故 R、L 两端的电压 U_o 为 $U_d/2$，VT1 导通后有电流流过 R、L，电流途径是，U_{d+}→VT1→L、R→B 点→C2→U_{d-}，因为 L 对变化电流的阻碍作用，流过 R、L 的电流 I_o 慢慢增大。

在 $t_2 \sim t_3$ 期间，VT1 的 U_{b1} 为低电平，VT2 的 U_{b2} 为高电平，VT1 关断，流过 L 的电流突然变小，L 马上产生左正右负的电动势，该电动势通过 VD2 形成电流回路，电流途径是，L 左正→R→C2→VD2→L 右负，该电流方向仍是由右往左，但电流随 L 上的电动势下降而减小，在 t_3 时刻电流 I_o 变为 0。在 $t_2 \sim t_3$ 期间，由于 L 产生左正右负的电动势，使 A 点电压较 B 点电压低，即 R、L 两端的电压 U_o 极性发生了改变，变为左正右负，由于 A 点电压很低，虽然 VT2 的 U_{b2} 为高电平，VT2 仍无法导通。

在 $t_3 \sim t_4$ 期间，VT1 基极脉冲信号 U_{b1} 仍为低电平，VT2 的 U_{b2} 仍为高电平，由于此时 L 上左正右负的电动势已消失，VT2 开始导通，有电流流过 R、L，电流途径是，C2 上正（C2 相当于一个大小为 $U_d/2$ 的电源）→R→L→VT2→C2 下负，该电流与 $t_1 \sim t_3$ 期间的电流相反，由于 L 的阻碍作用，该电流慢慢增大。因为 B 点电压为 $U_d/2$，A 点电压为 0（忽略 VT2 导通压降），故 R、L 两端的电压 U_o 大小为 $U_d/2$，极性是左正右负。

在 $t_4 \sim t_5$ 期间，VT1 的 U_{b1} 为高电平，VT2 的 U_{b2} 为低电平，VT2 关断，流过 L 的电流突然变小，L 马上产生左负右正的电动势，该电动势通过 VD1 形成电流回路，电流途径是，L 右正→VD1→C1→R→L 左负，该电流方向由左往右，但电流随 L 上电动势下降而减小，在 t_5 时刻电流 I_o 变为 0。在 $t_4 \sim t_5$ 期间，由于 L 产生左负右正的电动势，使 A 点电压较 B 点电压高，即 U_o 极性仍是左负右正，另外因为 A 点电压很高，虽然 VT1 的 U_{b1} 为高电平，VT1 仍无法导通。

t_5 时刻以后，电路重复上述工作过程。

半桥式逆变电路结构简单，但负载两端得到的电压较低（为直流电源电压的一半），并且直流侧需采用两个电容器串联来均压。半桥式逆变电路常用在几千瓦以下的小功率逆变设备中。

2. 单相全桥逆变电路

单相全桥逆变电路如图8-18所示，VT1、VT4组成一对桥臂，VT2、VT3组成另一对桥臂，VD1～VD4为续流二极管，VT1、VT2基极加有一对相反的控制脉冲，VT3、VT4基极的控制脉冲相位也相反，VT3基极的控制脉冲相位落后VT1，落后θ角，$0<\theta<180°$。

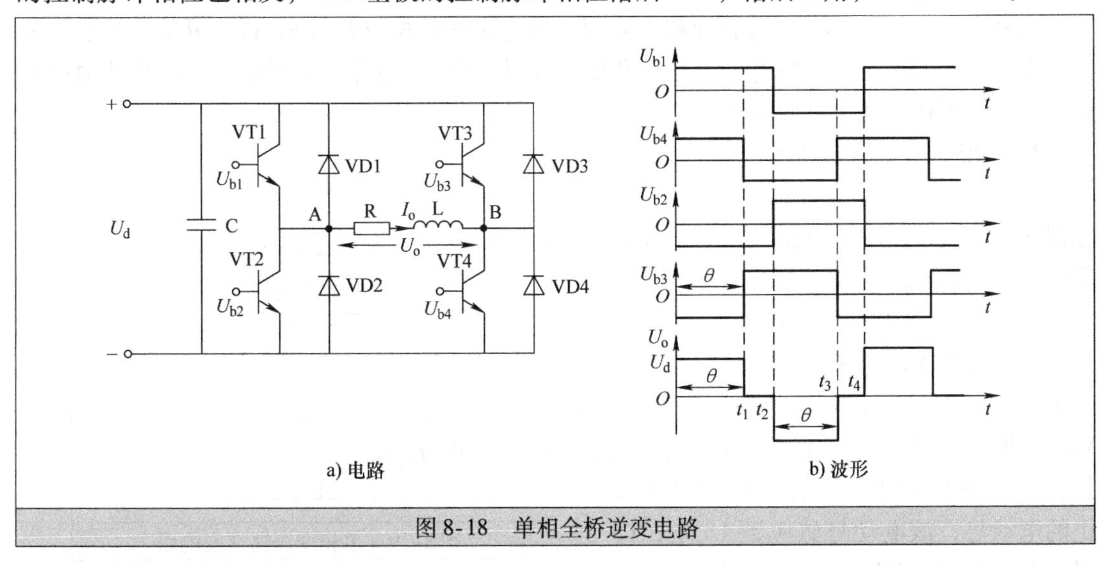

图8-18 单相全桥逆变电路

电路工作过程说明如下：

在$0\sim t_1$期间，VT1、VT4的基极控制脉冲都为高电平，VT1、VT4都导通，A点通过VT1与U_d正端连接，B点通过VT4与U_d负端连接，故R、L两端的电压U_o大小与U_d相等，极性为左正右负（为正压），流过R、L电流的方向是，U_{d+}→VT1→R、L→VT4→U_{d-}。

在$t_1\sim t_2$期间，VT1的U_{b1}为高电平，VT4的U_{b4}为低电平，VT1导通，VT4关断，流过L的电流突然变小，L马上产生左负右正的电动势，该电动势通过VD3形成电流回路，电流途径是，L右正→VD3→VT1→R→L左负，该电流方向仍是由左往右，由于VT1、VD3都导通，使A点和B点都与U_d正端连接，即$U_A=U_B$，R、L两端的电压U_o为0（$U_o=U_A-U_B$）。在此期间，VT3的U_{b3}也为高电平，但因VD3的导通使VT3的c、e极电压相等，VT3无法导通。

在$t_2\sim t_3$期间，VT2、VT3的基极控制脉冲都为高电平，在此期间开始一段时间内，L能还未完全释放，还有左负右正的电动势，但VT1因基极变为低电平而截止，L的电动势转而经VD3、VD2对直流侧电容C充电，充电电流途径是，L右正→VD3→C→VD2→R→L左负，VD3、VD2的导通使VT2、VT3不能导通，A点通过VD2与U_d负端连接，B点通过VD3与U_d正端连接，故R、L两端的电压U_o大小与U_d相等，极性为左负右正（为负压），当L上的电动势下降到与U_d相等时，无法继续对C充电，VD3、VD2截止，VT2、VT3马上导通，有电流流过R、L，电流的方向是，U_{d+}→VT3→L、R→VT2→U_{d-}。

在 $t_3 \sim t_4$ 期间，VT2 的 U_{b2}为高电平，VT3 的 U_{b3}为低电平，VT2 导通，VT3 关断，流过 L 的电流突然变小，L 马上产生左正右负的电动势，该电动势通过 VD4 形成电流回路，电流途径是，L 左正→R→VT2→VD4→L 右负，该电流方向是由右往左，由于 VT2、VD4 都导通，使 A 点和 B 点都与 U_d负端连接，即 $U_A = U_B$，R、L 两端的电压 U_o为 0（$U_o = U_A - U_B$）。在此期间，VT4 的 U_{b4}也为高电平，但因 VD4 的导通使 VT3 的 c、e 极电压相等，VT4 无法导通。

t_4 时刻以后，电路重复上述工作过程。

全桥逆变电路的 U_{b1}、U_{b3}脉冲和 U_{b2}、U_{b4}脉冲之间的相位差为 θ，改变 θ 值，就能调节负载 R、L 两端电压 U_o脉冲宽度（正、负宽度同时变化）。另外，全桥逆变电路负载两端的电压幅度是半桥逆变电路的两倍。

3. 单相变压器逆变电路

单相变压器逆变电路如图 8-19 所示，变压器 T 有 L1、L2、L3 三组绕组，它们的匝数比为 1:1:1，R、L 为感性负载。

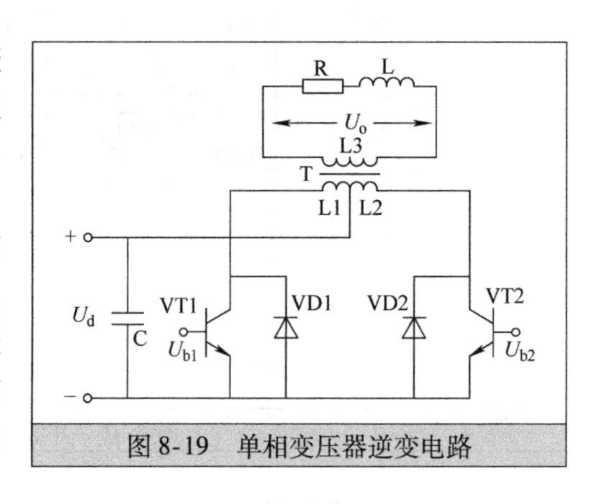

图 8-19　单相变压器逆变电路

电路工作过程说明如下：

当晶体管 VT1 基极的控制脉冲 U_{b1}为高电平时，VT1 导通，VT2 的 U_{b2}为低电平，VT2 关断，有电流流过绕组 L1，电流途径是，U_{d+}→L1→VT1→U_{d-}，L1 产生左负右正的电动势，该电动势感应到 L3 上，L3 上得到左负右正的电压 U_o供给负载 R、L。

当晶体管 VT2 的 U_{b2}为高电平，VT1 的 U_{b1}为低电平时，VT1 关断，VT2 并不能马上导通，因为 VT1 关断后，流过负载 R、L 的电流突然减小，L 马上产生左正右负的电动势，该电动势送给 L3，L3 再感应到 L2 上，L2 上感应电动势极性为左正右负，该电动势对电容 C 充电将能量反馈给直流侧，充电途径是，L2 左正→C→VD2→L2 右负，由于 VD2 的导通，VT2 的 e、c 极电压相等，VT2 虽然 U_{b2}为高电平但不能导通。一旦 L2 上的电动势降到与 U_d相等时，无法继续对 C 充电，VD2 截止，VT2 开始导通，有电流流过绕组 L2，电流途径是，U_{d+}→L2→VT2→U_{d-}，L2 产生左正右负的电动势，该电动势感应到 L3 上，L3 上得到左正右负的电压 U_o供给负载 R、L。

当晶体管 VT1 的 U_{b1}再变为高电平，VT2 的 U_{b2}为低电平时，VT2 关断，负载电感 L 会产生左负右正的电动势，通过 L3 感应到 L1 上，L1 上的电动势再通过 VD1 对直流侧的电容 C 充电，待 L1 上左负右正的电动势降到与 U_d相等后，VD1 截止，VT1 才能导通。以后电路会重复上述工作。

变压器逆变电路优点是采用的开关器件少，缺点是开关器件承受的电压高（$2U_d$），并且需用到变压器。

4. 三相电压逆变电路

单相电压逆变电路只能接一相负载，而三相电压逆变电路可以同时接三相负载。图8-20是一种应用广泛的三相电压逆变电路，R1、L1、R2、L2、R3、L3 构成三相感性负载（如三相异步电动机）。

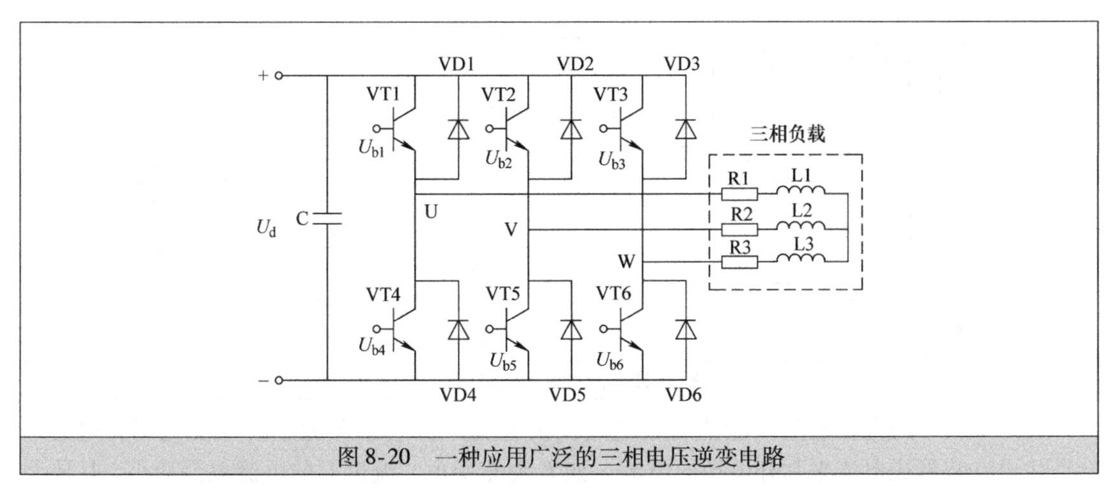

图 8-20 一种应用广泛的三相电压逆变电路

电路工作过程说明如下：

当 VT1、VT5、VT6 基极的控制脉冲均为高电平时，这 3 个晶体管都导通，有电流流过三相负载，电流途径是，U_{d+}→VT1→R1、L1，再分作两路，一路经 L2、R2、VT5 流到 U_{d-}，另一路经 L3、R3、VT6 流到 U_{d-}。

当 VT2、VT4、VT6 基极的控制脉冲均为高电平时，这 3 个晶体管不能马上导通，因为 VT1、VT5、VT6 关断后流过三相负载的电流突然减小，L1 产生左负右正的电动势，L2、L3 均产生左正右负的电动势，这些电动势叠加对直流侧电容 C 充电，充电途径是，L2 左正→VD2→C，L3 左正→VD3→C，两路电流汇合对 C 充电后，再经 VD4、R1→L1 左负。VD2 的导通使 VT2 集射极电压相等，VT2 无法导通，VT4、VT6 也无法导通。当 L1、L2、L3 叠加电动势下降到 U_d大小，VD2、VD3、VD4 截止，VT2、VT4、VT6 开始导通，有电流流过三相负载，电流途径是，U_{d+}→VT2→R2、L2，再分作两路，一路经 L1、R1、VT4 流到 U_{d-}，另一路经 L3、R3、VT6 流到 U_{d-}。

当 VT3、VT4、VT5 基极的控制脉冲均为高电平时，这 3 个晶体管不能马上导通，因为 VT2、VT4、VT6 关断后流过三相负载的电流突然减小，L2 产生左负右正的电动势，L1、L3 均产生左正右负的电动势，这些电动势叠加对直流侧电容 C 充电，充电途径是，L1 左正→VD1→C，L3 左正→VD3→C，两路电流汇合对 C 充电后，再经 VD5、R2→L2 左负。VD3 的导通使 VT3 集射极电压相等，VT3 无法导通，VT4、VT5 也无法导通。当 L1、L2、L3 叠加电动势下降到 U_d大小，VD2、VD3、VD4 截止，VT3、VT4、VT5 开始导通，有电流流过三相负载，电流途径是，U_{d+}→VT3→R3、L3，再分作两路，一路经 L1、R1、VT4 流到 U_{d-}，另一路经 L2、R2、VT5 流到 U_{d-}。

以后的工作过程与上述相同，这里不再叙述。通过控制开关器件的导通关断，三相电压逆变电路实现了将直流电压变换成三相交流电压功能。

8.3.3 电流型逆变电路

电流型逆变电路是指直流侧采用电流源的逆变电路。电流源是指能提供稳定电流的电源。理想的直流电流源较为少见，一般在逆变电路的直流侧串联一个大电感可视为电流源。图 8-21 中就是两种典型的电流源（虚线框内部分）。

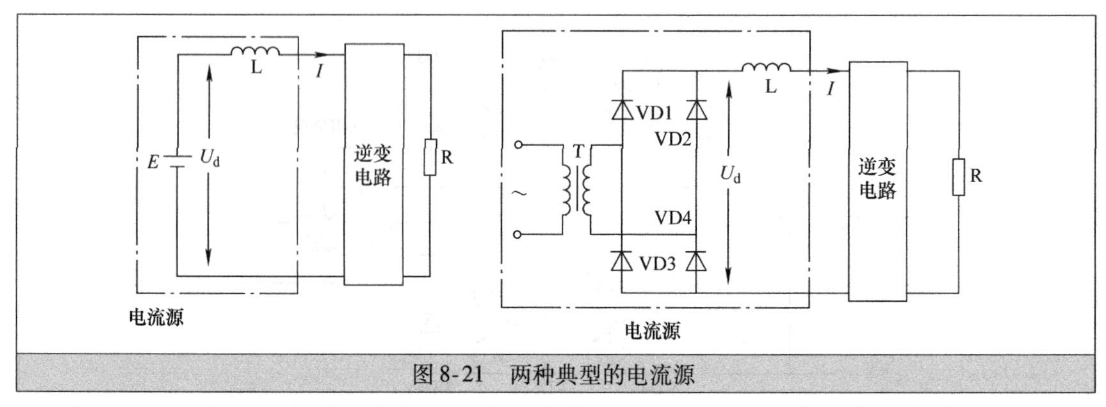

图 8-21　两种典型的电流源

图 8-21a 中的直流电源 E 能往后级电路提供电流，当电源 E 大小突然变化时，电感 L 会产生电动势形成电流来弥补电源的电流，如 E 突然变小，流过 L 的电流也会变小，L 马上产生左负右正的电动势而形成往右的电流，补充电源 E 减小的电流，电流 I 基本不变，故电源与电感串联可视为电流源。

图 8-21b 中的桥式整流电路后面串接有一个大电感，交流电压经变压器降压和二极管整流后得到电压 U_d，当 U_d 大小变化时，电感 L 会产生相应电动势来弥补 U_d 形成的电流的不足，故虚线框内的整个电路也可视为电流源。

1. 单相桥式电流型逆变电路

单相桥式电流型逆变电路如图 8-22 所示，晶闸管 VTH1 ~ VTH4 为 4 个桥臂，其中 VTH1、VTH4 为一对，VTH2、VTH3 为另一对，R、L 为感性负载，C 为补偿电容，C、R、L 还组成并联谐振电路，所以该电路又称为并联谐振式逆变电路。RLC 电路的谐振频率为 1000 ~ 2500Hz，它略低于晶闸管导通频率（也即控制脉冲的频率），对通过的信号呈容性。

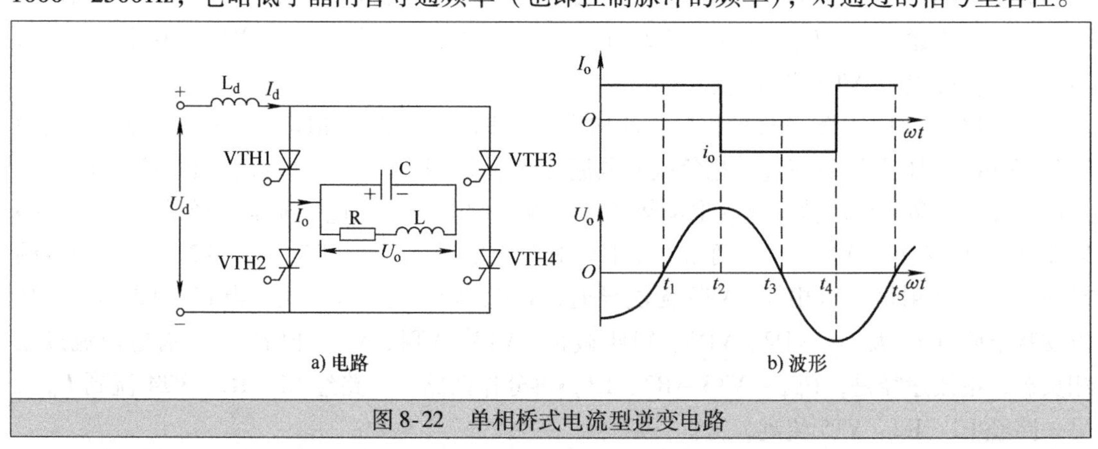

图 8-22　单相桥式电流型逆变电路

电路工作过程说明如下：

在 t_1 ~ t_2 期间，VTH1、VTH4 门极的控制脉冲为高电平，VTH1、VTH4 导通，有电流 I_o 经 VTH1、VTH4 流过 RLC 电路，该电流分作两路，一路流经 R、L 元件，另一路对 C 充电，在 C 上充得左正右负的电压，随着充电的进行，C 上的电压逐渐上升，也即 RL 两端的电压 U_o 逐渐上升。由于 t_1 ~ t_2 期间 VTH3、VTH2 处于关断状态，I_o 与 I_d 相等，并且大小不变（I_d 是稳定电流，I_o 也是稳定电流）。

在 t_2 ~ t_4 期间，VTH2、VTH3 门极的控制脉冲为高电平，VTH2、VTH3 导通，由于 C

上充有左正右负的电压，该电压一方面通过 VTH3 加到 VTH1 两端（C 左正加到 VTH1 的阴极，C 右负经 VTH3 加到 VTH1 阳极），另一方面通过 VTH2 加到 VTH4 两端（C 左正经 VTH2 加到 VTH4 阴极，C 右负加到 VTH4 阳极），C 上的电压经 VTH1、VTH4 加上反向电压，VTH1、VTH4 马上关断，这种利用负载两端电压来关断开关器件的方式称为负载换流方式。VTH1、VTH4 关断后，I_d 开始经 VTH3、VTH2 对电容 C 反向充电（同时也会分一部分流过 L、R），C 上的电压慢慢被中和，两端电压 U_o 也慢慢下降，t_3 时刻 C 上电压为 0。t_3 ~ t_4 期间，I_d（也即 I_o）对 C 充电，充得左负右正的电压并且逐渐上升。

在 t_4 ~ t_5 期间，VTH1、VTH4 门极的控制脉冲为高电平，VTH1、VTH4 导通，C 上左负右正的电压对 VTH3、VTH2 为反向电压，使 VTH3、VTH2 关断。VTH3、VTH2 关断后，I_d 开始经 VTH1、VTH4 对电容 C 充电，将 C 上的左负右正的电压慢慢中和，两端电压 U_o 也慢慢下降，t_5 时刻 C 上电压为 0。

以后电路重复上述工作过程，从而在 RLC 电路两端得到正弦波电压 U_o，流过 RLC 电路的电流 I_o 为矩形电流。

2. 三相电流型逆变电路

三相电流型逆变电路如图 8-23 所示，VTH1 ~ VTH6 为门极关断（GTO）晶闸管，栅极加正脉冲时导通，加负脉冲时关断，C1、C2、C3 为补偿电容，用于吸收在换流时感性负载产生的电动势，减少对晶闸管的冲击。

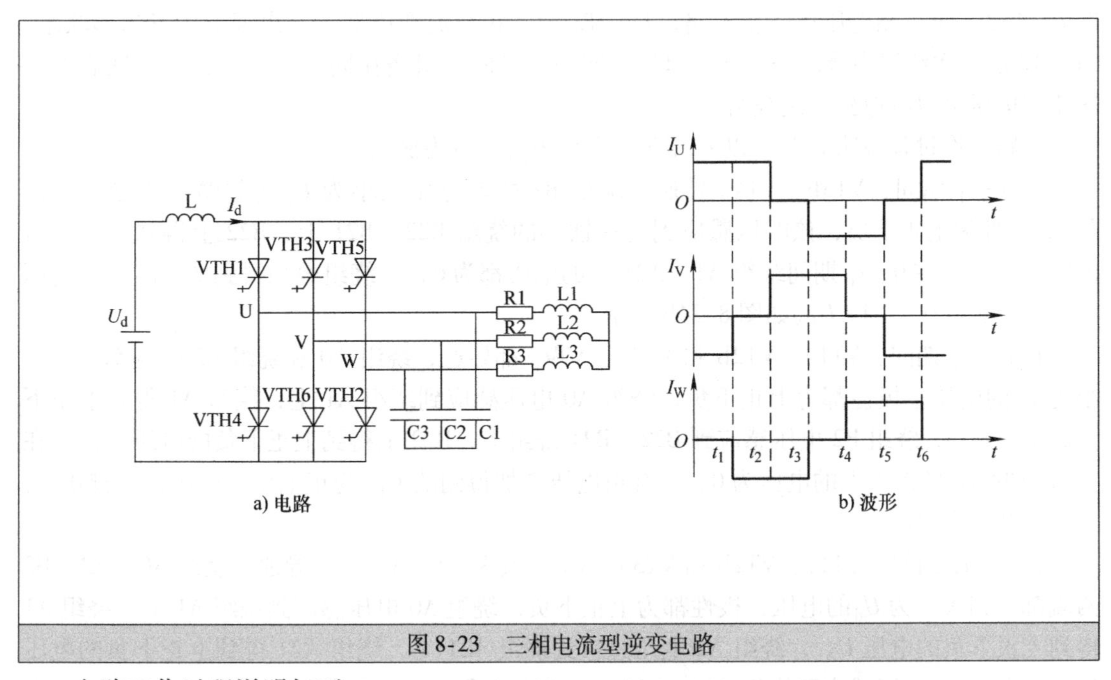

图 8-23 三相电流型逆变电路

电路工作过程说明如下：

在 0 ~ t_1 期间，VTH1、VTH6 导通，有电流 I_d 流过负载，电流途径是，U_{d+}→L→VTH1→R1、L1→L2、R2→VTH6→U_{d-}。

在 t_1 ~ t_2 期间，VTH1、VTH2 导通，有电流 I_d 流过负载，电流途径是，U_{d+}→L→VTH1→R1、L1→L3、R3→VTH2→U_{d-}。

在 t_2 ~ t_3 期间，VTH3、VTH2 导通，有电流 I_d 流过负载，电流途径是，U_{d+}→L→

VTH3→R2、L2→L3、R3→VTH2→U_{d-}。

在 t_3 ~ t_4 期间，VTH3、VTH4 导通，有电流 I_d 流过负载，电流途径是，U_{d+}→L→VTH3→R2、L2→L1、R1→VTH4→U_{d-}。

在 t_4 ~ t_5 期间，VTH5、VTH4 导通，有电流 I_d 流过负载，电流途径是，U_{d+}→L→VTH5→R3、L3→L1、R1→VTH4→U_{d-}。

在 t_5 ~ t_6 期间，VTH5、VTH6 导通，有电流 I_d 流过负载，电流途径是，U_{d+}→L→VTH5→R3、L3→L2、R2→VTH6→U_{d-}。

以后电路重复上述工作过程。

8.3.4 复合型逆变电路

电压型逆变电路输出的是矩形波电压，电流型逆变电路输出的是矩形波电流，而矩形波信号中含有较多的谐波成分（如二次谐波、三次谐波等），这些谐波对负载会产生有很多不利影响。为了减小矩形波中的谐波，可以将多个逆变电路组合起来，将它们产生的相位不同的矩形波进行叠加，以形成近似正弦波的信号，再提供给负载。多重逆变电路和多电平逆变电路可以实现上述功能。

1. 多重逆变电路

多重逆变电路是指由多个电压型逆变电路或电流型逆变电路组合成的复合型逆变电路。图 8-24 是二重三相电压型逆变电路，T1、T2 为三相交流变压器，一次绕组按三角形联结，T1、T2 的二次绕组串接起来并接成星形，同一水平的绕组绕在同一铁心上，同一铁心的一次绕组电压可以感应到二次绕组上。

电路工作过程说明如下（以 U 相负载电压 U_{UN}获得为例）：

在 0 ~ t_1 期间，VT3b、VT4c 导通，绕组 B2 两端电压大小为 U_d（忽略晶体管导通压降），极性为上正下负，该电压感应到同一铁心的绕组 B22、B21 上，B22 上得到上正下负的电压 U_{B22}。在 0 ~ t_1 期间绕组 A1、A21 上的电压都为 0，三绕组叠加得到的 U_{UN}为正电压（上正下负），0 ~ t_1 段 U_{UN}如图 8-24b 所示。

在 t_1 ~ t_2 期间，VT1a、VT2b 和 VT3b、VT4c 都导通，绕组 A0 和绕组 B2 两端都得到大小为 U_d的电压，极性都为上正下负，绕组 A0 电压感应到绕组 A1 上，绕组 A1 得到上正下负的电压 U_{A1}，绕组 B2 电压感应到 B22、B21 绕组上，B22 上得到上正下负的电压 U_{B22}。在 t_1 ~ t_2 期间绕组 A21 上的电压为 0，三绕组电压叠加得到的 U_{UN}为正电压，电压大小较 0 ~ t_1 期间上升一个台阶。

在 t_2 ~ t_3 期间，VT1a、VT2b 和 VT3a、VT4b 及 VT3b、VT4c 都导通，绕组 A0、A2、B2 两端都得到大小为 U_d的电压，极性都为上正下负，绕组 A0 电压感应到绕组 A1 上，绕组 A1 得到上正下负的电压 U_{A1}，绕组 A2 电压感应到绕组 A21 上，绕组 A21 得到上正下负的电压 U_{A21}，绕组 B2 电压感应到绕组 B22、B21 上，B22 上得到上正下负的电压 U_{B22}。在 t_2 ~ t_3 期间绕组 A2、A21、B22 三个绕组上的电压为正电压，三绕组叠加得到的 U_{UN} 电压也为正电压，电压大小较 t_1 ~ t_2 期间上升一个台阶。

在 t_3 ~ t_4 期间，VT1a、VT2b 和 VT3a、VT4b 导通，绕组 A0、A2 两端都得到大小为 U_d 的电压，极性都为上正下负，绕组 A0 电压感应到绕组 A1 上，绕组 A1 得到上正下负的电压 U_{A1}，绕组 A2 电压感应到绕组 A21 上，绕组 A21 得到上正下负的电压 U_{A21}。在 t_3 ~ t_4 期间绕组 A2、A21 绕组上的电压为正电压，它们叠加得到的 U_{UN} 为正电压，电压大小较 $t_2 \sim t_3$ 期间下降一个台阶。

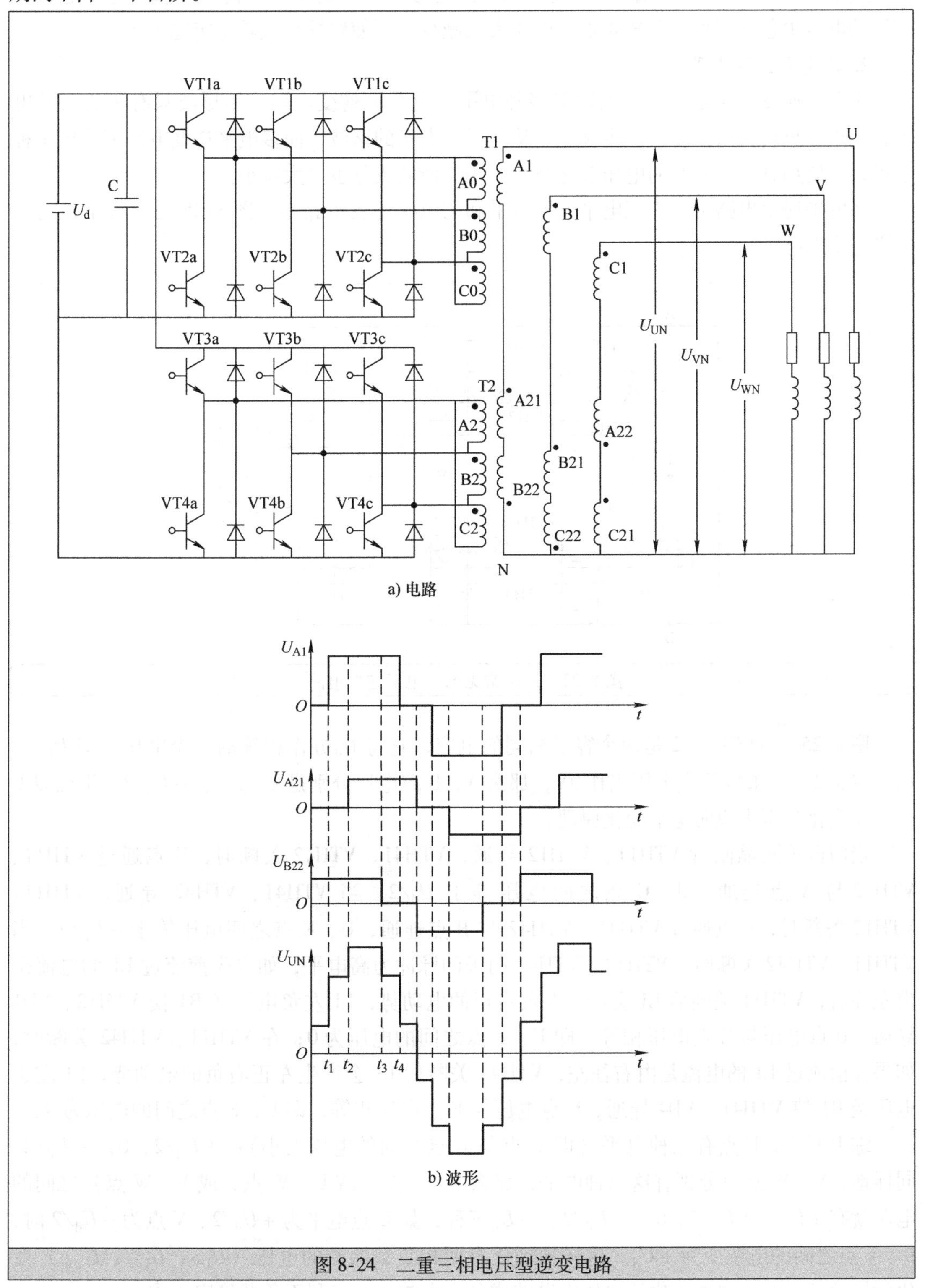

图 8-24　二重三相电压型逆变电路

以后电路工作过程与上述过程类似，结果在U相负载RL两端得到近似正弦波的电压U_{UN}。同样地，V、W相负载RL两端也能得到近似正弦波的电压U_{VN}和U_{WN}。这种近似正弦波的电压中包含谐振成分较矩形波电压大大减少，可使感性负载较稳定地工作。

2. 多电平逆变电路

多电平逆变电路是一种可以输出多种电平的复合型逆变电路。矩形波只有正负两种电平，在正、负转换时电压会产生突变，从而形成大量的谐波，而多电平逆变电路可输出多种电平，会使加到负载两端的电压变化减小，相应谐波成分也大大减小。

多电平逆变电路可分为三电平、五电平和七电平逆变电路等，图8-25是一种常见的三电平逆变电路。

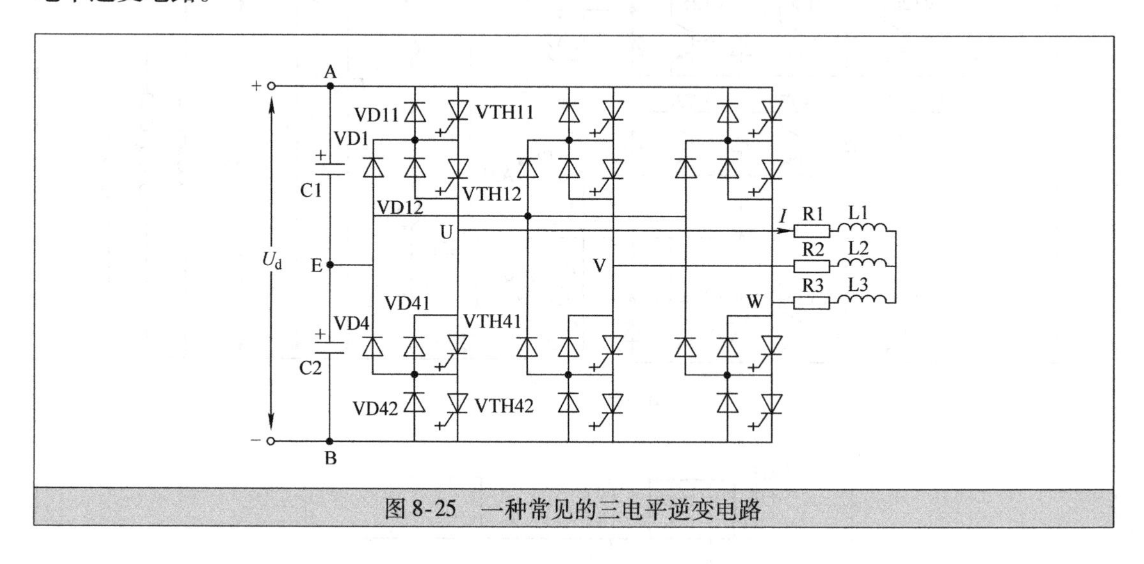

图8-25　一种常见的三电平逆变电路

图8-25中的C1、C2是两个容量相同的电容，它将U_d分作相等的两个电压，即$U_{C1}=U_{C2}=U_d/2$，如果将E点电压当作0V，那么A、B点电压分别是$+U_d/2$、$-U_d/2$。下面以U点电压变化为例来说明电平变化原理。

当门极关断晶闸管VTH11、VTH12导通，VTH41、VTH42关断时，U点通过VTH11、VTH12与A点连通，U、E点之间电压等于$U_d/2$。当VTH41、VTH42导通，VTH11、VTH12关断时，U点通过VTH41、VTH42与B点连通，U、E点之间电压等于$-U_d/2$。当VTH11、VTH42关断时，VTH12、VTH41门极的脉冲为高电平，如果先前流过L1的电流是由左往右，VTH11关断后L1会产生左负右正的电动势，L1左负电压经R1使VTH12、VD1导通，U点电压与E点电压相等，即U、E点之间的电压为0；在VTH11、VTH42关断时，如果先前流过L1的电流是由右往左，VTH42关断后L1会产生左正右负的电动势，L1左正电压经R1使VTH41、VD4导通，U点电压与E点电压相等，即U、E点之间的电压为0。

综上所述，U点有三种电平（即U点与E点之间的电压大小）：$+U_d/2$，0，$-U_d/2$。同样地，V、W点也分别有这三种电平，那么U、V点（或U、W点，或V、W点）之间的电压就有$+U_d$、$+U_d/2$、0、$-U_d/2$、$-U_d$五种，如U点电平为$+U_d/2$、V点为$-U_d/2$时，U、V点之间的电压变为$+U_d$。这样加到任意两相负载两端的电压（U_{UV}、U_{UW}、U_{VW}）变化就接近正弦波，这种变化的电压中谐波成分大大减少，有利于负载稳定工作。

8.4　PWM控制技术

PWM全称为Pulse Width Modulation，意为脉冲宽度调制。PWM控制就是对脉冲宽度进行调制，以得到一系列宽度变化的脉冲，再用这些脉冲来代替所需的信号（如正弦波）。

8.4.1　PWM控制的基本原理

1. 面积等效原理

面积等效原理的内容是，冲量相等（即面积相等）而形状不同的窄脉冲加在惯性环节（如电感）时，其效果基本相同。图8-26是三个形状不同但面积相等的窄脉冲信号电压，当它加到图8-27所示的R、L电路两端时，流过R、L元件的电流变化基本相同，因此对于R、L电路来说，这三个脉冲是等效的。

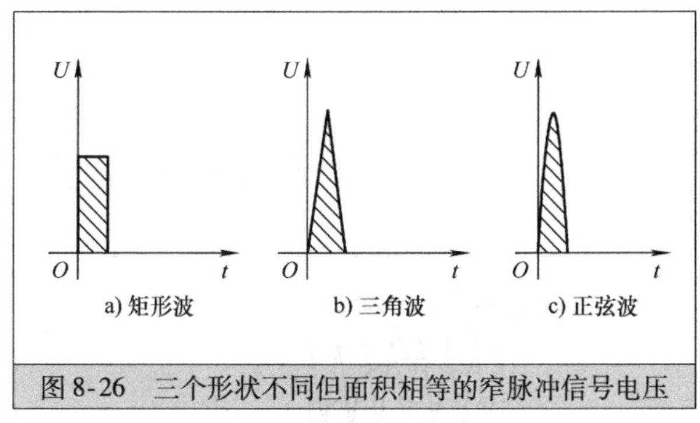

图8-26　三个形状不同但面积相等的窄脉冲信号电压

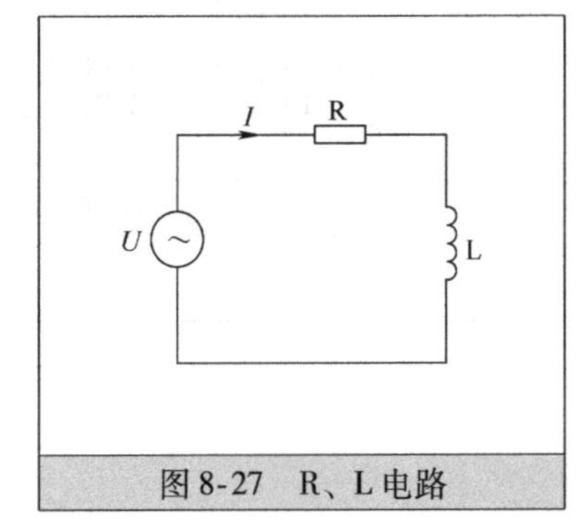

图8-27　R、L电路

2. SPWM控制原理

SPWM意为正弦波（Sinusoidal）脉冲宽度调制。为了说明SPWM原理，可将图8-28所示的正弦波正半周分成N等份，那么该正弦波可以看成是由宽度相同、幅度变化的一系列连续的脉冲组成，这些脉冲的幅度按正弦规律变化，根据面积等效原理，这些脉冲可以用一系列矩形脉冲来代替，这些矩形脉冲的面积要求与对应正弦波部分相等，且矩形脉冲的中点与对应正弦波部分的中点重合。同样道理，正弦波负半周也可用一系列负的矩形脉冲来代替。这种脉冲宽度按正弦规律变化且和正弦波等效的PWM波形称为SPWM波形。PWM波形还有其他一些类型，但在变频器中最常见的就是SPWM波形。

要得到SPWM脉冲，最简单的方法是采用图8-29所示的电路，通过控制开关S的通断，在B点可以得到图8-28所示的SPWM脉冲U_B，该脉冲加到R、L电路两端，流过的R、L电路的电流为I，该电流与正弦波U_A加到R、L电路时流过的电流是近似相同的。也就是说，对于R、L电路来说，虽然加到两端的U_A和U_B信号波形不同，但流过的电流是近似相同的。

8.4.2　SPWM波的产生

SPWM波作用于感性负载与正弦波直接作用于感性负载的效果是一样的。SPWM波有两个形式：单极性SPWM波和双极性SPWM波。

1. 单极性SPWM波的产生

SPWM波产生的一般过程是，首先由PWM控制电路产生SPWM控制信号，再让SPWM

控制信号去控制逆变电路中的开关器件的通断，逆变电路就输出 SPWM 波提供给负载。图 8-30 是单相桥式 PWM 逆变电路，在 PWM 控制信号控制下，负载两端会得到单极性 SPWM 波。

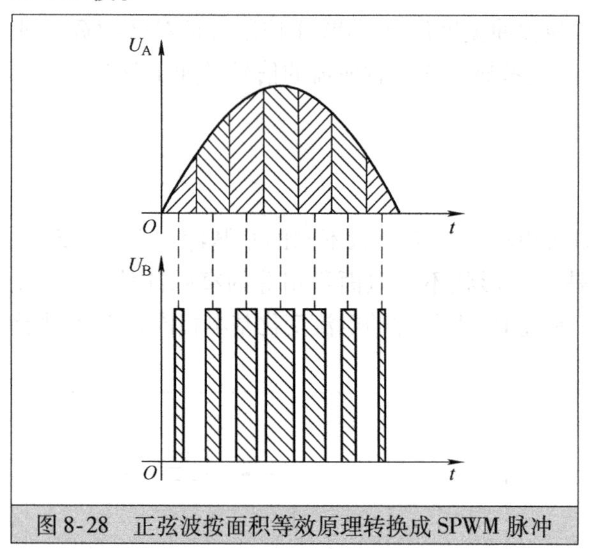

图 8-28　正弦波按面积等效原理转换成 SPWM 脉冲

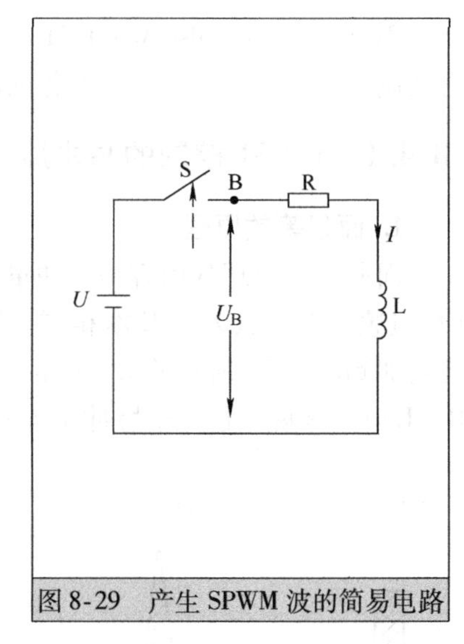

图 8-29　产生 SPWM 波的简易电路

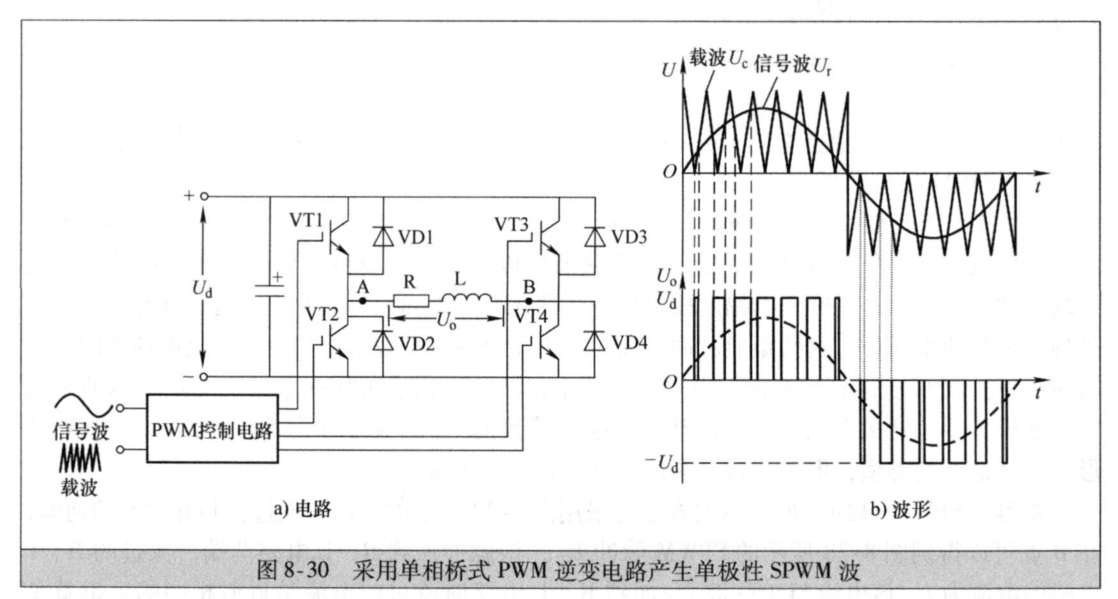

图 8-30　采用单相桥式 PWM 逆变电路产生单极性 SPWM 波

单极性 PWM 波的产生过程说明如下：

信号波（正弦波）和载波（三角波）送入 PWM 控制电路，该电路会产生 PWM 控制信号送到逆变电路的各个 IGBT 的栅极，控制它们的通断。

在信号波 U_r 为正半周时，载波 U_c 始终为正极性（即电压始终大于 0）。在 U_r 为正半周时，PWM 控制信号使 VT1 始终导通、VT2 始终关断。

当 $U_r > U_c$ 时，VT4 导通，VT3 关断，A 点通过 VT1 与 U_d 正端连接，B 点通过 VT4 与 U_d 负端连接，如图 8-30b 所示，R、L 两端的电压 $U_o = U_d$；当 $U_r < U_c$ 时，VT4 关断，流过 L 的电流突然变小，L 马上产生左负右正的电动势，该电动势使 VD3 导通，电动势通过

VD3、VT1构成回路续流，由于VD3导通，B点通过VD3与U_d正端连接，$U_A = U_B$，R、L两端的电压$U_o = 0$。

在信号波U_r为负半周时，载波U_c始终为负极性（即电压始终小于0）。在U_r为负半周时，PWM控制信号使VT1始终关断、VT2始终导通。

当$U_r < U_c$时，VT3导通，VT4关断，A点通过VT2与U_d负端连接，B点通过VT3与U_d正端连接，R、L两端的电压极性为左负右正，即$U_o = -U_d$；当$U_r > U_c$时，VT3关断，流过L的电流突然变小，L马上产生左正右负的电动势，该电动势使VD4导通，电动势通过VT2、VD4构成回路续流，由于VD4导通，B点通过VD4与U_d负端连接，$U_A = U_B$，R、L两端的电压$U_o = 0$。

从图8-30b中可以看出，在信号波U_r半个周期内，载波U_c只有一种极性变化，并且得到的SPWM也只一种极性变化，这种控制方式称为单极性PWM控制方式，由这种方式得到的SPWM波称为单极性SPWM波。

2. 双极性SPWM波的产生

双极性SPWM波也可以由单相桥式PWM逆变电路产生。双极性SPWM波如图8-31所示。下面以图8-30所示的单相桥式PWM逆变电路为例来说明双极性SPWM波的产生。

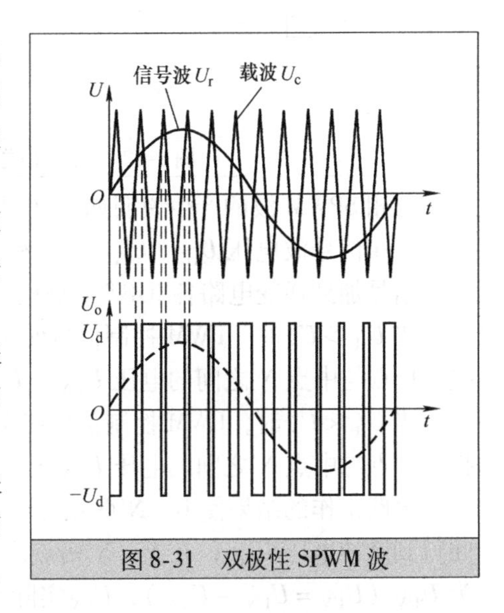

图8-31　双极性SPWM波

要让单相桥式PWM逆变电路产生双极性SPWM波，PWM控制电路须产生相应的PWM控制信号去控制逆变电路的开关器件。

当$U_r < U_c$时，VT3、VT2导通，VT1、VT4关断，A点通过VT2与U_d负端连接，B点通过VT3与U_d正端连接，R、L两端的电压$U_o = -U_d$。

当$U_r > U_c$时，VT1、VT4导通，VT2、VT3关断，A点通过VT1与U_d正端连接，B点通过VT4与U_d负端连接，R、L两端的电压$U_o = U_d$。在此期间，由于流过L的电流突然改变，L会产生左正右负的电动势，该电动势使续流二极管VD1、VD4导通，对直流侧的电容充电，进行能量的回馈。R、L上得到的PWM波形如图8-31所示的U_o，在信号波U_r半个周期内，载波U_c的极性有正、负两种变化，并且得到的SPWM也有两个极性变化，这种控制方式称为双极性PWM控制方式，由这种方式得到的SPWM波称为双极性SPWM波。

3. 三相SPWM波的产生

单极性SPWM波和双极性SPWM波用来驱动单相电动机，三相SPWM波则用来驱动三相异步电动机。图8-32是三相桥式PWM逆变电路，它可以产生三相SPWM波，图中的电容C1、C2容量相等，它将U_d分成相等的两部分，N′为中点，C1、C2两端的电压均为$U_d/2$。

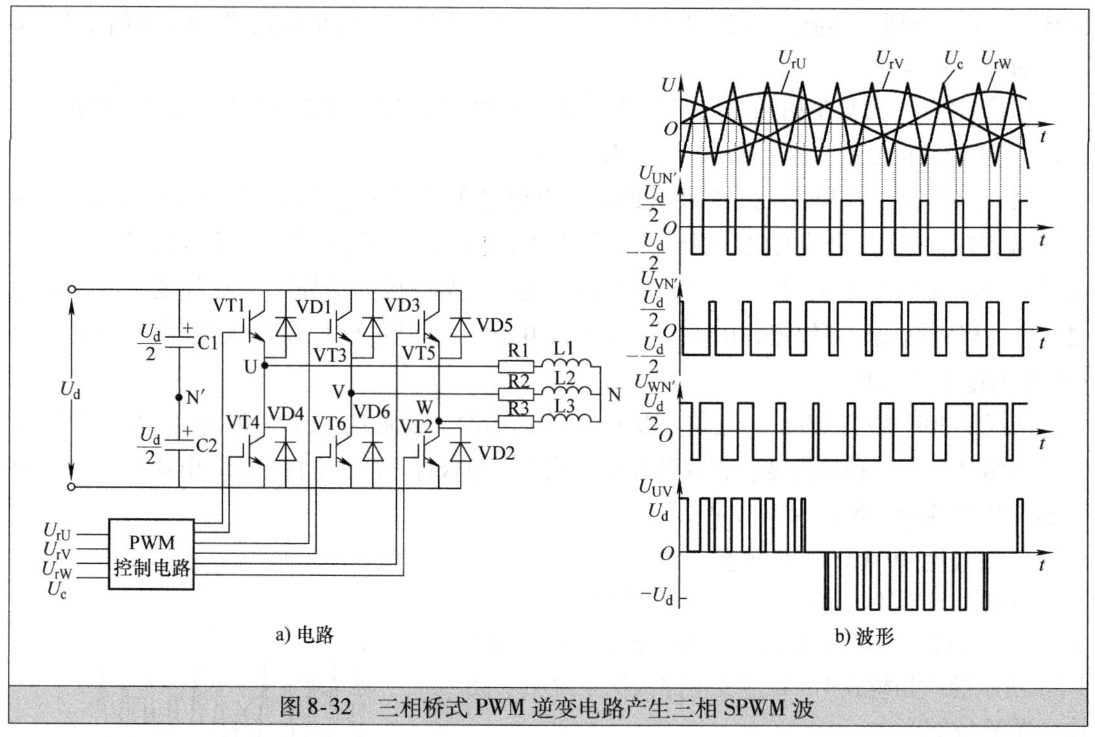

图 8-32　三相桥式 PWM 逆变电路产生三相 SPWM 波

三相 SPWM 波的产生说明如下（以 U 相为例）：

三相信号波电压 U_{rU}、U_{rV}、U_{rW} 和载波电压 U_c 送到 PWM 控制电路，该电路产生 PWM 控制信号加到逆变电路各 IGBT 的栅极，控制它们的通断。

当 $U_{rU}>U_c$ 时，PWM 控制信号使 VT1 导通、VT4 关断，U 点通过 VT1 与 U_d 正端直接连接，U 点与中点 N′之间的电压 $U_{UN'}=U_d/2$。

当 $U_{rU}<U_c$ 时，PWM 控制信号使 VT1 关断、VT4 导通，U 点通过 VT4 与 U_d 负端直接连接，U 点与中点 N′之间的电压 $U_{UN'}=-U_d/2$。

电路工作的结果使 U、N′两点之间得到图 8-32b 所示的脉冲电压 $U_{UN'}$，在 V、N′两点之间得到脉冲电压 $U_{VN'}$，在 V、N′两点之间得到脉冲电压 $U_{WN'}$，在 U、V 两点之间得到电压为 U_{UV}（$U_{UV}=U_{UN'}-U_{VN'}$），U_{UV} 实际上就是加到 L1、L2 两绕组之间电压，从波形图可以看出，它就是单极性 SPWM 波。同样地，在 U、W 两点之间得到电压为 U_{UW}，在 V、W 两点之间得到电压为 U_{VW}，它们都为单极性 SPWM 波。这里的 U_{UW}、U_{UV}、U_{VW} 就称为三相 SPWM 波。

8.4.3　PWM 控制方式

PWM 控制电路的功能是产生 PWM 控制信号去控制逆变电路，使之产生 SPWM 波提供给负载。为了使逆变电路产生的 SPWM 波合乎要求，通常的做法是将正弦波作为参考信号送给 PWM 控制电路，PWM 控制电路对该信号处理后形成相应的 PWM 控制信号去控制逆变电路，让逆变电路产生与参考信号等效的 SPWM 波。

根据 PWM 控制电路对参考信号处理方法的不同，可分为计算法、调制法和跟踪控制法等。

1. 计算法

计算法是指PWM控制电路的计算电路根据参考正弦波的频率、幅值和半个周期内的脉冲数，计算出SPWM脉冲的宽度和间隔，然后输出相应的PWM控制信号去控制逆变电路，让它产生与参考正弦波等效的SPWM波。采用计算法的PWM电路如图8-33所示。

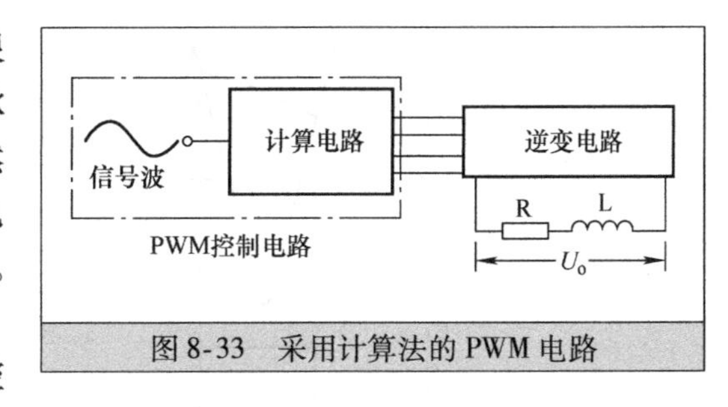

图8-33　采用计算法的PWM电路

计算法是一种较繁琐的方法，故PWM控制电路较少采用这种方法。

2. 调制法

调制法是指以参考正弦波作为调制信号，以等腰三角波作为载波信号，将正弦波调制三角波来得到相应的PWM控制信号，再控制逆变电路产生与参考正弦波一致的SPWM波供给负载。采用调制法的PWM电路如图8-34所示。

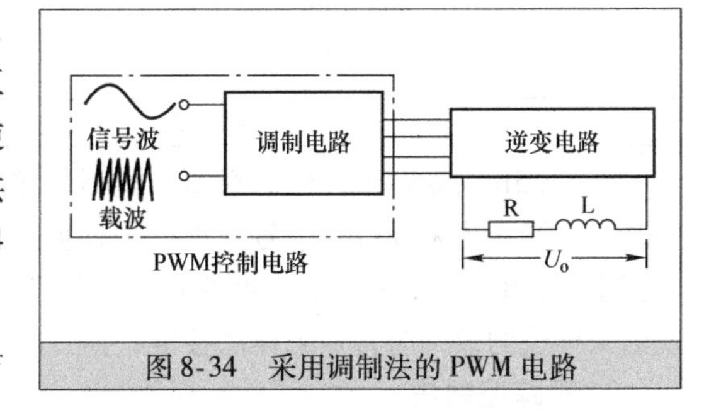

图8-34　采用调制法的PWM电路

调制法中的载波频率f_c与信号波频率f_r之比称为载波比，记作$N=f_c/f_r$。根据载波和信号波是否同步及载波比的变化情况，调制法又可分为异步调制和同步调制。

（1）异步调制

异步调制是指载波频率和信号波不保持同步的调制方式。在异步调制时，通常保持载波频率f_c不变，当信号波频率f_r发生变化时，载波比N也会随之变化。

在信号波频率较低时，载波比N增大，在信号半个周期内形成的PWM脉冲个数很多，载波频率不变，信号频率变低（周期变长），半个周期内形成的SPWM脉冲个数增多，SPWM的效果越接近正弦波，反之，信号波频率较高时形成的SPWM脉冲个数少，如果信号波频率高且出现正、负不对称，那么形成的SPWM波与正弦波偏差较大。

异步调制适用于信号频率较低、载波频率较高（即载波比N较大）的PWM电路。

（2）同步调制

同步调制是指载波频率和信号波保持同步的调制方式。在同步调制时，载波频率f_c和信号波频率f_r会同时发生变化，而载波比N保持不变。由于载波比不变，所以在一个周期内形成的SPWM脉冲的个数是固定的，等效正弦波对称性较好。在三相PWM逆变电路中，通常共用一个三角载波，并且让载波比N固定取3的整数倍，这样会使输出的三相SPWM波严格对称。

在进行异步调制或同步调制时，要求将信号波和载波进行比较，比较采用的方法主要有自然采样法和规则采样法。自然采样法和规则采样法如图8-35所示。

图8-35a为自然采样法示意图。自然采样法是将载波U_c与信号波U_r进行比较，当$U_c>U_r$时，调制电路控制逆变电路，使之输出低电平，当$U_c<U_r$时，调制电路控制逆变电路，使之输出高电平。自然采样法是一种最基本的方法，但使用这种方法要求电路进行复杂的运算，这样会花费较多的时间，实时控制较差，因此在实际中较少采用这种方法。

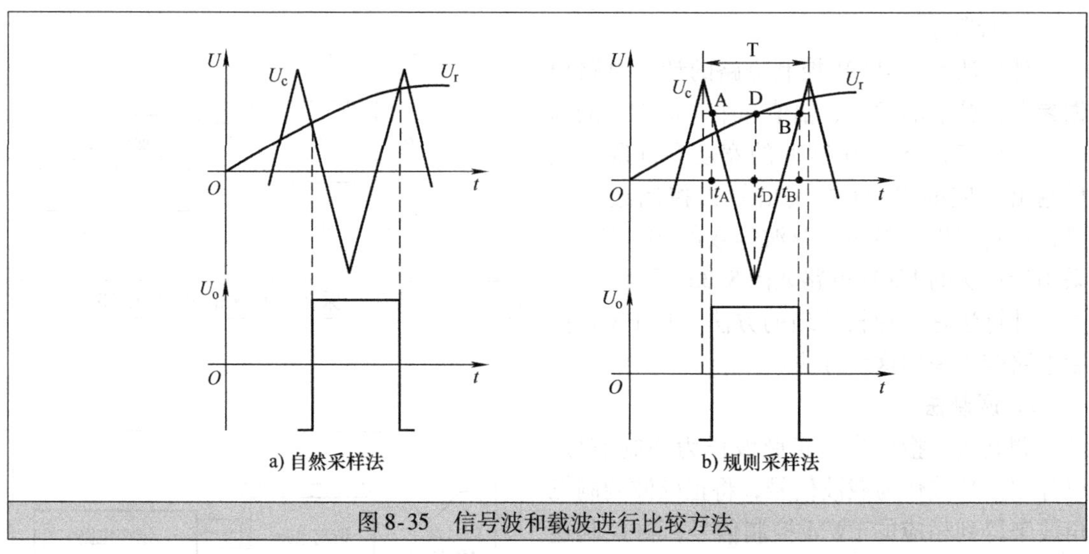

图 8-35　信号波和载波进行比较方法

图 8-35b 为规则采样法示意图。规则采样法是以三角载波的两个正峰之间为一个采样周期，以负峰作为采样点对信号波进行采样而得到 D 点，再过 D 点作一条水平线和三角载波相交于 A、B 两点，在 A、B 点的 $t_A \sim t_B$期间，调制电路会控制逆变电路，使之输出高电平。规则采样法的效果与自然采样法接近，但计算量很少，在实际中这种方法采用较广泛。

3. 跟踪控制法

跟踪控制法是将参考信号与负载反馈过来的信号进行比较，再根据两者的偏差来形成 PWM 控制信号来控制逆变电路，使之产生与参考信号一致的 SPWM 波。跟踪控制法可分为滞环比较式和三角波比较式。

（1）滞环比较式

采用滞环比较式跟踪法的 PWM 控制电路要用来滞环比较器。根据反馈信号的类型不同，滞环比较式可分为电流型滞环比较式和电压型滞环比较式。

1）电流型滞环比较式。图 8-36 是单相电流型滞环比较式跟踪控制 PWM 逆变电路。该方式是将参考信号电流 I_r 与逆变电路输出端反馈过来的反馈信号电流 I_f 进行相减，再将两者的偏差 I_r-I_f 输入滞环比较器，滞环比较器会输出相应的 PWM 控制信号，控制逆变电路开关器件的通断，使输出反馈电流 I_f 与 I_r 误差减小，I_f 与 I_r 误差越小，表明逆变电路输出电流与参考电流越接近。

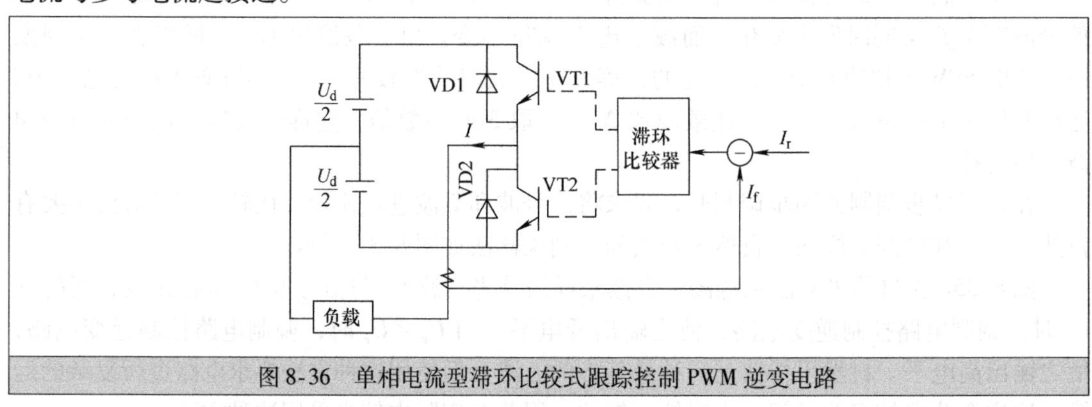

图 8-36　单相电流型滞环比较式跟踪控制 PWM 逆变电路

图 8-37 是三相电流型滞环比较式跟踪控制 PWM 逆变电路。该电路有 I_{Ur}、I_{Vr}、I_{Wr}三个参考信号电流，它们分别与反馈信号电流 I_{Uf}、I_{Vf}、I_{Wf}进行相减，再将两者的偏差输入各自滞环比较器，各滞环比较器会输出相应的 PWM 控制信号，控制逆变电路开关器件的通断，使各自输出的反馈电流朝着与参考电流误差减小的方向变化。

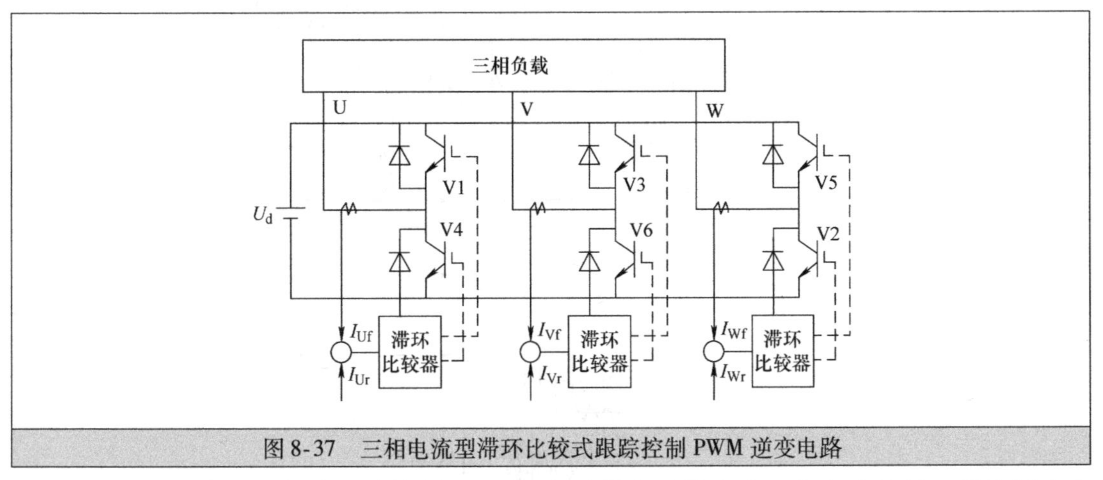

图 8-37　三相电流型滞环比较式跟踪控制 PWM 逆变电路

采用电流型滞环比较式跟踪控制的 PWM 电路的主要特点有：①电路简单；②控制响应快，适合实时控制；③由于未用到载波，故输出电压波形中固定频率的谐波成分少；④与调制法和计算法比较，相同开关频率时输出电流中高次谐波成分较多。

2）电压型滞环比较式。图 8-38 是单相电压型滞环比较式跟踪控制 PWM 逆变电路。从图中可以看出，电压型滞环比较式与电流型不同之处主要在于参考信号和反馈信号都由电流换成了电压，另外在滞环比较器前增加了滤波器，用来滤除减法器输出误差信号中的高次谐波成分。

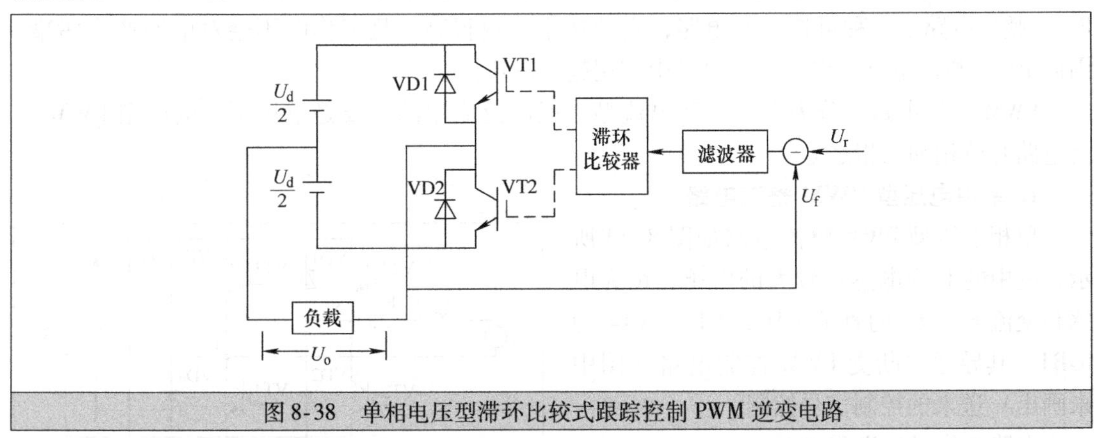

图 8-38　单相电压型滞环比较式跟踪控制 PWM 逆变电路

（2）三角波比较式

图 8-39 是三相三角波比较式电流跟踪型 PWM 逆变电路。在电路中，三个参考信号电流 I_{Ur}、I_{Vr}、I_{Wr}与反馈信号电流 I_{Uf}、I_{Vf}、I_{Wf}进行相减，得到的误差电流先由放大器 A 进行放大，然后再送到运算放大器 C（比较器）的同相输入端，与此同时，三相三角波发生电路产生三相三角波送到三个运算放大器的反相输入端，各误差信号与各自的三角波进行比较后输出相应的 PWM 控制信号，去控制逆变电路相应的开关器件通断，使各相输出反馈电流

朝着与该相参考电流误差减小的方向变化。

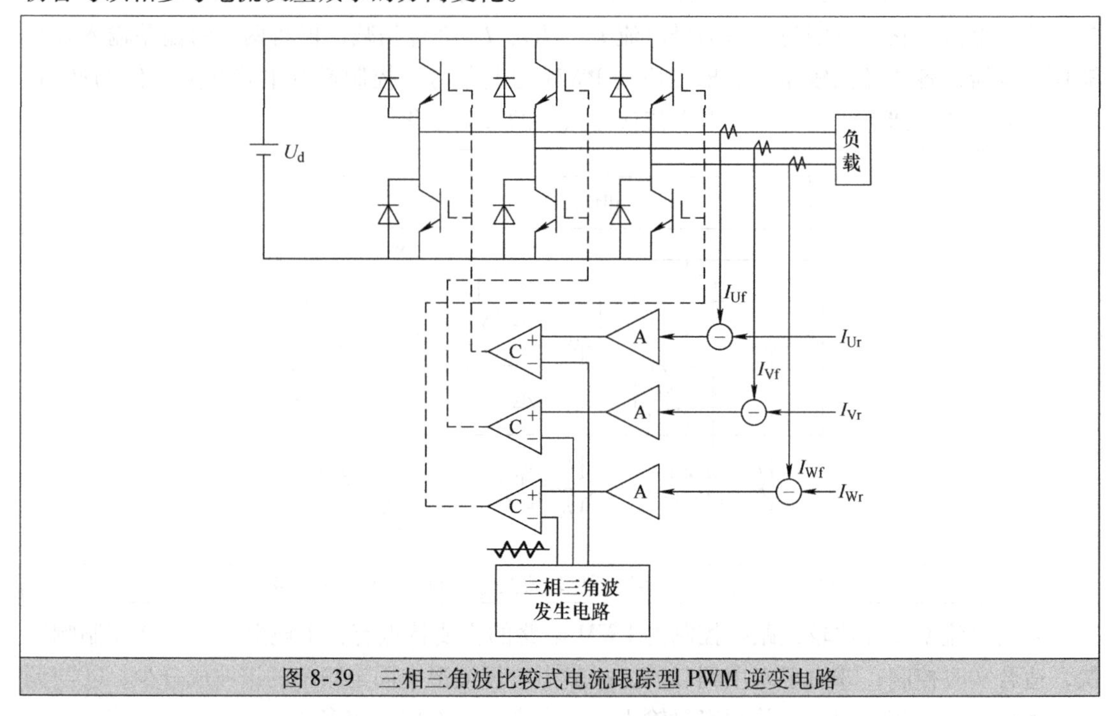

图 8-39　三相三角波比较式电流跟踪型 PWM 逆变电路

8.4.4　PWM 整流电路

目前广泛应用的整流电路主要有二极管整流和晶闸管可控整流，二极管整流电路简单，但无法对整流进行控制，晶闸管可控整流虽然可对整流进行控制，但功率因数低（即电能利用率低），且工作时易引起电网电源波形畸变，对电网其他用电设备会产生不良影响。PWM 整流电路是一种可控整流电路，它的功率因数很高，且工作时不会对电网产生污染，因此 PWM 整流电路在电力电子设备中应用越来越广泛。

PWM 整流电路可分为电压型和电流型，但广泛应用的主要是电压型。电压型 PWM 整流电路有单相和三相之分。

1. 单相电压型 PWM 整流电路

单相电压型 PWM 整流电路如图 8-40 所示，图中的 L 为电感量较大的电感，R 为电感和交流电压 U_i 的直流电阻，VT1 ~ VT4 为 IGBT，其导通关断受 PWM 控制电路（图中未画出）送来的控制信号控制。

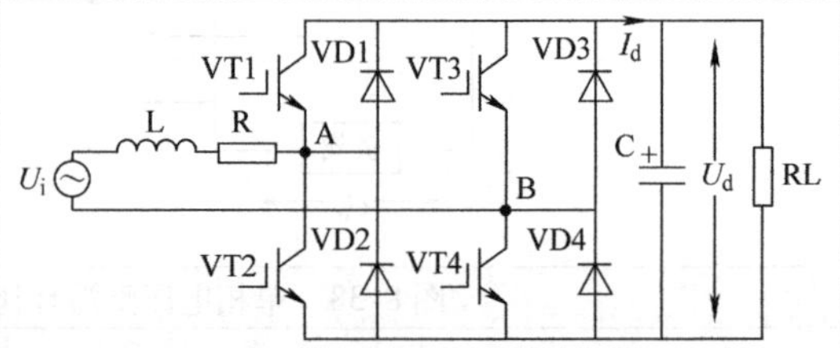

图 8-40　单相电压型 PWM 整流电路

电路工作过程说明如下：

当交流电压 U_i 极性为上正下负时，PWM 控制信号使 VT2、VT3 导通，电路中有电流产生，电流途径是

U_i上正→L、R→A点→（VD1→VT3 / VT2→VD4）→B点→ U_i 下负

电流在流经 L 时，L 产生左正右负的电动势阻碍电流，同时 L 存储能量。VT2、VT3 关

断后，流过L的电流突然变小，L马上产生左负右正的电动势，该电动势与上正下负的交流电压 U_i 叠加对电容C充电，充电途径是，L右正→R→A点→VD1→C→VD4→B点→U_i 下负，在C上充得上正下负的电压。

当交流电压 U_i 极性为上负下正时，PWM控制信号使VT1、VT4导通，电路中有电流产生，电流途径是

$$U_i\text{下正}\rightarrow\text{B点}\rightarrow\left\langle\begin{matrix}\text{VD3}\rightarrow\text{VT1}\\\text{VT4}\rightarrow\text{VD2}\end{matrix}\right\rangle\rightarrow\text{A点}\rightarrow\text{R、L}\rightarrow U_i\text{上负}$$

电流在流经L时，L产生左负右正的电动势阻碍电流，同时L存储能量。VT1、VT4关断后，流过L的电流突然变小，L马上产生左正右负的电动势，该电动势与上负下正的交流电压 U_i 叠加对电容C充电，充电途径是，U_i 下正→B点→VD3→C→VD2→A点→L右负，在C上充得上正下负的电压。

在交流电压正负半周期内，电容C上充得上正下负的电压 U_d，该电压为直流电压，它供给负载RL。从电路工作过程可知，在交流电压半个周期中的前一段时间内，有两个IGBT同时导通，电感L存储电能，在后一段时间内这两个IGBT关断，输入交流电压与电感释放电能量产生的电动势叠加对电容充电，因此电容上得到的电压 U_d 会高于输入端的交流电压 U_i，故电压型PWM整流电路是升压型整流电路。

2. 三相电压型PWM整流电路

三相电压型PWM整流电路如图8-41所示。U_1、U_2、U_3 为三相交流电压，L1、L2、L3为储能电感（电感量较大的电感），R1、R2、R3为储能电感和交流电压内阻的等效电阻。三相电压型PWM整流电路工作原理与单相电压型PWM整流电路基本相同，只是从单相扩展到三相，电路工作的结果在电容C上会得到上正下负的直流电压 U_d。

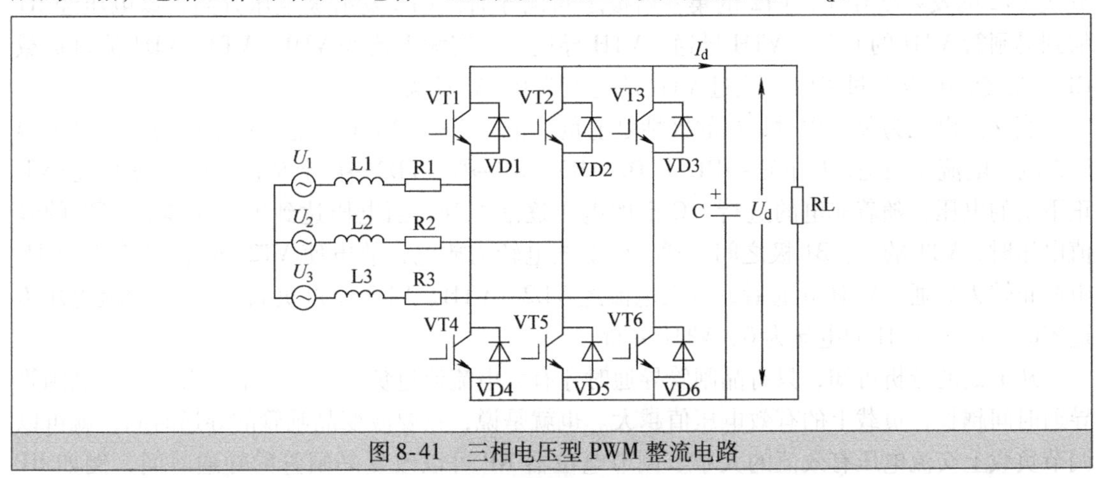

图8-41 三相电压型PWM整流电路

8.5 交流调压电路

交流调压电路是一种能调节交流电压有效值大小的电路。交流调压电路种类较多，常见的有单向晶闸管交流调压电路、双向晶闸管交流调压电路、脉冲控制型交流调压电路和三相交流调压电路等。

8.5.1 单向晶闸管交流调压电路

单向晶闸管通常与单结晶体管配合组成调压电路。单向晶闸管交流调压电路如图 8-42 所示。

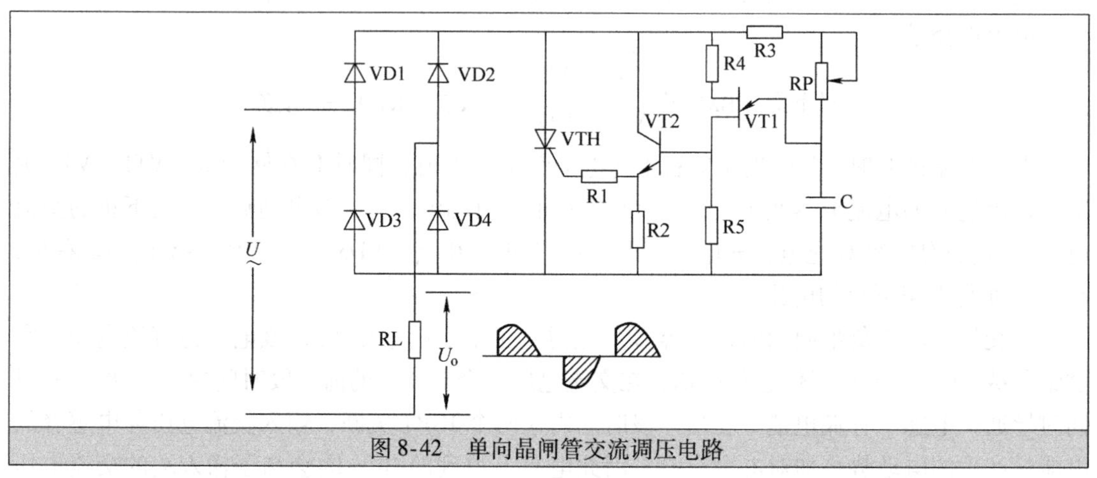

图 8-42 单向晶闸管交流调压电路

电路工作过程说明如下：

交流电压 U 与负载 RL 串联接到桥式整流电路输入端。当交流电压为正半周时，U 的极性是上正下负，VD1、VD4 导通，有较小的电流对电容 C 充电，电流途径是，U 上正→VD1→R3→RP→C→VD4→RL→U 下负，该电流对 C 充得上正下负的电压，随着充电的进行，C 上的电压逐渐上升，当电压达到单结晶体管 VT1 的峰值电压时，VT1 的发射极 E 与第一基极 B1 之间马上导通，C 通过 VT1 的 EB1 极、R5 和 VT2 的发射结、R2 放电，放电电流使 VT2 的发射结导通，VT2 的集 - 射极之间也导通，VT2 发射极电压升高，该电压经 R1 加到晶闸管 VTH 的 G 极，VTH 导通。VTH 导通后，有大电流经 VD1、VT3、VD4 流过负载 RL，在交流电压 U 过零时，流过 VTH 的电流为 0，VTH 关断。

当交流电压为负半周时，U 的极性是上负下正，VD2、VD3 导通，有较小的电流对电容 C 充电，电流途径是，U 下正→RL→VD2→R3→RP→C→VD3→U 上负，该电流对 C 充得上正下负的电压，随着充电的进行，C 上的电压逐渐上升，当电压达到单结晶体管 VT1 的峰值电压时，VT1 的 E、B1 极之间导通，C 由充电转为放电，放电使 VT2 导通，晶闸管 VTH 由截止转为导通。VTH 导通后，有大电流经 VD2、VTH、VD3 流过负载 RL，在交流电压 U 过零时，流过 VTH 的电流为 0，VTH 关断。

从上面的分析可知，只有晶闸管导通时才有大电流流过负载，负载上才有电压，晶闸管导通时间越长，负载上的有效电压值越大。也就是说，只要改变晶闸管的导通时间，就可以调节负载上交流电压有效值的大小。调节电位器 RP 可以改变晶闸管的导通时间，例如 RP 滑动端上移，RP 阻值变大，对 C 充电电流减小，C 上电压升高到 VT1 的峰值电压所需时间延长，晶闸管 VTH 会维持较长的截止时间，导通时间相对缩短，负载上交流电压有效值减小。

8.5.2 双向晶闸管交流调压电路

双向晶闸管通常与双向二极管配合组成交流调压电路。图 8-43 是一种由双向二极管和双向晶闸管构成的交流调压电路。

电路工作过程说明如下：

当交流电压 U 正半周来时，U 的极性是上正下负，该电压经负载 RL、电位器 RP 对电容 C 充得上正下负的电压，随着充电的进行，当 C 的上正下负的电压达到一定值时，该电压使双向二极管 VD 导通，电容 C 的正电压经 VD 送到 VTH 的 G 极，VTH 的 G 极电压较主极 T1 的电压高，VTH 被正向触发，两主极 T2、T1 之间随之导通，有电流流过负载 RL。在 220V 电压过零时，流过晶闸管 VTH 的电流为 0，VTH 由导通转入截止。

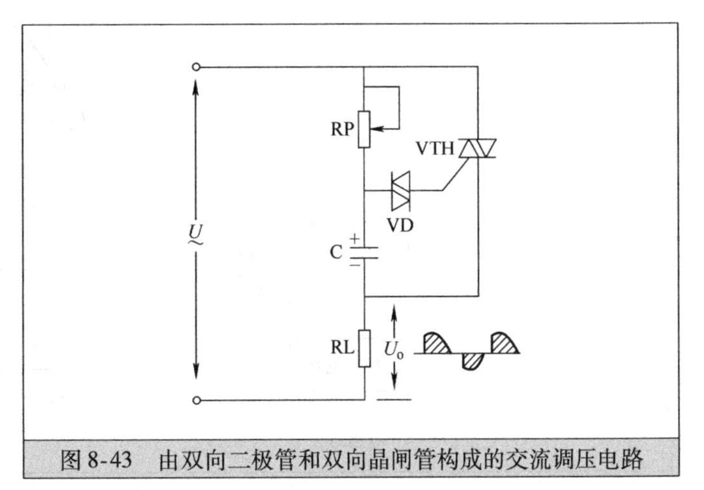

图 8-43　由双向二极管和双向晶闸管构成的交流调压电路

当 220V 交流电压负半周来时，电压 U 的极性是上负下正，该电压对电容 C 反向充电，先将上正下负的电压中和，然后再充得上负下正的电压，随着充电的进行，当 C 的上负下正的电压达到一定值时，该电压使双向二极管 VD 导通，上负电压经 VD 送到 VTH 的 G 极，VTH 的 G 极电压较主极 T1 电压低，VTH 被反向触发，两主极 T1、T2 之间随之导通，有电流流过负载 RL。在 220V 电压过零时，VTH 由导通转入截止。

从上面的分析可知，只有在晶闸管导通期间，交流电压才能加到负载两端，晶闸管导通时间越短，负载两端得到的交流电压有效值越小，而调节电位器 RP 的值可以改变晶闸管导通时间，进而改变负载上的电压。例如 RP 滑动端下移，RP 阻值变小，220V 电压经 RP 对电容 C 充电电流大，C 上的电压很快上升到使双向二极管导通的电压值，晶闸管导通提前，导通时间长，负载上得到的交流电压有效值高。

8.5.3　脉冲控制交流调压电路

脉冲控制交流调压电路是由控制电路产生脉冲信号去控制电力电子器件，通过改变它们的通断时间来实现交流调压。常见的脉冲控制交流调压电路有双晶闸管交流调压电路和斩波式交流调压电路。

1. 双晶闸管交流调压电路

双晶闸管交流调压电路如图 8-44 所示，晶闸管 VTH1、VTH2 反向并联在电路中，其 G 极与控制电路连接，在工作时控制电路通过控制脉冲控制 VTH1、VTH2 的通断，来调节输出电压 U_o。

电路工作过程说明如下：

在 $0 \sim t_1$ 期间，交流电压 U_i 的极性是上正下负，VTH1、VTH2 的 G 极均无脉冲信号，VTH1、VTH2 关断，输出电压 U_o 为 0。

t_1 时刻，高电平脉冲送到 VTH1 的 G 极，VTH1 导通，输入电压 U_i 通过 VTH1 加到负载 RL 两端，在 $t_1 \sim t_2$ 期间，VTH1 始终导通，输出电压 U_o 与输入电压 U_i 变化相同，即波形一致。

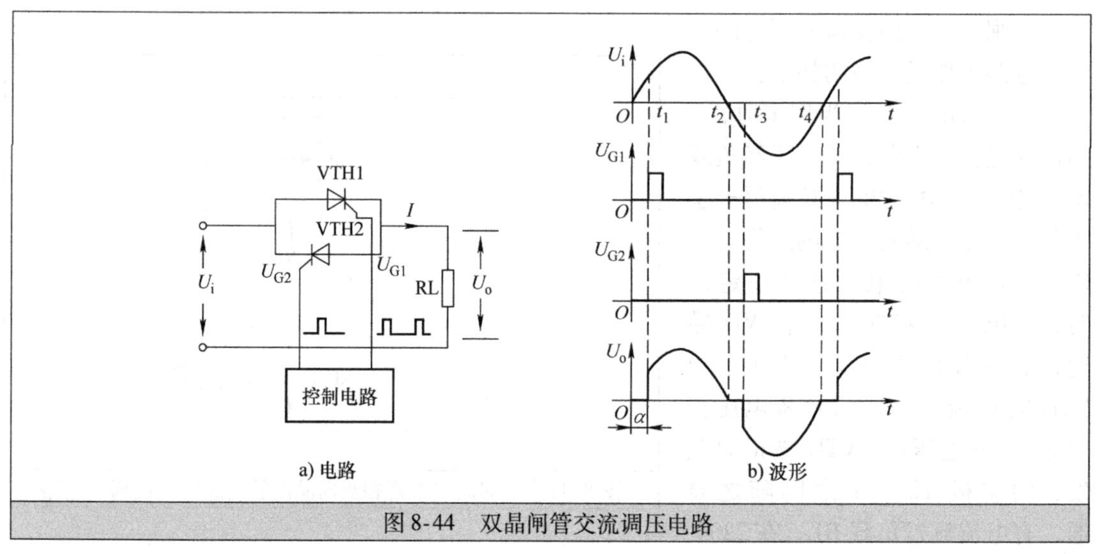

图 8-44　双晶闸管交流调压电路

t_2 时刻，U_i 为 0，VTH1 关断，U_o 也为 0，在 t_2 ~ t_3 期间，U_i 的极性是上负下正，VTH1、VTH2 的 G 极均无脉冲信号，VTH1、VTH2 关断，U_o 仍为 0。

t_3 时刻，高电平脉冲送到 VTH2 的 G 极，VTH2 导通，U_i 通过 VTH2 加到负载 RL 两端，在 t_3 ~ t_4 期间，VTH2 始终导通，U_o 与 U_i 波形相同。

t_4 时刻，U_i 为 0，VTH2 关断，U_o 为 0。t_4 时刻以后，电路会重复上述工作过程，结果在负载 RL 两端得到图 8-44b 所示的 U_o。图中交流调压电路中的控制脉冲 U_G 相位落后于 U_i 达 α 角（$0 \leqslant \alpha \leqslant \pi$），$\alpha$ 角越大，VTH1、VTH2 导通时间越短，负载上得到的电压 U_o 有效值越低，也就是说，只要改变控制脉冲与输入电压的相位差 α，就能调节输出电压。

2. 斩波式交流调压电路

斩波式交流调压电路如图 8-45 所示，该电路采用斩波的方式来调节输出电路，VT1、VT2 的通断受控制电路送来的 U_{G1} 脉冲控制，VT3、VT4 的通断受 U_{G2} 脉冲控制。

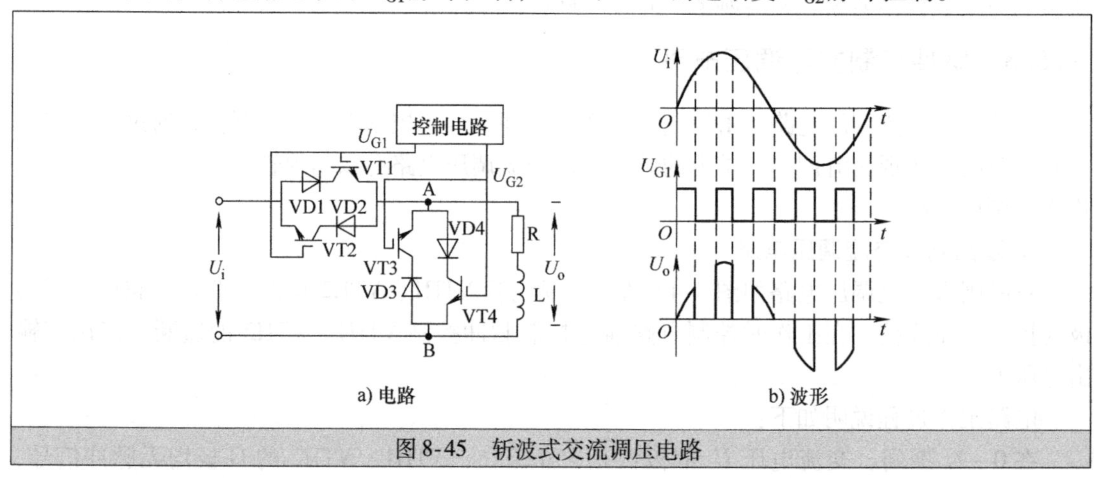

图 8-45　斩波式交流调压电路

电路工作原理说明如下：

在交流输入电压 U_i 的极性为上正下负时。当 U_{G1} 为高电平时，VT1 因 G 极为高电平而导通，VT2 虽然 G 极也为高电平，但 C、E 极之间施加有反向电压，故 VT2 无法导通，VT1 导通后，U_i 通过 VD1、VT1 加到 R、L 两端，在 VT1 导通期间，R、L 两端的电压 U_o 大小、

极性与 U_i 相同。当 U_{G1} 为低电平时，VT1 关断，流过 L 的电流突然变小，L 马上产生上负下正的电动势，与此同时 U_{G2} 脉冲为高电平，VT3 导通，L 的电动势通过 VD3、VT3 进行续流，续流途径是，L 下正→VD3→VT3→R→L 上负，由于 VD3、VT3 处于导通状态，A、B 点相当于短路，故 R、L 两端的电压 U_o 为 0。

在交流输入电压 U_i 的极性为上负下正时。当 U_{G1} 为高电平时，VT2 因 G 极为高电平而导通，VT1 因 C、E 极之间施加有反向电压，故 VT1 无法导通，VT2 导通后，U_i 通过 VT2、VD2 加到 R、L 两端，在 VT2 导通期间，R、L 两端的电压 U_o 大小、极性与 U_i 相同。当 U_{G1} 为低电平时，VT2 关断，流过 L 的电流突然变小，L 马上产生上正下负的电动势，与此同时 U_{G2} 脉冲为高电平，VT4 导通，L 的电动势通过 VD4、VT4 进行续流，续流途径是，L 上正→R→VD4→VT4→L 下负，由于 VD4、VT4 处于导通状态，A、B 点相当于短路，故 R、L 两端的电压 U_o 为 0。

通过控制脉冲来控制开关器件的通断，在负载上会得到图 8-45b 所示的断续的交流电压 U_o，控制脉冲 U_{G1} 高电平持续时间越长，输出电压 U_o 的有效值越大，即改变控制脉冲的宽度就能调节输出电压的大小。

8.5.4　三相交流调压电路

前面介绍的都是单相交流调压电路，单相交流调压电路通过适当的组合可以构成三相交流调压电路。图 8-46 是几种由晶闸管构成的三相交流调压电路，它们是由三相双晶闸管交流调压电路组成，改变某相晶闸管的导通关断时间，就能调节该相负载两端的电压，一般情况下，三相电压的需要同时调节大小。

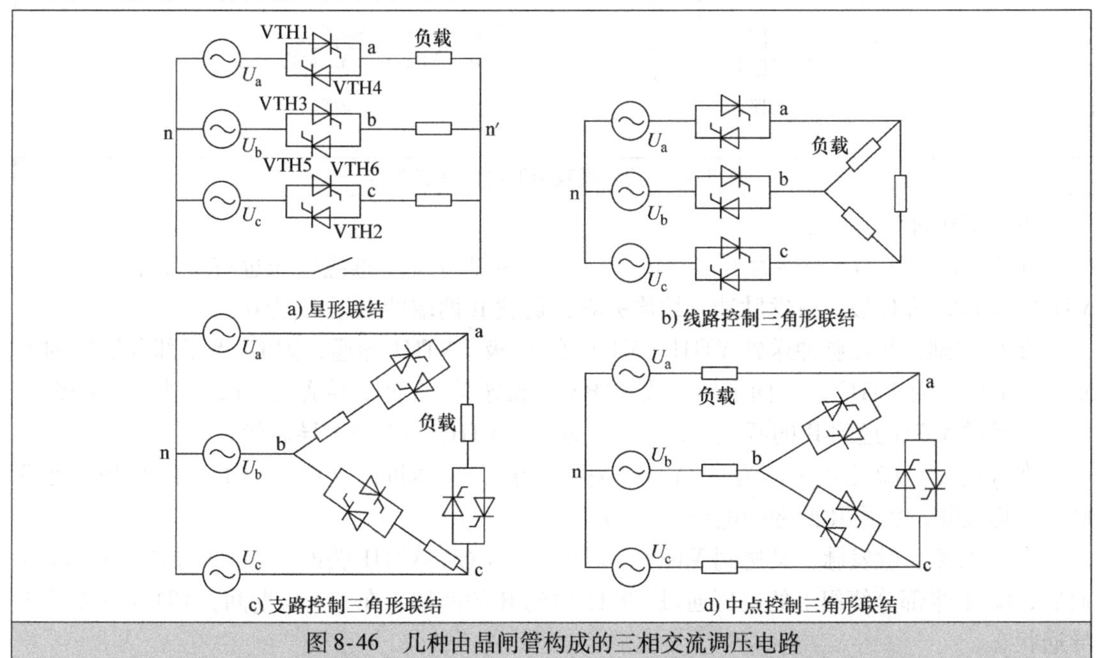

图 8-46　几种由晶闸管构成的三相交流调压电路

8.6　交 - 交变频电路（AC - AC 变换电路）

交 - 交变频电路的功能是将一种频率的交流电变换成另一种固定或频率可调的交流电。

交–交变频电路又称周波变流器或相控变频器。一般的变频电路是先将交流变成直流，再将直流逆变成交流，而交–交变频电路直接进行交流频率变换，因此效率很高。交–交变频电路主要用在大功率低转速的交流调速电路中，如轧钢机、球磨机、卷扬机、矿石破碎机和鼓风机等场合。

交–交变频电路可分为单相交–交变频电路和三相交–交变频电路。

8.6.1 单相交–交变频电路

1. 交–交变频基础电路

交–交变频电路通常采用共阴和共阳可控整流电路来实现交–交变频。

（1）共阴极可控整流电路

图8-47是共阴极双半波（全波）可控整流电路，晶闸管VTH1、VTH3采用共阴极接法，VTH1、VTH3的G极加有触发脉冲U_G。

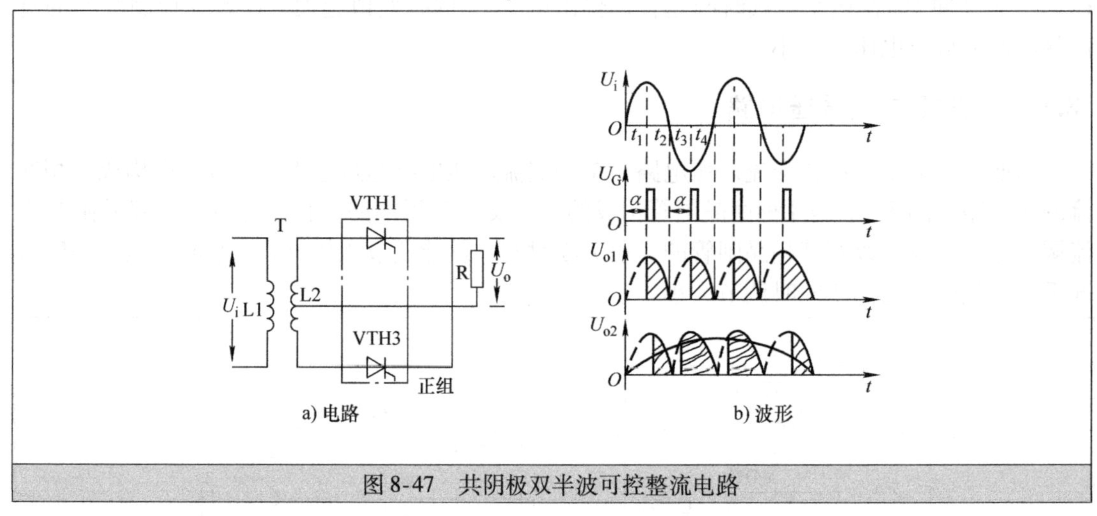

图8-47 共阴极双半波可控整流电路

电路工作过程说明如下：

在$0\sim t_1$期间，U_i极性为上正下负，L2上下两部分绕组感应电压也有上正下负，由于VTH1、VTH3的G极无触发脉冲，故均关断，负载R两端的电压U_o为0。

在t_1时刻，触发脉冲送到VTH1、VTH3的G极，VTH1导通，因L2下半部分绕组的上正下负的电压对VTH3为反向电压，故VTH3不能导通。VTH1导通后，L2上半部分绕组上的电压通过VTH1送到R的两端。在$t_1\sim t_2$期间，VTH_1一直处于导通状态。

在t_2时刻，L2上的电压为0，VTH1关断。在$t_2\sim t_3$期间，VTH1、VTH3的G极无触发脉冲，均关断，负载R两端的电压U_o为0。

在t_3时刻，触发脉冲又送到VTH1、VTH3的G极，VTH1关断，VTH3导通。VTH3导通后，L2下半部分绕组上的电压通过VTH3送到R的两端。在$t_3\sim t_4$期间，VTH3一直处于导通状态。

t_4时刻以后，电路会重复上述工作过程，结果在负载R上得到图8-47b所示的U_{o1}。如果按一定的规律改变触发脉冲的α角，如让α角先大后小再变大，结果会在负载上得到图b所示的U_{o2}，U_o是一种断续的正电压，其有效值相当于一个先慢慢增大，然后慢慢下降的电压，近似于正弦波正半周。

（2）共阳极可控整流电路

图 8-48 是共阳极双半波可控整流电路，它除了两个晶闸管采用共阳极接法外，其他方面与共阴极双半波可控整流电路相同。

该电路的工作原理与共阴极可控整流电路基本相同，如果让触发脉冲的 α 角按一定的规律改变，如让 α 角先大后小再变大，结果会在负载上得到图 8-48b 所示的 U_{o2}，U_o是一种断续的负电压，其有效值相当于一个先慢慢增大，然后慢慢下降的电压，近似于正弦波负半周。

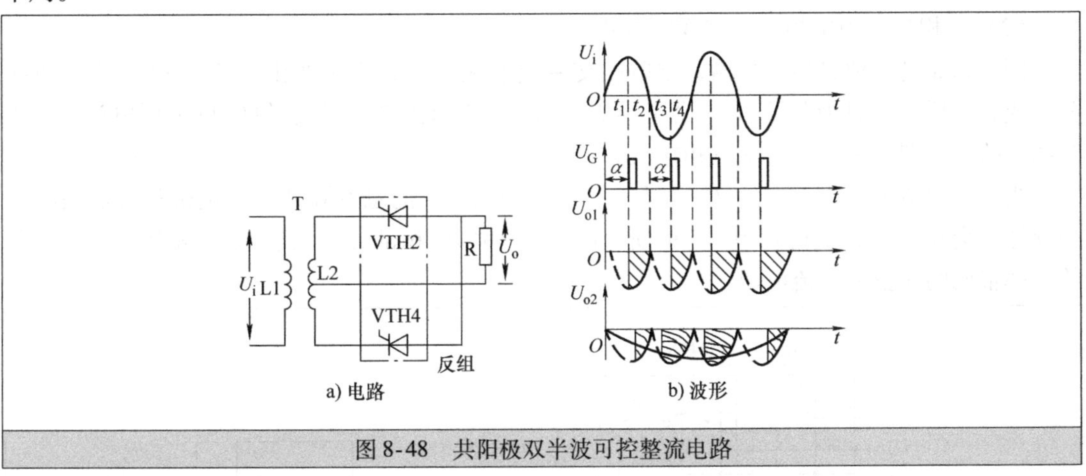

a) 电路　b) 波形

图 8-48　共阳极双半波可控整流电路

2. 单相交－交变频电路

单相交－交变频电路可分为单相输入型单相交－交变频电路和三相输入型单相交－交变频电路。

（1）单相输入型单相交－交变频电路

图 8-49 是一种由共阴和共阴双半波可控整流电路构成的单相输入型交－交变频电路。共阴晶闸管称为正组晶闸管，共阳晶闸管称为反组晶闸管。

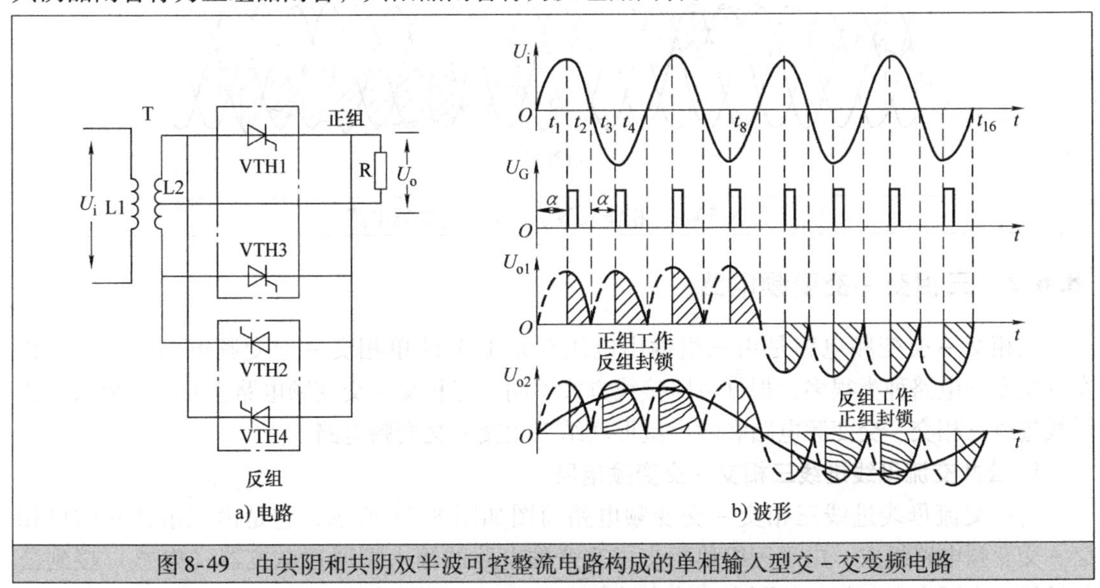

a) 电路　b) 波形

图 8-49　由共阴和共阴双半波可控整流电路构成的单相输入型交－交变频电路

在 0～t_8期间，正组晶闸管 VTH1、VTH3 加有触发脉冲，VTH1 在交流电压正半周时触发导通，VTH3 在交流电压负半周时触发导通，结果在负载上得到 U_{o1} 为正电压。

在 $t_8 \sim t_{16}$ 期间，反组晶闸管 VTH2、VTH4 加有触发脉冲，VTH2 在交流电压正半周时触发导通，VTH4 在交流电压负半周时触发导通，结果在负载上得到 U_{o1} 为负电压。

在 $0 \sim t_{16}$ 期间，负载上的电压 U_{o1} 极性出现变化，这种极性变化的电压即为交流电压。如果让触发脉冲的 α 角按一定的规律改变，会使负载上的电压有效值呈正弦波状变化，如图 8-49b 的 U_{o2} 所示。如果图 8-49a 的电路输入交流电压 U_i 的频率为 50Hz，不难看出，负载上得到电压 U_o 的频率为 50Hz/4 = 12.5Hz。

（2）三相输入型单相交 - 交变频电路

图 8-50a 是一种典型三相输入型单相交 - 交变频电路，它主要由正桥 P 和负桥 N 两部分组成，正桥工作时为负载 R 提供正半周电流，负桥工作时为负载提供负半周电流，图 b 为图 a 的简化图，三斜线表示三相输入。

当三相交流电压 U_a、U_b、U_c 输入电路时，采用合适的触发脉冲控制正桥和负桥晶闸管的导通，会在负载 R 上得到图 8-50c 所示的 U_o（阴影面积部分），其有效值相当于虚线所示的频率很低的正弦波交流电压。

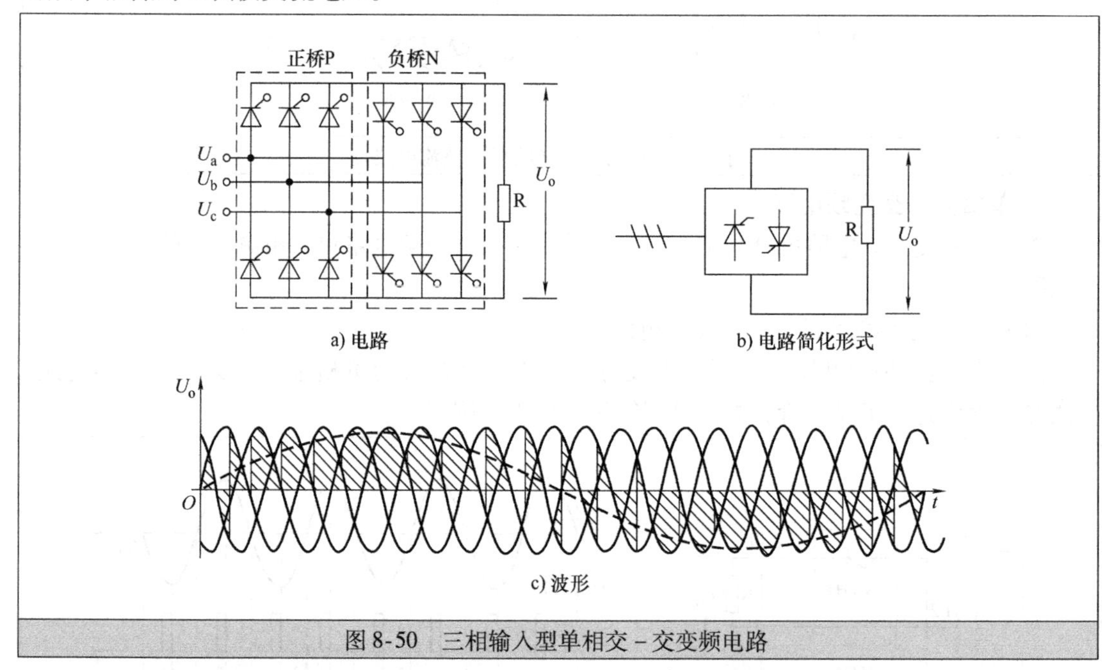

图 8-50　三相输入型单相交 - 交变频电路

8.6.2　三相交 - 交变频电路

三相交 - 交变频电路是由三组输出电压互差 120°的单相交 - 交变频电路组成。三相交 - 交变频电路种类很多，根据电路接线方式不同，三相交 - 交变频电路主要分为公共交流母线进线三相交 - 交变频电路和输出星形联结三相交 - 交变频电路。

1. 公共交流母线进线三相交 - 交变频电路

公共交流母线进线三相交 - 交变频电路简图如图 8-51 所示，它是由三组独立的单相交 - 交变频电路组成，由于三组单相交 - 交变频电路的输入端通过电抗器（电感）接到公共母线，为了实现各相间的隔离，输出端各自独立，未接公共端。

电路在工作时，采用合适的触发脉冲来控制各相变频电路的正桥和负桥晶闸管的导通，可使三个单相交－交变频电路输出频率较低的且相位互差 120°的交流电压，提供给三相电动机。

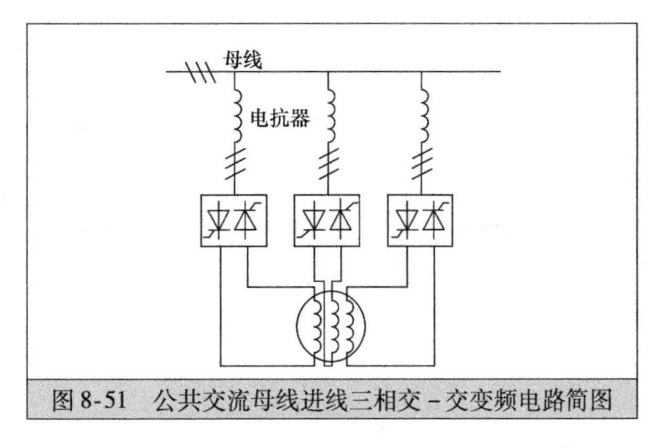

图 8-51　公共交流母线进线三相交－交变频电路简图

2. 输出星形联结三相交－交变频电路

输出星形联结三相交－交变频电路如图 8-52 所示，其中图 a 为简图，图 b 为详图。这种变频电路的输出端负载采用星形联结，有一个公共端，为了实现各相电路的隔离，各相变频电路的输入端都采用了三相变压器。

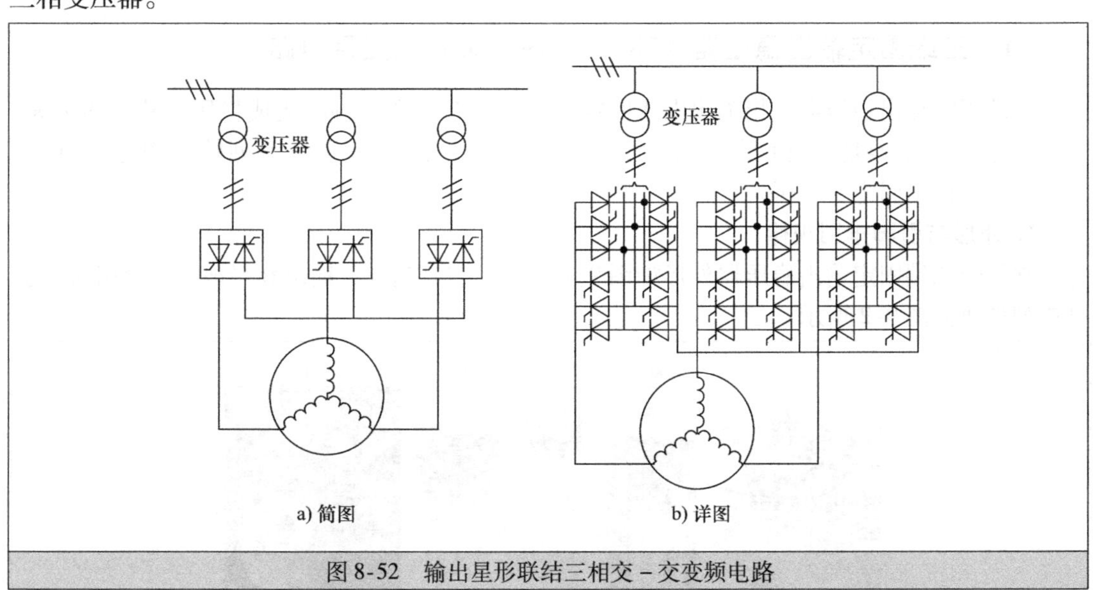

图 8-52　输出星形联结三相交－交变频电路

第9章　常用集成电路及应用电路

9.1　电源芯片及应用电路

9.1.1　三端固定输出稳压器（78××/79××）及应用电路

三端固定输出稳压器是指输出电压固定不变的具有三个引脚的集成稳压芯片。78××/79××系列稳压器是最常用的三端固定输出稳压器，其中78××系列输出固定正电压，79××系列输出固定负电压。

1. 外形与引脚排列规律

常见的三端固定输出稳压器外形如图9-1所示，它有输入、输出和接地共三个引脚，引脚排列规律如图9-2所示。

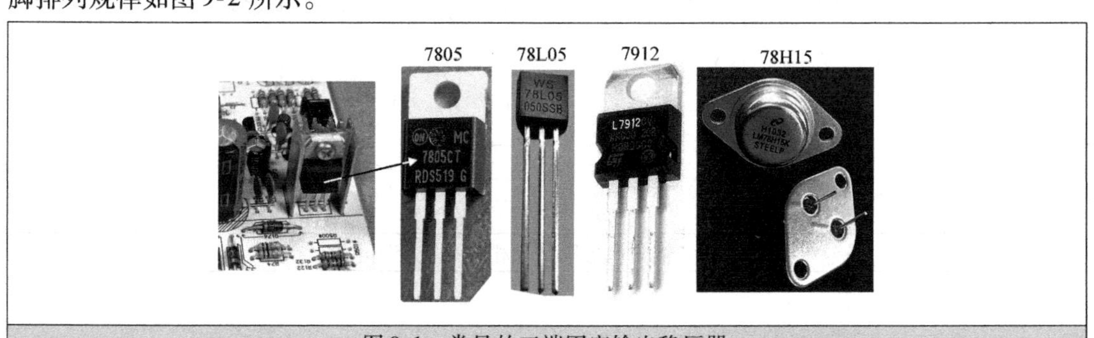

图9-1　常见的三端固定输出稳压器

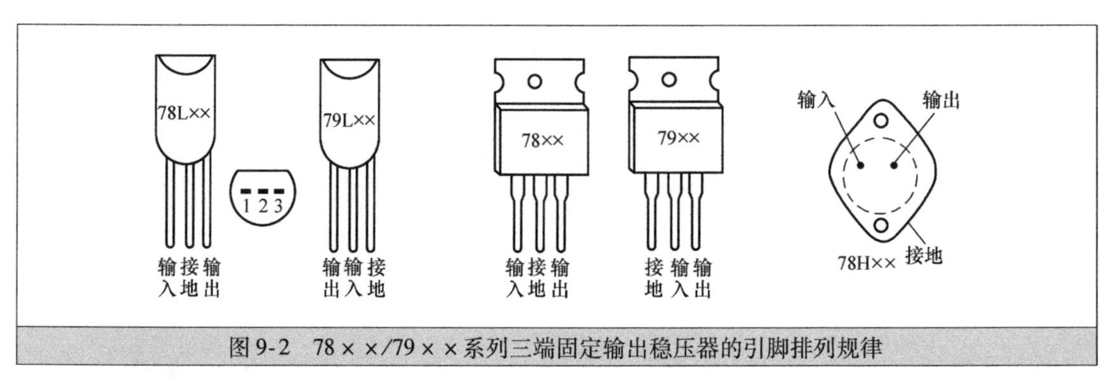

图9-2　78××/79××系列三端固定输出稳压器的引脚排列规律

2. 型号含义

78（79）××系列稳压器型号含义如下：

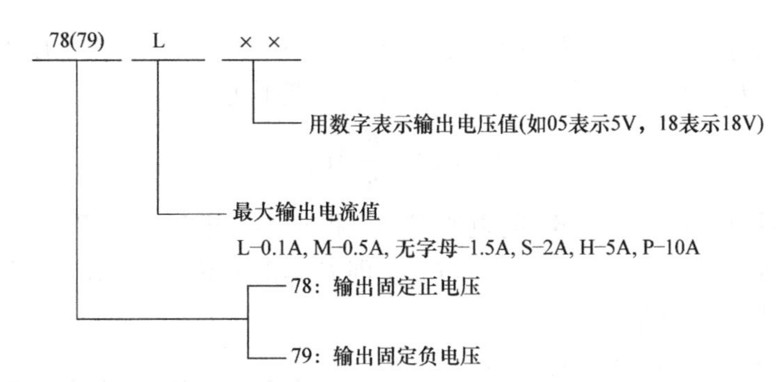

3. 应用电路

三端固定输出稳压器典型应用电路如图 9-3 所示。

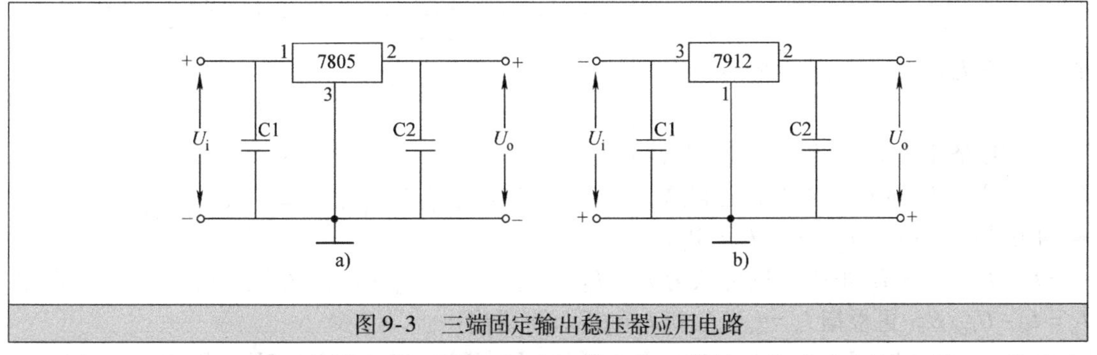

图 9-3　三端固定输出稳压器应用电路

图 9-3a 为 7805 型固定输出稳压器的应用电路。稳压器的 1 脚为电压输入端，2 脚为电压输出端，3 脚为接地端。输入电压 U_i（电压极性为上正下负）送到稳压器的 1 脚，经内部电路稳压后从 2 脚输出 +5V 的电压，在电容 C2 上得到的输出电压 $U_o = +5V$。

图 9-3b 为 7912 型固定输出稳压器的应用电路。稳压器的 3 脚为电压输入端，2 脚为电压输出端，1 脚为接地端。输入电压 U_i（电压极性为上负下正）送到稳压器的 3 脚，经内部电路稳压后从 2 脚输出 -12V 的电压，在电容 C2 上得到的输出电压 $U_o = -12V$。

为了让三端固定输出稳压器能正常工作，要求其输入输出的电压差在 2V 以上，比如对于 7805 要输出 5V 电压，输入端电压不能低于 7V。

4. 提高输出电压和电流的方法

在一些电子设备中，有些负载需要较高的电压或较大的电流，如果使用的三端固定稳压器无法直接输出较高电压或较大电流，在这种情况下可对三端固定输出稳压器进行功能扩展。

（1）提高输出电压的方法

图 9-4 是一种常见的提高三端固定输出稳压器输出电压的电路连接方式，它是在稳压器的接地端与地之间增加一个电阻 R2，同时在输出端与接地端之间接有一个电阻 R1。

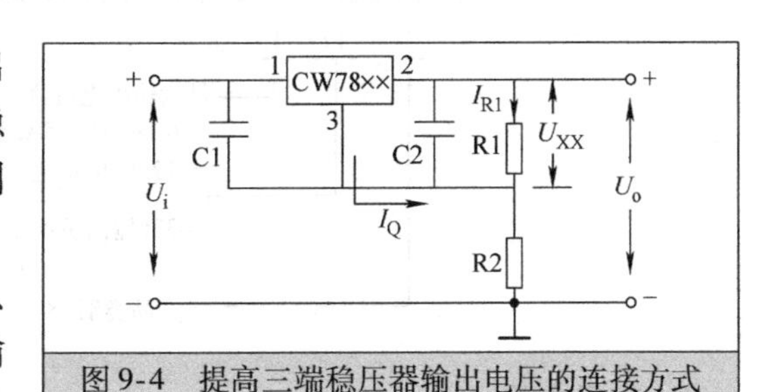

图 9-4　提高三端稳压器输出电压的连接方式

在稳压器工作时，有电流 I_{R1} 流过 R1、R2，另外稳压器的 3 脚也有较小的电流 I_Q 输出流过 R2，但因为 I_Q 远小于 I_{R1}，故 I_Q 可忽略不计，因此输出电压 $U_o = I_{R1}(R_1 + R_2)$，由于 $I_{R1} \cdot R_1 = U_{xx}$，$U_{xx}$为稳压器固定输出电压值，所以$I_{R1} = U_{xx}/R_1$，输出电压 $U_o = I_{R1}(R_1 + R_2)$可变形为

$$U_o = \left(1 + \frac{R_2}{R_1}\right)U_{xx}$$

从上式可以看出，只要增大 R2 的阻值就可以提高输出电压，当 $R_2 = R_1$ 时，输出电压 U_o提高一倍，当 $R_2 = 0$ 时，输出电压 $U_o = U_{xx}$，即 $R_2 = 0$ 时不能提高输出电压。

（2）提高输出电流的方法

图 9-5 是一种常见的提高三端固定稳压器输出电流的电路连接方式，它主要是在稳压器输入端与输出端之间并联一个晶体管，由于增加了晶体管的电流 I_c，故可提高电路的输出电流。

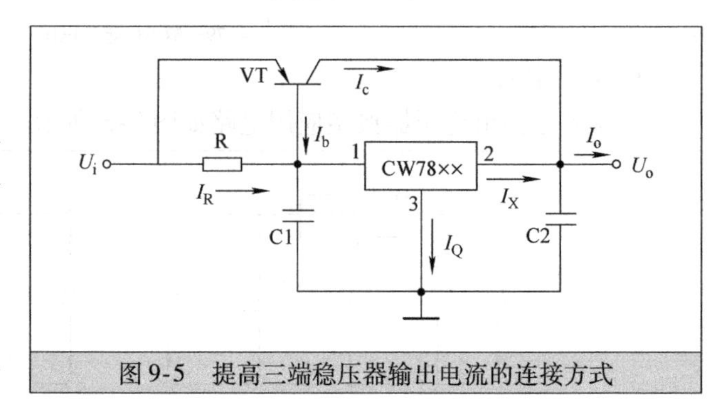

图 9-5　提高三端稳压器输出电流的连接方式

在电路工作时，电路中有 I_b、I_c、I_R、I_Q、I_x 和 I_o，这些电流有这样的关系：$I_R + I_b = I_Q + I_x$，$I_c = \beta I_b$，$I_o = I_x + I_c$。因为 I_Q 很小，故可认为 $I_x = I_R + I_b$，即 $I_b = I_x - I_R$，又因为 $I_R = U_{eb}/R$，所以 $I_b = I_x - U_{eb}/R$，再根据 $I_o = I_x + I_c$ 和 $I_c = \beta I_b$，可得出

$$I_o = I_x + I_c = I_x + \beta I_b = I_x + \beta(I_x - U_{eb}/R) = (1 + \beta)I_x - \beta U_{eb}/R$$

即电路扩展后输出电流的大小为

$$I_o = (1 + \beta)I_x - \beta\frac{U_{eb}}{R}$$

在计算输出电流 I_o 时，U_{eb}一般取 0.7V，I_x 取稳压器输出端的输出电流值。

9.1.2　三端可调输出稳压器（×17/×37）及应用电路

三端可调输出稳压器的输出电压大小可以调节，它有输入端、输出端和调整端三个引脚。有些三端可调输出稳压器可输出正压，也有的可输出负压，如 CW117/CW217/CW317 稳压器可输出 +1.2 ~ +37V，CW137/CW237/CW337 稳压器可输出 −1.2 ~ −37V，并且输出电压连续可调。

1. 型号含义

×17/×37 三端可调输出稳压器型号含义如下：

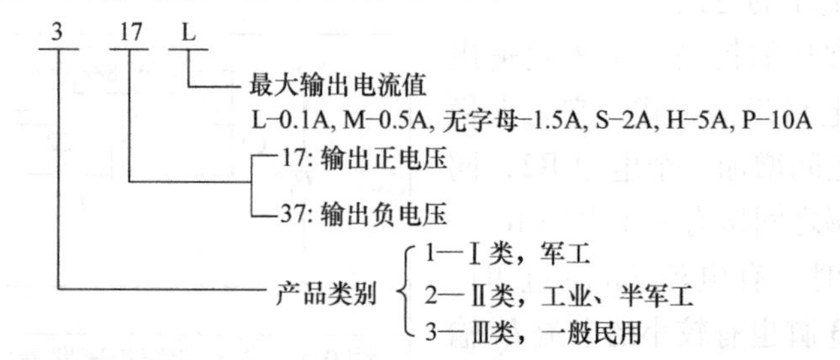

2. 应用电路

三端可调输出稳压器典型应用电路如图 9-6 所示。

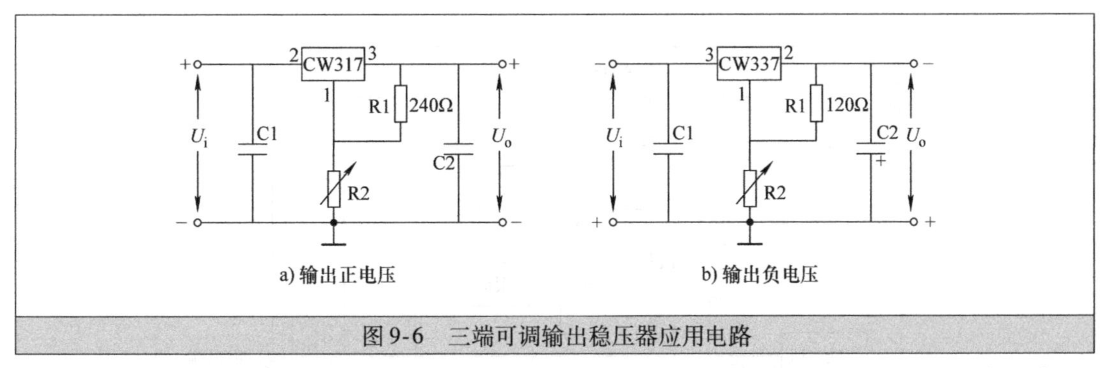

图 9-6　三端可调输出稳压器应用电路

图 9-6a 为 CW317 型三端可调输出稳压器的应用电路。稳压器的 2 脚为电压输入端，3 脚为电压输出端，1 脚为电压调整端。输入电压 U_i（电压极性为上正下负）送到稳压器的 2 脚，经内部电路稳压后从 3 脚输出电压，输出电压 U_o的大小与 R1、R2 有关，它们的关系是

$$U_o \approx 1.25\left(1+\frac{R_2}{R_1}\right)$$

由上式可以看出，改变 R2、R1 的阻值就可以改变输出电压，电路一般采用调节 R2 的阻值来调节输出电压。

图 9-6b 为 CW337 型三端可调输出稳压器的应用电路。稳压器的 3 脚为电压输入端，2 脚为电压输出端，1 脚为电压调整端。输入电压 U_i（电压极性为上负下正）送到稳压器的 3 脚，经内部电路稳压后从 2 脚输出电压，输出电压 U_o的大小也与 R1、R2 有关，它们的关系也是

$$U_o \approx 1.25\left(1+\frac{R_2}{R_1}\right)$$

9.1.3　三端低降压稳压器（AMS1117）及应用电路

AMS1117 是一种低降压三端稳压器，在最大输出电流 1A 时压降为 1.2V。AMS1117 有固定输出和可调输出两种类型，固定输出可分为 1.5V、1.8V、2.5V、2.85V、3.0V、3.3V、5.0V，最大允许输入电压为 15V。AMS1117 具有低压降、限流和过热保护功能，广泛用在手机、电池充电器、平板电脑、笔记本电脑和一些便携电子设备中。

1. 封装形式

AMS1117 常见的封装形式如图 9-7 所示，AMS1117－3.3 表示输出电压为 3.3V。

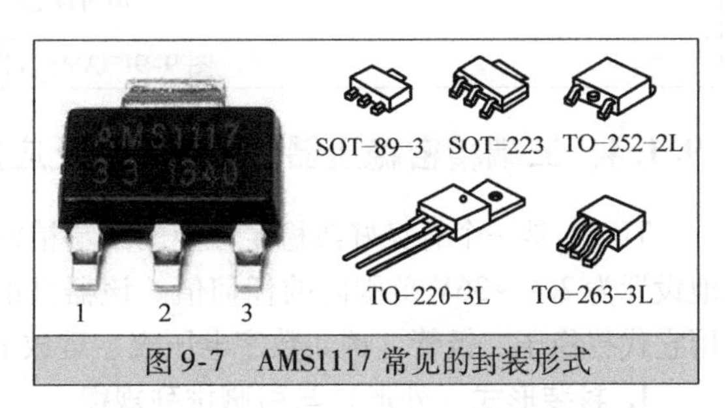

图 9-7　AMS1117 常见的封装形式

2. 内部电路结构

AMS1117 内部电路结构如图 9-8 所示。

3. 应用电路

AMS1117 的应用电路如图 9-9 所示，图 a 为固定电压输出电路，图 b 为可调电压输出电路，输出电压可用图中的公式计算，V_{REF}为 ADJ 端接地时的 V_{OUT}值，I_{ADJ}为 ADJ 端的输出电流，在使用时，将 R1 或 R2 换成电位器，同时测量 V_{OUT}，调到合适的电压即可，而不用进行繁琐的计算。

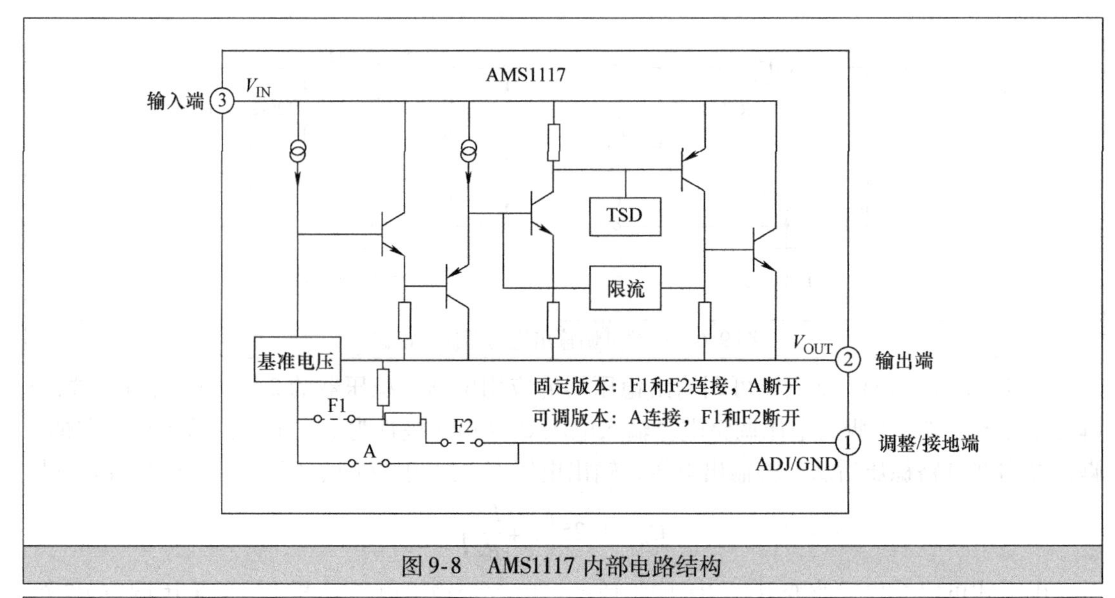

图 9-8　AMS1117 内部电路结构

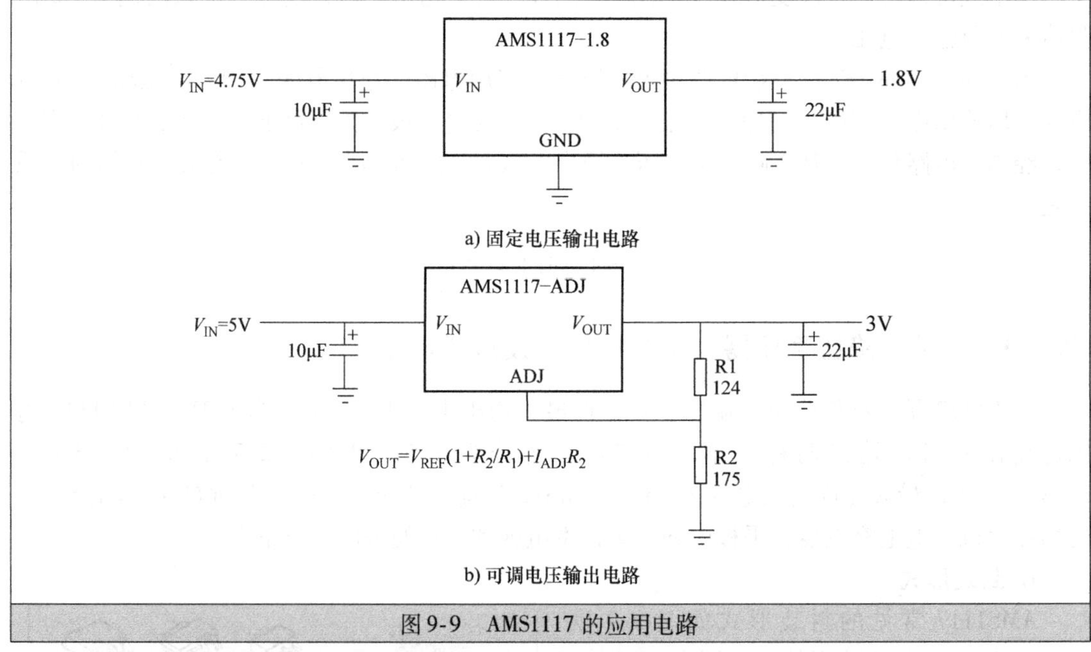

图 9-9　AMS1117 的应用电路

9.1.4　三端精密稳压器（TL431）及应用电路

TL431 是一个有良好热稳定性能的三端精密稳压器，其输出电压用两个电阻就可以任意地设置为 2.5～36V 范围内的任何值。该器件的典型动态阻抗为 0.2Ω，在很多应用中可以用它代替稳压二极管，例如数字电压表、运放电路、可调压电源和开关电源等。

1. 封装形式（外形）与引脚排列规律

TL431 常见的封装形式与引脚排列规律如图 9-10 所示。

2. 应用电路形式

TL431 在电路中主要有两种应用形式，如图 9-11 所示。在图 9-11a 电路中，将 R 极与

K 极直接连接，当输入电压 U_i 在 2.5V 以上变化时，其输出电压 U_o稳定为 2.5V；在图 9-11b电路中，将 R 极接在分压电阻 R2、R3 之间，当输入电压 U_i 在 2.5V 以上变化时，其输出电压 U_o稳定为 2.5（$1+R_2/R_3$）V。

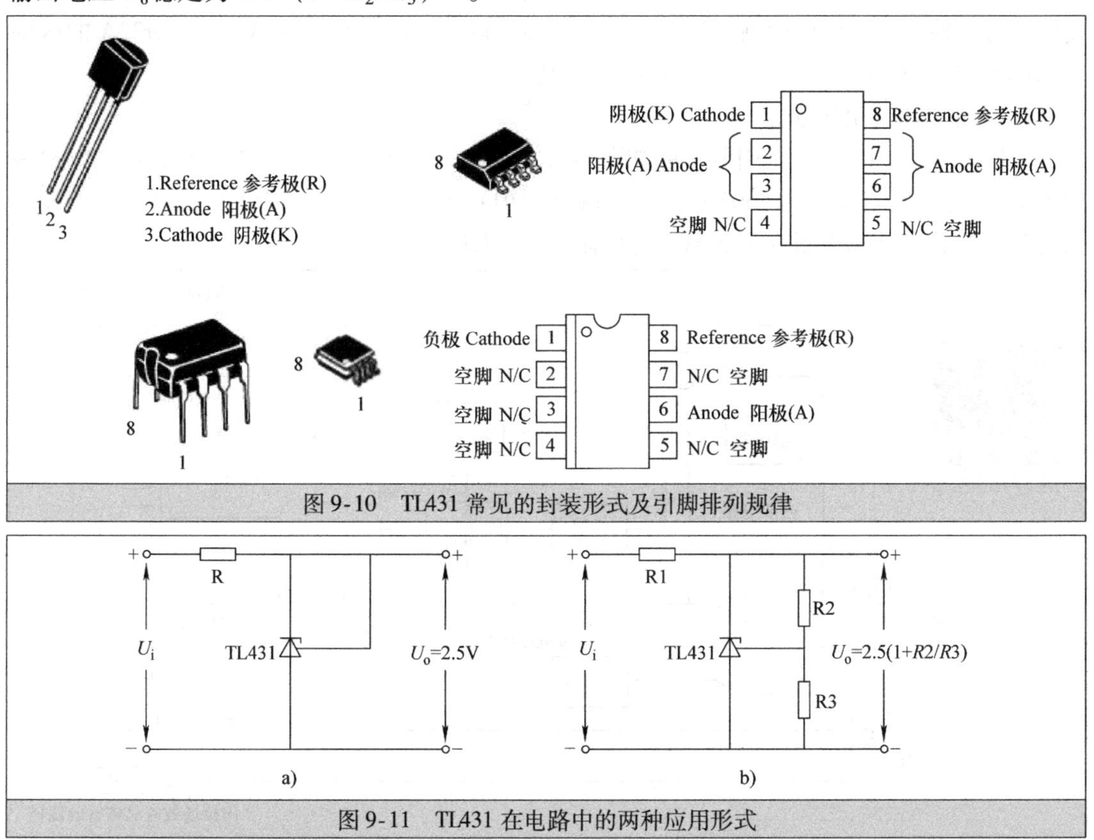

图 9-10　TL431 常见的封装形式及引脚排列规律

图 9-11　TL431 在电路中的两种应用形式

3. 内部电路图与等效电路

TL431 内部电路图与等效电路如图 9-12 所示。

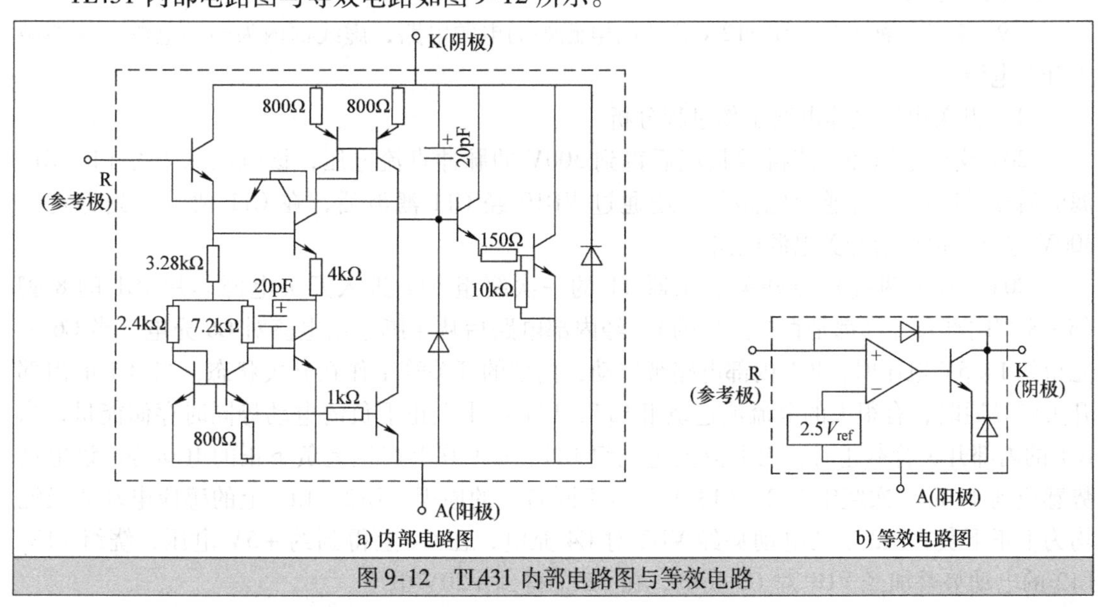

图 9-12　TL431 内部电路图与等效电路

9.1.5 开关电源芯片（VIPer12A/VIPer22A）及应用电路

VIPer12A/VIPer22A 是 ST 公司推出的开关电源芯片，其内部含有开关管、PWM 脉冲振荡器、过热检测、过电压检测、过电流检测及稳压调整电路。VIPer12A 与 VIPer22A 的区别是功率不同，VIPer12A 损坏时可用 VIPer22A 代换，反之则不行。

1. 内部结构与引脚功能

VIPer12A 内部组成、各引脚功能如图 9-13 所示。VIPer12A 的一些重要参数：①输出端（DRAIN）最高允许电压为 730V；②电源端（VDD）电压范围为 9～38V；③输出端电流最大为 0.1mA；④开态电阻（开关管导通电阻）为 27Ω。

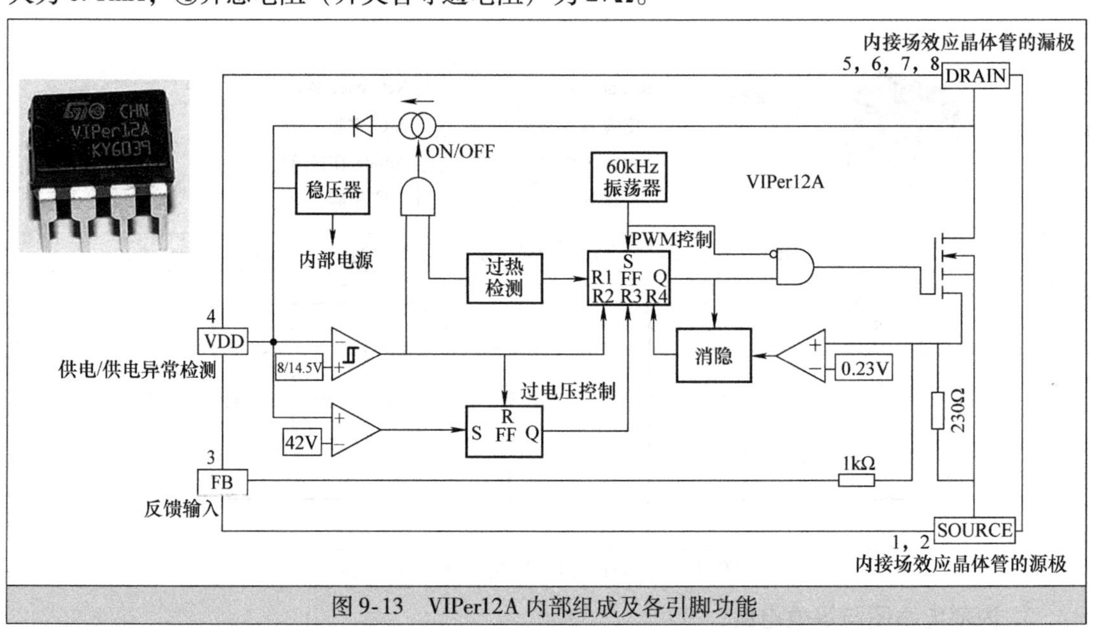

图 9-13　VIPer12A 内部组成及各引脚功能

2. 应用电路

图 9-14 是一种采用 VIPer12A 芯片的电磁炉的电源电路，虚线框内为辅助电源，其类型为开关电源。

（1）开关电源主体电路工作过程分析

220V 交流电压经整流桥堆整流后得到 300V 的脉冲直流电压，该电压除了经 L1、C15 滤流后提供给高频谐逆变电路外，还通过 VD10 经 C11 滤波后，在 C11 两端得到稳定的 300V 电压，提供给开关电源电路。

300V（C11 两端）经开关变压器 T1 的一次绕组 L11 进入开关电源芯片 IC1 的 8 脚（5～8 脚内部及外部都是直接连接的），经内部电路后从 4 脚输出电流对 C6 充电，当 C6 上充得约 14.5V 电压时，IC1 内部电路被启动，内部的开关管工作在开关状态，当 IC1 的内部开关管导通时，有很大的电流流过绕组 L11，L11 产生上正下负的电动势同时存储能量，当 IC1 的内部开关管截止时，无电流流过绕组 L11，L11 马上产生上负下正的电动势，该电动势感应到 T1 的二次绕组 L12、L13 上，由于同名端的原因，L12、L13 上的感应电动势极性均为上正下负，L13 上的电动势经 VD2 对 C4 充电，在 C4 上得到约 +5V 电压，绕组 L13、L12 的电动势叠加经 VD1 对 C3 充电，在 C3 上得到 +20V 电压。

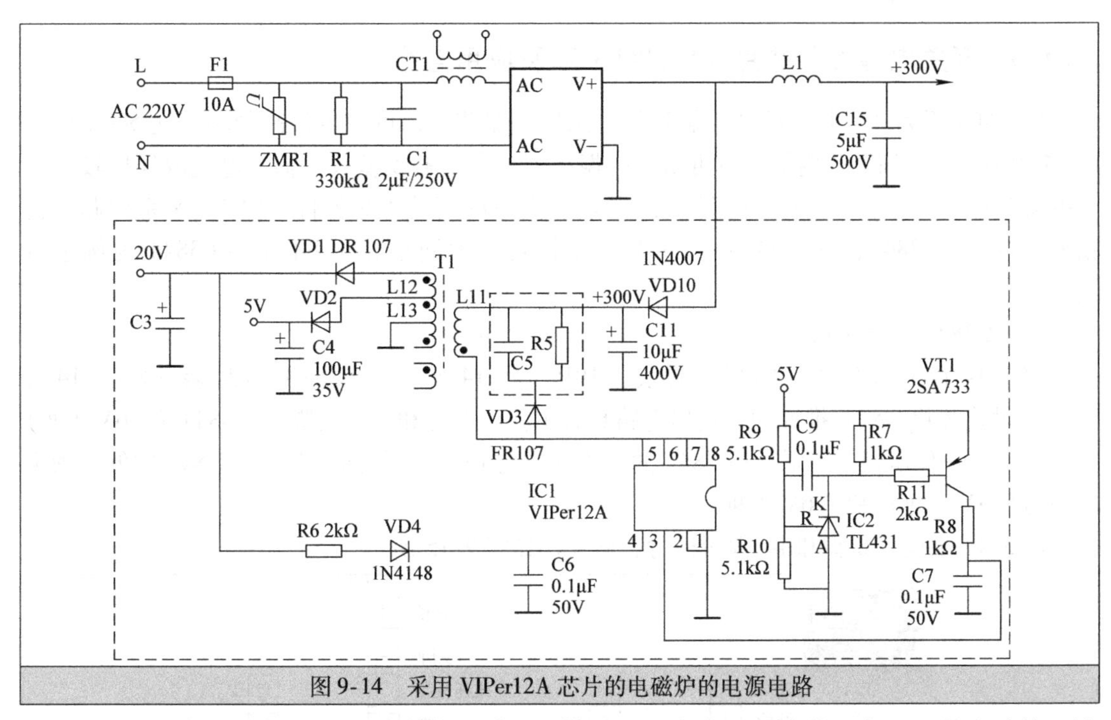

图 9-14　采用 VIPer12A 芯片的电磁炉的电源电路

在 IC1 内部开关管由导通转为截止瞬间，绕组 L11 会产生很高的上负下正的电动势，该电动势虽然持续时间短，但电压很高，极易击穿 IC1 内部的开关管，在 L11 两端并联由 C5、R5、VD3 构成的阻尼吸收回路可以消除这个瞬间高压，因为当 L11 产生的极性为上负下正的瞬间高电动势会使 VD3 导通，进而通过 VD3 对 C5 充电而降低，这样就不会击穿 IC1 内部的开关管。

（2）稳压电路的稳压过程分析

稳压电路主要由 R9、R10、IC2、VT1、R8、C7 等组成。当 220V 市电电压升高引起 300V 电压升高，或者电源电路负载变轻时，均会使电源电路的 +5V 电压升高，经 R9、R10 分压后，可调分流芯片 TL431 的 R 极电压升高，K、A 极之间内部等效电阻变小，晶体管 VT1 的 I_b 增大（I_b 途径为 +5V→VT1 的 e 极→b 极→R11→TL431 的 K 极→A 极→地），VT1 的 I_c 增大，I_c 经 R8 对 C7 充得电压更高，进入开关电源芯片 IC1 反馈端 3 脚的电压升高，IC1 调整内部开关管，使之导通时间缩短，开关变压器 T1 的绕组 L11 储能减小，在开关管截止期间绕组 L11 产生的电动势低，绕组 L13 感应电动势低，经 VD2 对 C4 充电电压下降，C4 两端电压降回到 +5V。

（3）欠电压保护

开关电源芯片 IC1（VIPer12A）通电后，需要对 4 脚外接电容 C6 充电，当电压达到 14.5V 时内部电路开始工作，启动后 4 脚电压由电源输出电压提供，如果 C6 漏电或短路、R6 开路、20V 电压过低，均会使 IC1 的 4 脚电压下降，若 IC1 启动工作后输出端（20V 电压）提供给 4 脚电压低于 8V，IC1 内部欠电压保护电路会工作，让开关电源停止工作，防止低电压时开关管因激励不足而损坏。

在开关电源芯片 IC1（VIPer12A）的内部还具有过电压、过电流和过热保护电路，一旦出现过电压、过电流和过热情况，内部电路也会停止工作，开关电源停止输出电压。

9.1.6 开关电源控制芯片（UC384×）及应用电路

UC384×系列芯片是一种高性能开关电源控制器芯片，可产生最高频率可达500kHz的PWM激励脉冲。该芯片内部具有可微调的振荡器、高增益误差放大器、电流取样比较器和大电流双管推挽功率放大输出电路，是驱动功率MOS管的理想器件。UC384×系列芯片包括UC3842、UC3843、UC3844和UC3845，结构功能大同小异，下面以UC3844为例进行说明。

1. UC3844的封装形式

UC3844有8脚双列直插塑料封装（DIP）和14脚塑料表面贴装封装（SO－14），SO－14封装芯片的双管推挽功率输出电路具有单独的电源和接地引脚。UC3844有16V（通）和10V（断）低压锁定门限，UC3845的结构外形与UC3844相同，但是UC3845的低压锁定门限为8.5V（通）和7.6V（断）。

UC3844主要有8脚和14脚两种封装形式，如图9-15所示。

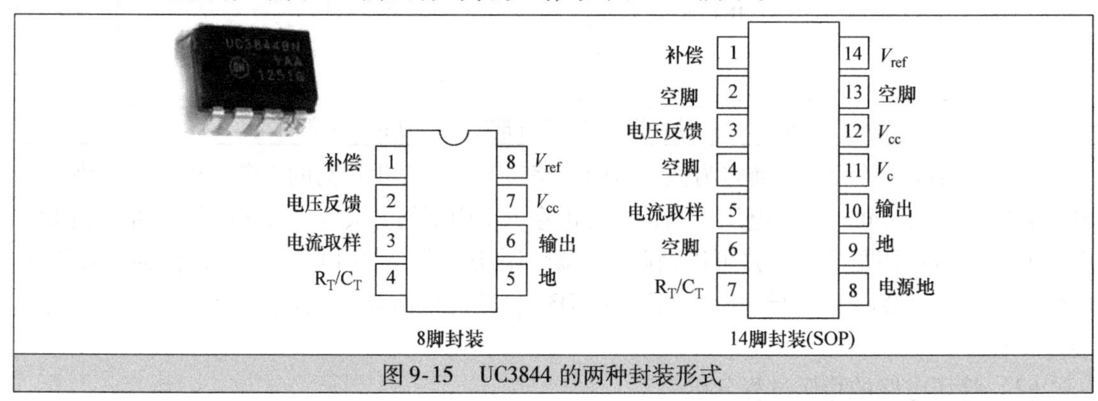

图9-15 UC3844的两种封装形式

2. 内部结构及引脚说明

UC3844内部结构及典型外围电路如图9-16所示。UC3844各引脚功能说明见表9-1。

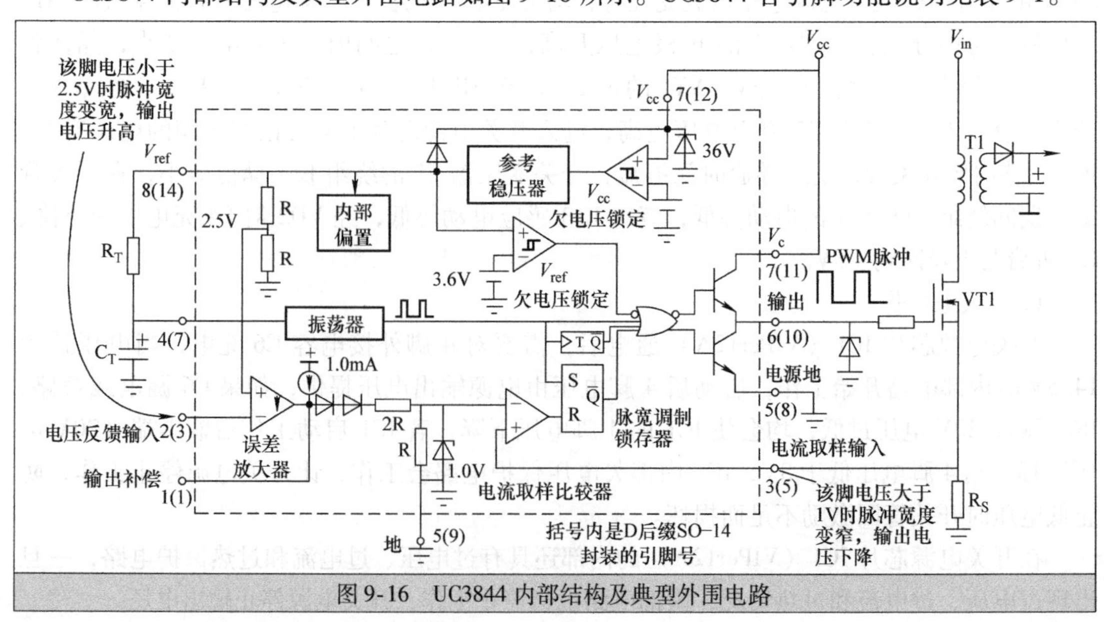

图9-16 UC3844内部结构及典型外围电路

表 9-1 UC3844 各引脚功能说明

引脚号		功能	说明
8 引脚	14 引脚		
1	1	补偿	该引脚为误差放大输出，并可用于环路补偿
2	3	电压反馈	该引脚是误差放大器的反相输入，通常通过一个电阻分压器连至开关电源输出
3	5	电流取样	一个正比于电感器电流的电压接到这个输入，脉宽调制器使用此信息中止输出开关的导通
4	7	R_T/C_T	通过将电阻 R_T 连至 V_{ref} 并将电容 C_T 连至地，使得振荡器频率和最大输出占空比可调。工作频率可达 1.0MHz
5	—	地	该引脚是控制电路和电源的公共地（仅对 8 引脚封装而言）
6	10	输出	该输出直接驱动功率 MOSFET 的栅极，高达 1.0A 的峰值电流由此引脚拉和灌，输出开关频率为振荡器频率的一半
7	12	V_{cc}	该引脚是控制集成电路的正电源
8	14	V_{ref}	该引脚为参考输出，它经电阻 R_T 向电容 C_T 提供充电电流
—	8	电源地	该引脚是一个接回到电源的分离电源地返回端（仅对 14 引脚封装而言），用于减少控制电路中开关瞬态噪声的影响
—	11	V_c	输出高态（V_{OH}）由加到此引脚的电压设定（仅对 14 引脚封装而言）。通过分离的电源连接，可以减小控制电路中开关瞬态噪声的影响
—	9	地	该引脚是控制电路地返回端（仅对 14 引脚封装而言），并被接回电源地
—	2，4，6，13	空脚	无连接（仅对 14 引脚封装而言）。这些引脚没有内部连接

3. UC3842、UC3843、UC3844 和 UC3845 的区别

UC3842、UC3843、UC3844 和 UC3845 的区别见表 9-2，开启电压是指芯片电源端（V_{cc}）高于该电压时开始工作，关闭电压是指芯片电源端（V_{cc}）低于该电压时停止工作。

表 9-2 UC3842、UC3843、UC3844 和 UC3845 的区别

型号	开启电压	关闭电压	占空比范围	工作频率
UC3842	16V	10V	0～97%	500kHz
UC3843	8.5V	7.6V	0～97%	500kHz
UC3844	16V	10V	0～48%	500kHz
UC3845	8.5V	7.6V	0～48%	500kHz

9.1.7 PWM 控制器芯片（SG3525/KA3525）及应用电路

SG3525 与 KA3525 功能相同，是一种用于产生 PWM 脉冲来驱动 N 型 MOS 管或晶体管的 PWM 控制器芯片。SG3525 属于电流控制型 PWM 控制器，即可根据反馈电流来调节输出脉冲的宽度。

1. 外形

SG3525（KA3525）封装形式主要有双列直插式和贴片式，其外形如图 9-17 所示。

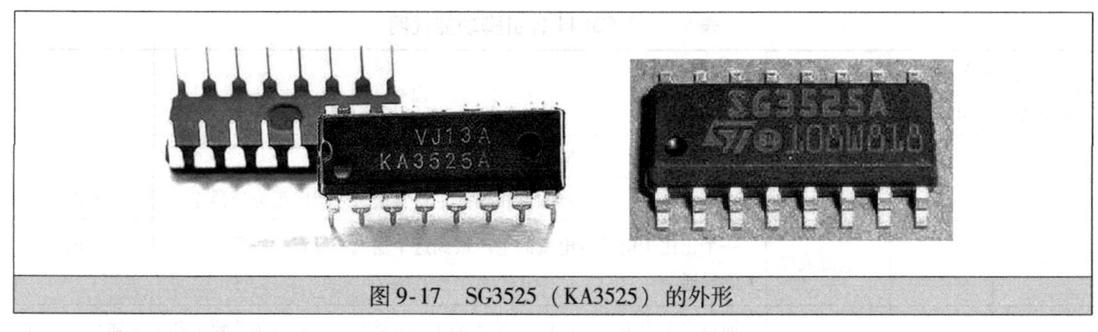

图 9-17　SG3525（KA3525）的外形

2. 内部结构、引脚功能和特性

SG3525 内部结构、引脚功能和特性如图 9-18 所示，在工作时，SG3525 的两个输出端会交替输出相反的 PWM 脉冲。

电源从 15 脚进入 SG3525，在内部分作两路，一路加到欠电压锁定电路，另一路送到 5.1V 基准电源稳压器，产生稳定的电压为其他电路供电。SG3525 内部振荡器通过 5、6 脚外接电容 C_T 和电阻 R_T，振荡器频率由这两个元件决定。振荡器输出的信号分为两路，一路以时钟脉冲形式送至触发器、PWM 锁存器及两个或非门，另一路以锯齿波形式送到比较器的同相输入端，比较器的反相输入端接误差放大器的输出端，误差放大器输出的信号与锯齿波电压在比较器中进行比较，输出一个随误差放大器输出电压高低而改变宽度的方波脉冲，此方波脉冲经 PWM 锁存器送到或非门的输入端。触发器的两个输出互补，交替输出高低电平，将 PWM 脉冲送至晶体管的基极，两组晶体管分别输出相位相差为 180°的 PWM 脉冲。

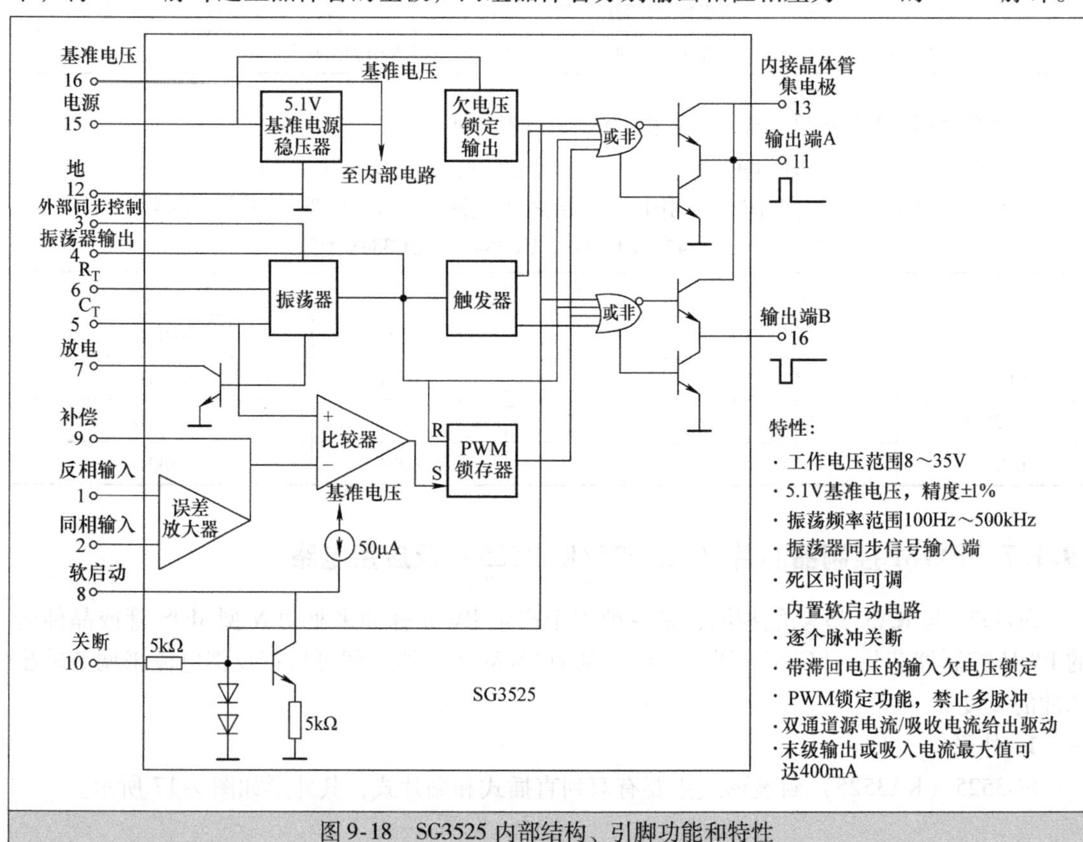

图 9-18　SG3525 内部结构、引脚功能和特性

3. 应用电路

SG3525 的功能是产生脉冲宽度可变的脉冲信号（PWM 脉冲），用于控制晶体管或场效应晶体管工作在开关状态。图 9-19 为 SG3525 常见的四种应用形式。

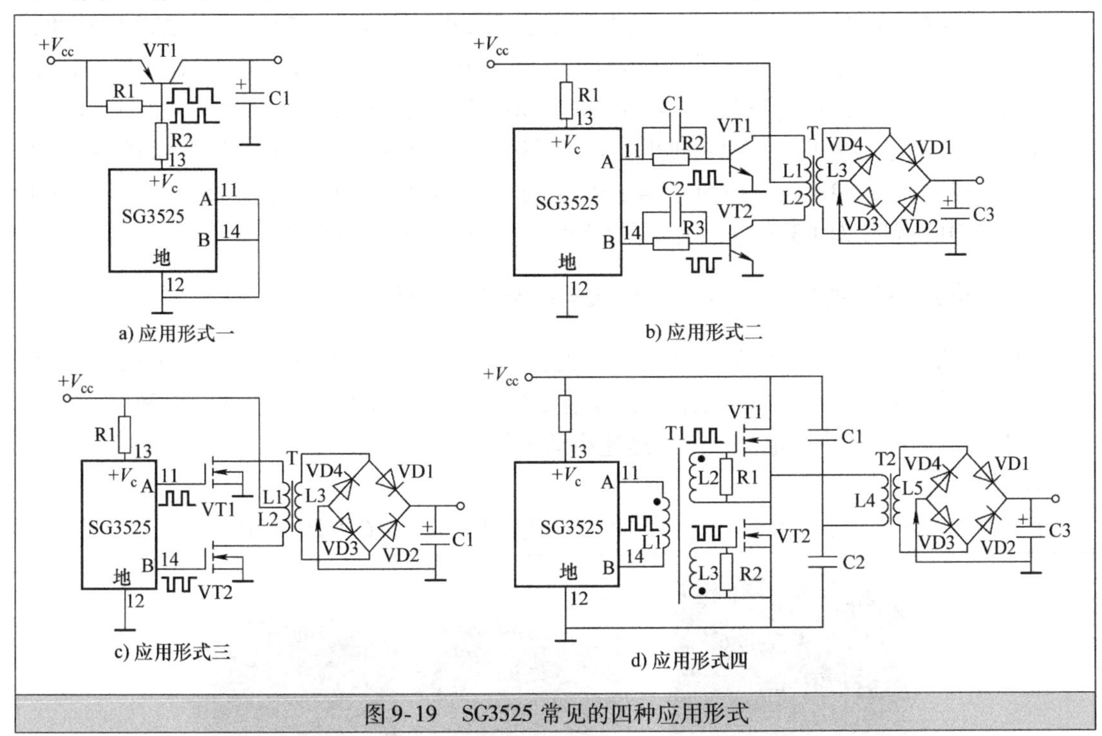

图 9-19 SG3525 常见的四种应用形式

在图 9-19a 电路中，当 SG3525 的 13 脚（内接晶体管集电极）输出脉冲低电平时，晶体管 VT1 基极电压下降而导通，V_{cc}电源通过 VT1 的 c、e 极对电容 C1 充电，在 C1 上得到上正下负的电压，当 SG3525 的 13 脚输出脉冲高电平时，晶体管 VT1 基极电压升高而截止，C1 往后级电路放电，电压下降，若 13 脚输出脉冲变窄（即高电平持续时间变短，低电平持续时间变长），VT1 截止时间短导通时间长，C1 充电时间长，放电时间短，两端电压升高。反之，若让 13 脚输出脉冲变宽，C1 充电时间短，放电时间长，两端电压下降。

在图 9-19b 电路中，SG3525 的 11、14 脚输出相反的脉冲，当 11 脚输出脉冲为高电平时，14 脚输出脉冲低电平，晶体管 VT1 导通、VT2 截止，有电流流过开关变压器 T 的 L1，电流途径是 V_{cc}电源→T1 的 L1→VT1 的 c、e 极→地，有电流流过 L1，L1 产生电动势并感应到 L3 上，L3 上的感应电动势经 VD1 ~ VD4 对 C3 充电。当 11 脚输出脉冲为低电平时，14 脚输出脉冲高电平时，晶体管 VT1 截止、VT2 导通，有电流流过 T 的 L2，电流途径是 V_{cc}电源→T1 的 L2→VT2 的 c、e 极→地，L2 产生电动势并感应到 L3 上，L3 上的感应电动势经 VD1 ~ VD4 对 C3 充电。图 9-19c 中将晶体管换成了 MOS 管，其工作原理与图 b 相同。

在图 9-19d 电路中，在 SG3525 未工作时，V_{cc}电源对 C1、C2 电容充电，由于两电容容量相同，两电容上充得的电压相同，均为 $1/2V_{cc}$。SG3525 工作时，11、14 脚输出相反的脉冲，当 11 脚输出脉冲为高电平时，14 脚输出脉冲低电平，有电流从 11 脚流出，流经 T1 的 L1 后进入 14 脚，L1 产生上正下负的电动势，感应到 L2、L3，L2 的电动势极性为上正下负，L3 的电动势极性为上负下正（同名端极性相同），L2 的电动势使 VT1 导通，L3 的电动势使 VT2 截止，C1 通过 VT1 放电，放电途径是 C1 上正→VT1 的 D、S 极→L4→C1 下负，同时 V_{cc}电源通过 VT1 对 C2 充电，充电途径是 V_{cc}→VT1 的 D、S 极→L4→C2→地，在 C2 上会充得接近 V_{cc}的电压，L4 有电流流过，马上产生电动势并感应到 L5 上，L5 上的电动势经 VD1 ~ VD4 对 C3 充电，得到上正下负的电压供给后级电路。当 SG3525 的 11 脚输出脉冲为低电平时，14 脚输出脉冲高电平，有电流从 14 脚流出，流经 T1 的 L1 后进入 11 脚，L1 产生上负下正的电动势，感应到 L2、L3，L2 的电动势极性为上负下正，L3 的电动势极性为上正下负（同名端极性相同），VT1 截止，VT2 导通，C2 通过 VT2 放电，放电途径是 C2 上正→VT2 的 D、S 极→L4→C2 下负，L4 产生上负下正的电动势并感应到 L5 上，L5 上的电动势再经 VD1 ~ VD4 对 C3 充电，从而在 C3 两端得到比较稳定的电压。

9.1.8 小功率开关电源芯片（PN8024）及应用电路

PN8024 是一款集成了 PWM 控制器和开关管（MOS 管）的小功率开关电源芯片，内部提供了完善的保护功能（过电流保护、过电压保护、欠电压保护、过热保护和降频保护等），另外还内置高压启动电路，可以迅速启动工作。

1. 外形

PN8024 封装形式主要有双列直插式和贴片式，其外形如图 9-20 所示。

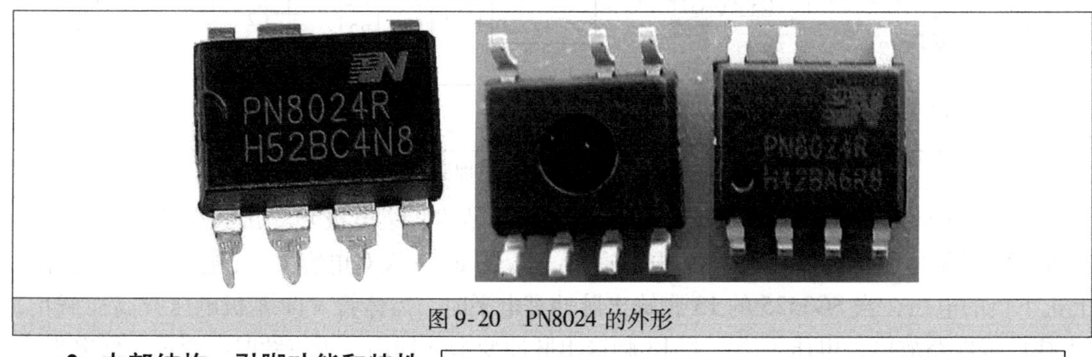

图 9-20 PN8024 的外形

2. 内部结构、引脚功能和特性

PN8024 内部结构、引脚功能和特性如图 9-21 所示，芯片有两个 SW 引脚（两引脚内部连接在一起）和两个 GND 引脚。PN8024 内部有能产生 PWM 脉冲的电路，还有开关管（MOS 管）及各种保护电路。

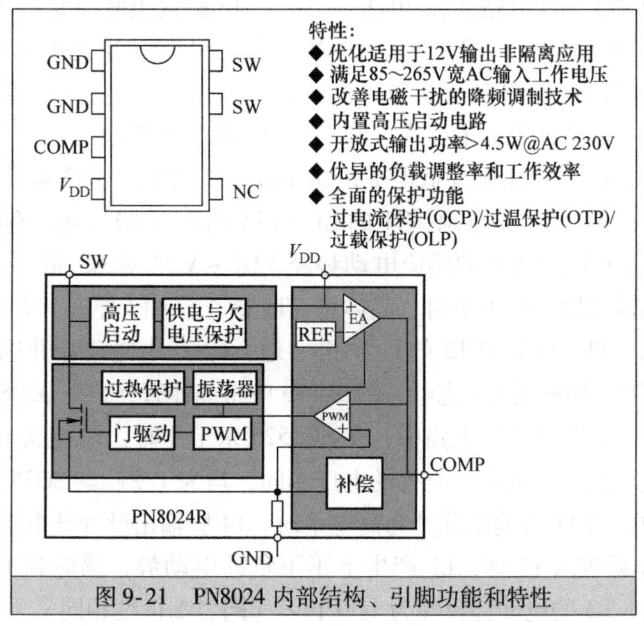

图 9-21 PN8024 内部结构、引脚功能和特性

3. 应用电路

图 9-22 是 PN8024 的典型应用电路，通过在外围增加少量元器件，可以将 85 ~ 265V 的交流电压转换成直流电压（一般为 12V）输出。

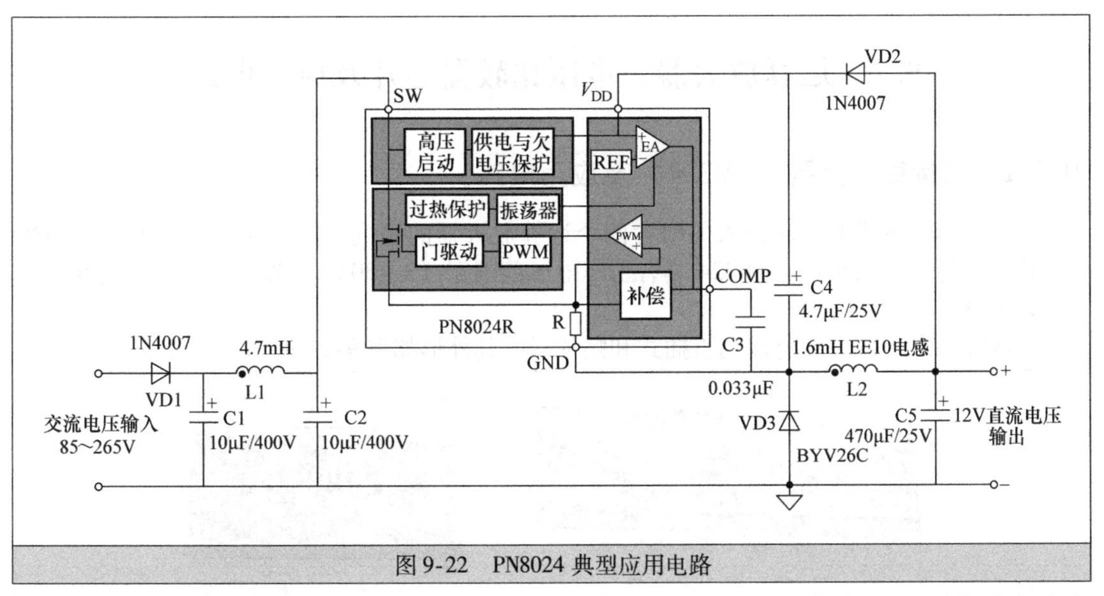

图9-22　PN8024典型应用电路

交流电压经整流二极管VD1对C1充电，在C1上充得上正下负的电压（脉动直流电压），该电压经L1和C2滤波平滑后，在C2两端得到较稳定的上正下负的电压，此时的C2可视为一个极性为上正下负的直流电源，该电压送到PN8024的SW脚，再通过内部的高压启动管和一些电路后从V_{DD}脚输出，对电容C4充电，充电途径是C2上正→PN8024的SW脚入→内部电路→V_{DD}脚出→C4→L2→C5→地→C2的下负，充电使V_{DD}脚电压升高（V_{DD}电压与C4两端电压近似相等，因为C5容量是C4的100倍，两电容串联充电后，C5两端电压是C4的1/100，C5两端电压接近0V），当V_{DD}电压上升到12.5V时，芯片开始工作，停止对C4、C5充电，启动完成。

PN8024启动后，内部的振荡器产生最高频率可达78kHz的信号，由PWM电路处理成PWM脉冲后经门驱动送到MOS开关管的栅极，当PWM脉冲为高电平时，MOS管导通，有电流流MOS管和后面的储能电感L2，电流途径是C2上正→PN8024的SW脚入→MOS管→电阻R→GND脚出→电感L2→C5→地→C2的下负，电流流过L2，L2会产生左正右负的电动势，当PWM脉冲为低电平时，MOS管截止，无电流流过MOS管和储能电感L2，L2马上产生左负右正的电动势，该电动势对C5充电，充电途径为L2右正→C5→VD3→L2左负，在C5上得到上正下负的约12V的电压。L2的左负右正的电动势还会通过VD2对C4充电，让C4在PN8024启动结束正常工作时为V_{DD}脚提供工作兼输出取样电压。

当输出电压（C5两端的电压）升高时，C4两端的电压也会上升，PN8024的V_{DD}脚电压上升，EA放大器输出电压上升，PWM放大器反相输入端电压升高，其输出电压下降，控制PWM电路，使之输出的PWM脉冲宽度变窄，MOS管导通时间缩短，流过储能电感L2的电流时间短，L2储能少，在MOS管截止时产生的左负右正的电压低，对C5充电电流减小，C5两端电压下降。

当负载电流超过预设定值时，系统会进入过载保护，当COMP电压超过3.7V，经过固定50ms延迟后让开关管停止工作。由于PN8024将MOS管和PWM控制器集成在一起，使得保护检测电路更易于检测MOS管的温度，当温度超过160℃，芯片进入过热保护状态。

9.2　运算放大器、电压比较器芯片及应用电路

9.2.1　四运算放大器（LM324）及应用电路

LM324是一种带有差动输入的内含四个运算放大器的集成电路。与一些单电源应用场合的标准运算放大器相比，LM324具有工作电压范围宽（3~30V）、静态电流小的优点。

1. 外形

LM324封装形式主要有双列直插式和贴片式，其外形如图9-23所示。

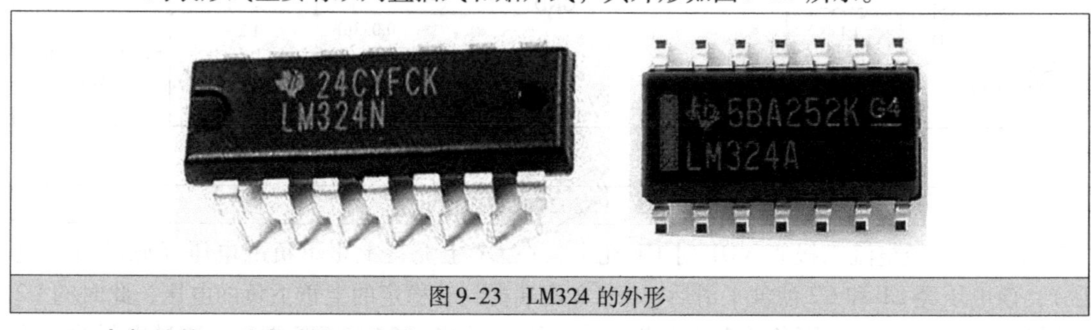

图9-23　LM324的外形

2. 内部结构、引脚功能和特性

LM324内部结构、引脚功能和特性如图9-24所示，LM324单个运算放大器的电路结构与LM358是相同的。

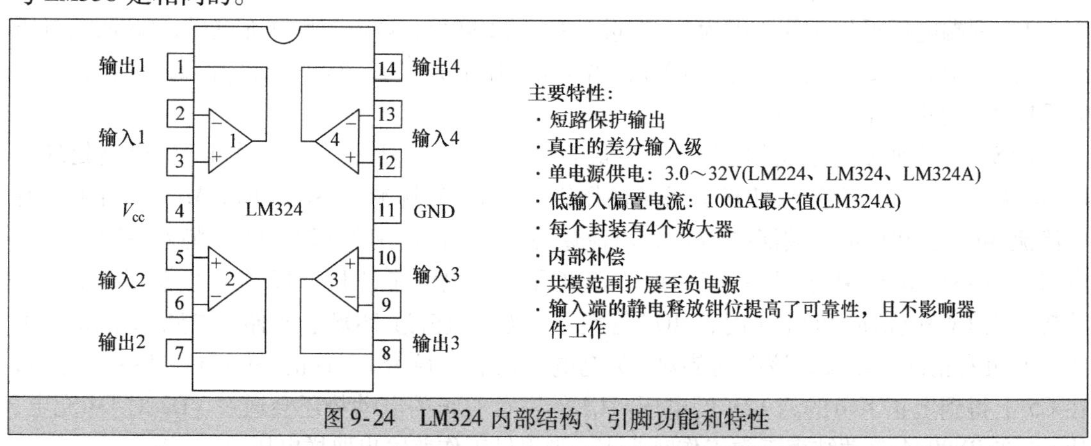

图9-24　LM324内部结构、引脚功能和特性

3. 应用电路

图9-25是一个采用LM324构成的交流信号三路分配器。A1~A4为LM324的四个运算放大器，它们均将输出端与反相输入端直接连接构成电压跟随器，其放大倍数为1（即对信号无放大功能），电压跟随器输入阻抗很高，几乎不需要前级电路提供信号电流（只要前级电路送信号电压即可）。输入信号送到第一个运算放大器的同相输入端，然后

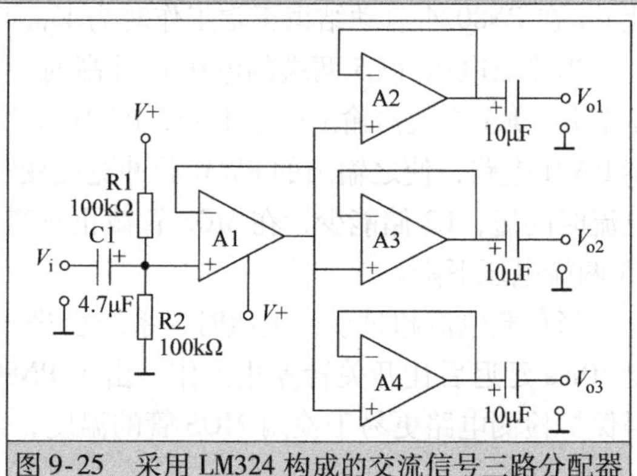

图9-25　采用LM324构成的交流信号三路分配器

从输出端输出，分作三路，分别送到运算放大器 A2、A3、A4 的同相输入端，再从各个输出端输出去后级电路。

9.2.2 四电压比较器（LM339）内部电路

LM393 是一个内含四个独立电压比较器的集成电路，可以单电源供电（2 ~ 36V），也可以双电源供电（±1 ~ ±18V）。

1. 外形

LM339 封装形式主要有双列直插式和贴片式，其外形如图 9-26 所示。

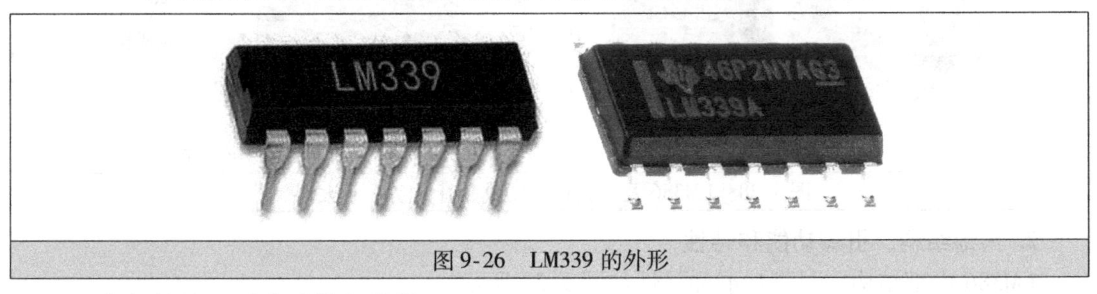

图 9-26 LM339 的外形

2. 内部结构、引脚功能和特性

LM339 内部结构、引脚功能和特性如图 9-27 所示，LM339 单个运算放大器的电路结构与 LM393 是相同的。

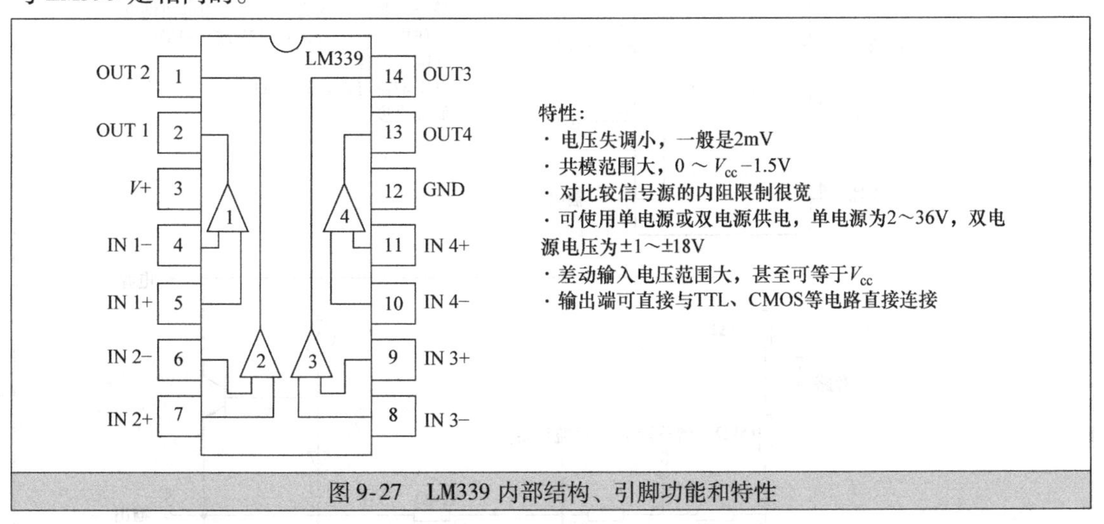

图 9-27 LM339 内部结构、引脚功能和特性

9.3 音频功放器芯片及应用电路

9.3.1 音频功率放大器（LM386）及应用电路

LM386 是一种音频功率放大集成电路，具有功耗低、增益可调整、电源电压范围大、外接元器件少和总谐波失真小等优点，主要用在低电压电子产品中。

LM386 在 1、8 脚之间不接元器件时，电压增益最低（20 倍），如果在两引脚间外接一只电阻和电容，就可以调节电压增益，最大可达 200 倍。LM386 的输入端以地为参考，同时输出端被自动偏置到电源电压的一半，在6V电源电压下，其静态功耗仅为24mW，故LM386特别适合在用电池供电的场合使用。

1. 外形

LM386封装形式主要有双列直插式和贴片式，LM386及由其构成的成品音频功率放大器如图9-28所示。

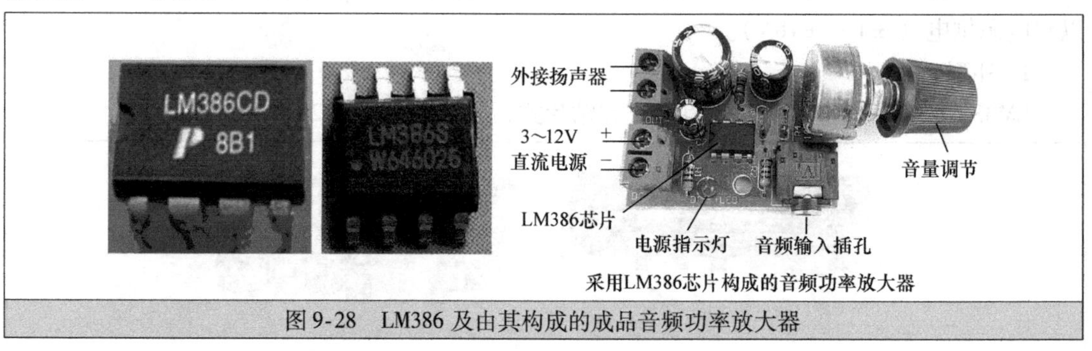

图9-28　LM386及由其构成的成品音频功率放大器

2. 内部结构、引脚功能和特性

LM386内部结构、引脚功能和特性如图9-29所示。

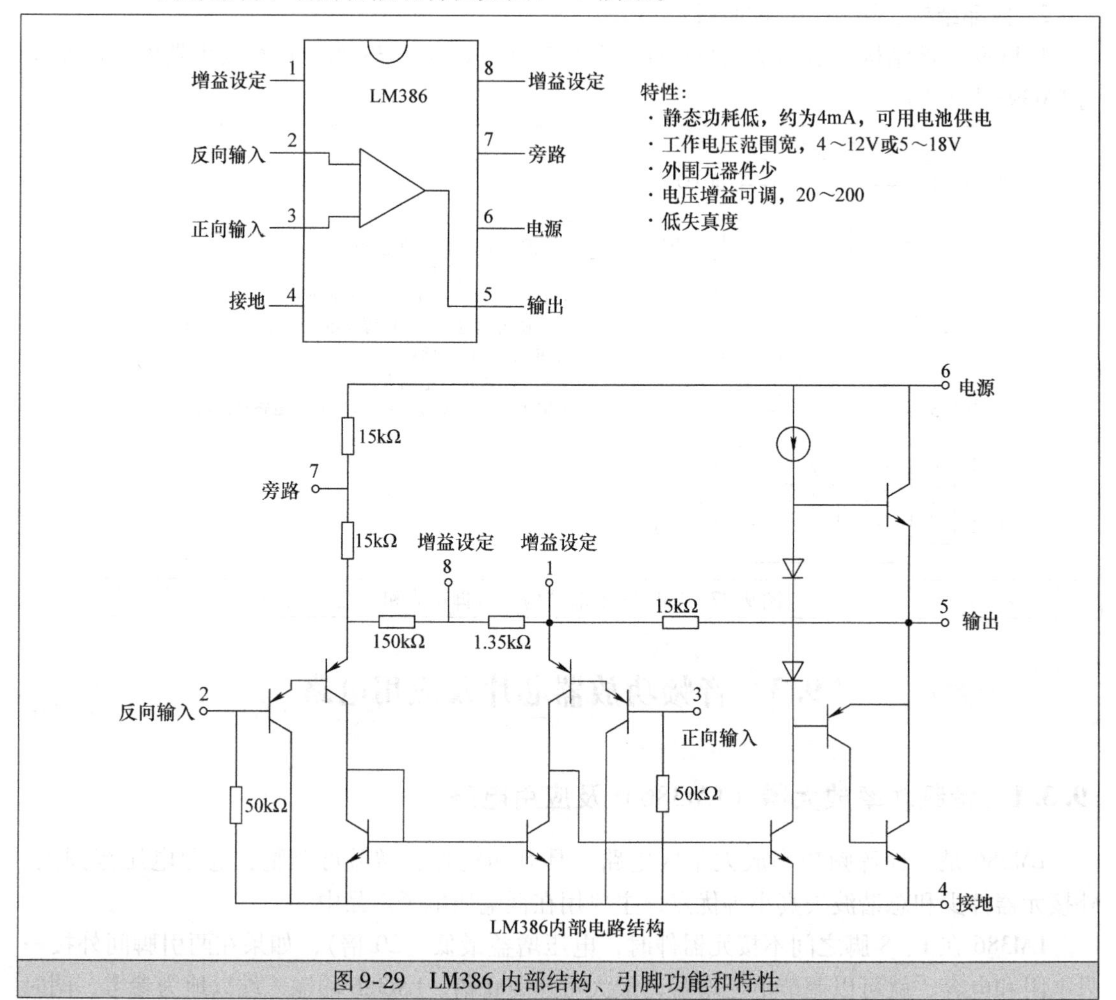

图9-29　LM386内部结构、引脚功能和特性

3. 应用电路

图9-30是采用LM386构成的三种音频功率放大器，音频信号从V_{in}端送入，经电位器调节后送到LM386的3脚（正输入端），在内部放大后从5脚（输出端）输出，经电容后送入扬声器，使之发声。

图9-30a是LM386构成的增益为20倍的音频功率放大电路，该电路中的LM386的1、8脚（增益设定脚）和7脚（旁路脚）均悬空，此种连接时LM386的电压增益最小，为20倍。

图9-30b是LM386构成的增益为50倍的音频功率放大电路，该电路中的LM386的1、8脚（增益设定脚）之间接有一个1.2kΩ的电阻和一个10μF的电容，7脚（旁路脚）通过一个旁路电容接地，此种连接时LM386的电压增益为50倍。

图9-30c是LM386构成的增益为200倍的音频功率放大电路，该电路中的LM386的1、8脚（增益设定脚）之间仅连接一个10μF的电容，7脚（旁路脚）通过一个旁路电容接地，此种连接时LM386的电压增益最大，为200倍。

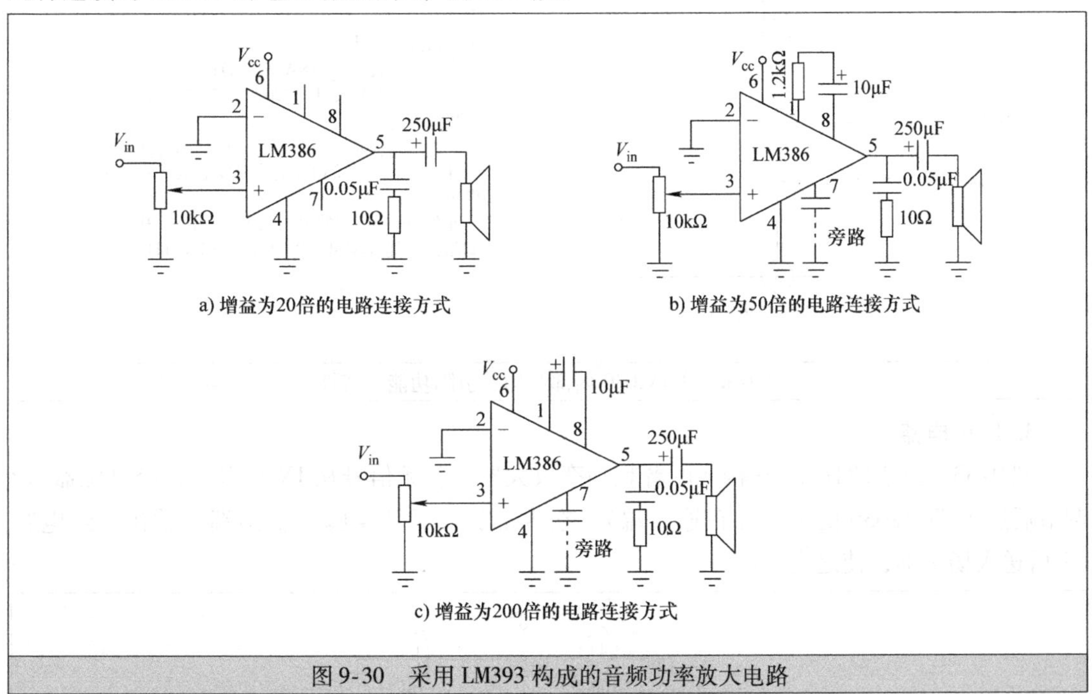

图9-30　采用LM393构成的音频功率放大电路

9.3.2　音频功率放大器（TDA2030）及应用电路

TDA2030A是一种体积小、输出功率大、失真小且内部有保护电路的音频功率放大集成电路。该集成电路广泛用于计算机外接的有源音箱、汽车立体声音响和中功率音响设备中。很多公司生产同类产品，虽然其内部电路略有差异，但引出脚位置及功能均相同，可以互换。

1. 外形

TDA2030及由其构成的成品双声道音频功放器如图9-31所示。

图 9-31　TDA2030 及由其构成的成品双声道音频功放器

2. 内部结构、引脚功能和特性

TDA2030 内部结构、引脚功能和特性如图 9-32 所示。

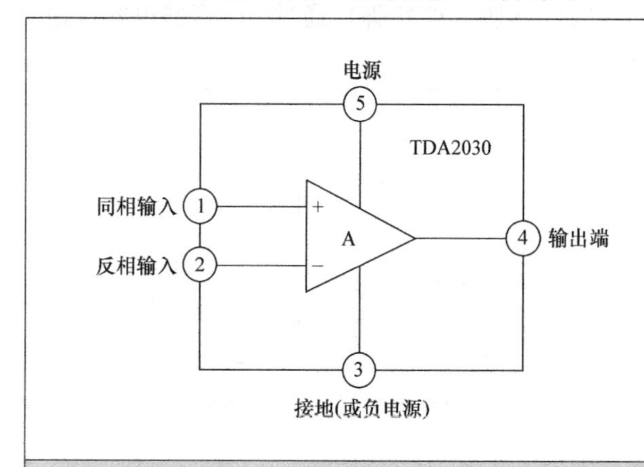

特性:

· 外接元器件少

· 输出功率大，P_o=18W(R_L=4Ω)

· 采用超小型封装(T0−220)，可提高组装密度

· 开机冲击小

· 内含短路保护、热保护、地线偶然开路、电源极性反接(V_{max}=12V)及负载泄放电压反冲等保护电路

· 可在±6～±22V的电压下工作。在±19V、8Ω阻抗时能够输出16W的有效功率，THD≤0.1%

图 9-32　TDA2030 内部结构、引脚功能和特性

3. 应用电路

图 9-33 是采用 TDA2030 构成的音频功率放大器，音频信号从 IN 端送入，经电位器 RP 调节后送到 TDA2030 的 1 脚（正输入端），在内部放大后从 4 脚（输出端）输出，经电容 C7 后送入扬声器，使之发声。

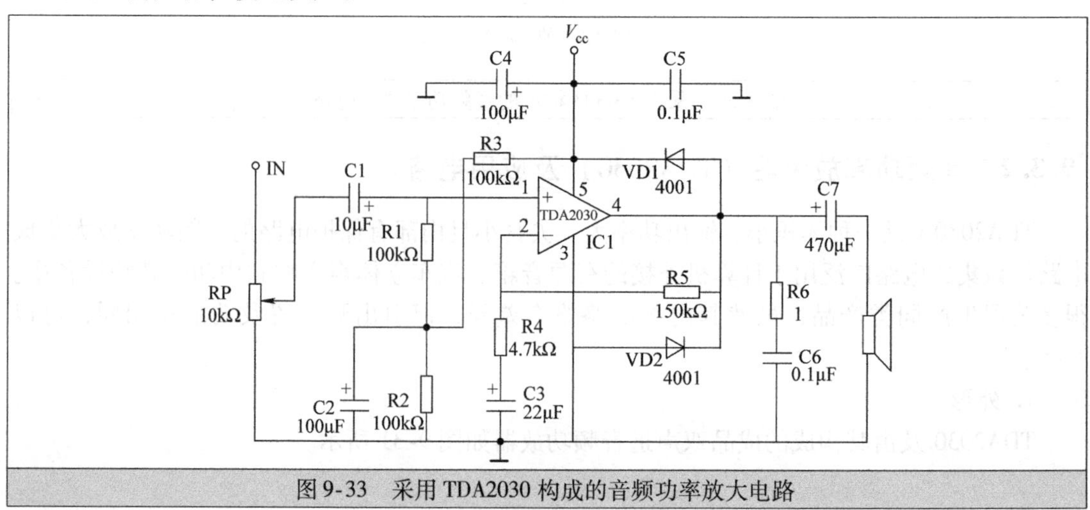

图 9-33　采用 TDA2030 构成的音频功率放大电路

RP为音量电位器，滑动端上移时送往后级电路的音频信号电压增大，音量增大；V_{cc}电源经R3、R2分压得到$1/2V_{cc}$，再通过R1送到TDA2030的同相输入端，提供给内部电路作为偏置电压（单电源时偏置电压为电源电压的一半）；C2、C4、C5为电源滤波电容，用于滤除电源中的杂波成分，使电压稳定不波动；R5为反馈电阻，可以改善TDA2030内部电路的性能，减小放大失真；R4、C3为交流旁路电路，可以提高TDA2030的增益；VD1、VD2分别用于抑制输出端的大幅度正、负干扰信号，输出端正的信号幅度过大时，VD1导通，使正信号幅度不超过V_{cc}，输出端负的信号幅度过大时，VD2导通，使负信号幅度不低于0V；扬声器是一个感性元件（内部有线圈），在两端并联R6、C6可以改善高频性能。

9.4　驱动芯片及应用电路

9.4.1　7路大电流达林顿晶体管驱动芯片（ULN2003）及应用电路

ULN2003是一个由7个达林顿管（复合晶体管）组成的7路驱动放大芯片，在5V的工作电压下能与TTL和CMOS电路直接连接。ULN2003与MC1413P、KA2667、KA2657、KID65004、MC1416、ULN2803、TD62003和M5466P等，都是16引脚的反相驱动集成电路，可以互换使用。

1. 外形

ULN2003封装形式主要有双列直插式和贴片式，其外形如图9-34所示。

图9-34　ULN2003的外形

2. 内部结构、引脚功能和主要参数

ULN2003内部结构、引脚功能和主要参数如图9-35所示。ULN2003内部有7个驱动单元，1~7脚分别为各驱动单元的输入端，10~16脚为各驱动单元输出端，8脚为各驱动单元的接地端，9脚为各驱动单元保护二极管负极的公共端，可接电源正极或悬空不用。ULN2003内部7个驱动单元是相同的，单个驱动单元的电路结构如图所示，晶体管VT1、VT2构成达林顿晶体管（又称复合晶体管），3个二极管主要起保护作用。

3. 应用电路

图9-36是采用ULN2003作驱动电路的空调器辅助电热器控制电路，该电路用到了两个继电器分别控制L、N电源线的通断，有些空调器仅用一个继电器控制L线的通断。当室外温度很低（0℃左右）或人为开启辅助电热功能时，单片机从辅热控制脚输出高电平，ULN2003的6、11脚之间的内部晶体管导通，继电器KA1、KA2线圈均有电流通过，KA1、KA2的触点均闭合，L、N线的电源加到辅助电热器的两端，辅助电热器有电流流过而发热。在辅助电热器供电电路中，一般会串接10A以上的熔断器，当流过电热器的电流过大

时，熔断器熔断，有些辅助电热器上还会安装热保护器，当电热器温度过高时，热保护器断开，温度下降一段时间后会自动闭合。

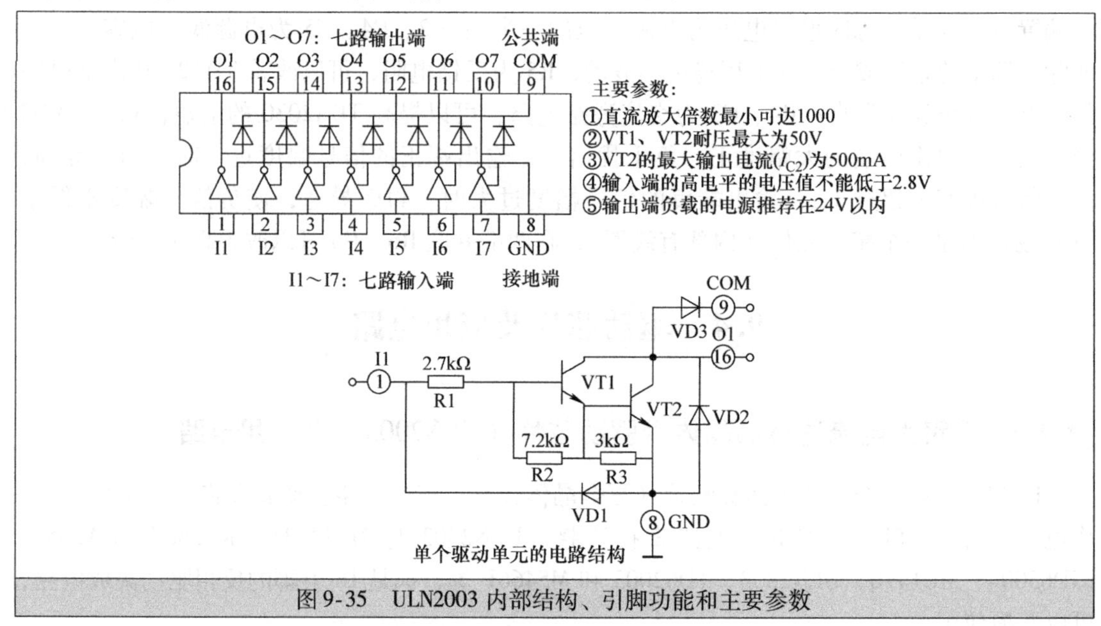

图 9-35　ULN2003 内部结构、引脚功能和主要参数

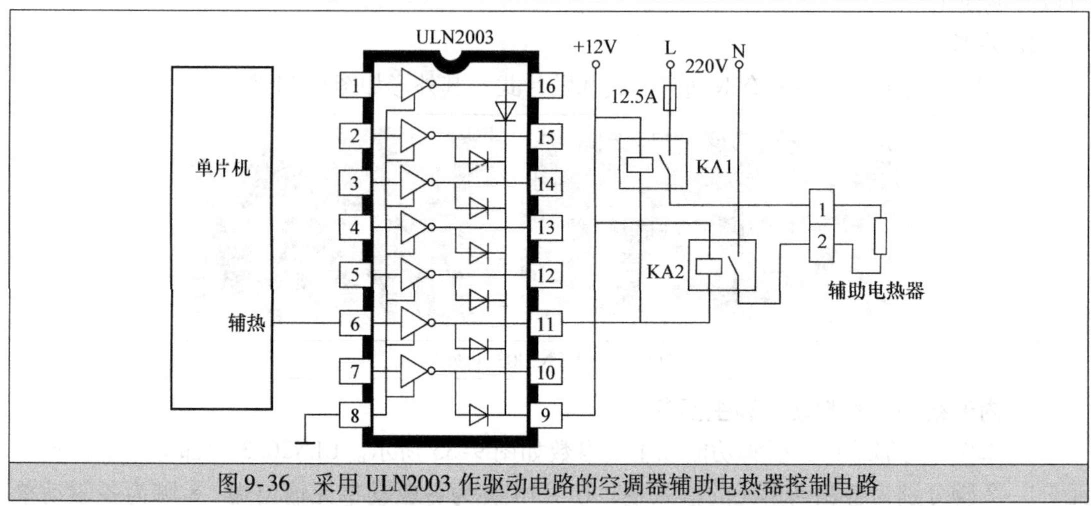

图 9-36　采用 ULN2003 作驱动电路的空调器辅助电热器控制电路

9.4.2　单全桥/单 H 桥/电机驱动芯片（L9110）及应用电路

L9110 是一款为控制和驱动电机设计的双通道推挽式功率放大的单全桥驱动芯片。该芯片有两个 TTL/CMOS 兼容电平的输入端，两个输出端可以直接驱动电机正反转，每通道能通过 800mA 的持续电流（峰值电流允许 1.5A），内置的钳位二极管能释放感性负载（含线圈的负载，如继电器、电机）产生的反电动势。L9110S 广泛应来驱动玩具汽车电机、脉冲电磁阀门、步进电机和开关功率管等。

1. 外形

L9110 封装形式主要有双列直插式和贴片式，其外形如图 9-37 所示。

2. 内部结构、引脚功能和特性

L9110 内部结构、引脚功能、特性和输入输出关系如图 9-38 所示，L9110 内部 4 个晶体管 VT1 ~ VT4 构成全桥，也称 H 桥。

图 9-37　L9110 的外形

3. 应用电路

图 9-39 是采用 L9110 作驱动电路的直流电机正反转控制电路。当单片机输出高电平（H）到 L9110 的 IA 端时，内部的晶体管 VT1、VT4 导通（见图 9-38），有电流流过电机，电流途径是 V_{cc} 端入→VT1 的 ce 极→OA 端出→电机→OB 端入→VT4 的 ce 极→GND，电机正转；当单片机输出高电平（H）到 L9110 的 IB 端（IA 端此时为低电平）时，内部的晶体管 VT2、VT3 导通（见图 9-38），有电流流过电机，电流途径是 V_{cc} 端入→VT2 的 ce 极→OB 端出→电机→OA 端入→VT3 的 ce 极→GND，流过电机的电流方向变反，电机反转。

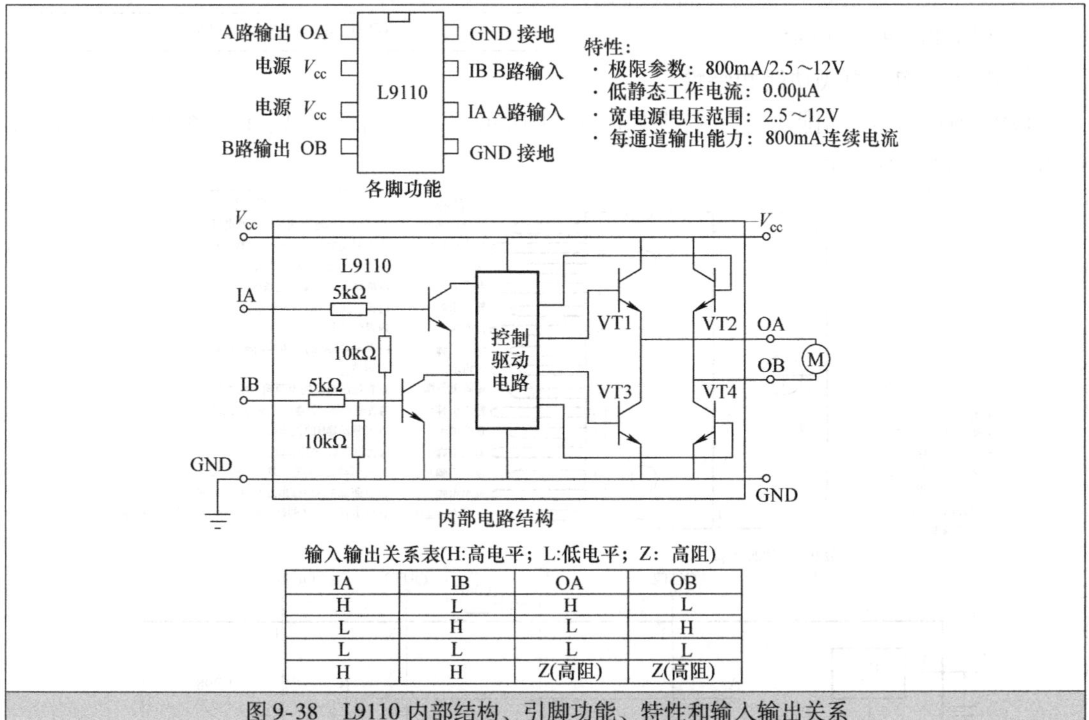

输入输出关系表(H:高电平；L:低电平；Z：高阻)

IA	IB	OA	OB
H	L	H	L
L	H	L	H
L	L	L	L
H	H	Z(高阻)	Z(高阻)

图 9-38　L9110 内部结构、引脚功能、特性和输入输出关系

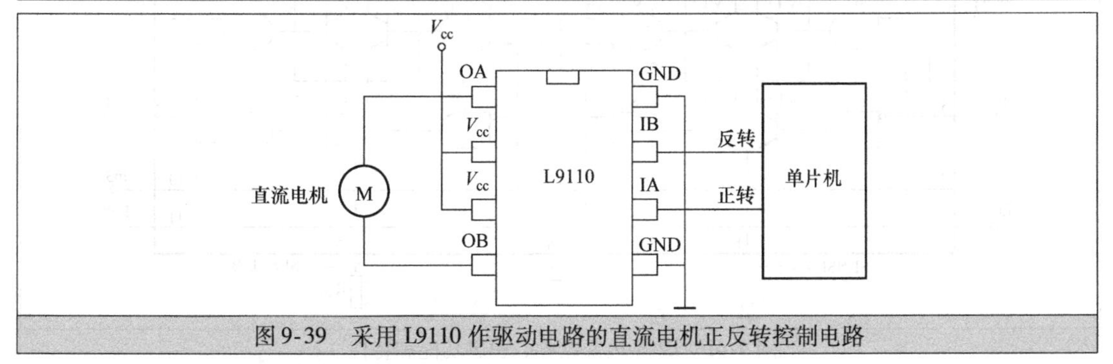

图 9-39　采用 L9110 作驱动电路的直流电机正反转控制电路

9.4.3 双全桥/双 H 桥/电机驱动芯片（L298/L293）及应用电路

L298 是一款高电压大电流的双全桥（双 H 桥）驱动芯片，其额定工作电流为 2A，峰值电流可达 3A，最高工作电压 46V，可以驱动感性负载（如大功率直流电机、步进电机、电磁阀等），其输入端可以与单片机直接连接。L298 用作驱动直流电机时，可以控制两台单相直流电机，也可以控制两相或四相步进电机。

L293 与 L298 一样，内部结构基本相同，除 L293E 为 20 脚外，其他均为 16 脚，额定工作电流为 1A，最大可达 1.5A，电压工作范围为 4.5～36V；V_s 电压最大值也是 36V，一般 V_s 电压（电机电源电压）应该比 V_{ss} 电压（芯片电源电压）高，否则有时会出现失控现象。

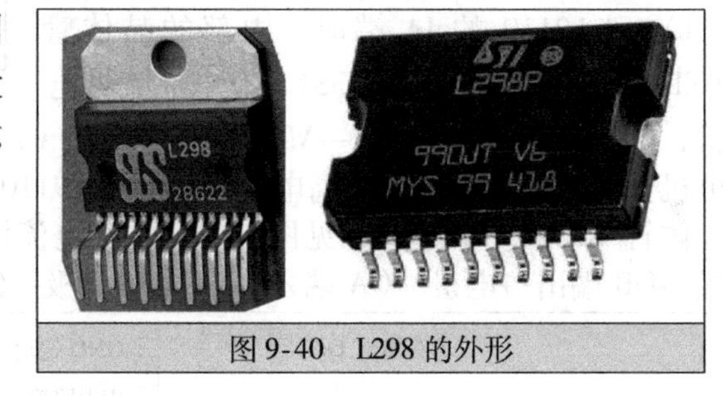

图 9-40　L298 的外形

1. 外形

L298 封装形式主要有双列直插式和贴片式，其外形如图 9-40 所示。

2. 内部结构、引脚功能和特性

L298 内部结构、引脚功能和特性如图 9-41 所示，L298 内部有 A、B 两个全桥（H 桥），而 L9110 内部只有一个全桥。

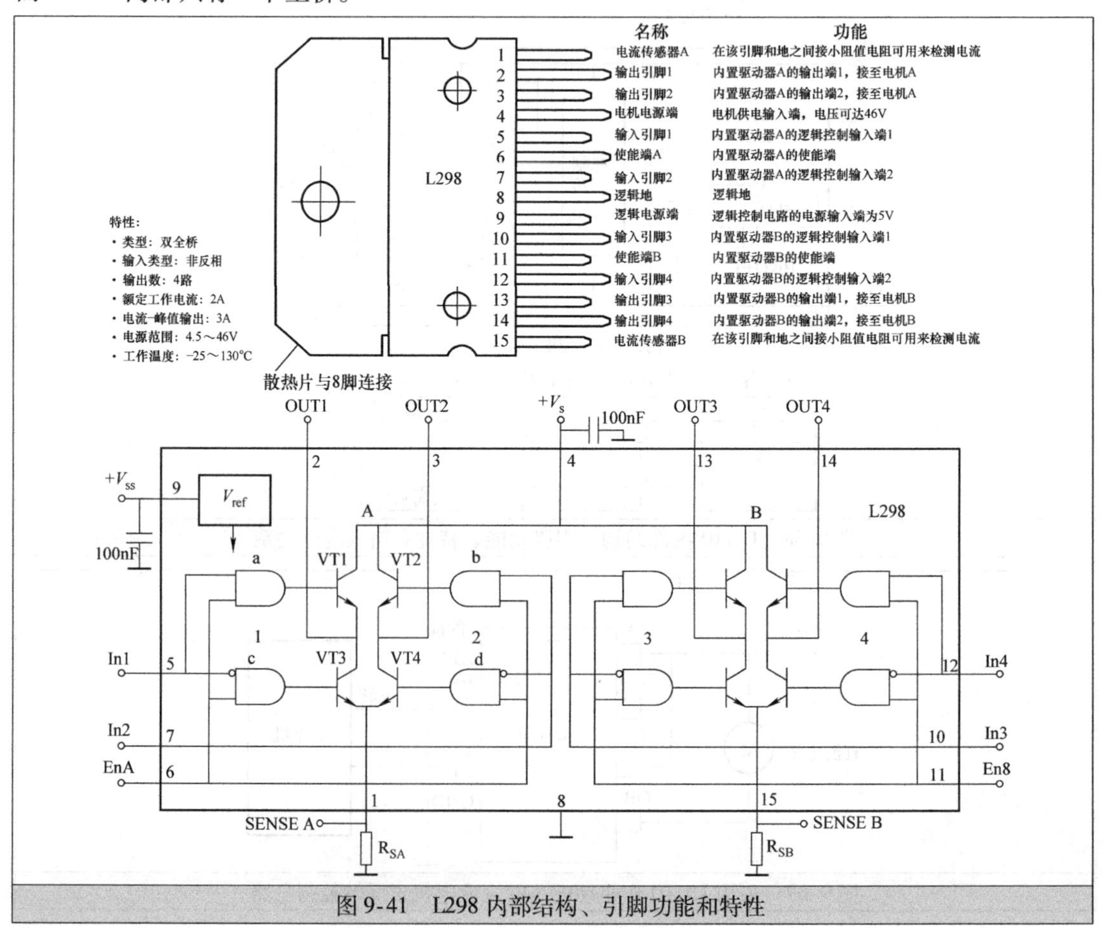

图 9-41　L298 内部结构、引脚功能和特性

3. 应用电路

图 9-42 是采用 L298 作驱动电路的两台直流电机正反转控制电路，两台电机的控制和驱动是相同的，L298 的输入信号与电机运行方式的对应关系见表 9-3，下面以电机 A 控制驱动为例进行说明。

当单片机送高电平（用“1”表示）到 L298 的 ENA 端时，该高电平送到 L298 内部 A 通道的 a ~ d 四个与门（见图 9-41 所示的 L298 内部电路），使之全部开通，单片机再送高电平到 L298 的 IN1 端，送低电平到 IN2 端，IN1 端高电平在内部分作两路，一路送到与门 a 输入端，由于与门另一输入端为高电平（来自 ENA 端），故与门 a 输出高电平，晶体管 VT1 导通，另一路送到与门 b 的反相输入端，取反后与门 b 的输入变成低电平，与门 b 输出低电平，VT3 截止。与此类似，IN2 端输入的低电平会使 VT2 截止、VT4 导通，于是有电流流过电机 A，电流方向是 V_{DD}→L298 的 4 脚入→VT1→2 脚出→电机 A→3 脚入→VT4→1 脚出→地，电机 A 正向运转。

当单片机送“1”到 L298 的 ENA 端时，该高电平使 A 通道的 a ~ d 四个与门全部开通，单片机再送低电平到 L298 的 IN1 端，送高电平到 IN2 端，IN1 端的低电平使内部的 VT1 截止、VT3 导通，IN2 端的高电平使内部的 VT2 导通、VT4 截止，于是有电流流过电机 A，电流方向是 V_{DD}→L298 的 4 脚入→VT2→3 脚出→电机 A→2 脚入→VT3→1 脚出→地，电机 A 的电流方向发生改变，反向运转。

当 L298 的 ENA 端 =1、IN1 =1、IN2 =1 时，VT1、VT2 导通（VT3、VT4 均截止），相当于在内部将 2、3 脚短路，也即直接将电机 A 的两端直接连接，这样电机惯性运转时内部绕组产生的电动势有回路而有电流流过自身绕组，该电流在流过绕组时会产生磁场阻止电机运行，这种利用电机惯性运转产生的电流形成的磁场对电机进行制动称为再生制动。当 L298 的 ENA 端 =1、IN1 =0、IN2 =0 时，VT3、VT4 导通（VT1、VT1 均截止），对电机 A 进行再生制动。

当 L298 的 ENA 端 =0 时，a ~ d 四个与门全部关闭，VT1 ~ VT4 均截止，电机 A 无外部电流流入，不会主动运转，自身惯性运转产生的电动势因无回路而无再生电流，故不会有再生制动，因此电机 A 处于自由转动。

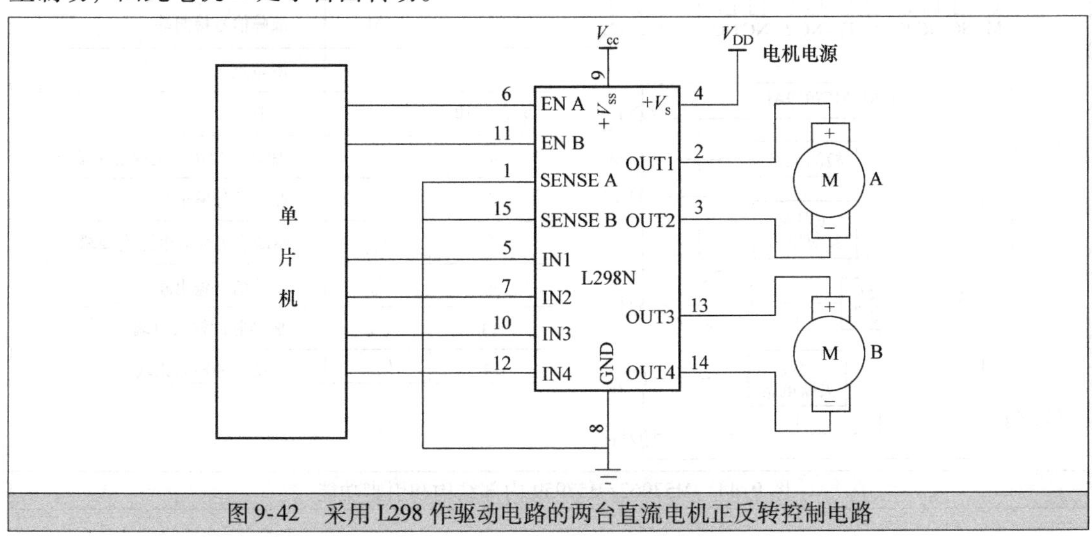

图 9-42 采用 L298 作驱动电路的两台直流电机正反转控制电路

表 9-3　L298 的输入信号与电机运行方式对应关系

输入信号			电机运行方式
使能端 A/B	输入引脚 1/3	输入引脚 2/4	
1	1	0	正转
1	0	1	反转
1	1	1	制动
1	0	0	制动
0	×	×	自动转动

9.4.4　IGBT 驱动芯片（M57962/ M57959）及应用电路

M57962 是一款驱动 IGBT（绝缘栅双极型晶体管）的厚膜集成电路，其内部有 2500V 高隔离电压的光电耦合器，过电流保护电路和过电流保护输出端子，具有封闭性短路保护功能。M57962 是一种高速驱动电路，驱动信号延时 t_{PLH} 和 t_{PHL} 最大为 1.5μs，可以驱动 600V/400V 级别的 IGBT 模块。同一系列的不同型号的 IC 引脚功能和接线基本相同，只是容量、开关频率和输入电流有所不同。

1. 外形

M57962 是一种功率较大的厚膜集成电路，其外形如图 9-43 所示。

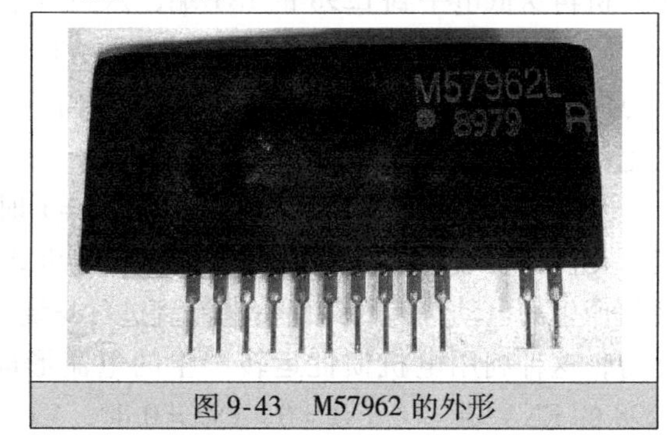

图 9-43　M57962 的外形

2. 内部结构和引脚功能

M57962/M57959 内部结构和引脚功能如图 9-44 所示。

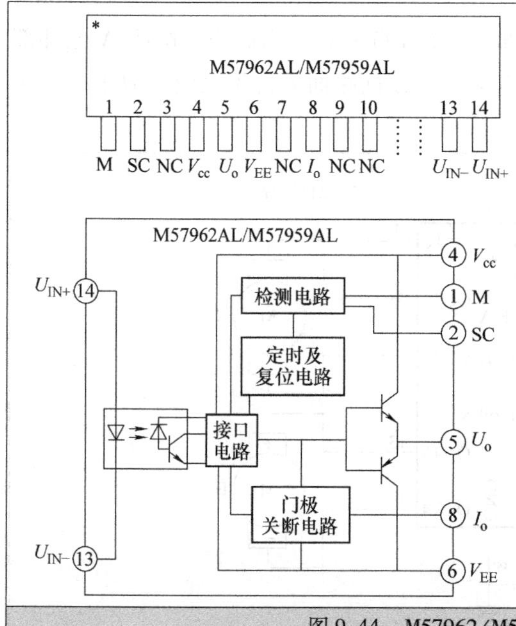

引脚号	符号	名称
1	M	故障信号检测端
2	SC	测量点
3, 7, 9, 10	NC	空脚
4	V_{cc}	驱动输出级正电源连接端
5	U_o	驱动信号输出端
6	V_{EE}	驱动输出级负电源连接端
8	I_o	故障信号输出端
13	U_{IN-}	驱动脉冲输入负端
14	U_{IN+}	驱动脉冲输入正端

图 9-44　M57962/M57959 内部结构和引脚功能

3. 应用电路

图9-45是采用M57962的IGBT驱动电路。有关电路送来的驱动脉冲 U_i 经倒相放大后送到M57962的13脚，在内部经光电耦合器传送到内部电路进行放大。当IC1的4、5脚之间的内部晶体管导通时（参见图9-44的M57962内部结构），+15V电压从IC1的4脚输入，经内部晶体管后从5脚输出，送到IGBT的G极，IGBT导通；当IC1的5、6脚之间的内部晶体管导通时，5脚经导通的晶体管与6脚外部的-10V电压连接，5脚电压被拉到-10V，IGBT的G极也为-10V，IGBT关断。

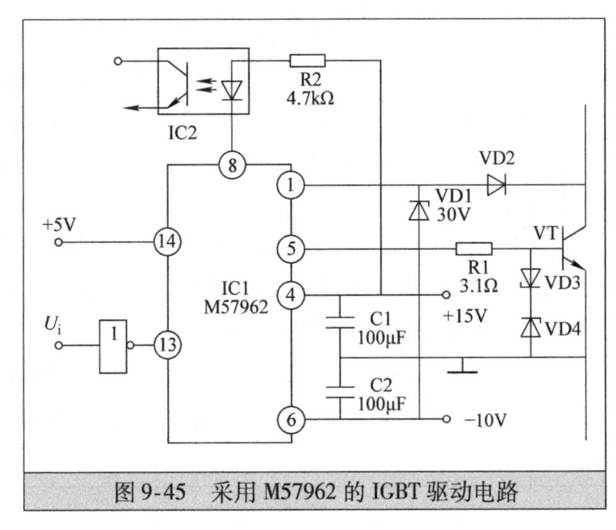

图9-45　采用M57962的IGBT驱动电路

稳压二极管VD3、VD4的作用是防止IGBT的栅、射极之间正、负电压过大而击穿栅、射极，另外当IGBT出现漏、栅极短路，过高的漏极电压会通过栅极送到M57962的5脚，损坏M57962内部电路，VD3、VD4则可以通过导通将栅极钳在一个较低的电压。VD1可将IC1的1脚电压控制在20V以下。VD2为过电流检测二极管，当流过IGBT的电流过大时，IGBT集-射极之间压降增大（正常导通时压降约为2V，过电流时可达7V），VD2负极电压升高，IC1的1脚电压上升，IC1内部与检测电路控制有关的电路慢速关断4、5脚和5、6脚之间的晶体管，让IGBT关断，同时从8脚还输出故障指示信号（低电平），通过外接的光电耦合器IC2和有关电路指示IGBT存在过电流故障。

9.5　74系列数字电路芯片及应用电路

9.5.1　8路三态输出D型锁存器芯片（74HC573）及应用电路

74HC573是一种8路三态输出D型锁存器芯片，输出为三态门，能驱动大电容或低阻抗负载，可直接与系统总线连接并驱动总线，适用于缓冲寄存器、I/O通道、双向总线驱动器和工作寄存器等。

1. 外形

74HC573封装形式主要有双列直插式和贴片式，其外形与封装形式如图9-46所示。

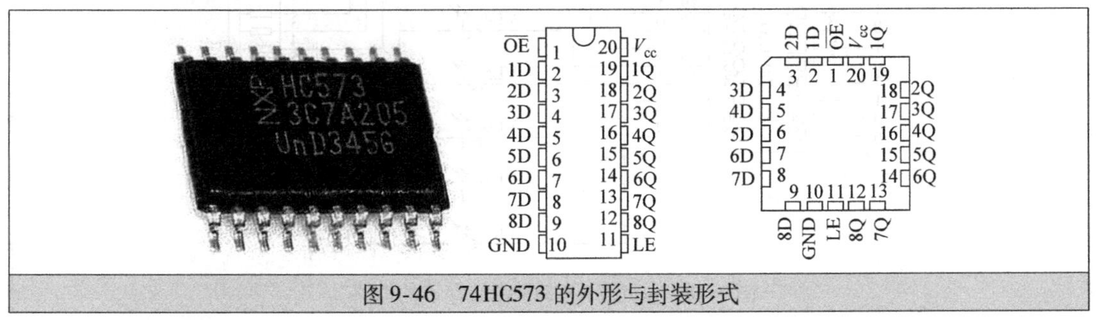

图9-46　74HC573的外形与封装形式

2. 内部结构与真值表

74HC573 的内部结构与真值表如图 9-47 所示，图中仅画出了一路电路结构，其他七路与此相同，真值表中的“X”表示任意值，“Z”表示高阻态。

当$\overline{OE}$（输出允许控制）端为低电平、LE（锁存控制）端为高电平时，输出端（Q 端）与输入端（D 端）状态保持一致，即输入端为高电平（或低电平）时，输出端也为高电平（或低电平）。

当$\overline{OE}$端 = L（低电平）、LE 端 = L 时，输出端状态不受输入端控制，输出端保持先前的状态（LE 端变为低电平前输出端的状态），此时不管输入端状态如何变化，输出端状态都不会变化，即输出状态被锁存下来。

当$\overline{OE}$端 = H（高电平）时，输出端与输入端断开，不管 LE 端和输入端为何状态值，输出端均为高阻态（相当于输出端与输入端之间断开，好像两者之间连接了一个阻值极大的电阻）。

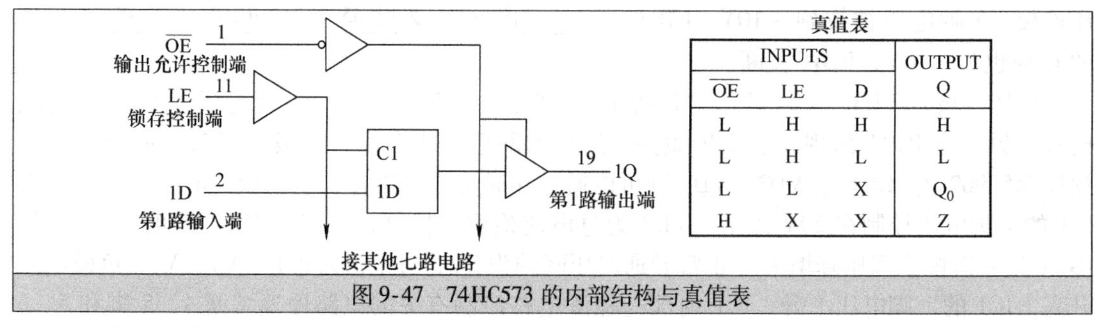

真值表

INPUTS			OUTPUT
$\overline{OE}$	LE	D	Q
L	H	H	H
L	H	L	L
L	L	X	Q_0
H	X	X	Z

图 9-47　74HC573 的内部结构与真值表

3. 应用电路

图 9-48 是采用 74HC573 作锁存器的电路。当$\overline{OE}$ = 0、LE = 1 时，74HC573 输出端的值与输入端保持相同，D0 ~ D7 端输入值为 10101100，输出端的值也为 10101100，然后让LE = 0，输出端的值马上被锁存下来，此时即使输入端的值发生变化，输出值不变，仍为 10101100，发光二极管 VL2、VL4、VL7、VL8 点亮，其他发光二极管则不亮。如果让$\overline{OE}$ = 1，74HC573 的输出端变为高阻态（相当于输出端与内部电路之间断开），8 个发光二极管均熄灭。

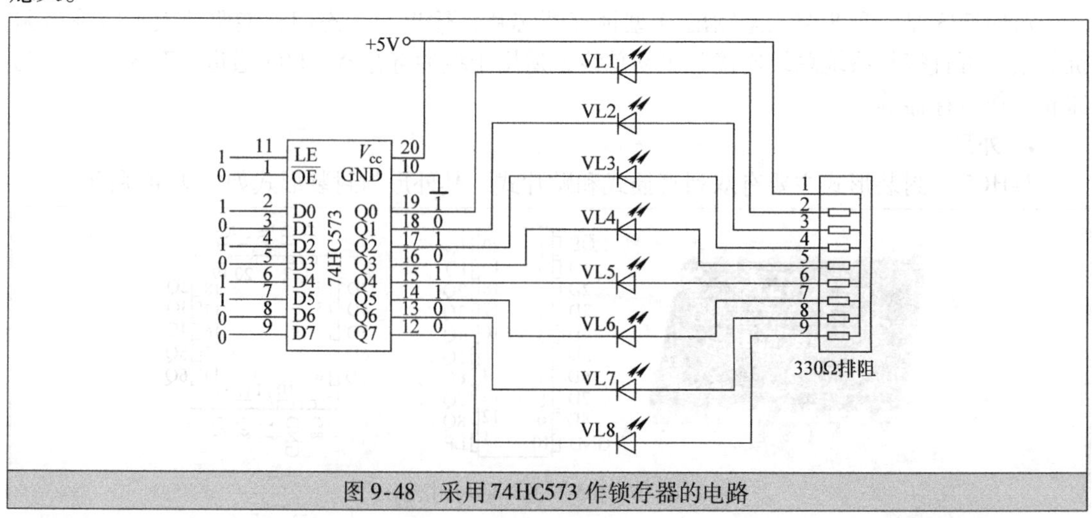

图 9-48　采用 74HC573 作锁存器的电路

9.5.2　3－8 线译码器/多路分配器芯片（74HC138）及应用电路

74HC138 是一种 3－8 线译码器，可以将 3 位二进制数译成 8 种不同的输出状态。

1. 外形

74HC138 封装形式主要有双列直插式和贴片式，其外形与封装形式如图 9-49 所示。

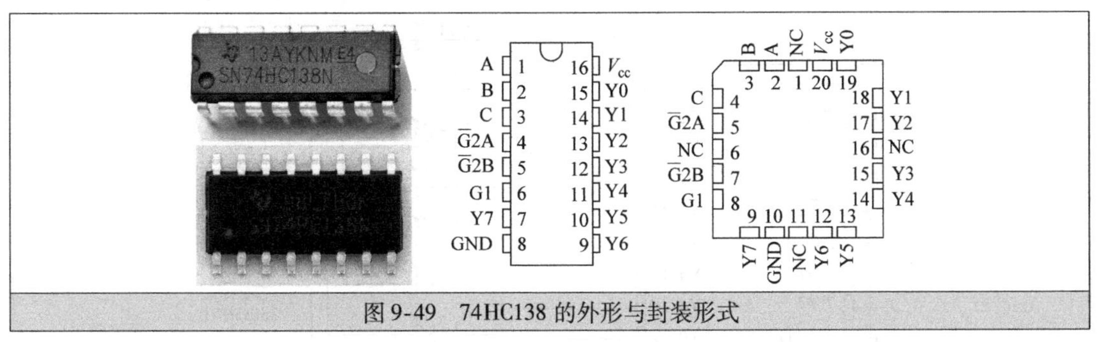

图 9-49　74HC138 的外形与封装形式

2. 真值表

表 9-4 为 74HC138 的真值表。

表 9-4　74HC138 的真值表

输入						输出							
使能			选择										
G1	$\overline{G2A}$	$\overline{G2B}$	C	B	A	Y0	Y1	Y2	Y3	Y4	Y5	Y6	Y7
X	H	X	X	X	X	H	H	H	H	H	H	H	H
X	X	H	X	X	X	H	H	H	H	H	H	H	H
L	X	X	X	X	X	H	H	H	H	H	H	H	H
H	L	L	L	L	L	L	H	H	H	H	H	H	H
H	L	L	L	L	H	H	L	H	H	H	H	H	H
H	L	L	L	H	L	H	H	L	H	H	H	H	H
H	L	L	L	H	H	H	H	H	L	H	H	H	H
H	L	L	H	L	L	H	H	H	H	L	H	H	H
H	L	L	H	L	H	H	H	H	H	H	L	H	H
H	L	L	H	H	L	H	H	H	H	H	H	L	H
H	L	L	H	H	H	H	H	H	H	H	H	H	L

从真值表不难看出：

1）当 G1＝L 或 G2＝H（$G2=\overline{G2A}+\overline{G2B}$）时，C、B、A 端无论输入何值，输出端均为 H。即 G1＝L 或 G2＝H 时，译码器无法译码。

2）当 G1＝H、G2＝L 时，译码器允许译码，当 C、B、A 端输入不同的代码时，相应的输出端会输出低电平，如 CBA＝001 时，Y1 端会输出低电平（其他输出端均为高电平）。

3. 应用电路

74HC138 的应用电路如图 9-50 所示。图中 74HC138 的 G1 端接 V_{cc} 电源，G1 为高电平，$\overline{G2A}$、$\overline{G2B}$ 均接地，$\overline{G2A}$、$\overline{G2B}$ 都为低电平，译码器可以进行译码工作，当输入端 CBA＝

000 时，输出端 Y0 = 0（Y1 ~ Y7 均为高电平），发光二极管 VL1 点亮，当输入端 CBA = 011 时，从表 9-4 可以看出，输出端 Y3 = 0（其他输出端均为高电平），发光二极管 VL4 点亮。如果将 G1 端改接地，即让 G1 = 0，74HC138 不会译码，输入端 CBA 无论为何值，所有的输出端均为高电平。

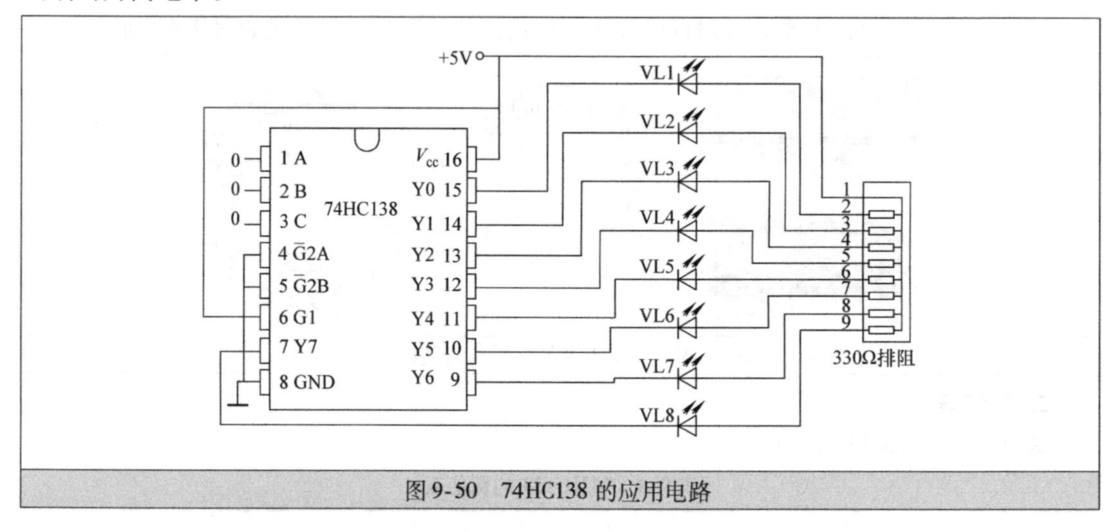

图 9-50　74HC138 的应用电路

9.5.3　8 位串行输入并行输出芯片（74HC595）电路原理

74HC595 是一种 8 位串行输入并行输出芯片，并行输出为三态（高电平、低电平和高阻态）。

1. 外形

74HC595 封装形式主要有双列直插式和贴片式，其外形与封装形式如图 9-51 所示。

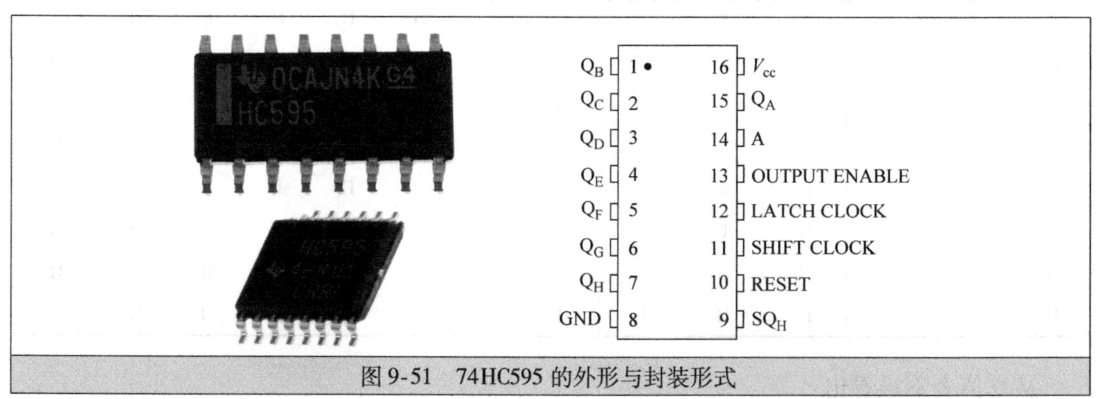

图 9-51　74HC595 的外形与封装形式

2. 内部结构与工作原理

74HC595 的内部结构如图 9-52 所示。

8 位串行数据从 74HC595 芯片的 14 脚由低位到高位输入，同时从 11 脚输入移位脉冲，该脚每输入一个移位脉冲（脉冲上升沿有效），14 脚的串行数据就移入 1 位，第 1 个移位脉冲输入时，8 位串行数据（10101011）的第 1 位（最低位）数据“1”被移到内部 8 位移位寄存器的 Y0 端，第 2 个移位脉冲输入时，移位寄存器 Y0 端的“1”移到 Y1 端，8 位串行数据的第 2 位数据“1”被移到移位寄存器的 Y0 端……第 8 个移位脉冲输入时，8 位串行数据全部移入移位寄存器，Y7～Y0 端的数据为 10101011，这些数据（8 位并行数据）送到 8 位数据锁存器的输入端，如果芯片的锁存控制端（12 脚）输入一个锁存脉冲（一个脉冲上升沿），锁存器马上将这些数据保存在输出端，如果芯片的输出控制端（13 脚）为低电平，8 位并行数据马上从 Q7～Q0 端输出，从而实现了串行输入并行输出转换。

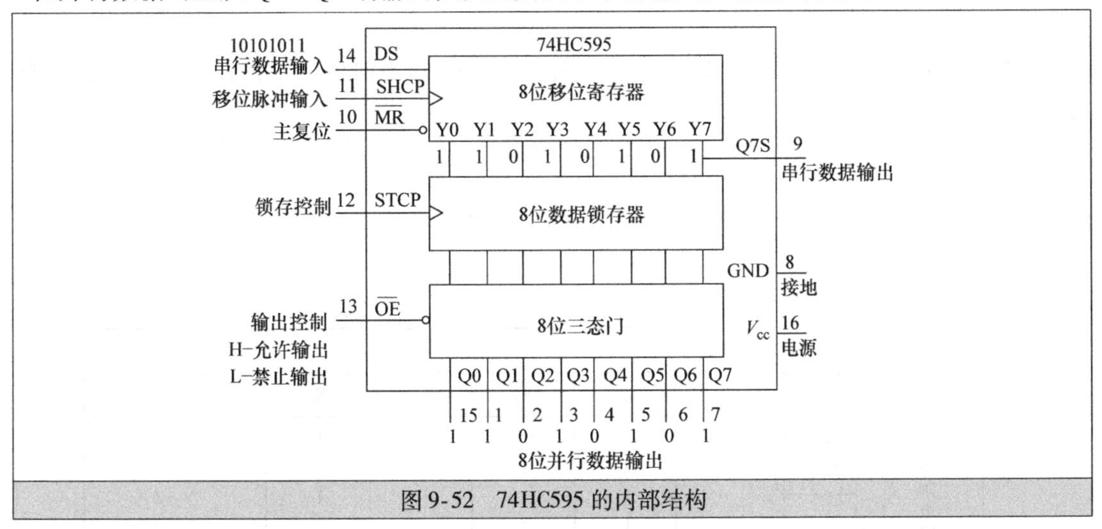

图 9-52 74HC595 的内部结构

8 位串行数据全部移入移位寄存器后，如果移位脉冲输入端（11 脚）再输入 8 个脉冲，移位寄存器的 8 位数据将会全部从串行数据输出端（9 脚）移出。给 74HC595 的主复位端（10 脚）加低电平，移位寄存器输出端（Y7～Y0 端）的 8 位数据全部变成 0。

9.5.4 8 路选择器/分配器芯片（74HC4051）电路原理

74HC4051 是一款 8 通道模拟多路选择器/多路分配器芯片，它有 3 个选择控制端（S0～S2），1 个低电平有效使能端（$\overline{E}$），8 个输入/输出端（Y0～Y7）和 1 个公共输入/输出端（Z）。

1. 外形

74HC4051 封装形式主要有双列直插式和贴片式，其外形与封装形式如图 9-53 所示。

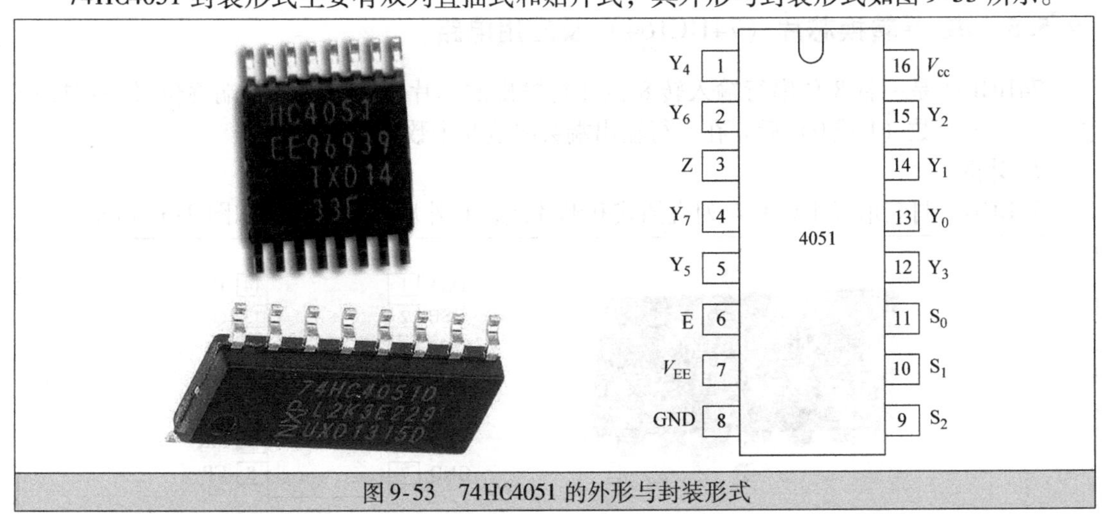

图 9-53 74HC4051 的外形与封装形式

2. 内部结构与真值表

74HC4051 的内部结构与真值表如图 9-54 所示，Y0～Y7 端可以当作 8 个输出端，也可以当作 8 个输入端，Z 端可以当作是一个输入端，也可以是一个输出端，但 Y 端和 Z 端不能同时是输入端或输出端。

当$\overline{E}$（使能控制）端为低电平，S_3、S_2、S_0 端均为低电平时，Y0 通道接通，见图 9-54 真值表，Z 端输入信号可以通过 Y0 通道从 Y0 端输出，或者 Y0 端输入信号可以通过 Y0 通道从 Z 端输出。

当$\overline{E}$（使能控制）端为高电平时，无论 S_3、S_2、S_0 端为何值，不选择任何通道，所有通道关闭。

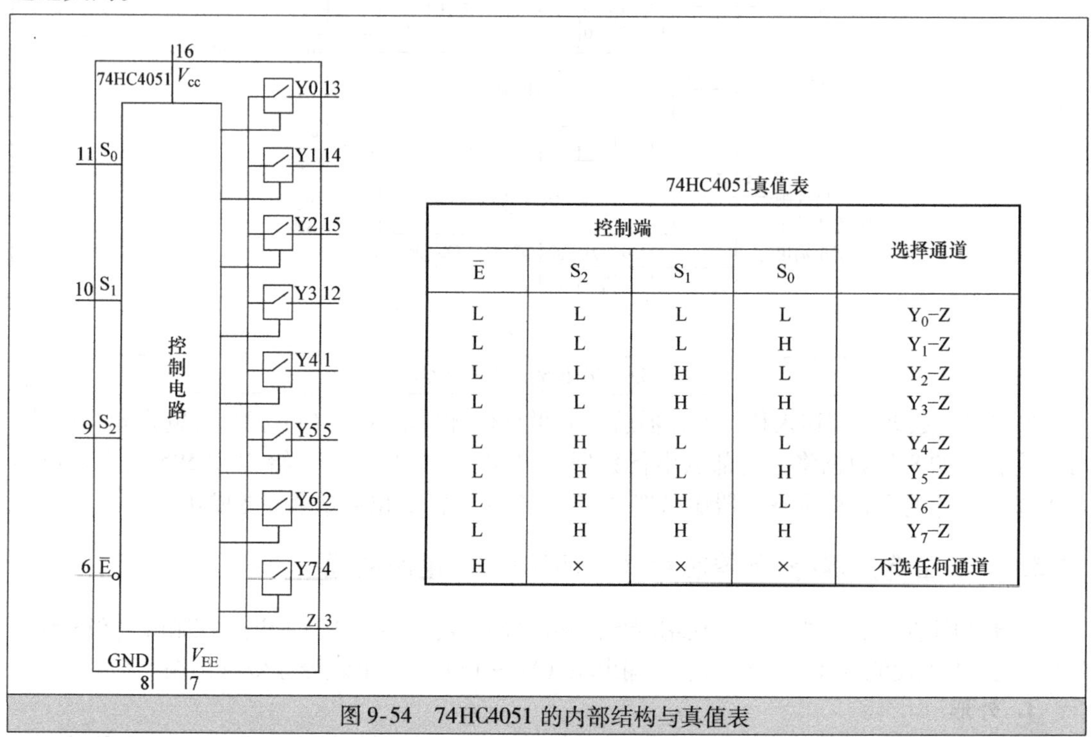

74HC4051真值表

控制端				选择通道
$\overline{E}$	S_2	S_1	S_0	
L	L	L	L	Y_0-Z
L	L	L	H	Y_1-Z
L	L	H	L	Y_2-Z
L	L	H	H	Y_3-Z
L	H	L	L	Y_4-Z
L	H	L	H	Y_5-Z
L	H	H	L	Y_6-Z
L	H	H	H	Y_7-Z
H	×	×	×	不选任何通道

图 9-54　74HC4051 的内部结构与真值表

9.5.5　串/并转换芯片（74HC164）及应用电路

74HC164 是一款 8 位串行输入转 8 位并行输出的芯片，当串行输入端逐位（一位接一位）送入 8 个数（1 或 0）后，在并行输出端会将这 8 个数同时输出。

1. 外形

74HC164 封装形式主要有双列直插式和贴片式，其外形与引脚名称如图 9-55 所示。

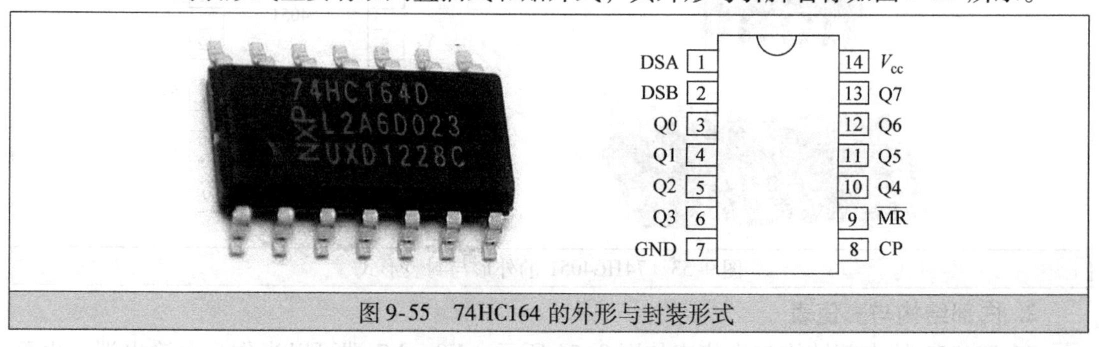

图 9-55　74HC164 的外形与封装形式

2. 内部结构与工作原理

74HC164 的内部结构如图 9-56 所示。DSA、DSB 为两个串行输入端，两者功能一样，可使用其中一个，也可以将两端接在一起当作一个串行输入端；CP 为移位脉冲输入端，每输入一个脉冲，DSA 或 DSB 端的数据就会往内移入一位；$\overline{MR}$为复位端，当该端为低电平时，对内部 8 位移位寄存器进行复位，8 位并行输出端 Q7 ~ Q0 的数据全部变为 0；Q7 ~ Q0 为 8 位并行输出端。

3. 应用电路

图 9-57 是单片机利用 74HC164 将 8 位串行数据转换成 8 位并行数据传送给外部设备的电路。

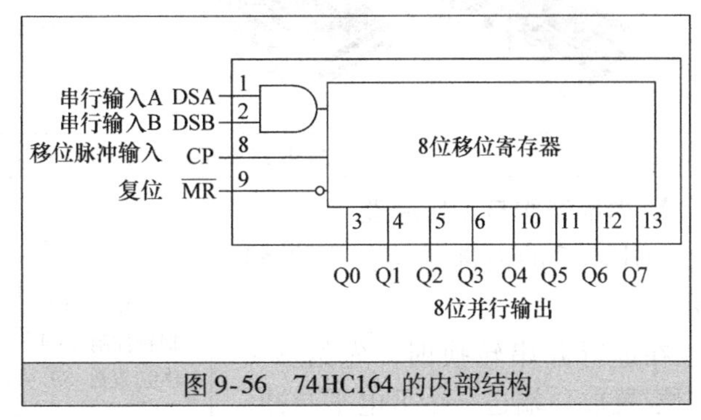

图 9-56　74HC164 的内部结构

在单片机发送数据前，先从 P1.0 引脚发出一个清 0 信号（低电平）到 74HC164 的$\overline{MR}$引脚，对其进行清 0，让输出端 Q7 ~ Q0 的数全部为“0”，然后单片机从 RXD 端（P3.0 引脚）送出 8 位数据（如 10110010）到 74HC164 的串行输入端（DS 端），与此同时，单片机从 TXD 端（P3.1 引脚）输出移位脉冲到 74HC164 的 CP 引脚。

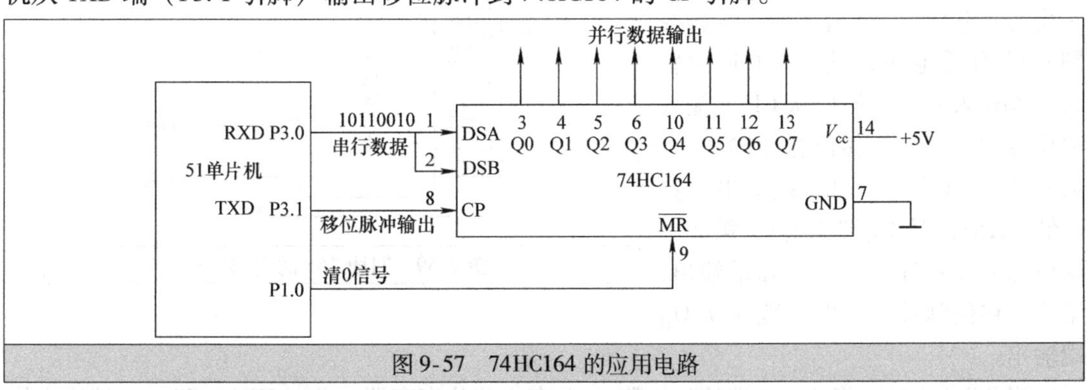

图 9-57　74HC164 的应用电路

当第 1 个移位脉冲送到 74HC164 的 CP 端时，第 1 位数“1（最高位）”被移入芯片，Q0 端输出 1（Q1 ~ Q7 即为 0）；当第 2 个移位脉冲送到 CP 端时，第 2 位数“0”被移入芯片，从 Q0 端输出 0（即 Q0 = 0），Q0 端先前的 1 被移到 Q1 端（即 Q1 = 1）。当第 8 个移位脉冲送到 CP 端时，第 8 位数据“0（最低位）”被移入芯片，此时 Q7 ~ Q0 端输出的数据为 10110010。也就是说，当 74HC164 的 CP 端输入 8 个移位脉冲后，DS 端依次从高到低逐位将 8 位数据移入芯片，并从 Q7 ~ Q0 端输出，从而实现了串并转换。

9.5.6　并/串转换芯片（74HC165）及应用电路

74HC165 是一款 8 位并行输入转 8 位串行输出的芯片，当并行输入端送入 8 位数后，这 8 位数在串行输出端会逐位输出。

1. 外形

74HC165 封装形式主要有双列直插式和贴片式，其外形与和引脚名称如图 9-58 所示。

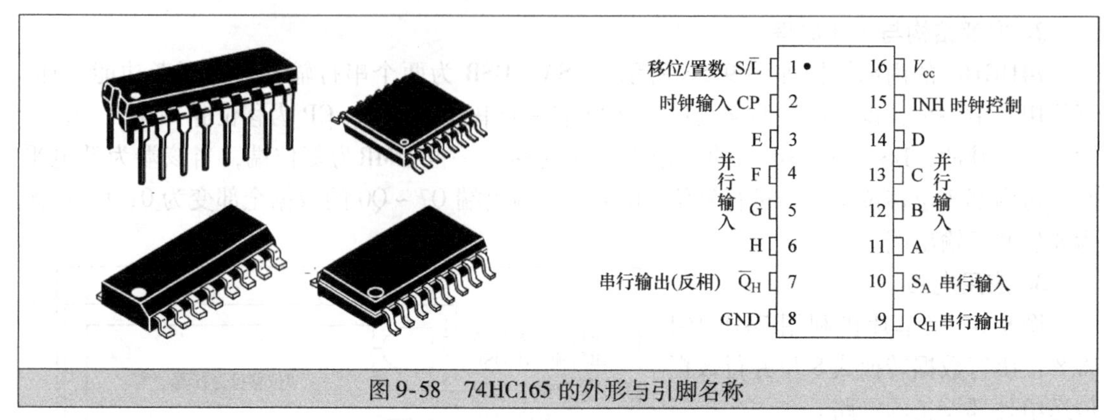

图 9-58　74HC165 的外形与引脚名称

2. 内部结构与工作原理

74HC165 的内部结构如图 9-59 所示。

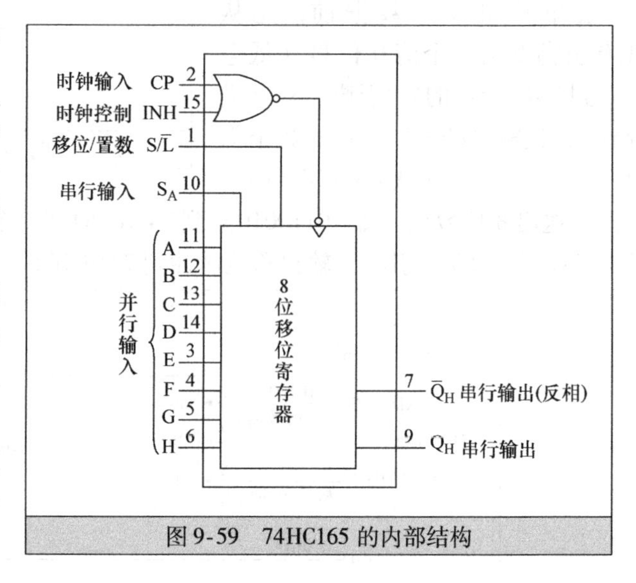

图 9-59　74HC165 的内部结构

在进行并串转换时，先给 S/$\overline{L}$（移位/置数）端送一个低电平脉冲，A ~ H 端的 8 位数 a ~ h 被存入内部的移位寄存器，S/$\overline{L}$（移位/置数）端变为高电平后，再让 INH（时钟控制）端为低电平，使 CP（时钟输入）端输入有效，然后从 CP 端输入移位脉冲，第 1 个移位脉冲输入时，数 g 从 Q_H（串行输出）端输出（数 h 在存数时已从 Q_H端输出），第 2 个移位脉冲输入时，数 f 从 Q_H端输出，第 7 个移位脉冲输入时，数 a 从 Q_H端输出。

当 S/$\overline{L}$ = 0 时，将 A ~ H 端的 8 位数 a ~ h 存入移位寄存器，此时 INH、CP、S_A端输入均无效，Q_H输出最高位数 h；当 S/$\overline{L}$ = 1、INH = 0 时，CP 端每输入一个脉冲，移位寄存器的 8 位数会由高位到低位从 Q_H端输出一位数，S_A（串行输入）端则会将一位数移入移位寄存器最低位（移位寄存器原最低位数会移到次低位）；当 S/$\overline{L}$ = 1、INH = 1 时，所有的输入均无效。

3. 应用电路

图 9-60 是利用 74HC165 将 8 位并行数据转换成 8 位串行数据传送给单片机的电路。

在单片机在接收数据时，先从 P1.0 引脚发出一个低电平脉冲到 74HC165 的 S/$\overline{L}$端，将 A ~ H 端的 8 位数据 a ~ h 存入 74HC165 内部的 8 位移位寄存器，S/$\overline{L}$端变为高电平后，单片机从 P3.1 端送出移位脉冲到 74HC165 的 CP 端（INH 接地为低电平，CP 端输入有效），在移位脉冲的作用下，8 位数据 a ~ h 按照 h、g、…、a 的顺序逐位从 Q_H端输出，送入单片机的 P3.0（RXD）端。

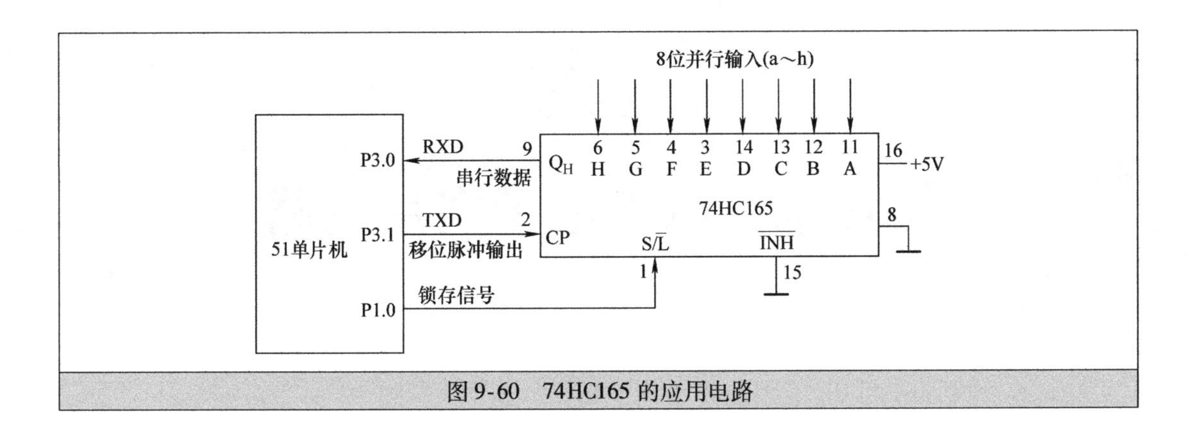

图 9-60　74HC165 的应用电路

第10章　电工电子实用电路

10.1　电源与充电器电路

10.1.1　单、倍压整流电源电路

单、倍压整流电源电路如图 10-1 所示。

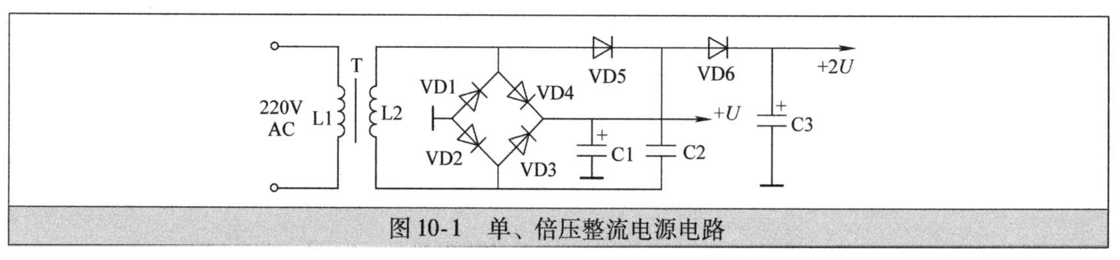

图 10-1　单、倍压整流电源电路

220V 电压经变压器 T 降压，在二次绕组上得到较低的交流电压，该交流电压一方面经 VD1～VD4 构成的桥式整流电路对 C1 充电，在 C1 上得到电压 $+U$，T 二次绕组上电压另一方面经 VD5、C2 和 VD6、C3 构成的倍压整流电路整流后，在 C3 上得到 $+2U$ 电压。

倍压整流电路工作过程是，当 T 二次绕组 L2 上的电压极性为上正下负时，该电压经 VD5 对 C2 充电，在 C2 上充得上正下负的 $+U$ 电压，当交流电压负半周来时，L2 上的电压极性是上负下正，它与 C2 上正下负的电压叠加在一起，通过 VD6 对 C3 充电，充电途径是，C2 上正→VD6→C3→地→VD1→L2 上负，结果在 C3 上充得 $+2U$ 电压。

10.1.2　0～12V 可调电源电路

0～12V 可调电源是一个将 220V 交流电压转换成直流电压的电源电路，通过调节电位器可使输出的直流电压在 0～12V 范围内变化。图 10-2 是 0～12V 可调电源的电路图。

220V 交流电压经变压器 T 降压后，在二次绕组 A、B 端得到 15V 交流电压，该交流电压通过 VD1～VD4 构成的桥式整流电路对电容 C1 充电，在 C1 上得到 18V 左右的直流电压，该直流电压一方面加到晶体管 VT（又称调整管）的集电极，另一方面经 R1、VS 构成的稳压电路稳压后，在 VS 负极得到 13V 左右的电压，此电压再经电位器 RP 送到晶体管 VT 的基极，晶体管 VT 导通，有电流 I_b、I_c 通过 VT 对电容 C5 充电，在 C5 上得到 0～12V 左右的直流电压，该电压一方面从接插件 XS2_＋和 XS2_－端输出供给其他电路，另一方面经 R2 为发光二极管 VL 供电，使之发光，指示电源电路有电压输出。

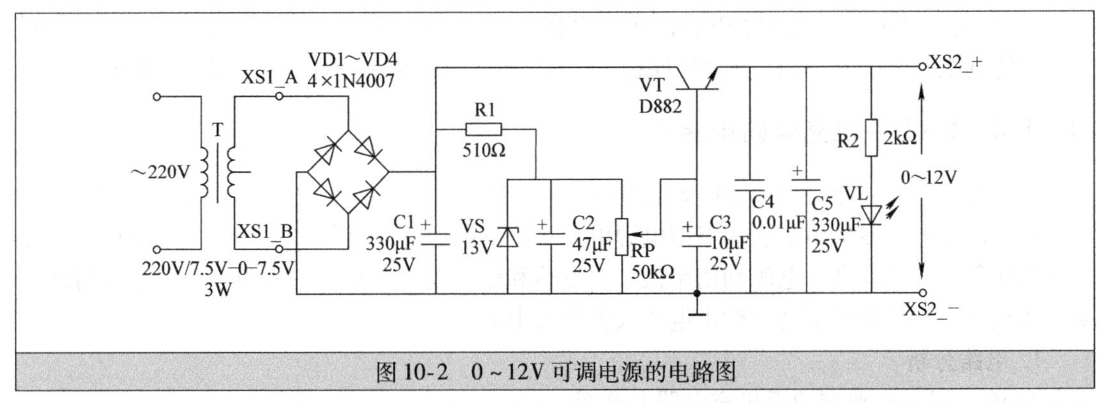

图 10-2 0~12V 可调电源的电路图

电源变压器 T 二次绕组有一个中心抽头端，将二次绕组平均分成两部分，每部分有 7.5V 电压，本电路的电压取自中心抽头以外的两端，电压为 15V（交流电压）。C1、C2、C3、C4、C5 均为滤波电容，用于滤除电压中的脉动成分，使直流电压更稳定。RP 为调压电位器，当滑动端移到最上端时，稳压二极管 VS 负极的电压直接送到晶体管 VT 的基极，VT 基极电压最高，约 13V，VT 导通程度最深，I_b、I_c 最大，C5 两端充得的电压最高，约 12.3V；当 RP 滑动端移到最下端时，VT 基极电压为 0，VT 无法导通，无 I_b、I_c 对 C5 充电，C5 两端电压为 0；调节 RP 可以使 VT 基极电压在 0~13V 范围内变化，由于 VT 发射极较基极低一个门电压（0.5~0.7V），故 VT 发射极电压在 0~12.3V 左右，VT 发射极电压与 C5 上的电压相同。

当电源的 XS2_+、XS2_-端所接负载阻值较小时，C5 往负载放电速度快，C5 两端电压下降，VT 的发射极电压下降，VT 的 I_b 增大，流过 RP 的电流增大，RP 产生的压降大，VT 基极电压下降，也就是说，该电源电路只有调压功能，无稳定输出电压的功能。

10.1.3 采用集成稳压器的可调电源电路

采用集成稳压器的可调电源电路如图 10-3 所示。

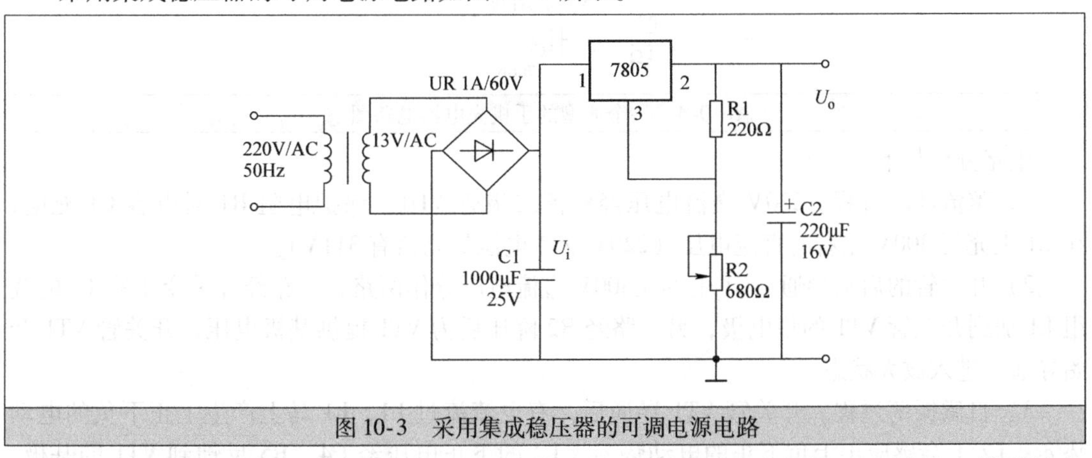

图 10-3 采用集成稳压器的可调电源电路

该电源电路采用了 7805 稳压集成电路，如果 7805 的 3 脚直接接地，其输出端将输出 +5V电压，图中 7805 的 3 脚接在 R1、R2 之间，其输出电压 $U_o = U_i(1 + R_2/R_1)$。只要调节 R2，就可以改变 R2、R1 的比值，从而调节输出电压的大小。为了保证 7805 有较好的稳压效果，要求它的输入电压 U_i 与输出电压 U_o应保持 2V 的差距。

220V 交流电压经变压器降压后，在二次绕组得到 13V 交流电压，整流后在 C1 上得到 +14V 的电压，由于 U_i 与 U_o 至少要保持 2V 的差距，所以输出电压的范围在 5～12V。

10.1.4 USB 手机充电器电路

手机充电器的功能是将 220V 交流电压转换成 5V 左右的直流电压来为手机电池充电。早期的手机充电器多采用串联调整型电源电路，这种电源电路有很多的缺点，如采用的电源变压器体积大、成本高，电源利用率低、易发热和输出电流偏小等，故现在手机充电器基本采用体积小、电源利用率高和输出电流大的开关电源。

1. 电路分析

图 10-4 是一个典型的手机充电器电路图。

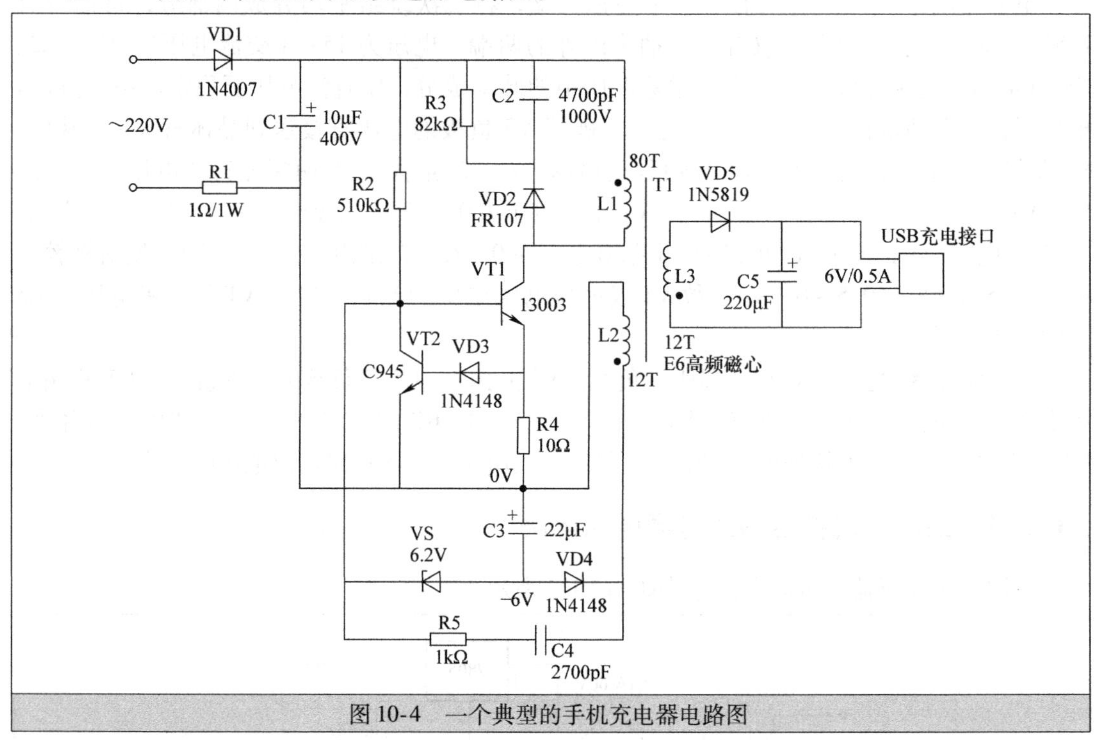

图 10-4　一个典型的手机充电器电路图

电路分析如下：

1）整流滤波过程。220V 交流电压经整流二极管 VD1、保护电阻 R1 对电容 C1 充电，在 C1 上充得 300V 左右的直流电压（220V 交流电压最高值有 311V）。

2）开关管的启动导通。C1 上的 +300V 直流电压分作两路，一路经开关变压器 T1 的绕组 L1 加到开关管 VT1 的集电极，另一路经 R2 降压后为 VT1 提供基极电压，开关管 VT1 开始导通，进入放大状态。

3）自激振荡过程。开关管 VT1 导通后，有电流流过 L1，L1 马上产生上正下负的电动势 e_1，L2 上会感应出上负下正的电动势 e_2，L2 的下正电压经 C4、R5 反馈到 VT1 的基极，VT1 的基极电压 U_{b1} 上升，I_{b1} 增大，I_{c1} 增大，电动势 e_1 增大，感应电动势 e_2 也增大，L2 的下正电压更高，VT1 的基极电压 U_{b1} 再上升，从而形成强烈的正反馈，正反馈如下：

$$U_{b1}\uparrow \rightarrow I_{b1}\uparrow \rightarrow I_{c1}\uparrow \rightarrow e_1\uparrow \rightarrow e_2\uparrow \rightarrow \text{L2下正电压}\uparrow$$

正反馈结果使开关管 VT1 的 I_{b1}、I_{c1}不断增大，当 I_{b1}增大而 I_{c1}不再随之增大（I_{c1}保持不变），VT1 由放大进入饱和状态，VT1 饱和后，L2 上的电动势 e_2 对反馈电容 C4 充电（充电途径为 L2 下正→C4→R5→VT1 的 b 极→e 极→R4→L2 的上负），在 C4 上充得左负右正的电压，C4 的左负电压使 VT1 的 U_{b1}下降，I_{b1}减小，随着 C4 充电的进行，U_{b1}不断下降，I_{b1}不断减小，当 I_{b1}减小到一定值时，I_{b1}减小，I_{c1}也减小，开关管 VT1 由饱和退出进入放大状态。VT1 进入放大状态后，I_{c1}减小使 L1 上产生上负下正的电动势 e_1'，L2 上感应出上正下负的电动势 e_2'，L2 的下负电压经 C4、R5 反馈到 VT1 的基极，VT1 的基极电压 U_{b1}下降，I_{b1}减小，I_{c1}减小，e_1'增大，感应电动势 e_2'也增大，L2 的下负电压更低，VT1 的基极电压 U_{b1}再下降，从而形成强烈的正反馈，正反馈如下：

$$U_{b1}\downarrow \rightarrow I_{b1}\downarrow \rightarrow I_{c1}\downarrow \rightarrow e_1'\uparrow \rightarrow e_2'\uparrow \rightarrow \text{L2下负电压}\downarrow$$

正反馈结果使开关管 VT1 的 I_{b1}、I_{c1}不断减小，当 I_{b1}减小到 0 时 I_{c1}也为 0，VT1 由放大进入截止状态，在 VT1 截止期间，C1 上的 300V 电压经 R2 对反馈电容 C4 充电（充电途径为 C1 上正→R2→R5→C4→L2→C2 下负），充电先将 C4 上左负右正的电压抵消，再充得左正右负的电压，C4 左正电压使 VT1 的 U_{b1}上升，当 U_{b1}上升到一定值时，VT1 导通，由截止进入放大状态，VT1 进入放大状态后，有 I_{b1}、I_{c1}流过，I_{c1}在流经 L1 时，L1 产生上正下负的电动势 e_1，L2 上感应出上负下正的电动势 e_2，通过反馈使电路开始下一次振荡。

4）输出电压及稳压过程。电源在自激振荡时，开关管 VT1 工作在开关状态（即导通、截止状态），在 VT1 处于导通状态时，开关变压器 T1 的 L1 上电动势的极性为上正下负，L2、L3 上的感应电动势极性均为上负下正，二极管 VD4、VD5 均无法导通，当 VT1 处于截止状态时，L1 上电动势的极性为上负下正，L2、L3 上的感应电动势极性均为上正下负，二极管 VD4、VD5 均导通。L3 上的电动势经 VD5 对 C5 充电，在 C5 上充得约 6V 的电压，该电压作为输出电压给手机充电。

L2 上的电动势经 VD4 对 C3 充电（充电途径为 L2 上正→C3→VD4→L2 下负），在 C3 上充得上正下负约 6V 的电压（L2、L3 匝数相同），该电压作为稳压取样电压，由于 C3 上端与 300V 电压的负端连接，电压为固定为 0V，故 C3 下端电压应为 -6V，如果稳压二极管 VS 负极电压高于 0.2V，VS 就会反向击穿，VS 两端电压保持 6.2V 不变。如果 220V 电压上升，C1 充得 300V 电压升高，L1、L2、L3 上的电动势升高，C5 上充得的输出电压和 C3 上的充得取样电压均升高。C3 上的电压高于 6V，由于 C3 上端电压固定为 0V，其下端电压则低于 -6V，因稳压二极管 VS 反向击穿后其两端电压维持 6.2V 电压差不变，故 VS 负极电压低于 0.2V，即 C3 上的电压升高会通过 VS 使开关管 VT1 基极电压下降，VT1 基极电压低，由截止进入导通所需时间长，即截止时间长，导通时间相对缩短，L1 流过电流时间短，储能减少，在 VT1 截止时 L1 产生的电动势低。L3 感应电动势下降，C5 上的输出电压下降，恢复到 6V 电压。

5）过电流保护过程。如果某些原因（如输入电压很高或输出电压负载过重）使 VT2 的 I_{c1}很大，流过电流取样电阻 R4 的电流大，R4 上的电压增大，VT1 的 U_{e1}升高，若 U_{e1}大于 1V，二极管 VD3 和 VT2 的发射结开始导通，即 VT2 会导通，VT2 导通后会使开关管 VT1 的基极电压下降，VT1 的导通时间缩短，这样缩短大电流通过开关管的时间，可避免开关管烧坏，这就像人手指接触高温物体，只要缩短接触时间，手指也不会烫伤一样。在 VT2 基极接二极管 VD3，用于设定过电流保护起控点，只有流过 R4 的电流达到一定值使 VT1 的 U_{e1} 达到 1V 以上时，VD3 才能导通，开始进行过电流保护控制。

6）元器件说明。R1 为大功率低阻值（1W/1Ω）电阻，当电源出现严重的过电流或短路故障时，R1 会开路来切换输入电压，对电源电路进行保护；R3、C2、VD2 为阻尼吸收电路，当开关管 VT1 由导通转为截止瞬间，开关变压器的 L1 会产生很高的上负下正的反峰电压（可达上千伏），如果不降低该电压，它易将开关管 VT1 的 c、e 极之间内部击穿，在 L1 两端并接 R3、C2 和 VD2 后，上负下正的反峰电压会使 VD2 导通而形成回路，反峰电压通过回路迅速被消耗而降低。

2. USB 手机充电器接口类型

手机充电器的 USB 充电接口主要有两种，分别为 Micro USB 接口和 Mini USB 接口，两种接口的宽度相似，而 Micro USB 接口高度约为 Mini USB 接口的一半。Micro USB 接口和 Mini USB 接口内部有五个引脚，其功能如图 10-5 所示，手机充电器接口只使用两端的两个引脚（电源正极、电源负极）。

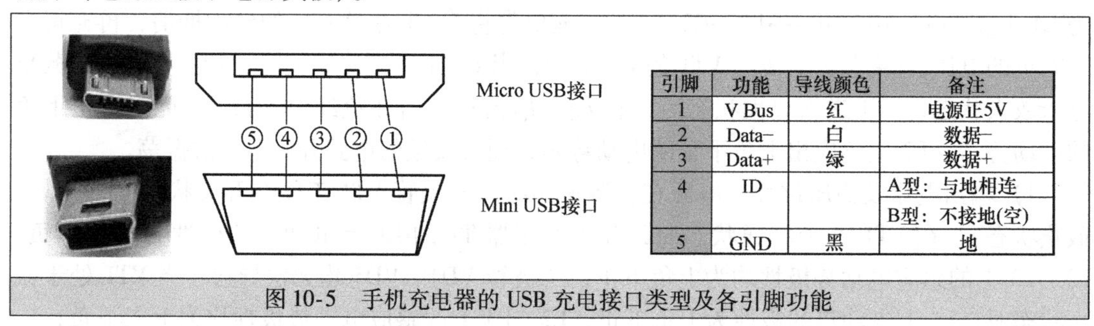

引脚	功能	导线颜色	备注
1	V Bus	红	电源正5V
2	Data−	白	数据−
3	Data+	绿	数据+
4	ID		A型：与地相连 B型：不接地(空)
5	GND	黑	地

图 10-5　手机充电器的 USB 充电接口类型及各引脚功能

10.2　LED 灯电路

10.2.1　LED 灯介绍

LED（发光二极管）通电后会发光，其工作时电流小，电 - 光转换效率高，主要用于指示和照明。用作照明一般使用高亮 LED，其导通电压一般在 3 ~ 3.5V，工作电流一般不能超过 20mA，由于单个 LED 发光亮度不高，故通常将多个 LED 串并联起来并与电源电路做在一起构成 LED 灯。图 10-6 列出了几种常见的 LED 灯。

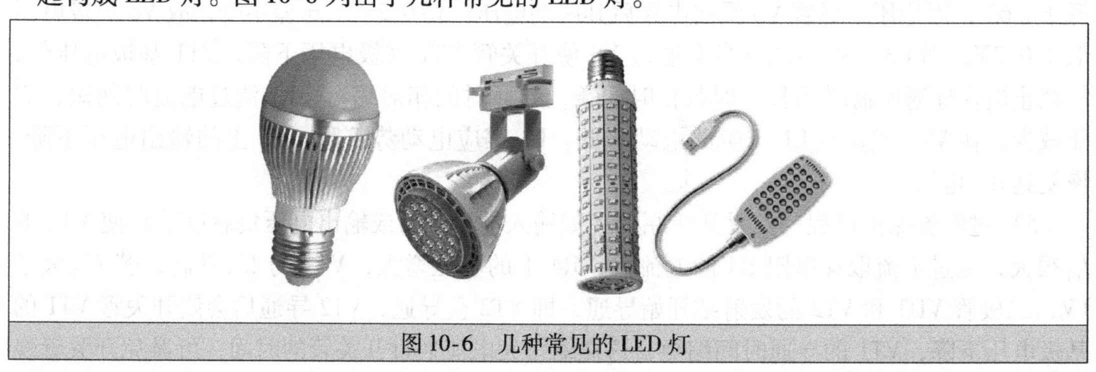

图 10-6　几种常见的 LED 灯

10.2.2 直接电阻降压式LED灯电路

图10-7是两种简单的电阻降压式LED灯电路。对于图a电路，当220V电源极性为上正下负时，有电流流过R和LED，当220V电源极性为上负下正时，有电流流过R和二极管VD，在LED支路两端反向并联一只二极管，目的是防止在220V电源极性为上负下正时LED被反向击穿，由于LED只在交流电源半个周期内工作，故这种电路效率低。图b电路克服了图a电路的缺点，两个支路的LED交替工作。

在图10-7电路中，支路串接的LED数量应不超过70只，并联支路的条数应结合R的功率来考虑。以图10-7b为例，设两支路串接的LED数量都是60只，R的阻值应为(220－60×3)V/0.02A＝2000Ω，R的功率应为(220－60×3)V×0.02A＝0.8W，支路串联的LED数量越多，要求R的阻值越小、功率越高。对于图10-7a电路，由于电源负半周时R两端有220V电压，若其阻值小则要求功率大，比如支路串接60只LED，R的阻值应选择2000Ω，R的功率应为（220V×220V）/2000Ω＝24.2W，由于大功率的电阻难找且成本高，故对图10-7a电路支路不要串接太多的LED。

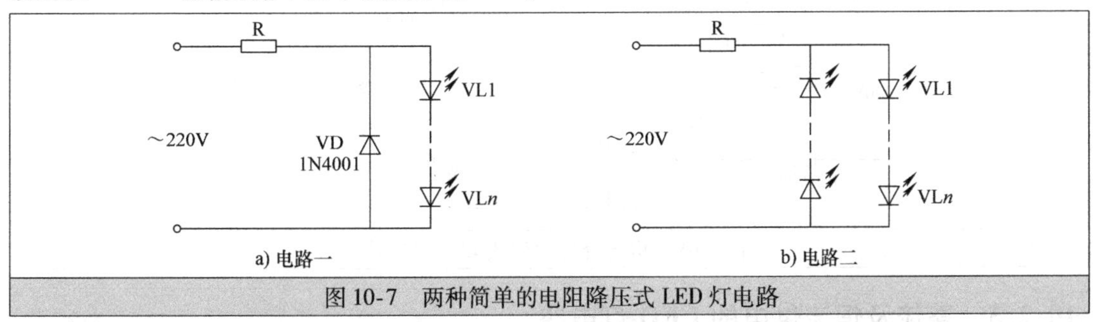

图10-7 两种简单的电阻降压式LED灯电路

10.2.3 直接整流式LED灯电路

直接整流式LED灯电路如图10-8所示。220V电压经VD1～VD4构成的桥式整流电路对电容C充电，在C上得到300V左右的电压，该电压经电阻R降压限流后提 供给LED，由于LED的导通电压为3V，故该电路最多只能串接100只LED，如果串接LED数量少于90只，应适当调整R的阻值和功率，以串接70只LED为例，R的阻值应为(300－70×3)V/0.02A＝4500Ω，R的功率应为(300－70×3)V×0.02A＝1.8W。

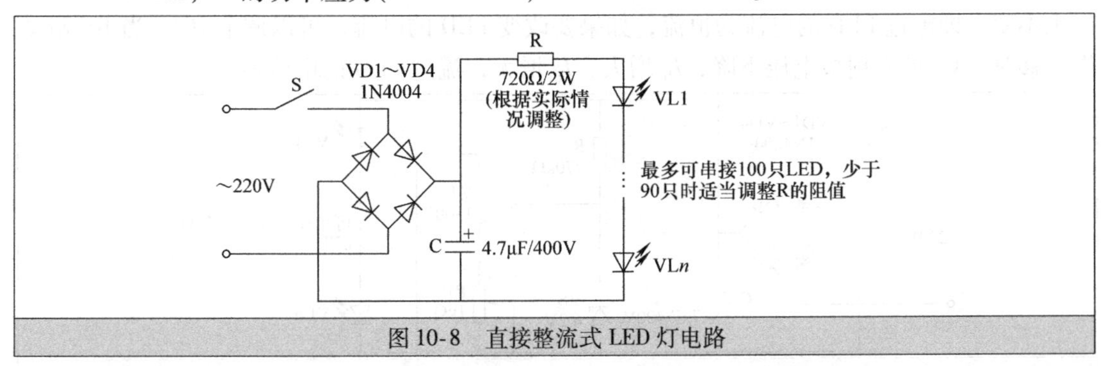

图10-8 直接整流式LED灯电路

对于图10-8所示的电路，也可以增加LED支路的数量，每条支路电流不能超过20mA，在增加LED支路数量时，应减少R的阻值，同时让R的功率也符合要求（按计算功率的

1.5 倍或 2 倍选择），另外要增大电容 C 的容量，以确保 C 两端的电压稳定（C 容量越大，两端电压越稳定）。

10.2.4 电容降压整流式 LED 灯电路

电容降压整流式 LED 灯电路如图 10-9 所示。220V 交流电源经 C1 降压和 VD1～VD4 整流后，对 C2 得到上正下负的电压，该电压再经 R3 降压限流后提供给 LED。C2 上的电压大小与 C1 容量有关，C1 容量越小，C2 上的电压越低，提供给 LED 的电流越小，C1 容量为 0.33μF 时，电路适合串接 20 只以内的 LED，提供给 LED 的电流不超过 20mA（LED 数量越多，电流越小），如果要串接 30 只以上的 LED，C1 的容量应换成 0.47μF，R2、R3 的功率应选择 1W 以上。

在 R3 或 LED 开路的情况下，闭合开关 S 后，C2 两端会有 300V 左右的电压，如果这时接上 LED，LED 易被高压损坏，所以应在接好 LED 时再闭合开关 S。

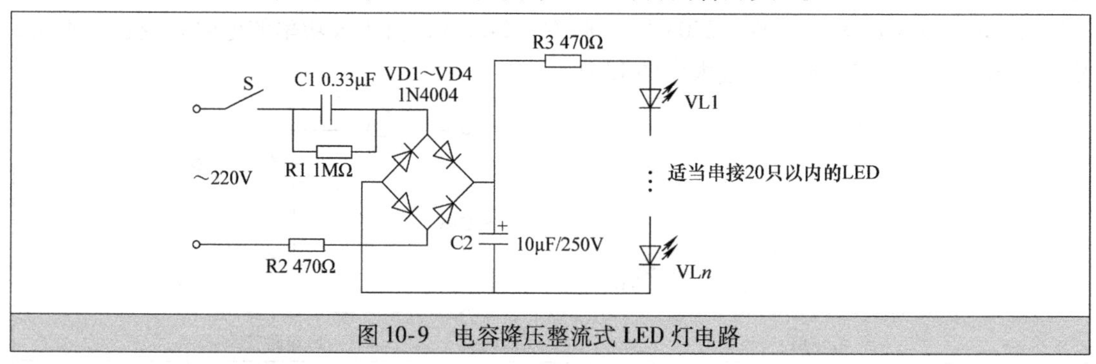

图 10-9 电容降压整流式 LED 灯电路

10.2.5 整流及恒流供电的 LED 灯电路

整流及恒流供电的 LED 灯电路如图 10-10 所示。220V 交流电源经 VD1～VD4 构成的桥式整流电路对电容 C 充电，在 C 上得到 300V 左右的电压，该电压经 R 降压后为晶体管 VT 提供基极电压，VT 导通，有电流流过 LED，LED 发光。VT 集电极串接的 LED 至少十几只，最多可 90 多只，当串接的 LED 数量较少时，VT 集电极电压很高，其功耗（$P=UI$）大，因此 VT 应选功率大的晶体管（如 MJE13003、MJE13005 等），并且安装散热片。VS 为 6.2V 的稳压二极管，可以将 VT 的基极电压稳定在 6.2V，在未调节 RP 时，VT 的 I_b 保持不变，I_c 也不变，即流过 LED 的电流为恒流，如果要改变 LED 的电流，可以调节 RP，当 RP 滑动端上移时，VT 的发射极电压下降，I_b 增大，I_c 增大，流过 LED 的电流增大。

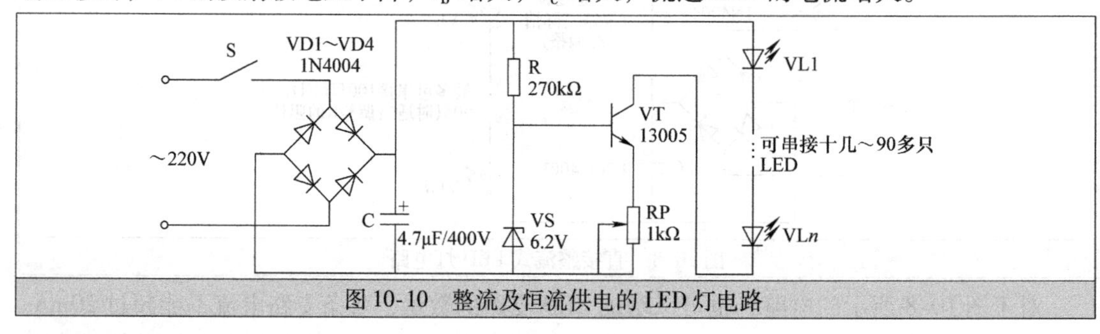

图 10-10 整流及恒流供电的 LED 灯电路

10.2.6 采用1.5V电池供电的LED灯电路

采用1.5V电池供电的LED灯电路如图10-11所示，该电路实际上是一个简单的振荡电路，在振荡期间将电池的1.5V与电感L产生的左负右正的电动势叠加，得到3V提供给LED（可8只并联）。

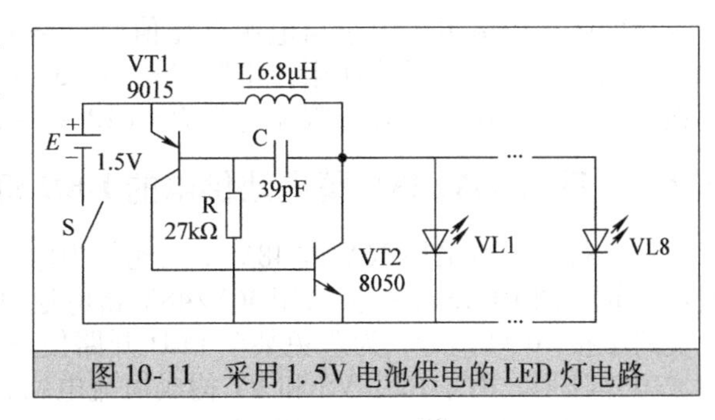

图10-11 采用1.5V电池供电的LED灯电路

电路分析如下：

开关S闭合后，晶体管VT1有I_{b1}流过而导通，I_{b1}的电流途径是，电源E+→VT1的e、b极→R→开关S→E−，VT1导通后的I_{c1}流过VT2的发射结，VT2导通，VT2的U_{c2}下降，由于电容两端电压不能突变（电容充放电都需要一定的时间），当电容一端电压下降时，另一端也随之下降，故VT1的U_{b1}也下降，I_{b1}增大，VT1的U_{c1}上升（晶体管基极与集电极是反相关系），VT2的U_{b2}上升，I_{b2}增大，U_{c2}下降，这样会形成正反馈，正反馈结果使VT1、VT2都进入饱和状态。

在VT1、VT2饱和期间，有电流流过电感L（电流途径是，E+→L→VT2的c、e极→S→E−），L产生左正右负的电动势阻碍电流，同时存储能量，另外，VT1的I_{b1}对电容C充电（电流途径是，E+→VT1的e、b极→C→VT2的c、e极→S→E−），在C上充得左正右负的电压，随着充电的进行，C的左正电压越来越高，I_{b1}越来越小，VT1退出饱和进入放大，I_{b1}减小，I_{c1}也减小，U_{c1}下降，U_{b2}下降，VT2退出饱和进入放大，I_{b2}减小，I_{c2}也减小，U_{c2}上升，U_{b1}上升，这样又会形成正反馈，正反馈结果使VT1、VT2都进入截止状态。

在VT1、VT2截止期间，VT2的截止使L产生左负右正的电动势，该电动势（可近为一个左负右正的电池）与1.5V电源叠加，得到3V电压提供给LED，LED发光，另外，L的左负右正的电动势还会对C充电（充电途径是，L右正→C→R→S→E→L左负），该充电将C的原左正右负的电压抵消，C上的电压抵消后，VT1的U_{b1}下降，又有I_{b1}流过VT1，VT1导通，开始下一次振荡。

10.2.7 采用4.2~12V直流电源供电的LED灯电路

采用4.2~12V直流电源（如蓄电池和充电器等）供电的LED灯电路如图10-12所示，每条支路可串接1~3只LED，由于LED的导通电压为3V，串接LED的导通总电压不能高于电

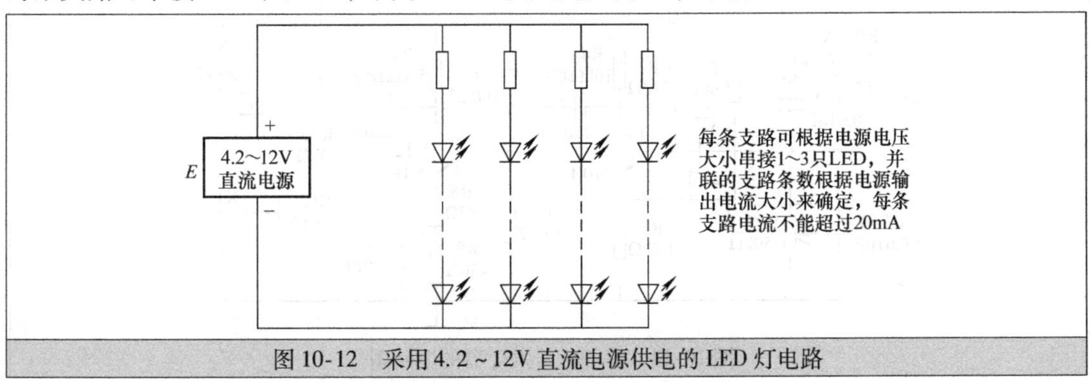

图10-12 采用4.2~12V直流电源供电的LED灯电路

源电压，电路并联支路的条数与电源输出电流大小有关，输出电流越大，可并联更多的支路。

支路的降压限流电阻大小与电源电压值及支路LED的数量有关。若电源 $E=5V$，支路可串接一只LED，串接的降压限流电阻 $R=(5-3)V/0.02A=100\Omega$；若电源 $E=12V$，支路可串接3只LED，串接的降压限流电阻 $R=(12-3\times3)V/0.02A=150\Omega$。

10.2.8 采用36V/48V蓄电池供电的LED灯电路

电动自行车一般采用36V或48V蓄电池作为电源，若将车灯改为LED灯，可以延长电池使用时间。图10-13是一种采用36V/48V蓄电池恒流供电的LED灯电路，它有5条支路，每条支路串接10只LED，为避免某个LED开路使整条支路LED不亮，还将各LED并联起来构成串并阵列。R1、R2、VS和VT构成恒流电路，调节R2值让VT的 I_c 为90mA，则每只LED流过的电流为90mA/5=18mA。

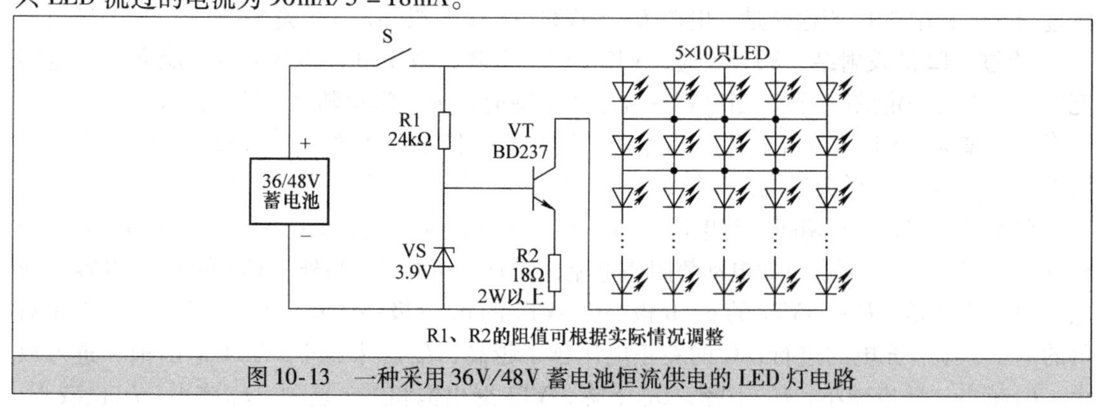

图10-13 一种采用36V/48V蓄电池恒流供电的LED灯电路

10.3 音频电路

10.3.1 可调音频信号发生器电路

可调音频信号发生器（以下简称音频信号发生器）是一种频率可调的低频振荡器，它可以产生频率在可听范围内的低频信号。在调节音频信号发生器的振荡频率时，它输出的信号频率也会随之改变，若将频率变化的信号送入耳机，可以听到音调变化的声音。音频信号发生器不但可以直观演示声音音调变化，还可以当成频率可调的低频信号发生器使用。

音频信号发生器电路如图10-14所示。

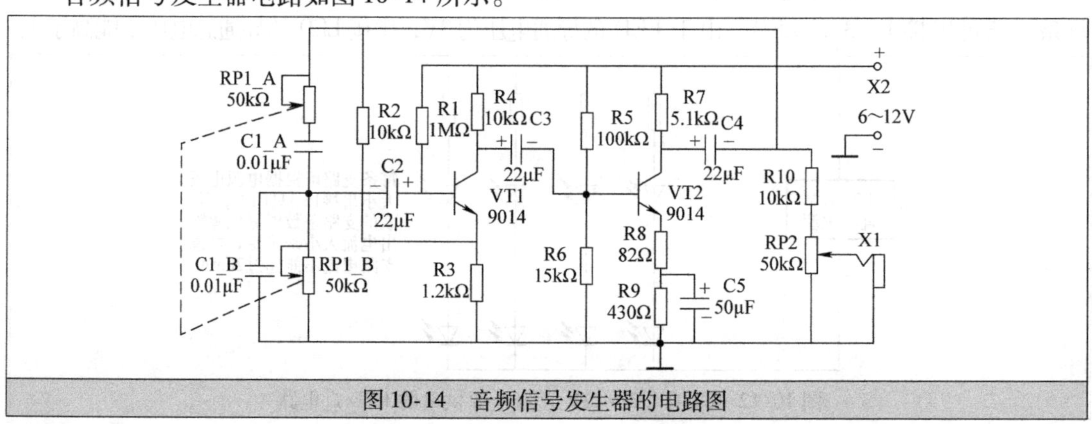

图10-14 音频信号发生器的电路图

电路说明如下：

接通电源后，晶体管 VT2 导通，导通时电流 I_c 从无到有，变化的 I_c 含有微弱的 0 ~ ∞ Hz各种频率信号，它从 VT2 集电极输出，经 C4 反馈到 RP1、C1 构成的 RC 串并联选频电路，该电路从各种频率信号中选出频率为 f_0 的信号（$f_0=\frac{1}{2\pi RP_1 C_1}$），$f_0$ 信号送到 VT1 基极放大，再输出送到 VT2 放大，然后又反馈到 VT1 基极进行放大，如此反复进行，VT2 集电极输出的 f_0 信号幅度越来越大，反馈到 VT1 基极的 f_0 信号幅度也不断增大，VT1、VT2 放大电路的电压放大倍数 A_u 逐渐下降，当 A_u 下降到一定值时，VT2 输出的 f_0 信号幅度不再增大，幅度稳定的 f_0 信号经 R10、RP2 送到插座 X1，若将耳机插入 X1，就能听见 f_0 信号在耳机中还原出来的声音。

RP1、C1 构成的 RC 串并联选频电路，其频率为 $f_0=\frac{1}{2\pi RP_1 C_1}$，RP1 为一个双联电位器，在调节时可以同时改变 RP1_A 和 RP1_B 的阻值，从而改变选频电路的频率，进而改变电路的振荡频率。R2 为反馈电阻，它所构成的反馈为负反馈（可自行分析），其功能是根据信号的幅度自动降低 VT1 的增益，如 VT2 输出信号越大，经 R2 反馈到 VT1 发射极的负馈信号幅度越大，VT1 增益越低。RP2 为幅度调节电位器，可以调节输出信号的幅度。

10.3.2 小功率集成立体声功放器电路

小功率集成立体声功放器（以下简称立体声功放器）采用集成放大电路进行功率放大，它具有电路简单、性能优良和安装调试方便等特点。立体声功放器电路如图 10-15 所示。

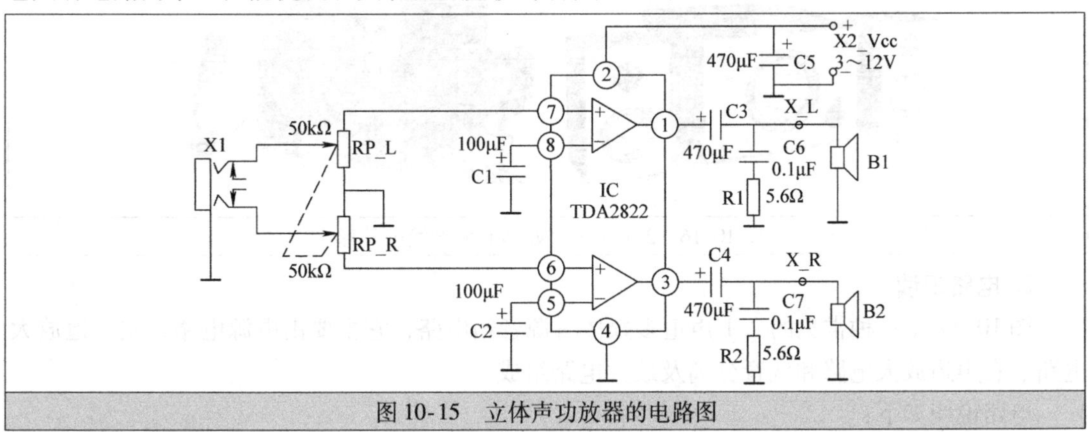

图 10-15 立体声功放器的电路图

电路说明如下：

（1）信号处理过程

L、R 声道音频信号（即立体声信号）通过插座 X1 的双触点分别送到双联音量电位器 RP_L 和 RP_R 的滑动端，经调节后分别送到集成功放电路 TDA2822 的 7、6 脚，在内部放大后再分别从 1、3 脚送出，经 C3、C4 分别送入扬声器 B1、B2，推动扬声器发声。

（2）直流工作情况

电源通过接插件 X2 送入电路，并经 C5 滤波后送到 TDA2822 的 2 脚，电源电压可在3 ~ 12V 范围内调节，电压越高，集成功放器的输出功率越大，扬声器发声越大。TDA2822 的 4 脚接地（电源的负极）。

（3）元器件说明

X1 为3.5mm 的立体声插座。RP 为音量电位器，它是一个 50kΩ 双联电位器，调节音量时，双声道的音量会同时改变。TDA2822 是一个双声道集成功放 IC，内部采用两组对称的集成功率放大电路，C1、C2 为交流旁路电容，可提高内部放大电路的增益。C6、R1 和 C7、R2 用于滤除音频信号中的高频噪声信号。

10.3.3　2.1 声道多媒体有源音箱电路

1. 2.1 声道多媒体音箱介绍

2.1 声道多媒体音箱由 3 个音箱组成，分别是左声道音箱、右声道音箱和低音音箱，左、右声道音箱又称卫星音箱，它们是全频音箱，可以将 20Hz～20kHz 范围内的所有音频信号还原为声音，低音音箱俗称低音炮，它只将低频音频信号（简称低音信号，一般 200Hz 以下）还原为声音，增强声音震撼冲击力。

音箱可分为有源音箱和无源音箱。有源音箱内部含有音频放大电路和扬声器，其中放大电路需要提供电源才能工作，它对输入的音频信号放大后送给扬声器，使之发声；无源音箱内部有扬声器，没有放大电路，工作时无需提供电源，由于音箱本身无放大功能，故必须输入足够幅度的音频信号才能使音箱正常发声。2.1 声道多媒体音箱一般为有源音箱，其放大电路通常放置在体积较大的低音音箱内。2.1 声道多媒体有源音箱的外形如图 10-16 所示，它可以与多媒体计算机、带音频输出的 MP3 和手机等设备连接。

图 10-16　2.1 声道多媒体有源音箱的外形

2. 电路识读

图 10-17 是一种常见的 2.1 声道多媒体有源音箱电路，它主要由电源电路、左声道放大电路、右声道放大电路和低音分离及放大电路组成。

电路说明如下：

1）电源电路。220V 交流电压经熔断器 F 和电源开关 S 送到电源变压器 T1 一次绕组，经降压后，在二次绕组上得到 24V 交流电压（二次绕组的上半部分和下半部均为 12V），二次绕组上的电压经 VD1～VD4 四个二极管构成的桥式整流电路对电容 C14、C15 充电，对 C14、C15 充得约 32V 上正下负的电压，由于 C14、C15 是串联关系且容量相同，故单独 C14、C15 上的电压均为 16V，两者的电压极性都为上正下负。电容的电压极性为上正下负表示上端电位高于下端电位，C14 上端电位较下端高 16V，C15 上端电位较下端高 16V，由于 C14 的下端与 C15 的上端直接连接在一起且都接地，故两者电位相等且电位都为 0V，所以 C14 上端输出电压 A+为+16V，C15 下端输出电压 A-为-16V，电压 A+、A-作为正、负电源供给 3 个功放 IC（TDA2030）。电压 A+、A-还分别经 R22、R21 降压后得到电压 B+（+12V）、B-（-12V），它们作为正、负电源提供给前置放大 IC（4558）。

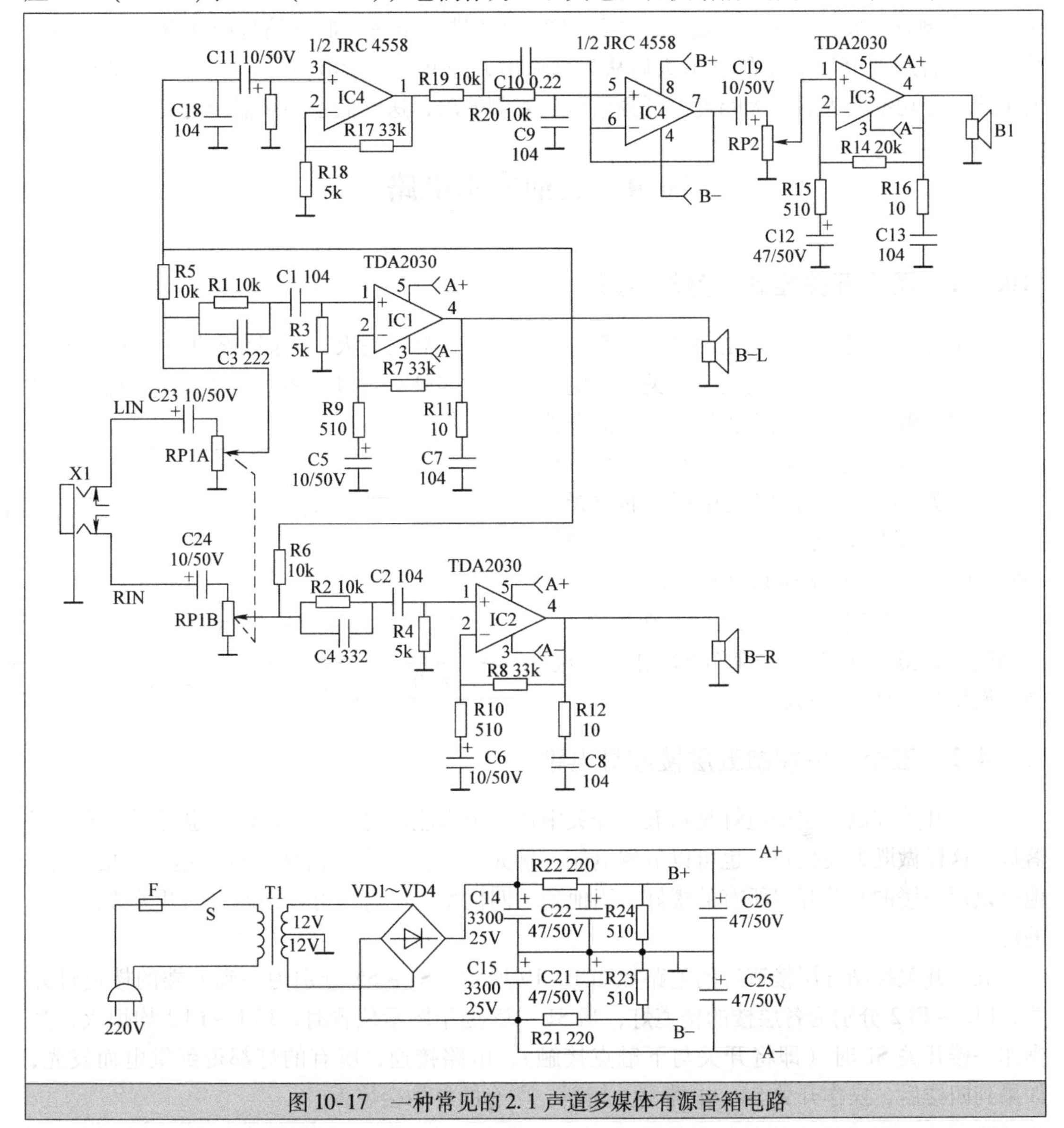

图 10-17　一种常见的 2.1 声道多媒体有源音箱电路

2）左、右声道放大电路（以左声道为例）。从 X1 插孔输入的左声道信号经 C23 和电位器 RP1A（双联电位器的一联）调节后分作两路，一路经 R5 去低音分离放大电路，另一路通过 R1//C3、C1 送到 TDA2030 的 1 脚，经内部功率放大后，从 4 脚输出幅度很大的音频信号去卫星音箱的扬声器，使之发声。

R1、C3 构成高音提升电路，C3 对高音信号（高频音频信号）的阻碍较低，送到 TDA2030 的高音信号幅度更大，可以相对提升高音音量，使高音更清晰；TDA2030 与外围元器件构成同相放大器，其放大能力与 R7、R9 的比值有关，C5 为旁路电容，对音频信号阻抗小，可提高 TDA2030 的放大能力，又不会影响 TDA2030 的 2 脚直流电压；R11、C7 用于吸收扬声器线圈产生的干扰信号，避免产生高频自激。

3）低音分离及放大电路。左、右声道信号分别经 R5、R6 后混合成一路音频信号，该音频信号中的高、中频信号被C18旁路到地，剩下的低频信号经C11送到4558（前置放大IC）的3脚时，放大后从1脚输出，再经R20、C9进一步滤除低频信号中残存的中、高频信号，然后送到4558的5脚，放大后从7脚输出，经低音音量电位器调节后送到TDA2030的1脚，经功率放大后，大幅度的低频信号从4脚输出，送给低音扬声器使之发声。

10.4 其他实用电路

10.4.1 两个开关控制一盏灯电路

两个开关控制一盏灯就是两个开关都可以控制一盏灯的亮灭。例如在家里的大门口安装一个开关，当晚上回家时用这个开关打开电灯，然后在卧室门口安装一个开关，睡觉前用这个开关关掉电灯，而不用再去用大门口的开关关灯。

两个开关控制一盏灯的电路如图10-18所示。开关S1、S2可以安装在不同的位置，图中电灯处于熄灭状态，当操作开关S1时（将开关触点与上端接触），电路接通，灯泡亮，若操作S2（将开关触点与下端接触），电路断开，灯泡熄灭，再操作S2则灯泡重亮，操作S1可将灯熄灭。

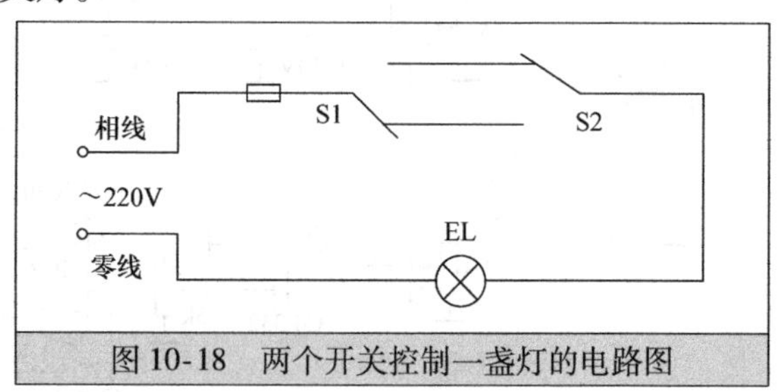

图10-18 两个开关控制一盏灯的电路图

10.4.2 五个开关控制五层楼道灯电路

五个开关控制五层楼道灯是指五个开关中任一个都能同时打开五盏灯，也可同时关掉五盏灯。这样做既方便住户，也可以节省电能，例如一个住户晚上需从一楼到达四楼的住宅，他可以用一楼的开关开启所有的楼灯，当他到达四楼家门口时，可以用四楼的开关关掉所有的灯。

五个开关控制五层楼道灯的电路如图10-19所示。S1～S5分别为一到五楼的楼道灯开关，EL1～EL2分别为各层楼的楼道灯，当S1～S5处于图示位置时，EL1～EL2均熄灭，当操作一楼开关S1时（即将开关与下触点接触），电路接通，所有的灯都得到供电而发光，如果到四楼后，操作开关S4，电路马上切断，所有的灯均会熄灭。

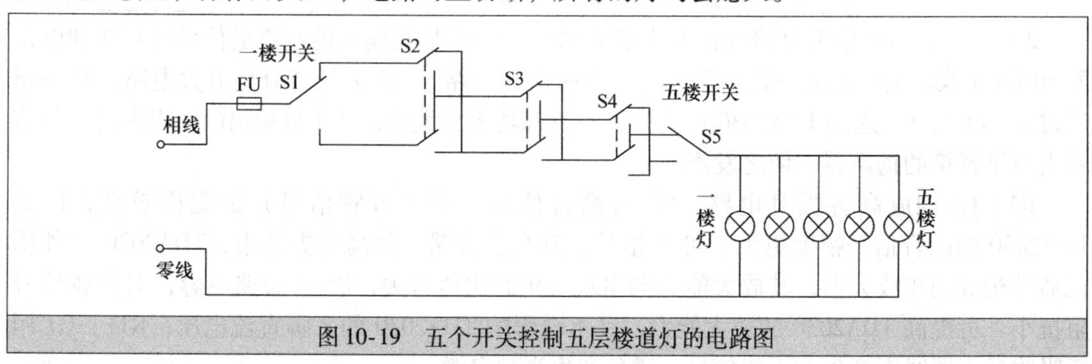

图10-19 五个开关控制五层楼道灯的电路图

10.4.3 简易防盗报警电路

图 10-20 是一种简易防盗报警电路，HA 为报警电铃，K 为继电器（含常开触点 K 与线圈 K），A、B 点用来连接防盗导线（一般采用很细的铜丝）。

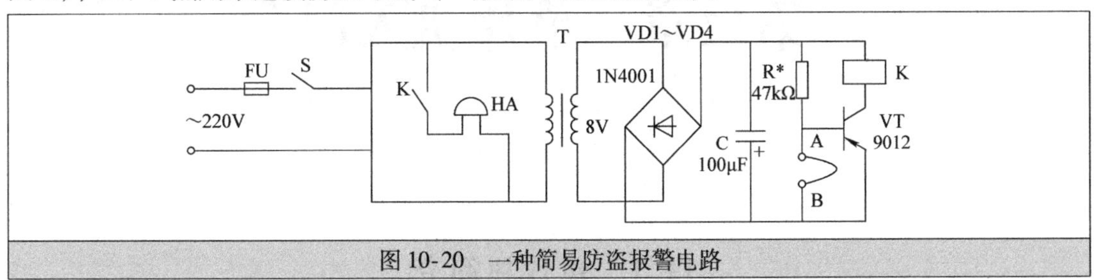

图 10-20 一种简易防盗报警电路

当合上开关 S 时，220V 电压加到变压器 T 的一次绕组，降压后得到 8V 电压，再经 VD1 ~ VD4 构成的桥式整流电路整流后，在 C 上得到上负下正电压约 10V 的电压，该电压作为电源提供给晶体管 VT。如果 A、B 点有导线连接，VT 基极与发射极电压相等，VT 无法导通，若 A、B 点之间导线切断，VT 基极电压下降，VT 导通，有电流流过继电器线圈，线圈产生磁场，吸合常开触点闭合，报警电铃获得供电而发出报警声。如果要关闭铃声，可断开开关 S，或在 A、B 点重新接上导线。

在使用这种报警时，可将 A、B 触点分别安装在门和门框之间，也可安装在窗户上，当小偷撬门或撬窗户时，A、B 触点间的细铜线断开，电铃就会发声报警，如果用户需要开门或开窗户时，可先断开隐蔽处的开关 S，这样电铃就不会发声。R 的阻值要根据实际情况（C 两端的电压、晶体管 VT 型号和继电器）调整，以确保 A、B 间的导线断开后继电器可以动作。

第11章 单片机入门

11.1 单片机简介

11.1.1 什么是单片机

单片机是一种内部集成了很多电路的IC芯片（又称集成电路、集成块）。图11-1列出了几种常见的单片机，有的单片机引脚较多，有的引脚少，同种型号的单片机，可以采用直插式引脚封装，也可以采用贴片式引脚封装。

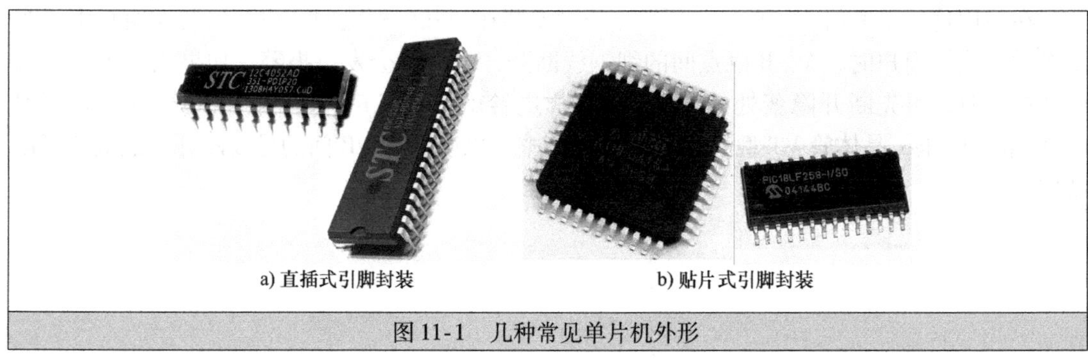

a) 直插式引脚封装　　b) 贴片式引脚封装

图11-1　几种常见单片机外形

单片机全称是单片微型计算机（Single Chip Microcomputer），由于其主要用于控制领域，所以又称作微型控制器（Microcontroller Unit，MCU）。单片机与微型计算机都是由CPU、存储器和输入/输出接口电路（I/O接口电路）等组成的，但两者又有所不同，微型计算机（PC）和单片机（MCU）的基本结构分别如图11-2a、b所示。

从图11-2可以看出，微型计算机是将CPU、存储器和输入/输出接口电路等安装在电路板（又称计算机主板）上，外部的输入/输出设备（I/O设备）通过接插件与电路板上的输入/输出接口电路连接起来。单片机则是将CPU、存储器和输入/输出接口电路等做在半导体硅片上，再接出引脚并封装起来构成集成电路，外部的输入/输出设备通过单片机的外部引脚与内部输入/输出接口电路连接起来。

与单片机相比，微型计算机具有性能高、功能强的特点，但其价格昂贵，并且体积大，所以在一些不是很复杂的控制方面，如电动玩具、缤纷闪烁的霓虹灯和家用电器等设备中，完全可以采用价格低廉的单片机进行控制。

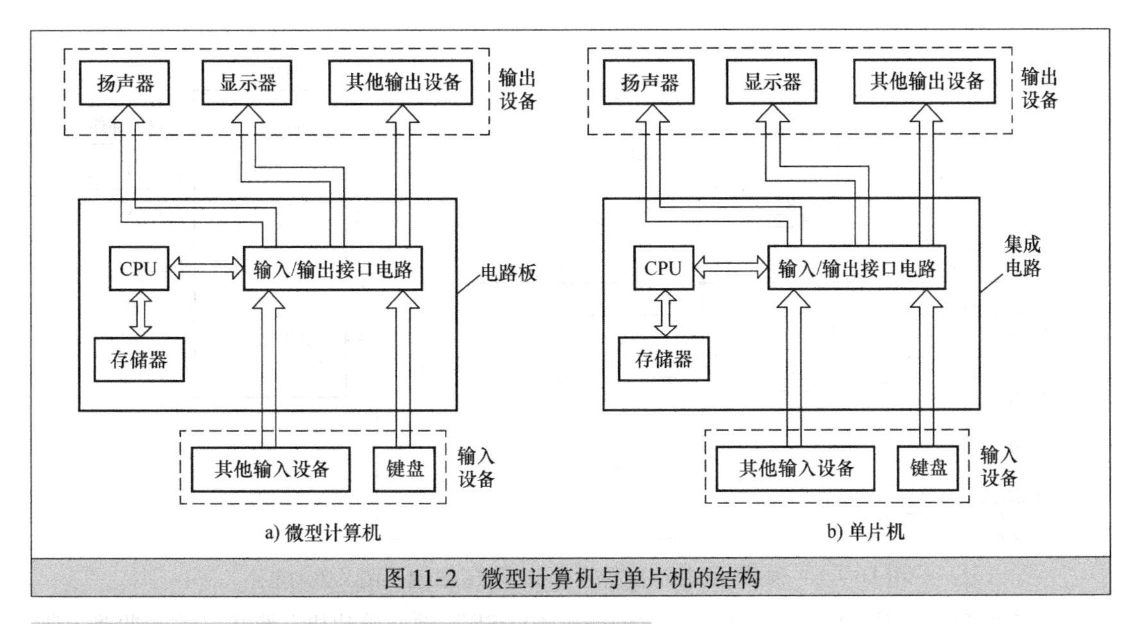

图 11-2 微型计算机与单片机的结构

11.1.2 单片机应用系统的组成及举例说明

1. 组成

单片机是一块内部包含有 CPU、存储器和输入/输出接口等电路的 IC 芯片，但单独一块单片机芯片是无法工作的，必须给它增加一些有关的外围电路来组成单片机应用系统，才能完成指定的任务。典型的单片机应用系统的组成如图 11-3 所示，即单片机应用系统主要由单片机芯片、输入部件、输入电路、输出部件和输出电路组成。

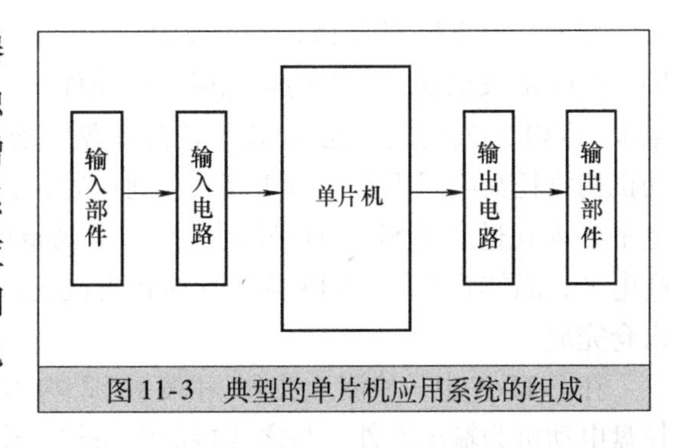

图 11-3 典型的单片机应用系统的组成

2. 工作过程举例说明

图 11-4 是一种采用单片机控制的 DVD 影碟机托盘检测及驱动电路，下面以该电路来说明单片机应用系统的一般工作过程。

当按下“OPEN/CLOSE”键时，单片机 a 脚的高电平（一般为 3V 以上的电压，常用 1 或 H 表示）经二极管 VD 和闭合的按键 S2 送入 b 脚，触发单片机内部相应的程序运行，程序运行后从 e 脚输出低电平（一般为 0.3V 以下的电压，常用 0 或 L 表示），低电平经电阻 R3 送到 PNP 型晶体管 VT2 的基极，VT2 导通，+5V 电压经 R1、导通的 VT2 和 R4 送到 NPN 型晶体管 VT3 的基极，VT3 导通，于是有电流流过托盘电动机（电流途径是，+5V→R1→VT2 的发射极→VT2 的集电极→接插件的 3 脚→托盘电动机→接插件的 4 脚→VT3 的集电极→VT3 的发射极→地），托盘电动机运转，通过传动机构将托盘推出机器，当托盘出仓到位后，托盘检测开关 S1 断开，单片机的 c 脚变为高电平（出仓过程中 S1 一直是闭合的，c 脚为低电平），内部程序运行，使单片机的 e 脚变为高电平，晶体管 VT2、VT3 均由导通转为截止，无电流流过托盘电动机，电动机停转，托盘出仓完成。

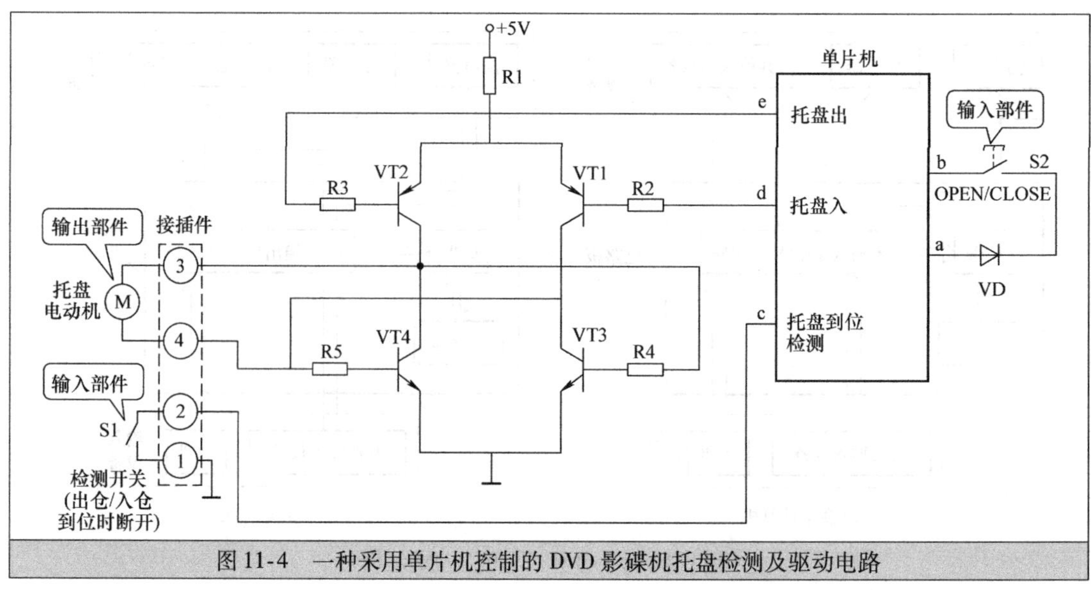

图 11-4　一种采用单片机控制的 DVD 影碟机托盘检测及驱动电路

在托盘上放好碟片后，再按压一次“OPEN/CLOSE”键，单片机 b 脚再一次接收到 a 脚送来的高电平，又触发单片机内部相应的程序运行，程序运行后从 d 脚输出低电平，低电平经电阻 R2 送到 PNP 型晶体管 VT1 的基极，VT1 导通，+5V 电压经 R1、VT1 和 R5 送到 NPN 型晶体管 VT4 的基极，VT4 导通，马上有电流流过托盘电动机（电流途径是，+5V→R1→VT1 的发射极→VT1 的集电极→接插件的 4 脚→托盘电动机→接插件的 3 脚→VT4 的集电极→VT4 的发射极→地），由于流过托盘电动机的电流反向，故电动机反向运转，通过传动机构将托盘收回机器，当托盘入仓到位后，托盘检测开关 S1 断开，单片机的 c 脚变为高电平（入仓过程中 S1 一直是闭合的，c 脚为低电平），内部程序运行，使单片机的 d 脚变为高电平，晶体管 VT1、VT4 均由导通转为截止，无电流流过托盘电动机，电动机停转，托盘入仓完成。

在图 11-4 中，检测开关 S1 和按键 S2 均为输入部件，与之连接的电路称为输入电路，托盘电动机为输出部件，与之连接的电路称为输出电路。

11.1.3　单片机的分类

设计生产单片机的公司很多，较常见的有 Intel 公司生产的 MCS-51 系列单片机、Atmel 公司生产的 AVR 系列单片机、MicroChip 公司生产的 PIC 系列单片机和美国得州仪器（TI）公司生产的 MSP430 系列单片机等。

8051 单片机是 Intel 公司推出的最成功的单片机产品，后来由于 Intel 公司将重点放在 PC 芯片（如 8086、80286、80486 和奔腾 CPU 等）开发上，故将 8051 单片机内核使用权以专利出让或互换的形式转给世界许多著名 IC 制造厂商，如 Philips、NEC、Atmel、AMD、Dallas、Siemens、Fujitsu、OKI、华邦和 LG 等，这些公司在保持与 8051 单片机兼容的基础上改善和扩展了许多功能，设计生产出与 8051 单片机兼容的一系列单片机。这种具有 8051 硬件内核且兼容 8051 指令的单片机称为 MCS-51 系列单片机，简称 51 单片机。新型 51 单片机可以运行 8051 单片机的程序，而 8051 单片机可能无法正常运行新型 51 单片机为新增功能编写的程序。

51 单片机是目前应用最为广泛的单片机，由于生产 51 单片机的公司很多，故型号众多，但不同公司各型号的 51 单片机之间也有一定的对应关系。表 11-1 是部分公司的 51 单片机常见型号及对应表，对应型号的单片机功能基本相似。

表 11-1　部分公司的 51 单片机常见型号及对应表

STC 公司的 51 单片机	Atmel 公司的 51 单片机	Philips 公司的 51 单片机	Winbond 公司的 51 单片机
STC89C516RD	AT89C51RD2/RD+/RD	P89C51RD2/RD+，89C61/60X2	W78E516
STC89LV516RD	AT89LV51RD2/RD+/RD	P89LV51RD2/RD+/RD	W78LE516
STC89LV58RD	AT89LV51RC2/RC+/RC	P89LV51RC2/RC+/RC	W78LE58，W77LE58
STC89C54RC2	AT89C55，AT89S8252	P89C54	W78E54
STC89LV54RC2	AT89LV55	P87C54	W78LE54
STC89C52RC2	AT89C52，AT89S52	P89C52，P87C52	W78E52
STC89LV52RC2	AT89LV52，AT89LS52	P87C52	W78LE52
STC89C51RC2	AT89C51，AT89S51	P89C51，P87C51	W78E51

11.1.4　单片机的应用领域

单片机的应用非常广泛，已深入到工业、农业、商业、教育、国防及日常生活等领域。下面简单介绍一下单片机在一些领域的应用。

（1）单片机在家电方面的应用

单片机在家电方面的应用主要有：彩色电视机、影碟机内部的控制系统；数码相机、数码摄像机中的控制系统；中高档电冰箱、空调器、电风扇、洗衣机、加湿机和消毒柜中的控制系统；中高档微波炉、电磁灶和电饭煲中的控制系统等。

（2）单片机在通信方面的应用

单片机在通信方面的应用主要有：移动电话、传真机、调制解调器和程控交换机中的控制系统；智能电缆监控系统、智能线路运行控制系统和智能电缆故障检测仪等。

（3）单片机在商业方面的应用

单片机在商业方面的应用主要有：自动售货机、无人值守系统、防盗报警系统、灯光音响设备、IC 卡等。

（4）单片机在工业方面的应用

单片机在工业方面的应用主要有：数控机床、数控加工中心、无人操作、机械手操作、工业过程控制、生产自动化、远程监控、设备管理、智能控制和智能仪表等。

（5）单片机在航空、航天和军事方面的应用

单片机在航空、航天和军事方面的应用主要有：航天测控系统、航天制导系统、卫星遥控遥测系统、载人航天系统、导弹制导系统和电子对抗系统等。

（6）单片机在汽车方面的应用

单片机在汽车方面的应用主要有：汽车娱乐系统、汽车防盗报警系统、汽车信息系统、汽车智能驾驶系统、汽车全球卫星定位导航系统、汽车智能化检验系统、汽车自动诊断系统和交通信息接收系统等。

11.2 用一个实例介绍单片机软硬件开发过程

11.2.1 明确控制要求并选择合适型号的单片机

1. 明确控制要求

在开发单片机应用系统时，先要明确需要实现的控制功能，单片机硬件和软件开发都需围绕着要实现的控制功能进行。如果要实现的控制功能比较多，可一条一条列出来，如果要实现的控制功能比较复杂，则需分析控制功能及控制过程，并明确表述出来（如控制的先后顺序、同时进行几项控制等），这样在进行单片机硬、软件开发时才会目标明确。

本项目的控制要求是，当按下按键时，LED 亮，松开按键时，LED 熄灭。

2. 选择合适型号的单片机

明确单片机应用系统要实现的控制功能后，再选择单片机种类和型号。单片机种类很多，不同种类、型号的单片机结构和功能有所不同，软、硬件开发也有区别。

在选择单片机型号时，一般应注意以下几点：

1）选择自己熟悉的单片机。不同系列的单片机内部硬件结构和软件指令或多或少有些不同，而选择自己熟悉的单片机可以提高开发效率，缩短开发时间。

2）在功能够用的情况下，考虑性能价格比。有些型号的单片机功能强大，但相应的价格也较高，而选择单片机型号时功能足够即可，不要盲目选用功能强大的单片机。

目前市面上使用广泛的为 51 单片机，其中 STC 公司 51 系列单片机最为常见，编写的程序可以在线写入单片机，无需专门的编程器，并且可反复擦写单片机内部的程序，另外价格低（5 元左右）且容易买到。

11.2.2 设计单片机电路原理图

明确控制要求并选择合适型号的单片机后，接下来就是设计单片机电路，即给单片机添加工作条件电路、输入部件、输入电路、输出部件与输出电路等。图 11-5 是设计好的用一个按键控制一只 LED 亮灭的单片机电路原理图，该电路采用了 STC 公司 8051 内核的 89C51 型单片机。

单片机是一种集成电路，普通的集成电路只需提供电源即可使内部电路开始工作，而要让单片机内部电路正常工作，除了需提供电源外，还需提供时钟信号和复位信号。电源、时钟信号和复位信号是单片机工作必须提供的，提供这三者的电路称为单片机的工作条件电路。

STC89C51 单片机的工作电源为 5V，电压允许范围为 3.8 ~ 5.5V。5V 电源的正极接到单片机的正电源脚（VCC、40 脚），负极接到单片机的负电源脚（VSS、20 脚）。晶振 X、电容 C2、C3 与单片机时钟脚（XTAL2、18 脚；XTAL1、19 脚）内部的电路组成时钟振荡电路，产生 12MHz 时钟信号提供给单片机内部电路，让内部电路有条不紊地按节拍工作。C1、R1 构成单片机复位电路，在接通电源的瞬间，C1 还未充电，C1 两端电压为 0V，R1 两端电压为 5V，5V 电压为高电平，它作为复位信号经复位脚（RST、9 脚）送入单片机，对内部电路进行复位，使内部电路全部进入初始状态，随着电源对 C1 充电，C1 上的电压迅速上升，R1 两端电压则迅速下降，当 C1 上充得的电压达到 5V 时充电结束，R1 两端电压为 0V（低电平），单片机 RST 脚变为低电平，结束对单片机内部电路的复位，内部电路开始工作，如果单片机 RST 脚始终为高电平，内部电路则被钳在初始状态，无法工作。

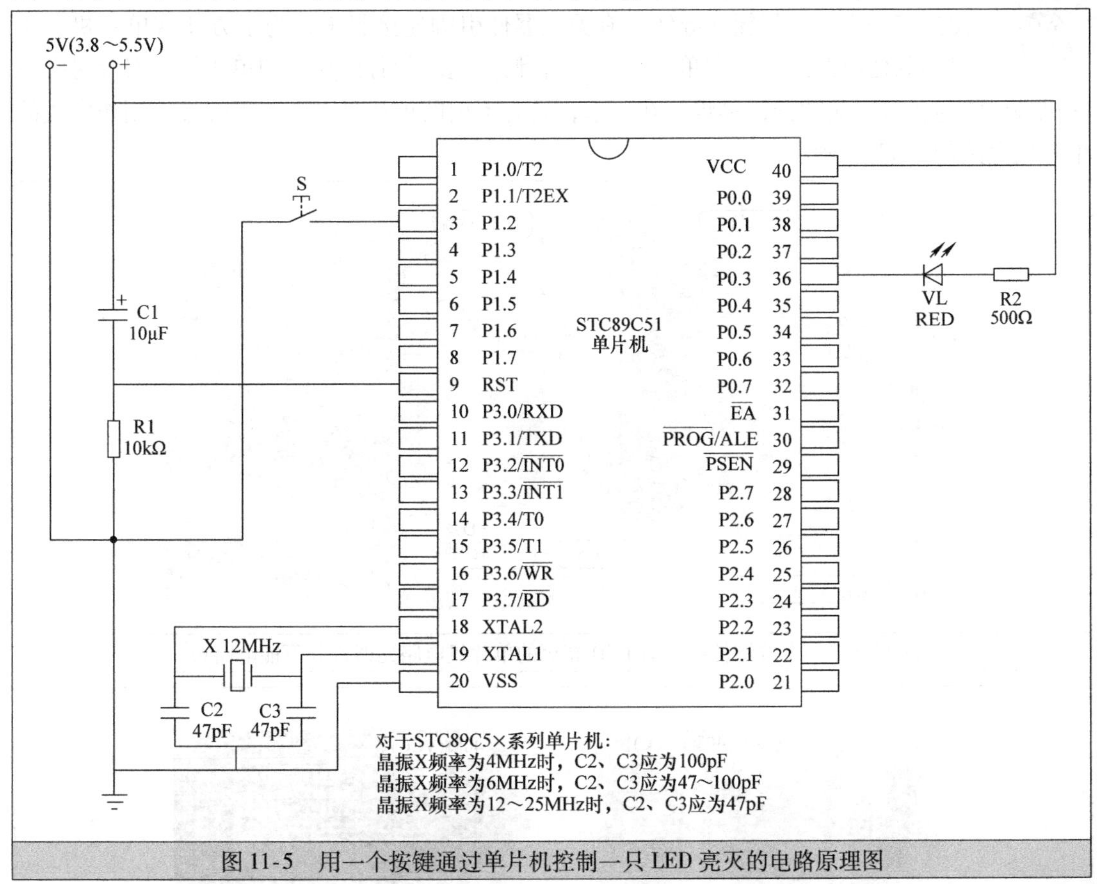

图 11-5　用一个按键通过单片机控制一只 LED 亮灭的电路原理图

按键 S 闭合时，单片机的 P1.2 脚（3 脚）通过 S 接地（电源负极），P1.2 脚输入为低电平，内部电路检测到该脚电平再执行程序，让 P0.3 脚（36 脚）输出低电平（0V），VL 导通，有电流流过 VL（电流途径是，5V 电源正极→R2→VL→单片机的 P0.3 脚→内部电路→单片机的 VSS 脚→电源负极），VL 点亮；按键 S 松开时，单片机的 P1.2 脚（3 脚）变为高电平（5V），内部电路检测到该脚电平再执行程序，让 P0.3 脚（36 脚）输出高电平，VL 截止（即 VL 不导通），VL 熄灭。

扫一扫看视频

11.2.3　制作单片机电路

按控制要求设计好单片机电路原理图后，还要依据电路原理图将实际的单片机电路制作出来。制作单片机电路有两种方法：一种是用电路板设计软件（如 Protel 99 SE 软件）设计出与电路原理图相对应的 PCB 图（印制电路板图），再交给 PCB 厂生产出相应的 PCB，然后将单片机及有关元器件安装焊接在电路板上即可；另一种是使用万能电路板，将单片机及有关元器件安装焊接在电路板上，再按电路原理图的连接关系用导线或焊锡将单片机及元器件连接起来。前一种方法适合大批量生产，后一种方法适合少量制作实验，这里使用万能电路板来制作单片机电路。

图 11-6 是一个按键控制一只 LED 亮灭的单片机电路元器件和万能电路板（又称洞洞板）。在安装单片机电路时，从正面将元器件引脚插入电路板的圆孔，在背面将引脚焊接好，由于万能电路板各圆孔间是断开的，故还需要按电路原理图连接关系，用焊锡或导线将有关元器件引脚连接起来，为了方便将单片机各引脚与其他电路连接，在单片机两列引脚旁安装了两排 20 脚的单排针，安装时将单片机各引脚与各自对应的排针脚焊接在一起，暂时不用的单片机引脚可不焊接。制作完成的单片机电路如图 11-7 所示。

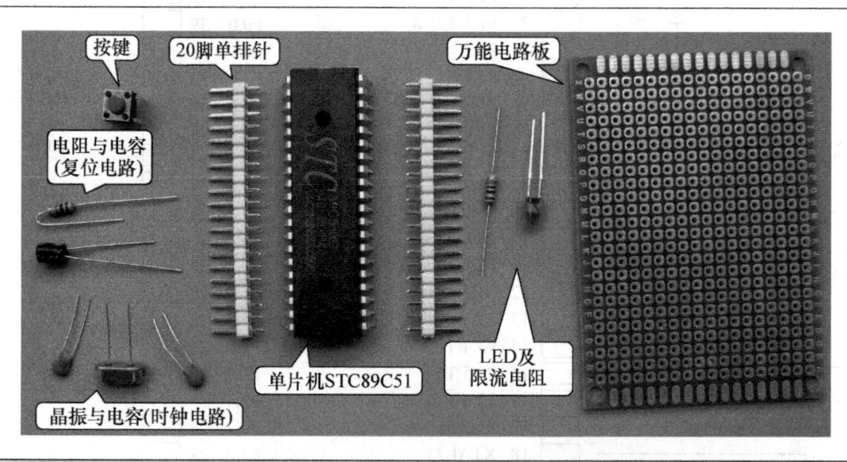

图 11-6　一个按键控制一只 LED 亮灭的单片机电路元器件和万能电路板

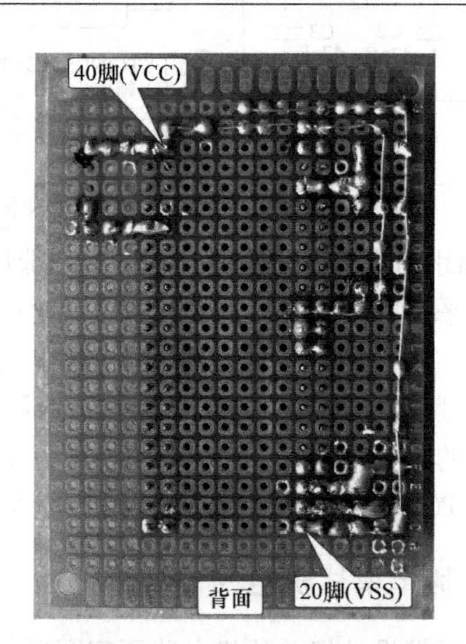

图 11-7　制作完成的单片机电路

11.2.4　用 Keil 软件编写单片机控制程序

单片机是一种软件驱动的芯片，要让它进行某些控制就必须为其编写相应的控制程序。Keil μVision2 是一款最常用的 51 单片机编程软件，在该软件中可以使用汇编语言或 C 语言编写单片机程序。Keil μVision2 的安装和使用在后面的章节会详细说明，故下面只对该软件编程进行简略介绍。

1. 编写程序

在计算机屏幕桌面上执行“开始→程序→Keil μVision2”，如图 11-8 所示，打开 Keil μVision2 软件，如图 11-9 所示，在该软件中新建一个项目“一个按键控制一只 LED 亮灭 . Uv2”，再在该项目中新建一个“一个按键控制一只 LED 亮灭 . c”文件，如图 11-10 所示，然后在该文件中用 C 语言编写单片机控制程序（采用英文半角输入），如图 11-11 所示，最后单击工具栏上的（编译）按钮，将当前 C 语言程序转换成单片机能识别的程序，在软件窗口下方出现编译信息，如图 11-12 所示，如果出现“0 Error（s），0 Warning（s）”，表示程序编译通过。

C 语言程序文件（. c）编译后会得到一个十六进制程序文件（. hex），如图 11-13 所示，利用专门的下载软件将该十六进制程序文件写入单片机，即可让单片机工作而产生相应的控制。

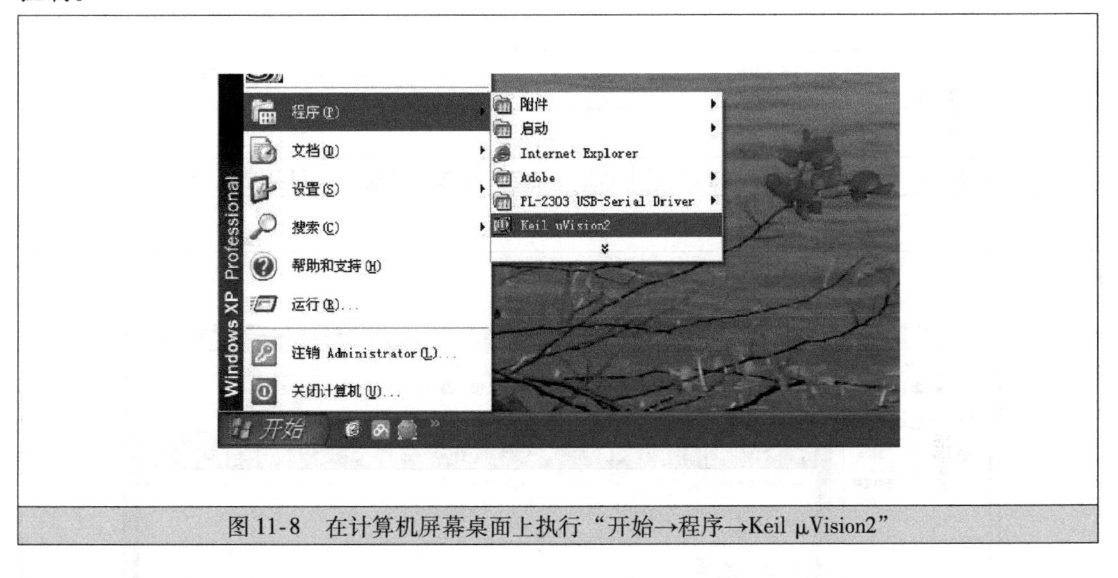

图 11-8　在计算机屏幕桌面上执行“开始→程序→Keil μVision2”

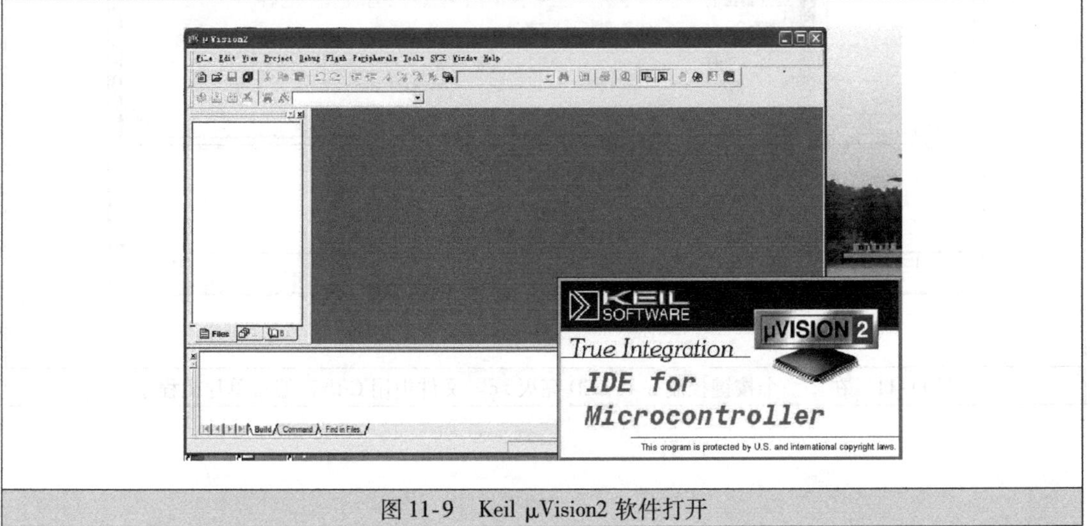

图 11-9　Keil μVision2 软件打开

图 11-10 新建一个项目并在该项目中新建一个“一个按键控制一只 LED 亮灭 . c”文件

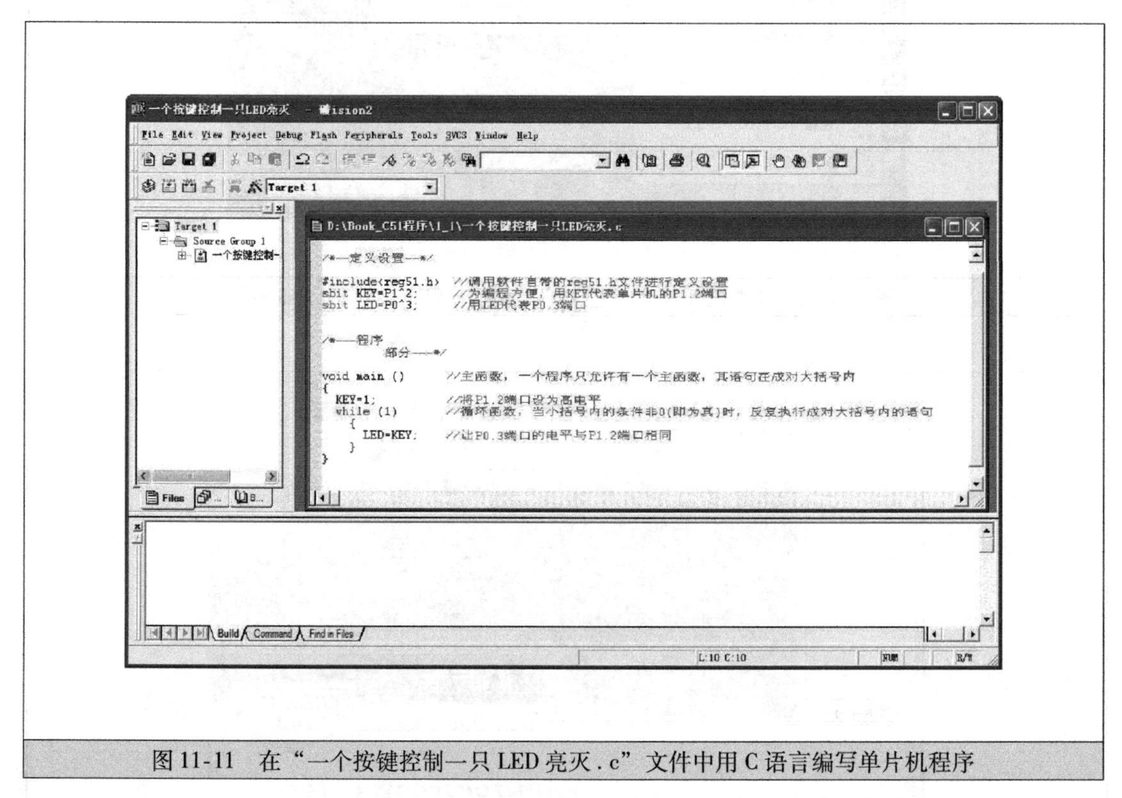

图 11-11 在“一个按键控制一只 LED 亮灭 . c”文件中用 C 语言编写单片机程序

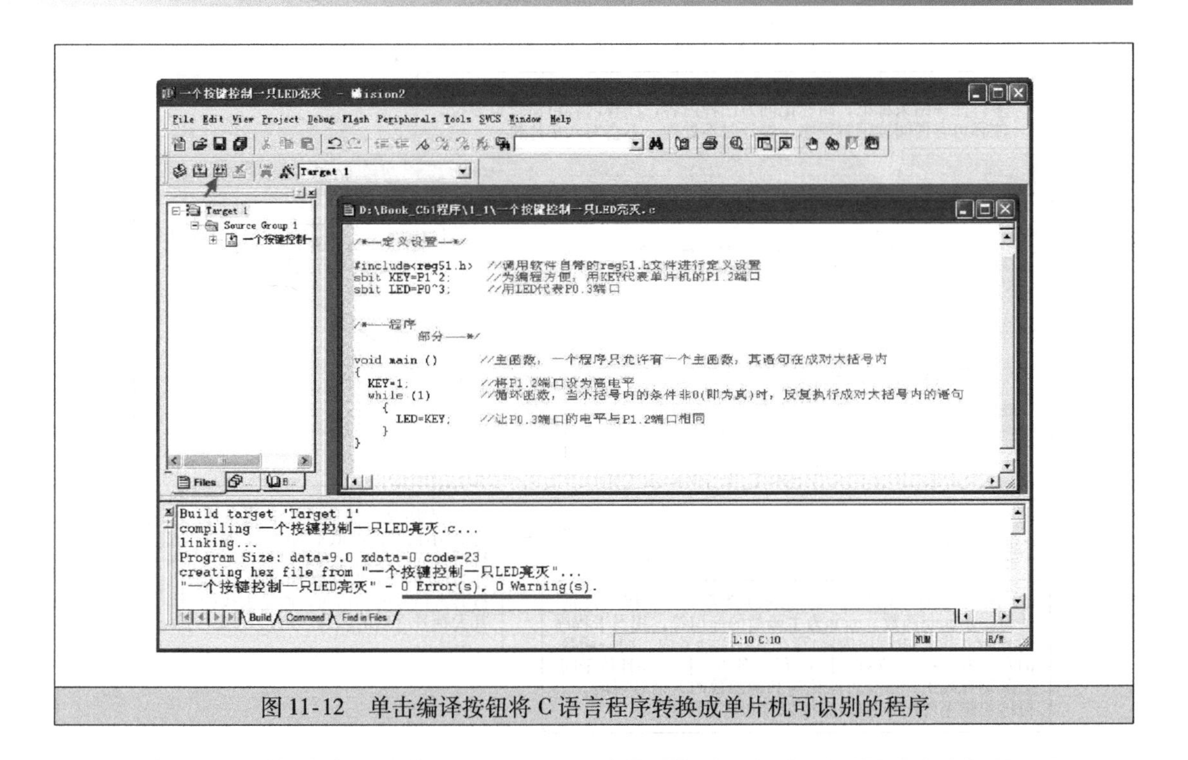

图 11-12　单击编译按钮将 C 语言程序转换成单片机可识别的程序

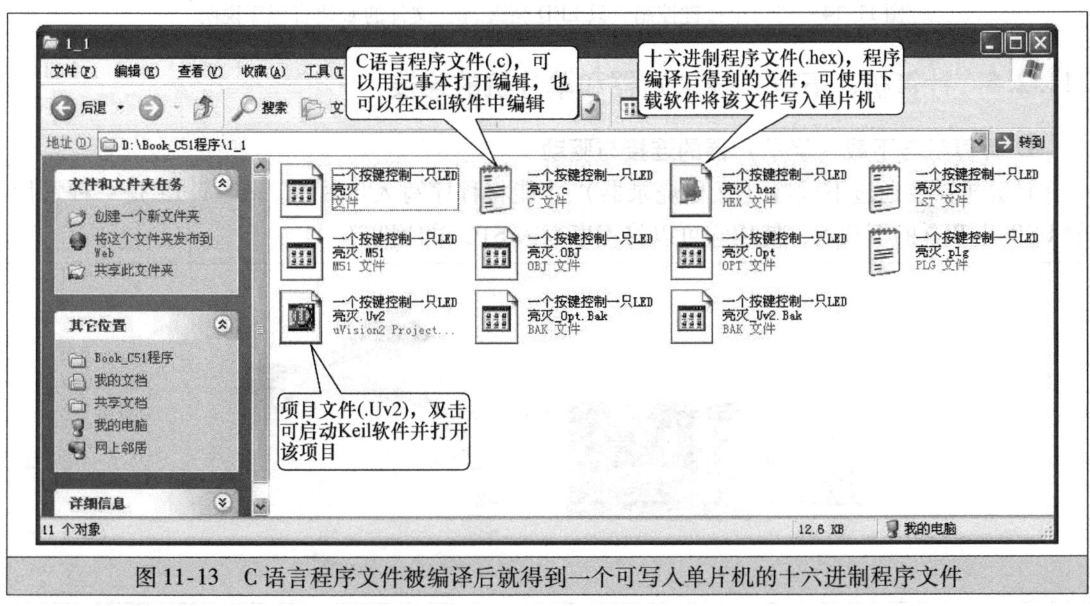

图 11-13　C 语言程序文件被编译后就得到一个可写入单片机的十六进制程序文件

2. 程序说明

“一个按键控制一只 LED 亮灭 . c” 文件的 C 语言程序说明如图 11-14 所示。在程序中，如果将“LED = KEY”改成“LED = ! KEY”，即让 LED（P0. 3 端口）的电平与 KEY（P1. 2 端口）的反电平相同，这样当按键按下时 P1. 2 端口为低电平，P0. 3 端口则为高电平，LED 不亮。如果将程序中的“while（1）”改成“while（0）”，while 函数大括号内的语句“LED = KEY”不会执行，即未将 LED（P0. 3 端口）的电平与 KEY（P1. 2 端口）对应起来，操作按键无法控制 LED 的亮灭。

扫一扫看视频

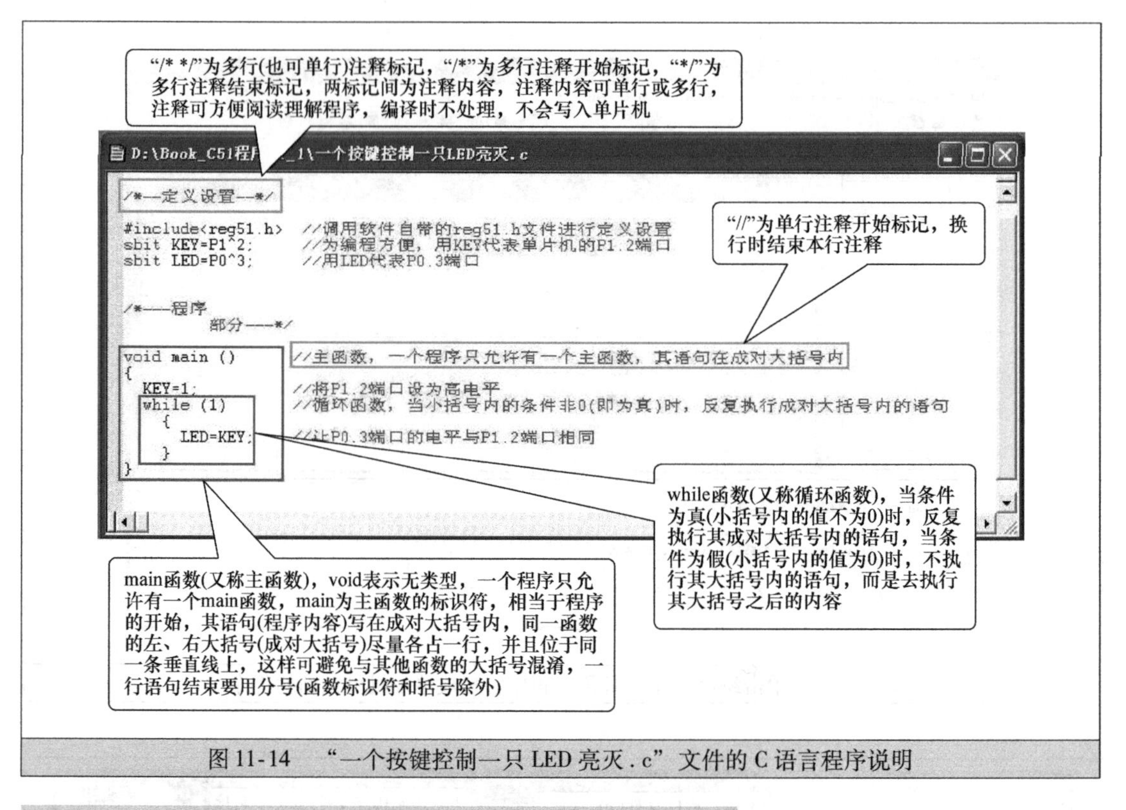

图 11-14 "一个按键控制一只 LED 亮灭 . c" 文件的 C 语言程序说明

11.2.5 计算机、下载（烧录）器和单片机的连接

1. 计算机与下载（烧录）器的连接与驱动

计算机需要通过下载器（又称烧录器）才能将程序写入单片机。图 11-15 是一种常用的 USB 转 TTL 的下载器，使用它可以将程序写入 STC 单片机。

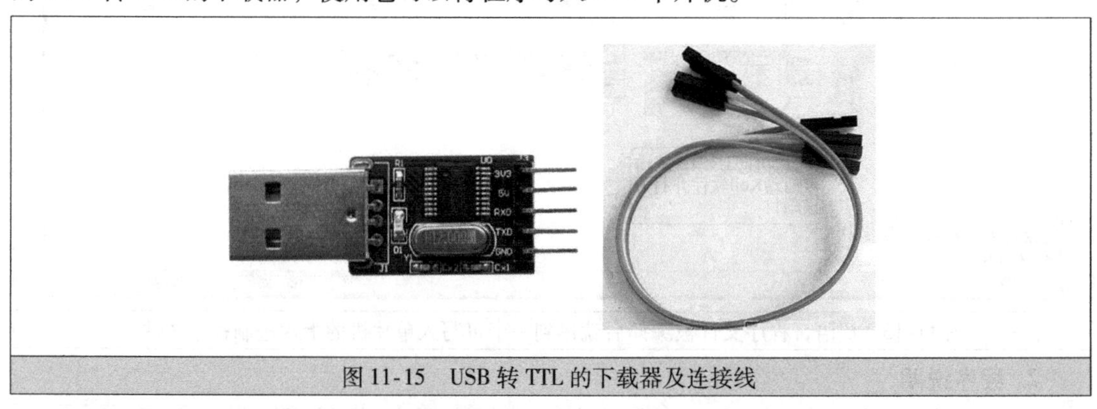

图 11-15 USB 转 TTL 的下载器及连接线

在将下载器连接到计算机前，需要先在计算机中安装下载器的驱动程序，再将下载器插入计算机的 USB 接口，计算机才能识别并与下载器建立联系。下载器驱动程序的安装如图 11-16 所示，由于计算机操作系统为 WinXP，故选择与 WinXP 对应的驱动程序文件，双击该文件即开始安装。

驱动程序安装完成后，将下载器的 USB 插口插入计算机的 USB 接口，计算机即可识别出下载器。在计算机的"设备管理器"查看下载器与计算机的连接情况，在计算机屏幕桌面上右击“我的电脑”，在弹出的菜单中单击“设备管理器”，如图11-17所示，弹出设备管理器窗口，展开其中的“端口（COM和LPT）”项，可以看出下载器的连接端口为COM3，下载器实际连接的为计算机的USB端口，COM3端口是一个模拟端口，记下该端口序号以便下载程序时选用。

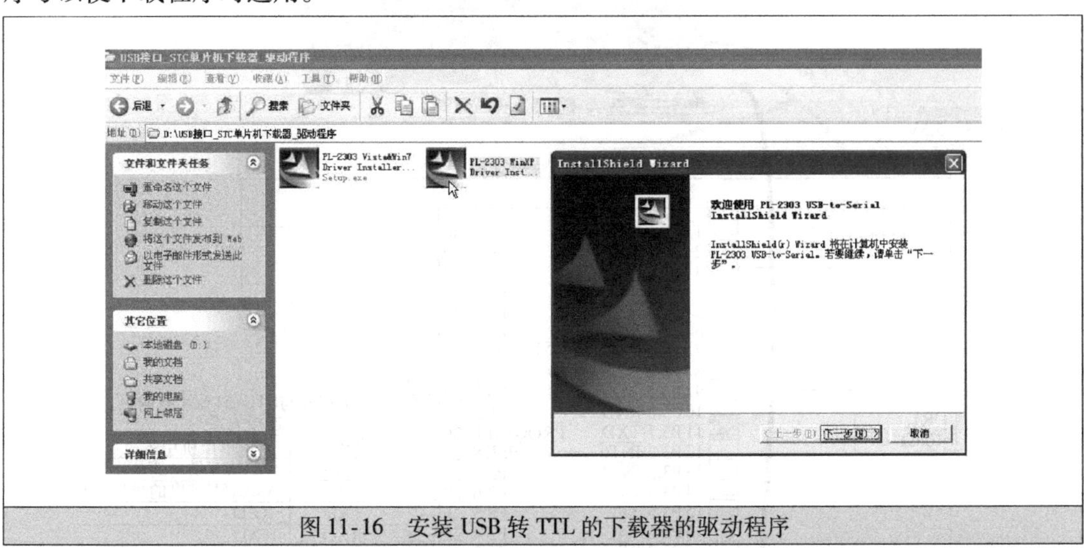

图11-16　安装USB转TTL的下载器的驱动程序

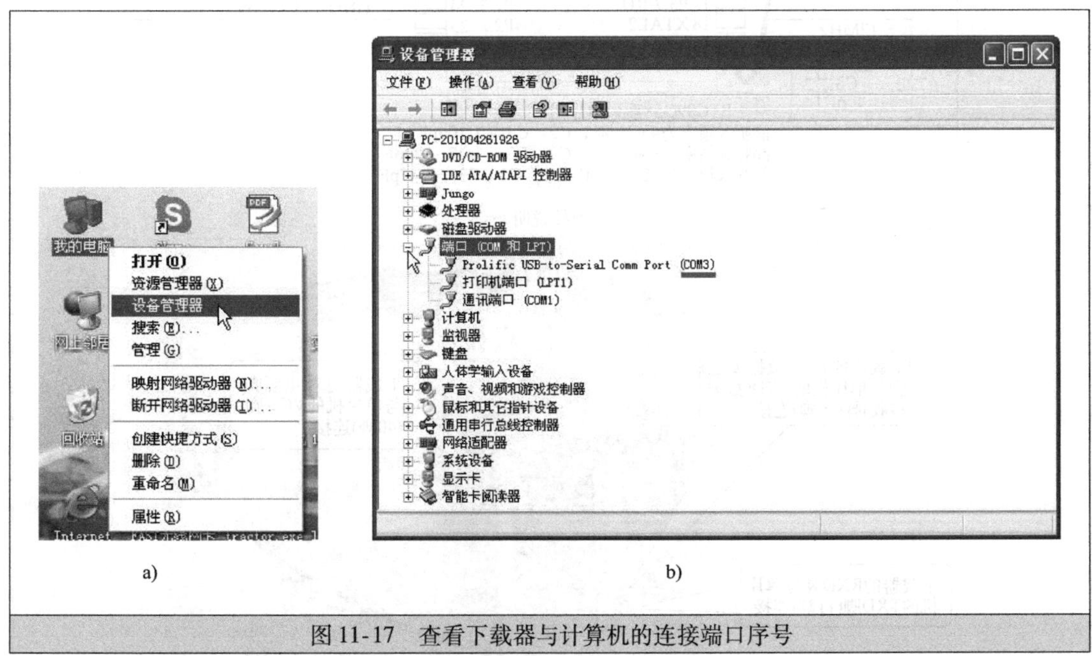

图11-17　查看下载器与计算机的连接端口序号

2. 下载器与单片机的连接

USB转TTL的下载器一般有5个引脚，分别是3.3V电源脚、5V电源脚、TXD（发送数据）脚、RXD（接收数据）脚和GND（接地）脚。

下载器与STC89C51单片机的连接如图11-18所示，从图中可以看出，除了两者电源正、负脚要连接起来外，下载器的TXD（发送数据）脚与STC89C51单片机的RXD（接收数据）脚（10脚，与P3.0为同一个引脚），下载器的RXD脚与STC89C51

单片机的 TXD 脚（11 脚，与 P3.1 为同一个引脚）也要连接起来。下载器与其他型号的 STC－51 单片机连接基本相同，只是对应的单片机引脚序号可能不同。

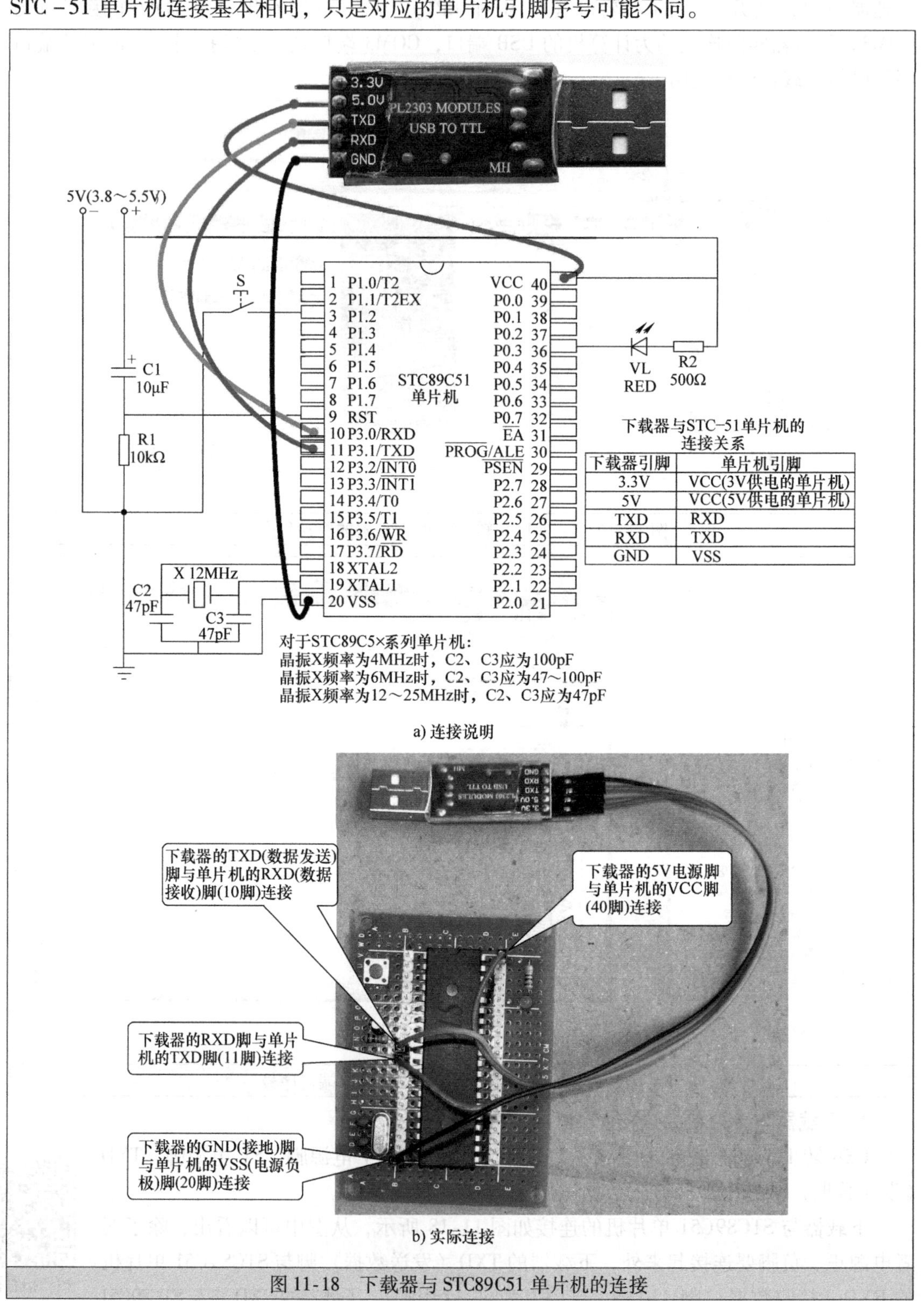

下载器与STC−51单片机的连接关系

下载器引脚	单片机引脚
3.3V	VCC(3V供电的单片机)
5V	VCC(5V供电的单片机)
TXD	RXD
RXD	TXD
GND	VSS

a) 连接说明

b) 实际连接

图 11-18　下载器与 STC89C51 单片机的连接

11.2.6　用烧录软件将程序写入单片机

1. 将计算机、下载器与单片机电路三者连接起来

要将在计算机中编写并编译好的程序下载到单片机中，须先将下载器与计算机及单片机电路连接起来，如图11-19所示，然后在计算机中打开STC－ISP烧录软件，用该软件将程序写入单片机。

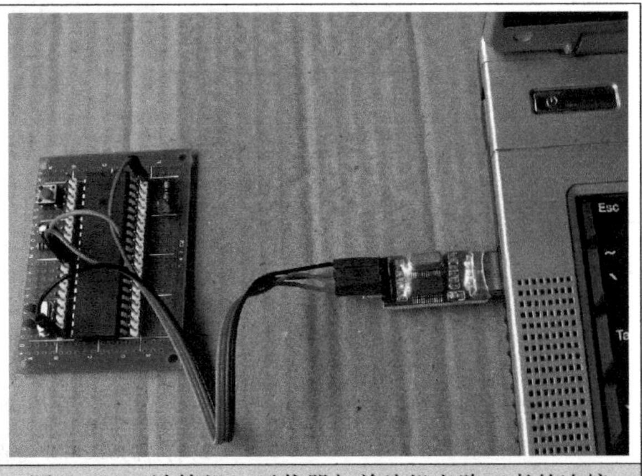

图11-19　计算机、下载器与单片机电路三者的连接

2. 打开烧录软件将程序写入单片机

STC－ISP烧录软件只能烧写STC系列单片机，它分为安装版本和非安装版本，非安装版本使用更为方便。图11-20是STC－ISP烧录软件非安装中文版，双击“STC_ISP_V483.exe”文件，打开STC－ISP烧录软件。用STC－ISP烧录软件将程序写入单片机的操作如图11-21所示。需要注意的是，在单击软件中的“Download/下载”按钮后，计算机会反复往单片机发送数据，但单片机不会接收该数据，这时需要切断单片机的电源，几秒钟后再接通电源，单片机重新上电后会检测到计算机发送过来的数据，会将该数据接收下来并存到内部的程序存储器中，从而完成程序的写入。

扫一扫看视频

a) 双击“STC_ISP_V483.exe”文件

图11-20　打开非安装版本的STC－ISP烧录软件

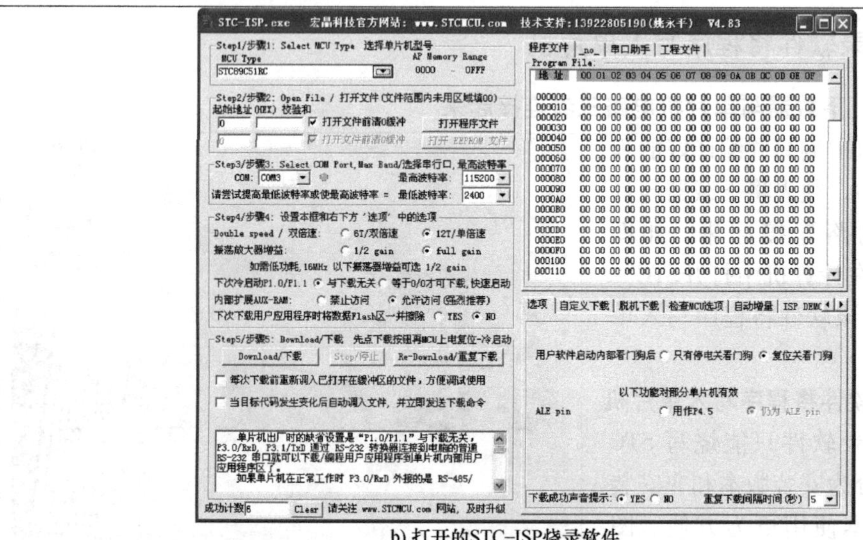

b) 打开的STC-ISP烧录软件

图 11-20　打开非安装版本的 STC－ISP 烧录软件（续）

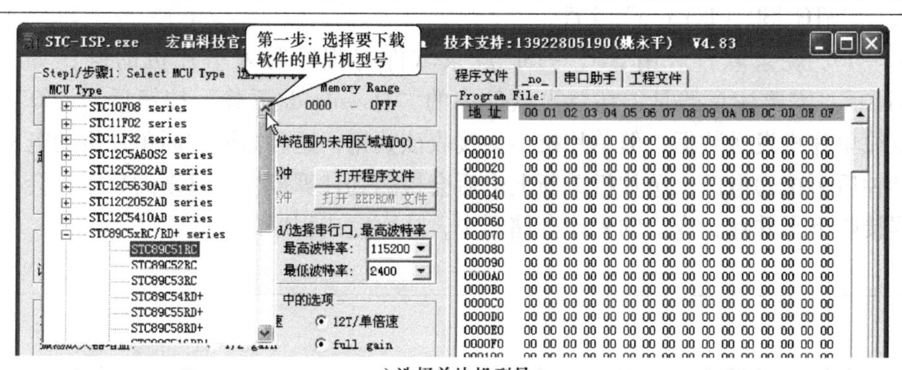

a) 选择单片机型号

b) 打开要写入单片机的程序文件

图 11-21　用 STC－ISP 烧录软件将程序写入单片机的操作

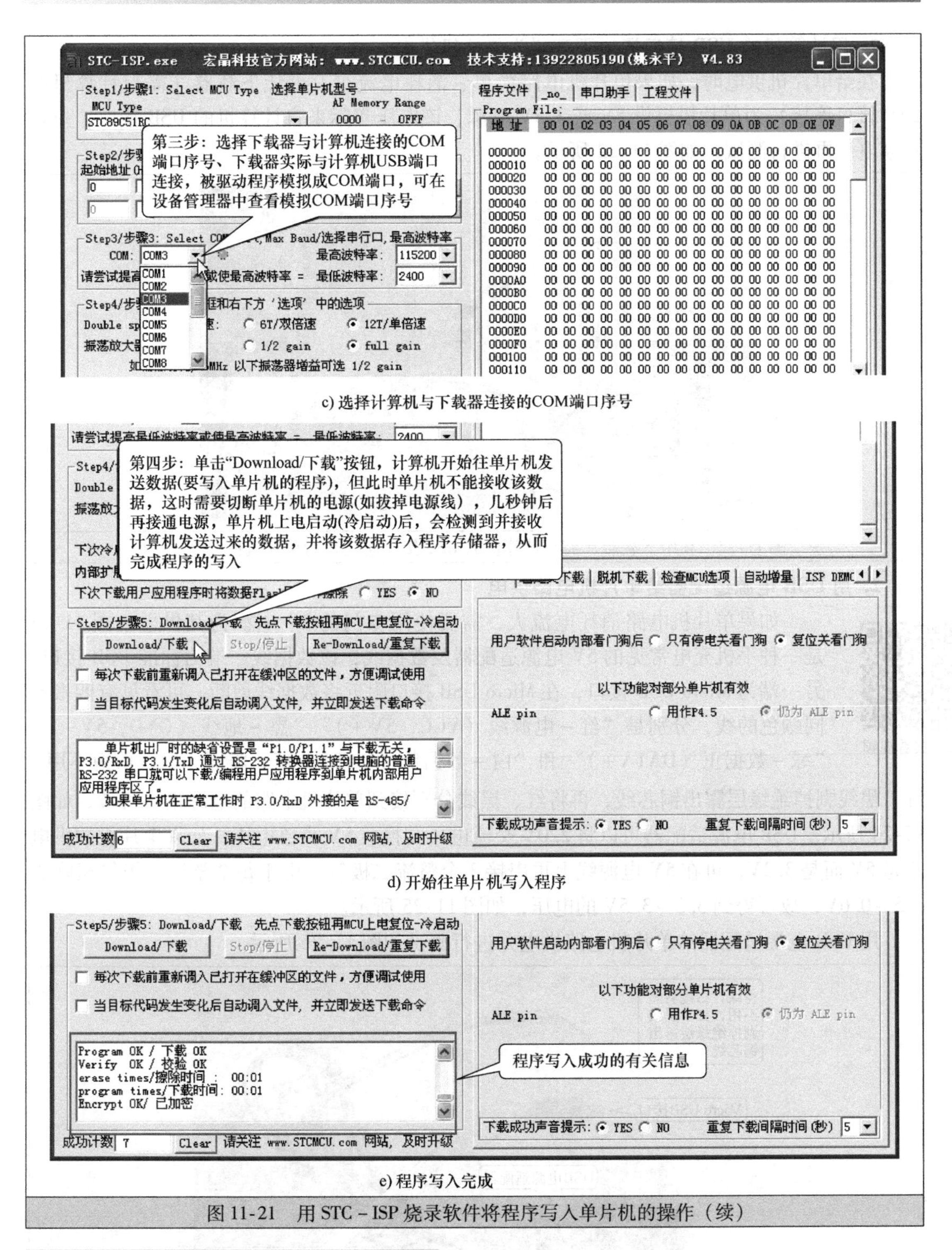

c) 选择计算机与下载器连接的COM端口序号

d) 开始往单片机写入程序

e) 程序写入完成

图 11-21　用 STC－ISP 烧录软件将程序写入单片机的操作（续）

11.2.7　单片机电路的供电与测试

程序写入单片机后，再给单片机电路通电，测试其能否实现控制要求，如若不能，需要检查是单片机硬件电路的问题，还是程序的问题，并解决这些问题。

1. 用计算机的USB接口通过下载器为单片机供电

在给单片机供电时，如果单片机电路简单、消耗电流少，可让下载器（需与计算机的USB接口连接）为单片机提供5V或3.3V电源，该电压实际来自计算机的USB接口，单片机通电后再进行测试，如图11-22所示。

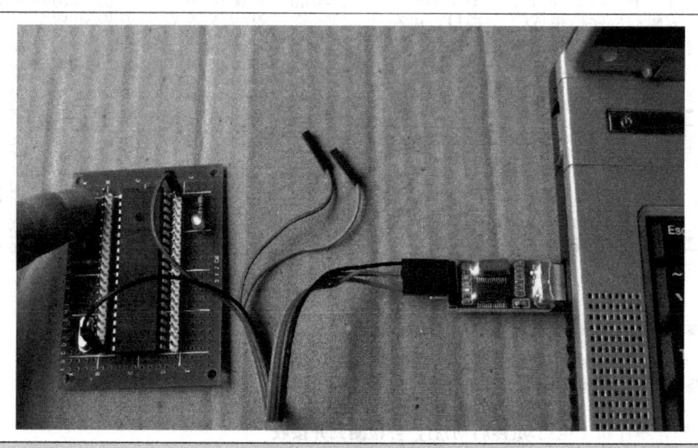

图11-22　利用下载器（需与计算机的USB接口连接）为单片机提供电源

2. 用USB电源适配器给单片机电路供电

扫一扫看视频

如果单片机电路消耗电流大，需要使用专门的5V电源为其供电。图11-23是一种手机充电常见的5V电源适配器及数据线，该数据线一端为标准USB接口，另一端为Micro USB接口，在Micro USB接口附近将数据线剪断，可看见有四根不同颜色的线，分别是“红－电源线（VCC，5V＋）”“黑－地线（GND，5V－）”“绿－数据正（DATA＋）”和“白－数据负（DATA－）”，将绿、白线剪短不用，红、黑线剥掉绝缘层露出铜芯线，再将红、黑线分别接到单片机电路的电源正、负端，如图11-24所示。USB电源适配器可以将220V交流电压转换成5V直流电压，如果单片机的供电不是5V而是3.3V，可在5V电源线上再串接3个整流二极管，由于每个整流二极管压降为0.5～0.6V，故可得到3.2～3.5V的电压，如图11-25所示。

用USB电源适配器给单片机电路供电并进行测试如图11-26所示。

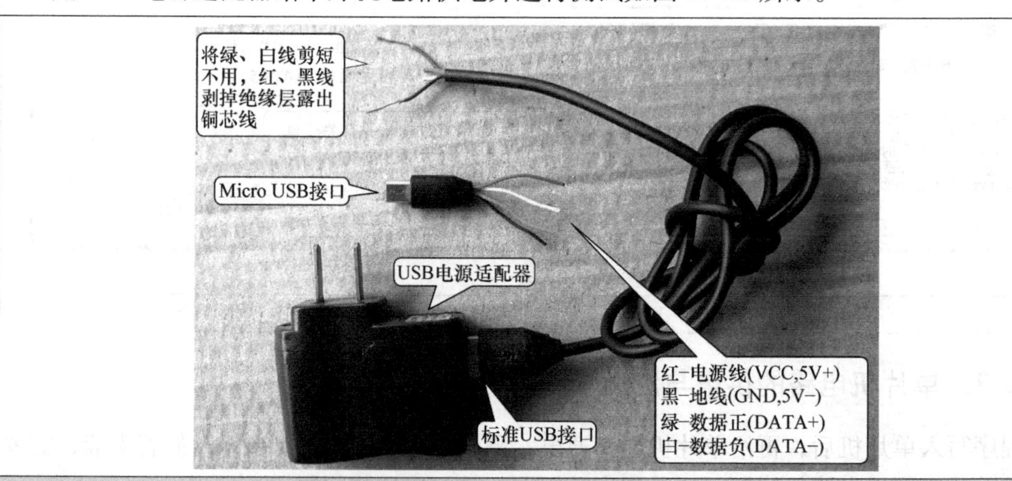

图11-23　USB电源适配器与电源线制作

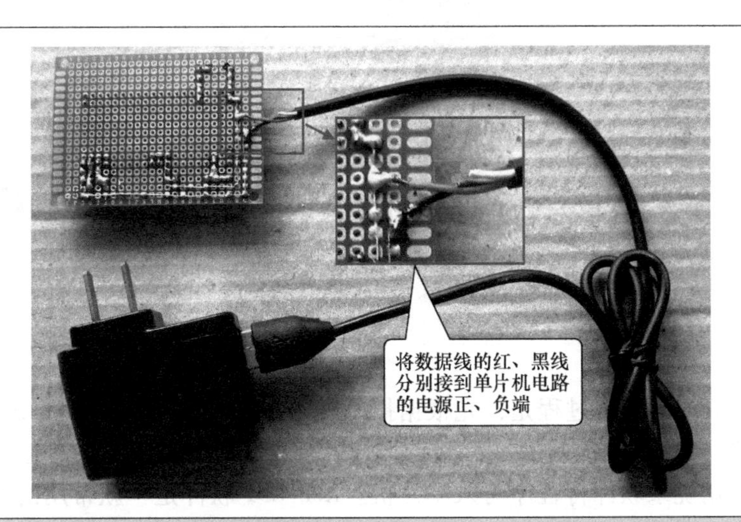

图 11-24　将正、负电源线接到单片机电路的电源正、负端

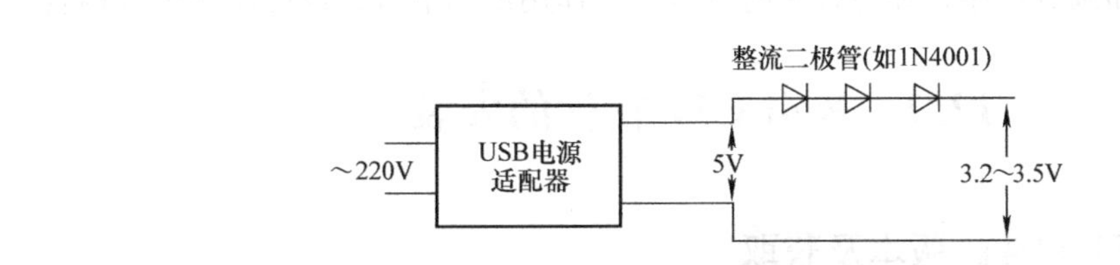

图 11-25　利用 3 只整流二极管可将 5V 电压降低成 3.3V 左右的电压

图 11-26　用 USB 电源适配器给单片机电路供电并进行测试

第12章　单片机编程软件的使用

单片机软件开发的一般过程是，先根据控制要求用汇编语言或C语言编写程序，然后对程序进行编译，转换成二进制或十六进制形式的程序，再对编译后的程序进行仿真调试，程序满足要求后用烧录软件将程序写入单片机。Keil C51软件是一款常用的51系列单片机编程软件，它由Keil公司（现已被ARM公司收购）推出，使用该软件不但可以编写和编译程序，还可以仿真和调试程序，编写程序时既可以选择用汇编语言，也可以使用C语言。

12.1　Keil C51软件的安装

12.1.1　Keil C51软件的版本及获取

Keil C51软件的版本很多，主要有Keil μVision2、Keil μVision3、Keil μVision4和Keil μVision5，Keil μVision3是在Keil公司被ARM公司收购后推出的，故该版本及之后的版本除了支持51系列单片机外，还增加了对ARM处理器的支持。如果仅对51系列单片机编程，可选用Keil μVision2版本，本章也以该版本进行介绍。

如果读者需要获得Keil C51软件，可到Keil公司网站（www.keil.com）下载Eval（评估）版本。

12.1.2　Keil C51软件的安装

Keil C51软件下载后是一个压缩包，将压缩包解压打开后，可看到一个setup文件夹，如图12-1a所示，双击打开setup文件夹，文件夹中有一个Setup.exe文件，如图12-1b所示，双击该文件开始安装软件，先弹出一个图12-1c所示的对话框，若选择"Eval Version（评估版本）"，无需序列号即可安装软件，但软件只能编写不大于2KB的程序，初级用户基本够用，若选择"Full Version（完整版本）"，在后续安装时需要输入软件序列号，软件使用不受限制，这里选择"Full Version（完整版本）"，软件安装开始，在安装过程中会弹出图12-1d所示对话框，要求选择Keil软件的安装位置，单击"Browse（浏览）"按钮可更改软件的安装位置，这里保持默认位置（C：\ keil），单击"Next（下一步）"按钮，会出现图12-1e所示对话框，在"Serial Number"项输入软件的序列号，在"安装说明"文件（见图12-1a）中可找到序列号，其他各项可随意填写，填写完成后，单击"Next"按钮，软件安装过程继续，如图12-1f所示，在后续安装对话框中出现选择项时均保持默认选择，最后出现图12-1g所示对话框，单击"Finish（完成）"按钮则完成软件的安装。

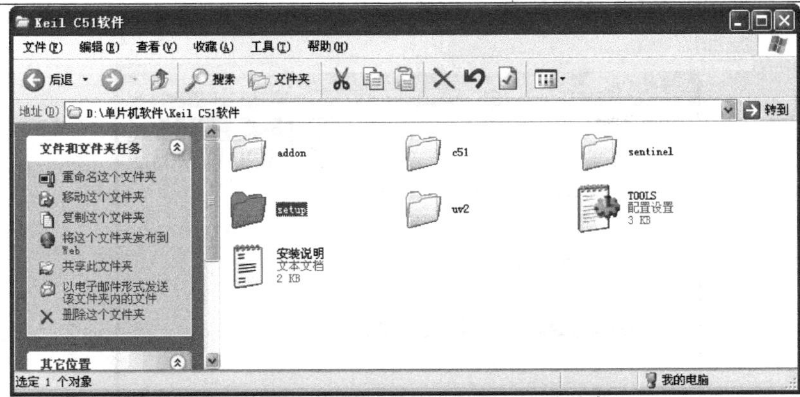

a) 在Keil C51软件文件夹中打开setup文件夹

b) 在setup文件夹中双击Setup.exe文件开始安装Keil C51软件

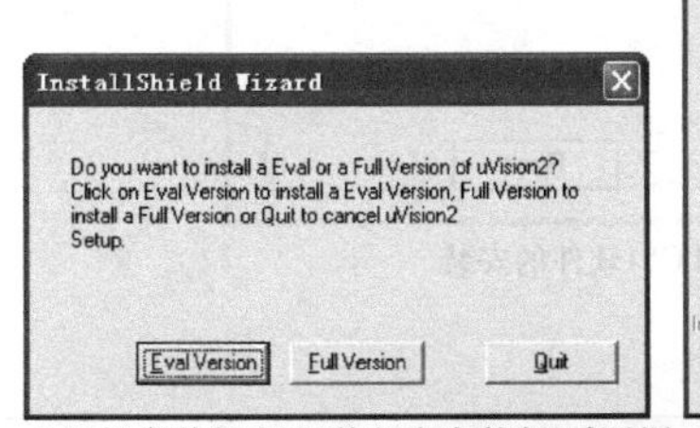

Setup uVision2

Choose Destination Location

Select folder where Setup will install files.

KEIL SOFTWARE

Setup will install uVision2 in the following folder.

To install to this folder, click Next. To install to a different folder, click Browse and select another folder.

Destination Folder

C:\Keil　Browse...

InstallShield

< Back　Next >　Cancel

c) 选择安装版本(评估版和完整版)对话框　　d) 选择软件的安装位置(安装路径)

Setup uVision2

Customer Information

Please enter your information.

KEIL SOFTWARE

Please enter the product serial number, your name, the name of the company for whom you work and your E-mail address. The product serial number can be found on the Add-on diskette.

Serial Number: K1DZP - 5IUSH - A01UE

First Name: etv100

Last Name: 易天电学网

Company Name: www.etv100.com

E-mail: etv100@163.com

InstallShield

< Back　Next >　Cancel

e) 在对话框内输入软件序列号及有关信息

图 12-1　Keil C51 软件的安装

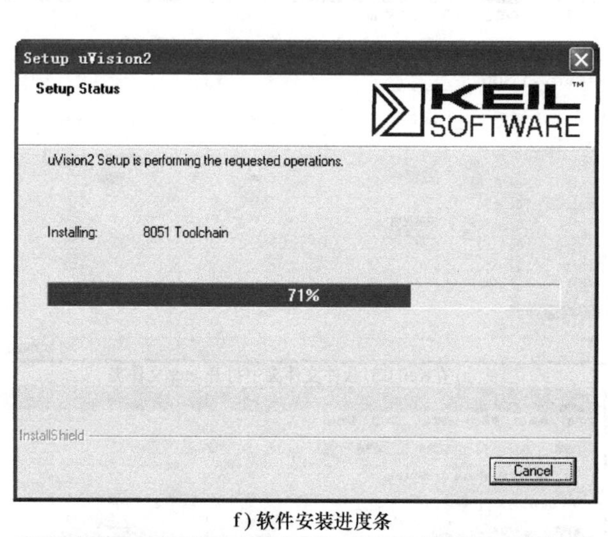

f）软件安装进度条

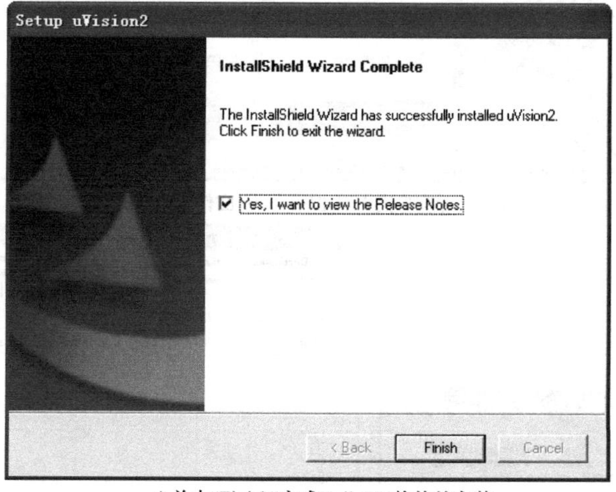

g）单击“Finish”完成Keil C51软件的安装

图 12-1　Keil C51 软件的安装（续）

12.2　程序的编写与编译

12.2.1　启动 Keil C51 软件并新建工程文件

1. Keil C51 软件的启动

Keil C51 软件安装完成后，双击计算机屏幕桌面上的“Keil μVision2”图标，如图12-2a 所示，或单击计算机屏幕桌面左下角的“开始”按钮，在弹出的菜单中执行“程序”→“Keil μVision2”，如图 12-2b 所示，就可以启动 Keil μVision2，启动后的 Keil μVision2 软件窗口如图 12-3 所示。

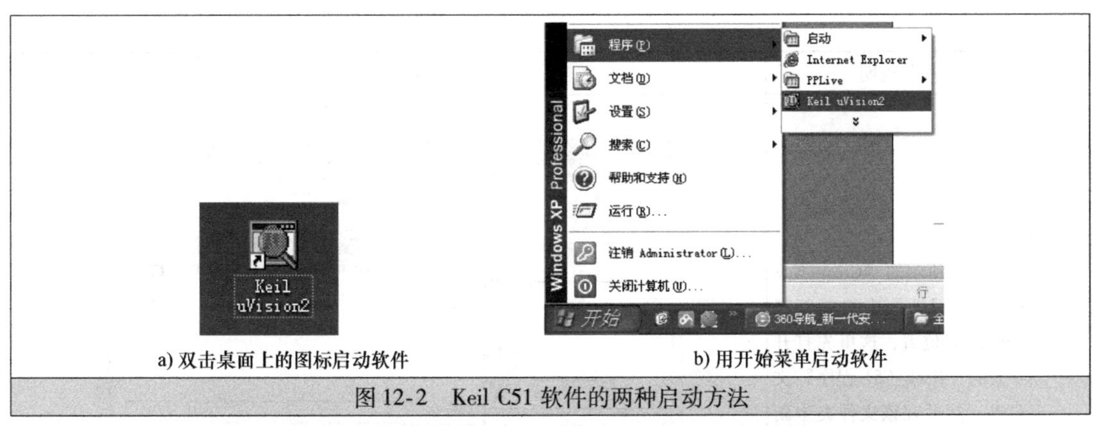

a) 双击桌面上的图标启动软件　　b) 用开始菜单启动软件

图 12-2　Keil C51 软件的两种启动方法

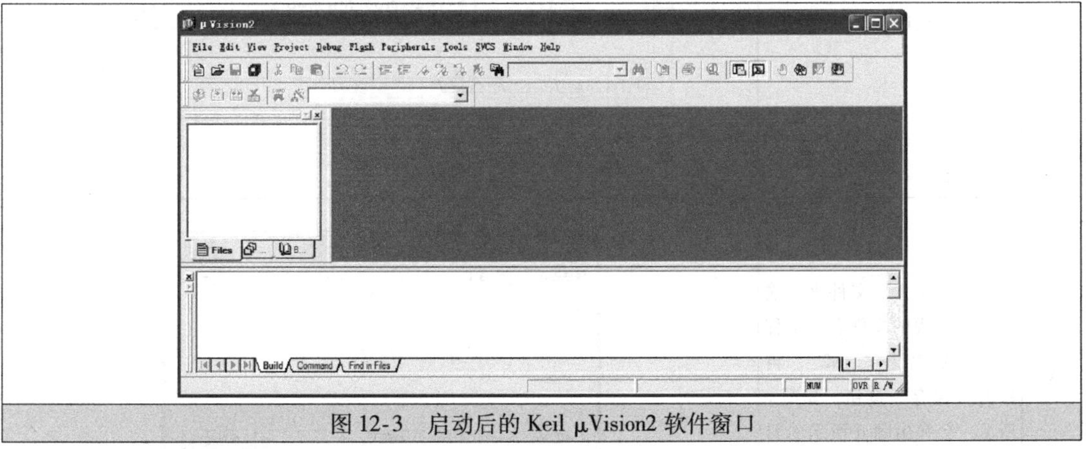

图 12-3　启动后的 Keil µVision2 软件窗口

2. 新建工程文件

在用 Keil µVision2 软件进行单片机程序开发时，为了便于管理，需要先建立一个项目文件，用于管理本项目中的所有文件。

在 Keil µVision2 软件新建工程文件的操作说明见表 12-1。

表 12-1　在 Keil µVision2 软件新建工程文件的操作说明

序号	操作说明	操作图
1	执行菜单命令“Project”→“New Project”，如图 a 所示，会弹出图 b 所示的对话框	图 a

（续）

序号	操作说明	操作图
2	在图 b 所示的“Create New Project”对话框中选择新工程的保存位置，这里先打开 D 盘的“Book_C51 程序”文件夹，然后在该文件夹中新建一个“3_1”文件夹	 图 b
3	打开“3_1”文件夹，输入新建工程的文件名，工程文件扩展名为“.uv2”，再单击“保存”按钮，如图 c 所示，会弹出图 d 所示的对话框	 图 c
4	图 d 所示的对话框为选择单片机型号对话框，有很多公司的 51 单片机供选择，但无 STC 公司的 51 单片机，由于 51 单片机基本内核是相同的，这里选择 Atmel 公司的 AT89S52 型单片机	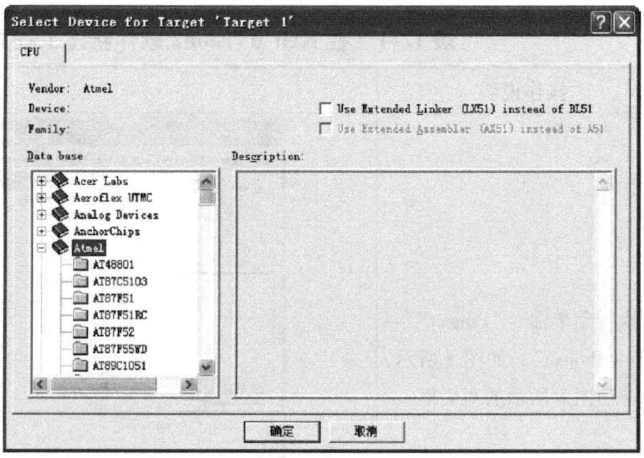 图 d

（续）

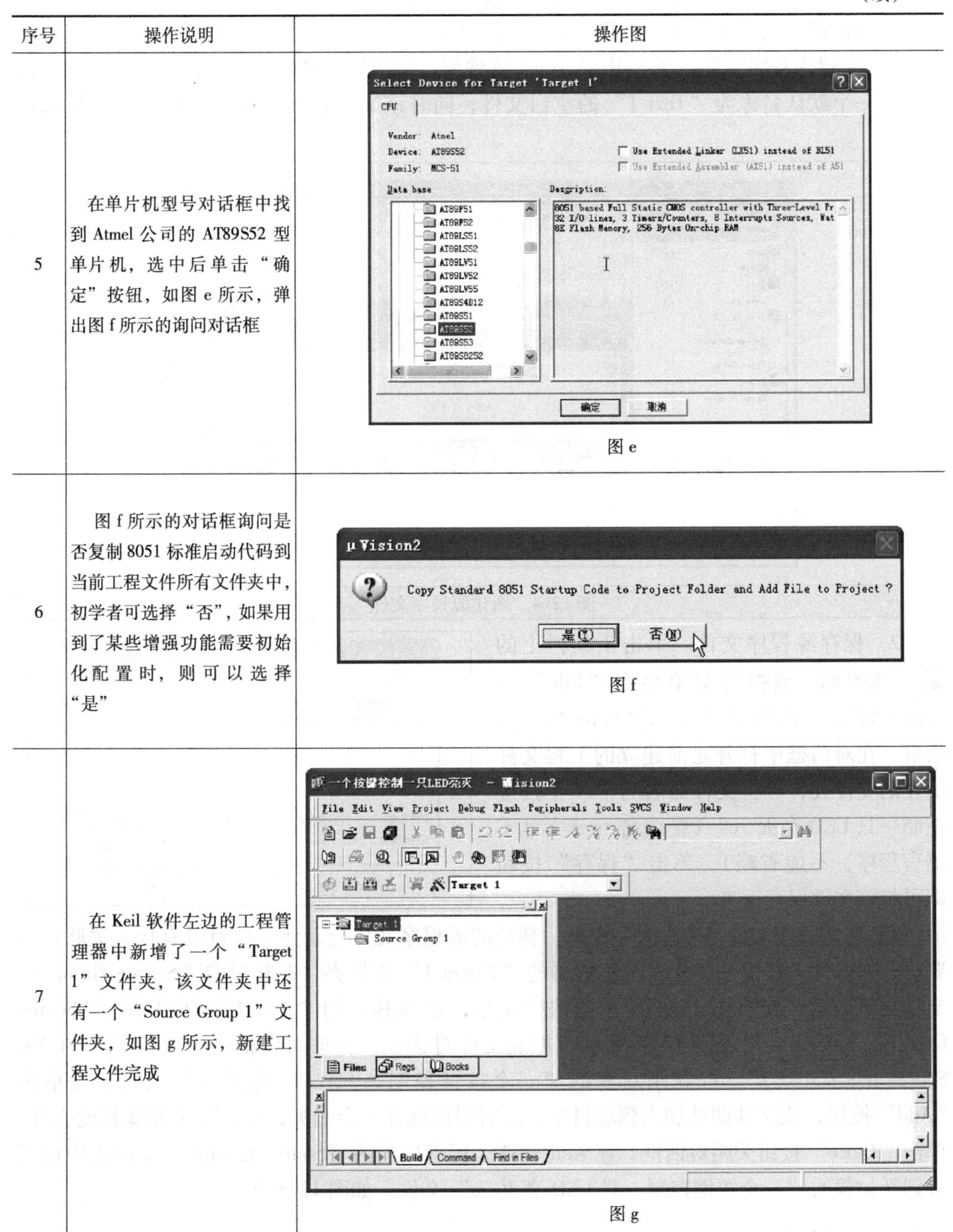

序号	操作说明	操作图
5	在单片机型号对话框中找到 Atmel 公司的 AT89S52 型单片机，选中后单击“确定”按钮，如图 e 所示，弹出图 f 所示的询问对话框	图 e
6	图 f 所示的对话框询问是否复制 8051 标准启动代码到当前工程文件所有文件夹中，初学者可选择“否”，如果用到了某些增强功能需要初始化配置时，则可以选择“是”	图 f
7	在 Keil 软件左边的工程管理器中新增了一个“Target 1”文件夹，该文件夹中还有一个“Source Group 1”文件夹，如图 g 所示，新建工程文件完成	图 g

12.2.2　新建源程序文件并与工程关联起来

新建工程完成后，还要在工程中建立程序文件，并将程序文件保存后再与工程关联到一起，然后就可以在程序文件中用C语言或汇编语言编写程序。

新建源程序文件并与工程关联起来的操作过程如下：

1）新建源程序文件。在Keil μVision2软件窗口中执行菜单命令“File”→“New”，即新建了一个默认名称为“Text 1”的空白文件，同时该文件在软件窗口中打开，如图12-4所示。

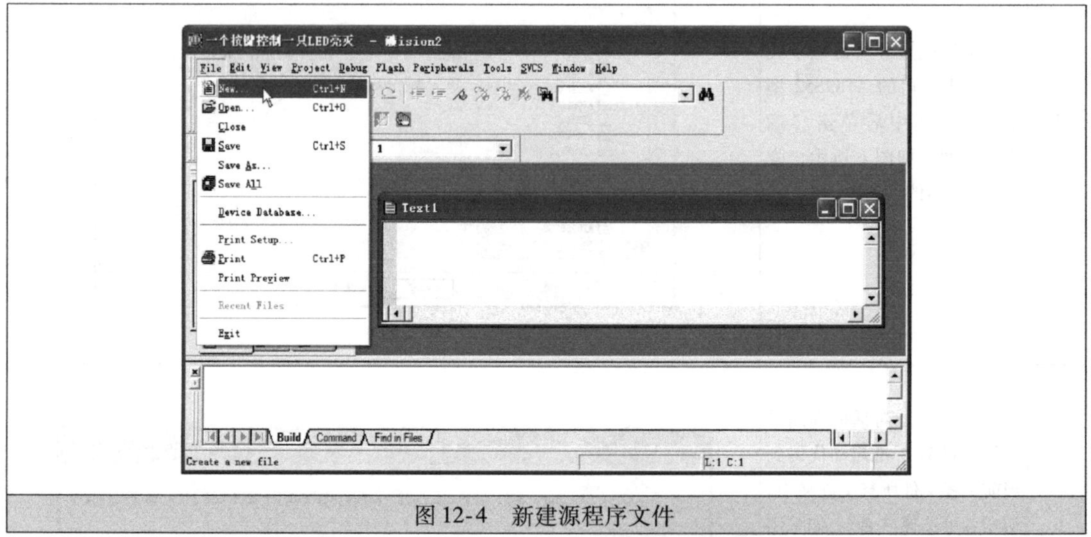

图12-4　新建源程序文件

2）保存源程序文件。单击工具栏上的工具图标，或执行菜单命令“File”→“Save As”，弹出图12-5所示“Save As”对话框。在对话框中打开之前建立的工程文件所在的文件夹，再将文件命名为“一个按键控制一只LED亮灭.c”（扩展名.c表示为C语言程序，不能省略），单击“保存”按钮即可将该文件保存下来。

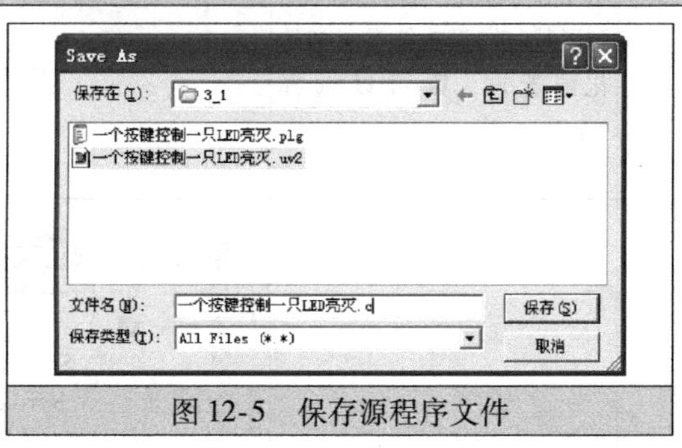

图12-5　保存源程序文件

3）将源程序文件与工程关联起来。新建的源程序文件与新建的项目没有什么关联，需要将它加入到工程中。展开工程管理器的“Target 1”文件夹，在其中的“Source Group 1”文件夹上右击，弹出图12-6所示的快捷菜单，选择其中的“Add Files to Group ‘Source Group 1’”项，会出现图12-7所示的加载文件对话框，在该对话框中选文件类型为“C Source file（*.c）”，找到刚新建的“一个按键控制一只LED亮灭.c”文件，再单击“Add”按钮，该文件即被加入到项目中，此时对话框并不会消失，可以继续加载其他文件，单击“Close”按钮关闭对话框。在Keil软件工程管理器的“Source Group1”文件夹中可以看到新加载的“一个按键控制一只LED亮灭.c”文件，如图12-8所示。

12.2.3　编写程序

编写程序有两种方式：一是直接在Keil软件的源程序文件中编写；二是用其他软件（如Windows自带的记事本程序）编写，再加载到Keil软件中。

图 12-6　用快捷菜单执行加载文件命令

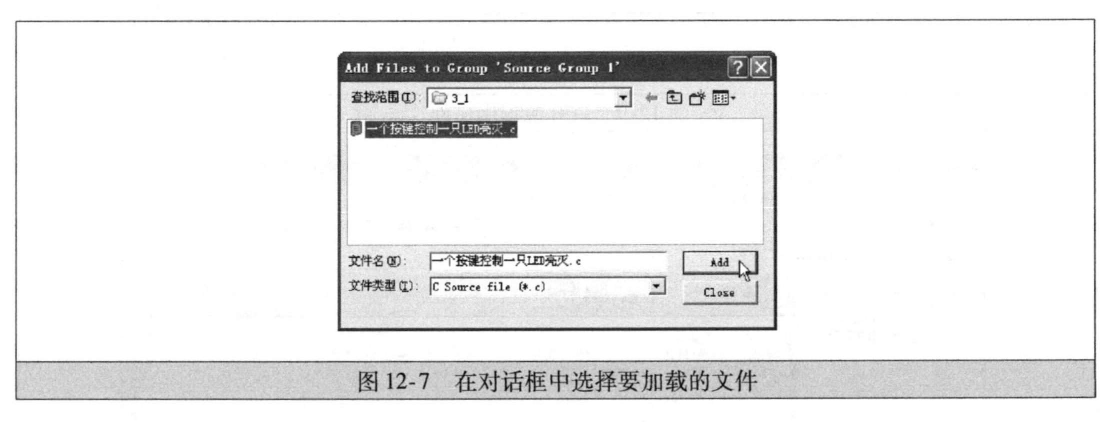

图 12-7　在对话框中选择要加载的文件

图 12-8　程序文件被加载到工程中

1. 在 Keil 软件的源程序文件中编写

在 Keil 软件窗口左边的工程管理器中选择源程序文件并双击，源程序文件被 Keil 软件自带的程序编辑器（文本编辑器）打开，如图 12-9 所示，再在程序编辑器中用 C 语言编写单片机控制程序，如图 12-10 所示。

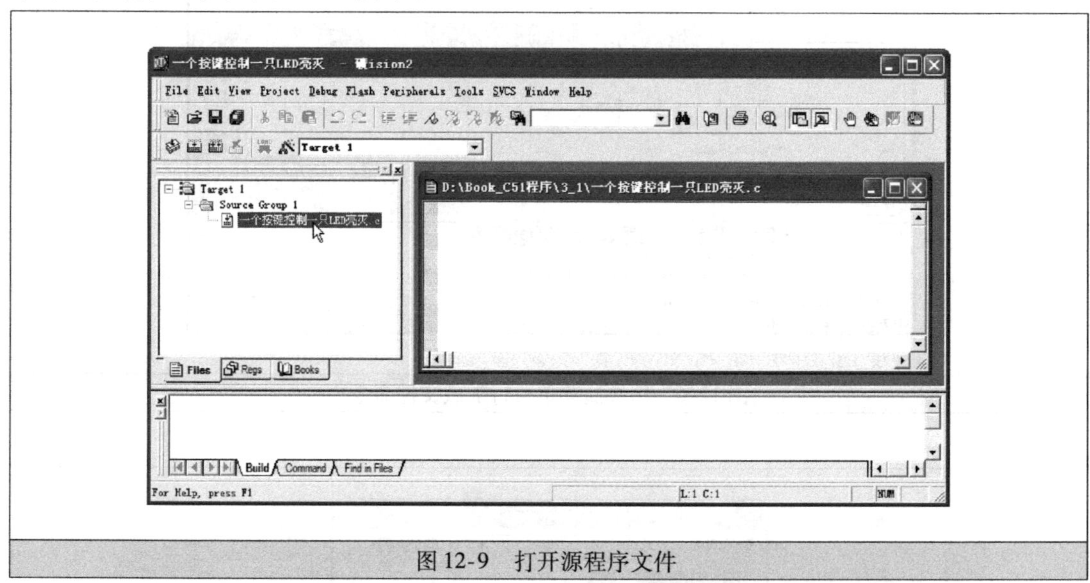

一个按键控制一只LED亮灭 - µVision2
File Edit View Project Debug Flash Peripherals Tools SVCS Window Help
Target 1
Source Group 1
D:\Book_C51程序\3_1\一个按键控制一只LED亮灭.c
Files
Regs
Books
Build
Command
Find in Files
For Help, press F1
L:1 C:1
NUM

图 12-9　打开源程序文件

一个按键控制一只LED亮灭 - µVision2
File Edit View Project Debug Flash Peripherals Tools SVCS Window Help
Target 1
Source Group 1
一个按键控制一
D:\Book_C51程序\3_1\一个按键控制一只LED亮灭.c
/*--定义设置--*/
#include<reg51.h>　　//调用软件自带的reg51.h文件对各特殊功能寄存器进行地址设置
sbit KEY=P1^2;　　//为编程方便，用KEY代表单片机的P1.2端口
sbit LED=P0^3;　　//用LED代表P0.3端口
/*---程序部分---*/
void main ()　　//主函数，一个程序只允许有一个主函数，其语句在成对大括号内
{
KEY=1;　　//将P1.2端口设为高电平
while (1)　　//循环函数，当小括号内的条件非0(即为真)时，反复执行成对大括号内的语句
{
LED=KEY;　　//让P0.3端口的电平与P1.2端口相同
}
}
Files
Build
Command
Find in Files
For Help, press F1
L:15 C:2
NUM

图 12-10　在 Keil 软件自带的程序编辑器中用 C 语言编写程序

2. 用其他文本工具编写程序

Keil 软件的程序编辑器实际上是一种文本编辑器，它对中文的支持不是很好，在输入中文时，有时会出现文字残缺的现象。编程时也可以使用其他文本编辑器（如 Windows 自带的记事本）编写程序，再将程序加载到 Keil 软件中进行编译、仿真和调试。

用其他文本工具编写并加载程序的操作如下：

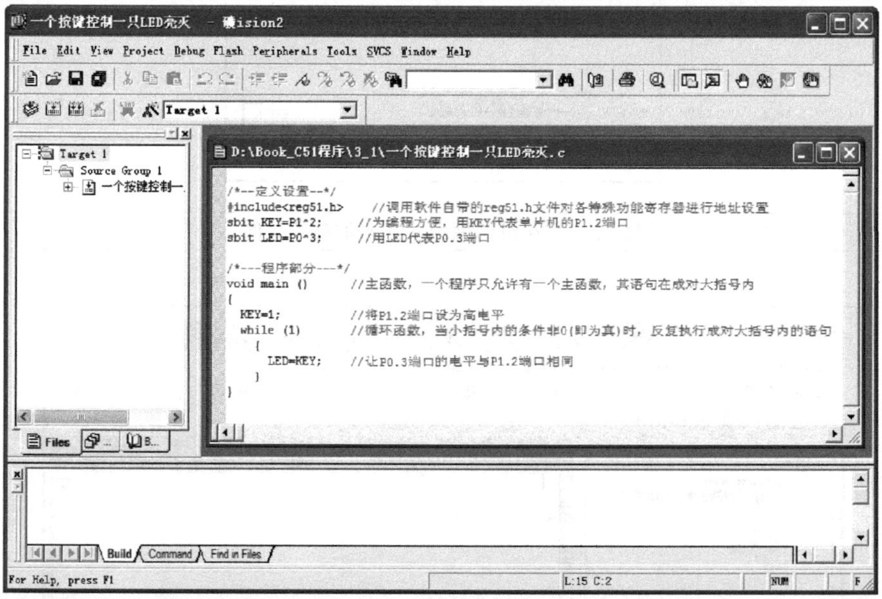

1）用文本编辑器编写程序。打开 Windows 自带的记事本，在其中用 C 语言（或汇编语言）编写程序，如图 12-11 所示。编写完后将该文件保存下来，文件的扩展名为 .c（或 .asm），这里将文件保存为“1KEY_1LED. c”。

2）将程序文件载入 Keil 软件与工程关联。打开 Keil 软件并新建一个工程（如已建工程，本步骤忽略），再将“1KEY_1LED. c”文件加载进 Keil 软件与工程关联起来，加载程序文件的过程可参见图 12-6～图 12-8 所示。程序载入完成后，在 Keil 软件的工程管理器的 Source Group 1 文件夹中可看到加载进来的“1KEY_1LED. c”文件，如图 12-12 所示，双击可以打开该文件。

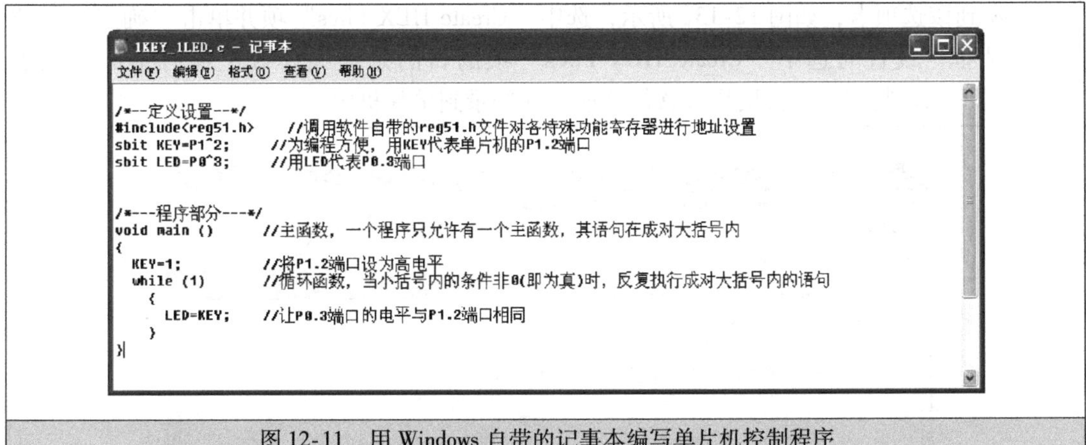

图 12-11　用 Windows 自带的记事本编写单片机控制程序

图 12-12　用记事本编写的程序被载入 Keil 软件

12.2.4　编译程序

用 C 语言（或汇编语言）编写好程序后，程序还不能直接写入单片机，因为单片机只接受二进制数，所以要将 C 语言程序转换成二进制或十六进制代码。将 C 语言程序（或汇编语言程序）转换成二进制或十六进制代码的过程称为编译（或汇编）。

C 语言程序的编译要用到编译器，汇编语言程序要用到汇编器，51 单片机对 C 语言程序编译时采用 C51 编译器，对汇编语言程序汇编时采用 A51 汇编器。Keil C51 软件本身带有编译器和汇编器，在对程序进行编译或汇编时，会自动调用相应的编译器或汇编器。

1. 编译或汇编前的设置

在 Keil C51 软件中编译或汇编程序前需要先进行一些设置。设置时，执行菜单命令“Project”→“Options for Target ‘Target 1’”，如图 12-13a 所示，弹出图 12-13b 所示的对话框，该对话框中有 10 个选项卡，每个选项卡中都有一些设置内容，其中“Target”和“Output”选项卡较为常用，默认打开“Target”选项卡，这里保持默认值。单击“Output”选项卡，切换到该选项卡，如图 12-13c 所示，选中“Create HEX Files”项并单击“确定”按钮关闭对话框。设置时选中“Create HEX Files”项的目的是让编译或汇编时生成扩展名为 . hex的十六进制文件，再用烧录软件将该文件烧录到单片机中。

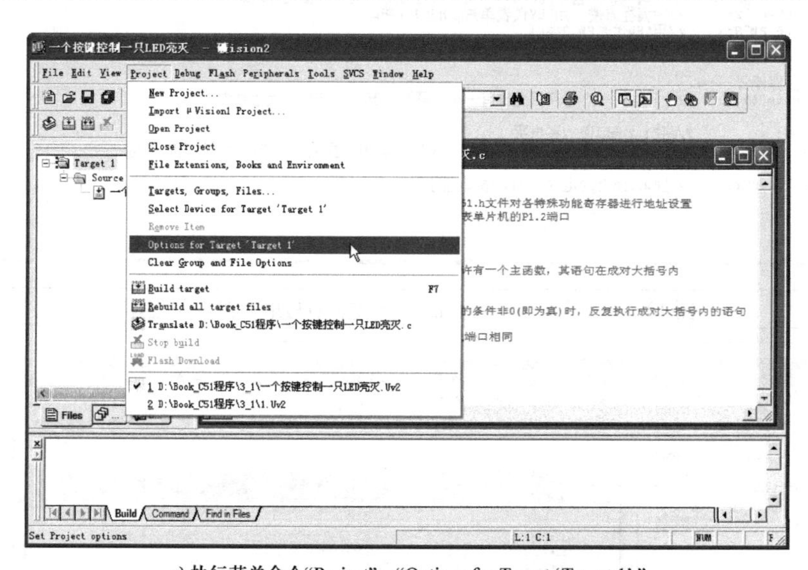

a) 执行菜单命令“Project”→“Options for Target ‘Target 1’ ”

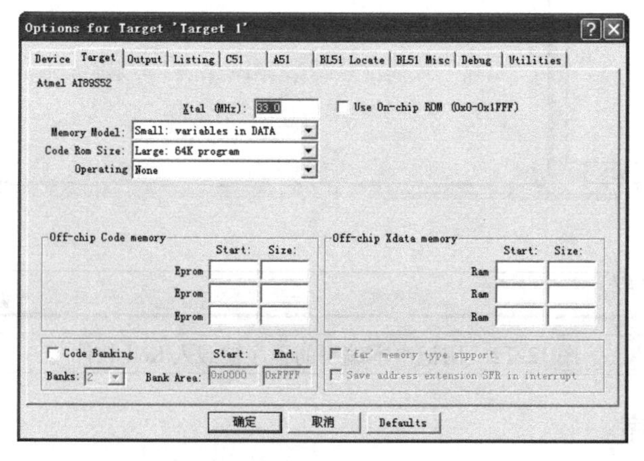

b) “Options for Target‘Target 1’ ”对话框

图 12-13　编译或汇编程序前进行的设置

c) 在对话框中切换到Output选项卡并选中“Create HEX Files”项

图 12-13　编译或汇编程序前进行的设置（续）

2. 编译或汇编程序

编译设置结束后，在 Keil 软件窗口执行菜单命令“Project”→“Rebuild all target files（重新编译所有的目标文件）”，如图 12-14a 所示，也可以直接单击工具栏上的图标，Keil 软件自动调用 C51 编译器将“一个按键控制一只 LED 亮灭 . c”文件中的程序进行编译，编译完成后，在软件窗口下方的输出窗口中可看到有关的编译信息，如果出现“0 Error(s), 0 Warning(s)”，如图 12-14b 所示，表示程序编译没有问题（至少在语法上不存在问题）；如果存在错误或警告，要认真检查程序，修改后再编译，直到通过为止。

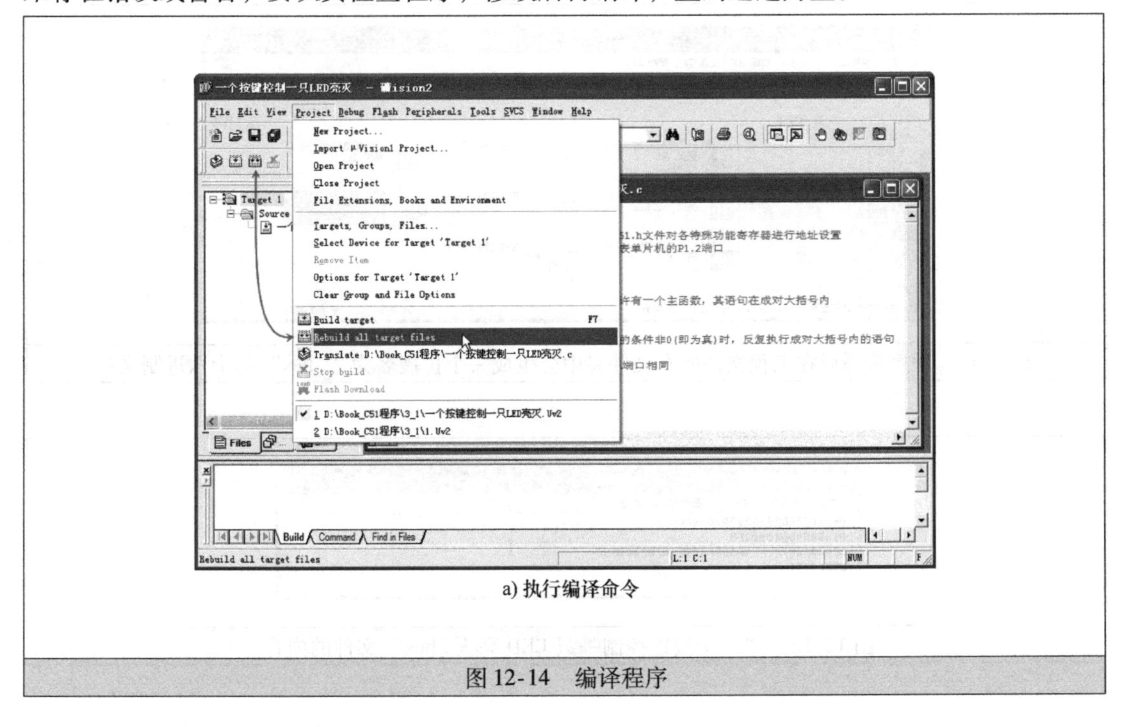

a) 执行编译命令

图 12-14　编译程序

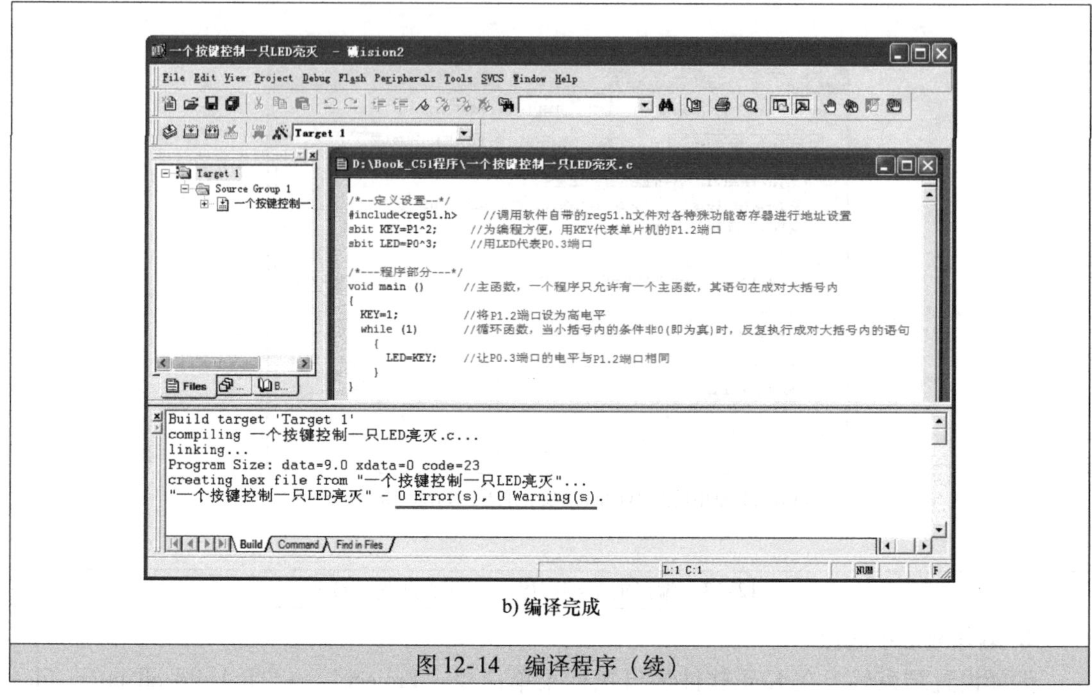

b) 编译完成

图 12-14　编译程序（续）

程序编译完成后，打开工程文件所在的文件夹，会发现生成了一个“一个按键控制一只 LED 亮灭 . hex”文件。如图 12-15 所示，该文件是由编译器将 C 语言程序“一个按键控制一只 LED 亮灭 . c”编译成的十六进制代码文件，双击该文件，系统会调用记事本程序打开它，可以看见该文件的具体内容，如图 12-16 所示，在单片机烧录程序时，用烧录软件载入该文件并转换成二进制代码写入单片机。

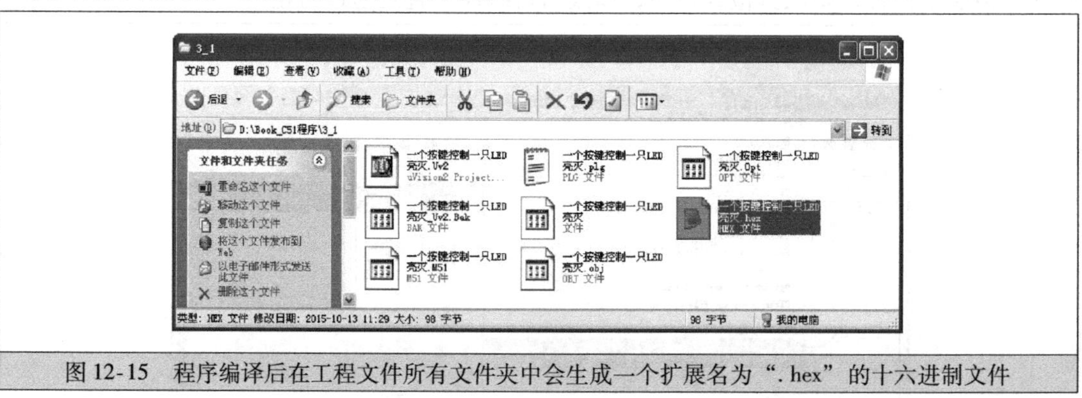

图 12-15　程序编译后在工程文件所有文件夹中会生成一个扩展名为“. hex”的十六进制文件

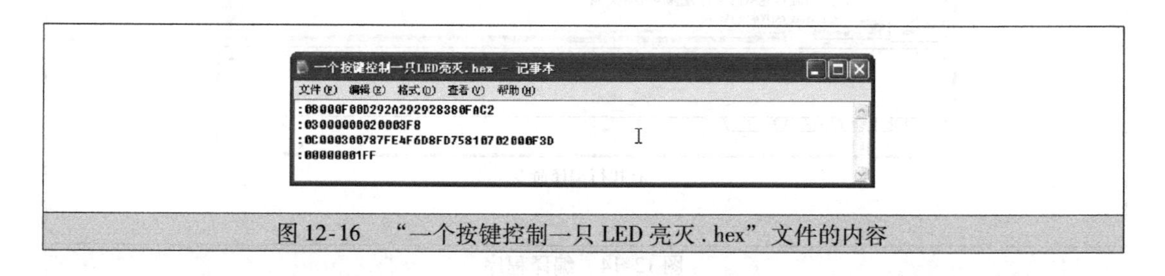

图 12-16　“一个按键控制一只 LED 亮灭 . hex”文件的内容

第13章 单片机开发实例

13.1 单片机点亮单个 LED 的电路及编程

13.1.1 单片机点亮单个 LED 的电路

图 13-1 是单片机（STC89C51）点亮单个 LED 的电路，当单片机 P1.7 端为低电平时，VL 导通，有电流流过 LED，LED 点亮，此时 LED 的工作电流 $I_F = (U - U_F)/R_2 = (5 - 1.5)V/510\Omega \approx 0.007A = 7mA$，$U$ 指电源电压（5V），U_F 指 LED 正向工作电压（1.5V）。

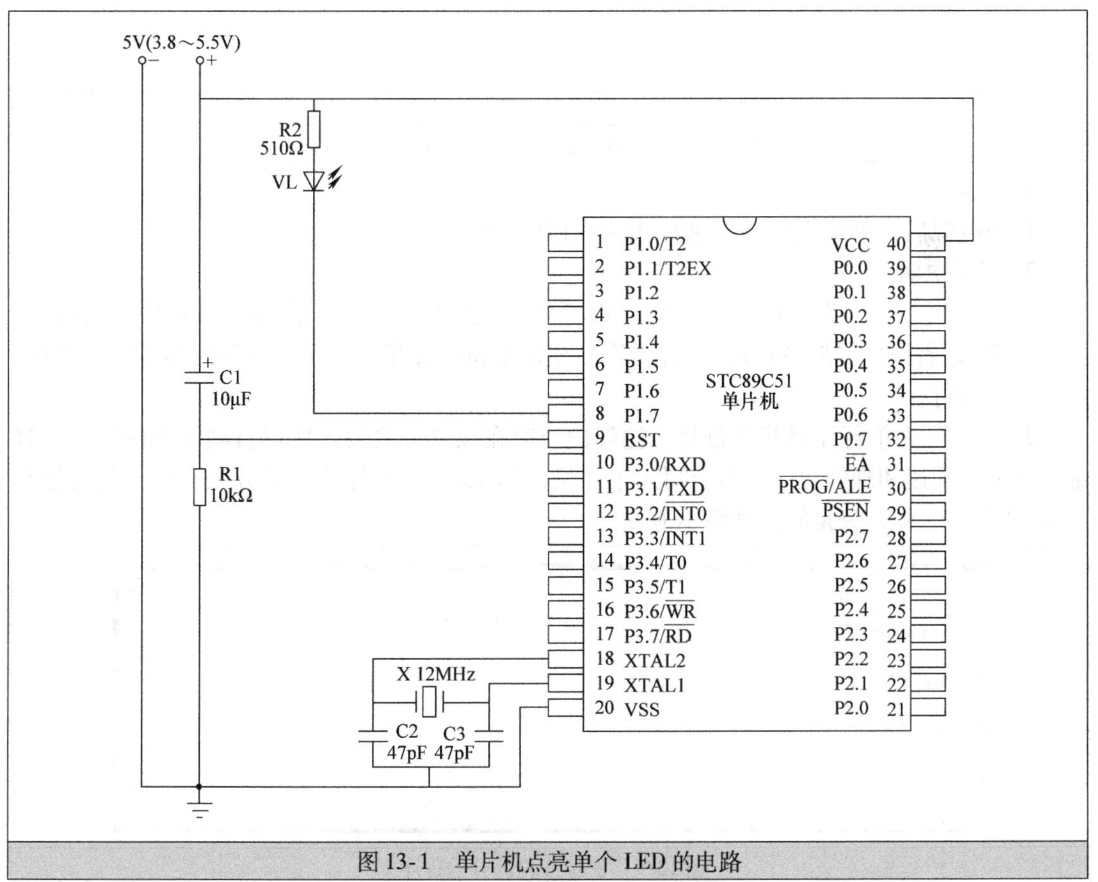

图 13-1 单片机点亮单个 LED 的电路

13.1.2 采用位操作方式编程点亮单个 LED 的程序及详解

要点亮 P1.7 引脚外接的 LED，只需让 P1.7 引脚为低电平即可。点亮单个 LED 可采用位操作方式或字节操作方式，如果选择位操作方式，在编程时直接让 P1.7 = 0，即让 P1.7 引脚为低电平，如果选择字节操作方式，在编程时让 P1 = 7FH = 01111111B，也可以让 P1.7 引脚为低电平。

图 13-2 是用 Keil C51 软件编写的采用位操作方式点亮单个 LED 的程序。

```
/*点亮单个LED的程序，采用直接
  将某位置0或置1的位操作方式编程*/
#include<reg51.h>      //调用reg51.h文件对单片机各特殊功能寄存器进行地址定义
sbit LED7=P1^7;        //用位定义关键字sbit将LED7代表P1.7端口，
                       //LED7是自己任意定义且容易记忆的符号

/*以下为主程序部分*/
void main (void)       //main为主函数，main前面的void表示函数无返回值(输出参数)，
                       //后面小括号内的void(也可不写)表示函数无输入参数，一个程序
                       //只允许有一个主函数，其语句要写在main首尾大括号内，不管程序
                       //多复杂，单片机都会从main函数开始执行程序
{                      //main函数首大括号
    LED7=1;            //将P1.7端口赋值1，让P1.7引脚输出高电平
  while (1)            //while为循环控制语句，当小括号内的条件非0(即为真)时，
                       //反复执行while首尾大括号内的语句
  {                    //while语句首大括号
    LED7=0;            //将P1.7端口赋值0，让P1.7引脚输出低电平
  }                    //while语句尾大括号
}                      //main函数尾大括号
```

图 13-2 采用位操作方式点亮单个 LED 的程序

1. 现象

接通电源后，单片机 P1.7 引脚连接的 LED 点亮。

2. 程序说明

1）“/＊ ＊/”为多行注释符号（也可单行注释），“/＊”为多行注释的开始符号，“＊/”为多行注释的结束符号，注释内容写在开始和结束符号之间，注释内容可以是单行，也可以是多行。

2）“//”为单行注释开始符号，注释内容写在该符号之后，换行自动结束注释。注释部分有助于阅读和理解程序，不会写入单片机，图 13-3 是去掉注释部分的程序，其功能与图 13-2 程序一样，只是阅读理解不方便。

```
#include<reg51.h>
sbit LED7=P1^7;
void main ()
{
    LED7=1;
  while (1)
  {
    LED7=0;
  }
}
```

图 13-3 去掉注释部分的程序

3）#include <reg51.h> 中，“#include”是一个文件包含预处理命令，它是软件在编译

前要做的工作，不会写入单片机，C 语言的预处理命令相当于汇编语言中的伪指令，预处理命令之前要加一个“#”。

4）“reg51. h”是 8051 单片机的头文件，在程序的 reg51. h 上单击鼠标右键，弹出图 13-4 所示的右键菜单，选择打开 reg51. h 文件，即可将 reg51. h 文件打开，reg51. h 文件的内容如图 13-5 所示，它主要是定义 8051 单片机特殊功能寄存器的字节地址或位地址，如定义 P0 端口（P0 锁存器）的字节地址为 0x80（即 80H），PSW 寄存器的 CY 位的位地址为 0xD7（即 D7H）。reg51. h 文件位于 C：\Keil\C51\INC 中。在程序中也可不写“#include <reg51. h>”，但需要将 reg51. h 文件中所有内容复制到程序中。

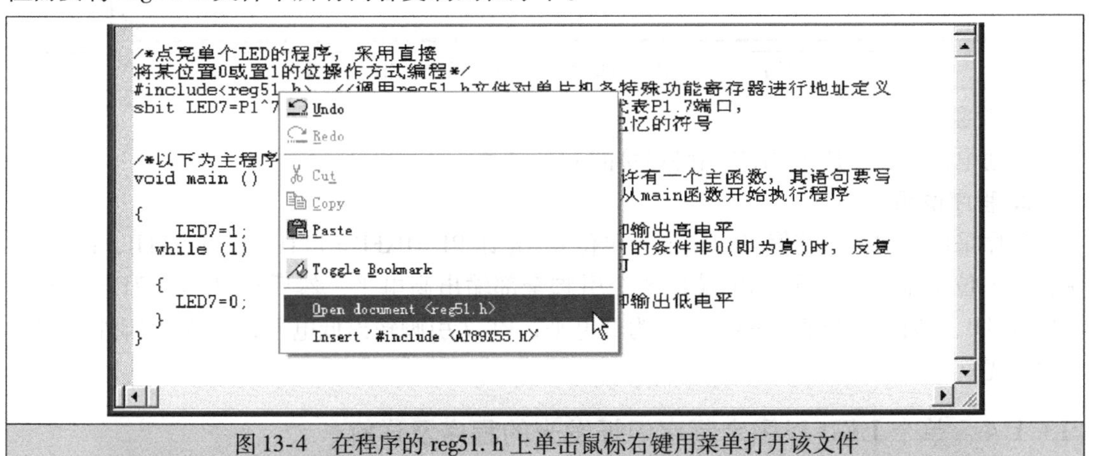

图 13-4　在程序的 reg51. h 上单击鼠标右键用菜单打开该文件

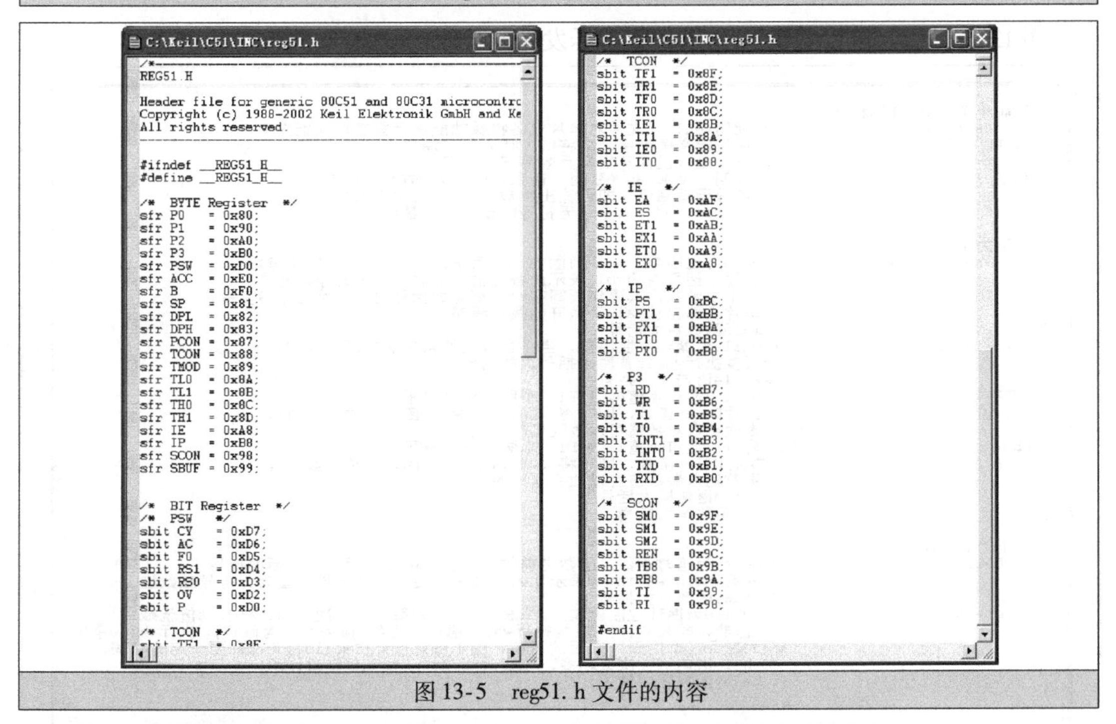

图 13-5　reg51. h 文件的内容

13.1.3　采用字节操作方式编程点亮单个 LED 的程序及详解

图 13-6 是采用字节操作方式编写点亮单个 LED 的程序。

```
/*点亮单个LED的程序，采用字节操作方式编程*/
#include<reg51.h>   //调用reg51.h文件对单片机各特殊功能寄存器进行地址定义

/*以下为主程序部分*/
void main ()          //main为主函数，main前面的void表示函数无返回值(输出参数),
                      //后面小括号内的void表示函数无输入参数，一个程序只允许有
                      //一个主函数，其语句要写在main首尾大括号内，不管程序多复杂，
                      //单片机都会从main函数开始执行程序
{                     //main函数首大括号
   P1=0xFF;           //让P1=FFH=11111111B，即让P1所有引脚都输出高电平
  while (1)           //while为循环控制语句，当小括号内的条件非0(即为真)时，
                      //反复执行while首尾大括号内的语句
  {                   //while语句首大括号
    P1=0x7F;          //让P1=7FH=01111111B，其中P1.7引脚输出低电平
  }                   //while语句尾大括号
}                     //main函数尾大括号
```

图 13-6　采用字节操作方式点亮单个 LED 的程序

1. 现象

接通电源后，单片机 P1.7 引脚连接的 LED 点亮。

2. 程序说明

程序采用一次 8 位赋值（以字节为单位），先让 P1 = 0xFF = FFH = 11111111B，即让 P1 锁存器 8 位全部为高电平，P1 端口 8 个引脚全部输出高电平，然后让 P1 = 0x7F = 7FH = 01111111B，即让 P1 锁存器的第 8 位为低电平，P1.7 引脚输出低电平，P1.7 引脚外接 LED 导通发光。

13.1.4　单个 LED 以固定频率闪烁发光的程序及详解

图 13-7 是控制单个 LED 以固定频率闪烁发光的程序。

```
/*控制单个LED闪烁的程序*/
#include<reg51.h>                 //调用reg51.h文件对单片机各特殊功能寄存器进行地址定义
sbit LED7=P1^7;                   //用位定义关键字sbit将LED7代表P1.7端口，
                                  //LED7是自己任意定义且容易记忆的符号
void Delay(unsigned int t);       //声明一个Delay（延时）函数，Delay之前的void表示
                                  //函数无返回值（即无输出参数），Delay的输入参数
                                  //为unsigned int t（无符号的整数型变量t）

/*以下为主程序部分*/
void main ( void)               //main为主函数，main前面的void表示函数无返回值(输出参数),
                                //后面小括号内的void表示函数无输入参数，一个程序只允许有
                                //一个主函数，其语句要写在main首尾大括号内，不管程序多复杂，
                                //单片机都会从main函数开始执行程序
{                               //main函数首大括号
    while (1)                   //while为循环控制语句，当小括号内的条件非0(即为真)时，
                                //反复执行while首尾大括号内的语句
  {                             //while语句首大括号
  LED7=0;                       //将P1.7端口赋值0，让P1.7引脚输出低电平
  Delay(30000);                 //执行Delay函数，同时将30000赋给Delay函数的输入参数t,
                                //更改输入参数值可以改变延时时间
  LED7=1;                       //将P1.7端口赋值1，让P1.7引脚输出高电平
  Delay(30000);                 //执行Delay函数，同时将30000赋给Delay函数的输入参数t,
                                //更改输入参数值可以改变延时时间
  }                             //while语句尾大括号
}                               //mai函数尾大括号

/*以下为延时函数*/
void Delay(unsigned int t)      //Delay为延时函数，函数之前的void表示函数无返回值，后面括号
                                //内的unsigned int t表示输入参数为变量t，t的数据类型为无符号整数型
{                               //Delay函数首大括号
 while(--t);                    // while为循环控制语句，--t表示减1，即每执行一次while语句，t值就减1,
                                //t值非0(即为真)时，反复执行while语句，直到t值为0(即为假)时，执行while首尾
                                //大括号（本例无）之后的语句。由于每执行一次while语句都需要一定的时间，
                                //while语句执行次数越多，花费时间越长，即可起延时作用
}                               //Delay函数尾大括号
```

图 13-7　控制单个 LED 以固定频率闪烁发光的程序

1. 现象

单片机 P1.7 引脚连接的 LED 以固定频率闪烁发光。

2. 程序说明

LED 闪烁是指 LED 亮、灭交替进行。在编写程序时，可以先让连接 LED 负极的单片机引脚为低电平，点亮 LED，该引脚低电平维持一定的时间，然后让该引脚输出高电平，熄灭 LED，再让该引脚高电平维持一定的时间，这个过程反复进行，LED 就会闪烁发光。

为了让单片机某引脚高、低电平能持续一定的时间，可使用 Delay（延时）函数。函数可以看作是具有一定功能的程序段，函数有标准库函数和用户自定义函数，标准库函数是 Keil 软件自带的函数，用户自定义函数是由用户根据需要自己编写的。不管标准库函数还是用户自定义函数，都可以在 main 函数中调用执行，在调用函数时，可以赋给函数输入值（输入参数），函数执行后可能会输出结果（返回值）。图 13-7 程序用到了 Delay 函数，它是一个自定义函数，只有输入参数 t，无返回值，执行 Delay 函数需要一定时间，故起延时作用。

主函数 main 是程序执行的起点，如果将被调用的函数写在主函数 main 后面，该函数必须要在 main 函数之前声明，若将被调用函数写在 main 主函数之前，可以省略函数声明，但在执行函数多重调用时，编写顺序是有先后的。比如在主函数中调用函数 A，而函数 A 又去调用函数 B，如果函数 B 编写在函数 A 的前面，就不会出错，相反就会出错。也就是说，在使用函数之前，必须告诉程序有这个函数，否则程序就会报错，故建议所有的函数都写在主函数后面，再在主函数前面加上函数声明，这样可以避免出错且方便调试，直观性也很强，很容易看出程序使用了哪些函数。图 13-7 中的 Delay 函数内容写在 main 函数后面，故在 main 函数之前对 Delay 函数进行了声明。

13.1.5　单个 LED 以不同频率闪烁发光的程序及详解

图 13-8 是控制单个 LED 以不同频率闪烁发光的程序。

1. 现象

单片机 P1.7 引脚的 LED 先以高频率快速闪烁 10 次，再发光以低频率慢速闪烁 10 次，该过程不断重复进行。

2. 程序说明

该程序第一个 for 循环语句使 LED 以高频率快速闪烁 10 次，第二个 for 循环语句使 LED 以低频率慢速闪烁 10 次，while 循环语句使其首尾大括号内的两个 for 语句不断重复执行，即让 LED 快闪 10 次和慢闪 10 次不断重复进行。

```
/*控制单个LED以不同频率闪烁的程序*/
#include<reg51.h>              //调用reg51.h文件对单片机各特殊功能寄存器进行地址定义
sbit LED7=P1^7;                //用位定义关键字sbit将LED7代表P1.7端口，
                               //LED7是自己任意定义且容易记忆的符号
void Delay(unsigned int t);    //声明一个Delay（延时）函数，Delay之前的void表示函数
                               //无返回值（即无输出参数），Delay的输入参数为无符号(unsigned)
                               //整数型（int）变量t，t值为16位，取值范围 0~65535

/*以下为主程序部分*/
void main (void)               //main为主函数，main前面的void表示函数无返回值(输出参数)，
                               //后面小括号内的void表示函数无输入参数，可省去不写，一个程序
                               //只允许有一个主函数，其语句要写在main首尾大括号内，不管程序
                               //多复杂，单片机都会从main函数开始执行程序
{                              //main函数首大括号
unsigned char i;               //定义一个无符号(unsigned)字符型(char)变量i，i的取值范围 0～255
while (1)                      //while为循环控制语句，当小括号内的条件非0(即为真)时，
                               //反复执行while首尾大括号内的语句
 {                             //while语句首大括号
   for(i=0; i<10; i++)         // for也是循环语句，执行时先用表达式一i=0对i赋初值0，然后
                               //判断表达式二i<10是否成立，若表达式二成立，则执行for语句
                               //首尾大括号的内容，再执行表达式三i++将i值加1，接着又判断
                               //表达式二i<10是否成立，如此反复进行，直到表达式二不成立时，
                               //才跳出for语句，去执行for语句尾大括号之后的内容，这里的
                               //for语句大括号内容会循环执行10次
   {                           //for语句首大括号
    LED7=0;                    //将P1.7端口赋值0，让P1.7引脚输出低电平
    Delay(6000);               //执行Delay函数，同时将6000赋给Delay函数的输入参数t，
                               //更改输入参数值可以改变延时时间
    LED7=1;                    //将P1.7端口赋值1，让P1.7引脚输出高电平
    Delay(6000);               //执行Delay函数，同时将6000赋给Delay函数的输入参数t，
                               //更改输入参数值可以改变延时时间
   }                           //for语句尾大括号
   for(i=0; i<10; i++)
   {                           //第二个for语句首大括号
    LED7=0;
    Delay(50000);
    LED7=1;
    Delay(50000);
   }                           //第二个for语句尾大括号
 }                             //while语句尾大括号
}                              //main函数尾大括号

/*以下为延时函数*/
void Delay(unsigned int t)     //Delay为延时函数，函数之前的void表示函数无返回值，后面括号
                               //内的unsigned int t表示输入参数为变量t，t的数据类型为无符号整数型
{                              //Delay函数首大括号
 while(--t);                   // while为循环控制语句，--t表示减1，即每执行一次while语句，t值就减1，
                               //t值非0(即为真)时，反复执行while语句，直到t值为0(即为假)时，执行while
                               //首尾大括号（本例无）之后的语句。由于每执行一次while语句都需要一定
                               //的时间，while语句执行次数越多，花费时间越长，即可起延时作用
}                              //Delay函数尾大括号
```

图 13-8　控制单个 LED 以不同频率闪烁发光的程序

13.2　单片机点亮多个 LED 的电路及编程

13.2.1　单片机点亮多个 LED 的电路

图 13-9 是单片机（STC89C51）点亮多个 LED 的电路，当单片机 P1 端某个引脚为低电平时，LED 导通，有电流流过 LED，LED 点亮，此时 LED 的工作电流（以 VL1 为例）$I_F = (U - U_F)/R_2 = (5-1.5)\text{V}/510\Omega \approx 0.007\text{A} = 7\text{mA}$。

13.2.2　采用位操作方式编程点亮多个 LED 的程序及详解

图 13-10 是采用位操作方式编程点亮多个 LED 的程序。

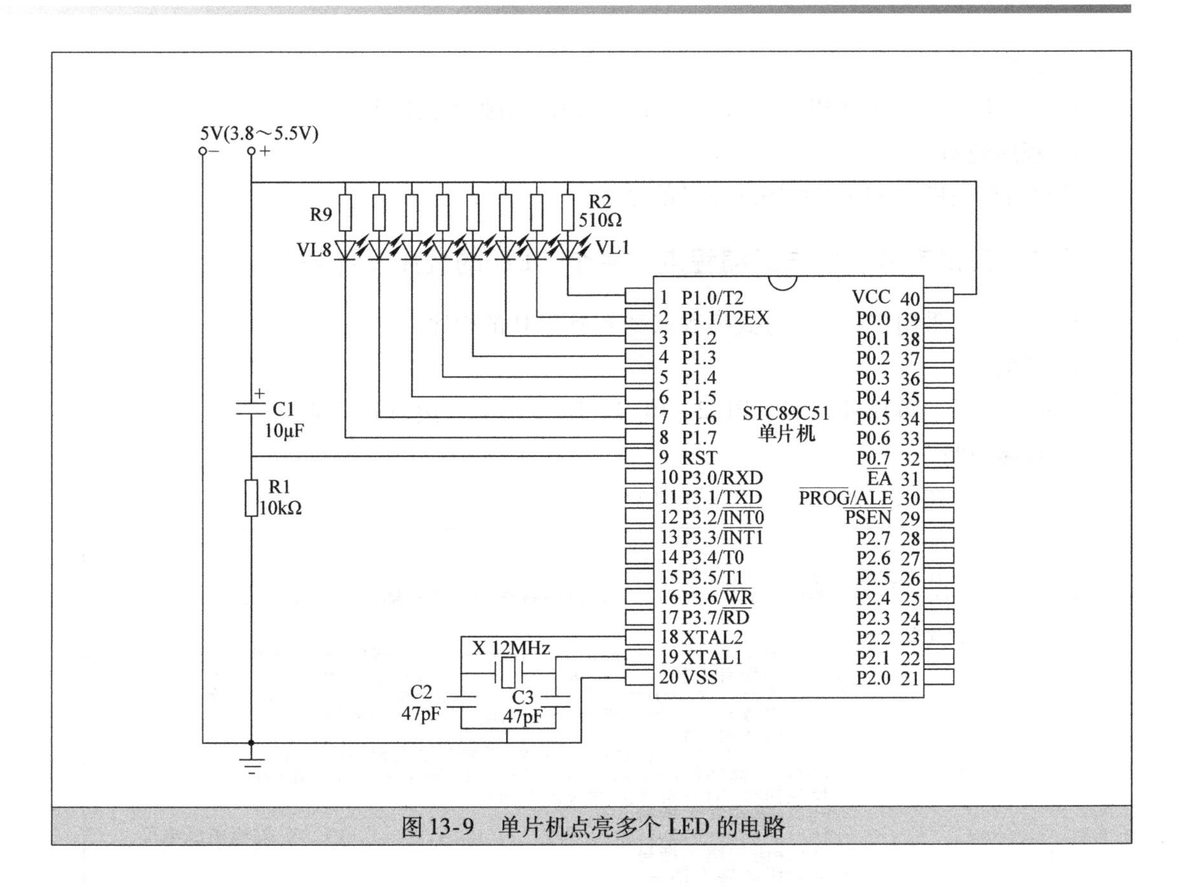

图 13-9　单片机点亮多个 LED 的电路

```
/*采用位操作方式编程点亮多个LED的程序 */
#include<reg51.h>   //调用reg51.h文件对单片机各特殊功能寄存器进行地址定义
sbit LED0=P1^0;     //用位定义关键字sbit将容易记忆的符号LED0代表P1.0端口
sbit LED1=P1^1;     //用位定义关键字sbit将容易记忆的符号LED1代表P1.1端口
sbit LED2=P1^2;
sbit LED3=P1^3;
sbit LED4=P1^4;
sbit LED5=P1^5;
sbit LED6=P1^6;
sbit LED7=P1^7;

/*以下为主程序部分*/
void main (void)      //main为主函数，main前面的void表示函数无返回值(输出参数)，
                      //后面小括号内的void(也可不写)表示函数无输入参数，一个程序
                      //只允许有一个主函数，其语句要写在main首尾大括号内，不管
                      //程序多复杂，单片机都会从main函数开始执行程序
{                     //main函数首大括号
   LED0=0;            //将LED0(P1.0)端口赋值0，让P1.0引脚输出低电平
   LED1=1;            //将LED1(P1.1)端口赋值1，让P1.1引脚输出高电平
   LED2=0;
   LED3=0;
   LED4=0;
   LED5=1;
   LED6=1;
   LED7=1;
  while (1)           //while为循环控制语句，当小括号内的条件非0(即为真)时，
                      //反复执行while首尾大括号内的语句
  {                   //while语句首大括号
                      //可在while首尾大括号内写需要反复执行的语句，如果
                      //首尾大括号内的内容为空，可用分号取代首尾大括号
  }                   //while语句尾大括号
}                     //main函数尾大括号
```

图 13-10　采用位操作方式编程点亮多个 LED 的程序

1. 现象

接通电源后，单片机 P1.0、P1.2、P1.3、P1.4 引脚外接的 LED 点亮。

2. 程序说明

程序说明见图 13-10 中程序的注释部分。

13.2.3 采用字节操作方式编程点亮多个 LED 的程序及详解

图 13-11 是采用字节操作方式编程点亮多个 LED 的程序。

1. 现象

接通电源后，单片机 P1.1、P1.2、P1.4、P1.7 引脚外接的 LED 点亮。

2. 程序说明

程序说明见图 13-11 中程序的注释部分。

```
/*采用字节操作方式编程点亮多个LED的程序 */
#include<reg51.h>     //调用reg51.h文件对单片机各特殊功能寄存器进行地址定义

/*以下为主程序部分*/
void main (void)      //main为主函数，main前面的void表示函数无返回值(输出参数)，
                      //后面小括号内的void(也可不写)表示函数无输入参数，一个程序
                      //只允许有一个主函数，其语句要写在main首尾大括号内，不管
                      //程序多复杂，单片机都会从main函数开始执行程序
{                     //main函数首大括号
   P1=0xFF;           //让P1＝FFH＝11111111B，即让P1所有引脚都输出高电平
  while (1)           //while为循环控制语句，当小括号内的条件非0(即为真)时，
                      //反复执行while首尾大括号内的语句
  {                   //while语句首大括号
   P1=0x69;           //让P1＝69H＝01101001B，即P1.7、P1.4、P1.2、P1.1引脚输出低电平
  }                   //while语句尾大括号
}                     //main函数尾大括号
```

图 13-11 采用字节操作方式编程点亮多个 LED 的程序

13.2.4 多个 LED 以不同频率闪烁发光的程序及详解

图 13-12 是控制多个 LED 以不同频率闪烁发光的程序。

1. 现象

单片机 P1.7、P1.5、P1.3、P1.1 引脚的 4 个 LED 先以高频率快速闪烁 10 次，然后以低频率慢速闪烁 10 次，该过程不断重复进行。

2. 程序说明

图 13-12 程序的第一个 for 循环语句使单片机 P1.7、P1.5、P1.3、P1.1 引脚连接的 4 个 LED 以高频率快速闪烁 10 次，第二个 for 循环语句使这些 LED 以低频率慢速闪烁 10 次，主程序中的 while 循环语句使其首尾大括号内的两个 for 语句不断重复执行，即让 LED 快闪 10 次和慢闪 10 次不断重复进行。该程序是以字节操作方式编程，也可以使用位操作方式对 P1.7、P1.5、P1.3、P1.1 端口赋值来编程，具体编程方法可参见图 13-10 所示的程序。

13.2.5 多个 LED 左移和右移的程序及详解

1. 控制多个 LED 左移的程序

图 13-13 控制多个 LED 左移的程序。

```
/*控制多个LED以不同频率闪烁的程序*/
#include<reg51.h>                  //调用reg51.h文件对单片机各特殊功能寄存器进行地址定义
void Delay(unsigned int t);        //声明一个Delay（延时）函数，Delay之前的void表示函数
                                   //无返回值（即无输出参数），Delay的输入参数为无符号（unsigned）
                                   //整数型（int）变量t，t值为16位，取值范围 0~65535
/*以下为主程序部分*/
void main (void)                   //main为主函数，一个程序只允许有一个主函数
                                   //不管程序多复杂，单片机都会从main函数开始执行程序
{                                  //main函数首大括号
unsigned char i;                   //定义一个无符号(unsigned)字符型(char)变量i，i的取值范围 0~255
while (1)                          //while为循环控制语句，当小括号内的条件非0(即为真)时，反复
                                   //执行while首尾大括号内的语句
{                                  //while语句首大括号
   for(i=0; i<10; i++)             // for也是循环语句，执行时先用表达式一i=0对i赋初值0，然后
                                   //判断表达式二i<10是否成立，若表达式二成立，则执行for语句
                                   //首尾大括号的内容，再执行表达式三i++将i值加1，接着又判断
                                   //表达式二i<10是否成立，如此反复进行，直到表达式二不成立时，
                                   //才跳出for语句，去执行for语句尾大括号之后的内容，这里的
                                   //for语句大括号内容会循环执行10次
   {                               //for语句首大括号
     P1=0x55;                      //让P1＝55H＝01010101B，即P1.7、P1.5、P1.3、P1.1引脚输出低电平
    Delay(6000);                   //执行Delay函数，同时将6000赋给Delay函数的输入参数t，
                                   //更改输入参数值可以改变延时时间
     P1=0xFF;                      //让P1＝FFH＝11111111B，即P1.7、P1.5、P1.3、P1.1引脚输出高电平
    Delay(6000);                   //执行Delay函数，同时将6000赋给Delay函数的输入参数t，
                                   //更改输入参数值可以改变延时时间
   }                               //for语句尾大括号
   for(i=0; i<10; i++)
   {                               //第二个for语句首大括号
     P1=0x55;                      //让P1＝55H＝01010101B，即P1.7、P1.5、P1.3、P1.1引脚输出低电平
    Delay(50000);
     P1=0xFF;                      //让P1＝FFH＝11111111B，即P1.7、P1.5、P1.3、P1.1引脚输出高电平
    Delay(50000);
   }                               //第二个for语句尾大括号
 }                                 //while语句尾大括号
}                                  //main函数尾大括号
/*以下为延时函数*/
void Delay(unsigned int t)         //Delay为延时函数，函数之前的void表示函数无返回值，后面括号
                                   //内的unsigned int t表示输入参数为变量t，t的数据类型为无符号整数型
{                                  //Delay函数首大括号
   while(--t);                     // while为循环控制语句，--t表示t减1，即每执行一次while语句，t值就减1，
                                   //t值非0(即为真)时，反复执行while语句，直到t值为0(即为假)时，执行while
                                   //首尾大括号（本例无）之后的语句。由于每执行一次while语句都需要一定
                                   //的时间，while语句执行次数越多，花费时间越长，即可起延时作用
}                                  //Delay函数尾大括号
```

图13-12　控制多个LED以不同频率闪烁发光的程序

```
/*控制多个LED左移的程序*/
#include<reg51.h>                   //调用reg51.h文件对单片机各特殊功能寄存器进行地址定义
void Delay(unsigned int t);         //声明一个Delay（延时）函数，Delay之前的void表示函数
                                    //无返回值（即无输出参数），Delay的输入参数为无符号（unsigned）
                                    //整数型（int）变量t，t值为16位，取值范围 0～65535
/*以下为主程序部分*/
void main (void)                    //main为主函数，一个程序只允许有一个主函数
                                    //不管程序多复杂，单片机都会从main函数开始执行程序
{                                   //main函数首大括号
    unsigned char i;                //定义一个无符号(unsigned)字符型(char)变量i，i的取值范围 0～255
    P1=0xfe;                        //给P1端口赋初值，让P1＝FEH＝11111110B
  for(i=0;i<8;i++)                  // for是循环语句，执行时先用表达式一i=0对i赋初值0，然后
                                    //判断表达式二i<8是否成立，若表达式二成立，则执行for语句
                                    //首尾大括号的内容，再执行表达式三i++将i值加1，接着又判断
                                    //表达式二i<8是否成立，如此反复进行，直到表达式二不成立时，
                                    //才跳出for语句，去执行for语句尾大括号之后的内容，这里的
                                    //for语句大括号内的内容会循环执行8次
  {                                 //for语句首大括号
    Delay(60000);                   //执行Delay函数，同时将6000赋给Delay函数的输入参数t，
                                    //更改输入参数值可以改变延时时间
    P1=P1<<1;                       //将P1端口数值(8位)左移一位，"<<"表示左移，"1"为移动的位数
                                    //P1=P1<<1也可写作P1<<=1
  }                                 //for语句尾大括号
   while (1)                        //while为循环控制语句，当小括号内的条件非0(即为真)时，反复
                                    //执行while首尾大括号内的语句
  {                                 //while语句首大括号
                                    //可在while首尾大括号内写需要反复执行的语句，如果首尾大括号
                                    //内的内容为空，也可用分号取代首尾大括号
  }                                 //while语句尾大括号
}                                   //main函数尾大括号
/*以下为延时函数*/
void Delay(unsigned int t)          //Delay为延时函数，函数之前的void表示函数无返回值，后面括号
                                    //内的unsigned int t表示输入参数为变量t，t的数据类型为无符号整数型
{                                   //Delay函数首大括号
   while(--t);                      // while为循环控制语句，--t表示t减1，即每执行一次while语句，t值就减1，
                                    //t值非0(即为真)时，反复执行while语句，直到t值为0(即为假)时，执行while
                                    //首尾大括号（本例无）之后的语句。由于每执行一次while语句都需要一定
                                    //的时间，while语句执行次数越多，花费时间越长，即可起延时作用
}                                   //Delay函数尾大括号
```

图13-13　控制多个LED左移的程序

（1）现象

接通电源后，单片机 P1.0 引脚的 LED 先亮，然后 P1.1 ~ P1.7 引脚的 LED 按顺序逐个亮起来，最后 P1.0 ~ P1.7 引脚所有 LED 全亮。

（2）程序说明

程序首先给 P1 赋初值，让 P1 = FEH = 11111110B，P1.0 引脚输出低电平，P1.0 引脚连接的 LED 点亮，然后执行 for 循环语句，在 for 语句中，用位左移运算符“ <<1”将 P1 端口数据（8 位）左移一位，右边空出的位值用 0 补充，for 语句会执行 8 次，第 1 次执行后，P1 = 11111100，P1.0、P1.1 引脚的 LED 点亮，第 2 次执行后，P1 = 11111000，P1.0、P1.1、P1.2 引脚的 LED 点亮，第 8 次执行后，P1 = 00000000，P1 所有引脚的 LED 都会点亮。

单片机程序执行到最后时，又会从头开始执行，如果希望程序运行到某处时停止，可使用“while(1){}”语句（或使用“while(1);”），如果 while(1) {}之后还有其他语句，空{} 可省掉，否则空 {} 不能省掉。图 13-13 中的主程序最后用 while(1){}语句来停止主程序，使之不会从头重复执行，因此 P1 引脚的 8 个 LED 全亮后不会熄灭，如果删掉主程序最后的 while(1){}语句，LED 逐个点亮（左移）到全亮这个过程会不断重复。

2. 多个 LED 右移的程序

图 13-14 是控制多个 LED 右移的程序。

```
/*控制多个LED右移的程序*/
#include<reg51.h>
void Delay(unsigned int t);
/*以下为主程序部分*/
void main (void)
{
    unsigned char i;
    P1=0x7f;                 //给P1端口赋初值，让P1=7FH=01111111B
  for(i=0;i<8;i++)
  {
    Delay(60000);
    P1=P1>>1;                //将P1端口数值(8位)左移一位，">>"表示右移，"1"为移动
                             //的位数，P1=P1>>1也可写作P1>>=1
  }
   while (1);
}
/*以下为延时函数*/
void Delay(unsigned int t)
{
   while(--t);
}
```

图 13-14　控制多个 LED 右移的程序

（1）现象

接通电源后，单片机 P1.7 引脚的 LED 先亮，然后 P1.6 ~ P1.0 引脚的 LED 按顺序逐个亮起来，最后 P1.7 ~ P1.0 引脚所有 LED 全亮。

（2）程序说明

该程序结构与左移程序相同，右移采用了位右移运算符“ >>1”，程序首先赋初值P1 = 7FH = 01111111，P1.7 引脚的 LED 点亮，然后让 for 语句执行 8 次，第 1 次执行后，P1 = 00111111，P1.7、P1.6 引脚的 LED 点亮，第 2 次执行后，P1 = 0001111，P1.7、P1.6、P1.5 引脚的 LED 点亮，第 8 次执行后，P1 = 00000000，P1 所有引脚的 LED 都会点亮。由于主程序最后有“while(1);”语句，故 8 个 LED 始终处于点亮状态。若删掉“while(1);”

语句，多个 LED 右移过程会不断重复。

13.2.6　LED 循环左移和右移的程序及详解

1. 控制 LED 循环左移的程序

图 13-15 是控制 LED 循环左移的程序。

```
/*控制LED循环左移的程序*/
#include<reg51.h>                       //调用reg51.h文件对单片机各特殊功能寄存器进行地址定义
void Delay(unsigned int t);             //声明一个Delay（延时）函数
/*以下为主程序部分*/
void main (void)                        //main为主函数，一个程序只允许有一个主函数，不管程序
                                        //多复杂，单片机都会从main函数开始执行程序
{                                       //main函数首大括号
   unsigned char i;                     //定义一个无符号(unsigned)字符型(char)变量i，i的取值范围 0~255
   P1=0xfe;                             //给P1端口赋初值，让P1＝FEH＝11111110B
   while (1)                            //while为循环控制语句，当小括号内的条件非0(即为真)时，反复
                                        //执行while首尾大括号内的语句
  {                                     //while语句首大括号
   for(i=0;i<8;i++)                     //for是循环语句，for语句首尾大括号内的内容会循环执行8次
   {                                    //for语句首大括号
     Delay(60000);                      //执行Delay函数进行延时
     P1=P1<<1;                          //将P1端口数值(8位)左移一位，"<<"表示左移，"1"为移动的位数，
     P1=P1|0x01;                        //将P1端口数值(8位)与00000001进行或运算，即给P1端口最低位补1
   }                                    //for语句尾大括号
   P1=0xfe;                             //P1端口赋初值，让P1＝FEH＝11111110B
  }                                     //while语句尾大括号
}                                       //main函数尾大括号
/*以下为延时函数*/
void Delay(unsigned int t)              //Delay为延时函数，unsigned int t表示输入参数为无符号整数型变量t
 {                                      //Delay函数首大括号
   while(--t){};                        // while为循环语句，每执行一次while语句，t值就减1，直到t值为0时
                                        //才执行{之后的语句，在主程序中可以为t赋值，t值越大，while语句
                                        //执行次数越多，延时时间越长
 }                                      //Delay函数尾大括号
```

图 13-15　控制 LED 循环左移的程序

（1）现象

单片机 P1.7～P1.0 引脚的 8 个 LED 从最右端（P1.0 端）开始，逐个往左（往 P1.7 端方向）点亮（始终只有一个 LED 亮），最左端（P1.7 端）的 LED 点亮再熄灭后，最右端 LED 又点亮，如此周而复始。

（2）程序说明

LED 循环左移是指 LED 先往左移，移到最左边后又返回最右边重新开始往左移，反复循环进行。图 13-15 是控制 LED 循环左移的程序，该程序先用 P1 = P1 << 1 语句让 LED 左移一位，然后用 P1 = P1 | 0x01 语句将左移后的 P1 端口的 8 位数与 00000001 进行位或运算，目的是将左移后最右边空出的位用 1 填充，左移 8 次后，最右端（最低位）的 0 从最左端（最高位）移出，程序马上用 P1 = 0xfe 赋初值，让最右端值又为 0，然后 while 语句使上述过程反复进行。“|”为“位或”运算符，在计算机键盘的回车键上方。

2. 控制 LED 循环右移的程序

图 13-16 是控制 LED 循环右移的程序。

（1）现象

单片机 P1.7～P1.0 引脚的 8 个 LED 从最左端（P1.7 端）开始，逐个往右（往 P1.0 端方向）点亮（始终只有一个 LED 亮），最右端（P1.0 端）的 LED 点亮再熄灭后，最左端 LED 又点亮，如此周而复始。

（2）程序说明

在右移（高位往低位移动）前，先用 P1 = 0x7f 语句将最高位的 LED 点亮，然后用 P1 = P1 >>1 语句将 P1 的 8 位数右移一位，执行 8 次，每次执行后用 P1 = P1 | 0x80 语句给 P1 最高位补 1，8 次执行完后，又用 P1 = 0x7f 语句将最高位的 LED 点亮，接着又执行 for 语句，如此循环反复。

```
/*控制LED循环右移的程序*/
#include<reg51.h>
void Delay(unsigned int t);
/*以下为主程序部分*/
void main (void)
{
   unsigned char i;
   P1=0x7f;                    //给P1端口赋初值，让P1＝7FH＝01111111B，最高位的LED点亮
   while (1)          //while为循环语句，当小括号内的值不是0时，反复执行首尾大括号内的语句
  {
   for(i=0;i<8;i++)               //for为循环语句，其首尾大括号内的语句会执行8次
   {
     Delay(60000);              //执行Delay延时函数延时
     P1=P1>>1;                 //将P1端口数值(8位)右移一位，">>"表示右移，"1"为移动的位数
     P1=P1|0x80;               //将P1端口数值(8位)与10000000进行或运算，即给P1最高位补1
   }
   P1=0x7f;                    //给P1端口赋初值，让P1＝7FH＝01111111B，最高位的LED点亮
  }
}
/*以下为延时函数*/
void Delay(unsigned int t)
 {
   while(--t){};
 }
```

图 13-16　控制 LED 循环右移的程序

13.2.7　LED 移动并闪烁发光的程序及详解

图 13-17 是一种控制 LED 左右移动并闪烁发光的程序。

1. 现象

接通电源后，两个 LED 先左移（即单片机 P1.0、P1.1 引脚的两个 LED 先点亮），接着 P1.1、P1.2 引脚的 LED 点亮（P1.0 引脚的 LED 熄灭），最后 P1.6、P1.7 引脚的 LED 点亮（此时 P1.0 ~ P1.5 引脚的 LED 都熄灭），然后两个 LED 右移（即从 P1.6、P1.7 引脚的 LED 点亮变化到 P1.0、P1.1 引脚的 LED 点亮），之后 P1.0 ~ P1.7 引脚的 8 个 LED 同时亮、灭闪烁 3 次，以上过程反复进行。

2. 程序说明

在图 13-17 程序中，第一个 for 语句是使两个 LED 从右端移到左端，第二个 for 语句使两个 LED 从左端移到右端，第三个 for 语句使 8 个 LED 亮、灭闪烁 3 次，3 个 for 语句都处于 while(1)语句的首尾大括号内，故 3 个 for 语句反复循环执行。

13.2.8　用查表方式控制 LED 多样形式发光的程序及详解

图 13-18 是用查表方式控制 LED 多样形式发光的程序。

1. 现象

单片机 P1.0 ~ P1.7 引脚的 8 个 LED 以 16 种形式变化发光。

2. 程序说明

程序首先用关键字 code 定义一个无符号字符型表格 table（数组），在表格中按顺序存放 16 个数据（编号为 0 ~ 15）。程序再让 for 语句循环执行 16 次，每执行一次将 table 数据

```
/*控制LED左右移动并闪烁的程序*/
#include<reg52.h>            //调用reg51.h文件对单片机各特殊功能寄存器进行地址定义
void Delay(unsigned int t);  //声明一个Delay（延时）函数，其输入参数为无符号（unsigned）
                             //整数型（int）变量t，t值为16位，取值范围 0~65535

/*以下为主程序部分*/
void main (void)        //main为主函数，一个程序只允许有一个主函数，不管程序
                        //多复杂，单片机都会从main函数开始执行程序
{                       //main函数首大括号
  unsigned char i;      //定义一个无符号(unsigned)字符型(char)变量i，i的取值范围 0~255
  unsigned char temp;   //定义一个无符号字符型变量temp，temp的取值范围 0~255
  while (1)             //while为循环语句，当小括号内的值不是0时，反复执行首尾大括号内的语句
  {                     //while语句首大括号
    temp=0xfc;          //让变量temp=FCH=11111100
    P1=temp;            //将变量temp的值（11111100）赋给P1，让P1.0、P1.1引脚的两个LED亮
   for(i=0;i<7;i++)     // 第一个for语句，其首尾大括号内的语句会执行7次，双LED从右端亮到左端
    {                   //第一个for语句首大括号
     Delay(60000);      //执行Delay延时函数延时，同时将60000赋给Delay的输入参数t
     temp=temp<<1;      //也可写作temp<<=1，让变量temp的值（8位数）左移一位
     temp=temp|0x01;    //也可写作temp|=0x01，将变量temp的值与00000001进行位或运算，
                        //即给temp最低位补1
     P1=temp;           //将temp的值赋给P1，采用temp作为中间变量，可避免直接操作
                        //P1端口导致端口外接的LED短暂闪烁
    }                   //第一个for语句尾大括号
     temp=0x3f;         //让变量temp=3FH=00111111
     P1=temp;           //将变量temp的值（00111111）赋给P1，即让P1.7、P1.6引脚的LED亮
   for(i=0;i<7;i++)     //第二个for语句，其首尾大括号内的语句会执行7次，双LED从左端亮到右端
    {                   //第二个for语句首大括号
     Delay(60000);      //执行Delay延时函数延时，同时将60000赋给Delay的输入参数t
     temp=temp >>1;     //也可写作temp >>=1，让变量temp的值（8位数）右移一位
     temp=temp|0x80;    //也可写作temp|=0x80，将变量temp的值与10000000进行位或运算，
                        //即给temp最高位补1
     P1=temp;           //将temp的值赋给P1，采用temp作为中间变量，可避免直接操作
                        //P1端口导致端口外接的LED短暂闪烁
    }                   //第二个for语句尾大括号
   for(i=0;i<3;i++)     //第三个for语句，使首尾大括号内的语句会执行3次，使8个LED同时闪烁3次
    {                   //第三个for语句首大括号
    P1=0xff;            //让P1=FFH=11111111B，让P1端口所有LED熄灭
    Delay(60000);       //执行Delay延时函数延时，同时将60000赋给Delay的输入参数t
    P1=0x00;            //让P1=00H=00000000B，即让P1端口所有LED变亮
    Delay(60000);       //执行Delay延时函数延时，同时将60000赋给Delay的输入参数t
    }                   //第三个for语句尾大括号
  }                     //while语句尾大括号
}                       //main语句尾大括号

/*以下为延时函数*/
void Delay(unsigned int t)    //Delay为延时函数，unsigned int t表示输入参数为无符号整数型变量t
 {                            //Delay函数首大括号
 while(--t);                  // while为循环语句，每执行一次while语句，t值就减1，直到t值为0时
                              //才执行while尾大括号之后的语句，在主程序中可以为t赋值，t值越大，
                              // while语句执行次数越多，延时时间越长
 }                            //Delay函数尾大括号
```

图 13-17　控制 LED 左右移动并闪烁的程序

的序号 i 值加 1，并将选中序号的数据赋值给 P1 端口，P1 端口外接 LED 按表格数值发光，比如 for 语句第一次执行时，i = 0，将表格中第 1 个位置（序号为 0）的数据 1FH（即 00011111）赋给 P1 端口，P1.7、P1.6、P1.5 引脚外接的 LED 发光，for 语句第二次执行时，i = 1，将表格中第 2 个位置（序号为 1）的数据 45H（即 01000101）赋给 P1 端口，P1.7、P1.5 ~ P1.3 和 P1.1 引脚外接的 LED 发光。

关键字 code 定义的表格数据存放在单片机的 ROM 中，这些数据主要是一些常量或固定不变的参数，放置在 ROM 中可以节省大量 RAM 空间。table[ ]表格实际上是一种一维数组，table[n]表示表格中第 n + 1 个元素（数据），比如 table[0]表示表格中第 1 个位置的元素，table[15]表示表格中第 16 个位置的元素，只要 ROM 空间允许，表格的元素数量可自由增加。在使用 for 语句查表时，要求循环次数与表格元素的个数相等，若次数超出个数，则越出表格范围，查到的将是随机数。

13.2.9　LED 花样发光的程序及详解

图 13-19 是 LED 花样发光的程序。

```
/*按表格的代码来显示LED的程序*/
#include<reg52.h>                      //调用reg51.h文件对单片机各特殊功能寄存器进行地址定义
void Delay(unsigned int t);            //声明一个Delay（延时）函数
unsigned char code table[]={0x1f,0x45,0x3e,0x68,   //定义一个无符号(unsigned)字符型(char)表格(table),
                           0xa7,0xf3,0x46,0x33,   //code表示表格数据存在单片机的代码区(ROM)中，
                           0xff,0xaa,0x08,0x60,   //表格按顺序存放16个代码，每个代码8位，第0个
                           0x88,0x11,0xa5,0xda};  //代码为1FH，即00011111B
/*以下为主程序部分*/
void main (void)
{
 unsigned char i;              //定义一个无符号(unsigned)字符型(char)变量i，i的取值范围 0~255
while (1)                      //while为循环语句，当小括号内的值不是0时，反复执行首尾大括号内的语句
 {
 for(i=0;i<16;i++)             //for是循环语句，for语句首尾大括号内的内容会循环执行16次，每执行一次，
                               // i加1，这样可将table表格中的16个代码按顺序依次赋给P1端口
{
    P1=table[i];               //将table表格中的第i个代码（8位）赋给P1
    Delay(60000);              //执行Delay延时函数延时，同时将60000赋给Delay的输入参数t
  }
 }
}
/*以下为延时函数*/
void Delay(unsigned int t)     //Delay为延时函数，unsigned int t表示输入参数为无符号整数型变量t
 {
 while(--t);                   //while为循环语句，每执行一次while语句，t值就减1，直到t值为0时
                               //才执行while尾大括号之后的语句
 }
```

图 13-18　用查表方式控制 LED 多样形式发光的程序

```
/*花样显示LED的程序*/
#include<reg51.h>                      //调用reg51.h文件对单片机各特殊功能寄存器进行地址定义
void Delay(unsigned int t);            //声明一个Delay（延时）函数
unsigned char code table[]={0x1f,0x45,0x3e,0x68,   //定义一个无符号(unsigned)字符型(char) 表格(table),
                           0xa7,0xf3,0x46,0x33,   //code表示表格数据存在单片机的代码区(ROM)中，
                           0xff,0xaa,0x08,0x60,   //表格按顺序存放16个代码，每个代码8位，第0个
                           0x88,0x11,0xa5,0xda};  //代码为1FH，即00011111B
/*以下为主程序部分*/
void main (void)
{
  unsigned char i;             //定义一个无符号(unsigned)字符型(char)变量i，i的取值范围 0~255
  while(1)
   {
    P1=0xfe;                   //让P1＝FEH＝11111110B，点亮P1.0端口的LED
    for(i=0;i<8;i++)           //第一个for语句执行8次，LED往左点亮，最后8个LED全亮
     {
      Delay(60000);
      P1 <<=1;
     }
    P1=0x7f;                   //让P1＝7FH＝01111111B，熄灭7个LED，仅点亮P1.7端口的LED
    for(i=0;i<8;i++)           //第二个for语句执行8次，LED往右点亮，最后8个LED全亮
     {
      Delay(60000);
      P1 >>=1;
     }
    P1=0xfe;                   //让P1＝FEH＝11111110B，点亮P1.0端口的LED
    for(i=0;i<8;i++)           //第三个for语句执行8次，LED逐个往左点亮（始终只有一个LED亮）
     {
      Delay(60000);
      P1 <<=1;
      P1 |=0x01;
     }
    P1=0x7f;                   //让P1＝7FH＝01111111B，点亮P1.7端口的LED
    for(i=0;i<8;i++)           //第四个for语句执行8次，LED逐个往右点亮（始终只有一个LED亮）
     {
      Delay(60000);
      P1 >>=1;
      P1 |=0x80;
     }
    for(i=0;i<16;i++)            //第五个for语句执行16次，依次将表格table中的16个数据赋给P1端口
                                 //让外接LED按数据显示
     {
      Delay(20000);
      P1= table [i];
     }
   }
}
/*以下为延时函数*/
void Delay(unsigned int t)     //Delay为延时函数，unsigned int t表示输入参数为无符号整数型变量t
 {
 while(--t);                   // while为循环语句，每执行一次while语句，t值就减1，直到t值为0时
                               //才执行while尾大括号之后的语句
 }
```

图 13-19　LED 花样发光的程序

1. 现象

单片机 P1.7～P1.0 引脚的 8 个 LED 先往左（往 P1.7 方向）逐个点亮，全部 LED 点亮后再熄灭右边的 7 个 LED，接着 8 个 LED 往右（往 P1.0 方向）逐个点亮，全部 LED 点亮后再熄灭左边的 7 个 LED，然后单个 LED 先左移点亮再右移点亮（始终只有 1 个 LED 亮），之后 8 个 LED 按 16 种形式变化发光。

2. 程序说明

程序的第一个 for 语句将 LED 左移点亮（最后全部 LED 都亮），第二个 for 语句将 LED 右移点亮（最后全部 LED 都亮），第三、四个 for 语句先将一个 LED 左移点亮再右移点亮（左、右移时始终只有一个 LED 亮），第五个 for 语句以查表方式点亮 P1 端口的 LED。本例综合应用了 LED 的左移、右移、循环左右移和查表点亮 LED。

13.3 采用 PWM 方式调节 LED 亮度的原理与程序详解

13.3.1 采用 PWM 方式调节 LED 亮度的原理

调节 LED 亮度可采取两种方式：一是改变 LED 流过的电流大小来调节亮度，流过 LED 的电流越大，LED 亮度越高；二是改变 LED 通电时间长短来调节亮度，LED 通电时间越长，亮度越高。单片机的 P 端口只能输出 5V 和 0V 两种电压，无法采用改变 LED 电流大小的方法来调节亮度，只能采用改变 LED 通电时间长短来调节亮度。

如果让单片机的 P1.7 引脚（LED7 端）输出图 13-20a 所示的脉冲信号，在脉冲信号的

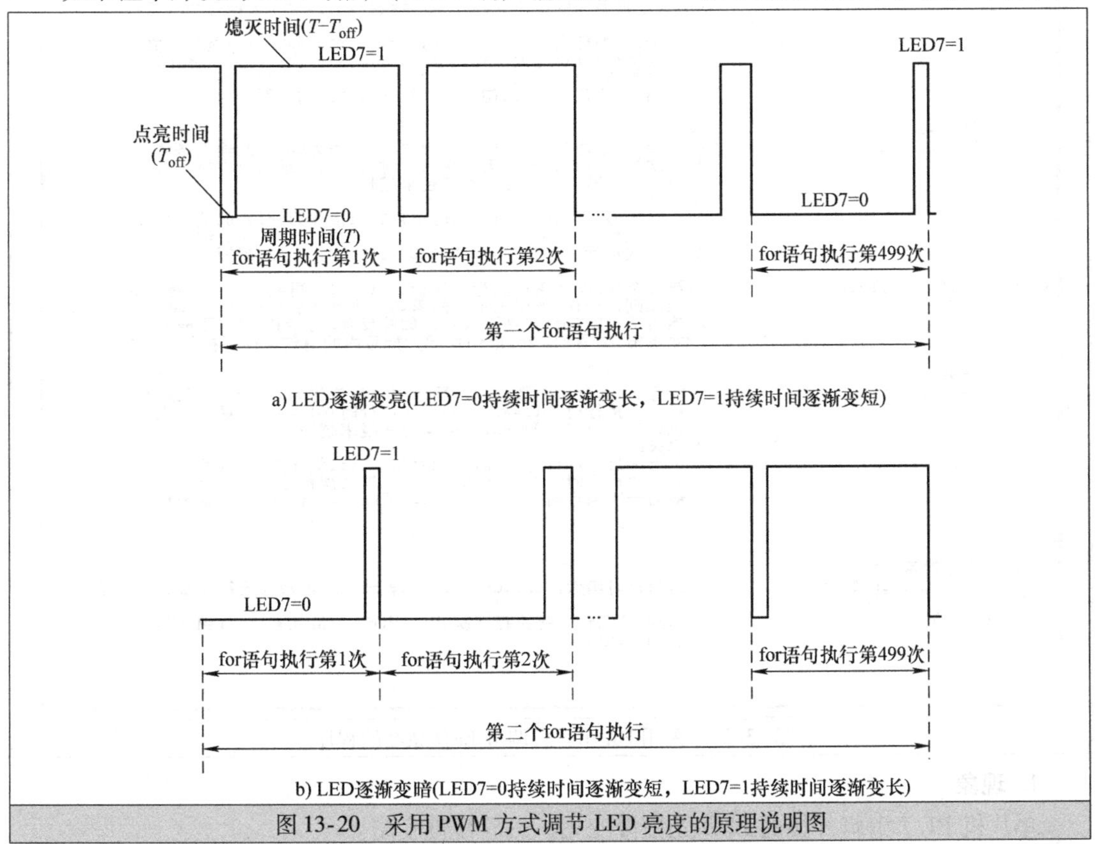

图 13-20 采用 PWM 方式调节 LED 亮度的原理说明图

第 1 个周期内，LED7 =0 使 LED 亮，但持续时间很短，故亮度暗，LED7 =1 使 LED 无电流通过，但余辉会使 LED 具有一定的亮度，该时间持续越长，LED 亮度越暗；在脉冲信号的第 2 个周期内，LED7 =0 持续时间略有变长，LED7 =1 持续时间略有变短，LED 稍微变亮；当脉冲信号的第 499 个周期来时，LED7 =0 持续时间最长，LED7 =1 持续时间最短，LED 最亮。也就是说，当单片机输出图 13-20a 所示的脉冲宽度逐渐变窄的脉冲信号（又称 PWM 脉冲）时，LED 会逐渐变亮。

当让单片机输出图 13-20b 所示的脉冲宽度逐渐变宽的脉冲信号（又称 PWM 脉冲）时，脉冲信号第 1 个周期内 LED7 =0 持续时间最长，LED7 =1 持续时间最短，LED 最亮，在后面周期内，LED7 =0 持续时间越来越短，LED7 =1 持续时间越来越长，LED 越来越暗，在脉冲信号第 499 个周期来时，LED7 =0 持续时间最短，LED7 =1 持续时间最长，LED 最暗。如果脉冲信号的宽度不变，LED 的亮度也就不变。

13.3.2　采用 PWM 方式调节 LED 亮度的程序及详解

图 13-21 是采用 PWM 方式调节 LED 亮度的程序。

```
/*用PWM（脉冲宽度调制）方式调节LED亮度的程序。*/
#include<reg51.h>                //调用reg51.h文件对单片机各特殊功能寄存器进行地址定义
sbit LED7=P1^7;                  //用位定义关键字sbit将LED7代表P1.7端口，
void Delay(unsigned int t);      //声明一个Delay（延时）函数
/*以下为主程序部分*/
void main (void)
{
unsigned int T=500,Toff=0;        //定义两个无符号整数型变量T和Toff，T为LED发光周期
                                  //时间值，赋初值500，Toff为LED点亮时间值，赋初值0，
 while (1)                        //while小括号内的值不是0时，反复执行while首尾大括号内的语句
  {
    for(Toff=1;Toff<T;Toff++)     //第一个for循环语句执行，先让Toff=1，再判断Toff<T是否成立，
                                  //成立则执行for首尾大括号的语句，执行完后执行Toff++将Toff加1，
                                  //然后又判断Toff<T是否成立，如此反复，直到Toff<T不成立，
                                  //才跳出for语句，for语句首尾大括号内的语句会循环执行499次

     {
      LED7=0;                     //点亮LED7
      Delay(Toff);                //执行Delay延时函数延时，同时将Toff值作为Delay的输入参数，
                                  //第一次执行时Toff=1，第二次执行时Toff=2，最后一次执行时
                                  //Toff=499，即LED7=0持续时间越来越长
      LED7=1;                     //熄灭LED
      Delay(T-Toff);              //执行Delay延时函数延时，同时将T-Toff值作为Delay的输入参数，
                                  //第一次执行时T-Toff=500-1=499，第二次执行时T-Toff=498，
                                  //最后一次执行时T-Toff=1，即LED7=1持续时间越来越短
     }
   for(Toff=T-1;Toff>0;Toff--)     //第二个for循环语句执行，先让Toff=T-1，再判断Toff>0是否成立，
                                   //成立则执行for首尾大括号的语句，执行完后执行Toff--将Toff减1，
                                   //然后又判断Toff>0是否成立，如此反复，直到Toff>0不成立，
                                   //才跳出for语句。for语句首尾大括号内的语句会循环执行499次

    {
      LED7=0;                      //点亮LED7
      Delay(Toff);                 //执行Delay延时函数延时，同时将Toff值作为Delay的输入参数，
                                   //第一次执行时Toff=499，第二次执行时Toff=498，最后一次
                                   //执行时Toff=1，即LED7=0持续时间越来越短
      LED7=1;                      //熄灭LED
      Delay(T-Toff);               //执行Delay延时函数延时，同时将T-Toff值作为Delay的输入参数，
                                   //第一次执行时T-Toff=500-499=1，第二次执行时T-Toff=2，
                                   //最后一次执行时，T-Toff=499，即LED7=1持续时间越来越长
    }
  }
}
/*以下为延时函数*/
void Delay(unsigned int t)     //Delay为延时函数，unsigned int t表示输入参数为无符号整数型变量t
 {
 while(--t);                  //while为循环语句，每执行一次while语句，t值就减1，直到t值为0时
                              //才跳出while语句
 }
```

图 13-21　采用 PWM 方式调节 LED 亮度的程序

1. 现象

单片机 P1.7 引脚外接的 LED 先慢慢变亮，然后慢慢变暗。

2. 程序说明

程序中的第一个 for 语句会执行 499 次，每执行一次，P1.7 引脚输出的 PWM 脉冲变窄一些，如图 13-20a 所示，即 LED7 = 0 持续时间越来越长，LED7 = 1 持续时间越来越短，LED 越来越亮，在 for 语句执行第 499 次时，LED7 = 0 持续时间最长，LED7 = 1 持续时间最短，LED 最亮。程序中的第二个 for 语句也会执行 499 次，每执行一次，P1.7 引脚输出的 PWM 脉冲变宽一些，如图 13-20b 所示，即 LED7 = 0 持续时间越来越短，LED7 = 1 持续时间越来越长，LED 越来越暗，在 for 语句执行第 499 次时，LED7 = 0 持续时间最短，LED7 = 1 持续时间最长，LED 最暗。

13.4　单片机驱动步进电机的电路及编程

13.4.1　五线四相步进电机

1. 外形、内部结构与接线图

图 13-22 是一种较常见的小功率 5V 五线四相步进电机，A、B、C、D 四相绕组，对外接出 5 根线（4 根相线与 1 根接 5V 的电源线）。在电机上通常会标示电源电压。

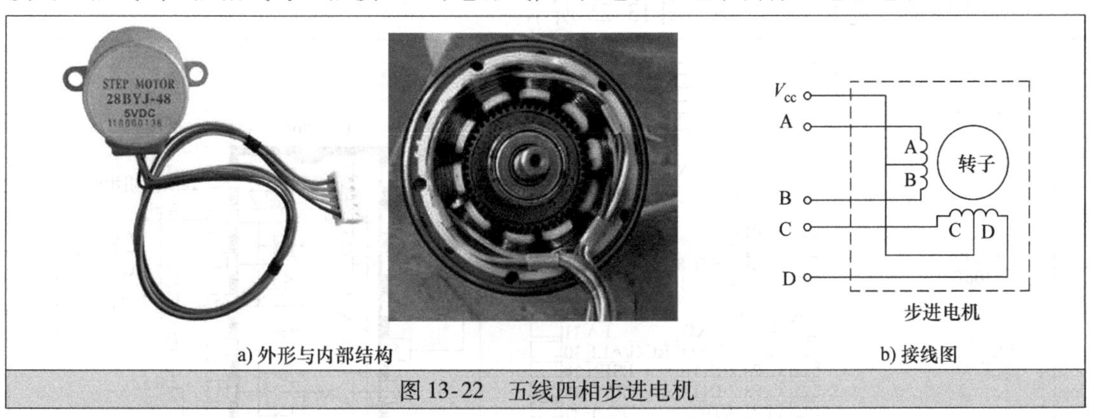

图 13-22　五线四相步进电机

2. 工作方式

四相步进电机有 3 种工作方式，分别是单四拍方式、双四拍方式和单双八拍方式，其通电规律如图 13-23 所示，“1”表示通电，“0”表示断电。

步	A	B	C	D
1	1	0	0	0
2	0	1	0	0
3	0	0	1	0
4	0	0	0	1
5	1	0	0	0
6	0	1	0	0
7	0	0	1	0
8	0	0	0	1

单四拍(1相励磁)

步	A	B	C	D
1	1	1	0	0
2	0	1	1	0
3	0	0	1	1
4	1	0	0	1
5	1	1	0	0
6	0	1	1	0
7	0	0	1	1
8	1	0	0	1

双四拍(2相励磁)

步	A	B	C	D
1	1	0	0	0
2	1	1	0	0
3	0	1	0	0
4	0	1	1	0
5	0	0	1	0
6	0	0	1	1
7	0	0	0	1
8	1	0	0	1

单双八拍(1～2相励磁)

图 13-23　四相步进电机的 3 种工作方式

3. 接线端的区分

五线四相步进电机对外有 5 个接线端，分别是电源端、A 相端、B 相端、C 相端和 D 相端。五线四相步进电机可通过查看导线颜色来区分各接线，其颜色规律如图 13-24 所示。

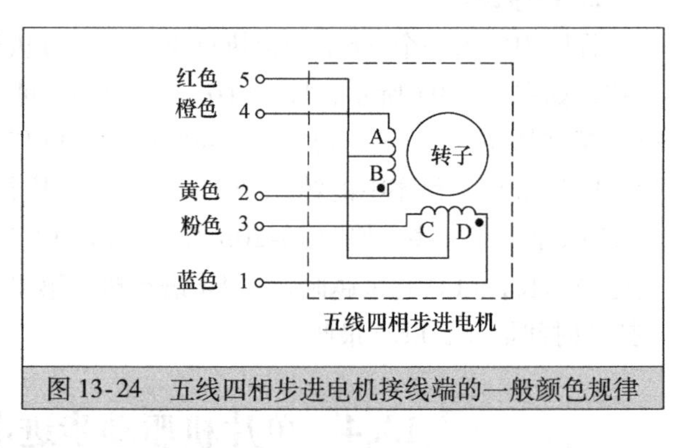

图 13-24　五线四相步进电机接线端的一般颜色规律

4. 检测

五线四相步进电机有四组相同的绕组，故每相绕组的阻值基本相等，电源端与每相绕组的一端均连接，故电源端与每相绕组接线端之间的阻值基本相等，除电源端外，其他 4 个接线端中的任意两接线端之间的电阻均相同，为每相绕组阻值的两倍，约几十欧至几百欧。了解这些特点后，只要用万用表测量电源端与其他各接线端之间的电阻，正常四次测得的阻值基本相等，若某次测量阻值无穷大，则为该接线端对应的内部绕组开路。

13.4.2　单片机驱动步进电机的电路

单片机驱动步进电机的电路如图 13-25 所示。

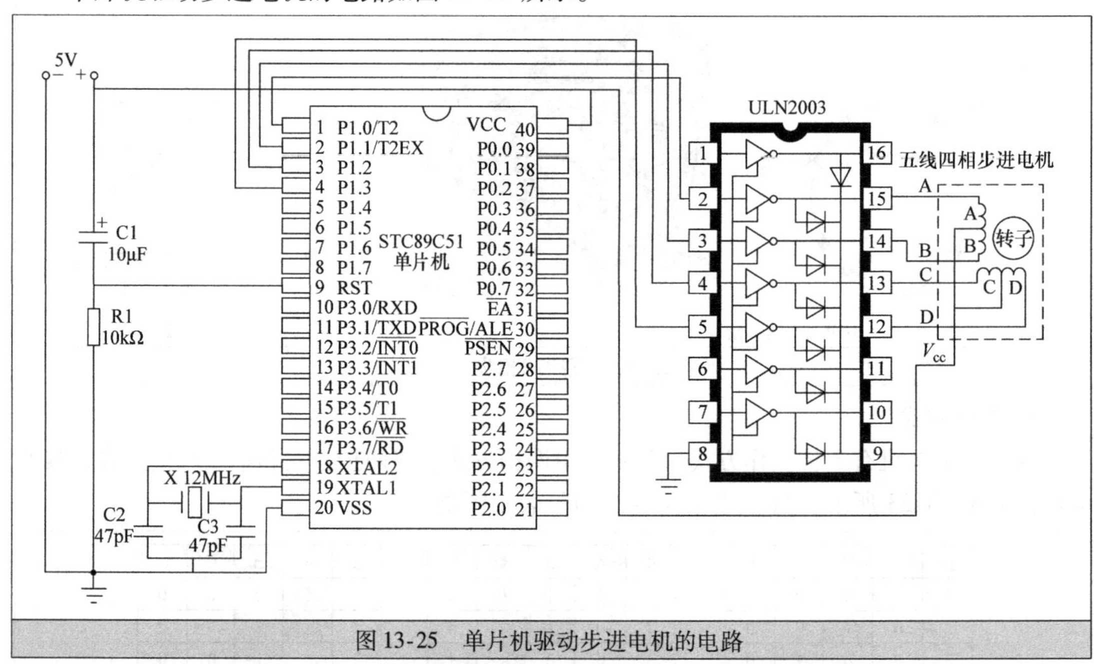

图 13-25　单片机驱动步进电机的电路

13.4.3　用单四拍方式驱动步进电机正转的程序及详解

图 13-26 是用单四拍方式驱动步进电机正转的程序，其电路如图 13-25 所示。

1. 现象

步进电机一直往一个方向转动。

2. 程序说明

程序运行时进入 main 函数，在 main 函数中先将变量 Speed 赋值 6，设置通电时间，然后执行 while 语句，在 while 语句中，先执行 A_ON（即执行“A1 =1；B1 =0；C1 =0；D1 =0;”），给 A 相通电，然后延时6ms，再执行 B_ON（即执行“A1 =0；B1 =1；C1 =0；D1 =0;”），给 B 相通电，用同样的方法给 C、D 相通电，由于 while 首尾大括号内的语句会反复循环执行，故电机持续不断朝一个方向运转。如果将变量 Speed 的值设大一些，电机转速会变慢，转动力矩则会变大。

```
/*用单四拍方式驱动四相步进电机正转的程序*/
#include <reg51.h>      //调用reg51.h文件对单片机各特殊功能寄存器进行地址定义
sbit A1=P1^0;           //用位定义关键字sbit将A1代表P1.0端口
sbit B1=P1^1;
sbit C1=P1^2;
sbit D1=P1^3;
unsigned char Speed;    //声明一个无符号字符型变量Speed
#define A_ON {A1=1;B1=0;C1=0;D1=0;} //用define(宏定义)命令将A_ON代表"A1=1;B1=0;C1=0;D1=0;",可简化编程
#define B_ON {A1=0;B1=1;C1=0;D1=0;} //B_ON与"A1=0;B1=1;C1=0;D1=0;"等同
#define C_ON {A1=0;B1=0;C1=1;D1=0;}
#define D_ON {A1=0;B1=0;C1=0;D1=1;}
#define ABCD_OFF {A1=0;B1=0;C1=0;D1=0;}

/*以下DelayUs为微秒级延时函数,其输入参数为unsigned char tu(无符号字符型变量tu),tu值为8位,取值范围 0～255,
如果单片机的晶振频率为12MHz,本函数延时时间可用T=（tu×2+5）us 近似计算, 比如tu=248, T=501 us≈0.5ms */
void DelayUs (unsigned char tu)    //DelayUs为微秒级延时函数, 其输入参数为无符号字符型变量tu
 {
  while(--tu);                      //while为循环语句, 每执行一次while语句, tu值就减1,
                                    //直到tu值为0时才执行while尾大括号之后的语句
 }

/*以下DelayMs为毫秒级延时函数, 其输入参数为unsigned char tm（无符号字符型变量tm）, 该函数内部使用了两个
DelayUs (248)函数, 它们共延时1002us（约1ms）, 由于tm值最大为255, 故本DelayMs函数最大延时时间为255ms,
若将输入参数定义为unsigned int tm, 则最长可获得65535ms的延时时间*/
void DelayMs(unsigned char tm)
{
 while(tm--)
  {
   DelayUs (248);
   DelayUs (248);
  }
}

/*以下为主程序部分*/
void main()
{
 Speed=6;    //给变量Speed赋值6, 设置每相通电时间
 while(1)    //主循环,while首尾大括号内的语句会反复执行
  {
   A_ON                 //让A1=1、B1=0、C1=0、D1=0, 即给A相通电, B、C、D相均断电
   DelayMs(Speed);      //延时6ms, 让A相通电时间持续6ms, 该值越大, 转速越慢, 但转矩(转动力矩)越大
   B_ON                 //让A1=0、B1=1、C1=0、D1=0, 即给B相通电, A、C、D均相断电
   DelayMs(Speed);      //延时6ms, 让B相通电时间持续6ms
   C_ON
   DelayMs(Speed);
   D_ON
   DelayMs(Speed);
  }
}
```

图 13-26　用单四拍方式驱动步进电机正转的程序

13.4.4　用双四拍方式驱动步进电机自动正反转的程序及详解

图 13-27 是用双四拍方式驱动步进电机自动正反转的程序，其电路如图 13-25 所示。

1. 现象

步进电机正向旋转 4 周，再反向旋转 4 周，周而复始。

2. 程序说明

程序运行时进入 main 函数，在 main 函数中先声明一个变量 i，接着给变量 Speed 赋值 6，然后执行第 1 个 while 语句（主循环），先执行 ABCD_OFF（即执行“A1 =0；B1 =0；C1 =0；D1 =0;”），让 A、B、C、D 相断电，再给 i 赋值 512，再执行第 2 个 while 语句，在第 2 个 while 语句中，先执行 AB_ON（即执行“A1 =1；B1 =1；C1 =0；D1 =0;”），给 A、B 相通

电，延时 8ms 后，执行 BC_ON（即执行“A1 =0；B1 =1；C1 =1；D1 =0;”），给 B、C 相通电，用同样的方法给 C、D 相和 D、A 相通电，即按 AB→BC→CD→DA 顺序给步进电机通电，第 1 次执行后，i 值由 512 减 1 变成 511，然后又返回 AB_ON 开始执行第 2 次，执行 512 次后，i 值变为 0，步进电机正向旋转了 4 周，跳出第 2 个 while 语句，执行之后的 ABCD_OFF 和 i = 512，让 A、B、C、D 相断电，给 i 赋值 512，再执行第 3 个 while 语句，在第 3 个 while 语句中，执行有关语句按 DA→CD→BC→AB 顺序给步进电机通电，执行 512 次后，i 值变为 0，步进电机反向旋转了 4 周，跳出第 2 个 while 语句。由于第 1、2 个 while 语句处于主循环第 1 个 while 语句内部，故会反复执行，故而步进电机正转 4 周、反转 4 周且反复进行。

```
/*用双四拍方式驱动步进电机自动正反转的程序*/
#include <reg51.h>      //调用reg51.h文件对单片机各特殊功能寄存器进行地址定义
sbit A1=P1^0;          //用位定义关键字sbit将A1代表P1.0端口
sbit B1=P1^1;
sbit C1=P1^2;
sbit D1=P1^3;
unsigned char Speed;  //声明一个无符号字符型变量Speed

#define A_ON {A1=1;B1=0;C1=0;D1=0;}  //用define(宏定义)命令将A_ON代表"A1=1;B1=0;C1=0;D1=0; ", 可简化编程
#define B_ON {A1=0;B1=1;C1=0;D1=0;}  //B_ON与"A1=0;B1=1;C1=0;D1=0;"等同
#define C_ON {A1=0;B1=0;C1=1;D1=0;}
#define D_ON {A1=0;B1=0;C1=0;D1=1;}
#define AB_ON {A1=1;B1=1;C1=0;D1=0;}
#define BC_ON {A1=0;B1=1;C1=1;D1=0;}
#define CD_ON {A1=0;B1=0;C1=1;D1=1;}
#define DA_ON {A1=1;B1=0;C1=0;D1=1;}
#define ABCD_OFF {A1=0;B1=0;C1=0;D1=0;}

/*以下DelayUs为微秒级延时函数.其输入参数为unsigned char tu(无符号字符型变量tu).tu值为8位.取值范围 0~255.
如果单片机的晶振频率为12M, 本函数延时时间可用T= (tu×2+5) us 近似计算, 比如tu=248, T=501 us≈0.5ms */
void DelayUs (unsigned char tu)   //DelayUs为微秒级延时函数, 其输入参数为无符号字符型变量tu
 {
  while(--tu);                    //while为循环语句, 每执行一次while语句, tu值就减1,
                                  //直到tu值为0时才执行while尾大括号之后的语句
 }

/*以下DelayMs为毫秒级延时函数, 其输入参数为unsigned char tm (无符号字符型变量tm), 该函数内部使用了两个
DelayUs (248)函数, 它们共延时1002us (约1ms), 由于tm值最大为255, 故本DelayMs函数最大延时时间为255ms,
若将输入参数定义为unsigned int tm, 则最长可获得65535ms的延时时间*/
void DelayMs(unsigned char tm)
{
 while(tm--)
  {
   DelayUs (248);
   DelayUs (248);
  }
}

/*以下为主程序部分*/
void main()
{
 unsigned int i;  //声明一个无符号整数型变量i
 Speed=8;         //给变量Speed赋值8, 设置单相或双相通电时间
 while(1)         //主循环.while首尾大括号内的语句会反复执行
 {
  ABCD_OFF              //让A1=0、B1=0、C1=0、D1=0, 即让A、B、C、D相均断电
  i=512;                //将i赋值512
  while(i--)            //while首尾大括号内的语句每执行一次.i值减1, i值由512减到0时, 给步进电机提供了
                        //512个正向通电周期(电机正转4周), 跳出本while语句
   {
    AB_ON               //让A1=1、B1=1、C1=0、D1=0, 即给A、B相通电, C、D相断电
    DelayMs(Speed);     //延时8ms, 让A相通电时间持续8ms, 该值越大, 转速越慢, 但力矩越大
    BC_ON
    DelayMs(Speed);
    CD_ON
    DelayMs(Speed);
    DA_ON
    DelayMs(Speed);
   }
  ABCD_OFF              //让A1=0、B1=0、C1=0、D1=0, 即让A、B、C、D相均断电, 电机停转
  i=512;                //将i赋初值512
  while(i--)            //while首尾大括号内的语句每执行一次.i值减1, i值由512减到0时, 给步进电机提供了
                       //512个反向通电周期(电机反转4周), 跳出本while语句
   {
    DA_ON               //让A1=1、B1=0、C1=0、D1=1, 即给A、D相通电, B、C相断电
    DelayMs(Speed);     //延时8ms, 让D相通电时间持续8ms, 该值越大, 转速越慢, 但力矩越大
    CD_ON
    DelayMs(Speed);
    BC_ON
    DelayMs(Speed);
    AB_ON
    DelayMs(Speed);
   }
 }
}
```

图 13-27　用双四拍方式驱动步进电机自动正反转的程序